AF815404

Alain Col

L'EMBOUTISSAGE DES ACIERS

L'USINENOUVELLE

DUNOD

Matériaux métalliques
2e édition
MICHEL COLOMBIÉ
880 pages
Dunod, 2008

Dictionnaire encyclopédique des sciences des matériaux
EMILIAN KOLLER
656 pages
Dunod, 2008

Conseiller éditorial : Michel Colombié

ISBN 978-2-10-052090-9

À mon ami Robert Burlion
qui croyait à l'utilité de ce livre.

TABLE DES MATIÈRES

C

Le contact tôle-outil

D

Limites de ductilité

G

Technique de l'emboutissage

H

Les presses et les outils

INTRODUCTION

Évolutions du métier d'emboutisseur

L'emboutissage est une technique qui permet de transformer un métal, livré en feuilles ou en bobines, en pièces de formes complexes utilisées dans les automobiles, les appareils électroménagers, l'emballage et les machines en général. Il fait vivre en France au moins 50 000 foyers.

Du fait de sa complexité, de la difficulté qu'il y a à quantifier les facteurs influents et leurs interactions, donc de sa difficulté d'analyse, l'emboutissage est resté longtemps un art plutôt qu'une technique, pour la pratique duquel l'expérience, l'observation, l'astuce étaient des qualités plus utiles qu'une connaissance approfondie de la physique.

Ceci explique pourquoi, bien souvent, les personnes qui sont en charge de la conception des outils, de leur réalisation, de leur mise au point ou de leur emploi se soient formées, comme on dit, sur le tas.

Il n'existe pas, en France, d'école où l'on enseigne l'emboutissage et c'est sans aucun doute très regrettable dans la mesure où il existe véritablement un fondement théorique qui peut s'y appliquer. Il est édifiant de comparer cette situation avec celle de l'Allemagne où des entreprises assurent la survivance de leur maîtrise technologique par des organisations internes formant des techniciens.

En ce qui concerne l'enseignement supérieur, la différence est encore plus criante : peu d'écoles d'ingénieurs ou d'universités françaises incluent une part d'enseignement pouvant diriger directement sur cette spécialité ; encore est-elle très réduite. En Allemagne encore, en Suisse ou au Japon, on rencontre cependant des professeurs de très haut niveau qui ne craignent pas d'accorder une part majeure de leur activité à des travaux techniques relatifs à l'emboutissage. Les cas sont plus rares en France.

On a pu observer aussi que les compétences techniques existant dans les entreprises disparaissaient souvent du jour au lendemain suite à des retraites anticipées ou à des réductions d'effectifs draconiennes. On compte alors sur la généralisation des codes de calcul permettant la simulation de maints processus industriels pour combler ce déficit technique.

Pour ce qui concerne l'emboutissage, ces logiciels ne remplacent pas encore totalement le technicien habile mais prennent en charge la majeure partie de la conception des processus et des outils. Il faut bien reconnaître les prodigieux avantages qu'apporte la simulation numérique en termes de précision, gain de temps et d'argent dans la conception des pièces et de leur formage.

Il existe cependant un côté négatif à ce progrès, qui est d'ailleurs reconnu par les développeurs de logiciels eux-mêmes : les techniciens de l'emboutissage deviennent plus ou moins des « presse-bouton » capables de bien faire fonctionner ces logiciels mais plus du tout en mesure de comprendre ce qui se passe physiquement. La science est en quelque sorte « intégrée » dans les codes mais transparente, ignorée des utilisateurs.

Cela peut conduire (on a déjà constaté le fait) à des situations catastrophiques dans lesquelles plus personne n'est en mesure de comprendre ce qui se passe et donc de trouver les remèdes adéquats.

Ajoutons que les personnes impliquées dans l'emboutissage sont de plus en plus pressées par le temps, « time to market » oblige, et ne saisissent que très rarement l'occasion de lire la littérature technique qui, pourtant, existe (en anglais ou allemand). De cette situation générale, il résulte que le métier reste encore souvent pratiqué d'une façon assez empirique qui gagnerait beaucoup à être plus formalisée pour permettre aux intéressés de mieux concevoir les gammes et les processus de fabrication, ou de mener à bien les expertises qui doivent être faites pour déterminer si les difficultés éventuelles viennent du matériau, de la lubrification, de la forme de l'outil, d'une dérive du processus, etc.

Par sa fonction d'expert pour de grandes entreprises, l'auteur se trouve exactement à l'interface entre la pratique, c'est-à-dire les ateliers, les bureaux des méthodes, les services qualité, d'une part et la théorie d'autre part : ce qui se fait dans les laboratoires, les instituts, ce qui s'écrit dans la littérature technique internationale, ce qui se dit dans les conférences. Ceci l'a depuis longtemps obligé à parler tout à la fois le langage du praticien d'atelier et celui de l'ingénieur du laboratoire. C'est cette dualité qui l'a incité à écrire ce livre.

Définition et périmètre de l'ouvrage

Le présent livre a pour ambition de rendre l'emboutissage des aciers compréhensible par le plus grand nombre. Ce n'est donc pas du tout un ouvrage « savant » comme il en existe déjà d'excellents mais qui, abordant le sujet d'une façon scientifique, font inévitablement appel à des notions que les professionnels de l'emboutissage n'ont pas la nécessité de posséder.

Nous essayons au contraire de mettre à la disposition du concepteur d'outillage, du metteur au point, de tous ceux impliqués de plus ou moins loin dans la conception et la réalisation de pièces embouties, des notions solides sur le matériau acier, ses propriétés, la façon dont il se déforme, dont il frotte sur les outils, dont les revêtements peuvent s'endommager, etc.

Toujours, nous tentons de partir de notions simples (avec, parfois, des comparaisons triviales qui feront sourire certains) pour permettre à chacun de suivre les développements qui ne manquent pas, évidemment, de se compliquer au fur et à mesure qu'on avance dans la description des phénomènes. Jamais, cependant, nous n'entrerons dans des considérations théoriques trop complexes. Jamais, non plus, nous ne nous contenterons de ces explications simples d'atelier qui n'ont qu'un rapport lointain avec la réalité...

Une définition de la philosophie adoptée tient dans cette formule : « aussi simple que possible, mais aussi complexe que nécessaire ».

Les limites de l'ouvrage doivent être définies avec précision. Il aborde le sujet de l'emboutissage essentiellement du point de vue du matériau, de ses réactions, des facteurs qui facilitent ou rendent plus difficile sa mise en forme.

Par exemple, on ne trouvera pas ici la panoplie complète des astuces d'outilleurs qui permettent parfois de sauver une pièce par des moyens plus ou moins mystérieux : qui n'a entendu parler de ce vieux metteur au point qui, quand la pièce cassait vers l'avant de l'outil, bricolait un jonc situé à l'arrière et remettait les choses en état par cette modification sans lien apparent avec le problème initial ?

Nous ne présenterons pas non plus le handbook des lubrifiants à utiliser pour les emboutissages difficiles, pas plus que la liste exhaustive des matériaux d'outils.

Par ailleurs, comme l'indique le titre, les autres procédés de formage des tôles, par exemple l'hydroformage, le profilage, le fluotournage et même l'emboutissage à chaud n'entrent pas dans le cadre de ce livre. Il faudrait tripler son volume.

On trouvera, en revanche, des notions précises sur les différentes catégories d'acier (il y en a tellement et ils évoluent si vite qu'une mise au point n'est pas inutile), leur élaboration, leurs caractéristiques, les précautions à prendre pour leur mise en forme, éventuellement leurs défauts.

On trouvera aussi des notions exactes sur la façon dont les aciers se déforment, sur l'influence de la vitesse de déformation (un sujet sur lequel courent bien des idées fausses), de la température, de la lubrification et de bien d'autres facteurs qui participent au succès ou à l'échec de l'emboutissage.

Les presses, les outils, sont également abordés, mais d'une façon seulement suffisante pour permettre de bien comprendre quels sont les paramètres d'emboutissage à adopter ou les propriétés des tôles qui sont à favoriser dans tel ou tel cas.

Finalement, par la description d'une démarche rigoureuse et l'accumulation d'exemples choisis pour illustrer un maximum de cas réels appartenant à des domaines différents, on tente de donner au lecteur la possibilité de « pratiquer » de façon virtuelle les enseignements contenus dans l'ouvrage. Le but n'est pas de tout dire, mais de suggérer une démarche d'analyse logique et rigoureuse.

Une suggestion, pour finir : il est possible que certains butent, à un moment ou un autre, sur une explication qu'ils ne comprennent pas. Nous les invitons vivement à continuer leur lecture, car les passages un peu théoriques sont rares et ils perdraient sûrement une grande masse d'informations utiles s'ils se bloquaient sur cette difficulté et abandonnaient la suite de l'ouvrage. On peut toujours revenir en arrière et essayer de surmonter la difficulté.

Bonne lecture.

Alain Col

Remarque : il y a longtemps qu'aucun ouvrage n'est paru en français sur le sujet de l'emboutissage, d'où ce livre. Bien sûr, nous aurions aimé ne faire figurer que des références d'articles ou de livres en français, mais cela est malheureusement devenu impossible, la plupart des publications étant en anglais. Heureusement, de plus en plus de personnes sont capables de lire l'anglais technique…

Beaucoup de références sont anciennes et n'intéresseront que les étudiants qui cherchent à étoffer une bibliographie.

A

Les bases métallurgiques

L'emboutissage consiste à déformer, de façon permanente, des métaux livrés en feuilles. Il fait donc essentiellement appel à la déformation plastique, phénomène dont les bases scientifiques n'ont rien de simple... Nous allons quand même l'étudier, en faisant ce qu'on appelle de la « métallurgie physique ».
Certains se demanderont peut-être s'il est réellement nécessaire d'entrer dans de subtiles considérations sur la structure des cristaux pour comprendre ce qu'est une limite d'élasticité. Ce n'est peut-être pas absolument indispensable, effectivement, mais cela donne des bases de raisonnement qui permettent ensuite de *comprendre au lieu d'admettre*. Ceci nous semble justifier la tentative. De plus, nombre de phénomènes relatifs à l'essai de traction présentés dans ce chapitre, la consolidation ou la striction, par exemple, se retrouvent sous forme plus complexe dans l'opération d'emboutissage ; il est donc certainement plus facile de les comprendre à ce stade.
Ceux qui sont pressés peuvent essayer de commencer directement à la partie D, les modes de déformation. Ils seront rapidement obligés de convenir qu'il leur manque quelque chose pour suivre l'ensemble des explications données.
Ce livre étant destiné à un public de non-spécialistes de la plasticité mais celle-ci nous étant indispensable, nous allons essayer de donner dans ce qui suit une explication claire de phénomènes parfois très complexes (le mouvement des dislocations, par exemple), ce qui nous amènera à faire certaines simplifications qui ne vont cependant jamais jusqu'à l'inexactitude scientifique.
Dit d'une autre façon, nos explications sont très loin d'être complètes, mais elles sont toujours (presque) vraies et essaient de former un tout cohérent, juste suffisant pour la compréhension des phénomènes étudiés.

1 • STRUCTURE CRISTALLINE DES MÉTAUX

Dans leur état normal à la température ambiante, les métaux sont presque tous sous forme de cristaux ; une exception bien connue est celle du mercure qui est liquide. La structure de la forme cristalline présente donc pour la compréhension de l'emboutissage un intérêt majeur puisque bon nombre de propriétés des métaux en découlent.

Nous allons partir de l'élément de base, l'atome, et aller de plus en plus loin dans la façon dont ceux-ci s'associent. Nous verrons ensuite comment les cristaux se déforment, et montrerons que cela n'est possible que grâce à la présence de petits défauts. Cette pénétration dans le détail n'est pas gratuite : elle doit nous permettre de mieux appréhender les phénomènes qui nous intéressent directement.

1.1 Métaux purs

1.1.1 Qu'est-ce qu'un atome ?

L'idée qu'une particule élémentaire puisse constituer la matière n'est pas nouvelle : elle était déjà proposée par le philosophe Démocrite, environ trois siècles avant Jésus-Christ. Comme elle était élémentaire, donc non sécable, il lui a donné le nom de « a-tomos » signifiant en grec : qu'on ne peut pas couper. Il ne s'agissait évidemment à l'époque que d'un concept purement intellectuel, aucun moyen de vérifier l'hypothèse n'existant alors.

Mais depuis que Lord Rutherford a proposé son modèle d'atome en 1910, chacun est supposé savoir que celui-ci est en fait constitué d'un noyau dont la charge électrique est positive, entouré d'un nuage d'électrons beaucoup plus petits et tous strictement identiques, dont la charge est négative. Ces derniers tournent très rapidement sur des orbites plus ou moins elliptiques autour du noyau. Il peut exister plusieurs couches d'électrons. L'ensemble est très comparable à un système solaire, y compris dans ses proportions (c'est-à-dire qu'il y a beaucoup de vide et très peu de matière, comme le suggère la figure 1.1).

Système solaire, oui, mais tellement plus petit ! Pour fixer les idées, rappelons que dans un micromètre cube de fer il y a 85 milliards d'atomes, quantité déjà très au-dessus de ce que nous sommes capables d'imaginer. Et cela devient 11×10^{27} atomes pour une tonne d'acier ! Nous l'écrivons en entier pour mieux frapper les esprits :

11 000 000 000 000 000 000 000 000 000 atomes !

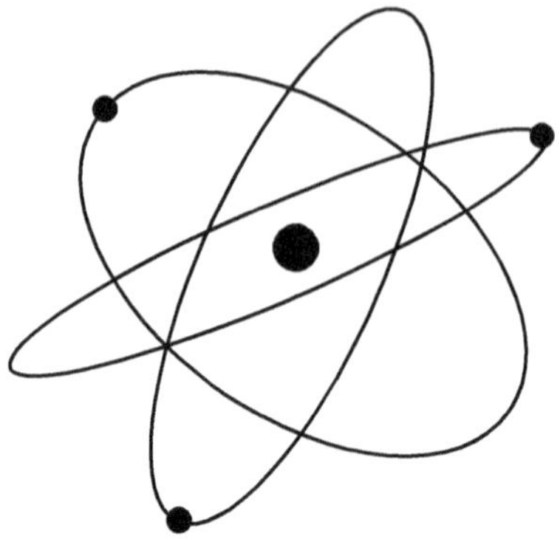

Figure 1.1 – Constitution schématique d'un atome de lithium (3 électrons)

L'équilibre d'un atome vient du fait que la force centrifuge qui s'exerce sur les électrons compense exactement leur attraction par le noyau.

Les choses se compliquent énormément quand on cherche à rentrer dans le détail : les électrons peuvent changer d'orbite, ils tournent sur eux-mêmes, le noyau est constitué d'une grande quantité de particules, etc. Pour ce qui nous concerne, nous n'avons cependant pas besoin de considérer ces phénomènes. Nous allons simplement assimiler les atomes à de petites sphères peu compressibles qui exercent entre elles des forces d'attraction et de répulsion.

1.1.2 Forces entre les atomes – les cristaux

Des forces lient les atomes entre eux. D'où viennent ces forces ?

Les forces d'attraction viennent essentiellement de l'attirance des électrons négatifs d'un atome par le noyau positif d'un autre (comme pour les aimants). Les forces de répulsion, quant à elles, sont surtout effectives quand les atomes sont proches car les électrons de l'un et de l'autre se repoussent, étant tous négatifs. Les noyaux se repoussent aussi.

Quelles sont les conséquences de ces phénomènes ? Elles peuvent s'exprimer ainsi : très proches, les atomes se repoussent ; éloignés, ils s'attirent...

Dans la suite, nous nous contenterons donc de ce modèle simple : les atomes seront de petites boules quasi élastiques (très difficilement compressibles) reliées par des ressorts de liaison qui les retiennent les unes aux autres. Cela implique qu'il existe une distance à laquelle les forces de répulsion et d'attraction s'équilibrent. C'est la raison pour laquelle les atomes s'agglomèrent généralement sous la forme de cristaux à la température ambiante, comme nous allons le voir.

Pour cela, nous sommes obligés d'entrer dans des considérations thermodynamiques. Nous nous contenterons cependant d'appliquer le principe très général qui dit que tout corps tend toujours vers son état d'énergie minimale (un corps chaud se refroidit, un corps tenu en l'air puis lâché tombe, etc.).

Considérons ce qui se passerait si l'on essayait de modifier la distance « a » séparant deux atomes identiques que l'on supposera isolés de tout autre corps ; la figure 1.2, qu'on appelle courbe de Condon-Morse, résume la situation dans ce cas simple.

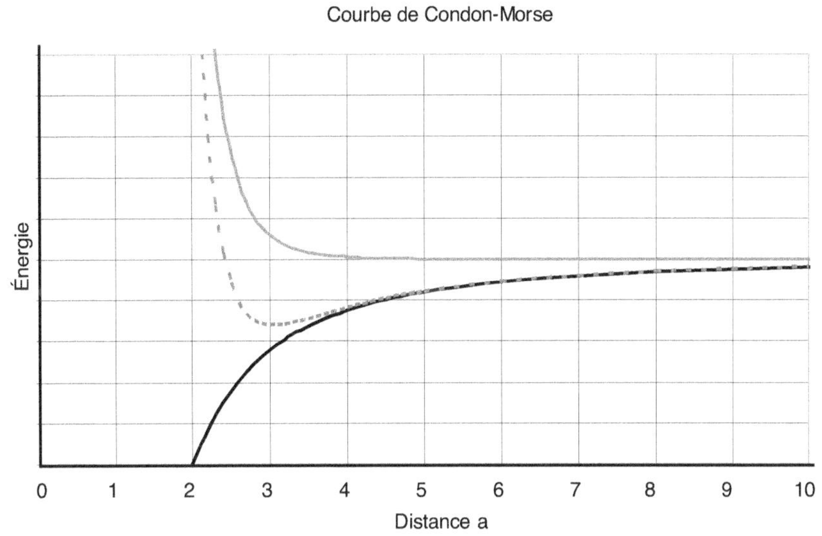

Figure 1.2 – Énergie du système composé par deux atomes proches (unités arbitraires)

L'énergie d'attraction, qui tend à rapprocher les atomes (courbe inférieure), peut se simplifier en une fonction de la forme :

$$E_{attraction} = -k/a^n$$

L'attraction est comparable à celle de la loi de Newton relative aux forces entre les corps célestes. L'énergie de répulsion (courbe supérieure) obéit à une loi semblable mais de signe contraire, de la forme :

$$E_{répulsion} = k'/a^{n'}$$

Pour les métaux, n' est toujours très supérieur à n. Des valeurs typiques (choisies pour ce graphe) sont : n' = 8, n = 2. Que m soit plus grand implique que les forces de répulsion ont un « rayon d'action » plus faible que celles d'attraction. En fait, la répulsion est forte pour les très faibles distances mais tombe ensuite rapidement à des valeurs négligeables.

Physiquement, cela découle du fait que les couches électroniques des deux atomes ne peuvent pas s'interpénétrer et donc qu'il faut déployer de très grands efforts pour rapprocher encore deux atomes déjà proches.

La somme algébrique des deux énergies (courbe intermédiaire) indique finalement l'amplitude de l'énergie globale du système constitué par les deux atomes.

Or, on voit très clairement dans l'exemple illustré que cette énergie est très élevée pour les faibles valeurs de a. Ceci illustre le fait que des atomes très proches sont repoussés par des forces de répulsion élevées.

On voit aussi que l'énergie globale passe par un minimum. On peut aisément en déduire que, l'énergie étant alors minimale, la liaison la plus stable n'existe que pour cette distance que nous symboliserons alors par a_0. Ce sera la distance d'équilibre de ces deux atomes isolés.

En supposant qu'il n'y ait plus deux atomes mais un très grand nombre, on peut facilement imaginer qu'ils vont être naturellement espacés de cette distance a_0 qui peut alors être rapprochée de ce qu'on appelle le *paramètre cristallin* du système[1]. Un ensemble régulier va donc se former spontanément, ce sera un cristal. Son état est stable car il correspond à l'énergie minimale de cet ensemble d'atomes à cette température. Les cristaux, qui nous impressionnent toujours par leur régularité, ne sont pas un « miracle » de la nature mais seulement la façon la plus logique selon laquelle des éléments strictement identiques peuvent s'agglomérer.

Encore une fois, les choses sont, dans la réalité, nettement plus compliquées. Il existe différents types de construction possibles : systèmes cristallins cubiques, hexagonaux, rhomboédriques... mais nous n'allons pas chercher à comprendre pourquoi. Il nous suffit d'avoir intuitivement compris pourquoi les métaux sont cristallins à l'état solide.

Une remarque : dans le cas des métaux, cette cristallinité s'accompagne de l'absence de molécules[2]. C'est donc une grosse erreur de parler de structure moléculaire ou de rupture des liaisons moléculaires dans le cas des métaux ou alliages.

1.1.3 Module d'élasticité – température de fusion

Notons que la forme de la courbe énergie-distance interatomique que nous venons d'examiner varie avec les métaux.

Pour le plomb, cette courbe est plate tandis qu'elle est très « pointue » pour le tungstène. Ceci découle du nombre et de la position des électrons dans ces différents atomes. On peut en déduire certaines caractéristiques élastiques du métal :

– une forte pente autour de a_0 indique qu'il faut déployer une grande énergie pour obtenir une faible variation de la distance entre atomes. Cela traduit une grande rigidité du métal ; on dit que le module d'élasticité[3], symbolisé par E, est élevé (350 GPa pour le tungstène),
– à l'inverse, une faible pente signifie qu'on pourrait éloigner ou rapprocher les atomes sous un effort réduit : le module d'élasticité est alors faible (E = 18 GPa pour le plomb). Le fer se situe entre les deux : E ≈ 200 GPa.

Cette courbe a de multiples conséquences physiques. Profitons-en pour examiner très rapidement ce qui se passe dans les différents états de la matière, en prenant, évidemment, l'exemple du fer.

Excepté au zéro absolu (– 273 °C), les atomes sont constamment animés de mouvements de faible amplitude autour de leurs positions d'équilibre dans le réseau[4]. Cette agitation atomique croît avec la température ; l'amplitude des vibrations augmentant, les atomes se repoussent les uns les autres et c'est là l'origine de la dilatation thermique. Chaque atome occupant un espace moyen plus grand, les

1. Les choses sont plus compliquées dans la mesure où il y a plus de deux atomes dans un cristal, ce qui modifie les équilibres de forces.
2. Ce sont les phases intermétalliques (cf. 1.2.2) qui seraient le plus proche de la structure moléculaire.
3. Nous étudierons cette propriété plus en détail à propos de l'essai de traction.
4. On parle bien ici d'une vibration de l'atome tout entier, pas du mouvement des électrons.

dimensions de l'objet augmentent un peu (pour le fer, 12 micromètres par mètre et par degré aux alentours de l'ambiante).

Si le fer est à basse température, au-dessous de 1500 °C (tout est relatif), les atomes s'agglutinent effectivement en cristaux qui correspondent à leur état d'énergie minimale. Si on leur apporte plus d'énergie sous forme calorifique, ils vont devenir plus mobiles. Leurs mouvements relatifs s'amplifient, leur distance moyenne « a » également, les forces de liaison diminuent beaucoup et l'empilement rigoureux est rompu : c'est la fusion. On constate que, pour quasiment tous les métaux, cette rupture de l'empilement apparaît lorsque la distance interatomique dépasse a_0 de 12 %. Or, comme on vient de le voir, plus la pente de la courbe de Condon-Morse est forte autour de a_0, plus il faut apporter d'énergie pour éloigner les atomes d'une proportion donnée (12 % en l'occurrence). On voit donc que cette courbe a une autre signification : elle est reliée à la température de fusion.

En d'autres termes : un métal dont la courbe de Condon-Morse est pointue a, tout à la fois, un module d'élasticité et une température de fusion élevés (et inversement pour une courbe plate). Le tableau 1.1 ci-dessous le montre pour quelques métaux[1]:

Tableau 1.1 – Corrélation entre température de fusion et module d'élasticité

Métal	Module d'élasticité (GPa)	Température de fusion (° C)
Étain (Sn)	4,2	232
Plomb (Pb)	18	327
Magnésium (Mg)	43	651
Aluminium (Al)	78	660
Nickel (Ni)	210	1440
Cobalt (Co)	210	1493
Fer (Fe)	210	1539
Tungstène (W)	350	3410

À l'état liquide, les atomes ont des mouvements relativement indépendants les uns des autres, seulement guidés par les variations locales de température et donc de densité. C'est ce qu'on appelle les courants de convection. Néanmoins, la pesanteur continue de les maintenir dans le récipient où ils se trouvent et ceci explique que la surface soit plate et horizontale.

Si la température du fer dépasse 3 000 °C, les atomes, porteurs d'une grande énergie, la dépensent en mouvements rectilignes et anarchiques, appelés mouvements Browniens, qui leur permettent de s'élever au-dessus du récipient. Ils ne sont plus que très partiellement tenus par la pesanteur et seules les parois de l'enceinte où ils

1. Ces métaux ont été choisis pour illustrer la règle générale. Il y en a qui se classent moins bien.

se trouvent limitent leurs déplacements. Ce sont les chocs des atomes sur ces parois qui créent la pression. Le fer est devenu vapeur.

1.1.4 Les principaux systèmes cristallins

Il existe une grande variété de types d'empilements atomiques. Il y a plus d'un siècle que Bravais a montré qu'il en existait quatorze. Nous ne les considérerons pas car il suffit, pour ce qui nous intéresse, d'en connaître trois qui sont représentés schématiquement à la figure 1.3.

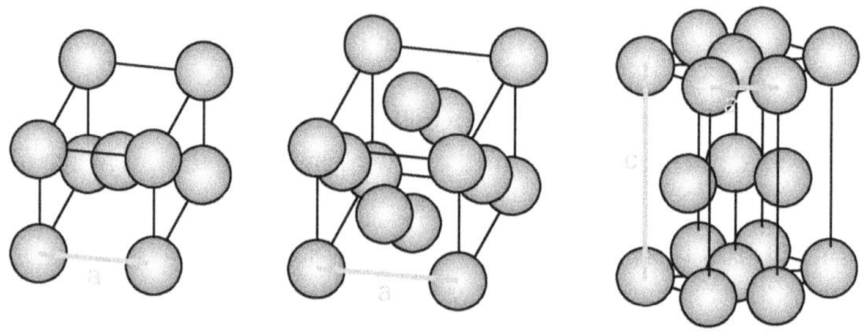

Figure 1.3 – Les trois systèmes cristallins nous concernant)

Celui de gauche, le système cubique centré, abrégé en CC, est celui du fer à la température ambiante. Ce constituant est donc appelé *ferrite*. Comme on le voit, il y a un atome à chaque sommet du cube élémentaire plus un au centre de celui-ci. Quand la température du métal pur atteint 910 °C, il change alors de système cristallin et devient cubique à faces centrées CFC, (figure du milieu), qu'on appelle *austénite*. Ce système ne nous intéresserait guère pour l'emboutissage à froid si les aciers inoxydables austénitiques et de nouvelles nuances d'acier au carbone (aciers TRIP) n'avaient justement ce même type de réseau à la température ambiante. L'aluminium pur et le cuivre sont également cubiques à faces centrées.

La figure de droite représente un système hexagonal[1]. Quand le rapport c/a vaut 1,633, le système est le plus compact possible. Mais, bien souvent, ce rapport est plus grand et la cohésion entre les plans denses, dits *plans basaux*, est affaiblie. C'est le cas du zinc (1,856) et aussi de certains lubrifiants solides que nous examinerons dans la partie C.

Dans une structure cristalline, on peut identifier différents plans selon lesquels les atomes se répartissent. Examinons la figure 1.4 qui représente un très petit morceau (1 400 atomes) d'un cristal cubique simple, c'est-à-dire ayant seulement des atomes aux sommets du cube.

On distingue aisément les plans des faces du cube, qu'on désigne par (100)[2]. Nous en avons distingué un par le croisement de deux lignes perpendiculaires. Cependant, il est important de réaliser que tous les plans qui lui sont parallèles sont aussi des

1. Il n'est pas représenté entièrement mais simplifié.
2. Il n'entre pas dans le cadre de cet ouvrage d'expliquer pourquoi. Mais il est facile d'utiliser ces indices, dus à Miller. On doit dire plan « un, zéro, zéro » et non plan « cent ».

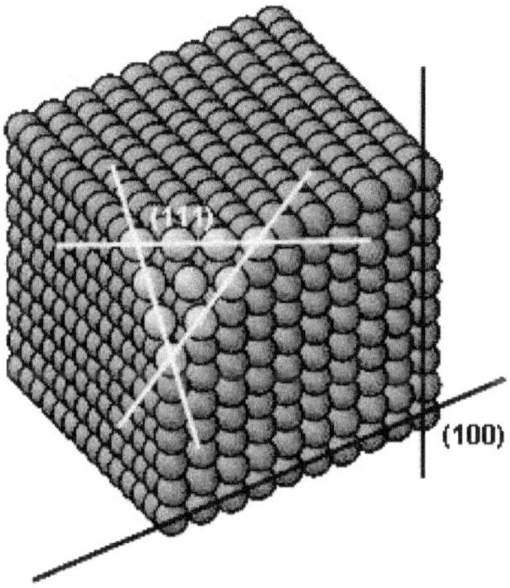

Figure 1.4 – Plans cristallins dans un cristal cubique simple

plans (100), de même que tous les plans parallèles aux autres faces du cube. Il y a donc 34 plans (100) dans cette figure. On parle alors d'une famille de plans cristallins.

Nous avons aussi mis en évidence, en supprimant quelques atomes, un plan qui traverse le cube en diagonale. Dans ce plan, auquel on donne l'indice (111), il est facile de voir que les atomes sont moins rapprochés que dans les autres plans ; on dira donc que c'est un plan de basse densité. Dû à leur moindre proximité, la cohésion des atomes est inférieure dans ce plan qui ne se comportera donc pas comme les autres. Précisons que ce ne sont pas toujours ces plans (111) qui sont les moins denses, cela dépend du type de réseau.

Il est important de noter, d'autre part, que la distance entre les atomes d'un même plan varie aussi selon la direction considérée. Par exemple, les atomes situés sur une diagonale d'un plan (100) de la figure sont éloignés de 1,414 a_0.

Par la suite, et pour simplifier, nous développerons la plupart de nos exemples à partir des cristaux cubiques.

1.1.5 Structure polycristalline

Nous sommes partis de l'atome, puis nous avons vu les forces liant deux atomes et nous sommes parvenus progressivement à la notion de cristal. Or, un cristal unique, appelé de ce fait *monocristal*, est très rare dans la nature ! Il faut même se donner beaucoup de peine pour l'obtenir...

En revanche, les métaux industriels sont toujours composés de l'association d'un très grand nombre de grains (de quelques dizaines de micromètres) correspondant à la croissance simultanée de nombreux germes lors de la solidification ou des transformations ultérieures. Un acier d'emboutissage contient couramment de 100 000 à 200 000 grains par millimètre cube.

Ces grains sont séparés les uns des autres par des surfaces appelées *joints de grains*. Ces joints correspondent à la frontière entre deux cristaux qui, pour être identiques, n'en sont pas moins d'orientations différentes dans le cas général. Il n'y a donc pas

un réseau bien défini dans le joint, c'est un mélange plus ou moins désordonné des deux réseaux adjacents. Ce point sera important par la suite.
Coupons la tête à une croyance trop répandue : les joints de grains ne sont pas une zone particulièrement faible (idée peut être établie par analogie avec la rupture d'un morceau de sucre). Ils assurent au contraire une forte cohésion à l'agglomérat métallique. Les ruptures intergranulaires sont donc rares dans les aciers. On en verra cependant deux cas par la suite.
Nés du hasard, les grains adjacents d'un polycristal ont des orientations cristallographiques généralement différentes ; c'est le cas de la plupart des tôles à chaud.
Cependant, le métallurgiste peut être amené, pour des raisons liées à l'emboutissabilité (ou parfois aux propriétés électriques et magnétiques), à orienter de façon privilégiée une grande quantité de grains. On donne alors au matériau ce qu'on appelle une *texture*, c'est-à-dire une orientation préférentielle des directions cristallographiques dans la tôle.
Cette opération est réalisée par la maîtrise des conditions de laminage à froid et de recuit (cf. section 9.2). Nous verrons de façon plus détaillée l'influence de la texture à propos du coefficient d'anisotropie.

1.2 Alliages

Avançant toujours plus dans la complexité, nous allons maintenant considérer le cas, de loin le plus répandu, où coexistent des atomes différents dans le même matériau : c'est alors un *alliage*. Notons d'abord ceci : suivant que la présence de l'élément est voulue ou non on l'appellera élément d'addition ou impureté. Il existe aussi des éléments, tel le phosphore, qui peuvent être tantôt l'un, tantôt l'autre…
Cette combinaison entre le matériau de base et les éléments supplémentaires peut prendre plusieurs formes que nous allons examiner rapidement car elles jouent un rôle métallurgique important, soit sur les caractéristiques mécaniques des aciers, soit sur leur qualité.
Il s'agit là de pure métallurgie, aussi nous n'entrerons pas trop dans les détails, disant seulement qu'il y a généralement un élément prédominant – le fer dans l'acier, le cuivre dans le laiton – et que les autres éléments peuvent se trouver sous différentes formes :

- solution solide,
- phase intermétallique,
- seconde phase,
- précipités,
- inclusions non métalliques.

1.2.1 Solutions solides

Pour commencer, nous allons considérer les *solutions solides*, qui doivent leur nom à leur ressemblance avec le mélange de deux liquides. La figure 1.5 illustre les deux types possibles, *substitution* et *insertion*. Pour être plus complet, nous avons incorporé dans cette figure un défaut ponctuel assez courant, la lacune (en bas à gauche). Ce dernier résulte tout simplement de l'absence d'un atome dans le réseau. Son occurrence augmente avec la température (cause, avec la dilatation thermique, de la diminution de densité).

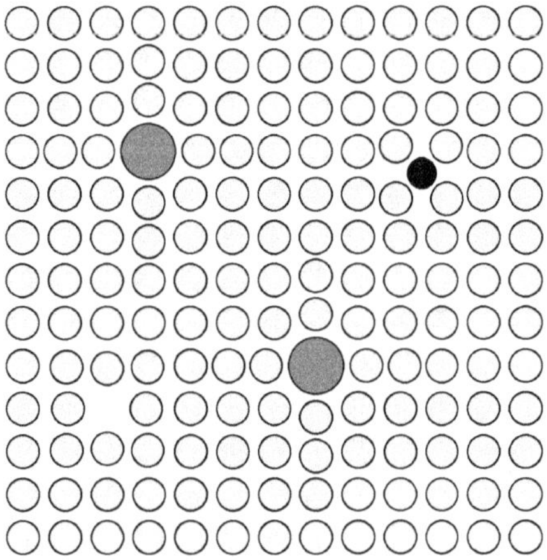

Figure 1.5 – Solution solide de substitution et d'insertion, lacune

Dans une solution solide *de substitution*, des atomes étrangers remplacent les atomes du réseau constitué par le métal de base (majoritaire). Par exemple, cela se produit si l'on ajoute 1 % de manganèse ou de silicium à du fer. Dans la figure 1.5, les deux gros atomes sont en substitution.

La présence de ces atomes, qui n'ont jamais exactement les mêmes dimensions ni les mêmes propriétés que ceux qu'ils remplacent, déforme le réseau et crée des tensions qui se manifestent par un durcissement. On peut donc retenir qu'un alliage métallique est *toujours* plus dur que son métal de base, même si on a ajouté à celui-ci un métal naturellement moins dur (un peu de plomb durcit le cuivre).

Ce type de mélange ne peut se produire que lorsque les atomes ne sont pas trop différents. Nous n'entrerions pas dans ces détails s'ils ne présentaient un intérêt pour la compréhension du frottement et du grippage (cf. partie C). Le chercheur anglais Hume-Rothery a établi, dès les années 50, dans quelles conditions peut se former une solution solide de substitution :

– les deux systèmes cristallins doivent être identiques (CC-CC, CFC-CFC...)
– la différence des diamètres atomiques doit être inférieure à 15 %,
– il ne doit pas se former de phase intermétallique.

Un alliage peut être composé d'une solution solide exclusivement ; c'est le cas du laiton d'emboutissage qui contient 37 % de zinc parfaitement mélangé avec 63 % de cuivre.

Nous allons maintenant nous intéresser au deuxième type de solution, celle *d'insertion* qui est essentiellement liée à la présence de petits atomes (hydrogène, carbone, azote) insérés dans un métal ayant de plus gros atomes (le fer). Sur la figure 1.5, un petit atome *interstitiel* est figuré en noir.

Moins un atome possède d'électrons, plus il est petit. C'est pour cela que tous les éléments du début de la table de Mendeleev, en particulier l'hydrogène, peuvent facilement s'insérer et *diffuser* entre les atomes de fer.
Ce terme de diffusion recouvre le mouvement des atomes dans le réseau. Pour employer une image simple, ce mouvement est possible car les petits atomes peuvent se « faufiler », si l'on peut dire, entre les plus gros au moment où ceux-ci s'écartent (sous l'effet de l'agitation atomique)[1]. Bien entendu, compte tenu du très grand nombre d'atomes dans un cristal, un tel mouvement demande du temps. On voit pourquoi, l'agitation atomique augmentant avec la température, les possibilités de diffusion augmentent corrélativement.
Ces notions nous seront utiles à propos du vieillissement, du crochet de limite d'élasticité, de l'influence de la température ou de la vitesse vis-à-vis des caractéristiques mécaniques, ainsi que de différents types de fragilisation.
Signalons dès maintenant que, malgré leur petite taille, les atomes en insertion déforment plus le réseau que des atomes en substitution car ils ne remplacent pas un atome mais en déplacent plusieurs. Ceci explique que l'augmentation de dureté par insertion soit très efficace mais, en revanche, qu'elle diminue plus fortement les possibilités de déformation d'un métal que celle obtenue par des solutions de substitution. Nous reverrons cela en examinant les différentes catégories d'acier.
Notons encore que, compte tenu des tensions qu'introduit la présence des atomes en insertion, leur quantité reste nécessairement limitée dans un alliage. Par exemple, la solubilité maximale du carbone n'est que de 0,02 % dans le fer, à 710 °C ! Bien entendu, elle décroît quand la température diminue.

1.2.2 Phases intermétalliques

Dans certains cas, il ne se forme ni solution d'insertion, ni solution de substitution. Les propriétés atomiques des deux métaux en présence leur permettent de se lier de façon chimique, comme se forme une molécule, et de donner une *phase intermétallique* de composition bien définie, dite *stœchiométrique*. C'est par exemple la phase Sb-Sn, entre l'antimoine et l'étain.
Dans les aciers, cette possibilité ne s'applique pratiquement jamais. Nous n'en parlerons donc plus.

1.2.3 Secondes phases

C'est une appellation très générale, qu'on utilise pour désigner un constituant du métal qui apparaît dans l'alliage en plus de la phase principale. Dans les aciers, le constituant le plus courant est la *cémentite* ou carbure de fer Fe_3C. Très dur, il renforce nettement l'alliage. Là encore, la quantité qu'on peut avoir reste limitée, le maximum de carbone étant de l'ordre de 1,7 % dans les aciers. Mais attention, une telle proportion donne un acier strictement indéformable… Pour les aciers emboutissables, la quantité de cémentite doit rester très limitée, plutôt de l'ordre des ppm[2].

1. Comme on s'en doute, l'explication complète est plus subtile…
2. Partie par million

Ce carbure peut former avec la ferrite un agrégat de couches successives donnant un constituant hétérogène plus complexe appelé *perlite*. Il est très résistant mais assez peu déformable. On le trouve surtout dans les aciers laminés à chaud qui sont relativement chargés en carbone (par exemple 0,10 % et plus).

1.2.4 Précipités

Il est une catégorie de composés encore beaucoup plus fins qu'on appelle *précipités*. Nous allons les présenter comme des phases à composition chimique bien définie, dite stœchiométrique, extrêmement petites. Ces composés sont souvent des carbures, des nitrures ou encore des carbonitrures. Ce qui les différencie des particules de seconde phase tient essentiellement à leur taille qui se mesure en nanomètres[1].
Ils déforment très localement le réseau cristallin et augmentent donc beaucoup la dureté de l'alliage. Leur présence est souhaitée pour les aciers à haute limite d'élasticité dans lesquels on ajoute des éléments dits *dispersoïdes* (niobium, vanadium) qui favorisent la formation de ces précipités. L'une des raisons de ce choix découle du fait qu'ils permettent d'obtenir le durcissement de l'acier sans avoir recours aux ajouts d'éléments tels que le carbone ou le manganèse qui augmentent la trempabilité et diminuent, de ce fait, la soudabilité.
Leur influence dépend de leur taille : trop gros, ils sont trop dispersés pour modifier les propriétés de la matrice et trop petits ils sont inefficaces. Pour donner un exemple, la taille optimale des carbonitrures de niobium se situe entre 5 et 50 nanomètres.

1.2.5 Inclusions non métalliques

Plusieurs éléments non métalliques, comme le soufre, le phosphore, se lient aux métaux pour donner des composés qu'on appelle *inclusions* (sulfure de fer, de manganèse, phosphure de fer) qui restent toujours en quantité limitée. Elles sont de nature franchement différente de la base de l'alliage et, de ce fait, n'ont en général qu'une liaison faible avec celui-ci. Selon leur nature, elles peuvent être malléables, de forme allongée par le laminage à chaud, ou bien dures, fragiles et angulaires.
Leur taille est bien supérieure à celle des précipités et elles n'ont donc pas d'action durcissante sur le métal.
Elles jouent toujours un rôle néfaste durant la déformation du métal, soit en rendant celui-ci moins *ductile* (c'est-à-dire capable d'une moindre déformation) dans la direction perpendiculaire à celle de laminage, soit en créant des décohésions ou en se fracturant, c'est alors ce qu'on appelle l'*endommagement* (qui peut aussi se produire sur les particules de seconde phase). La figure 1.6 montre l'endommagement (volontaire, dans ce cas, cf. section 10.2) produit sur des aciers pour émaillage par fragmentation de la cémentite.
Nous verrons que ce phénomène peut jouer un rôle important lors de la rupture du métal.
Notons que la sidérurgie a fait de très gros progrès dans le domaine de la maîtrise des inclusions. Leur nombre et leur taille ont énormément diminué ces dernières années. Un exemple situera de façon frappante le niveau de qualité atteint : pour

1. Un millième de micromètre.

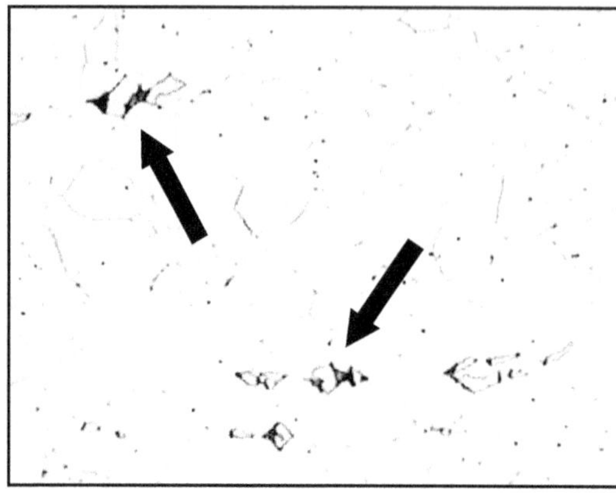

Figure 1.6 – Endommagement sur des particules de cémentite

les boîtes boissons, afin d'éviter des fuites au sertissage, la quantité d'inclusions de silicoaluminates de calcium de taille supérieure à 10 µm tolérée dans une coulée de 340 tonnes est inférieure à 0,4 gramme ! On notera au passage que les canettes métalliques, qui semblent si banales, sont en fait des produits de très haute technologie.
Grâce à ces progrès sur la propreté inclusionnaire, la différence de propriétés existant entre *sens long* (direction de laminage) et *sens travers* ne cesse de se réduire. Ceci explique d'ailleurs que la normalisation tende, de plus en plus, à considérer les propriétés en sens long, contrairement à l'usage ancien qui cherchait, par précaution, à mesurer les caractéristiques travers moins favorables sur le plan de la formabilité. Notons que cette nouvelle tendance a aussi l'intérêt de permettre d'effectuer des essais de traction même sur des feuillards de faible largeur.

1.2.6 Joints de grains

Nous avons vu que les joints de grain avaient un système cristallin très perturbé. Ce n'est pas leur seule particularité. Il se trouve que les éléments en solution dans un métal voient leur solubilité se réduire avec la température car la distance interatomique diminue, ce qui implique que plus le métal se refroidit, moins il peut accepter d'atomes étrangers. Mais où peuvent-ils aller, étant entendu qu'ils ne peuvent s'échapper du solide ?
Si un cristal, c'est-à-dire un grain, rejette une partie des atomes en solution en se refroidissant et que son voisin fait de même, eh bien, tous ces atomes se retrouvent dans le joint qui les sépare ! La conséquence, c'est que ces joints sont des zones polluées et nous verrons plus loin que cela joue un rôle non négligeable vis-à-vis de la déformation plastique.
Pour terminer ce chapitre sur les différentes phases qui peuvent exister dans un acier, nous tenons à faire remarquer que les observations que nous venons de présenter ne sont qu'un coup d'œil très furtif donné sur la métallurgie. Beaucoup de phénomènes non indispensables à la suite du livre ont été laissés de côté. Nombre d'excellents ouvrages existent pour ceux qui désirent approfondir la connaissance de ce sujet. Quelques-uns sont cités dans la bibliographie relative à cette partie.

2 • COMMENT SE DÉFORME UN MÉTAL

2.1 Rappels de mécanique

Avant de continuer, il nous semble opportun de donner la définition de quelques termes de mécanique que nous utiliserons beaucoup dans ce livre et qui peuvent ne pas être familiers à tous les lecteurs : on utilise par exemple deux types de contraintes, deux types aussi de déformations et ceci peut faire naître la confusion. Nous allons essayer de l'expliquer de la façon la plus simple possible.

On verra d'autre part que, dans les raisonnements qui suivent, on est souvent amené à jongler avec les notions de force et de contrainte d'une façon qui pourrait paraître un peu arbitraire à certains. C'est d'ailleurs un jeu qui se retrouve souvent quand on cherche à comprendre l'emboutissage et la résistance des matériaux.

■ Force

C'est une action extérieure à un corps qui tend à le déplacer ou à en modifier la forme. Le poids est un exemple de force qui peut déplacer un corps vers le bas (il tombe) ou bien l'écraser, ou encore l'allonger (cas d'un fil supportant une masse). L'unité de force est le Newton (N) ou le kiloNewton (kN). La tonne n'est pas une unité de force mais de masse, ce qui implique que la capacité d'une presse ne doit pas être exprimée en tonnes.

■ Contrainte conventionnelle

Nous allons définir ce concept en utilisant un exemple. Supposons que deux éprouvettes de traction de section différente, respectivement 20 et 30 mm^2, cassent sous la même force de 6 000 N. De toute évidence, bien que la force supportée soit identique, la capacité de résistance des deux matériaux vis-à-vis de la rupture n'est pas la même. La seule façon raisonnable de comparer leurs propriétés est donc de rapporter la force à la section qui la supportait : cette valeur porte le nom de *contrainte*. On voit alors que le premier matériau a cassé pour une contrainte de 6 000/20 = 300 MPa, tandis que l'autre, moins résistant, a cassé sous une contrainte de 6 000/30 = 200 MPa seulement. L'unité est le MPa, MégaPascal, qui est équivalent au N/mm^2 longtemps utilisé en sidérurgie. Pour de très grandes valeurs, on utilise le GigaPascal (GPa = 1 000 MPa). Dans ce livre, nous utiliserons le symbole C pour désigner les contraintes conventionnelles, ce qui n'est pas un usage établi mais un choix de l'auteur. Une remarque qui nous servira par la suite :

si la contrainte est la division d'une force par une section, il en découle à l'inverse qu'une force est la multiplication d'une contrainte par une section.

Contrainte rationnelle

On verra un peu plus loin que le volume d'un corps ne varie pas au cours de sa déformation plastique. Il en résulte que la section d'un corps qui s'allonge, une éprouvette de traction par exemple, doit obligatoirement diminuer au cours de l'essai. La méthode qui consiste à rapporter la force instantanée à la section initiale, comme vu ci-dessus, entraîne donc une erreur puisque cette section initiale n'est plus celle qui existe au moment de la mesure. La contrainte rationnelle, encore appelée *contrainte vraie*, est donc celle qui consiste à rapporter la force instantanée à la section instantanée. Comme cette dernière est toujours plus petite que la section initiale, une contrainte rationnelle est toujours plus élevée que la contrainte conventionnelle correspondant à la même déformation. Dans ce qui suit, une contrainte rationnelle de traction ou de compression sera, selon la tradition, symbolisée par σ (sigma). Elle s'exprime également en MPa.

Différence entre force et contrainte

C'est une distinction capitale pour la compréhension de nombreux phénomènes que nous aborderons dans ce livre. Utilisons encore un exemple, celui d'une chaîne supportant un poids P : il est bien clair que chaque maillon, qu'il soit petit ou gros, est obligé de supporter ce même poids[1]. Tous les maillons de la chaîne supportent donc une force, ou tension, P. Il en est de même d'une éprouvette de traction qui subit la même tension dans le corps calibré et dans les têtes, pourtant plus larges. Revenons à la chaîne : si elle est constituée de maillons de tailles différentes, les gros sont soumis à une faible contrainte tandis que les petits en supportent une plus élevée : ce qui varie localement quand la section n'est pas constante, c'est donc seulement la contrainte. Ainsi, les têtes qu'on usine aux extrémités d'une éprouvette de traction sont destinées à diminuer localement la contrainte et éviter la déformation dans les mors.

Une dernière remarque : il est très logique que ce soit toujours le maillon le plus faible d'une chaîne qui casse le premier : pourquoi un plus fort casserait-il avant ? De la même façon, une éprouvette cassera forcément là où elle est la plus faible, même si la différence de résistance entre cette zone faible et le reste de l'éprouvette est extrêmement ténue. Nous aurons l'occasion de revenir sur cette caractéristique qu'on a souvent tendance à négliger.

Déformation conventionnelle

On retrouve pour les déformations la même dualité que pour les contraintes. La déformation conventionnelle est celle que tout le monde connaît, celle qui rapporte l'allongement (ou le raccourcissement) ΔL à la longueur initiale L_0. On la symbolise par e. Le fait de la multiplier par cent n'est qu'une habitude destinée à lui donner

1. On néglige le poids propre de la chaîne, ce qui n'est plus valable pour une très longue chaine, comme celle des ancres des très gros navires.

une valeur supérieure à un, dans la plupart des cas. On peut résumer ceci de la façon suivante pour une longueur passée de 80 à 100 mm :

$$e = 20/80 = 0{,}25$$

$$e\ (\%) = (20\ /\ 80)\ .\ 100 = 25\ \%$$

Déformation rationnelle

Les déformations qu'on considère le plus souvent en mise en forme sont dites *vraies, rationnelles, naturelles* ou encore *logarithmiques*. Elles ont été introduites par Ludwik en 1909. Il s'agit cette fois du logarithme népérien du rapport des longueurs L/L_0, dans lequel L représente la longueur finale égale à $L_0 + \Delta L$. Nous expliquerons au chapitre 6.1 pourquoi cette définition, qui apporte d'énormes avantages, est utilisée. En France, le symbole en est ε[1].

En reprenant l'exemple utilisé précédemment, l'allongement de 25 % devient :

$$\varepsilon = \ln\ (100/80) = 0{,}223$$

Remarque

Les faibles valeurs de e et de ε sont très proches ; par exemple pour $e = 0{,}10$ on obtient $\varepsilon = 0{,}0953$. On a vu que cette différence augmente ensuite (0,25 donne 0,233) et l'écart se creuse toujours plus. Par exemple, une déformation rationnelle de 1 correspond à un allongement conventionnel de 172 %.

Ductilité et malléabilité

La ductilité est la capacité d'un matériau à beaucoup se déformer avant de se rompre. Par exemple, plus l'allongement à la rupture d'un acier est grand, plus il est ductile. Cette propriété ne doit pas être confondue avec la *malléabilité*, qui indique la facilité avec laquelle le matériau se déforme.

Un métal très mou (malléable) n'est pas forcément ductile. Un exemple frappant est celui du plomb : il se déforme beaucoup par compression mais peu par extension. On ne peut pratiquement pas l'emboutir car il n'a pas une résistance suffisante pour vaincre les forces de frottement.

2.2 Déformation des cristaux

Ce que nous avons vu concernant la structure des cristaux va nous permettre de mieux comprendre le mécanisme de leur déformation, élastique d'abord, puis plastique, cette dernière constituant le sujet principal de cet ouvrage. Mais d'abord, il est nécessaire, pour bien comprendre, de considérer les différences de cohésion qui existent entre les plans atomiques.

Pour commencer, éliminons l'idée, comme on l'a vu, que les joints de grains sont à l'origine de la déformation. Pour ceux qui pensent ainsi, les grains eux-mêmes ne se déformeraient pas, seuls les joints de grains, très ductiles, le feraient. On pourrait comparer ce mécanisme à celui d'un sac de sable dont les éléments durs glissent les

1. Attention : en Allemagne ce symbole représente la déformation conventionnelle (en %). La rationnelle est symbolisée par φ.

uns sur les autres. Il n'en est rien[1]. Dans l'agrégat cristallin, les joints sont plutôt la partie qui résiste le plus fortement à la déformation, à cause de leur structure cristalline perturbée et des impuretés qu'ils contiennent.
La cohésion entre les atomes est maximale quand ils sont situés à la distance a_0 définie précédemment. C'est ce qui se passe dans les plans de grande densité atomique. Ces plans sont donc très résistants et relativement indéformables.
On constate d'autre part que les plans denses sont généralement plus éloignés les uns des autres que ne le sont les plans de plus faible densité ; les forces liant les plans denses entre eux sont par conséquent relativement faibles.
Que va-t-il donc pouvoir se passer dans un cristal qu'on oblige à se déformer ? Plutôt que de se déformer eux-mêmes, ces plans denses vont avoir tendance à glisser les uns sur les autres. L'image du paquet de cartes à jouer s'applique parfaitement : sous l'effet d'une contrainte, les plans atomiques de grande densité glissent les uns sur les autres. Ceci est attesté parce qu'on appelle les « lignes » ou « bandes de glissement », visibles à la surface de métaux polis puis déformés (figure 2.1). On voit clairement leur présence, dont l'orientation est variable selon les grains.

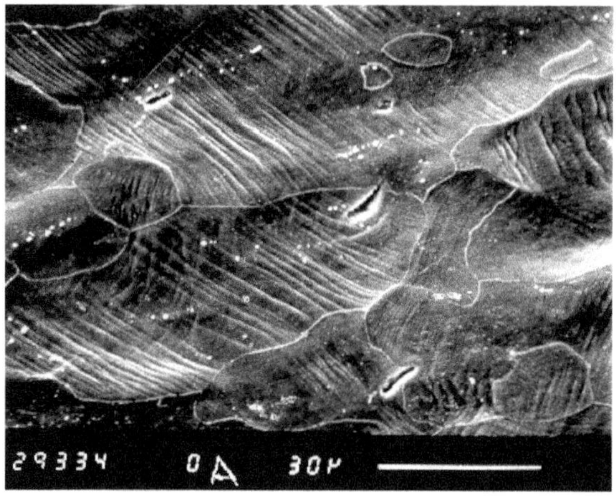

Figure 2.1 – Existence de bandes de glissement dans les grains

Deux plans cristallins glissant d'une distance interatomique peuvent ainsi donner naissance à une « marche » sur le bord du grain, et l'association de quelques milliers de marches donne les bandes, visibles au microscope, de la figure 2.1.
Dans ce qui suit, nous allons approfondir la manière dont les glissements qui se produisent dans les grains permettent aux métaux de se déformer.

1. C'est là le mécanisme principal du fluage, lequel n'est pas utilisé en emboutissage classique. Il existe aussi des aciers très particuliers dans lesquels le métal proche des joints de grains se déforme (mais pas celui du joint).

2.2.1 Déformation élastique

Si l'on applique une faible contrainte à un cristal, une légère déformation a lieu entre les plans atomiques denses : c'est un glissement ou cisaillement. Une image simpliste, la figure 2.2, illustre ce mécanisme.

Tous les atomes d'un plan sont très légèrement déplacés vis-à-vis des plans voisins. La déformation totale qui en résulte est représentée par le déplacement « e ». Évidemment ce mouvement perturbe l'équilibre des forces qui s'était établi suite à la formation du cristal et augmente son niveau d'énergie interne.

Si l'on supprime la contrainte, tous les atomes vont donc reprendre leur position d'équilibre dans le réseau : on est revenu exactement à la situation initiale et l'on dit de la déformation qu'elle était *élastique*. Dans la réalité, cette déformation est extrêmement faible, au maximum de l'ordre du millième de la dimension du cristal pour un acier doux et d'environ cinq millièmes pour les métaux les plus rigides.

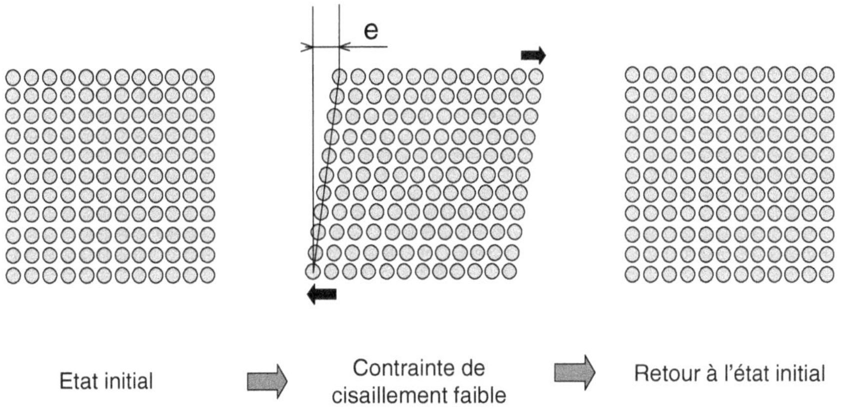

Figure 2.2 – Représentation très schématique d'une déformation élastique par cisaillement

Un modèle très simple, dû à Baqué, permet de mieux comprendre ce qui se passe. Supposons, figure 2.3a, une surface semblable à une tôle ondulée sur laquelle sont placées des billes en fer ; on applique un champ magnétique qui déplace toutes les billes vers la droite : elles montent sur les « collines » (b). Si on supprime le champ,

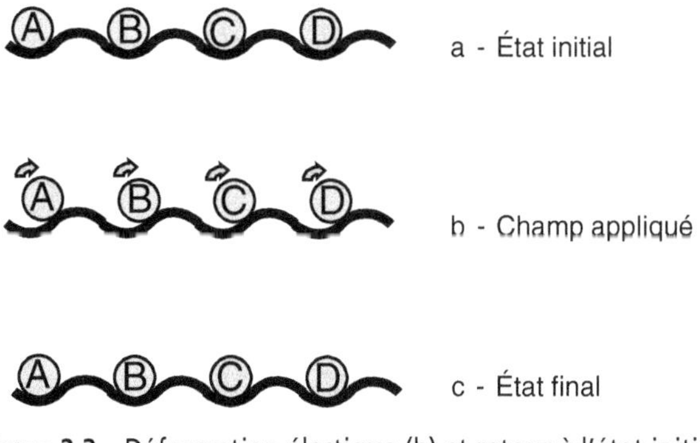

Figure 2.3 – Déformation élastique (b) et retour à l'état initial

elles vont retomber (c) dans leurs « vallées » en oscillant d'ailleurs de droite à gauche avant de s'arrêter ; c'est exactement ce qui se passe quand on relâche un ressort tendu (il a une vibration amortie). Ce modèle simple donne donc une explication satisfaisante du comportement élastique, en parfait accord avec l'hypothèse des sphères reliées par des ressorts virtuels que nous avons adoptée au début.

2.2.2 Déformation plastique-glissement

Poursuivons le raisonnement précédent en examinant la figure 2.4. On voit que lorsque les billes dépassent, sous l'action d'un champ suffisamment puissant, le sommet des « collines », elles vont, toutes ensemble, retomber dans la vallée suivante et non dans celle où elles se trouvaient : leur déplacement vaut dans ce cas une distance atomique « m » (différente de a_0 si la direction considérée n'est pas une direction de densité maximale). Pour les métaux, c'est le début de la déformation *plastique*. Quand toutes les billes d'un plan ont été déplacées de la même distance « m », une *marche* s'est formée, dont l'accumulation donne les lignes de glissement que nous avons vues sur la figure 2.1.

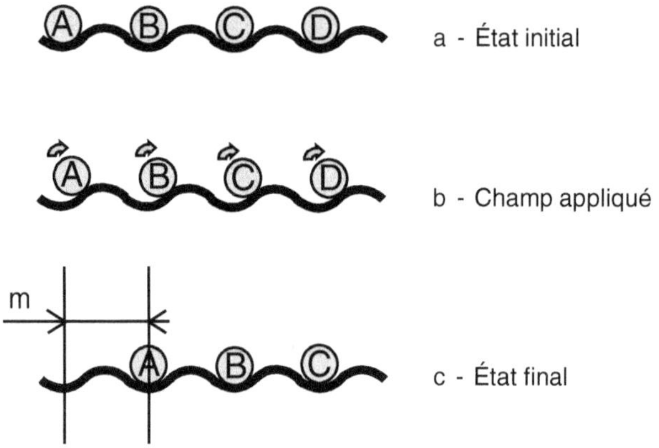

Figure 2.4 – Déformation plastique et formation d'une marche

Cette déformation est irréversible, permanente. Le début de la déformation plastique a donc lieu quand des glissements commencent à apparaître dans les cristaux (les grains) qui forment un métal. Comme ces grains ont des orientations diverses, il en est de même des plans atomiques ; certains grains seront donc « favorablement » orientés vis-à-vis de la contrainte imposée tandis que d'autres ne le seront pas. Au fur et à mesure que la contrainte appliquée croît, le nombre de grains entrant dans le domaine plastique augmente et la déformation plastique s'accentue et se généralise.

C'est ce qui explique que la transition entre domaine purement élastique et domaine plastique soit généralement très progressive. Nous reverrons cette notion importante à propos de la mesure de la limite d'élasticité durant l'essai de traction.

Si l'on continue l'illustration des phénomènes par une représentation identique à celle de la figure 2.2, on obtient la figure 2.5 dans laquelle on peut voir, au centre, la formation de marches dues aux glissements. Quand la contrainte est relâchée (à droite), la déformation purement élastique disparaît, c'est le *retour élastique* (springback en anglais).

Ce schéma montre bien qu'une déformation purement plastique ne peut pas se produire sans la persistance simultanée de la déformation élastique qui l'a précédée. Il faudrait pour cela que le matériau ait une limite d'élasticité nulle, ce qui est plus que rare dans le domaine des aciers. C'est pourquoi il est préférable de parler de déformation *élasto-plastique* plutôt que de plastique seulement.

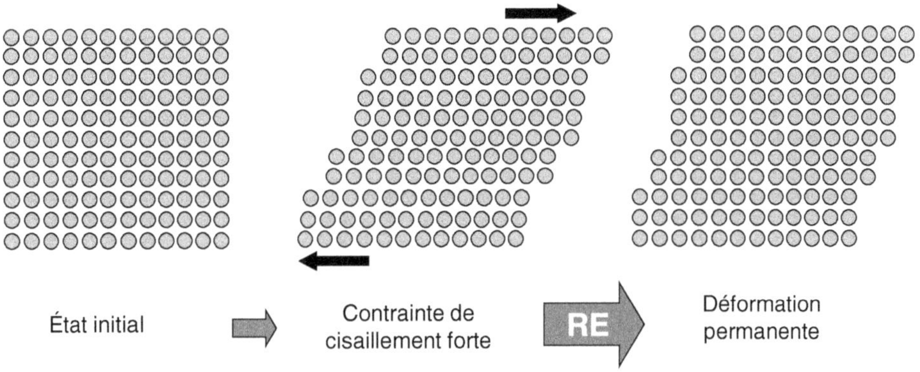

Figure 2.5 – Représentation d'une déformation élasto-plastique et retour élastique

2.3 Les dislocations

Ceci posé, des calculs basés sur la comparaison du module de cisaillement avec les déformations au passage de la limite d'élasticité, ont montré que les contraintes théoriques capables de faire ainsi glisser tous les atomes d'un plan atomique sur un autre plan étaient de mille à cent mille fois[1] supérieures à celles que l'on mesurait réellement ! Une telle différence ne pouvait manquer de chatouiller l'amour propre des chercheurs et de galvaniser leurs imaginations.

Il fallait donc imaginer que quelque chose réduisait considérablement l'effort nécessaire à faire glisser les atomes d'un plan vis-à-vis de ceux d'un autre plan. Pour cela, quoi de plus logique que de poser que le glissement n'avait lieu que dans une toute petite partie du plan, et non dans son ensemble. Dans ce cas, le nombre d'atomes en mouvement est faible de même que la contrainte pour les animer.

Un grand métallurgiste anglais, Mott, a eu l'idée de la comparaison suivante : supposez que vous vouliez déplacer un grand et lourd tapis et qu'en tirant sur une extrémité vous n'arriviez pas au résultat escompté. Il existe une solution : aller à l'autre extrémité, vous agenouiller, repousser l'extrémité pour former un pli et déplacer ensuite ce pli en le poussant devant vous. À la fin, vous aurez déplacé l'ensemble de la toile d'une longueur égale au développé du pli, mais à chaque instant, vous ne déplacez que le poids du pli !

1. Cela dépend du solide considéré, mono ou polycristal.

Restait à trouver ce qui pouvait provoquer un phénomène comparable dans les cristaux. C'est en partant de ces considérations que furent introduites, en 1934, certaines théories concernant l'influence de défauts linéaires d'empilement supposés exister dans les cristaux (qui n'étaient donc plus considérés comme parfaits).

Ces fautes d'empilement[1] des atomes ont été appelées *dislocations*, nom mal adapté en français car il fait penser à des brisures, des fissures, qui se trouveraient dans les cristaux. Il n'en est rien, ce ne sont vraiment que des lieux où l'ordonnancement du cristal est perturbé, comme montré à la figure 2.6. Il s'agit, dans ce cas, d'une dislocation appelée « coin », la plus facile à s'imaginer et dont nous allons nous servir presque exclusivement par la suite pour nos démonstrations, bien qu'il en existe d'autres types.

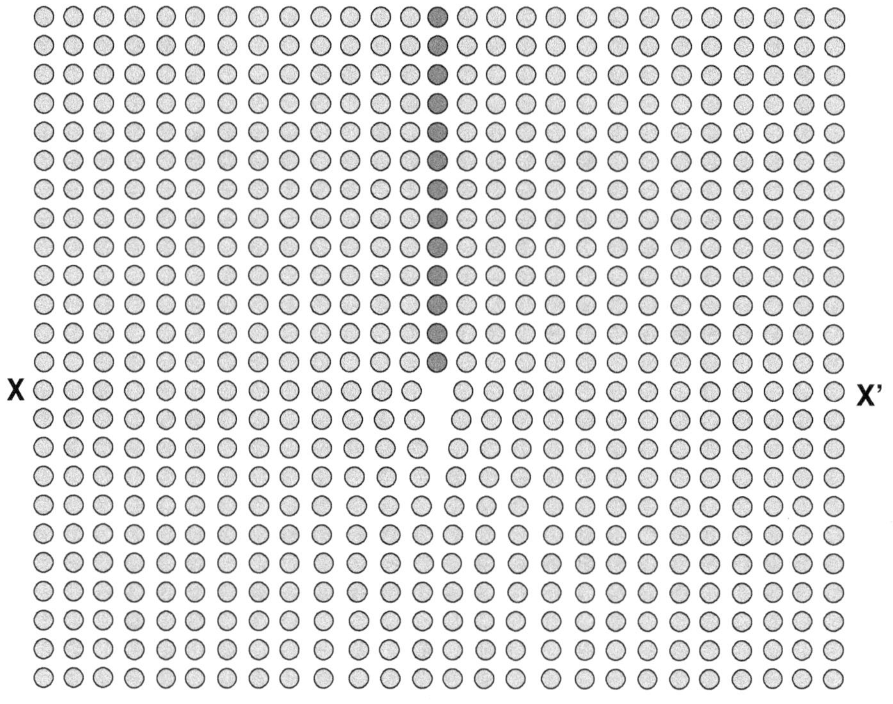

Figure 2.6 – Représentation schématique d'une dislocation « coin »

Sur cette figure très schématique on remarque, au-dessus du plan X-X', une rangée verticale d'atomes supplémentaires, un demi-plan en trop. On nomme *dislocation* le défaut d'empilement du cristal entourant la pointe de ce demi-plan, zone où les atomes s'accommodent tant bien que mal de cette anomalie qui entraîne, bien sûr, des contraintes car le réseau est déformé (on a vu que si le cristal existe, c'est justement parce que les atomes doivent se trouver à une certaine distance fixe les uns des autres). Si, au-dessus de X-X', les atomes sont resserrés par rapport à l'état

1. Cette expression, qui serait mieux adaptée, n'est pas utilisée pour désigner les dislocations car on l'emploie déjà dans un autre sens.

normal, ils sont en revanche écartés au-dessous, ce qui crée aussi des contraintes résiduelles au niveau atomique.

Il faut maintenant insister lourdement sur un point : malgré les apparences et le nom de « coin », la séparation en Vé des atomes qui se trouvent au-dessous de la pointe de la dislocation n'est pas une fissure ! La preuve, c'est que si la dislocation se déplace (c'est ce que nous allons voir maintenant), elle le fait horizontalement et non verticalement, les atomes reprennent leurs places normales dans le réseau après son passage et il ne reste absolument rien de cette pseudo fissure.

2.3.1 Dislocations coin et vis

Nous avons déjà dit que la dislocation coin n'est pas la seule qui existe, mais nous n'insisterons pas beaucoup sur les autres, considérant que ce qui compte, dans cet ouvrage, c'est de comprendre le mécanisme général de la déformation plastique, pas ses détails.

L'autre grande catégorie est constituée par les dislocations « vis », telle celle présentée à la figure 2.7. Celui qui observe cette figure pour la première fois se demande en général où diable l'auteur a bien pu voir une vis. Nous allons donc faciliter cette vision en employant une description due à un chercheur américain.

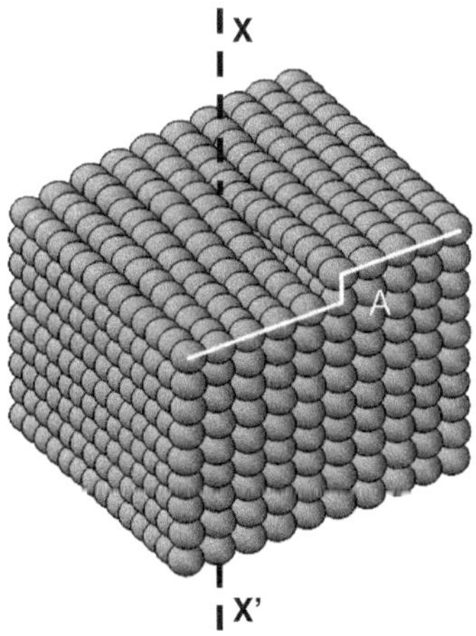

Figure 2.7 – Dislocation « vis »

Imaginez que l'empilement d'atomes représenté soit un parking à étages. Votre véhicule est garé sur le niveau supérieur. Pour descendre dans la rue, vous allez vous engager en tournant autour de l'axe X-X' sur la rampe centrale et passer au niveau inférieur. Cet axe central en pointillé est tout simplement celui de la dislocation vis. Il correspond, là encore, à une déformation locale du réseau.

On pourrait croire ce type de défaut plutôt rare étant donné sa structure bizarre. Il est au contraire courant et sa genèse explique, entre autres, la croissance des cristaux lors de la solidification. Les atomes du liquide, agités par les courants de convexion, ont en effet moins de peine à venir se fixer sur le front de croissance A qui sépare les deux niveaux supérieurs qu'au beau milieu d'une surface parfaitement plane. Ils y sont retenus beaucoup plus fermement.

Signalons enfin que des dislocations de nature différente s'assemblent et que c'est même extrêmement courant. Elles forment, par exemple, des boucles constituées de deux vis et de deux coins. On en vient ainsi progressivement au fait que le *front* d'une dislocation peut prendre à l'échelle du cristal des formes parfaitement quelconques.

Remarque

Nous avons introduit la notion de cristal en insistant sur leur perfection et nous sommes maintenant en train de dire qu'ils sont bourrés de défauts ; ceci pourrait à juste titre choquer le lecteur. C'est une question d'échelle : il y a des milliers de milliards d'atomes dans un grain et, compte tenu des proportions, même quelques millions de dislocations ne changent pas le fait que l'ensemble est effectivement bien ordonné.

Ajoutons que cette notion de défaut, qui est introduite ici comme une anomalie du cristal, est en fait absolument courante et que c'est même l'absence de dislocation qui est anormale. Quand on peut obtenir, à grand-peine, des cristaux dépourvus de dislocations (on les appelle « barbes » ou « whiskers »), ils exhibent les propriétés attendues des calculs théoriques, c'est-à-dire une limite d'élasticité mille ou cent mille fois supérieure à celle des mêmes cristaux avec dislocations. C'est là une preuve indiscutable de l'existence des dislocations.

En résumé, on peut dire que si les cristaux ne contenaient pas de très grandes quantités de dislocations, la mise en forme des métaux serait pratiquement impossible, tout au moins à l'échelle où nous la pratiquons (et ce livre n'aurait pas de raison d'être).

Pour finir, on donnera une notion quantitative : dans un cm^3 de fer pur, non écroui et à la température ambiante, la longueur cumulée des fronts de toutes les dislocations présentes atteint plusieurs kilomètres…

2.3.2 Mouvement des dislocations coins

Nous n'avons pas longuement décrit ces défauts pour la seule gloire de la connaissance scientifique ! Voyons maintenant comment ils agissent en imaginant que l'on applique une contrainte à un cristal contenant une dislocation. Quand la limite d'élasticité est atteinte, c'est qu'il y a des plans dans lesquels les dislocations commencent à bouger. La figure 2.8 représente naïvement un morceau de cristal contenant une dislocation coin.

Le demi-plan supplémentaire qui forme initialement la dislocation est celui contenant l'atome A. Imaginons qu'une contrainte appliquée au cristal tende à déplacer les atomes situés au-dessous de la ligne Y-Y' vers la gauche. On voit, à l'état b, que l'atome C et ceux qui sont au-dessous se sont déplacés vers la gauche. À l'état c, l'atome C s'est nettement rapproché de l'atome A et à l'état d, il est aligné avec les atomes de la série A et ce sont maintenant ceux qui sont au-dessus de B qui forment le demi-plan supplémentaire.

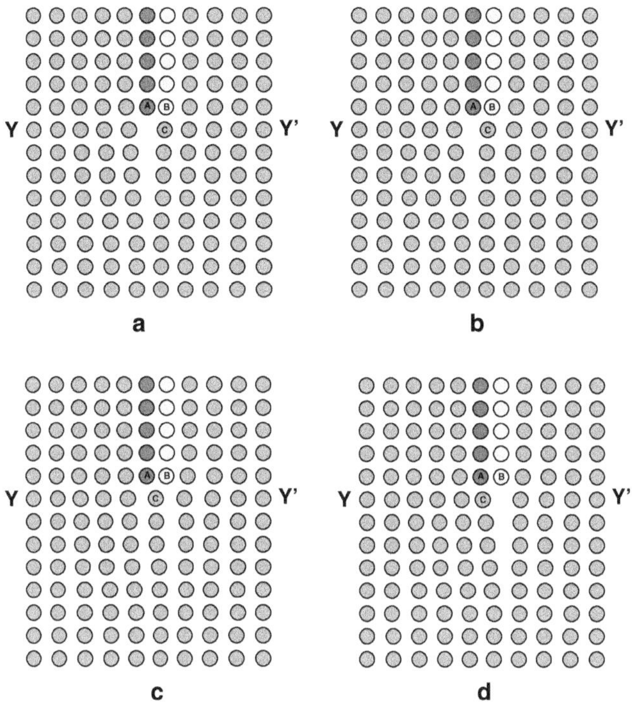

Figure 2.8 – Application d'une contrainte à une dislocation coin

Autrement dit, par le mouvement extrêmement limité de quelques atomes, la dislocation s'est déplacée d'une distance atomique vers la droite. Bien entendu, il faut relativiser cette notion de nombre limité car :

– nous n'avons considéré qu'un plan du cristal, celui de la figure,
– même dans ce plan, on estime à largement plus d'un millier le nombre d'atomes dont les positions se modifient provisoirement.

Mais ce qui compte, c'est qu'à l'échelle du cristal il n'y a effectivement qu'un tout petit nombre d'atomes à déplacer, ceci expliquant que le mouvement des dislocations soit beaucoup plus facile que ne l'indiquait la théorie ne considérant que la possibilité du glissement des plans entiers les uns sur les autres.

Le mouvement des dislocations est donc bien le vecteur de la déformation plastique.

On pourrait faire un raisonnement du même genre à propos des dislocations vis.

Cette démonstration laborieuse gagne énormément à être illustrée par une animation. On peut réaliser ceci soit sur ordinateur, soit à l'aide des *bulles de Bragg*, de simples bulles d'eau savonneuse sur une surface liquide. On voit alors avec quelle vitesse et quelle facilité des défauts de même nature que les dislocations se déplacent sur le liquide, comment ils se combinent, se croisent, se mêlent, s'annulent.

Dans les métaux, les dislocations sont également véloces : certaines peuvent se déplacer à la vitesse du son (dans le métal) ce qui signifie qu'elles traversent un grain en moins d'un millionième de seconde !

Remarque

Le mouvement des dislocations se fait dans les plans de haute densité. Cette idée peut a priori choquer dans la mesure où ils contiennent plus d'atomes que les autres plans. Si le glissement d'un plan par rapport à un autre était global, cela serait illogique. Mais si l'on considère que ces plans denses sont aussi ceux où les atomes sont les plus proches, on comprend que les dislocations puissent plus facilement s'y déplacer car les atomes ont alors moins de distance à parcourir pour passer d'un site à un autre.

Il est clair que la dislocation que nous avons considérée, se déplaçant vers la droite, peut finir par atteindre les limites du cristal. Le demi-plan cristallin supplémentaire émerge alors à la surface de celui-ci et forme une marche comme le montre la figure 2.9[1]. L'accumulation de marches donne naissance aux bandes de glissement que nous avons déjà évoquées.

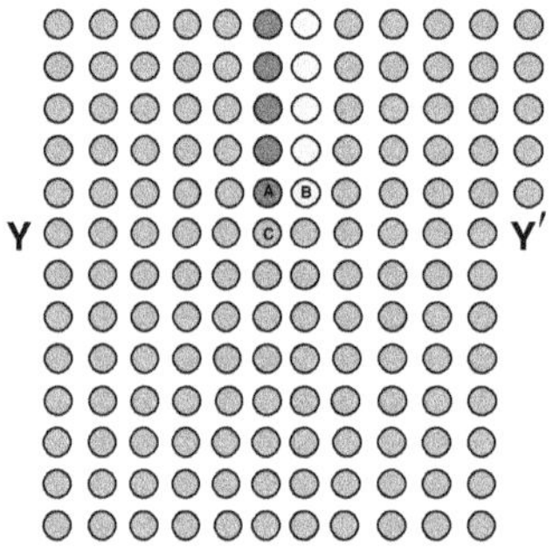

Figure 2.9 – Création finale d'une marche

Il est facile d'imaginer le phénomène inverse. En se déformant, un cristal pousse une marche existant à la surface d'un cristal contigu et la fait « rentrer » dedans : une dislocation est née.

Nous répéterons donc que l'existence des dislocations et leur facilité de mouvement sont indispensables pour expliquer la déformation plastique des métaux. Elles étaient une hypothèse osée et très discutée en 1934 mais sont devenues maintenant une évidence, démontrée par toutes les conséquences prévisibles ainsi que par des observations directes. Le microscope électronique permet de les voir sur des coupes ultra-fines, comme le montre la photo 2.10. On peut dire des petits tirets sombres visibles sur la photo qu'ils sont « l'ombre » des dislocations. On voit sur la droite, à mi-hauteur, un sous-joint de grain constitué par de nombreuses dislocations.

Signalons un fait très important vis-à-vis de la mise en forme. Les atomes gardent, après déformation plastique, la même distance interatomique (elle ne dépend que du système cristallin et de la température). Malgré leur nombre et le fait qu'elles comportent des zones où les atomes n'occupent pas les positions normales du réseau, les dislocations ne changent pas sensiblement la densité du métal (elle diminue très légèrement quand leur nombre augmente), ce qui permet d'avancer un principe dont on se servira intensivement par la suite :

la déformation plastique se fait sans variation de volume

1. Attention : les atomes qui émergent ne sont pas ceux qui constituaient le demi-plan supplémentaire. Ce sont ceux qui se trouvaient initialement à la surface du cristal. Il n'y a pas diffusion d'atomes.

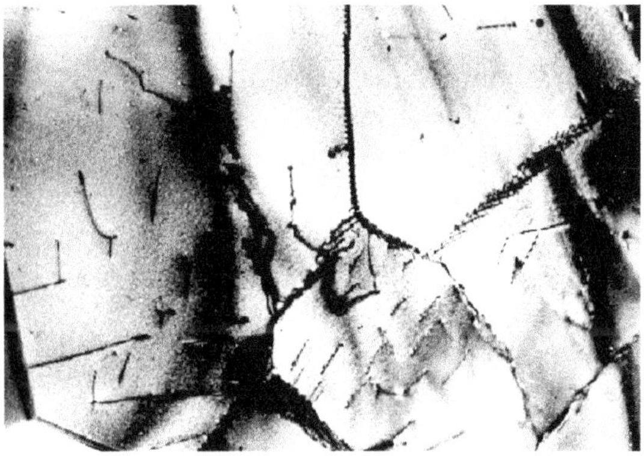

Figure 2.10 – Dislocations vues au microscope électronique par transmission

Ceci est facilement vérifié expérimentalement par mesures de densité.

On verra que cette règle a des conséquences qui facilitent grandement la mesure des déformations et les calculs afférents.

2.3.3 Maclage

Le mouvement des dislocations tel que nous venons de le schématiser n'est pas le seul mécanisme permettant la déformation plastique des cristaux. Ceci est particulièrement vrai pour les cristaux cubiques à faces centrées, tels ceux de l'austénite.

On peut voir sur la figure 2.11, encore une fois très schématique, une marche AB apparue sur un élément de cristal. Cependant, il n'y a pas eu glissement dans un seul plan, comme ce que nous venons de voir, mais une déformation apparemment plus diffuse qui se manifeste par une bande inclinée constituée de deux plans (bien plus en réalité) compris entre AA' et BB'. Les deux plans intermédiaires se sont légèrement déplacés vers le bas, comme l'indiquent les petites flèches. On appelle *plans de maclage* AA' et BB' et on donne souvent le nom de *macle* à la bande déformée.

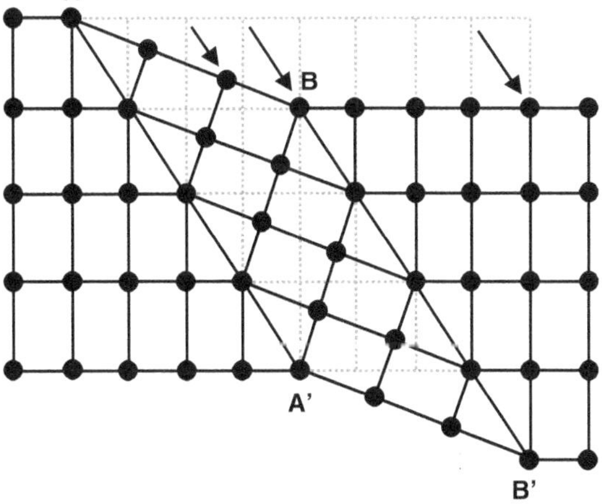

Figure 2.11 – Structure cristalline d'une macle (réseau initial en gris)

A LES BASES MÉTALLURGIQUES

Ce type de déformation est quasiment instantané. Les phases austénite des aciers inoxydables se déforment essentiellement suivant ce mécanisme.
Bien que le maclage intervienne essentiellement dans les systèmes cubiques à faces centrées, il peut aussi se produire dans les systèmes cubiques centrés lorsque la vitesse de déformation est très grande. Les atomes proches des dislocations n'ont pas, dans ce cas, le temps de diffuser pour permettre le mouvement de celles-ci et le maclage devient alors la meilleure possibilité pour accommoder très rapidement les déformations imposées. On peut ainsi voir des macles en surface des aciers doux au carbone après grenaillage.

2.4 L'écrouissage

2.4.1 Empilement des dislocations

Quand on examine la déformation plastique d'un polycristal, il faut tenir compte de la désorientation existant d'un grain à l'autre. En effet, si une dislocation se déplace très facilement suivant un plan cristallin dense, il n'en est pas de même lorsqu'elle atteint les limites du cristal et doit passer dans un autre grain : le plan est en général interrompu, et le trajet de même. La figure 2.1 montre bien ces différences d'orientation des plans de glissement d'un grain à un autre.
De plus, nous avons dit que les joints de grains constituaient en quelque sorte le réceptacle de tous les atomes étrangers qui sont en sursaturation dans le métal ; chassés de deux grains adjacents, ils ne peuvent aboutir qu'ici. De cette sursaturation du joint résulte une déformation supplémentaire du réseau local (déjà beaucoup contraint par la transition pénible d'un réseau à celui du voisin) qui ne va évidemment pas faciliter le mouvement des dislocations.
Il résulte de tout ceci qu'il y a accumulation – on dit *empilement* – de dislocations sur le joint de grain. Petit à petit, l'espace dans lequel peuvent se mouvoir les dislocations diminue (plus scientifiquement, on dit que leur *libre parcours moyen* diminue).

2.4.2 Multiplication

Au cours de la déformation plastique, la multiplication des dislocations est un phénomène très courant et qui nous intéresse donc beaucoup. Il a plusieurs causes.
D'abord, *l'indentation* d'un grain par ses voisins. Quand un agrégat cristallin se déforme, tous ses grains y participent, ce qui implique que les dislocations s'y meuvent et que les limites des grains subissent des modifications géométriques par le phénomène de création de marche que nous venons de voir. Le phénomène inverse se produit aussi : l'un de ces grains qui se déforment peut repousser une partie du cristal voisin, ce qui peut faire naître des dislocations car le joint de grain n'est pas capable d'absorber seul ces marches.
Ensuite, il semble certain que les modifications de forme de la surface, non des grains mais de la pièce elle-même, jouent exactement le même rôle et soient à l'origine de la création de nombreuses nouvelles dislocations.
Enfin intervient un phénomène qui porte le nom amusant de *moulin de Frank et Read*. Là encore, il n'entre pas dans notre cadre d'expliquer ce mécanisme un peu

complexe. Nous dirons simplement que les dislocations peuvent se trouver freinées, dans leur mouvement, par les petits précipités évoqués en 1.2.4. Ne pouvant les contourner, elles se tendent et se subdivisent, donnant naissance à d'autres boucles de dislocations.

En conclusion, la déformation plastique augmente considérablement le nombre de dislocations. Pour fixer les idées, nous reprendrons l'exemple cité plus haut du fer pur à température ambiante. Non déformé, il contenait déjà la quantité inimaginable de plusieurs kilomètres de front de dislocation par centimètre cube. S'il est fortement déformé, cette longueur est multipliée dans d'énormes proportions.

2.4.3 Enchevêtrement

Il est essentiel de réaliser que toutes les dislocations ne se déplacent pas dans des plans parallèles, même à l'intérieur d'un seul cristal puisqu'il existe des familles de plans identiques ayant différentes orientations. Par exemple, dans le système cubique centré, les plans denses sont les plans (110), ceux qui relient deux arêtes opposées du cube, et il en existe six familles !

Au cours de leurs déplacements, les dislocations et boucles de dislocations vont donc se croiser, se rencontrer, se couper, et tout cela rend plus difficiles leurs mouvements au fur et à mesure que la déformation augmente.

L'ensemble des phénomènes que nous venons d'évoquer font que pour que la déformation puisse continuer, il faut développer des efforts de plus en plus grands : c'est ce qu'on appelle la *consolidation*.

La dureté du métal augmente considérablement par déformation plastique, ce phénomène bien connu portant le nom d'*écrouissage*. Ainsi donc, la déformation finit par devenir difficile puis impossible : on tend vers la rupture.

2.5 Le vieillissement

Il est un phénomène qui vient s'opposer à la déformation plastique telle que décrite ci-dessus : c'est le *vieillissement*, ainsi nommé car il apparaît naturellement après un temps de stockage prolongé. Il faut préciser immédiatement qu'il est souvent supprimé sur les aciers modernes de qualité (aciers IF) et même, parfois, utilisé de façon bénéfique comme c'est le cas dans les aciers dits à Bake Hardening (cf. partie B).

Ce que nous savons maintenant des solutions solides d'insertion et du mouvement des dislocations va nous permettre d'en comprendre le mécanisme.

Quand de très petits atomes comme le carbone ou l'azote sont présents dans le fer, ils déforment, comme nous l'avons vu, le réseau cristallin, donnant naissance à des tensions qui accroissent l'énergie du système. En termes rustiques, disons que leur présence dérange… Ils vont donc s'efforcer de réduire cette nuisance en cherchant des lieux, dans le cristal, où leur volume, même petit, soit mieux supporté.

Si nous nous rappelons la structure d'une dislocation coin, nous pouvons comprendre immédiatement qu'il y a, au front de celle-ci, une zone où les atomes de fer sont plus espacés qu'ailleurs dans le cristal. Un petit atome doit donc pouvoir y trouver sa place, réduisant ainsi beaucoup la déformation du réseau. C'est ce qu'illustre la figure 2.12.

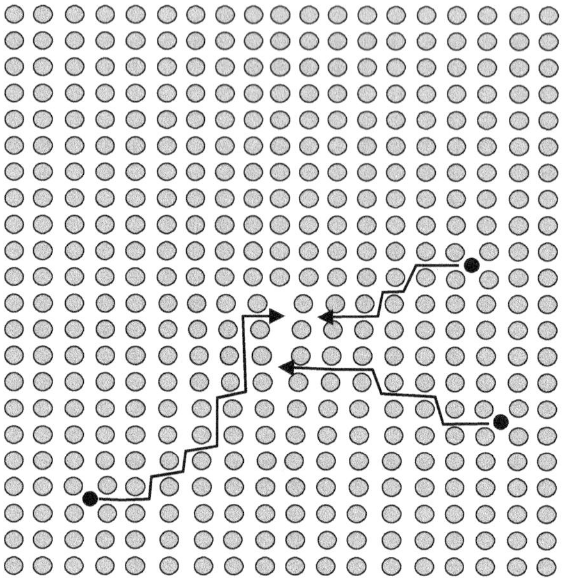

Figure 2.12 – Diffusion des atomes interstitiels vers une dislocation

C'est pourquoi, quand le temps leur en est laissé, les atomes de carbone ou d'azote qui se trouvent en sursaturation dans la ferrite diffusent vers les dislocations, c'est-à-dire s'y acheminent lentement en profitant de l'agitation atomique.

On conçoit donc que la température joue un rôle majeur puisque l'agitation augmente avec elle. Pour donner une idée quantitative du phénomène, disons qu'un acier calmé à l'aluminium vieillit complètement en six mois à la température ambiante. À 75 °C, il ne faut plus que dix heures et une heure à 100 °C. Certains aciers très chargés en carbone (0,8 %) peuvent même vieillir en une fraction de seconde si la température est élevée. C'est le cas lors du tréfilage des aciers à haut carbone : la vitesse de tréfilage est alors limitée par le vieillissement dû à l'augmentation de température[1], qui peut largement dépasser 300 ou 400 °C.

Les atomes interstitiels se rassemblent donc dans une zone entourant le front de la dislocation à laquelle on donne le nom d'*atmosphère de Cottrell*, le terme d'atmosphère montrant bien le caractère diffus de leur présence.

L'essentiel à retenir, c'est que la présence de ces petits atomes près des dislocations gêne et même empêche leur déplacement. Le mécanisme simple que nous avions décrit pour expliquer le mouvement des dislocations s'appliquait à un métal pur

1. Profitons-en pour corriger une erreur très commune. Le fait de déformer rapidement un métal ne produit pas, à lui seul, une augmentation sensible de température. La quantité de chaleur dégagée par le formage ne dépend, en première approximation, que du niveau de déformation. Ce qui change, c'est le temps disponible pour le refroidissement. Pour le fil, c'est le temps entre deux filières qui diminue et pour une ligne de presses, c'est le temps entre deux opérations successives. Dans une opération de formage continue, le principe reste le même.

(tous les atomes étaient identiques) et supposait que ceux qui étaient situés vers le front de la dislocation se déplaçaient facilement d'une position à l'autre (revoir la figure 2.8). Cela n'est plus possible avec la présence des atomes insérés, il faut qu'ils diffusent à nouveau à l'extérieur de la dislocation pour que celle-ci redevienne mobile. On dit que les dislocations sont piégées ou *ancrées*.

Ceci va avoir de grandes conséquences sur la déformation plastique comme nous le verrons au chapitre suivant. Le métal a une plus haute limite d'élasticité, il est plus dur et sa capacité de déformation diminue. On comprend pourquoi le vieillissement est un phénomène habituellement redouté !

Précisons que le vieillissement est fortement accéléré sur un métal déformé car les dislocations plus nombreuses réduisent le chemin à parcourir par un atome interstitiel. Comme le vieillissement entre passes d'emboutissage ne demande que quelques heures pour être effectif, nos anciens éprouvaient souvent de grosses difficultés quand, ayant fait un millier de pièces sur une presse, ils les reprenaient le lendemain après avoir changé l'outillage de la presse. Il arrivait qu'elles cassent toutes. C'est la raison première de l'invention des lignes de presses et des presses transfert, initialement destinées à éviter le vieillissement entre passes et non à augmenter la productivité.

3 • LES CARACTÉRISTIQUES MÉCANIQUES

Les essais mécaniques paraissent simples ; c'est la raison pour laquelle beaucoup pensent suffisamment les connaître et n'éprouvent par conséquent pas le besoin d'approfondir leur signification. Ceci conduit à des erreurs d'interprétation que nous avons l'occasion de constater tous les jours, notamment en ce qui concerne l'essai de base : celui de traction uniaxiale des tôles.

Ce chapitre tente d'y remédier par deux voies. D'une part, en montrant que les choses ne sont pas si simples qu'il n'y paraît et, d'autre part, en donnant une interprétation des caractéristiques mécaniques qui repose sur des bases solides : la physique de la déformation que nous venons d'étudier au chapitre précédent.

Encore une fois, nous ferons remarquer à ceux qui trouveraient superflu d'étudier en détail les mécanismes qui se produisent pendant un essai de traction de bien réfléchir : ces mécanismes se retrouvent évidemment durant l'emboutissage et il est bien clair qu'il est plus facile de les comprendre dans le cas d'une géométrie assez simple que dans celui d'une pièce complexe.

3.1 Généralités

Il convient d'abord de bien préciser la différence existant entre *propriétés physiques* et *caractéristiques mécaniques* d'un matériau.

Les premières sont des propriétés intrinsèques au matériau, c'est-à-dire qu'elles lui sont propres et donc caractéristiques de ce matériau. Il faut ajouter qu'elles sont totalement indépendantes de la façon dont on les mesure. Quelques exemples vont montrer, mieux que ces explications, sur quoi nous voulons attirer l'attention.

La densité d'un corps pur est une propriété physique. Elle dépend de la pression, de la température, un peu de la déformation plastique subie mais, ces conditions étant fixées, elle est unique et indépendante de la façon dont se fait la mesure, à la condition, évidemment, que celle-ci soit bien exécutée[1]. Que le morceau pesé soit gros ou petit, que ce soit dans de l'eau ou un autre liquide, la physique doit permettre de trouver la valeur exacte de la densité.

De la même façon, la résistivité d'un métal est une caractéristique physique. On peut appliquer une différence de potentiel à un barreau ou un fil de ce métal,

1. Par exemple, pour illustrer ce point, une mesure de densité doit se faire en s'assurant que le corps à peser est bien « mouillé » par le liquide et n'entraîne pas de bulles d'air qui créeraient une force ascensionnelle diminuant sa masse apparente.

mesurer l'intensité du courant et en déduire la résistivité en tenant compte de la section et de la longueur du fil ou du barreau, selon des lois bien connues. La longueur du barreau, sa section, qu'elle soit carrée ou ronde, tout cela ne change pas le résultat de la mesure (ou peut, au moins, être corrigé par le calcul).

Il en va tout différemment pour une caractéristique dite *mécanique*. La mesure effectuée ne correspond plus à une propriété intrinsèque de la matière. Le résultat de mesure dépend du moyen choisi pour la faire, de la forme et des dimensions de l'éprouvette et d'autres variables dont, bien souvent, aucune loi physique connue ne permet de tenir compte.

Si nous avons aussi longuement développé un point qui peut paraître de pure sémantique, c'est parce qu'il a de grandes conséquences en mise en forme, dans la mesure où nombre de caractéristiques qui nous servent à définir le métal sont extrêmement dépendantes du type d'essai utilisé pour les déterminer et ne peuvent, par conséquent, être appliquées à d'autres cas de sollicitation.

Un exemple majeur est celui de l'allongement à rupture mesuré au cours de l'essai de traction. Beaucoup croient pouvoir l'utiliser directement pour juger de la faisabilité d'une pièce qu'on veut emboutir ; on verra à la fin de ce chapitre qu'il n'en est rien car il dépend beaucoup de l'éprouvette utilisée. L'étude des différents modes de déformation, dans la partie D, nous montrera de plus qu'il ne représente qu'un cas extrêmement limité de déformation.

En revanche, la résistance à la traction est une propriété mécanique qui dépend beaucoup moins de la forme de l'éprouvette, sans aller toutefois jusqu'à en être indépendante.

Le module d'élasticité, quant à lui, peut presque être considéré comme une propriété physique intrinsèque ne dépendant que du cristal, bien que les deux façons classiques de le mesurer donnent des résultats légèrement différents[1].

On retiendra donc que les caractéristiques mécaniques n'ont pas valeur absolue ; elles ne représentent souvent qu'un moyen de comparaison entre différents alliages.

Ceci fixé, disons également que l'intérêt des essais mécaniques évolue avec le temps. Il y a cinquante ans, une coulée d'acier « ratée », ayant trop d'inclusions par exemple, pouvait donner lieu à l'apparition systématique de ruptures au pliage. Ce test était donc représentatif du niveau de qualité. De nos jours, les aciers de qualité ne contiennent plus jamais la quantité d'inclusions capable de provoquer de telles ruptures et c'est pourquoi ce test a été supprimé de la norme EN 10130 qui régit les qualités de tôles à froid dédiées à l'emboutissage.

Pour terminer cette introduction des essais mécaniques, nous ajouterons qu'il en existe une grande variété mais qu'ils sont loin d'avoir tous un intérêt équivalent. Le pliage, par exemple, ne donne qu'une information relative à un mode de déformation particulier ; nous en reparlerons à propos du procédé. La dureté est une mesure qui fait intervenir diverses propriétés du métal : limite d'élasticité, module d'Young, coefficient d'écrouissage, coefficient de frottement... Elle a l'avantage d'être simple, peu coûteuse et de pouvoir se faire sur de très petits échantillons,

1. La mesure par méthode vibratoire donne un module un peu supérieur à celui obtenu par déformation lente car les atomes interstitiels n'ont pas le temps de changer de site dans la maille élémentaire.

mais elle apporte fort peu d'informations sur la capacité de mise en forme d'un métal.

Un essai émerge nettement du lot quant à la pertinence des informations qu'il apporte : l'essai de traction. C'est la raison pour laquelle nous allons maintenant l'étudier en détail. Cet essai a été universellement adopté pour la caractérisation mécanique des matériaux car il correspond à un état de sollicitation simple en théorie, ce qui ne l'empêche pas d'être en réalité extrêmement complexe comme on va le voir.

3.2 L'essai de traction uniaxiale

Forts de ce que nous savons sur les déformations élastique et plastique nous allons passer à la pratique, c'est-à-dire examiner, dans l'ordre de leur apparition, les différents phénomènes qui se produisent lors d'un essai de traction. Et d'abord, voyons ce qu'est cet essai car nous devons éviter une faute extrêmement courante (qu'on trouve même dans des ouvrages réputés et jusque dans les normes !) qui est de croire que l'essai de traction consiste à soumettre une éprouvette à un effort croissant. **C'est absolument faux** ! Il faut oublier définitivement cette idée !

Un tel essai est facilement réalisable avec les machines modernes, mais il ne correspond pas du tout à la pratique courante qui consiste au contraire à imposer à l'éprouvette un allongement croissant. Cela change beaucoup de choses, et il nous serait en particulier impossible d'expliquer la forme décroissante des courbes vers la fin si la force appliquée était constamment croissante. D'autre part, à quoi servirait de faire un essai si l'on savait, à l'avance, la force qu'il faudra appliquer ?

Pour en finir avec cette question très importante, nous voudrions utiliser une comparaison qui, pour être triviale, se veut compréhensible par chacun. Supposons deux équipes de sportifs tirant sur deux cordes attachées aux deux extrémités d'un peson. Une tension de 20 kN, par exemple, est mesurée par le peson. Mais qu'on remplace une des équipes par une bande d'enfants et l'effort mesuré sera réduit au quart, bien que l'équipe de sportifs reste évidemment capable de développer les 20 kN.

Ceci montre à l'envi que :

la tension n'est pas imposée par le plus fort mais par le plus faible !

Ce qu'impose le plus fort, c'est le déplacement : les enfants seront inexorablement entraînés par les adultes.

Rapportées à l'essai de traction, ces considérations indiquent que ce n'est pas la machine qui impose la force à l'éprouvette : c'est celle-ci qui, en résistant, impose la force à la machine, laquelle n'a comme fonction que de la mesurer. Bien sûr, elle doit en plus être suffisamment forte pour allonger l'éprouvette, faute de quoi l'essai s'arrête.

Pour l'essai des tôles, on emploie le plus souvent une éprouvette plate ayant l'épaisseur du produit ou, pour les tôles très épaisses, une éprouvette usinée sur une face ou faite au tour. Les formes et dimensions sont fixées par les normes, pour des raisons qui apparaîtront clairement à la fin de ce chapitre. On fixe l'éprouvette dans la machine de traction de façon à ce qu'elle soit le mieux possible alignée avec l'axe de traction.

Notons que l'effort résistant développé par l'éprouvette correspond à une tension dans sa direction principale, mais qu'il n'y a aucun autre effort appliqué à l'éprouvette. C'est ce qu'exprime l'expression de traction *uniaxiale*. C'est également le fait que la contrainte soit unidirectionnelle qui fait considérer l'essai de traction comme un essai simple. Cependant, l'absence d'effort transversal imposé n'empêche évidemment pas des déformations de se produire dans les directions largeur et épaisseur.

Pour les tôles, la norme ISO EN 6892-1[1], qui gère l'essai de traction, définit quatre éprouvettes différentes que nous examinerons plus en détail en parlant de la mesure de l'allongement à rupture car c'est essentiellement dans ce domaine que les dimensions des éprouvettes ont un rôle significatif.

Cette éprouvette comporte presque toujours[2] une partie centrale à bords parallèles et de section constante S_0, sur laquelle est définie une base de référence L_0 servant à la mesure des allongements. Pour simplifier, nous ne tiendrons pas compte dans la suite du fait que le symbole L_0 devient L_e dans le cas d'utilisation d'un extensomètre (petit appareil mesurant la déformation en longueur de l'éprouvette durant l'essai).

Quand la machine est équipée d'un micro-ordinateur, cas maintenant le plus courant, le graphe obtenu comporte :

- l'allongement pour cent : $100 . \Delta L/L_0$ en abscisse et,
- la contrainte conventionnelle : F/S_0, en ordonnée (que nous avons choisi de désigner par C pour éviter des confusions avec la contrainte vraie σ).

1. Cette norme vient de remplacer la norme EN 10002-1 au moment de la parution de ce livre. Les deux normes sont très proches. Il faut noter qu'on tend donc vers une norme mondiale unique pour l'essai de traction. Les derniers réfractaires sont les américains qui affectent de ne connaître que la norme ASTM.
2. Il y a aux extrémités, en général, des têtes plus larges que ce corps, mais on peut s'en dispenser s'il n'y a pas de risque de rupture dans les mors.

4 • CARACTÉRISTIQUES MESURÉES

Nous allons maintenant passer en revue, dans l'ordre où ils apparaissent, les différents phénomènes se produisant pendant l'essai de traction et détailler les caractéristiques mécaniques qui en sont normalement déduites.

4.1 Module d'Young

Donc, nous contraignons une éprouvette tenue entre deux mors à s'allonger par traction.

Nous avons vu que cela oblige les atomes, au début de la déformation, à s'éloigner légèrement de leurs positions d'équilibre. Ils s'opposent donc à ce mouvement, retenus qu'ils sont par leurs forces de liaison, et il en résulte une force résistante développée par l'éprouvette : c'est cette force que mesure la machine.

Remarque

La nouvelle norme spécifie d'appliquer au début de l'essai soit une vitesse de mise en charge, donc de contrôler la contrainte, soit une vitesse de déformation. Nous ne pouvons entrer dans le détail de cette régulation.

Comme pour un ressort, le métal a d'abord en principe un comportement parfaitement élastique, c'est-à-dire que la force est strictement proportionnelle à l'allongement (ou réciproquement). On exprime ceci par la loi de Hooke, qui s'écrit :

$$C = E \,.\, e$$

où C est la contrainte, e la déformation $\Delta L/L_0$ (pas multipliée par cent) et E le module d'élasticité ou encore module d'Young. Remarquons que, dans le domaine d'élasticité, déformations vraies ou conventionnelles peuvent être confondues car elles sont très petites. De même pour les contraintes car la section instantanée est encore très proche de la section initiale.

La figure 4.1 représente la partie droite élastique d'un essai de traction.

Le module a toujours une valeur élevée pour les métaux :

- 200 GPa (200 000 MPa) pour le fer et les aciers au carbone,
- 180 GPa pour les aciers inoxydables austénitiques (car CFC),
- 120 GPa pour les alliages cuivreux,
- 70 GPa pour les alliages d'aluminium.

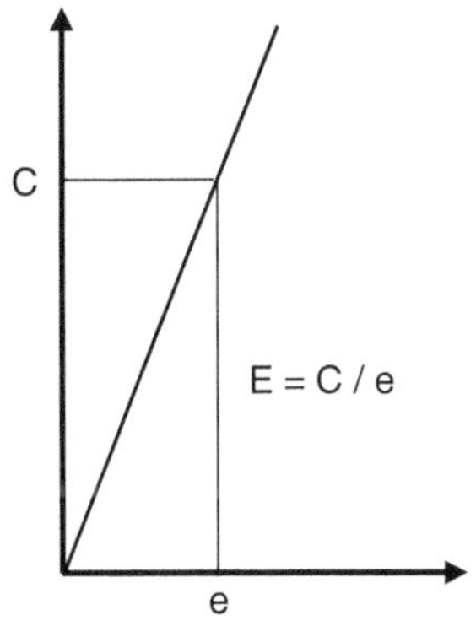

Figure 4.1 – Partie élastique d'un essai de traction

Si e = 1, c'est-à-dire $\Delta L = L_0$, alors C = E : on voit donc que le module d'Young est la contrainte qui ferait doubler, élastiquement, la longueur de l'éprouvette. Il n'est pas étonnant qu'on trouve des valeurs très élevées pour ce module !

Comme nous l'avons vu en 1.1.3, le module dépend essentiellement du système cristallin (plus précisément des liaisons entre atomes), ce qui explique qu'il soit approximativement le même pour tous les aciers au carbone, durs ou mous, trempés ou recuits. Pour les aciers inoxydables *ferritiques*, le module augmente avec la quantité de chrome présente dans l'acier (le module du chrome est de 250 GPa).

Le cas de l'acier inoxydable austénitique est un peu différent car le système cristallin est CFC. Le domaine strictement élastique est très réduit (quand il existe) car la plasticité s'initie très précocement.

Nous avons observé une confusion très courante entre module d'élasticité et limite d'élasticité. Pour illustrer la signification de ces caractéristiques nous allons utiliser une comparaison. Supposons un ressort dont la longueur est L_0 ; on y accroche un poids P : la longueur augmente de ΔL. Si on ajoute un autre poids P égal, la longueur devient $L_0 + 2\,\Delta L$. Il y a proportionnalité des allongements et des charges[1]. En décrochant les poids, le ressort retrouve sa longueur L_0. Considérons maintenant un ressort identique en cuivre : l'augmentation de longueur sous le poids P sera presque multipliée par deux. C'est donc la rigidité que l'on mesure par E.

Nous savons aussi, par expérience, que si nous ajoutons un poids trop grand, le ressort va soudain s'allonger rapidement et qu'il ne retrouvera pas sa longueur initiale après suppression des charges : il est passé du domaine élastique au domaine plastique ; il a dépassé sa limite d'élasticité. C'est ce que nous examinerons au chapitre suivant.

Auparavant, nous allons terminer l'exemple des ressorts qui est très instructif. Supposons que nous comparions encore deux ressorts de même forme : l'un en acier ultra-doux, de limite d'élasticité basse : 150 MPa, l'autre en bronze allié écroui à haute limite d'élasticité : 300 MPa. Sous une même contrainte de 100 MPa, le

1. On a souvent tendance à croire que tout comportement élastique correspond ainsi à une loi de stricte proportionnalité. Ce n'est pas vrai. Mécaniquement, élastique signifie seulement « qui reprend sa forme initiale ». Il y a, par exemple, des alliages métalliques, dits à mémoire de forme, dont le diagramme C-e est très courbé dans le domaine élastique, à la montée comme à la descente. On revient quand même à zéro.

second s'est plus allongé que le premier : c'est ce qu'indique le rapport des modules. En revanche, quand la contrainte atteint 200 MPa, le ressort acier doux est depuis longtemps plastifié alors que celui en alliage cuivreux aura encore une bonne réserve de déformation élastique car sa limite d'élasticité est plus élevée.

Cet exemple un peu simpliste a pour seul but de montrer qu'il ne faut pas confondre deux propriétés souvent mélangées : la rigidité (liée au module et à la géométrie) et la limite d'élasticité (seuil de la déformation plastique permanente). De cette confusion découle une erreur très courante : beaucoup de gens pensent limiter le fléchissement élastique des pièces (une poutre profilée, par exemple) en adoptant un acier à haute limite d'élasticité. Il n'en est rien ; la limite d'élasticité n'est que le seuil à partir duquel la déformation plastique commence, elle n'influe pas sur le comportement élastique qui se situe à des contraintes inférieures au niveau de cette limite.

4.2 Transition élastique-plastique progressive

Nous allons maintenant observer la figure 4.2, représentant l'enregistrement typique de l'essai de traction d'un acier doux classique, pour examiner la suite des évènements qui nous intéressent dans le domaine des déformations plastiques.

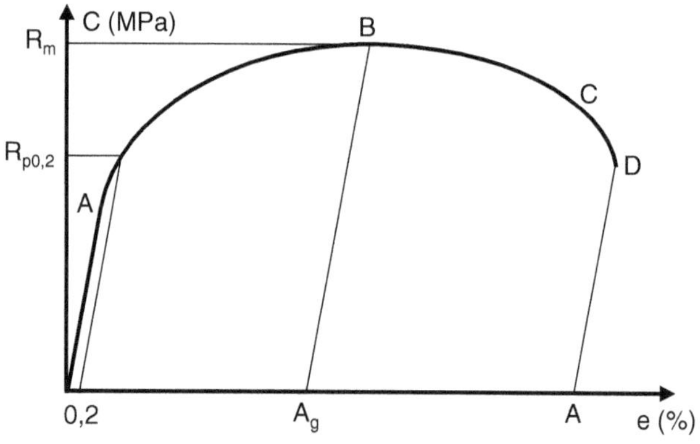

Figure 4.2 – Enregistrement d'un essai de traction d'acier doux

La première chose à considérer est la transition entre le domaine purement élastique (s'il existe) et le domaine plastique, qui prend place aux environs du point A. Elle correspond au début du déplacement irréversible des dislocations dans les grains ayant une orientation favorable vis-à-vis de la contrainte appliquée. Puis le nombre de grains intéressés augmente jusqu'à ce que tous soient concernés. Ceci explique qu'il n'y ait pas de transition brutale et qu'il soit alors difficile de déterminer la limite d'élasticité, qui dépend beaucoup de la résolution du système de mesure (extensomètre surtout).

De ce fait, on est amené, dans la pratique courante, à mesurer une limite *conventionnelle* définie comme étant la contrainte correspondant à un très petit allongement *permanent* prescrit par convention et égal, la plupart du temps, à 0,2 %. Le principe

de détermination est visible sur la figure 4.2. Par le point d'abscisse 0,2 %, on trace une parallèle à la partie rectiligne et on considère son intersection avec la courbe de traction comme donnant la limite d'élasticité conventionnelle, appelée $R_{p0,2}$.
Cette mesure présente quelques difficultés. Il faut :

- disposer de données suffisamment précises sur les contraintes et les allongements. Cela ne pose pas trop de problèmes sur les machines gérées par ordinateur ; pour les autres, il faut un enregistrement papier suffisamment agrandi,
- connaître avec précision l'origine de la courbe. Celle-ci peut être faussée par l'existence d'une flexion ou d'une tension de l'éprouvette au départ de l'essai. Il convient alors d'être en mesure de pratiquer la correction voulue,
- elle est également dépendante de la vitesse réelle de déformation et de la rigidité de la machine, c'est là une cause fréquente de divergences entre laboratoires.

On notera que la définition retenue par la norme fait intervenir la pente de l'enregistrement dans le domaine élastique linéaire et non le module d'Young. Cela permet théoriquement d'avoir une mesure de $R_{p0,2}$ même en l'absence d'un extensomètre. Soulignons encore que la caractéristique $R_{p0,2}$, bien qu'universellement utilisée, n'est vraiment une limite d'élasticité que pour les Européens continentaux. Le terme anglo-saxon « proof stress[1] » est d'ailleurs beaucoup moins ambigu, qui considère $R_{p0,2}$ comme une contrainte d'épreuve conventionnelle. Indiscutablement, le domaine plastique est déjà atteint à cette contrainte. Cette divergence de conception donne lieu à de belles empoignades dans les instances de normalisation.

Une remarque : avec des instruments de mesure extrêmement sensibles, on peut détecter des déformations plastiques très petites qui peuvent être réversibles : on parle alors de *microplasticité*. La limite d'élasticité dite *vraie* se trouve bien sûr avant cette zone et peut être à un niveau très faible. On a mesuré des limites vraies à 30 ou 40 MPa pour des aciers dont $R_{p0,2}$ valait 175 MPa. Ce phénomène n'a généralement pas de conséquences en emboutissage, mais doit être pris en compte dans certains cas ; la résistance à l'indentation, par exemple. On en verra une autre conséquence à propos des aciers renitrurés.

4.3 Palier de limite d'élasticité

Il arrive aussi que la transition entre domaines élastique et plastique soit, au contraire, très marquée, comme le montre la figure 4.3. On voit alors apparaître le *pic de limite d'élasticité* en A', suivi du *palier* de A' à A".

La déformation purement élastique s'arrête de façon brutale[2] en A' lorsque le métal atteint une contrainte nommée *limite supérieure d'écoulement*, symbolisée par R_{eH} (H pour High = haut).

D'où vient ce comportement ? Du fait que les dislocations sont ancrées par des atomes interstitiels, comme nous l'avons vu à propos du vieillissement (2.5).

1. Proof stress = contrainte d'épreuve ; c'est de là que vient le p de $R_{p0,2}$.
2. En toute rigueur, la déformation plastique commence un peu avant le point A', au niveau de R_{eL}.

LES BASES MÉTALLURGIQUES A

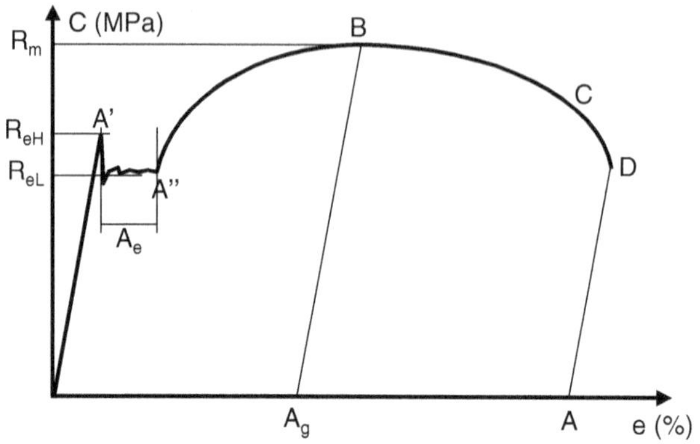

Figure 4.3 – Courbe de traction avec palier

Grâce à notre modeste connaissance des phénomènes métallurgiques, nous pouvons comprendre à quoi correspond cette contrainte : elle est nécessaire au « désancrage » des dislocations qui sont bloquées par les petits atomes venus y prendre place. Elles ne pourront bouger, c'est-à-dire permettre à la déformation plastique de commencer, que quand ceux-ci auront été expulsés, ce qui nécessite un supplément de contrainte.

Ce déblocage des dislocations se fait par diffusion. Comme c'est un phénomène normalement lent (on a vu que le vieillissement de l'acier pouvait durer six mois à température ambiante), on s'explique que plus la vitesse de traction est élevée, plus la contrainte R_{eH} le sera. Ceci a une certaine importance et explique, en particulier, que le même métal peut ne pas présenter de palier à vitesse de traction très faible et en avoir pour une vitesse plus grande[1]. Ce fait est illustré à la figure 4.6 où l'on voit un palier pour la vitesse la plus élevée tandis qu'il n'y en a pas de marqué pour la vitesse la plus faible.

On comprend aussi que, plus la température est basse, plus R_{eH} sera élevée puisque, l'agitation atomique étant faible, la migration des atomes interstitiels est plus difficile. Il faut donc, là encore, appliquer une contrainte plus forte pour la provoquer.

Le déblocage prend normalement naissance dans les congés de raccordement de l'éprouvette car il existe en cet endroit, due à la forme, une concentration de contraintes très locale, de l'ordre de 20 à 30 %. Il se forme un front entre la zone où les dislocations sont débloquées et celle où elles ne le sont pas encore. Ce front se déplace à travers l'éprouvette, donnant naissance à ce qu'on appelle des *bandes de Lüders*, qui sont des zones plastifiées dont l'épaisseur est légèrement plus faible. Ces bandes font un angle de 45 à 55° avec la direction de traction (50,8° en théorie). Plusieurs bandes peuvent se propager, sous une contrainte à peu près constante, ce qui donne à la courbe de traction la forme d'un palier plus ou moins régulier, de A' à A", pendant lequel il n'y a pas de consolidation. Au point le plus bas du palier correspond une contrainte, appelée *limite inférieure d'écoulement*, symbolisée par R_{eL} (L = Low, donc bas). Il peut aussi être utile de mesurer la longueur du palier, A_e.

1. Ceci a aussi pour conséquence qu'un métal ne présentant pas de palier à l'essai de traction peut en fait en avoir un (petit) durant l'emboutissage, car ce dernier est toujours fait à vitesse beaucoup plus élevée.

L'effet de ces bandes est, si l'on peut dire, exacerbé par la forme de l'éprouvette : sa section constante tout au long du fût favorise le déplacement des bandes sous contrainte constante, plus que ne le font les formes irrégulières d'une pièce emboutie. On peut donc considérer que le palier – le fait qu'il soit horizontal – est un artefact lié à la forme de l'éprouvette. Il n'en reste pas moins qu'il révèle un état particulier du métal, lequel entraîne deux conséquences lors de l'emboutissage :

– la formation de défauts d'aspect, appelés *vermiculure*, dans les zones faiblement déformées des pièces embouties (cf. Partie F). À ce titre, les aciers présentant du palier sont totalement proscrits sur les tôles pour carrosserie automobile,
– des ruptures par manque de consolidation. Nous verrons aussi cela plus en détail dans la partie F.

Il n'y a pas que l'acier naturellement vieilli qui ait du palier. Un acier qui a subi un refroidissement lent en a aussi, et même beaucoup, car les atomes de carbone et d'azote ont eu le temps de diffuser vers les dislocations. En revanche, les aciers dits IF et les aciers austénitiques (cf. partie B) n'ont jamais de palier car pas d'azote ni de carbone libre.

Remarque

Le palier et la formation de bandes plastifiées ne sont pas réservés au mode traction. Ils apparaissent dans tous les modes de déformation : compression, expansion, traction plane, cisaillement...

Si nous essayons de résumer le problème posé par la transition entre élasticité et plasticité, nous dirons que :

– soit elle est brutale, et l'on peut mesurer deux contraintes, R_{eH} et R_{eL}. La première est souvent préférée pour les aciers HSLA[1] alors que la seconde est prise en compte pour les aciers destinés au formage à froid. L'explication de ce choix sort totalement du cadre de cet ouvrage car c'est une question difficile techniquement et âprement discutée. On peut aussi mesurer la longueur du palier A_e, mais beaucoup y renoncent car cette mesure rallonge sensiblement la durée de l'essai,
– soit elle est progressive et l'on ne sait plus, alors, déterminer la véritable limite d'élasticité. Dans ce cas, on la confond avec la contrainte conventionnelle d'écoulement plastique appelée $R_{p0,2}$.

Signalons qu'il est absolument injustifié et impropre de mesurer $R_{p0,2}$ en présence d'un palier. La valeur trouvée n'a aucun sens car elle correspond à un point quelconque du palier.

Indiquons aussi qu'il est courant de désigner la limite d'élasticité par R_e quand on ne veut pas préciser s'il s'agit de $R_{p0,2}$, de R_{eL} ou de R_{eH}.

1. HSLA (High Strength Low Alloyed) : ce sont les aciers au niobium, essentiellement. En français, on les appelle HLE = haute limite d'élasticité. Nous choisissons sciemment d'utiliser l'appellation anglo-saxonne car c'est elle qui figure dans le nom des nuances normalisées au plan européen.

4.4 Consolidation

Après que le domaine de déformation plastique ait été atteint, c'est-à-dire après A" ou A, selon qu'il y a ou non du palier, celle-ci progresse régulièrement, le métal s'allonge de façon uniforme et homogène tout en diminuant de section (conservation du volume).

Comme nous l'avons vu en 2.4, les dislocations se multiplient, s'enchevêtrent, s'empilent sur les joints de grains et rendent l'effort nécessaire à la poursuite de l'allongement de plus en plus élevé : c'est la *consolidation* ou *écrouissage.*

Ce qui explique que cet allongement puisse se poursuivre sur un grand domaine, couramment 20 à 25 % pour un acier doux d'emboutissage et 40 à 50 % pour un acier inoxydable austénitique, c'est que la diminution de section est constamment compensée par l'augmentation de la contrainte d'écoulement du métal, qui le renforce.

Détaillons ce point, qui est primordial. La longueur augmentant, le principe de la conservation du volume veut que la section diminue à l'inverse. Mais l'écrouissage fait que la contrainte que peut supporter le métal augmente plus vite que ne diminue la section : c'est pourquoi la force, qui est le produit de la contrainte par la section, augmente.

Remarque

C'est la force résistante instantanée que mesure la machine de traction. C'est elle qu'on lit sur le diagramme, divisée par une constante, la section initiale S_0. La forme d'évolution de la contrainte conventionnelle est donc la même que celle de la force.

Mais les phénomènes à l'origine de la consolidation subissent un ralentissement progressif et il arrive un stade où cette augmentation de contrainte ne peut plus compenser la réduction de section. La force ne s'accroît plus que très lentement puis passe par un maximum au point B des figures précédentes pour lequel la contrainte conventionnelle s'appelle résistance à la traction[1], de symbole Rm. L'allongement plastique correspondant s'appelle *allongement uniformément réparti,* de symbole Ag. Le sommet de la courbe correspond à ce que l'on appelle l'*instabilité de charge* (de croissante, elle devient décroissante).

Sur un enregistrement, la partie inclinée précédant le sommet de la courbe de traction représente la consolidation ; mais comme celle-ci varie avec la déformation, il n'y a pas de caractéristique simple qui permette d'en donner une mesure. Les solutions trouvées, assez compliquées, seront exposées au chapitre 6.3.

Une façon d'estimer la consolidation, rustique mais toujours disponible, réside dans la comparaison entre la limite d'élasticité et la résistance à la traction. On peut, en effet, tenir le raisonnement simple que voici : la mise en forme d'une pièce doit être permanente ; elle ne peut donc se réaliser que si la contrainte atteinte dépasse la limite d'élasticité, mais, pour éviter tout risque de rupture, elle doit aussi rester inférieure à la résistance à la traction. L'écart entre ces deux contraintes donne donc une évaluation grossière de la consolidation (pour être plus rigoureux,

1. L'expression « charge de rupture » est impropre car ce serait plutôt la charge (plus faible) supportée au moment de la rupture.

il faudrait le rapporter à l'allongement réparti, ce qui donnerait une pente moyenne de consolidation).
Comme un même écart en valeur absolue n'a pas la même signification pour un acier doux que pour un autre très résistant, on préfère considérer, plutôt que la différence Rm – Re, le rapport Re/Rm : faible (0,45) le métal est très ductile, élevé (0,8) il l'est peu[1].

Remarque

Il serait plus judicieux de considérer le rapport Rm/Re, qui varierait alors dans le même sens que la consolidation, mais la tradition s'est établie dans l'autre sens.

Après le sommet de la courbe, deux comportements différents peuvent se présenter. Avec les aciers doux et les aciers peu alliés, le métal commence à se rétrécir et s'amincir progressivement dans la zone centrale du fût : c'est la *striction diffuse* qui sera suivie, mais longtemps après, de la rupture. Avec les aciers à hautes caractéristiques, en revanche, cette diminution de section est quasiment inexistante et la rupture est presque immédiate.
La figure 4.4 illustre ces deux comportements.

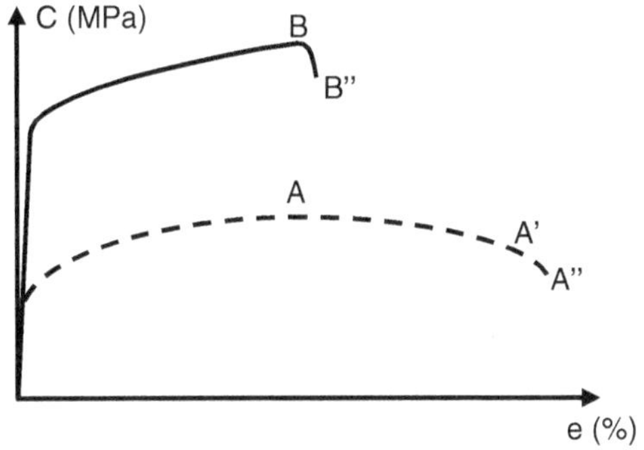

Figure 4.4 – Acier doux (pointillé) et acier TRIP à hautes caractéristiques

La striction diffuse apparaît au point A dans le cas de l'acier doux et se poursuit sur un grand allongement jusqu'au point A' où apparaît la striction localisée. Celle-ci n'est pas définie sur la courbe, mais très proche de la rupture qui se situe en A''.
L'acier à hautes caractéristiques représenté (un acier TRIP) a un grand allongement réparti qui se poursuit jusqu'au point B. La rupture a lieu au point B''. Il n'y a pas de striction diffuse.
Nous allons étudier ces deux cas successivement.

4.5 Striction diffuse

Avec les métaux ductiles, au lieu d'immédiatement se produire après le sommet de la courbe, la rupture est retardée. Un rétrécissement *et* un amincissement assez diffus, apparaissant avec la décroissance de la courbe, se produisent vers le centre

1. On a l'habitude de considérer que R_e représente indifféremment $R_{p0,2}$ ou R_{eL}.

de l'éprouvette puis s'amplifient : c'est la *striction diffuse* (figure 4.5). Pour fixer les idées, disons que la zone intéressée peut avoir de 15 à 25 mm de longueur sur une éprouvette classique n° 2.

Mais, curieusement, cette zone résiste et la rupture peut encore nécessiter un allongement supplémentaire de 10 ou 20 %. Quelle est l'origine de ce comportement *a priori* étonnant ? Pourquoi le métal que l'on aurait pu croire au terme de ses possibilités de déformation retrouve-t-il cette capacité ?

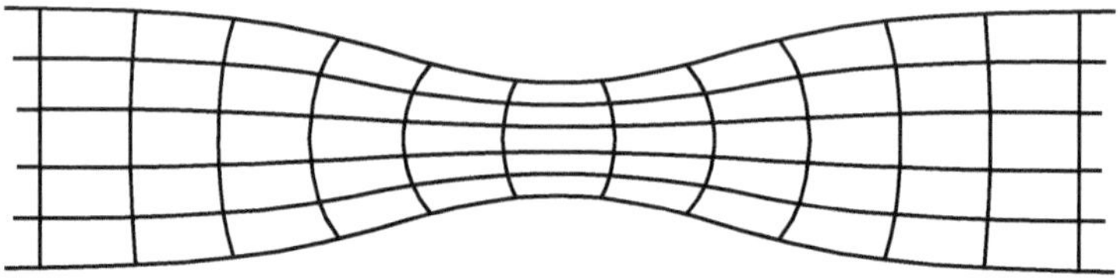

Figure 4.5 – Striction diffuse

Cela s'explique essentiellement par ce qu'on appelle la *sensibilité à la vitesse*. Prenons le cas des aciers doux : plus on les déforme vite, plus la contrainte nécessaire est élevée. On dit qu'ils ont une sensibilité positive à la vitesse. C'est ce que montre la figure 4.6, relative à un même acier doux tractionné avec trois vitesses de traverse différentes. La contrainte Rm augmente d'environ 9 % quand la vitesse est multipliée par 250 (un peu moins en réalité, car la vitesse de déformation réelle n'augmente pas autant que celle appliquée à la traverse).

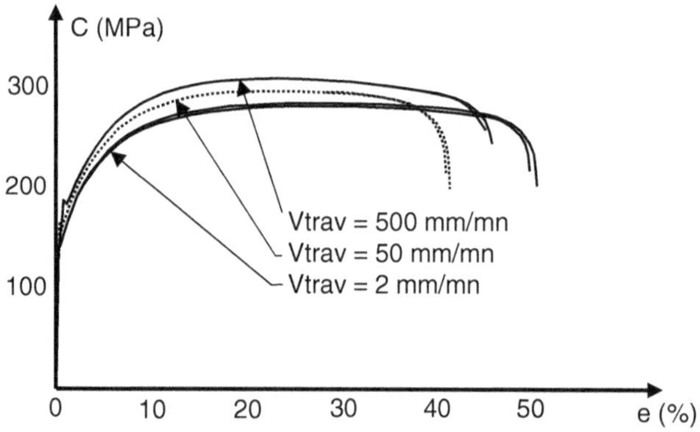

Figure 4.6 – Influence de la vitesse sur la contrainte d'écoulement d'un acier doux

La suite du raisonnement n'est pas très simple, aussi allons-nous décomposer le phénomène en plusieurs étapes élémentaires. Ce qui est important, c'est de bien avoir en tête la différence entre force et contrainte, comme suggéré plus haut.

Premier point, que nous avons déjà signalé : la force qu'oppose l'éprouvette à la déformation imposée, la tension, est la même tout au long de l'éprouvette, indépendamment des variations locales de section.

Deuxième point : dans la partie en striction, la section diminue plus vite que ne se renforce le métal par écrouissage, c'est la raison pour laquelle la force – produit de la section par la contrainte – s'est mise à décroître. Conséquence : tout le long de l'éprouvette, la tension se met donc à décroître aussi.

Troisième point : cela implique que les autres parties de l'éprouvette, soumises à une tension qui décroît, ne se déforment en principe plus du tout[1]. Conséquence : à partir de son apparition, tout l'allongement devrait se produire dans la seule zone de striction, le reste du corps de l'éprouvette ne s'allongeant plus.

Mais, quatrième point, c'est là qu'intervient d'une façon subtile la sensibilité à la vitesse. La vitesse de traverse n'a pas été modifiée (par l'opérateur ou le logiciel) parce que la force diminuait ou que la striction apparaissait. Elle est restée constante. Cependant, l'augmentation de longueur ne se fait plus sur tout le corps de l'éprouvette mais se concentre évidemment dans la zone rétrécie, où la vitesse de déformation augmente donc.

Finalement, cinquième point : à cette augmentation locale de vitesse correspond une augmentation de la contrainte que peut supporter le métal, conséquence de la sensibilité positive dont nous venons de parler ; cela permet donc au métal de résister mieux que si la vitesse locale était restée constante et, résistant plus, de maintenir un niveau de force plus élevé qui reporte les déformations sur les zones adjacentes, donc élargit la zone en striction.

C'est ce renforcement qui explique l'allongement de striction. Plus la sensibilité à la vitesse du matériau est élevée, plus l'allongement de striction croît.

Comme si les choses n'étaient pas assez compliquées, un autre facteur vient modifier la capacité d'allongement par striction ; c'est l'effet de la température. La déformation plastique crée un échauffement par frottement interne qui peut atteindre, à l'apparition de la striction diffuse, 10 à 15 °C pour l'essai classique d'un acier doux et plus pour un acier à hautes caractéristiques. Or, tous les métaux voient leur contrainte d'écoulement diminuer quand la température s'élève[2] et l'on a donc, pendant la striction, un effet inverse à celui de la vitesse pour les aciers. En conséquence, la conductivité thermique est un facteur métallurgique qui va, en opposition avec la sensibilité à la vitesse, déterminer l'amplitude de l'allongement de striction.

Remarque

La compétition entre ces deux phénomènes aux effets inverses ne rend pas possible la prédiction de l'allongement à rupture, comme le démontre l'examen de la figure 4.6 ci-dessus. La vitesse la plus faible donne bien le plus grand allongement car il n'y a aucun échauffement, mais ce n'est pas la vitesse la plus grande qui donne le plus faible allongement ! Tout dépend du poids relatif des deux phénomènes.

1. Le métal s'est écroui jusqu'à un certain niveau ; il n'y a théoriquement pas de raison pour qu'il continue à se déformer sous un effort moindre (mis à part un faible fluage éventuel).
2. L'augmentation de la distance moyenne interatomique réduit légèrement les forces de cohésion.

Signalons que l'auteur a étudié, avec l'un de ses collègues, l'influence thermique sur la localisation des ruptures [1]. On peut résumer en gros le résultat sous cette forme :

- pour les aciers doux et HSLA peu chargés en éléments d'addition, leur bonne conductivité thermique fait que l'échauffement se concentre au centre de l'éprouvette – ceci étant dû à l'extraction des calories par les mors – et que la rupture s'y produit systématiquement,
- les aciers relativement alliés (DP, TRIP, etc.) ont une moins bonne conductivité thermique. Le refroidissement dû aux extrémités est donc moins marqué, la température est homogène sur une plus grande longueur et la rupture se produit là où se trouve une faiblesse du matériau : géométrique (usinage), défectuelle (inclusions, repliure) ou structurelle (amas de ferrite...).

Cette observation explique pourquoi on enregistre beaucoup plus de ruptures hors de la zone centrale avec les aciers à hautes et très hautes caractéristiques.

4.6 Striction localisée

Pour les tôles minces et les aciers ductiles ou assez ductiles (aciers doux et HSLA), la striction se décompose en deux séquences bien distinctes : la striction diffuse dont nous venons de parler, qui est essentiellement un rétrécissement et[1] un amincissement répartis sur une zone assez étendue, puis la *striction localisée* qui commence dans la zone la plus étroite et qui consiste en un amincissement très local se terminant par la rupture (figure 4.7 en haut). Plus l'épaisseur de la tôle est forte, plus les deux phénomènes se confondent. À l'inverse, la striction des tôles très minces (certains fers blancs pour boîtes) est uniquement localisée, sans rétrécissement préalable : figure 4.7 en bas. La rupture prend alors naissance dans des bandes de cisaillement inclinées d'une trentaine de degrés par rapport à la direction de traction[2].

D'un point de vue macroscopique, on peut donc résumer la situation comme suit en ce qui concerne les aciers ductiles et assez ductiles :

- pour une tôle très fine (fer blanc), la striction localisée apparaît presque immédiatement après le sommet de la courbe ; il y a peu d'allongement de striction car le volume de métal à déformer est faible,
- pour une tôle mince standard, la striction diffuse (en largeur et épaisseur) constitue l'essentiel de l'allongement qui suit l'instabilité de charge et la striction localisée se produit vers la fin de la courbe, en un endroit indétectable sur celle-ci car il n'y correspond aucun point singulier (aux environs du point C sur les figures 4.2 et 4.3),
- pour une tôle épaisse, les strictions diffuses et localisées sont confondues.

1. Nous insistons à nouveau sur le *et* car seule la diminution de largeur est visible et qu'on oublie souvent que l'épaisseur varie aussi.
2. À ne pas confondre avec des bandes de Lüders.

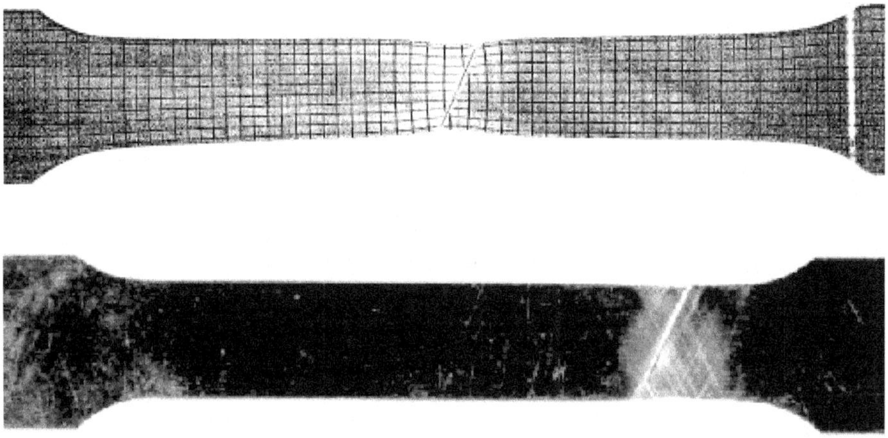

Figure 4.7 – Striction localisée : acier HSLA (en haut), fer blanc (en bas)

Que se passe-t-il lors de la striction localisée ? La plupart du temps, on voit un phénomène, l'endommagement, s'amplifier rapidement. Nous en avons parlé en 1.2.5 : c'est soit une décohésion entre des particules de seconde phase ou des inclusions et la matrice de l'acier, soit la fracture des particules elles-mêmes : revoir la figure 1.6.

L'endommagement donne d'abord naissance à des cavités de plus en plus nombreuses (c'est la phase de *nucléation*) et qui grossissent : figure 4.8 à gauche. Puis elles se rejoignent (c'est la *coalescence*) et les deux morceaux de l'éprouvette ne sont plus retenus que par des ponts, appelés *ligaments*, figure 4.8 à droite.

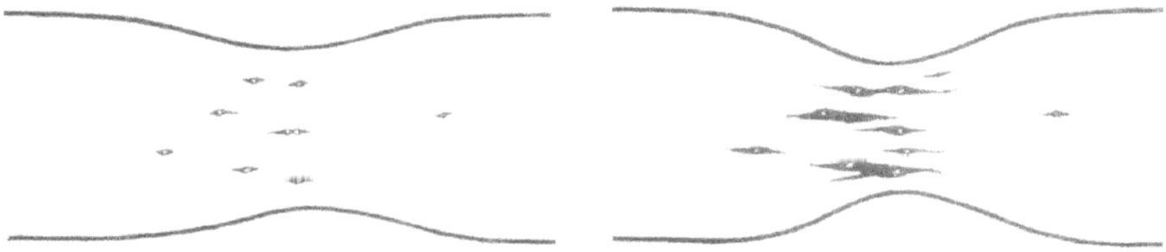

Figure 4.8 – Évolution de l'endommagement durant la striction

Certains aciers connaissent cette phase de striction localisée sans pour autant subir un endommagement vraiment visible.

Nous avons expliqué que la striction diffuse était une conséquence de la sensibilité positive à la vitesse. Qu'arrive-t-il si le matériau n'est pas sensible à la vitesse ou présente même une sensibilité négative (sa contrainte d'écoulement est d'autant plus faible que la vitesse de déformation est grande) ? Eh bien, la striction diffuse disparaît !

Pratiquement, plus un acier à de hautes caractéristiques (il faut entendre une forte résistance à la traction), plus sa sensibilité à la vitesse décroît. Elle va même jusqu'à

s'annuler avec les aciers à très hautes caractéristiques mais ne devient jamais négative, contrairement à ce qui se passe avec les alliages d'aluminium.
Quant il n'y a pas de striction diffuse, la rupture suit quasi immédiatement le maximum de force et les allongements répartis et à rupture sont sensiblement égaux, comme le représente la courbe supérieure de la figure 4.4.

4.7 Rupture

Elle peut prendre deux aspects suivant que le métal est ductile ou non : s'il est suffisamment ductile, les ligaments formés entre les sites d'endommagement finissent par se rompre. On obtient une rupture dite « à nerf » dans le langage courant et *à cupules* par les spécialistes qui les observent au microscope électronique. La figure 4.9 représente ce stade final.

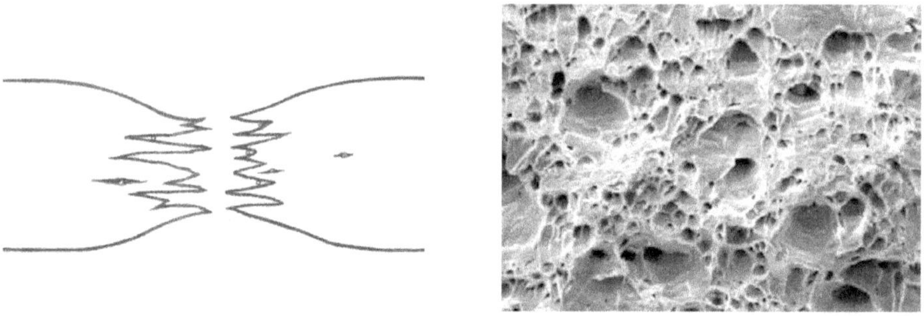

Figure 4.9 – Rupture ductile par endommagement et faciès à cupules

S'il n'est pas ductile ou peu ductile, la phase d'endommagement que nous venons de présenter n'a pas eu le temps de se développer, la rupture apparaît avant même la striction localisée. Elle est alors perpendiculaire à la direction de traction mais en forme de « sifflet » dans l'épaisseur, faisant un angle d'environ 30 à 40°, figure 4.10. Ceci correspond à une rupture par *cisaillement*.

Figure 4.10 – Rupture en sifflet, par cisaillement

On verra à propos des critères de plasticité (partie D) que le cisaillement correspond au mode de déformation nécessitant le moins d'énergie. On pourrait dire que, dans un certain sens, c'est ce mode de rupture qui est le plus « naturel ». Si l'endommagement n'existait pas pour les métaux ductiles, ils casseraient probablement, eux aussi, en cisaillement. Les photos de la figure 4.7 montrent d'ailleurs clairement que la rupture ductile se fait aussi avec un angle d'environ 50°, mais dans le sens de la largeur[1].

4.8 Allongement à rupture

Quand la rupture se produit finalement, l'éprouvette a atteint dans la machine un allongement appelé *allongement total à rupture* et symbolisé par A_t. Cet allongement comprend donc une petite fraction d'allongement élastique puisque l'éprouvette était sous tension. C'est pourquoi l'allongement à rupture est normalement mesuré en rapprochant les deux morceaux de l'éprouvette rompue et en mesurant la distance entre deux repères préalablement marqués (par coups de pointeaux, pointe à tracer, trait de crayon, etc.). Cette méthode, qui reste la référence, fait donc naturellement abstraction de l'allongement élastique et l'on mesure l'allongement permanent à rupture, dont le symbole est tout simplement A, exprimé en pour-cent.

Cependant, cette méthode est longue et l'on cherche à employer le plus possible les résultats donnés par l'extensomètre pour accéder à cette grandeur. Il se présente alors deux cas :

- l'extensomètre est capable de supporter la secousse due à la rupture : il mesure les allongements jusqu'au bout et un calcul simple permet de déduire l'allongement élastique théorique. Ceci est valable pour de petites éprouvettes en acier assez ductile,
- la constitution de l'extensomètre ne lui permet pas de supporter la rupture (c'est vrai de tous ces accessoires quand l'éprouvette est grosse) ; on retire alors l'extensomètre avant la rupture et l'on suit la fin de l'allongement par le seul déplacement de la traverse.

Dans un cas comme dans l'autre, la mesure n'est pas rigoureuse, mais suffisamment précise, cependant, compte tenu de la dispersion naturelle de l'allongement à rupture d'une éprouvette à l'autre.

Nous avons signalé en 3.2 qu'il existait quatre types d'éprouvettes définies par la nouvelle norme ISO EN 6892. Il y a plusieurs raisons à ce nombre apparemment élevé de types d'éprouvettes : la nécessité de tenir compte de la quantité de métal disponible, de l'influence de l'épaisseur et, finalement, la difficulté d'obtenir une rupture centrée avec les aciers à très hautes caractéristiques.

Dans les explications qui vont suivre, il convient de bien différencier l'augmentation absolue de longueur, ΔL, de l'allongement relatif en pour-cent e, qui vaut $100 . \Delta L/L_0$.

En comparant des éprouvettes de différents types et formes, Bauschinger a montré, depuis longtemps déjà, que l'allongement ΔL de la zone de striction, c'est-à-dire l'augmentation de longueur mesurée en millimètres, était d'autant plus élevé que la section de l'éprouvette était grande[2]. Ceci se conçoit empiriquement assez bien

1. Théoriquement 54,7° par rapport à la direction de traction.
2. Ces considérations ne s'appliquent pas aux métaux très minces.

en considérant le fait qu'il y a un plus grand volume de métal qui se déforme. Il a même précisé que c'était la racine carrée de la section qu'il fallait prendre en compte et a établi la relation suivante :

$$\Delta L_{striction} = \beta \, . \sqrt{So} \quad (\beta \text{ dépend du matériau})$$

Toujours en mesure absolue, l'allongement réparti est, lui, proportionnel à la base de mesure :

$$\Delta L_{réparti} = \alpha \, . \, L_0 \quad (\alpha \text{ dépend aussi du matériau})$$

Au total, l'allongement à rupture devient : $\Delta L_{rupture} = \Delta L_{réparti} + \Delta L_{striction}$ soit :

$$\Delta L_{rupture} = \alpha \, . \, L_0 + \beta \, . \sqrt{So}$$

De cette équation, il ressort clairement que l'allongement à rupture est la somme de deux facteurs subissant des influences entièrement différentes : l'un est proportionnel à la base de mesure L_0 et l'autre dépend de la section S_0 de l'éprouvette mais reste tout à fait indépendant de la base de mesure. On conçoit donc sans peine que l'allongement à rupture n'est nullement intrinsèque au matériau mais en grande relation avec la géométrie de l'éprouvette, laquelle agit au niveau de L_0 et S_0.

Prenons un exemple pour bien fixer les idées :

- une éprouvette de L_0 = 100 mm s'allonge de 25 mm avant la striction (A_g = 25 %) et de 20 mm dans la striction ; l'allongement total est de 45 mm, donc A = 45 %,
- une éprouvette deux fois plus longue du même métal, ayant L_0 = 200 mm, va s'allonger avant striction de 50 mm (A_g = 25 %) mais la striction sera absolument identique au cas précédent car ce qui se passe à l'extérieur de la zone de striction ne l'influence pas. L'allongement total sera donc de 50 + 20 = 70 mm et A ne vaudra plus que 35 % !

La figure 4.11 illustre expérimentalement cette comparaison. Avec un même acier et des éprouvettes identiques, on a seulement fait varier la base de mesure L_0 de l'extensomètre. Cette fois, ce ne sont pas les allongements absolus ΔL qui sont portés en abscisse, mais les allongements relatifs en pour-cent que nous sommes habitués

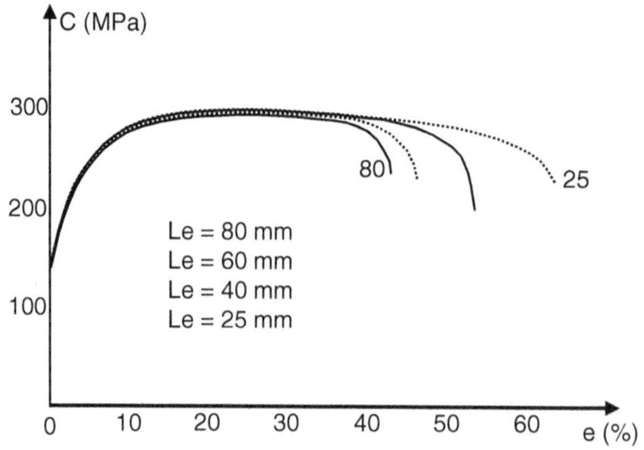

Figure 4.11 – Influence de la base de mesure sur l'allongement à rupture

à manipuler. On voit que l'allongement réparti est constant et constitue donc une caractéristique relativement[1] intrinsèque du métal, tandis que l'allongement de striction augmente quand la base de mesure diminue. Ceci est bien logique puisque la même augmentation de longueur due à la seule striction est rapportée à une base de mesure plus petite.

La figure 4.12, montre, pour un acier doux, la variation globale de l'allongement réparti Ag et de l'allongement à striction en fonction de la base de mesure L_0 (pour des éprouvettes de 20 mm de largeur).

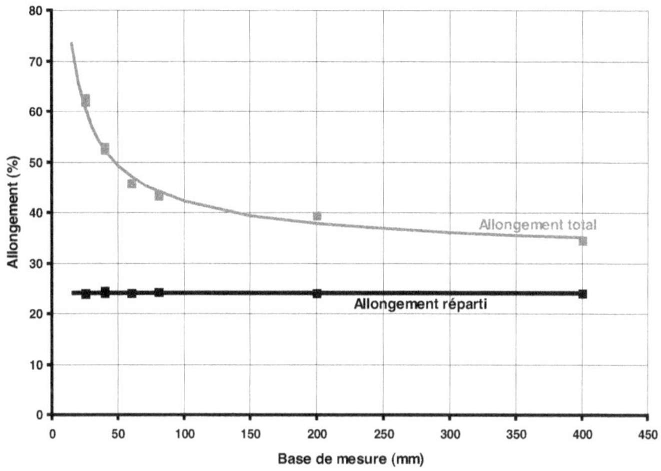

Figure 4.12 – Influence de la base de mesure sur l'allongement à rupture (acier DC04)

On voit très clairement que l'allongement à rupture diminue quand la base de mesure augmente.

1. Nous écrivons « relativement » car l'épaisseur joue sur le rapport largeur/épaisseur, qui lui-même peut modifier l'allongement réparti par son influence sur le mode de déformation (cf. partie D).

5 • CONDITIONS D'ESSAI

5.1 Les différentes éprouvettes

Du fait qu'il existe plusieurs sortes d'éprouvettes normalisées, le problème de leur comparaison se pose souvent. Nous allons étudier cette question en détail car elle a, d'une part, une grande importance pratique et qu'elle est, d'autre part, assez généralement méconnue.

Nous considérons ici seulement le point de vue européen. Les Américains ne suivent évidemment pas les normes européennes, mais pas non plus les normes ISO. Ils ne connaissent que les normes ASTM dans le domaine des essais mécaniques. La situation est variable pour les autres contrées, notamment au Japon, en Chine, en Inde...

Nous allons commencer par le cas des éprouvettes dites *proportionnelles*, réservées aux tôles d'épaisseur supérieure à 3 millimètres, en appliquant ce que nous avons appris au chapitre précédent.

Pour les produits plats, le choix d'une largeur de 20 mm s'est fait après de longues études internationales sur la facilité d'usinage, la dispersion des mesures, etc. Les Britanniques s'en sont longtemps rapprochés par une largeur de 3/4 de pouce, c'est-à-dire 19,05 mm. Depuis que le système SI est accepté dans le monde entier, ils sont passés à 20 mm comme tout le monde[1].

Le choix d'une largeur constante, imposé par d'évidentes raisons de simplicité et d'efficacité dans l'usinage, fait que la section de l'éprouvette varie proportionnellement à l'épaisseur de la tôle. Compte tenu de la dépendance de l'allongement de striction vis-à-vis de la section, cela implique que les allongements mesurés ne seront pas comparables si l'on utilise une longueur de base de mesure identique quelle que soit l'épaisseur. C'est pourquoi on a créé les éprouvettes proportionnelles.

On a vu que l'allongement réparti (en pour-cent), est indépendant de la base de mesure. Il suffit donc d'adopter une proportion constante entre la longueur L_0 de la base de mesure et la racine carrée de la section (cf. Bauschinger, 4.8) pour garantir que les allongements à rupture seront comparables quelle que soit l'épaisseur.

Dans le cas des éprouvettes de section circulaire utilisées pour les produits autres que la tôle, il est facile de respecter une telle proportionnalité. Étant donnée la relation qui existe entre le diamètre et la racine carrée de la section (car $S_0 = \pi . D^2/4$),

1. À condition, bien sûr, d'en tenir compte pour les mesures, cette différence d'un millimètre ne modifie pas sensiblement le comportement lors de l'essai de traction.

on a adopté un rapport constant entre base de mesure et diamètre ; les dernières normes l'ont fixé à 5.

Les choses ne sont pas si simples pour les produits plats et on a cherché le coefficient permettant d'obtenir la même proportionnalité : il est égal à $10/\sqrt{\pi}$, qu'on arrondit à 5,65. La base de mesure des éprouvettes dites *proportionnelles* doit donc respecter l'égalité suivante :

$$L_0 = 5{,}65 \,.\, \sqrt{So}$$

Cette éprouvette est utilisée pour les tôles dont l'épaisseur est supérieure à 3 mm et allant jusqu'à 8 ou 10 mm. Au-dessus, nous ne sommes plus concernés car ce livre traite seulement d'emboutissage.

Pourquoi, se demandera-t-on, fixer la borne inférieure à 3 mm ? Il y a deux raisons :

- comme déjà signalé, la loi déterminée par Bauschinger ne s'applique pas bien aux produits minces,
- appliquer la formule ci-dessus à des tôles très minces conduirait à utiliser des bases de mesures trop petites (par exemple, 18 mm pour une épaisseur de 0,5 mm), mettant en cause aussi bien la précision sur L_0 que sur ΔL.

Il a donc fallu adopter des éprouvettes différentes pour les épaisseurs inférieures à 3 mm. On a décidé de garder une base de mesure constante, quelle que soit l'épaisseur. Elles sont dites, de ce fait, *non-proportionnelles.*

La valeur normalisée la plus courante, 80 mm, a été choisie[1] pour donner à peu près le même poids à l'allongement réparti et à celui de striction pour les aciers doux d'emboutissage. Cette éprouvette s'appelle ISO EN n° 2, souvent simplement désignée par 20 × 80.

Cependant, comme ces éprouvettes ont une longueur d'environ 250 mm, une éprouvette plus petite, appelée ISO EN n° 1, est également normalisée. Sa largeur est de 12,5 mm, très proche du 1/2 pouce (12,7 mm). La longueur de la base de mesure, 50 mm (proche de 2 pouces), tient compte de la plus faible section. Du fait de la plus faible valeur de L_0, les allongements sont un peu supérieurs. Cette dernière éprouvette est très proche des éprouvettes américaines ASTM et il n'y a donc pas de correction à faire pour la comparaison des valeurs mesurées.

Profitons-en pour introduire une remarque. Plus l'épaisseur est faible, plus la section diminue, donc aussi l'allongement de striction. Si la base de mesure est constante, cela implique que l'allongement à rupture mesuré pour un même matériau diminue avec l'épaisseur. C'est bien ce que l'on observe pour les éprouvettes non proportionnelles et ceci ne vient pas du tout de différences métallurgiques, comme beaucoup le croient (taux de corroyage, etc.) mais des considérations purement géométriques exposées précédemment. Dans les normes de produits, de petites notes de bas de tableau indiquent discrètement les restrictions à appliquer sur l'allongement garanti en fonction de l'épaisseur.

Signalons aussi au passage que les normes fixent à 0,35 mm l'épaisseur minimale des tôles. Il est admis néanmoins de pratiquer l'essai de traction pour des épaisseurs inférieures. Il reste assez facilement réalisable jusqu'à 0,10 mm et peut se

1. Il n'y a qu'en Europe que ces éprouvettes sont couramment utilisées.

pratiquer au-dessous, moyennant des précautions sérieuses, en particulier sur la tenue des éprouvettes dans les mors et leur alignement.

Le quatrième type d'éprouvette admis par la nouvelle norme, appelé ISO EN n° 3, est l'éprouvette d'origine japonaise, appelée dans ce pays JIS n° 5. Elle a une largeur de 25 mm et une base de mesure de 50 mm. La différence de largeur et de longueur a une sérieuse influence sur la mesure de l'allongement à rupture. Par rapport à l'éprouvette standard 20 × 80, on considère que l'allongement est augmenté, en moyenne, de 10 % relatifs[1], ce qui n'est pas négligeable et a longtemps troublé les utilisateurs (comparer sur la figure 4.12 l'allongement total pour L_0 = 50 et 80 mm).

Une forte pression internationale poussait les Japonais à abandonner leur éprouvette originale et à adopter les éprouvettes dont nous venons de parler. Mais un revirement inattendu s'est produit car la base de mesure courte de la JIS n° 5 fait que la rupture a quasiment toujours lieu au centre de l'éprouvette, même pour les aciers à très hautes caractéristiques. C'est cet avantage qui a conduit à son adoption comme éprouvette ISO EN.

Il y a certes une justification à chaque type d'éprouvette maintenant normalisé, mais il y a aussi un inconvénient : les éprouvettes n° 1 (12,5 × 50) et surtout les éprouvettes 25 × 50 (ex JIS n° 5) donnent très naturellement un allongement supérieur aux éprouvettes n° 2 (20 × 80).

Il faut donc bien réaliser que l'adoption de ces nouvelles éprouvettes représente un changement qui va entraîner de profondes modifications car, étant donné que l'allongement à rupture dépend du type d'éprouvette utilisé, cela suppose la modification des valeurs d'allongement garanties de *toutes* les normes de produits concernées.

En définitive, il est très important de retenir que la mesure d'allongement à rupture délivrée par un essai de traction est une caractéristique totalement conventionnelle, qui n'a de valeur que dans le cadre de comparaisons sur des éprouvettes équivalentes. C'est pourquoi :

– il faut considérer avec beaucoup de prudence les mesures d'allongement à rupture,
– il ne faut jamais comparer l'allongement à rupture d'un métal avec la déformation qu'il peut supporter lors de son formage.

Trois facteurs, au moins, rendent illusoire cette dernière comparaison :

– la base de mesure des déformations : 50 ou 80 mm pour la traction, couramment 2 à 5 mm pour les mesures sur pièces,
– le mode de déformation (objet de la partie D). La traction uniaxiale constitue un mode de déformation particulier, finalement assez rare en emboutissage,
– la vitesse de déformation qui joue sur la consolidation et l'échauffement. Très lente lors d'un essai de traction, elle peut être élevée en mise en forme.

Les deux premiers facteurs font qu'on peut mesurer des allongements locaux bien supérieurs à 200 % sur des pièces...

1. A % (JIS) ≈ 1,1 A % (EN n° 2).

5.2 Influence des conditions d'essai

Nous venons de voir que certaines caractéristiques mesurées lors de l'essai de traction dépendent beaucoup des conditions d'essai et, en particulier, de l'éprouvette utilisée. Essayons de hiérarchiser ce niveau de dépendance : le tableau 5.1 classe, assez arbitrairement, c'est-à-dire en fonction de l'expérience de l'auteur, les caractéristiques en fonction des différents facteurs. La cotation va de 1 = très faible influence à 5 = très forte influence, les variations s'entendant pour des conditions proches de celles fixées par la norme.

Tableau 5.1 – Sensibilité des caractéristiques mécaniques aux conditions d'essai

Caractéristique	Éprouvette	Vitesse	Température
Module d'Young	1	2	1
Limite d'élasticité	2*	3	2
Résistance à la traction	1	2	2
Allongement réparti	1	2	2
Allongement à rupture	5	2	2

* Surtout si l'acier a un palier.

Comme on le voit, deux caractéristiques sont particulièrement sensibles : la limite d'élasticité, qui dépend de la vitesse de traction et, surtout, l'allongement à rupture qui est extrêmement sensible aux dimensions de l'éprouvette.

5.3 Intérêt de l'essai de traction

L'essai de traction, très largement pratiqué, est moins simple qu'il n'y paraît à première vue. Ceux qui ont lu attentivement ce chapitre devraient en être convaincus. Encore ne sommes nous pas rentrés dans nombre de considérations annexes qui compliquent beaucoup les choses, comme, par exemple, l'influence des variations de vitesse durant l'essai, leur mode de régulation, celle de la rigidité de la machine, etc.

C'est un essai relativement coûteux à trois titres : le matériel nécessaire à la traction et à l'usinage des éprouvettes, le temps exigé pour la préparation des éprouvettes et leur essai, la qualification du personnel[1]. En comparaison, la mesure de dureté est extrêmement bon marché.

1. On croit souvent que l'utilisation des logiciels de calcul supprime toute nécessité de compétence. Il reste en fait quantité de sources d'erreurs qui ne peuvent être détectées que par un opérateur confirmé.

Il est cependant indéniable que les informations données par l'essai de traction uniaxiale sont infiniment plus complètes. On obtient non seulement des caractéristiques du matériau relatives à sa tenue en service, telles que limite d'élasticité ou résistance à la traction (en rapport direct avec la tenue à la fatigue), mais aussi des indications qualitatives sur sa capacité de mise en forme : rapport Re/Rm, allongement réparti, allongement à rupture.
Celles-ci peuvent être très utilement complétées par les caractéristiques rationnelles : le coefficient d'écrouissage « n » tout comme le coefficient d'anisotropie « r » (qui font l'objet du chapitre suivant) sont également obtenus au cours du même essai. Ils donnent de précieuses indications sur la capacité du métal à subir certains types particuliers d'emboutissage. D'ailleurs, c'est leur emploi éclairé qui a, progressivement, amené à la suppression des essais dits « simulatifs » qui sont restés longtemps comme le seul moyen d'apprécier la formabilité des tôles.
Il faut ajouter que les progrès de l'électronique et de l'informatique ont permis de rendre le test beaucoup plus fiable et d'utilisation considérablement plus facile. À titre d'exemple, rappelons que la détermination du coefficient d'écrouissage réclamait, il y a trente ans, une éprouvette spécialement usinée possédant deux corps de section différente, une préparation et un essai spécifiques, des opérateurs très spécialisés. De nos jours, le même opérateur peut obtenir toutes les caractéristiques citées au cours d'un seul essai, en utilisant une éprouvette standard. Des progrès sensibles peuvent encore être faits en utilisant des mesures optiques de déformation.
Ces qualités font que l'essai de traction est devenu le moyen le plus utilisé pour évaluer, en laboratoire, la formabilité d'un métal.

6 • GRANDEURS RATIONNELLES

Indépendamment de leur sensibilité à tel ou tel paramètre de l'essai, on sait aussi que certaines des caractéristiques que nous venons de voir n'ont pas de signification physique précise car elles ne sont pas basées sur la mesure des véritables sollicitations du matériau. Examinons cela de plus près.

6.1 Contraintes et déformations vraies

Dans le travail de tous les jours, l'exploitation des caractéristiques mécaniques délivrées par l'essai de traction (dites caractéristiques conventionnelles) est aisée, car :

- les allongements, exprimés en %, sont facilement interprétables par tout un chacun,
- les contraintes F/S_0, que nous avons symbolisées par C, sont directement rapportées à la section initiale et ne nécessitent donc pas, pour leur utilisation vis-à-vis du calcul d'une structure, de connaître la section instantanée de la pièce,
- ces contraintes peuvent aussi servir en mise en forme : par exemple, on sait qu'un godet cylindrique en acier isotrope cassera pour un effort au poinçon d'environ $1{,}15 . R_m . \pi . d . e_0$, l'intérêt évident de cette formule étant de ne faire appel qu'à des valeurs connues avant l'emboutissage du godet : R_m, résistance à la traction, e_0, épaisseur initiale et d, diamètre du poinçon (cette formule sera explicitée dans la partie E).

Cependant, cette représentation pèche sur le plan physique : étant donné que l'éprouvette voit sa section diminuer au fur et à mesure qu'elle s'allonge, la contrainte vraie n'est donc pas, à un instant donné, égale à F/S_0 mais à F/S, où S représente la section actuelle.

La *contrainte vraie* ou *rationnelle* sera donc : $\sigma = F/S$

Forcément, S étant plus petite que S_0, σ est toujours supérieure à C.

La mesure conventionnelle de l'allongement n'est pas, non plus, exempte de critiques. En effet, on compare l'allongement instantané à l'état initial L_0 : $e\ \% = 100 . \Delta L/L_0$, mais cette représentation est mal adaptée à la comparaison d'états successifs pour deux raisons :

- durant la consolidation, par exemple, ce qui nous intéresse c'est ce qui se passe entre deux états qui se suivent immédiatement, et non en comparaison avec l'état initial,

– les allongements conventionnels ne sont pas additifs. Faire suivre une déformation de 20 % par une autre de 10 % ne donne pas une déformation globale de 30 % mais de 32 % !

Ces deux considérations conduisent à utiliser une représentation plus physique de la déformation, introduite par Ludwik en 1909 et appelée *déformation vraie* ou encore *rationnelle,* qui s'exprime sous la forme suivante :

$$\varepsilon = \ln (L/L_0)$$

Note

L_0 n'est pas forcément, dans ce cas, la longueur initiale mais la longueur au début de l'intervalle considéré.

Nous ne chercherons pas à justifier le fondement mathématique de cette expression, mais nous montrerons facilement son rapport avec la non-variation du volume. En effet, durant une déformation plastique :

– le volume actuel vaut : $V = L \,.\, l \,.\, e$ (l est la largeur, e est l'épaisseur)
– le volume initial était : $V_0 = L_0 \,.\, l_0 \,.\, e_0$

Comme le volume ne change pas, $V = V_0$, d'où $V/V_0 = 1$, donc :

$$(L/L_0) \,.\, (l/l_0) \,.\, (e/e_0) = 1$$

et, en passant aux logarithmes :

$$\ln (L/L_0) + \ln (l/l_0) + \ln (e/e_0) = 0$$

En appelant : $\varepsilon_1 = \ln (L/L_0)$ $\varepsilon_2 = \ln (l/l_0)$ $\varepsilon_3 = \ln (e/e_0)$
on obtient la **relation absolument fondamentale** suivante :

$$\varepsilon_1 + \varepsilon_2 + \varepsilon_3 = 0$$

qui traduit l'invariabilité du volume en déformation plastique (signalons que, en revanche, le volume augmente très légèrement durant une élongation élastique). Cette équation simple est intensivement utilisée en mise en forme comme on le verra à de nombreuses reprises dans la suite.

6.2 Courbe de traction rationnelle

Compte tenu des limitations de l'essai conventionnel et de ce qui vient d'être dit, les scientifiques ont évidemment recherché des moyens plus corrects pour représenter le résultat d'un essai de traction. Il s'agit, en particulier, d'en extraire des lois physiques, qu'on appelle *lois de comportement.* C'est ce qui a conduit au concept de *courbe rationnelle* et à toutes les lois classiques (pour les métaux) que nous examinerons dans la suite.

Comment allons-nous tracer cette courbe rationnelle[1] ?

Pour calculer la contrainte vraie à un instant donné, il faut non seulement connaître la force F, ce que toute machine de traction mesure très bien, mais aussi la section instantanée de l'éprouvette. Ceci n'est pas difficile dans le cas d'une éprouvette

1. Que les Anglo-saxons appellent simplement « true stress-true strain », c'est à dire « contrainte vraie-déformation vraie ».

cylindrique, car un capteur de diamètre donne toute l'information nécessaire, mais devient quasi impossible avec une éprouvette plate. Il y a à cela deux raisons :

– l'épaisseur étant relativement faible, ses variations sont très difficiles à mesurer (parfois quelques µm seulement),
– la section de l'éprouvette ne reste pas parfaitement rectangulaire mais peut prendre la forme d'un diabolo. Il faudrait donc mesurer l'épaisseur en plusieurs points de la largeur et faire une correction.

Étant dans l'impossibilité de mesurer en continu la section de l'éprouvette, on tourne la difficulté en la calculant par la *méthode indirecte*, c'est-à-dire en tenant compte de la non-variation du volume.
Le volume vaut : $V = L \,.\, l \,.\, e$, soit encore : $V = L \,.\, S$
Comme il ne varie pas, on a aussi : $L \,.\, S = L_0 \,.\, S_0$, d'où $S = L_0 \,.\, S_0/L$
Or, on connaît à chaque instant la longueur L et les valeurs initiales L_0 et S_0.
On voit donc que la mesure d'allongement donnée par l'extensomètre suffit pour connaître la section vraie à tout moment du domaine des déformations plastiques uniformes. Il n'est par conséquent pas nécessaire d'avoir des capteurs de largeur ni, a fortiori, d'épaisseur[1], pour déterminer la contrainte vraie.

Remarque

Cette simplification n'est plus acceptable quand le métal subit des transformations allotropiques (changements de phase, par exemple austénite → martensite) car celles-ci impliquent toujours des variations de densité, donc de volume. Ce dernier n'est plus conservé.

Notons un autre point très important : quand la striction diffuse apparaît, les déformations ne sont plus uniformes ; on ne peut plus, alors, considérer que la section minimale varie à l'inverse de l'allongement et la formule donnant σ par la méthode inverse n'est plus applicable. On ne peut donc pas exploiter la partie de courbe située après l'allongement uniformément réparti A_g, c'est-à-dire à partir du sommet de la courbe de traction conventionnelle.
Dans le cas des éprouvettes rondes, il est possible, en observant constamment la zone de striction, de connaître la section instantanée et de tenir compte du rayon de courbure de la zone en striction pour déterminer un coefficient de concentration de contrainte et ainsi accéder à la contrainte vraie dans la zone de striction. On appelle ceci la correction de Bridgman. Malheureusement, elle ne peut pas être directement appliquée aux produits plats.
Cependant, les calculs prédictifs par éléments finis (voir partie I) ne peuvent se faire sans connaître la loi de comportement dans le domaine des grandes déformations. Comme l'allongement réparti limite trop le domaine utile calculé, on considère souvent, par analogie avec les éprouvettes cylindriques, que la courbe rationnelle se continue de façon quasi linéaire après l'instabilité. Cette approximation n'est plus suffisante pour les aciers à hautes caractéristiques.
On a reporté sur un même graphe, figure 6.1, une courbe conventionnelle et son équivalent rationnel. On remarque bien :

– le relèvement de la courbe dû à la prise en compte des contraintes vraies,

1. On vient de dire pourquoi ce type de capteur n'existe pas.

– le fait que la vraie courbe rationnelle s'arrête à la déformation uniforme répartie,
– les diverses options pour prolonger la courbe après l'allongement réparti.

Ces options, figurées en pointillé sont :

– a) la continuation *rectiligne* de la partie connue de la courbe rationnelle,
– b) l'assimilation de la courbe à une loi puissance (courbe du milieu),
– c) le choix d'une saturation de l'écrouissage (courbe du bas).

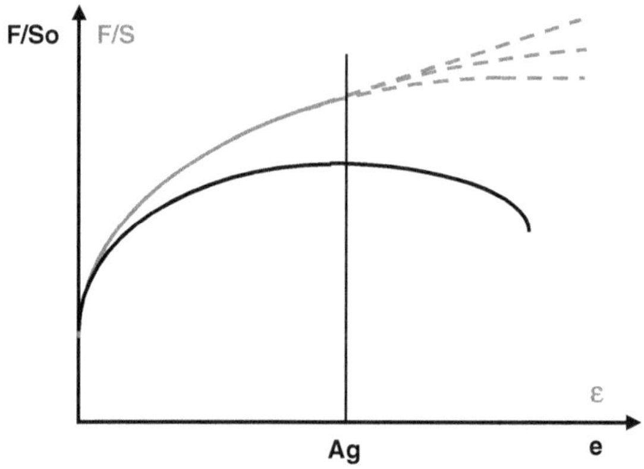

Figure 6.1 – Courbes de traction conventionnelle et rationnelle (au-dessus)

Remarque

Une courbe rationnelle peut se définir d'une façon différente qui apparaîtra en 8.2.

Le calcul des paramètres dits rationnels – n et r – est fait d'après les mesures acquises pendant l'essai, c'est-à-dire l'éprouvette étant sous tension. Comme les lois qui nous intéressent concernent seulement l'écoulement plastique du matériau, il est nécessaire de déduire des déformations la partie élastique. Cela se fait facilement dans des routines prenant en compte le module d'élasticité et la contrainte instantanée car[1] :

$$\text{retour élastique} = \sigma/E$$

Notons aussi que le calcul de la courbe rationnelle peut facilement se faire à l'aide d'un simple tableur (genre Excel) à la condition de disposer du fichier des données F et ΔL de l'essai.

6.3 Loi de consolidation de Hollomon

La courbe rationnelle étant une représentation physique satisfaisante du comportement du matériau en traction uniaxiale, on a évidemment cherché à la modéliser par des lois empiriques. Bulffingeri semble avoir été le premier à se préoccuper du sujet, dès 1729 !

Il existe plusieurs dizaines de lois mais nous n'en citerons que quelques-unes, en commençant par la plus simple, longtemps la plus utilisée, celle de Hollomon [2] :

$$\text{Hollomon} : \sigma_1 = k \,.\, \varepsilon_{1\,\text{plast}}{}^{n}$$

1. On peut affiner le calcul en faisant intervenir le coefficient de Poisson.

C'est, implicitement, à cette loi qu'on fait référence quand on parle du *coefficient d'écrouissage* n (voir 6.4). Comme on le voit, il s'agit d'une loi simple – deux paramètres seulement – reliant la contrainte axiale σ_1 à la déformation plastique $\varepsilon_{1\,plast}$ sous la forme d'une fonction puissance, comme dans une parabole.

Pour mieux fixer les idées, la figure 6.2 donne la représentation graphique d'une telle fonction pour plusieurs valeurs de l'exposant n et la même valeur de k, choisie égale à 550 MPa, valeur classique pour un acier doux.

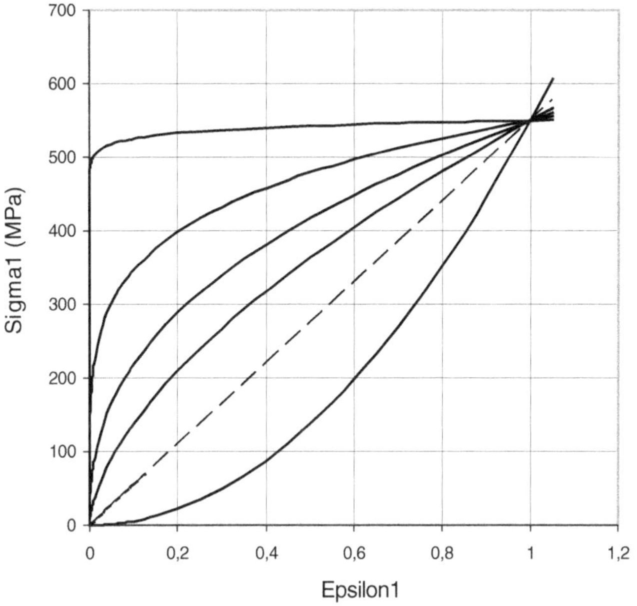

Figure 6.2 – Loi puissance pour plusieurs valeurs de n

La droite en pointillés correspond à n = 1, ce qui équivaut à $\sigma_1 = k\,.\,\varepsilon_{1\,plast}$. Si n valait 2, on aurait la parabole classique figurant au-dessous de la droite. Mais, pour les métaux, n est toujours inférieur à 1 et la courbe tend de plus en plus vers le haut quand n décroît. On a tracé, en s'élevant dans le graphique : n = 0,6-0,4-0,2 et 0,02. Toutes ces courbes passent évidemment par $\sigma_1 = 550$ pour $\varepsilon_{1\,plast} = 1$. Notons que cette déformation de 1 est tout à fait au-delà de ce qui peut être atteint en traction, et ceci quel que soit le métal ($\varepsilon_{1\,plast} = 1$ correspondrait à un allongement conventionnel de 172 %). En revanche, de telles déformations peuvent être atteintes dans d'autres types de formage tels que le laminage, le tréfilage et, pour les tôles, le mode cisaillement plan.

Pour n = 0, la courbe est une droite horizontale au niveau de 550 MPa, c'est-à-dire un métal sans aucune consolidation : c'est ce qu'on appelle le solide parfaitement plastique (SPP). Nous verrons que c'est un peu ce qui se produit lorsque le métal présente un palier de limite d'élasticité.

Il est très important de faire remarquer que tous les aciers n'obéissent pas à loi de Hollomon. Par exemple, on doit souvent considérer deux coefficients n successifs et différents pour ajuster à peu près correctement cette loi sur la courbe rationnelle d'un acier inoxydable austénitique. De même, les aciers IF ou Dual Phase (voir partie B) ont une consolidation très forte au début de leur déformation, conduisant à une variation notable de n au cours de l'essai, ce qui n'est pas conforme aux hypothèses de Hollomon.

Il faut donc considérer l'utilisation de cette loi comme une facilité et ne pas vouloir l'appliquer à tout prix à toutes les nuances d'acier, tendance hélas bien commune.

6.4 Quelques précisions sur n et k

Une remarque d'abord, qui peut rendre service quand on ne connaît pas la valeur de n : cet exposant varie à l'inverse du rapport de la limite d'élasticité[1] à la résistance : R_e/R_m. C'est ce que montre la figure 6.3 issue de mesures faites sur aciers doux et HSLA par l'auteur.

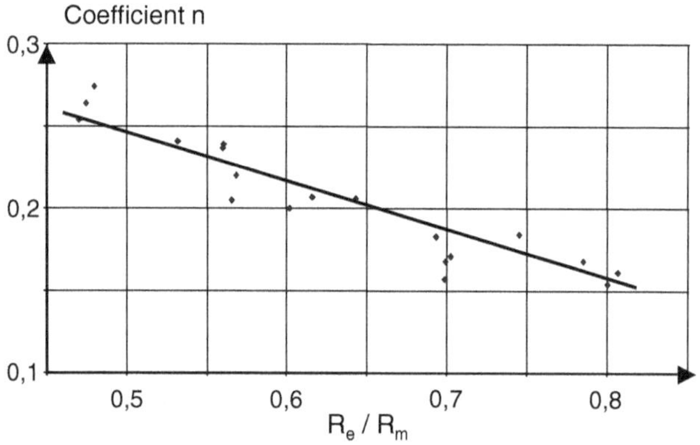

Figure 6.3 – Relation existant entre les valeurs de n et du rapport R_e/R_m

Revenons à la loi de Hollomon : c'est donc une loi puissance dont une petite partie (jusqu'à l'apparition de la striction diffuse) suit assez bien la courbe rationnelle expérimentale. L'exposant n porte le nom de *coefficient d'écrouissage* et représente la capacité du métal à se consolider par écrouissage. Plus n est élevé, plus la consolidation est forte et précoce (par rapport à la déformation, non au temps). Nous verrons aussi à la partie D quelles sont les conséquences de cette propriété en emboutissage.

Notons maintenant que puisque $\sigma_1 = k \,.\, \varepsilon_{1\,plast}{}^n$, alors $\ln \sigma_1 = n \,.\, \ln \varepsilon_{1\,plast} + \ln k$. La pente de la courbe $\ln \sigma_1 - \ln \varepsilon_{1\,plast}$ (figure 6.4) a pour valeur n dans le domaine des grandes déformations.

Il est donc facile de calculer la valeur de n en effectuant une régression linéaire, par la méthode des moindres carrés, sur une série de couples $\ln \sigma_1$ - $\ln \varepsilon_{1\,plast}$ prélevés durant l'essai de traction. Il existe d'autres méthodes.

1. On utilise dans ce cas le symbole Re pour ne pas avoir à préciser de quelle limite d'élasticité on parle.

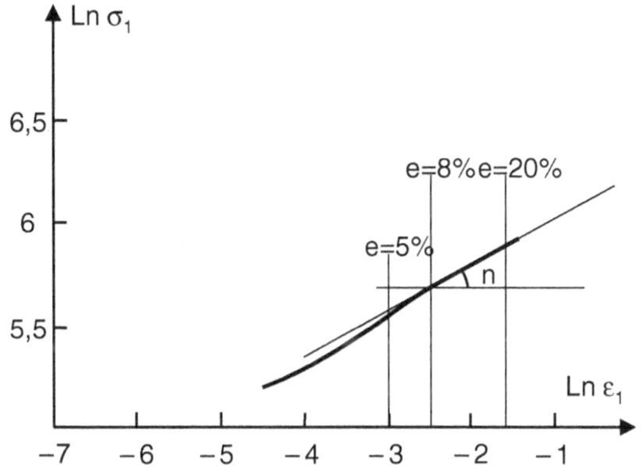

Figure 6.4 – Variation de ln σ_1 en fonction de ln $\varepsilon_{1\ plast}$

On remarque sur la figure 6.4, correspondant à un acier doux, que la pente donnée par les points expérimentaux est plus forte pour les faibles valeurs de $\varepsilon_{1\ plast}$ que celle correspondant aux valeurs élevées et que la valeur de la pente d ln σ_1/d ln $\varepsilon_{1\ plast}$ passe par un maximum aux environs de 5 % d'allongement. C'est un phénomène d'autant plus marqué que l'acier a une basse limite d'élasticité.

Ces écarts à la linéarité montrent, comme déjà dit, que la loi de Hollomon ne s'applique pas parfaitement à tous les cas. On peut alors définir un coefficient d'écrouissage instantané :

$$n^* = d \ln \sigma_1 / d \ln \varepsilon_{1\ plast}$$

Il peut différer sensiblement du coefficient n de Hollomon mesuré pour les grandes déformations. Pour un bon acier IF, le coefficient instantané maximal, situé vers 5 % d'allongement, vaut 0,35 alors que le coefficient suivant la loi d'Hollomon ne vaut que 0,26.

Métallurgiquement parlant, le taux de skin-pass (cf. partie B) joue un rôle très important sur l'évolution de n avec la déformation. La figure 6.5 montre l'évolution

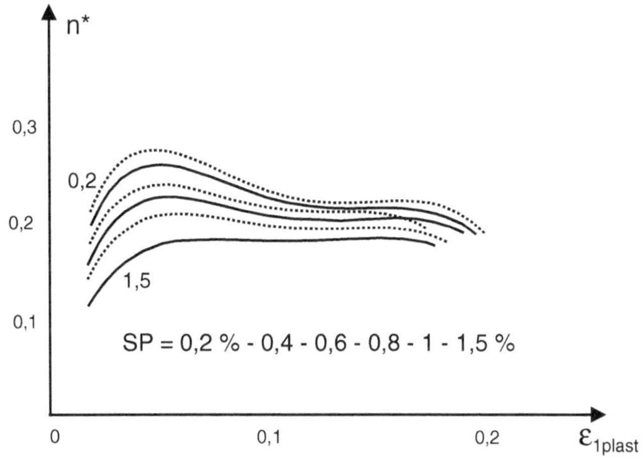

Figure 6.5 – Variation de n* en fonction de $\varepsilon_{1\ plast}$

de n* en fonction de la déformation pour un acier doux rephosphoré skin-passé à 0,2-0,4 … 1,5%. On distingue clairement la valeur supérieure de n* pour les faibles déformations et l'écrasement de la courbe quand le taux de skin-pass augmente.
En tenant compte du fait que, à l'apparition de la striction, la force passe par un maximum, d'une part et de la conservation du volume, d'autre part, on démontre que :

$$\varepsilon_{\text{instabilité}} = n$$

si la loi de Hollomon s'applique parfaitement au métal considéré. Pour les aciers doux, l'expérience confirme que c'est à peu près vrai. Cette relation est pratique dans la mesure où on peut déduire une valeur approchée de n connaissant seulement l'allongement réparti A_g :

$$n = \ln\left(\frac{A_g}{100} + 1\right)$$

Revenons à la mesure classique du n de Hollomon.
En Europe, elle se fait normalement entre 10 et 20 % d'allongement pour correspondre à la zone de stabilité de ce paramètre. Les conditions opératoires sont définies par la norme internationale ISO 10275 de juin 2007.
Contrairement à ce qui est toléré dans la norme internationale, l'auteur déconseille vigoureusement de prendre en compte n quand le métal présente un palier de limite d'élasticité car la valeur calculée n'a plus la signification physique qu'on lui attribue habituellement. La consolidation qu'on en déduit n'a plus de sens, car elle est précédée par un domaine sans consolidation ($\sigma_1 \approx$ constante dans le palier)[1].
À titre d'exemple, on peut trouver pour le coefficient d'écrouissage une valeur de 0,21 aussi bien sur un bon acier doux pour emboutissage que sur un acier à HSLA au niobium ayant un très fort palier de 7 % ! Mais il est clair que leur formabilité est tout à fait différente… [3]. Nous sommes là en face d'une dérive, déjà citée, dans le monde technique : on finit par oublier les restrictions qui ont été émises lors de la définition d'un critère ou d'une formule et à l'employer en dehors de son champ de validité.

Remarque

On peut aussi définir n* comme étant le rapport du module tangent sur le module sécant :

$$n^* = (d\,\sigma_1/d\,\varepsilon_{1\,plast})/(\sigma_1/\varepsilon_{1\,plast})$$

Étant donné que l'existence d'un palier a pour effet de « reculer » la partie de courbe correspondant à la consolidation continue, toutes les déformations mesurées après le palier sont augmentées de la longueur de celui-ci, ce qui augmente artificiellement le terme multiplicateur $\varepsilon_{1\,plast}$ et donc la valeur de n* en fin de consolidation. La valeur du n de Hollomon est donc également surévaluée (cf. exemple 9 de la partie J).

La valeur de n va de 0,10 à 0,28 environ pour la plupart des aciers d'emboutissage et peut atteindre 0,50 et même plus sur l'acier inoxydable austénitique.

1. Ces questions sont compliquées et ne peuvent être développées dans cet ouvrage. L'auteur avait obtenu que la norme française (NF A 03-659) sur la mesure de n prenne ces objections en compte, mais cette norme vient d'être supprimée.

Dans la formule de Hollomon, on remarque que pour $\varepsilon_{1\ plast} = 1$, $\sigma_1 = k$. Le paramètre k a donc la dimension d'une contrainte qui serait celle atteinte pour $\varepsilon_1 = 1$, valeur tout à fait inaccessible en traction comme nous venons de le voir. On donne le nom de *consistance* à cette valeur k. Pour parler simplement, plus la valeur de k est élevée, plus le matériau est dur ou « raide ». C'est le cas des aciers à haute résistance où la valeur du paramètre k dépasse couramment 1 000 MPa alors qu'elle vaut 500 ou 550 MPa pour les aciers doux.

Signalons un « truc » intéressant quand on connaît n et pas k, ce qui est très courant. On démontre que :

$$k = R_m \ EXP^{\,n(1 - \ln n)}$$

6.5 Autres lois courantes

Il existe beaucoup d'autres lois de comportement qui s'appliquent aux aciers. Nous n'en citerons que quelques-unes unes, étant entendu que ces informations s'adressent surtout aux lecteurs pratiquant la simulation numérique. En voici deux qui s'utilisent couramment à la place de la loi de Hollomon, quand la limite d'élasticité du métal n'est pas faible :

Ludwik : $\sigma_1 = \sigma_o + k \,.\, \varepsilon_{1\ plast}{}^{n}$

Swift ou Kupkrowski : $\sigma_1 = k \,.\, (\varepsilon_o + \varepsilon_{1\ plast})^{n}$

La figure 6.6 illustre la comparaison de ces deux lois avec celle de Hollomon.

Pour le tracé, nous avons utilisé les valeurs suivantes :

Hollomon : $\sigma_1 = 550 \,.\, \varepsilon_{1\ plast}{}^{0,22}$ courbe inférieure,

Ludwik : $\sigma_1 = 100 + 550 \,.\, \varepsilon_{1\ plast}{}^{0,22}$ courbe supérieure,

Swift : $\sigma_1 = 550 \,.\, (0,025 + \varepsilon_{1\ plast})^{0,22}$ courbe intermédiaire.

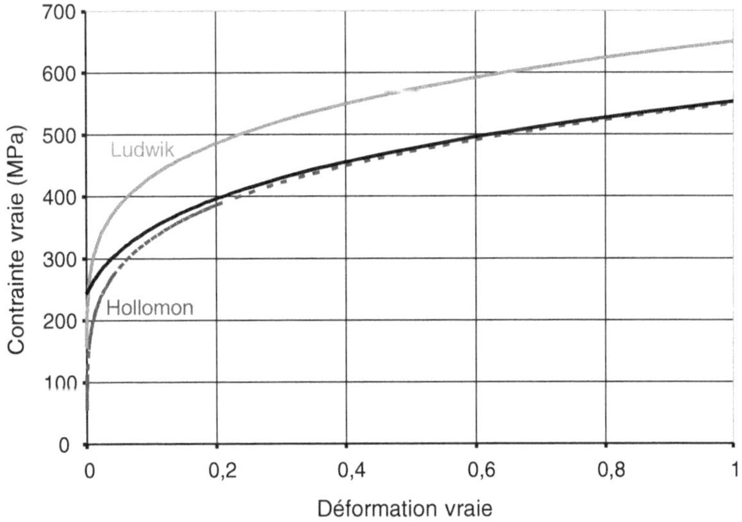

Figure 6.6 – Lois de Hollomon, Ludwik et Swift

On voit bien que, partant de la loi de Hollomon, on effectue une simple translation vers le haut en passant à la loi de Ludwik, de 100 MPa dans le cas présent. Le facteur σ_o peut donc être considéré comme un accroissement de contrainte dû à la limite d'élasticité. Remarquons cependant que σ_o n'est jamais aussi élevé que cette dernière.

La loi de Swift (ou Kupkrowski) déplace celle d'Hollomon par une translation vers la gauche qui dépend de la valeur de ε_o (ici 0,025). Cela revient sensiblement au même que si le métal avait subi une prédéformation de cette même valeur.

Il faut remarquer, sur la figure précédente, que l'utilisation de coefficients k et n identiques dans les formules donne des courbes bien différentes. Il est donc très important de retenir que :

pour un même métal, n et k ont des valeurs tout à fait différentes selon la loi utilisée.

La figure 6.7 montre l'application des lois de Hollomon et de Ludwik à un même métal. Tout en respectant un comportement quasi identique dans la partie des grandes déformations (entre 0,1 et 0,25), on rend compte de pseudo-limites d'élasticité[1] différentes ; en gros, 140 et 240 MPa.

Encore une fois, ce résultat est atteint avec des coefficients également très différents. Dans le cas représenté on a utilisé :

Hollomon : $\sigma_1 = 550 \,.\, \varepsilon_{1\,plast}{}^{0,2}$ courbe inférieure,

Ludwik : $\sigma_1 = 220 + (365 \,.\, \varepsilon_{1\,plast}{}^{0,45})$ courbe supérieure.

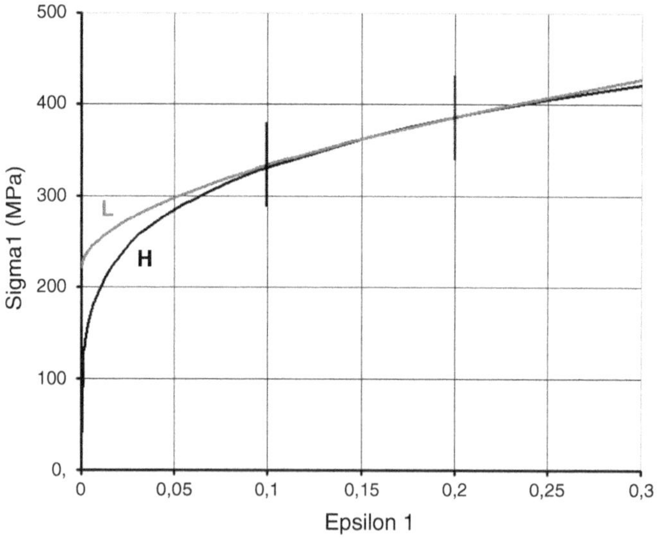

Figure 6.7 – Lois de Hollomon et de Ludwik ajustées entre 0,1 et 0,2

Il convient de rajouter ici une loi fort utile dans certains cas : c'est la loi de Norton-Hoff qui prend également en compte la sensibilité à la vitesse de déformation,

1. Ce ne sont pas de vraies limites d'élasticité puisque les déformations prises en compte sont uniquement les déformations plastiques $\varepsilon_{1\,plast}$.

représentée par le coefficient m. La vitesse de déformation est, quant à elle, symbolisée par $\dot{\varepsilon}$. Cette loi prend la forme d'une loi de Hollomon à laquelle s'ajoute la partie reliée à la vitesse de déformation (il peut s'y ajouter une autre partie tenant compte de la température) :

$$\sigma_1 = k \,.\, \varepsilon_{1\,plast}^{n} \,.\, \dot{\varepsilon}^{m}$$

Le coefficient m est rarement connu pour un acier, car il faut faire de nombreux essais à des vitesses variables. Mais des études ont montré qu'il variait à l'inverse de la résistance à la traction de façon très régulière. D'autres études ont également montré qu'il existait une corrélation forte entre m et le coefficient d'écrouissage n.

Toutes les lois que nous venons de voir sont des lois puissance, ce qui implique qu'elles sont constamment croissantes. Or, bien évidemment, on ne peut sérieusement croire qu'un métal puisse avoir une contrainte d'écoulement qui croît indéfiniment. C'est pour cette raison que certains chercheurs ont proposé des lois avec saturation, c'est-à-dire qui tendent asymptotiquement vers une contrainte de valeur finie pour les grandes déformations. Nous n'en citerons que deux, sans entrer dans les détails :

Voce : $\sigma_1 = \sigma_0 + \sigma_{sat}(1 - \mathrm{Exp}^{-n \cdot \varepsilon_1})$

Hockett-Sherby : $\sigma = \sigma_{sat} - (\sigma_{sat} - \sigma_0)\mathrm{Exp}^{-n \cdot \varepsilon_1}$

Elles ont l'avantage d'être assez physiques et même de pouvoir rendre compte de l'augmentation de la valeur de n* pour les faibles valeurs de ε_1.

Comment se fait le choix de telle ou telle loi ?

Pour les aciers doux, la loi de Hollomon était, de loin, la plus généralement employée, car la limite d'élasticité du métal est faible. Quand cette dernière s'élève, on préfère parfois la loi de Ludwik. La loi de Swift ou Kupkrowski, plus générale que celle de Hollomon, est de plus en plus employée car elle donne au métal une consolidation plus réaliste (la loi d'Hollomon indique une consolidation infinie au tout début de la déformation). Les lois de Voce et de Hockett-Sherby s'appliquent bien aux alliages d'aluminium et aux laitons.

Une tendance actuelle est de considérer que les aciers à hautes caractéristiques n'obéissent strictement à aucune de ces lois mais plutôt à une loi qui serait un mélange entre une loi puissance et une loi à saturation. Tout le problème est évidemment de trouver dans quelle proportion et, ensuite, de déterminer (on dit *identifier*) les bons paramètres.

Signalons enfin qu'il existe des lois non phénoménologiques[1], basées sur différentes considérations métallurgiques : c'est le cas, par exemple, de la loi de Bergström ou des modèles de Teodosiu ou de Berveiler qui considèrent le mouvement des dislocations en prenant en compte de nombreux facteurs liés à leur parcours possible, aux obstacles qui s'y opposent, etc. Ces modèles entrent dans le domaine qu'on appelle « micro-macro », qui relie les phénomènes connus au niveau cristallin (texture

1. Une loi phénoménologique cherche seulement à décrire au mieux le phénomène observé. Elle n'a pas la prétention de l'expliquer. Une loi physique prétend au contraire se baser sur une compréhension la plus complète possible du phénomène.

cristalline, densité de dislocations, libre parcours moyen des dislocations...) au comportement macroscopique.
Bien que très prometteuses, ces lois micro-macro ne sont pas employées en simulation de l'emboutissage. Leur complexité fait qu'elles sont actuellement réservées à des analyses théoriques. Il est fort probable cependant qu'avec l'accroissement continuel de la puissance des ordinateurs elles passeront un jour dans les codes commerciaux de calcul de l'emboutissage.

7 • L'ANISOTROPIE

7.1 Les différentes formes d'anisotropie

Nous allons voir dans la suite qu'il existe plusieurs types d'anisotropie ; il convient donc d'abord de bien cerner le sujet.

Par définition, un matériau est *isotrope* quand il a les mêmes propriétés dans toutes les directions. Nous avons déjà vu, au début de cette partie, que ce n'était pas le cas des cristaux, donc des métaux. Ils sont, à l'inverse, *anisotropes*. On peut en dire autant de nombreux matériaux naturels tels le bois, le chanvre, etc. dont la nature fibreuse initie une grande différence de propriétés entre direction des fibres et direction transverse.

Les verres, en revanche, sont des exemples de matériaux isotropes ; n'ayant pas les empilements réguliers d'atomes qui caractérisent les cristaux, ils sont dits *amorphes*. Cette dernière remarque n'est destinée qu'à montrer la différence entre les deux possibilités, étant entendu que les métaux sont très rarement amorphes. Cet état anormal est obtenu avec difficulté et procure, d'ailleurs, des propriétés complètement différentes de celles habituellement connues.

On distingue deux catégories principales d'anisotropie :

- l'anisotropie défectuelle,
- l'anisotropie due à la texture.

Voyons de quoi il s'agit.

L'*anisotropie défectuelle* des tôles résulte du fait que le laminage est presque toujours fait dans la même direction. Il n'en a pas toujours été ainsi. Il y a quarante ans à peine, on tournait parfois les lingots et les ébauches entre chaque passe de laminage pour obtenir les tôles d'épaisseur moyenne. L'allongement du métal était ainsi produit dans une direction, puis à 90 °, etc. ce qui équilibrait plus ou moins les déformations. Certaines tôles fortes sont encore laminées de cette façon.

Mais, depuis la généralisation des trains de laminage continus, qui présentent d'immenses avantages au plan de la régularité des produits et de leur prix de revient, l'allongement du métal est obtenu par élongation dans une seule direction. Le taux de *corroyage* atteint alors couramment 200 (cas d'une tôle de 1 mm obtenue à partir d'une brame de 200 mm d'épaisseur) et peut dépasser 400[1].

1. En laminage, la largeur ne varie pas ; toute la diminution d'épaisseur est donc compensée par une augmentation de longueur.

Les inclusions non métalliques suivent plus ou moins cette déformation mono-axée et prennent, de ce fait, des formes allongées dans la direction de laminage ou se brisent. Elles constituent alors des ruptures de continuité dans la matrice et la rendent hétérogène, donnant ainsi lieu à des localisations de la déformation lors des opérations de mise en forme. Cette diminution de ductilité est beaucoup plus marquée dans la direction *transverse* que dans la direction longitudinale (de laminage) de la tôle, d'où l'existence de cette anisotropie due aux défauts, dite défectuelle. Notons au passage qu'on parle souvent du *travers* de la tôle ; pour simplifier, nous utilisons l'expression *direction travers* dans la suite.

Comme nous l'avons déjà indiqué, la quantité d'inclusions ne cesse de diminuer sur les aciers de qualité en raison des énormes progrès réalisés dans leur élaboration, et l'anisotropie défectuelle se réduit donc constamment.

Passons maintenant à l'autre type d'anisotropie, l'*anisotropie de texture.* Et d'abord, qu'est-ce que la texture d'une tôle ?

On a vu que les cristaux sont anisotropes. Si l'on imagine que tous les cristaux constituants une tôle ont des orientations quelconques, alors leur ensemble aura des propriétés moyennes dans toutes les directions et sera isotrope. C'est le cas général des tôles à chaud car rien n'impose à ses grains de s'orienter d'une façon ou d'une autre.

En revanche, la partie finale du processus de fabrication des tôles à froid – le laminage à froid et le recuit – a précisément pour but d'orienter d'une façon préférentielle les grains. Certaines directions particulières des cristaux de fer sont alors statistiquement orientées selon le plan de la tôle, ou la direction de laminage, etc.

On dit alors que la tôle a une *texture*, autrement dit qu'elle n'a pas les mêmes propriétés dans toutes les directions. C'est vrai entre les différentes directions du plan de la tôle, on parle alors d'*anisotropie plane* ou *planaire*, ainsi qu'entre la direction épaisseur par rapport à celles du plan de la tôle, et l'on parle alors d'*anisotropie plastique* ou encore d'*anisotropie normale*[1].

Dans ce qui suit, nous ne nous intéressons qu'à l'anisotropie découlant de la texture.

Les conditions opératoires de mesure sont définies par la norme internationale ISO 10113 de septembre 2006.

7.2 Anisotropie plastique

Baldwin [4], le premier, a montré qu'au cours de l'essai de traction d'une tôle de cuivre il existait un rapport constant entre la largeur et l'épaisseur, qu'il a appelé *coefficient d'anisotropie normale.* En France, on l'appelle couramment *coefficient de Lankford*[2]. Nous devons maintenant l'appeler *coefficient d'anisotropie plastique.*

1. Ce terme est à prendre dans le sens de perpendiculaire (par rapport au plan de la tôle). Il est éliminé des nouvelles normes.
2. L'américain Lankford ne l'a pas découvert, son mérite est d'avoir montré en 1949 son influence sur l'emboutissage d'une pièce de carrosserie automobile (une aile avant). Il lui a donné le symbole R, encore souvent utilisé.

Il se définit simplement comme le rapport de la variation de largeur à la variation d'épaisseur durant un essai de traction :

$$r = \varepsilon_{2\ plast}/\varepsilon_{3\ plast}$$

La mesure se fait de la façon suivante.

On connaît la déformation en longueur : $\varepsilon_{1\ plast} = \text{Ln}\ (L/L_o)$

On mesure en permanence la largeur de l'éprouvette pendant l'essai de traction, ce qui donne accès à la déformation en largeur : $\varepsilon_{2\ plast} = \text{Ln}\ (l/l_o)$.

Ne pouvant précisément mesurer l'épaisseur durant l'essai, on use encore de la conservation du volume et on calcule la valeur de r par :

$$r = \frac{\text{Ln}\left(\frac{l}{l_0}\right)}{-\left(\text{Ln}\left(\frac{L}{L_0}\right) + \text{Ln}\left(\frac{l}{l_0}\right)\right)}$$

On voit donc qu'un mesureur de largeur (appelé contractomètre) est indispensable pour déterminer le coefficient d'anisotropie, ce qui n'était pas le cas pour la mesure du coefficient d'écrouissage. Les conditions précises de la mesure sont données par la norme ISO 10113.

Quand la déformation en épaisseur l'emporte, r est inférieur à 1. Il est supérieur à 1 si la déformation se fait plus en largeur qu'en épaisseur. Pour les aciers doux, r est en général supérieur à 1 et peut aller jusqu'à 3. Pour les aciers HSLA et THR, il est en général de l'ordre de, ou inférieur à 1. On verra cela plus en détail dans la partie B.

Notons encore qu'une valeur élevée de r signifie que le métal résiste bien non seulement à l'amincissement mais aussi à l'épaississement. Un métal dont r serait infini ne verrait que sa largeur changer au cours d'une traction ou compression, l'épaisseur restant constante. C'est ce qui se passe en cisaillement pur (cf. partie D). À l'inverse, seule l'épaisseur varierait si r valait zéro, la largeur restant constante : c'est le cas du mode de déformation appelé traction plane (cf. partie D).

On remarquera que, cette mesure se faisant au cours d'un essai de traction uniaxiale, rien de plus que l'allongement n'est imposé. De ce fait, on est obligé d'admettre que si le métal se déforme plus en largeur qu'en épaisseur, ou l'inverse, c'est bien de ses propriétés que cela dépend uniquement. En fait, c'est sa texture cristallographique, donc l'orientation préférentielle de ses cristaux, qui dicte le comportement du métal. Cela se comprend bien quand on se rappelle que le glissement plastique est plus facile selon certains plans que selon d'autres.

7.3 Anisotropie planaire

Si, maintenant, nous comparons l'anisotropie plastique mesurée sur des éprouvettes de traction prélevées selon plusieurs directions de la tôle, nous voyons que, la plupart du temps, la valeur du coefficient d'anisotropie normale varie. On est donc en face de ce que l'on appelle l'*anisotropie planaire* : mais alors, quelle valeur prendre pour caractériser la tôle ? La réponse est simple et classique : on définit un coefficient d'anisotropie moyen :

$$r_{moy} = \frac{r_0 + r_{90} + 2\ r_{45}}{4}$$

Pourquoi prendre deux fois la valeur de r à 45 ° ? Pour tenir compte du fait que s'il n'y a qu'une direction 0 ° et une 90 °, il y a bien deux directions orientées à 45 °.

Les différences de comportement d'une direction à l'autre peuvent être à l'origine d'une élongation ou d'un épaississement différent du métal dans les diverses directions, qui donne naissance à un phénomène appelé *cornes d'emboutissage*, que nous verrons dans la partie E. Pour en tenir compte, on définit donc l'anisotropie planaire :

$$\Delta r = \frac{r_0 + r_{90} - 2\ r_{45}}{2}$$

Cette formule[1] a été mise au point, il y a déjà longtemps, pour les aciers calmés à l'aluminium. Plus Δr est grand, plus le métal a des propriétés différentes entre les directions et plus il est censé donner de cornes. À l'inverse, un Δr faible est supposé garantir l'absence de cornes.

La formule peut cependant se révéler incorrecte pour certaines qualités d'aciers sans interstitiels (IF sous-stœchiométriques), comme le montre la figure 7.1 sur laquelle sont représentées les variations d'anisotropie plastique de quelques aciers. On voit en effet que pour l'acier noté « DC06-2 », la moyenne des directions long et travers est égale à celle de la direction 45° ($\Delta r \approx 0$). On pourrait en déduire, à tort, qu'il n'y aura pas de cornes, ce qui est loin d'être le cas. On a en fait deux grandes cornes. C'est un autre exemple de formule mise au point dans un certain contexte (aciers calmés à l'aluminium) et utilisée abusivement dans un autre.

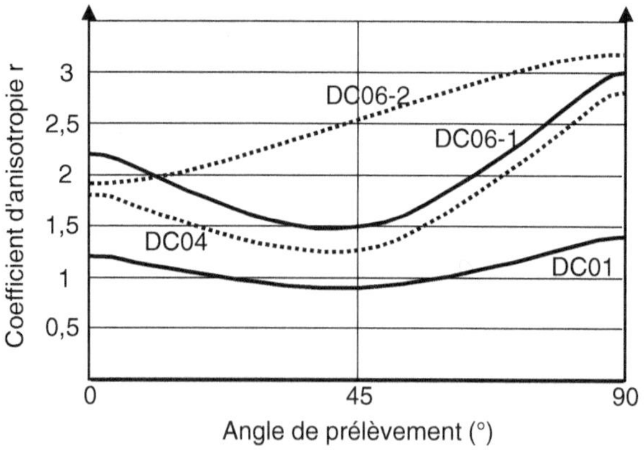

Figure 7.1 – Variation, dans le plan de la tôle, du coefficient d'anisotropie plastique

Nous étudierons dans la partie E l'influence de l'anisotropie sur l'emboutissage.

1. Il existe d'autres formules. Celle-ci est la plus utilisée.

8 • PHÉNOMÈNES CONNEXES

Nous allons examiner quelques phénomènes qui se produisent durant l'essai de traction et qui peuvent apporter un éclairage sur certains comportements de l'acier en emboutissage.

8.1 Retour élastique

Nous ne pouvons ignorer ce phénomène qui prend de plus en plus d'importance de nos jours car il est amplifié par l'emploi croissant des aciers à hautes caractéristiques ainsi, d'ailleurs, que des alliages d'aluminium. Nous avons déjà vu l'origine physique du retour élastique à propos de la déformation des cristaux en 2.2.2. Revenons-y.

Comme montré plus haut par la figure 2.5, même durant la déformation plastique (schéma du milieu), les atomes restent déplacés par rapport à leurs positions de repos. Ce que nous appelons déformation plastique est en réalité une déformation élasto-plastique. Ce n'est que quand se relâche la contrainte de déformation qu'ils reprennent leur position normale dans le réseau.

Lors de l'essai de traction, la même chose se produit : les atomes sont éloignés de leurs positions normales dans le réseau et ne les retrouvent que lorsque l'éprouvette casse ou est déchargée par retour de la traverse. Sur un enregistrement, cette dernière opération prend la représentation de la figure 8.1.

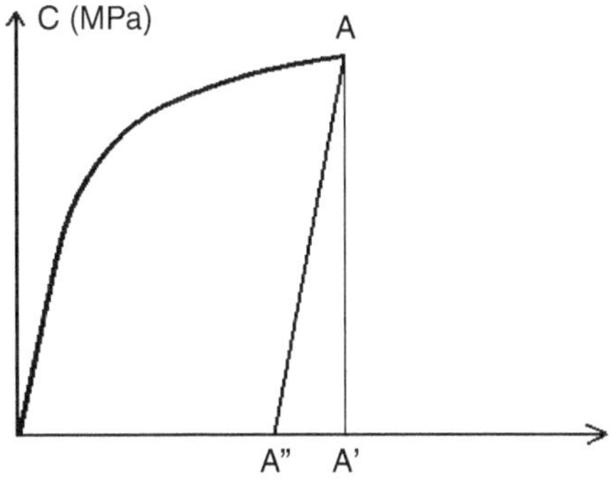

Figure 8.1 – Retour élastique sur un graphe de traction

Si, ayant atteint le point A, on décide de décharger l'éprouvette en inversant le mouvement de la traverse, la déformation élastique est progressivement supprimée et le point représentatif ne suit pas la trajectoire A-A' mais A-A". La mesure du retour élastique est donnée par le segment A'-A".

Deux remarques importantes :

- le retour élastique est proportionnel à la contrainte atteinte,
- il est également inversement proportionnel au module d'élasticité.

Ceci nous amène à faire observer qu'il est d'autant plus limité que le module est grand et, aussi, à corriger une erreur courante qui est de systématiquement relier le retour élastique à la limite d'élasticité. Cela n'a un sens que quand existe une variation du niveau de déformation dans l'épaisseur, pliage par exemple, mais pas en emboutissage classique.

Nous aurons l'occasion de reparler du caractère perturbateur de ce phénomène en pliage et en emboutissage.

8.2 Essais interrompus et inversés

Il est instructif de considérer ce qui se passe lorsqu'on interrompt un essai de traction puis qu'on le continue ensuite. On verra plus loin que les informations qui en ressortent sont utiles pour la compréhension de l'emboutissage lui-même.

Considérons la figure 8.2 : la courbe continue représente l'essai fait en une seule fois. Si on arrête l'essai en A, qu'on décharge l'éprouvette et la recharge immédiatement, on voit que la courbe (pointillé) retombe exactement sur la courbe continue. Même chose si on recommence en B.

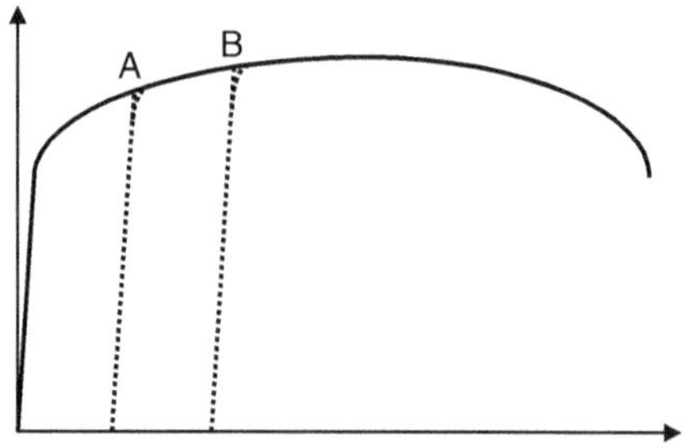

Figure 8.2 – Chargements successifs en conservant la section initiale

Ceci provient du fait que l'on considère des contraintes conventionnelles : la force est toujours rapportée à la section initiale, celle existant avant la première montée. On voit que faire l'essai en une ou plusieurs fois ne modifie pas le résultat.

C'est une observation importante car nous avons remarqué que beaucoup de gens pensent que faire une déformation par petits coups, progressivement disent-ils, va modifier le comportement. Ce n'est pas vrai physiquement parlant : seule la déformation atteinte compte, que ce soit en une ou plusieurs fois.

S'il arrive que le résultat soit modifié par un chargement fait en plusieurs étapes, c'est que d'autres phénomènes interviennent qui peuvent être thermiques le plus souvent (l'éprouvette se refroidit entre deux étapes), ou métallurgiques (vieillissement entre deux étapes).

Nous détaillons ce point car il s'applique aussi à l'emboutissage proprement dit. Décomposer une passe d'emboutissage en plusieurs petites courses du poinçon n'a d'influence que parce que la pièce se refroidit ou qu'on relubrifie entre ces opérations. On en verra un exemple dans la partie J.

Revenons à l'essai de traction. Si maintenant nous réactualisons la section véritable au début de chaque rechargement, on voit (figure 8.3, pour le même acier) que la contrainte atteinte est plus élevée à chaque fois. Chacun de ces points représente la nouvelle *contrainte d'écoulement* du métal et l'ensemble constitue tout simplement la courbe rationnelle du métal considéré (tirets).

Il apparaît donc qu'on peut assimiler la contrainte d'écoulement, dont nous reparlerons souvent ensuite, à la limite instantanée d'élasticité, c'est-à-dire celle qui existe au niveau de déformation considéré.

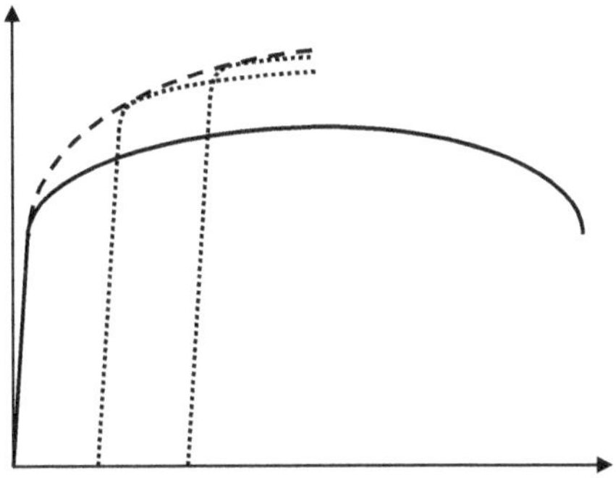

Figure 8.3 – Chargements successifs en réactualisant la section

8.3 Effet Bauschinger

Voyons maintenant un autre point intéressant.

Si l'on inverse la contrainte, par exemple en passant en compression après avoir fait une extension (figure 8.4 gauche), on retrouve en principe le même niveau de limite d'élasticité que celui atteint dans la première déformation, mais de signe contraire. C'est ce que nous avions déjà vu à propos de la symétrie des courbes de traction et de compression.

Mais certains aciers ne réagissent pas de cette façon et la contrainte atteinte en compression est plus faible, en valeur absolue, que celle précédemment atteinte en extension. La figure 8.4 droite représente ce cas : on dit alors que le matériau est sujet à *l'effet Bauschinger*. Nous ne donnerons pas les raisons physiques de ce comportement ; nous dirons seulement que plus un acier comporte des phases de dureté différente, plus il est sujet à l'effet Bauschinger. Par exemple, un acier Dual Phase, composé de ferrite douce et de martensite dure y est très sujet.

Dans l'exemple illustré, la compression suit la traction. Mais le phénomène est le même si l'on fait suivre une compression par une traction, seul compte le fait qu'il y ait inversion.

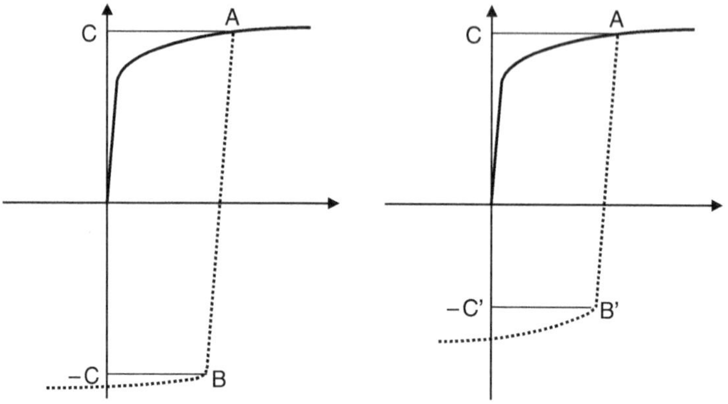

Figure 8.4 – Acier sans (gauche) et avec effet Bauschinger (droite)

Ce type de comportement peut être (et doit être) pris en compte dans les calculs par l'adoption d'un modèle particulier qu'on nomme *écrouissage cinématique*. Il s'agit là de plasticité « pure et dure » mais nous en parlerons un peu au chapitre 31 de la partie D, consacré aux critères de plasticité. En emboutissage, les inversions de direction de déformation sont beaucoup plus communes qu'on ne le pense en général.

8.4 Relaxation

Pour terminer cette partie, nous signalerons l'existence d'un phénomène qui peut être mis en évidence par l'essai de traction et qui porte le nom de *relaxation*. Supposons qu'un essai de traction soit interrompu à un instant t (point A de la figure 8.5). La traverse étant arrêtée, l'éprouvette est maintenue sous tension. La machine indique alors que la contrainte se met à décroître avec le temps, comme représenté par le pointillé. C'est le phénomène de relaxation.

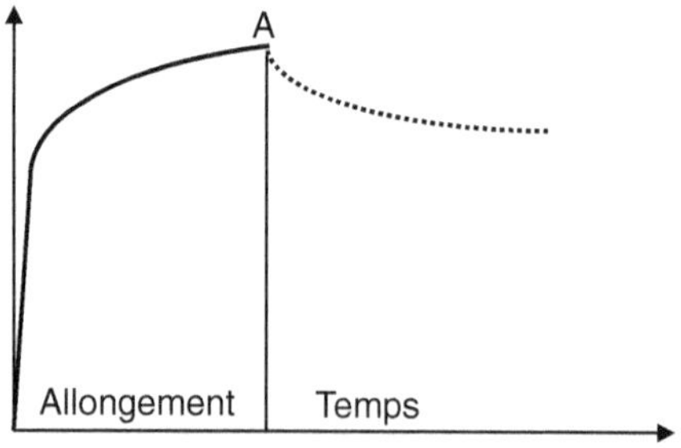

Figure 8.5 – Relaxation après l'arrêt d'un essai

Nous en parlons ici car il peut intervenir en emboutissage et réduire le retour élastique si l'outil est maintenu fermé durant quelques secondes avant son ouverture, comme suggéré par Sudo *et al.* [5].

B

Les tôles d'acier

Les tôles d'acier étaient considérées par beaucoup comme un matériau ancien et plus ou moins dépassé il y a une vingtaine d'années. Mais sous la pression des nombreux matériaux concurrents – alliages d'aluminium, polymères, composites – qui cherchent à prendre sa place sur le marché de l'automobile, de la mécanique ou des biens de consommation, la réaction a été vive et puissante, conduisant à la création de nombreuses nouvelles nuances aux performances grandement améliorées. Ces produits nouveaux très divers sont aussi plus étroitement adaptés à des besoins précis et il devient assez difficile pour les emboutisseurs de s'y retrouver dans ce dédale. C'est le but de cette partie que d'essayer de rendre les choses plus intelligibles au non-métallurgiste.

Nous examinerons successivement huit chapitres :

- 9. l'élaboration des tôles,
- 10. les aciers pour emboutissage,
- 11. les aciers à haute résistance (HR),
- 12. les aciers à très haute résistance (THR),
- 13. les différents types de revêtements,
- 14. la normalisation européenne des aciers,
- 15. les aciers inoxydables,
- 16. les tôles composites (flans soudés, tôles sandwich...)

On peut s'étonner de l'ordre choisi : il semble probablement plus logique d'indiquer les nuances normalisées en même temps que l'on parle de leur métallurgie. Mais la normalisation fait aussi intervenir le revêtement, raison pour laquelle nous avons dû reporter l'énumération des nuances après avoir défini les principes métallurgiques adoptés (chapitres 10, 11 et 12) ainsi que les revêtements existants (13).

9 • ÉLABORATION DES TÔLES

Le but de cette partie est d'exposer, sans faire de la métallurgie de haut niveau, ce qu'il est utile de savoir pour comprendre comment sont élaborés les aciers.

Commençons par des définitions : un acier est un alliage de fer et de carbone. Cet élément lui confère en partie sa dureté. Pour la fabrication des tôles, il existe deux catégories principales d'acier qui sont :

- les *aciers au carbone*, qui contiennent peu ou très peu d'éléments d'alliage et qu'on appelle aussi aciers courants ou parfois ordinaires. Ceci n'implique pas qu'ils soient de qualité inférieure mais illustre le fait que leur usage est très répandu,
- les *aciers inoxydables et réfractaires* qui contiennent des quantités substantielles d'éléments d'alliage tels que chrome ou nickel, leur conférant une caractéristique de grand intérêt : la résistance à la corrosion ou à l'oxydation à chaud.

D'autre part, les tôles peuvent également être séparées en deux catégories distinctes appelées tôles à chaud et tôles à froid :

- les *tôles à chaud* (TAC) sont entièrement laminées à haute température dans le domaine austénitique et ont couramment des épaisseurs comprises entre 2 et 10 mm, étant entendu que nous nous limitons ici au domaine des tôles pour emboutissage. Elles sont généralement décapées (enlèvement de la calamine) avant livraison,
- les *tôles à froid* (TAF) sont des tôles à chaud ayant subi plusieurs opérations supplémentaires : décapage impératif, laminage à froid, recuit et skin-pass. Les épaisseurs vont de 0,3 mm à 3 mm le plus souvent. Il existe une catégorie spéciale pour emballage, plus connue sous le nom générique de fer blanc, qui peut descendre à une épaisseur de 0,14, voire 0,12 mm.

On peut enfin faire la différence en fonction de la surface de la tôle. On distingue :

- les tôles nues, c'est-à-dire sans aucun revêtement, souvent désignée par LAF (laminées à froid),
- les tôles revêtues d'une couche de métal protecteur (zinc, aluminium, étain, chrome, cuivre),
- les tôles possédant un revêtement organique : prépeintes ou prélaquées.

Commençons par examiner rapidement les schémas de fabrication des tôles.

9.1 Usine à chaud

À titre d'illustration, le synoptique de la figure 9.1 schématise l'ensemble des filières classiques permettant la fabrication des tôles à chaud.

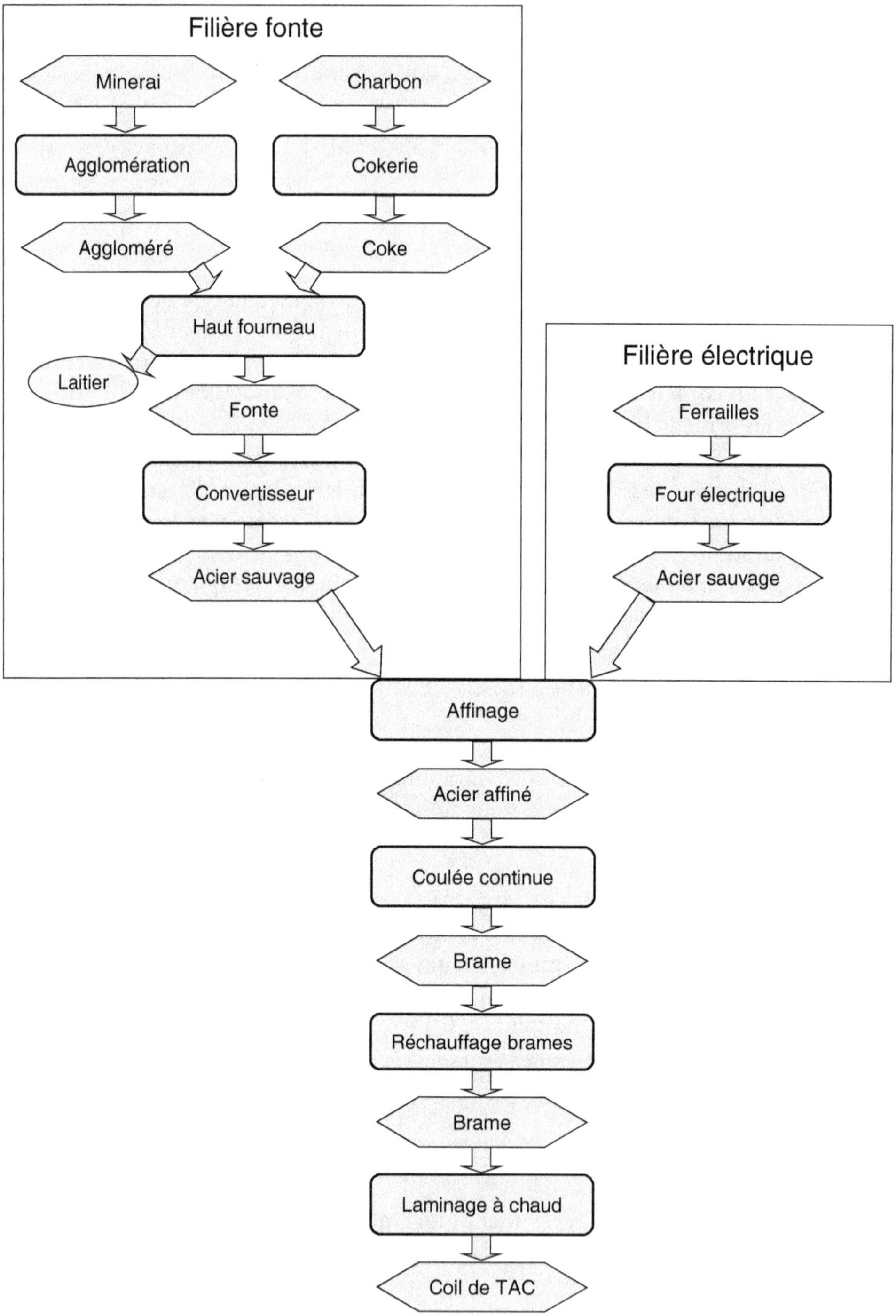

Figure 9.1 – L'usine à chaud

9.1.1 Fabrication de la fonte

Elle est illustrée par la partie en haut, à gauche, de la figure 9.1.

La majeure partie de l'acier existant à ce jour dans le monde a été obtenue par ce qu'on appelle la *filière fonte*, en affinant de la fonte, c'est-à-dire un alliage de fer liquide, à très haute teneur en carbone (4 à 5 %) et en silicium. Ce produit se particularise par un point de fusion relativement bas, vers 1150 °C, d'où son nom.

On l'obtient en mélangeant dans un haut-fourneau du minerai de fer et des fondants, ces derniers ayant une double fonction : faciliter la fusion du minerai et former ensuite un laitier à la surface de la fonte en fusion, la protégeant de l'oxydation et permettant d'agir sur sa composition par des réactions chimiques d'échange. On procède ensuite à la désulfuration de la fonte.

Cet ouvrage n'entrera pas dans le détail des réactions se déroulant dans le haut-fourneau, mais nous pouvons d'ores et déjà dire que l'influence de cette phase sur l'emboutissabilité est devenue assez faible de nos jours car elle est très bien maîtrisée et n'intervient que peu sur la composition finale.

Il faut savoir, en effet, que l'élaboration des aciers se fait selon une règle générale que l'on appelle parfois « 1-10-100 ». Cette formule simpliste signifie qu'une fonte de composition donnée peut permettre d'élaborer dix aciers *sauvages* au convertisseur, lesquels pourront, après traitement d'affinage en poche, générer cent ou deux cents nuances différentes. À condition d'être correctement menée, l'élaboration au haut-fourneau ne se répercute donc que de façon très minime sur le produit final.

Le haut-fourneau étant, par excellence, le type même du process continu (le travail y est dit à *feux continus*), il produit constamment de la fonte à un rythme qui ne peut être que faiblement ralenti ou accéléré. Mettre un tel engin en sommeil et le relancer ensuite reste cependant possible. Les délais se comptent en semaines. L'appareil constitue un investissement d'environ 500 millions d'euros, et il est prévu pour travailler sans interruption, une quinzaine d'années, avant réfection.

La production d'un gros haut-fourneau (hauteur : 40 m, diamètre du creuset : 15 m) peut largement dépasser les 10 000 tonnes de fonte par jour.

9.1.2 Convertisseur et affinage

La fonte issue du haut-fourneau est transportée à l'aciérie dans des wagons poches, appelés cigares en raison de leur forme, qui la transportent liquide, parfois sur de grandes distances[1].

Elle est ensuite versée, avec des ferrailles de qualité connue, dans un grand récipient garni de réfractaires, le convertisseur, qui peut contenir de 100 à 400 tonnes. Commence alors l'opération de conversion qui dure environ une demi-heure et qui consiste à souffler une grande quantité d'oxygène dans le bain liquide. Il existe différents procédés dont les particularités tiennent à la façon dont le gaz est soufflé, soit par le haut, soit par le bas, soit des deux côtés.

La conversion consiste à éliminer de la fonte le carbone en surplus pour obtenir de l'acier (qui en contient énormément moins que la fonte), réduire la teneur en silicium

1. Jusqu'à cinquante kilomètres, parfois même en franchissant une frontière.

et permettre un premier ajustement de la composition (élimination du phosphore et d'autres éléments non souhaitables). On obtient ce qu'on appelle un acier *sauvage.*

Une deuxième opération, plus précise, a pour objet de donner à l'acier sa composition exacte, avec des tolérances très serrées[1], c'est la *mise à nuance*, également appelée *métallurgie secondaire*, qui se fait à la station d'affinage. Elle se déroule dans une poche chauffée et souvent brassée par des courants électromagnétiques pour homogénéiser le métal liquide. On s'efforce aussi d'obtenir la température optimale pour la coulée (à 5 °C près) en tenant compte du délai qui va s'écouler avant utilisation de la poche.

Abordons aussi un autre aspect qui reviendra fréquemment dans la suite : le *calmage.* L'acier liquide contient du carbone et de l'oxygène qui se combinent pour donner CO durant la solidification. Ce dégagement de gaz, qu'on appelle *effervescence*[2], n'est pas compatible avec la coulée continue ; il perturberait trop la solidification. On *calme* donc l'acier en injectant des produits avides d'oxygène, en particulier de l'aluminium. Un tel acier est dit *calmé à l'aluminium* ou, plus couramment, *calmé alu.*

Après ce calmage, on peut aussi dégazer l'acier en le faisant passer dans un énorme récipient sous vide primaire. On parle alors d'acier *dégazé sous vide.* Ces nuances contiennent évidemment très peu de carbone et d'azote.

Enfin, un traitement supplémentaire au titane peut, par la fixation de l'azote résiduel sous forme de carbonitrures, supprimer totalement la tendance au vieillissement de l'acier. Ces nuances sans atomes interstitiels sont appelées IF : *Intersitial Free.* Nous y reviendrons.

Il est particulièrement important pour les utilisateurs de tôle de se pénétrer de l'idée qu'on ne fabrique pas les coulées par avance. Dans les grandes usines sidérurgiques, toute coulée lancée ne l'est que pour satisfaire la commande confirmée d'un client et correspond déjà à une application précise : porte avant de telle voiture, baignoire pour tel client, acier pour fabriquer tel type de boîte de conserve… Ceci signifie que toutes les caractéristiques ultérieures du produit sont déjà fixées, et pas seulement sa composition chimique mais aussi : largeur, épaisseur, fini de surface, revêtement qu'il recevra, etc. Ces différents éléments ont une influence sur le choix de la composition, ce qui explique qu'on ne puisse les ignorer, même à ce stade précoce.

Quand l'acier liquide a la composition désirée et la température voulue, on le transfère dans une poche qui va l'amener à la station de coulée continue.

9.1.3 Aciérie électrique

Voir la partie haute à droite de la figure 9.1.

De plus en plus, la filière d'élaboration électrique à tendance à se développer, sans toutefois prendre le pas sur la filière fonte. Des ferrailles sont versées dans un récipient comportant des électrodes qui les liquéfient. On peut aussi améliorer le bain avec des pellets de minerai de fer enrichi. La filière est donc beaucoup plus courte que dans le cas de l'élaboration de fonte. Elle est utilisée pour l'élaboration des aciers inoxydables ainsi que pour des qualités courantes d'aciers d'emboutissage.

1. Couramment mesurées en dix millième (1.10^{-4}), parfois plus serrées.
2. Cela ressemble parfaitement à ce qui se passe quand on débouche une bouteille d'eau gazeuse.

Les qualités les plus élaborées d'acier au carbone ne se satisfont pas, pour l'instant, de ce procédé.
Quelles sont les raisons qui ont poussé ce développement relativement récent ? Nous allons les évoquer succinctement :

- les investissements sont beaucoup plus faibles : un simple four électrique et son système d'alimentation remplacent une installation d'agglomération, une cokerie, un haut-fourneau et le convertisseur qui le suit, plus parfois la station d'affinage,
- la matière première est constituée par les ferrailles qui sont de plus en plus disponibles et mieux réparties géographiquement que le minerai de fer,
- le procédé est globalement plus rapide,
- le four étant plus petit qu'un convertisseur classique, on peut changer plus rapidement de nuance et répondre à des commandes plus modestes,
- dans le cas des aciers inoxydables, il faut nécessairement ajouter beaucoup de ferro-alliages sous forme solide. Dans un convertisseur classique, l'effet de refroidissement serait trop violent.

Un inconvénient, cependant, vient du fait que les ferrailles, même soigneusement triées, contiennent de plus en plus d'éléments indésirables. Par exemple, l'emploi grandissant des tôles zinguées a pour contrepartie une diminution de la pureté des ferrailles récupérées. Il en est de même d'éléments tels que le niobium qui participe au durcissement des aciers à haute limite d'élasticité. Ceci nuit à l'obtention des aciers au carbone les plus ductiles, pour lesquels la filière fonte reste encore, aujourd'hui, la seule possible.
Pour fabriquer des qualités de tôles plus communes, il existe ce qu'on appelle les mini-usines, lesquelles ne font généralement qu'une seule nuance (ou peu de nuances) et pratiquent un laminage simplifié. Pour ces qualités, de grands espoirs étaient fondés sur la coulée de brames minces qui supprimerait partiellement ou totalement la nécessité de laminer. Actuellement, les produits ainsi obtenus n'ont jamais égalé la qualité des fabrications traditionnelles.

9.1.4 Coulée continue

Autrefois, les aciers étaient coulés en lingotières, récipients d'une capacité de 5 à 30 tonnes environ, dans lesquels ils se solidifiaient. Chaque lingot avait ses propres défauts, en particulier des *ségrégations* d'éléments (distribution hétérogène) et la *retassure*, c'est-à-dire une zone contenant beaucoup de porosités située à la partie supérieure du lingot. Cette inhomogénéité générale obligeait à pratiquer des chutages qui nuisaient fortement au rendement, appelé *mise au mille* en sidérurgie.
Un très grand progrès a été obtenu en coulant l'acier de façon continue, c'est-à-dire en longues séquences.
En gros, un récipient en cuivre percé au fond, la lingotière de coulée continue, reçoit l'acier liquide. Celui-ci se solidifie sur les parois de la lingotière qui sont vigoureusement refroidies, ce qui permet l'extraction lente du produit par le bas. Le métal superficiellement solidifié est tiré par des rouleaux et continue à se solidifier au cours de sa descente. Finalement, on obtient un élément continu de section parallélépipédique que l'on découpe en longueurs de 6 à 15 mètres, les *brames*. Ce demi-produit a la largeur de la tôle commandée plus quelques millimètres destinés

à permettre les chutages de rive (dits *dérivages*) à différents stades de la fabrication. L'épaisseur va de 150 à 350 mm dans la plupart des cas.

Notons que la lingotière de coulée continue est généralement précédée d'un *répartiteur*, large récipient horizontal qui a deux fonctions : répartir l'acier liquide entre deux lingotières (cela accélère le vidage de la poche et réduit donc les chutes de température) et donner le temps nécessaire à la décantation des inclusions (qui sont moins denses que l'acier). La durée de passage dans le répartiteur est l'un des éléments participant à l'obtention de la qualité.

Dans les petites usines, on voit se développer la coulée en brames minces (quelques millimètres) ne nécessitant qu'un laminage très limité ensuite. Comme indiqué précédemment, on tente aussi la fabrication de tôles coulées directement à l'épaisseur finale, mais la qualité reste encore très au-dessous de celle résultant du process classique.

9.1.5 Laminage à chaud

Les brames, à la sortie de la coulée continue, n'ont pas une température homogène : la surface est beaucoup plus froide que l'intérieur. C'est pourquoi il est presque toujours indispensable de les faire passer dans un four avant de les laminer. On était aussi, parfois, obligé de supprimer certains défauts superficiels par *écriquage* au chalumeau, après avoir laissé partiellement refroidir les brames, mais cette nécessité a quasiment disparu.

Le four de réchauffage, à longerons mobiles, fait avancer petit à petit le lit de brames de façon à les chauffer progressivement. La température optimale permettant le laminage à chaud dépend évidemment de la nuance. Elle est le plus souvent comprise entre 1150 et 1250 °C. Notons une contrainte de l'usine à chaud : l'obligation de faire évoluer lentement la température du four et d'enfourner les produits dans un ordre qui respecte sa température momentanée.

Les brames s'engagent ensuite dans le *train continu à chaud*, ensemble constitué de cages de laminage successives qui vont abaisser l'épaisseur entre 1,5 et 6 ou 7 mm, selon le but visé. Le laminage ne modifie pas la largeur, ce qui implique que la longueur et la vitesse augmentent à l'inverse du taux de réduction d'épaisseur, appelé *taux de corroyage*.

Il existe assez souvent une première cage, appelée *edger*[1], qui peut permettre de réduire un peu la largeur d'une brame. Cette cage permet d'ajuster la largeur souhaitée et donc de diminuer les changements de largeur de lingotière à la coulée continue (opération difficile et consommatrice de temps).

Le train à chaud comprend deux parties : le *dégrossisseur*, qui comporte 5 à 6 cages de plus en plus éloignées pour tenir compte du fait que l'ébauche s'allonge et le *finisseur*, souvent constitué de 6 ou 7 cages très rapprochées pour limiter le refroidissement de la bande. La bande étant alors en prise dans toutes les cages simultanément, une régulation de vitesse sophistiquée s'impose pour éviter le *bouclage* ou la rupture de la bande entre cages. Cette seconde partie du train est dite *tandem* du fait de l'association de toutes les cages.

1. En anglais : qui agit sur les rives.

À la sortie du train, la bande a une longueur qui peut atteindre 2 km et défile à une très grande vitesse (60 km/heure ou plus) et doit être refroidie avant son *bobinage*. La bobine porte le nom de *coil* et sa masse est de 10 à 40 tonnes.
Le refroidissement, son homogénéité ainsi que la température de bobinage sont des paramètres métallurgiques qui ont une grande influence sur les propriétés finales du produit, en particulier vis-à-vis de son homogénéité (et du coefficient d'anisotropie r pour les tôles à froid).
Si la tôle fabriquée est une tôle à chaud, elle est quasiment terminée : largeur, épaisseur et caractéristiques mécaniques sont acquises. Elle subira, tout au plus, un décapage superficiel qui éliminera la calamine présente sur l'acier, suivi d'un huilage, rarement d'un revêtement métallique.

9.2 Usine à froid

9.2.1 Laminage à froid

Les tôles fines – nous entendons par là moins de 3 mm – doivent encore subir nombre d'opérations, ce qui explique que leur prix soit normalement supérieur à celui des TAC.
Les fabrications les plus classiques sont schématisées sur la figure 9.2.
Bien sûr, un *décapage* est indispensable car on détériorerait gravement la surface de la tôle et les cylindres en laminant sur la calamine (oxyde de fer très dur).
Ensuite, on diminue encore l'épaisseur en repassant dans un train de laminage, mais sans préchauffage cette fois, d'où le nom de laminage à froid. Cet outil est moins long que le train à chaud, il ne comporte que 4 à 6 cages. Souvent, il est couplé avec le recuit dont nous parlerons ensuite. Ce train, toujours tandem, est très rapide et il va amener l'épaisseur à la valeur finale souhaitée[1].
Après laminage à froid, une tôle mince a souvent subi un allongement par corroyage total (y compris laminage à chaud) supérieur à 200 %.
Les bobines fabriquées peuvent atteindre 40 tonnes (soudage de deux coils, par exemple), mais les bobines livrées aux utilisateurs dépassent rarement 25 tonnes, pour d'évidentes raisons de transport et de manutention.
Une des difficultés consiste à assurer un bon profil, c'est-à-dire à respecter une épaisseur constante dans toute la largeur et à éviter deux défauts redoutés : le *bord long* ou le *centre long*. De quoi s'agit-il ? Pour différentes raisons techniques (la flexion des cylindres de laminage, leur dilatation thermique, la nécessité de pouvoir guider la bande dans le train), le profil transversal de la bande d'acier n'est jamais strictement plat. Sur 40 à 50 mm de largeur, les bords sont un peu plus minces de quelques dizaines de micromètres, cette particularité existant déjà sur le coil.
Si un jeu de cylindres, dans une cage, a un *bombé* plus fort que ce qui est nécessaire, le métal sera plus écrasé au centre, sa longueur sera donc plus grande et il y aura des sortes de fronces au centre de la bande ; c'est ce qu'on appelle un *centre long*. Ce défaut est gênant aussi bien pour la suite du process que pour le client ; on verra

1. On ajuste l'épaisseur initiale, c'est à dire celle du coil, à celle du produit final de façon à respecter, là aussi, un taux de corroyage qui dépend de l'application visée.

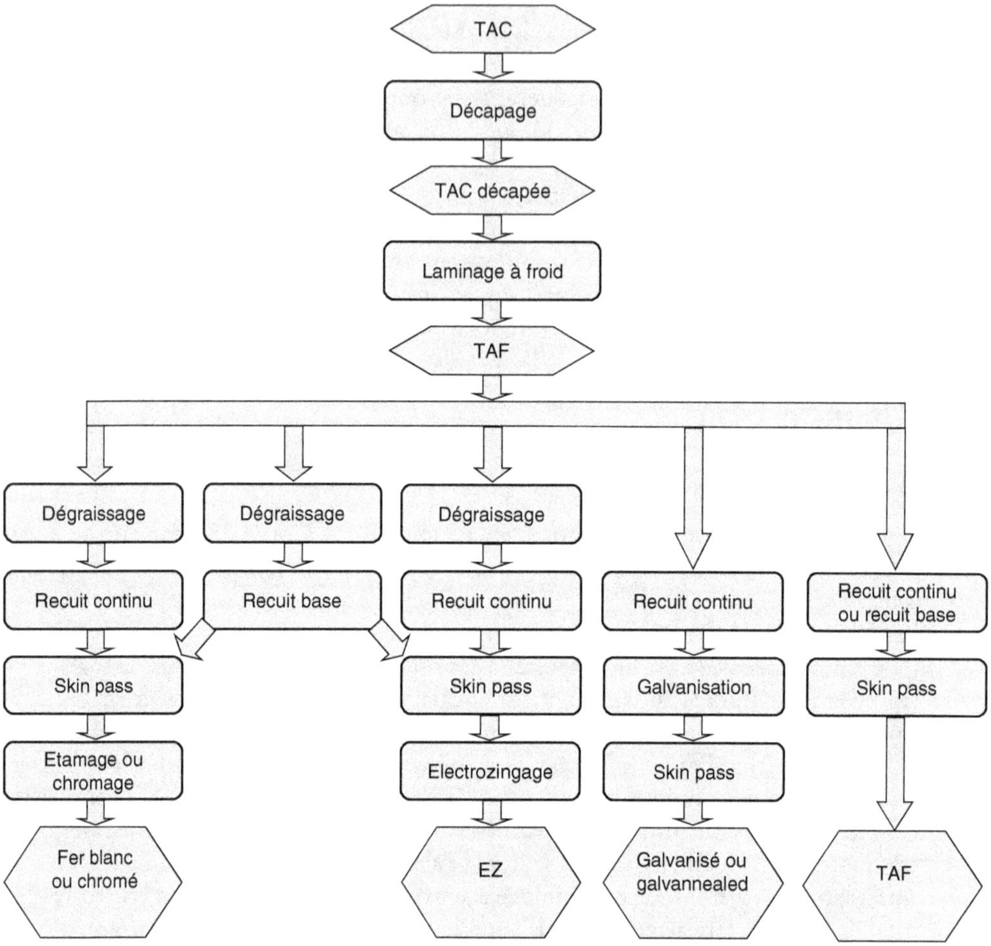

Figure 9.2 – Principaux circuits de l'usine à froid

dans la partie J un exemple de défaut qui peut en résulter sur les pièces embouties. L'inverse – *bord long* – se produit si les cylindres d'une cage fléchissent trop.

Profitons de l'occasion pour signaler qu'il suffit de différences de longueur de fibres extrêmement faibles pour provoquer l'ondulation visible d'un produit plat : un dix millième de différence (1.10^{-4}) suffit ! Nous reverrons cela à propos des défauts de forme des pièces embouties.

9.2.2 Recuit

Le métal sortant du train à froid est tellement écroui qu'il est inutilisable : il se comporte comme un ressort et la manipulation des bobines requiert d'ailleurs de grandes précautions. Il convient alors de lui redonner des propriétés de malléabilité et de ductilité en pratiquant un recuit. Celui-ci va avoir une influence capitale sur les propriétés ultérieures du matériau, ce qui justifie un contrôle très serré des conditions dans lesquelles il se déroule.

Non seulement la température atteinte (600 à 850 °C) va jouer un rôle, mais aussi le temps de maintien en température et même la cinétique du chauffage (en particulier la vitesse à laquelle on franchit le point de transformation allotropique Ac_1), tout cela influant de façon majeure sur le comportement des précipités, la taille du grain, sa forme ainsi que la texture cristallographique obtenue. La vitesse de refroidissement n'est pas sans influence non plus. On devine donc que l'opération de recuit est extrêmement délicate et résulte toujours de choix déterminés par le type de caractéristiques visées pour la nuance.

On distingue deux types de recuit très différents. Le plus ancien est le recuit dit *sur base*, qui consiste à empiler deux à cinq bobines à axe vertical dans un four parcouru par une atmosphère appropriée. Ce traitement est très long, deux ou trois jours. Le *recuit continu*, plus récent, consiste à faire défiler la bande dans un très long four qui présente une succession de zones diversement chauffées de façon à obtenir le cycle thermique voulu. Au total, le métal ne reste guère plus de quelques minutes dans le four. Bien entendu, une atmosphère protectrice garantit l'absence d'oxydation. Comme tous les procédés continus, le recuit continu garantit une meilleure homogénéité de la bande et réduit les chutages.

9.2.3 Skin pass

Pour la tôle à froid issue d'acier calmé à l'aluminium, il reste encore une opération très importante à effectuer : le *skin-pass*. Notons au passage que ce terme à consonance anglo-saxonne est surtout utilisé en France : les anglo-saxons l'appellent *temper rolling*.

L'opération consiste à effectuer un très léger laminage à froid de la tôle sortant du recuit (0,3 à 1,5 % d'allongement seulement). Ce traitement vise trois objectifs :

- éliminer le palier de limite d'élasticité s'il y en a (cas des aciers calmés à l'aluminium après le recuit),
- imprimer la rugosité souhaitée sur la tôle,
- assurer la planéité voulue.

Dans la pratique, les choses se passent de la façon suivante : la bobine recuite est introduite dans la cage de skin-pass qui la soumet à une pression et à une traction simultanée. L'équilibre entre ces deux contraintes n'est pas anodin vis-à-vis du résultat obtenu. La vitesse joue également un grand rôle : tant qu'elle n'est pas adéquate, ni l'épaisseur, ni les caractéristiques mécaniques visées ne sont obtenues, ce qui implique un chutage de quelques mètres au début et à la fin de chaque bobine. C'est un des avantages des trains à froid et recuits continus couplés qui permettent de faire le skin-pass sans interruption, donc sans avoir à chuter entre les bobines (elles sont soudées et forment une bande ininterrompue).

On peut faire le skin-pass avec ou sans lubrification. Notons aussi que les aciers IF, qui ont une très forte consolidation et ne présentent pas de palier de limite d'élasticité après recuit, ne sont parfois pas skin-passés de façon à ne pas les écrouir trop fortement. On dit alors que l'acier est *dead soft* (doux à mort).

Insistons sur un fait sous-estimé : étant la dernière opération mécanique faite sur la tôle à froid, le skin-pass revêt une importance capitale. S'il est insuffisant, le métal calmé à l'aluminium peut présenter un résidu de palier de limite d'élasticité qui le rendra inutilisable en pièce d'aspect. Si ce palier est anormalement long, il peut même donner lieu à des casses à l'emboutissage (voir la partie J). Si, au contraire, le skin-pass est trop fort, la limite d'élasticité s'élève et le métal n'a plus la formabilité souhaitée. Un skin-pass mal réalisé peut donc complètement annihiler tous les efforts de qualité qui le précèdent.

Il est suivi de l'opération de huilage, qui peut aussi revêtir une certaine importance. On considère en général trois taux de huilage :

– faible : moins de 1 g/m^2 d'huile (sur une face),
– moyen : de 1 à 1,5 g/m^2,
– abondant : plus de 1,5 g/m^2.

9.3 Qualité des produits

9.3.1 Les difficultés de la fabrication d'acier

De nos jours, les tôles de qualité sont le plus souvent fabriquées dans d'énormes usines sidérurgiques « intégrées », c'est-à-dire possédant tous les outils depuis le haut-fourneau jusqu'aux lignes de finition, qui produisent de fantastiques quantités d'acier : jusqu'à 5 ou 6 millions de tonnes par an dans un seul site.

Dans ce qui suit, nous voulons d'abord essayer de faire toucher du doigt les innombrables contraintes auxquelles doit se soumettre le sidérurgiste s'il entend faire des produits de qualité à un prix raisonnable. Le but n'est pas de faire pleurer les clients de la sidérurgie sur les soucis de leurs fournisseurs mais de leur permettre de mieux comprendre les raisons de la lourdeur apparente du système.

Nous donnerons ensuite quelques exemples de performances qui sont aujourd'hui possibles et qui mettent cette industrie de masse au niveau d'autres industries jugées de pointe. Nous finirons par une courte réflexion sur l'amélioration de la qualité.

Commençons par le matériau liquide. Quand on vide par le fond une poche de fonte dans un convertisseur, on essaie d'abord d'éviter l'entraînement du laitier non métallique qui surnage à la surface de la fonte, car ayant une densité nettement moindre : trois contre huit, en gros.

Or il existe un phénomène commun, que tout le monde connaît pour l'avoir contemplé quand sa baignoire se vide : celui du vortex. L'eau se met à tourner et forme une sorte d'entonnoir, entraînant la mousse qui se trouvait à la surface, et ceci bien avant que la baignoire ne soit complètement vide. De même, le vortex entraîne le laitier dans le convertisseur ou dans une poche où sa présence n'est pas souhaitée. Il a fallu imaginer toutes sortes de dispositifs pour limiter ce phénomène au maximum, entre autres l'utilisation de *quenouilles* qui flottent sur l'acier et viennent obturer l'orifice inférieur de la poche dès que le vortex l'atteint.

Toujours pour l'acier liquide : certains éléments chimiques, tels le bore, le niobium ou le titane, ont une action à très faible dose (quelques ppm[1]). On les appelle pour cette raison des *oligo-éléments*. Lorsqu'ils sont utilisés pour la fabrication d'une

1. Parties par million.

coulée d'acier à haute limite d'élasticité, par exemple, il en reste toujours une faible quantité au fond de la poche, quelques grammes ou dizaines de grammes. Il est donc impossible de programmer immédiatement ensuite une coulée d'acier à haute formabilité car elle serait polluée et n'aurait pas les caractéristiques souhaitées. Nous abordons là l'une des principales contraintes du sidérurgiste : la programmation par séquences. Il faut toujours s'assurer du passage progressif d'une qualité à une autre sur les outils.

Cette contrainte se retrouve au recuit des brames. Bien évidemment, chaque qualité d'acier, chaque nuance, doit subir un réchauffage particulier, en température et en durée. Or les brames avancent dans un long four, placées perpendiculairement à son axe, ce qui fait qu'un grand nombre subit le chauffage simultanément. Compte tenu de la dimension et de l'inertie du four, il n'est évidemment pas possible de chauffer une brame rapidement à haute température tandis que la suivante subirait un chauffage lent à une température plus faible. Il faut donc programmer l'introduction, au four à brames, de produits ayant à subir des cycles thermiques quasi semblables, la modification ne pouvant être que très progressive.

Cela se retrouve encore au laminage, qu'il soit à chaud ou à froid : on ne lamine pas un acier dur, puis un doux, puis un dur, etc. L'adaptation des réglages du train ferait perdre du temps et génèrerait des pertes.

Mais la contrainte est encore plus sévère en ce qui concerne les largeurs. Le laminage des brames ou des tôles génère une usure locale rapide des cylindres, particulièrement marquée au niveau des rives du produit. Pour réguler cette usure, la rendre moins locale, on respecte une progression régulière de la largeur, suivie d'une décroissance tout aussi régulière. L'ensemble de cette programmation porte le nom de *cône de laminage*. En réalité, qu'on nous excuse pour cette sinistre comparaison, ce cône ressemble plutôt à un cercueil, étroit au début, s'élargissant rapidement puis se rétrécissant progressivement. Cette procédure curieuse est la meilleure façon qu'on ait trouvée pour régulariser et minimiser l'usure des cylindres qui reste, malheureusement, très rapide : on pratique un changement des cylindres environ toutes les six à huit heures sur un train à chaud. Au train à froid, le maximum qu'on puisse laminer avec un jeu de cylindres est de l'ordre de 2500 tonnes. Dans les deux cas, les cylindres usés sont rectifiés et resservent ensuite, jusqu'à ce qu'ils soient trop petits en diamètre.

On retrouve le même type d'impératif au décapage. En effet, la vitesse de décapage d'un produit sidérurgique dépend de la composition de la calamine, laquelle est aussi une fonction de la nature de l'acier et de l'histoire thermomécanique de sa fabrication. Là encore, il faut programmer des aciers semblables au même moment et ne faire varier la température du bain et son acidité que progressivement.

Inutile de dire que le recuit continu est, lui aussi, soumis à une programmation sévère. Il est impossible de faire varier les températures, les vitesses, les puissances de chauffe et la nature de l'atmosphère trop rapidement ; il est donc également impossible de changer rapidement de nuance lors de son fonctionnement.

On comprend mieux, avec ces explications, pourquoi la fabrication d'une nuance donnée, qui en temps cumulé ne représente que quelques heures ou jours, peut souvent prendre quelques semaines. Inutile d'ajouter que si l'une des opérations échoue, toute la programmation est à refaire. On conçoit aussi aisément que plus l'échec est tardif, plus le délai à envisager est grand et plus la perturbation des flux est grave.

Comme on l'a vu, l'opération de skin-pass, la dernière pour les tôles à froid, revêt de ce fait une importance capitale. On peut fort bien ruiner tout le travail antérieur en appliquant à un acier un taux de skin inapproprié. En dernier lieu, on peut même, cas extrême, « rater » une bobine en n'y mettant pas l'huile prévue ; dans ce cas, il n'y a pas de remède, aucune installation sidérurgique ne possédant le matériel nécessaire au dégraissage d'une bobine.

Nous voudrions, maintenant, donner quelques idées sur le degré de précision qu'atteignent de nos jours certaines opérations métallurgiques. Nous le ferons avec quelques exemples.

Le premier concerne les aciers dits à Bake Hardening, sur lesquels des explications sont données au paragraphe 11.4. Pour remplir correctement leur fonction ces nuances doivent contenir entre 10 et 25 ppm de carbone libre ! Avec moins, ils ne durcissent pas à la cuisson, avec plus, ils vieillissent avant emboutissage et deviennent difficiles à emboutir. Cela ne représente jamais que 3 à 8 kg de carbone dans une poche d'acier de 350 tonnes !

Et, attention : nous parlons du carbone libre (en solution interstitielle) et non total ! Des méthodes très sophistiquées sont nécessaires pour doser ce carbone libre.

Le second exemple concerne les aciers utilisés pour la fabrication des boîtes de boisson. Le couvercle est serti sur la boîte après remplissage, opération qui sollicite durement un métal déjà très fortement écroui (la résistance à la traction du bord de boîte est passée de 300 MPa à plus de 800). Pour respecter les exigences des remplisseurs (moins de 1 boîte sur 10 000 risquant de fuir après sertissage[1]), il faut garantir qu'une coulée de 350 tonnes contient moins de 0,4 gramme d'inclusions supérieures à 10 µm.

Ce taux incroyablement faible est obtenu par le respect de consignes très strictes et par une coulée très ralentie de façon à permettre la décantation des inclusions, toujours moins denses, dans le répartiteur. De ce fait, et pour bien d'autres particularités, l'acier pour boîte boisson est certainement, cela surprend toujours, l'un des produits les plus nobles élaborés par la sidérurgie, comparable par exemple aux aciers à roulements. Les aciers destinés à l'emboutissage automobile sont moins sophistiqués.

Dans le domaine des températures, les précisions atteintes sont étonnantes : plus ou moins quelques degrés même pour des niveaux dépassant les 1000 °C. C'est le prix à payer pour réduire les dispersions de caractéristiques mécaniques qui, malgré cela, paraissent toujours beaucoup trop élevées aux utilisateurs.

En ce qui concerne les dimensions, il faut se rappeler que l'épaisseur est maintenant régulée à quelques centièmes de millimètres tout au long d'une bobine de deux kilomètres. Si l'on trouve une différence plus marquée, c'est sans doute que le chutage des extrémités a été un peu sous-évalué.

Nous voudrions finir cette partie en faisant remarquer que l'amélioration *progressive* d'un produit, quel qu'il soit, fait qu'elle passe inaperçue et qu'on demande toujours

1. Cette exigence peut paraître excessive, mais il faut considérer les énormes quantités utilisées : de l'ordre de 250 milliards de boîtes par an. Une ligne de fabrication produit souvent un million de boites par jour.

plus au dit produit. Pour illustrer cette idée, nous allons utiliser la parabole de la tenue de route.

La conception des automobiles a fait de très grands progrès : l'augmentation de la rigidité de la caisse, l'amélioration des suspensions et des pneumatiques ont eu une influence si favorable sur la tenue de route qu'on prend aujourd'hui très tranquillement à 100 km/h un virage qui aurait été dangereux à 70 km/h en 1960.

On en déduit, hâtivement, que la sécurité *active* a progressé. De fait, elle n'a progressé que pour les rares conducteurs qui continuent à prendre le virage à 70 km/h mais, pour la majorité qui le prend maintenant à 110, le risque a augmenté en cas de sortie de route car l'énergie cinétique est doublée ! Le progrès technique a donc été consommé *non pas en gain de sécurité, mais en gain de productivité.*

C'est une attitude qu'on retrouve dans tous les domaines, celui de l'emboutissage comme les autres. Un chef d'atelier demandait un jour à l'auteur : « Quand les sidérurgistes arriveront-ils enfin à éradiquer le grippage ? » La réponse brutale a été : « Probablement jamais ! » Des progrès ont déjà été faits dans ce domaine, d'abord par l'impression systématique d'une rugosité au skin-pass dans les années 60-70, ensuite par la recherche de textures de rugosité plus performantes, puis avec des revêtements et des lubrifiants plus efficaces, maintenant par l'amélioration des matériaux d'outils... Mais à chaque fois l'utilisateur prend en compte de façon plus ou moins consciente cette avancée et en tire avantage en augmentant les cadences, en diminuant la lubrification ou en sévérisant les joncs de freinage. Et les mêmes problèmes reviennent...

De façon similaire, la formabilité améliorée des tôles a été immédiatement exploitée pour réaliser des côtés de caisses très profonds en une seule pièce – impensables il y a vingt ans – qui poussent le nouveau produit jusqu'à ses limites.

En conclusion, nous voudrions insister sur le fait que l'amélioration permanente des produits se fait simultanément dans toutes les branches techniques intéressées, ce qui la rend indiscernable. Tout au plus y a-t-il, de temps en temps, la fameuse « percée technologique » qui donne provisoirement l'avantage à l'une des composantes, lequel est bientôt absorbé, nivelé, par les gains qu'en retirent les autres acteurs.

9.3.2 Importance de l'homogénéité du produit

Sachs a montré en étudiant des laitons, il y a plus de quatre-vingts ans, que l'homogénéité est la condition première d'une capacité de déformation élevée. Rien de plus facile à prouver par un exemple simple.

Imaginons qu'on mette en traction une chaîne métallique ayant de forts et solides maillons, sauf un qui est nettement plus faible. Il va bien sûr casser en premier et l'allongement total de la chaîne sera celui de ce seul maillon, les autres n'ayant même pas été déformés plastiquement. En revanche, si nous imaginons maintenant une chaîne idéale, dont tous les maillons seraient strictement identiques, elle sera capable de se déformer beaucoup plus, chaque pièce la composant étant supposée céder exactement au même degré de déformation. L'allongement total sera alors la somme de tous les allongements individuels.

Il en est de même d'une tôle d'acier si l'on considère son homogénéité. Nous pouvons dire que la généralisation des procédés dits « continus » a grandement contribué à l'amélioration de la formabilité des aciers d'emboutissage :

- la coulée continue réduit toutes les formes de ségrégation majeures,
- le recuit continu réduit les écarts de structure inter et intra-bobine,
- le laminage à froid et le skin-pass continus réduisent les variations de limite d'élasticité et d'épaisseur qui résultent des variations de vitesse de la bande dans les cages.

L'homogénéité des tôles est donc un enjeu important, tant entre bobines qu'au niveau microscopique. D'une bobine à l'autre de la même qualité, l'emboutissage sera rendu beaucoup plus facile, sans nécessité de réglage permanent, si les caractéristiques mécaniques sont groupées. À l'intérieur d'une même bobine, la constance de la structure, de la taille de grain, l'absence de ségrégation seront également des gages de qualité.

Reconnaissons que ces objectifs sont d'autant plus difficiles à atteindre que l'acier est à hautes caractéristiques car leur obtention nécessite des procédés de plus en plus « pointus », donc de plus en plus difficiles à maîtriser.

10 • ACIERS D'EMBOUTISSAGE

Les aciers effervescents sont longtemps restés l'unique qualité utilisée pour l'emboutissage ; leur formabilité était très limitée en comparaison de ce que nous connaissons aujourd'hui. De plus, étant sujets à un vieillissement très rapide, ils obligeaient les fabricants de pièces visibles d'automobile à mastiquer et poncer celles-ci pour leur conférer la qualité cosmétique[1] nécessaire. Une autre solution consistait à passer les flans, juste avant emboutissage, dans une sorte de vigoureuse planeuse qui supprimait provisoirement le palier de limite d'élasticité mais qui écrouissait le métal, réduisant ainsi sa ductilité.

C'est seulement vers les années 1950 que les aciers à bas carbone calmés à l'aluminium ont été introduits et sont devenus la source principale des nuances emboutissables. L'un de leurs inconvénients reste d'être sensible au vieillissement, raison pour laquelle les meilleures qualités ne sont garanties que six mois vis-à-vis de la réapparition de vermiculure.

Il existait en plus quelques nuances plus chargées en carbone, manganèse et silicium qui, sans être d'une grande ductilité, permettaient quand même du formage, par exemple pour les disques de roues automobiles.

Vers 1975, une grande révolution a eu lieu dans le monde de l'emboutissage : on a cessé d'utiliser uniquement les aciers doux formables et l'on a introduit des nuances à plus haute limite d'élasticité, ceci dans le but de réduire les épaisseurs pour gagner sur le poids des véhicules. Cette tendance n'a fait que se renforcer depuis avec l'apparition des aciers à hautes et très hautes caractéristiques.

Pour que la présentation des différentes qualités d'acier au carbone qui suivra soit utile, il nous faut préciser quelques notions métallurgiques qui permettent de les différencier et de comprendre en quoi les caractéristiques mécaniques de certaines nuances sont favorables (ou défavorables) à certains types de formage.

Remarque

Pour en tirer le meilleur parti, il faudrait relire ce chapitre après avoir assimilé les connaissances concernant les modes de déformation (partie D).

On trouvera donc ci-après les idées directrices qui conduisent à développer telle ou telle nuance d'acier, les chapitres 14 et 15 présentant les caractéristiques détaillées de ces nuances et leurs applications.

1. Le terme « cosmétique » est souvent employé en automobile dans le sens de « relatif à l'aspect de surface ».

10.1 Les aciers standard pour emboutissage

Les aciers destinés à l'emboutissage et auxquels on ne demande ni des caractéristiques de ténacité (R_e, R_m) particulièrement élevées, ni un niveau de formabilité exceptionnel, sont en principe des aciers doux calmés par l'aluminium (on simplifie en disant *calmés aluminium*). Leur matrice est essentiellement constituée de ferrite légèrement alliée (Mn et Si) et d'une faible quantité de carbures.
Il en existe plusieurs classes, définies par la norme NF EN 10130 pour les tôles à froid, et la norme NF EN 10111 pour les tôles à chaud, qui vont de produits moyennement formables à des qualités qui sont les plus formables existantes. On étudiera le détail de ces qualités au chapitre 14.

10.2 Les aciers pour émaillage

Ce sont en général des aciers doux calmés aluminium, du genre de ceux que nous venons de voir. Ils présentent cependant une particularité importante, destinée à éviter un défaut grave d'émaillage qu'on appelle le « coup d'ongle ». De quoi s'agit-il ?
L'émaillage est une technique de revêtement qui consiste à déposer sur le subjectile, par engobage, pulvérisation conventionnelle ou électrostatique, une couche de barbotine constituée par un mélange d'eau et d'oxydes métalliques (silice, alumine) finement broyés, puis à la cuire ensuite. Cette technique très ancienne s'applique au grès, à la faïence, à la fonte et aussi à l'acier. Elle assure une surface dure et lisse comparable à du verre, facile à laver, et donc propice à l'utilisation dans les domaines de la cuisine et du sanitaire.
Contrairement aux autres matériaux cités, qui sont poreux, les aciers ordinaires supportent très mal l'émaillage pour la raison suivante : la cuisson de l'émail se fait à une température élevée (généralement au-dessus de 800 °C) à laquelle l'eau de la barbotine se décompose en donnant de l'oxygène et de l'hydrogène naissants. Ce dernier élément, le plus petit atome connu, diffuse très aisément dans l'acier porté à haute température qui en dissout donc de notables quantités.
Quand l'acier se refroidit, la solubilité de l'hydrogène diminue (moins de place pour l'accueillir dans le réseau du fer) et il faut qu'il ressorte. Malheureusement, l'émail déjà solidifié s'y oppose ; la pression d'hydrogène sous l'émail augmente alors et finit par faire sauter des écailles d'émail, ce qui rappelle plus ou moins la forme des coups d'ongle dans un corps mou, du beurre par exemple, d'où le nom donné à ce défaut.
Pour comble de malheur, la montée en pression est lente et le phénomène est différé : il peut se produire plusieurs heures ou jours après la cuisson. De ce fait, ce sont les pièces finies qui sont totalement hors d'usage, sans qu'on n'ait rien pu faire pour les sauver ou, du moins, arrêter la fabrication. Tout est perdu : métal, mise en forme et émaillage... C'est une véritable catastrophe !
Le meilleur remède trouvé pour contrer ce détestable comportement est de créer des « pièges à hydrogène », consistant tout simplement à recréer une porosité artificielle par endommagement des particules de seconde phase, carbures ou inclusions (revoir la figure 1.6).

Outre que ce but implique encore des restrictions sur la composition de l'acier et ses conditions de laminage à chaud et à froid, il a, du point de vue qui nous intéresse, la fâcheuse conséquence de diminuer la ductilité du métal puisqu'il accélère l'apparition de la striction.
Or de nombreuses pièces émaillées sont d'emboutissage difficile, (cf. l'exemple d'une vasque à la partie J). C'est le cas des baignoires profondes, des éviers, des vasques, des gradins de fours, etc. Il faut donc essayer de préserver la formabilité tout en la dégradant pour éviter les coups d'ongle. Un dilemme !
Ce n'est d'ailleurs pas la seule difficulté de fabrication des aciers d'émaillage. Il faut aussi promouvoir l'adhésion de l'émail. Celle-ci est facilitée par une micro-géométrie particulière de la surface de la pièce emboutie qu'on obtient par une attaque chimique du métal juste avant émaillage. Pratiquement, on essaie d'attaquer les joints de grains d'une façon parfaitement contrôlée, laquelle dépend non seulement des conditions d'attaque mais aussi d'une composition précise de l'acier. Cette aptitude est appréciée au travers d'une propriété appelée *perte en fer.*
Les grades les plus formables d'aciers pour émaillage sont obtenus par la métallurgie IF que nous allons voir en 10.3.2.

10.3 Les aciers à haute formabilité

Les métallurgistes ont montré que plus la pureté de la matrice d'un métal augmente, plus les obstacles au mouvement des dislocations disparaissent et plus le libre parcours moyen de celles-ci s'allonge. De là une possibilité d'amélioration de la formabilité qui a été exploitée par le biais des aciers « haute pureté » et des aciers IF que nous allons passer en revue maintenant.

10.3.1 Les aciers ULC

Ce sigle vient, comme souvent, de l'anglo-saxon et signifie *Ultra Low Carbon.* Ils sont caractérisés par le fait qu'ils contiennent très peu de carbone (C < 50 ppm) et d'azote, suite à un traitement de dégazage sous vide.
L'acier est alors proche d'un fer pur, il est très ductile, ses caractéristiques mécaniques classiques sont très basses :

- limite d'élasticité de 80 à 150 MPa,
- résistance assez faible, 260 à 280 MPa, ce qu'il ne faut pas considérer comme un avantage car le plus grand écart possible entre limite d'élasticité et résistance à la traction est souhaitable,
- consolidation très élevée, avec des n de 0,25 à 0,28,
- allongement à rupture très élevé, 48 à 55 %,
- coefficient d'anisotropie r_{90} supérieur à 2,5.

Ces aciers sont parmi les plus formables. Une des difficultés de fabrication provient du fait qu'il est très difficile de les revêtir d'alliage de zinc sans compromettre leur ductilité[1].

1. La diminution de ductilité vient de la plus grande dureté de certains revêtements qui s'oppose à la déformation plastique du substrat.

On y arrive, malgré tout, et de telles nuances sont utilisées, par exemple, pour la fabrication de côtés de caisse très complexes.

10.3.2 Les aciers sans interstitiels (IF)

L'idée de base est simple : ne pas avoir d'atomes interstitiels libres dans le métal, pour éviter le blocage (l'ancrage) des dislocations. Conséquence de l'absence d'interstitiels : l'acier n'est pas vieillissant.

Comment y arriver ? On ne se contente pas, si l'on peut dire, d'éliminer la majorité des petits atomes – carbone, azote – par dégazage sous vide comme nous venons de le voir, mais on piège les atomes libres restant par des éléments qui forment avec eux des composés stables. D'où le sigle IF qui signifie *Interstitial Free* (sans interstitiels). Pour ce faire, on ajoute en quantité modérée des éléments très réactifs comme le titane, qui forment des carbonitrures. Ceux-ci sont petits ; ils polluent certes la matrice mais, étant considérablement plus gros que les atomes interstitiels, ils ne sont pas mobiles et n'ont donc pas le pouvoir d'ancrer les dislocations.

Le dégazage préalable sous vide primaire reste néanmoins nécessaire, de manière à réduire la consommation de titane d'une part, mais, surtout, pour éliminer le plus possible de gaz et limiter la formation des précipités qui pourraient, par la suite, accélérer la striction par le phénomène dit d'endommagement. Ces aciers ont :

- des limites d'élasticité faibles, 100 à 180 MPa,
- une résistance relativement élevée, de l'ordre de 290 à 310 MPa,
- un bon allongement à rupture A_{80}, 45% et parfois plus,
- une forte capacité de consolidation : n est de l'ordre de 0,25,
- un coefficient d'anisotropie moyen très élevé : 2 à 2,5.

On peut donc les utiliser pour la réalisation de pièces difficiles, tant en expansion qu'en rétreint[1]. Les aciers IF ont cependant deux inconvénients qui résultent de la très faible teneur en carbone et azote (moins de 60 ppm).

Premièrement, le piégeage volontaire de C et N restant sous forme de carbures, nitrures ou carbonitrures élimine pratiquement ces éléments des joints de grains. La cohésion de ces derniers est alors abaissée, surtout s'ils contiennent du phosphore. On risque la rupture fragile quand deux conditions sont réunies : une épaisseur supérieure à 1,5 ou 2 mm et un taux de rétreint très fort (cf. partie F, section 37.4).

Deuxièmement, la pureté de ces nuances facilite le grossissement de grain aux hautes températures. Ceci est particulièrement redoutable dans le cas des zones affectées thermiquement (ZAT) au cours du soudage car la tenue en fatigue des liaisons peut être fortement réduite.

Ces deux difficultés sont, heureusement, assez facilement combattues par un ajout de bore à dose homéopathique – 3 à 7 ppm – qui ségrège aux joints de grains. Au-delà risque d'apparaître une dégradation de l'allongement à rupture et du coefficient d'anisotropie plastique. Le niobium peut lui être préféré ou ajouté.

Les aciers IF étaient déjà fabriqués par ARMCO avant 1970, mais ce n'est que dans les années quatre-vingt que leur usage s'est vraiment développé. Ils ont connu une progression lente au début pour différentes raisons :

1. Ces notions sont expliquées dans la partie D.

– leur élaboration était assez difficile,
– l'utilisation massive de titane (jusqu'à 0,2 %) augmentait sensiblement leur prix,
– cette grande quantité de titane donnait naissance à la formation de gros précipités de carbonitrures qui provoquaient un sévère endommagement, lequel accélérait le développement de la striction localisée et donc réduisait l'allongement à rupture.

Deux développements techniques ont débloqué la situation :

– d'abord, la demande très rapidement croissante de tôles galvanisées, qui se sont révélées bien plus faciles à fabriquer et de meilleure qualité quand le support était en acier IF (il ne vieillit pas pendant la galvanisation),
– ensuite la généralisation (relative) des gros appareils à dégazer l'acier liquide, qui permettent d'atteindre un niveau très bas de carbone et d'azote, donc d'abaisser considérablement le niveau de titane (≈ 0,05 %) nécessaire à l'obtention d'un acier véritablement non vieillissant.

Aujourd'hui, les aciers IF sont intensivement utilisés. L'accroissement de la quantité fabriquée a fait descendre le prix de revient près du niveau de celui des aciers calmés à l'aluminium. Ce fait a une conséquence pratique importante : le sidérurgiste peut dans certains cas, pour des raisons de programmation, affecter à des qualités réputées peu nobles un acier IF bien qu'il ne soit en rien justifié techniquement. Nous en reparlerons à propos de la normalisation.

11 • LES ACIERS À HAUTES CARACTÉRISTIQUES

Comme nous l'avons dit, le besoin d'utiliser des aciers à plus hautes caractéristiques s'est fait sentir vers 1975. Plusieurs réponses ont été apportées : les aciers à dispersoïdes ayant une limite d'élasticité plus élevée d'abord, les aciers rephosphorés ensuite, puis IF à haute résistance, aciers à Bake Hardening et aciers renitrurés.

11.1 Les aciers à dispersoïdes

La création de cette catégorie, qu'on a longtemps appelée HLE mais qu'on a de plus en plus tendance à appeler HSLA[1], internationalisation oblige, a été déterminée par le besoin d'avoir à disposition des aciers ayant de hautes limites d'élasticité mais restant néanmoins soudables. Le besoin était créé par l'automobile dont on pensait (à juste titre) que l'allégement ne pouvait être obtenu que par une réduction d'épaisseur, elle-même compensée par une augmentation de la limite d'élasticité. Les choses sont en réalité un peu moins simples.

Pour assurer la soudabilité, il est impératif de réduire au maximum la teneur en éléments *gammagènes*, principalement le carbone et le manganèse, qui sont souvent utilisés pour « renforcer » les aciers.

La solution réside dans un autre mode de durcissement, celui obtenu par création de précipités (cf. partie A, 1.2.4). Deux mécanismes différents de durcissement en résultent : la précipitation elle-même et l'affinement de grain. On ajoute à l'acier liquide des éléments – niobium, titane, vanadium – appelés *dispersoïdes* en raison de leur capacité à former de petits précipités tels des carbonitrures. Un bon calmage préalable est nécessaire pour éviter une consommation excessive de ces coûteux éléments.

Les petits précipités, entre 5 et 50 nanomètres seulement, cohérents avec la matrice, s'opposent au mouvement des joints de grains, donc au grossissement de grain. La loi de Hall-Petch [1] nous dit alors que la limite d'élasticité s'accroît. C'est de là que vient l'appellation d'aciers à haute limite d'élasticité.

La résistance à la traction, en revanche, est relativement peu relevée et la consolidation du métal au cours du formage est donc faible.

1. High Strength Low Alloyed. Comme déjà dit, nous adoptons cette expression car elle figure dans les appellations des nuances de la normalisation européenne.

La structure métallurgique à grains fins et *équiaxes*[1] ne permet pas d'obtenir une texture donnant une valeur élevée du coefficient d'anisotropie. Ces aciers ne seront donc pas employés en cas d'emboutissage profond en rétreint.

11.2 Les aciers rephosphorés

C'est ce dernier fait qui a conduit au développement des aciers rephosphorés. Le phosphore est normalement considéré comme une impureté de l'acier qui le rend fragile quand il est en trop grande quantité. Cependant, subtilement dosé et accompagné d'éléments qui réduisent cette nocivité, il est parfois utilisé comme élément d'addition pour renforcer le métal, c'est-à-dire, essentiellement, augmenter sa résistance. Les aciers rephosphorés sont des aciers calmés aluminium qui ont subi une addition (modérée) de phosphore.

Il y a deux avantages à ce type d'addition :

- contrairement au niobium, l'ajout de phosphore, qui entre en solution solide de substitution, n'élève pas plus la limite d'élasticité que la résistance. La consolidation – le coefficient n – garde donc une valeur très convenable,
- la texture est peu perturbée et le coefficient d'anisotropie r est également peu dégradé.

On notera au passage le manque de précision des expressions que nous employons : c'est que la formabilité n'est pas une propriété bien définie, elle dépend de la façon dont on déforme la tôle comme on le verra à la partie D. Par ailleurs, il n'existe pas non plus d'échelle graduée permettant de dire si une limite d'élasticité ou une résistance est faible, moyenne ou forte…

11.3 Les aciers IFHR

Les aciers IF sont, comme on l'a vu, très doux, à forte consolidation (n élevé) et ont un fort coefficient d'anisotropie. Il a semblé intéressant d'utiliser ces propriétés, mais en renforçant la résistance du métal à la traction : on obtient alors les IF Haute Résistance.

Le durcissement est ici obtenu par l'ajout d'éléments qui entrent en substitution, le phosphore ou le silicium.

Bien entendu, on n'arrive pas à conserver intacte les caractéristiques de ductilité de l'IF classique tout en le durcissant, mais la diminution de ductilité reste limitée. On obtient donc un acier qui est très formable et conserve un coefficient d'anisotropie très honorable. Malheureusement, l'élaboration de ces nuances est difficile, ce qui confère à ces aciers un prix de fabrication élevé.

Ces aciers sont encore plus sensibles que les IF normaux à la rupture fragile. Le traitement par le bore ou le niobium devient une option presque incontournable.

1. Dimensions du grain égales dans toutes les directions.

11.4 Les aciers à Bake Hardening

Bake Hardening fait allusion à la capacité qu'ont ces aciers de se durcir durant la cuisson de la peinture (d'une automobile, en général) et de mieux résister, de ce fait, aux petites agressions du genre indentation : choc d'un caddie, d'un vélo, jet de pierre… Il s'agit, tout simplement, d'un vieillissement artificiel par le carbone à température élevée. On quantifie cette propriété, qu'on symbolise par BH_2, en mesurant la différence de limite d'élasticité qui existe entre l'acier dans son état de réception mais allongé de 2 % par traction et le même après chauffage à 170 °C pendant 20 minutes. La valeur de 2 % a été initialement choisie pour représenter la déformation typique d'un panneau assez plat d'automobile (porte, capot, etc.) On verra par la suite que ce n'est pas si simple.

La difficulté métallurgique réside dans l'obtention, sur la tôle en sortie de recuit, d'un taux de carbone en solution solide extrêmement faible mais constant : entre 15 et 25 ppm environ ! Il ne s'agit pas ici du carbone total mais bien du seul carbone en solution solide d'insertion, c'est-à-dire non combiné. La figure 11.1 montre les conditions métallurgiques d'obtention des nuances à BH.

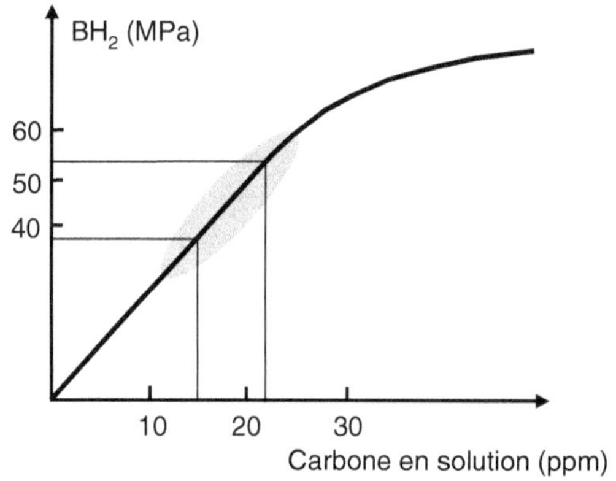

Figure 11.1 – Conditions d'obtention d'un bon acier à BH

Un taux inférieur à 12 ppm signifie que l'effet de bake hardening recherché ne se produira pas. Un taux supérieur à 25 ppm implique que le métal sera naturellement vieillissant, donc difficile d'emploi et inapte à la réalisation d'une pièce visible (vermiculure).

On notera, au passage, que c'est le deuxième exemple que nous citons dans lequel les mesures sont exprimées en ppm. Il est très loin, bien que volontiers maintenu dans l'imagerie populaire, le temps où les additions se faisaient à la pelle, directement dans la « marmite » (le convertisseur).

Les avantages résultant de l'emploi d'un acier à BH sont évidents : à l'état de livraison, il est quasi comparable à un acier doux d'emboutissage classique. Il s'emboutit donc bien. Après formage de la pièce et cuisson de la peinture, il voit sa limite d'élasticité augmenter fortement (BH_2 = 40 à 60 MPa, parfois plus) et résistera donc beaucoup mieux aux agressions mécaniques (la résistance à l'indentation statique augmente, grosso modo, comme la limite d'élasticité sur pièces, ainsi que l'a montré Yutori [2]).

Deux remarques très importantes doivent être faites maintenant, dont la seconde sera mieux comprise après la lecture de la partie D.

Première remarque : la présence du carbone en solution augmente évidemment la tendance de l'acier au vieillissement naturel, c'est-à-dire à la température ambiante. La limite de 25 ppm déjà citée garantit pratiquement son absence durant le stockage, c'est-à-dire à l'état non déformé, mais pas après emboutissage. Le formage entraîne en effet l'apparition de glissements cristallins qui créent de nouvelles dislocations et facilitent le vieillissement. Il faut donc prendre garde à deux phénomènes qui peuvent entraîner des erreurs sur la mesure de BH_2 :

– la mesure du BH par traction après cuisson doit être faite dans un délai très court (quelques heures au grand maximum) faute de quoi le métal déformé considéré comme référence pour la mesure de l'écrouissage seul subit en plus un vieillissement. On croît mesurer le WH[1] seul et l'on mesure en fait celui-ci plus une partie de « BH naturel ». De ce fait, l'écart qu'on attribuera au seul BH sera plus faible que la réalité,
– pour apprécier le BH obtenu sur une pièce industrielle, il arrive qu'on prélève des tractions dans la pièce, lesquelles sont ensuite testées sans cuisson et avec cuisson. Si un délai de quelques jours s'est écoulé entre l'emboutissage et les mesures, l'état considéré comme « sans cuisson » aura déjà vieilli et la mesure du BH entre cet état et l'état « cuit » sera décevante. Là encore, l'état supposé de référence sera en fait constitué du WH plus une partie de BH. Une telle opération n'a donc de chances de réussir que si l'emboutissage et les mesures sont couplés de façon à se faire au maximum dans la journée.

Deuxième remarque : malheureusement, les mesures de traction sur pièces formées dont nous venons de parler sont aussi entachées d'erreur pour une autre raison : l'effet BH n'est mesurable que si le mode de déformation (cf. partie D) utilisé pour la mesure est le même que celui qui a servi à faire la pièce.

L'explication est la suivante : à l'échelle cristalline, la mise en forme de la pièce se fait, comme on l'a vu dans la partie A, par des glissements dans certaines familles de plans. Or, les plans concernés dépendent du mode de déformation. Lors de la mesure du BH_2 en laboratoire, c'est bien une traction uniaxiale qui suit une traction uniaxiale. Mais l'emboutissage d'une pièce est très rarement en traction uniaxiale, il est plus souvent, pour les pièces de peau, en expansion ou en traction plane. On ne peut donc pas mesurer l'effet BH, sauf si l'on arrive à faire un essai de traction plane ou d'expansion dans la pièce. Cela a déjà été fait et le BH est effectivement apparu. On retiendra donc que :

la mesure du BH sur une pièce est rarement valable

Notons pour finir que le fait de ne pas pouvoir mesurer l'effet BH par traction ne prouve pas qu'il ne soit pas efficace du point de vue du comportement de la pièce. En effet, l'indentation est un type de déformation qui fait participer beaucoup de plans cristallins et, par conséquent, une pièce peut très bien ne pas révéler de BH

1. WH = Work Hardening, c'est-à-dire l'augmentation de limite d'élasticité résultant de l'écrouissage seul.

par traction mais être quand même grandement améliorée du point de vue de la résistance à l'indentation. On conçoit aisément que si ce n'était pas le cas, les aciers à BH n'auraient jamais eu le développement qu'ils connaissent.

Pour résumer, ils ont donc simultanément la formabilité d'un acier doux et les qualités en service d'un acier à haute limite d'élasticité. Signalons aussi que d'autres types d'aciers, comme par exemple les DP, présentent naturellement un effet BH (sans nécessiter une composition spéciale).

11.5 Les aciers isotropes

Il s'agit là d'une catégorie d'aciers un peu à part, initialement développée pour l'automobile par le sidérurgiste Preussag (maintenant Salzgitter).

Le nom d'isotrope est trompeur car, s'ils le sont bien effectivement, il ne semble pas pour autant que ce soit cette propriété qui fasse l'essentiel de leur intérêt. On peut les qualifier comme étant des aciers HSLA à caractéristiques moyennes en termes de limite d'élasticité et de résistance, mais qui exhibent une ductilité assez élevée pour cette classe de caractéristiques. En somme, des HSLA assez formables.

L'isotropie a été présentée comme un avantage du fait qu'il n'y a pas apparition de cornes. Mais les cornes sont le dernier souci des emboutisseurs de pièces automobiles car les flans sont toujours suffisamment larges pour que leur présence ne soit pas gênante ; elles ne sont même pas perceptibles. Il n'y a que les emboutisseurs fabricant des pièces circulaires qui s'en inquiètent.

Les qualités de ces nuances ne sont pas universellement reconnues : certains les apprécient pour la fabrication de panneaux comme les extérieurs de portes, en remplacement d'aciers rephosphorés ou à Bake Hardening, d'autres n'y voient pas d'intérêt particulier.

Il se pourrait que la faible valeur du coefficient d'anisotropie, peu différent de 1, donne lieu à un certain équilibre des contraintes dans les pièces comme les portes et évite la formation de défauts tels que les « oreilles de Mickey » autour des poignées de porte[1]. Mais ce n'est là qu'une opinion de l'auteur, qui n'est pas étayée par des données suffisamment nombreuses.

11.6 Les aciers renitrurés

Examinons les raisons qui ont conduit à l'invention de ces nuances, car elles sont instructives vis-à-vis des raisonnements qui peuvent être conduits quant au choix des matériaux.

L'azote est un petit atome qui diffuse assez facilement ; on a vu qu'il était la cause première du vieillissement. Or le vieillissement durcit l'acier et il est donc venu à l'esprit que ce phénomène pouvait être exploité dans certains cas en profitant d'un

1. On verra dans la partie D, à propos des critères de plasticité, que $r = 1$ correspond à une faible variation des caractéristiques mécaniques entre les différents modes de déformation.

traitement de chauffage par ailleurs nécessaire (comme pour le Bake Hardening), soit après mise en forme, soit même avant celle-ci quand elle n'est pas trop difficile.

C'est ainsi que les aciers renitrurés pour fonds de boîtes de conserves, qui doivent avoir une haute limite d'élasticité pour ne pas se déformer de façon permanente lors de la stérilisation, sont artificiellement vieillis durant la cuisson du vernis alimentaire qui doit obligatoirement les protéger. Le durcissement est donc gratuit dans ce cas[1].

Il existe une autre utilisation des aciers renitrurés, plus subtile encore. Dans la plupart des cas, les gros chauffe-eau domestiques appelés boilers ou encore cumulus ont la face intérieure émaillée pour les protéger de la corrosion. Cette protection est superflue à l'extérieur. Par ailleurs, ils doivent pouvoir résister à des contraintes mécaniques assez sévères : pour garantir qu'ils subiront sans dommage les « coups de bélier » qui se produisent fréquemment dans les installations sanitaires, ils passent tous une épreuve de pression à 1,5 MPa (15 bars).

Étant donné que l'acier ne doit pas se déformer plastiquement durant cette épreuve, il faut que la contrainte maximale appliquée reste inférieure à la vraie limite d'élasticité du métal. Ceci inciterait naturellement à utiliser des aciers à haute limite d'élasticité (HSLA) quand les difficultés de formage le permettent.

Malheureusement, une autre limitation apparaît alors. L'émail, qu'on peut très raisonnablement comparer à du verre, est fragile et ne peut supporter que de très faibles déformations, d'environ 0,2 % en extension. L'acier ayant un module d'élasticité de 200 000 MPa environ, on voit qu'il ne sert à rien de dépasser une limite d'élasticité de 400 MPa car la déformation élastique est alors de 0,2 %, la limite imposée par l'émail.

En vérité, la réalité est encore plus tragique ! Nous avons vu partie A, en 4.2, que les aciers présentent souvent un stade de microplasticité qui fait que le domaine réel de la déformation élastique est bien plus faible que ne le laisse croire la limite d'élasticité conventionnelle habituellement mesurée. Par exemple, quand $R_{p0,2}$ vaut 200 MPa, la véritable limite d'élasticité peut très bien n'être que de 60 ou 80 MPa seulement, ce qui implique que les fatidiques 0,2 % d'allongement pseudo élastique peuvent être atteints pour des contraintes aussi basses que 100 MPa, par exemple.

L'idée a donc été de créer une qualité emboutissable ne présentant pas du tout de microplasticité après émaillage, ce qui revient à avoir après cuisson un acier extrêmement vieilli, avec un fort palier de limite d'élasticité. On obtient ceci en ajoutant l'azote qui diffusera vers les dislocations et les ancrera durant le refroidissement.

La figure 11.2 compare le comportement en traction uniaxiale d'un acier standard avec celui d'un acier renitruré, tous deux après émaillage. L'acier standard a de relativement faibles caractéristiques car l'écrouissage a été supprimé par le chauffage à plus de 800 °C. On voit que si l'on ne veut pas dépasser une valeur d'allongement de 0,15 % pour être sûr de ne pas avoir fissuration de l'émail, il ne faut pas que la contrainte d'essai dépasse 220 MPa pour cet acier.

1. La chose est possible car un fond est souvent peu déformé. Mais même les fonds bombés des aérosols sont ainsi fabriqués, ce que montre bien la présence de lignes de Piobert-Lüders.

B

LES TÔLES D'ACIER

Mais pour l'acier renitruré, en revanche, après cuisson de l'émail, la déformation totale de 0,15 % correspond à 300 MPa, ce qui permet d'envisager une sérieuse réduction d'épaisseur.

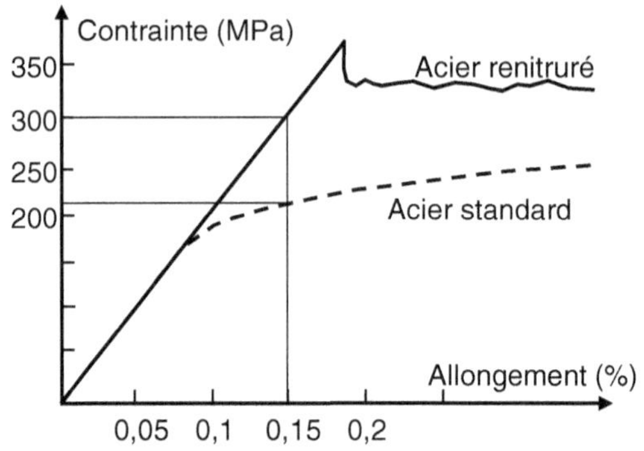

Figure 11.2 – Comparaison d'un acier standard et d'un acier renitruré après cuisson de l'émail

On voit là un exemple, assez rare, où la prise en compte de la microplasticité permet d'améliorer le comportement en service d'un matériau.

12 • LES ACIERS À TRÈS HAUTE RÉSISTANCE

12.1 Les aciers double phase

C'est une appellation consacrée par l'usage mais qui n'a pas grand sens, beaucoup d'alliages métalliques ayant deux phases (acier doux, laitons, etc.) C'est l'un des rares produits sidérurgiques nouveaux à n'avoir pas été inventé par les Japonais : c'est un américain qui l'a fait[1], mais en exploitant des résultats d'essais japonais !

L'idée de base est d'obtenir, suite à la trempe partielle d'un acier faiblement allié, une structure composée de ferrite douce et de martensite dure à teneur relativement élevée en carbone. Le matériau tire sa ductilité de la ferrite et sa résistance de la présence d'îlots de martensite (généralement entre 10 et 20 %). Certains métallurgistes font aussi intervenir la présence favorable de contraintes résiduelles de compression dues au fait que l'austénite se dilate quand elle se transforme en martensite.

La caractéristique principale d'un acier double phase (DP, également appelé biphasé) est d'avoir une haute résistance à la traction mais un rapport R_e/R_m assez faible, donc une très forte consolidation. L'allongement est également supérieur à ce que serait celui d'un acier classique de résistance équivalente. C'est donc un acier à très haute résistance mais qui reste formable.

Ses hautes caractéristiques liées à sa bonne capacité d'allongement en font un matériau bien adapté à l'absorption d'énergie en cas d'accident automobile.

Un produit ne peut malheureusement pas avoir que des qualités. Les caractéristiques mécaniques élevées des DP sont à l'origine de plusieurs difficultés inévitables.

En premier lieu, la limite d'élasticité relativement élevée (par rapport aux aciers doux ou HSLA) fait que la tendance au plissement est sérieuse, surtout pour les plus hauts grades. On a observé que la force de serre-flan pouvait nécessiter une augmentation de 20 à 40 % pour éviter le plissement.

Deuxièmement, la dureté de ces aciers les rend assez agressifs vis-à-vis de l'outillage (surtout les rayons) et peut nécessiter l'emploi de matériaux d'outils plus sophistiqués.

Troisièmement, les hauts niveaux de contrainte atteints sur les pièces formées sont à l'origine de la propension de cet acier à un fort retour élastique. Il est nécessaire d'en tenir compte dans la conception des outillages et de la compenser, opération

1. M. S. Rashid, le métallurgiste en chef de General Motors dans les années soixante dix. L'anecdote est amusante : des chercheurs japonais ont présenté en 1975 dans une conférence internationale des résultats d'essais qui n'avaient pas satisfait leurs attentes. Rashid a été intéressé par certains et a lancé, dès son retour aux US, une campagne de recherche conduisant à l'invention des Dual Phase.

pas toujours facile. On peut noter que c'est là une caractéristique commune (et inévitable) à tous les aciers THR.

Enfin, la présence de deux phases très différentes, une dure et une molle, soumet leur interface à de fortes contraintes pendant la déformation plastique. La conséquence la plus nette en est le mauvais comportement des DP à l'expansion de trou ou au pliage. C'est d'ailleurs l'un des rares cas où l'on ne puisse pas relier directement le comportement de la tôle à ses seules caractéristiques mécaniques.

Notons l'existence d'une catégorie particulière de Dual Phase : celle des DP à haute limite d'élasticité (DP-HLE ou encore HY pour *High Yield Stress*). Cette catégorie est destinée à répondre à un cas de pièce assez particulier où certaines zones ne sont pas, ou très peu, déformées.

Prenons l'exemple d'un longeron en oméga : les deux murs verticaux sont déformés par l'emboutissage, mais la partie plate peut ne pas l'être du tout (cf. exemple 29 de la partie J). Elle n'est pas écrouie et conserve donc ses propriétés initiales, ce qui peut être défavorable pour l'absorption d'énergie en cas de choc ou pour la fatigue. La solution est donc de faire des aciers DP pré-écrouis qui possèdent partout une limite d'élasticité élevée. Cette solution est évidemment en opposition avec le principe initialement retenu pour l'adoption des DP : faible rapport R_e/R_m et ne permet pas des formages difficiles.

Ces DP-HLE ont une autre particularité, moins connue : comme les possibilités d'écrouissage sont réduites, les différences de niveau de contrainte atteintes dans une pièce sont diminuées également. Il en résulte que le retour élastique est plus homogène et que les pièces élancées, comme le longeron dont nous venons de parler, sont moins sensibles au vrillage.

12.2 Les aciers phase complexe

Il existe une variante des aciers double phase dans laquelle la martensite est partiellement remplacée par un autre constituant moins dur, la bainite. On parle alors d'aciers multiphasés ou complex phase. Ils peuvent aussi contenir de l'austénite résiduelle et il faut bien reconnaître qu'il est assez difficile de s'y retrouver dans cette complexe catégorie d'acier : il est recommandé de confier la sélection à un spécialiste féru en métallurgie.

Ces nuances peuvent être considérées comme un complément aux aciers HSLA, mais avec un rapport R_e/R_m plus favorable.

Leur structure plus homogène leur confère un meilleur comportement vis-à-vis des déformations affectant les rives des pièces, qu'on met bien en évidence par des essais d'expansion de trou ou de relevage de collerette. C'est en somme une extension des aciers DP pour pallier au défaut cité juste avant.

12.3 Les aciers ferrite-bainite

Compte tenu de l'amélioration du comportement à l'essai d'expansion de trou et au pliage constatée avec les aciers multiphasés, une amélioration supplémentaire a été obtenue en créant des aciers où la martensite est remplacée par de la bainite, un constituant dur, mais moins dur que la martensite.

L'avantage obtenu résulte du fait que la différence entre bainite et ferrite est beaucoup plus faible qu'entre martensite et ferrite. Il n'y a donc pratiquement pas d'endommagement à l'interface des phases dures et molles, comme pour le Dual Phase. Cette homogénéité permet d'éviter, ou de retarder sensiblement, la formation de micro-criques sur les bords découpés.

La meilleure preuve que c'est bien l'homogénéité de la structure qui joue le rôle principal dans l'absence de fissuration en expansion de trou, par exemple, c'est qu'il n'existe aucun rapport entre l'allongement à rupture obtenu par essai de traction et cette capacité d'extension, et ceci bien que la déformation du bord d'un trou soit en pure traction uniaxiale. Nous y reviendrons plus tard.

Les aciers ferrite-bainite ont également une excellente tenue à la fatigue, comparés aux aciers HSLA.

12.4 Les aciers martensitiques

Il existe encore une autre catégorie d'acier à très hautes caractéristiques qui est, cette fois, constituée uniquement de martensite. Il convient de bien réaliser que cette martensite n'est pas aussi dure que celle d'un DP car, même si les deux aciers contiennent à peu près la même quantité d'éléments durcissant, ceux-ci se trouvent rassemblés dans les 10 à 20 % de la martensite du DP alors qu'ils sont dispersés dans l'intégralité de l'acier martensitique. La teneur en carbone, manganèse, etc. de la martensite du second acier est donc très inférieure à celle du premier.

Ces aciers ne sont pas, c'est bien logique, très formable.

12.5 Les aciers TRIP

C'est une nouvelle classe d'aciers au carbone qui a commencé à pénétrer le domaine industriel depuis 1995 environ. Ce sigle vient de *TRansformation Induced Plasticity*, plasticité induite par transformation. L'idée de base n'est pas nouvelle : il s'agit de reproduire le comportement au formage d'un acier inoxydable austénitique tel le fameux 304 (Z10 CN 18-10) par exemple. Mais avec un acier au carbone légèrement allié, dont le prix est donc bien inférieur à celui de l'inoxydable (sa résistance à la corrosion aussi, bien sûr).

Le grand intérêt des aciers TRIP provient de la transformation continue[1], au cours de la déformation, de l'austénite résiduelle en martensite. Cette transformation progressive renforce continuellement le matériau. On peut dire qu'il y a alors deux mécanismes simultanés de renforcement : l'écrouissage classique et le durcissement par changement de phase.

1. Cette transformation ne commence pas immédiatement dès le début de la déformation plastique ; il est même possible d'ajuster ce seuil par le traitement thermique de l'acier.

La réussite métallurgique d'une telle nuance est délicate. Si l'on ne veut pas trop charger l'acier en éléments d'alliage (problèmes ultérieurs de soudabilité), il faut être capable de contrôler la stabilisation de l'austénite pour qu'elle puisse se transformer en martensite lors de la mise en forme.

On obtient les caractéristiques mécaniques suivantes :

- limite d'élasticité supérieure à 400 MPa,
- résistance allant de 600 à 900 MPa,
- allongement à rupture compris entre 20 et 30 %,
- coefficient d'écrouissage qui peut atteindre 0,23 (la validité de la loi d'Hollomon est d'ailleurs discutable).

Il serait judicieux, mais ce n'est pas toujours fait, de tenir compte des spécificités des aciers TRIP pour la conception des pièces et des outillages, comme il est de mise avec les aciers inoxydables austénitiques.

En effet, ces aciers sont très bons en expansion et moins performants en rétreint : les pièces devraient donc être conçues de façon à favoriser le premier mode. D'autre part, la transformation austénite-martensite est sensible à trois facteurs :

- le mode de déformation : il est préférable, là encore de favoriser les modes expansifs[1] (traction plane et surtout expansion),
- la température : puisque l'austénite est stable à haute température, il est favorable de la déstabiliser en abaissant la température. Des outils refroidis localement sont donc souhaitables,
- la vitesse de déformation : bien que ce soit un facteur qu'on ne prend pas souvent en compte, il peut être intéressant de la maintenir à un niveau suffisant…

Remarque

La transformation de l'austénite en martensite est exothermique. Le refroidissement des outils est donc doublement nécessaire.

On retrouve aussi, fatalement, certains inconvénients cités à propos des DP, mais amplifiés par le niveau de caractéristiques atteint. On a vu des cas où la force de serre-flan est à multiplier par trois par rapport à celle nécessaire pour emboutir un acier doux classique. Le retour élastique, l'usure des outils, sont aussi à prendre en considération.

12.6 Les aciers trempant

Avec ces aciers, le niveau de résistance sur pièce finie est encore beaucoup plus élevé que ce que nous avons vu jusqu'à maintenant : 1 500 à 1 700 MPa ! Pour arriver à ce résultat, il faut procéder à une trempe et la composition chimique est, bien entendu, ajustée en conséquence. C'est généralement une nuance de type 20MnB5 ou 30MnB5, riche en carbone, en manganèse, en chrome et dont la

1. On a vu dans la partie A que le passage d'austénite en martensite se fait avec une légère augmentation de volume. Un mode de déformation compressif comme le rétreint va donc s'opposer à la transformation tandis que l'expansion la favorisera.

trempabilité est augmentée par le bore. Une tendance actuelle est d'ajouter un peu de molybdène dont la présence augmente la ductilité (et le prix) du métal.
On constate que leur formabilité est très correcte à l'état de livraison (surtout pour le 20MnB5), le rapport R_e/R_m étant assez faible. On peut quand même redouter un certain retour élastique. Le problème majeur est néanmoins celui des déformations qui se produisent durant la trempe suivant l'emboutissage et qui peuvent nécessiter des opérations de reprise.
Une alternative élégante, l'emboutissage à chaud, de loin la plus utilisée aujourd'hui, consiste à les tremper dans l'outil même, en fin de cycle. C'est le procédé Plannja, inventé vers 1970 par une filiale du groupe sidérurgique suédois Svenkst Staal. Le métal est chauffé vers 900-950 °C, on l'emboutit et on le laisse refroidir quelques secondes dans l'outil. On profite alors de deux avantages :

– d'une part, une bonne formabilité à chaud. Il n'est cependant pas question de vouloir faire du rétreint, le métal étant simultanément trop « collant » à l'outil et trop mou pour entraîner ce qui est tenu sous serre-flan,
– d'autre part, le refroidissement dans l'outil fermé fait que le retour élastique est presque nul. C'est là un avantage considérable lorsqu'on parle de matériau atteignant de très hautes caractéristiques.

La conception des outils est spécialement adaptée ; en particulier, le serre-flan n'appuie pas directement sur la tôle mais sur des cales laissant un peu de jeu, pour éviter d'une part un frottement exagéré et, d'autre part, la trempe immédiate de l'acier situé entre serre-flan et matrice, avant que le formage ne commence car il ne serait plus alors en mesure de se plier et déplier sur le rayon de matrice et la casse serait immédiate.
Que le chauffage soit pratiqué sur la pièce finie ou durant l'emboutissage, il est nécessaire de pratiquer un dégraissage si l'on veut déposer un revêtement métallique sur la pièce finie. On emploie néanmoins de plus en plus des tôles ayant reçu un dépôt aluminium-silicium en usine et qui supportent le traitement thermique sans perdre leur protection contre la corrosion. On évite alors tous les post-traitements évoqués précédemment.
Un autre revêtement possible est constitué par une galvanisation réalisée dans un bain de zinc contenant un peu d'aluminium.
Dans tous les cas, les prescriptions concernant le chauffage des flans – température, durée de maintien, atmosphère du four – doivent être scrupuleusement respectées sous peine de grandes difficultés.
Un traitement thermique de détensionnement peut parfois être nécessaire pour certaines applications faisant subir des chocs à la pièce, comme par exemple pour les pièces de travail du sol (genre soc de charrue en TAC).
Il existe aussi un faible risque de rupture différée dû au très haut niveau de caractéristiques obtenues.
Signalons que des études très poussées sont en cours dans le monde pour progresser dans deux directions :

– l'une est de réaliser des nuances d'acier trempant à résistance moins élevée après trempe, de façon à leur conférer une plus grande capacité de déformation en cas de choc (on s'éloigne un peu de la définition et de l'utilisation initiales),

– l'autre consiste à concevoir des outils permettant de réguler l'effet de trempe suivant les zones de la pièce. Des zones isolées et moins refroidies doivent alors permettre de créer des parties de pièces à déformation plus facile. Une application classique en serait le pied milieu d'une automobile pour lequel on souhaite que la partie inférieure se déforme plus que le reste en cas de choc latéral.

13 • REVÊTEMENTS DES TÔLES D'ACIER

En présence d'une atmosphère humide ou agressive, l'acier rouille, c'est bien connu. Pendant longtemps, les seules protections utilisées étaient la galvanisation faite après formage et assemblage (les lessiveuses d'antan, par exemple) et la peinture.

On connaissait aussi le revêtement d'étain qui, grâce à son absence de nocivité pour les êtres vivants, permet de protéger les boites de conserve. Mais les tôles étamées sont restées longtemps un produit uniquement apte au roulage et au sertissage.

On peut réellement associer la vraie percée industrielle des tôles revêtues pour emboutissage avec les déboires nés de l'utilisation du sel sur les routes enneigées, vers les années soixante. Ce traitement des routes a entraîné l'apparition d'une corrosion très rapide des voitures, corrosion de type caverneuse et perforante qui commence dans l'interface des sertis, c'est-à-dire de l'intérieur des éléments de l'automobile.

L'un des premiers remèdes trouvés a consisté à fournir des tôles dont une face était recouverte d'une peinture très riche en zinc, le Zincrométal, par exemple.

Puis se sont développés plusieurs revêtements différents à base de zinc mais aussi d'aluminium et de silicium, ces derniers remplissant d'autres fonctions (oxydation à chaud des échappements).

Il existe aussi des tôles livrées déjà peintes, qu'on appelle prépeintes ou prélaquées.

Nous allons examiner en détail les principaux revêtements déposés sur les tôles pour emboutissage.

> **Remarque**
>
> En français, le terme galvanisation désigne un procédé dans lequel du zinc liquide est déposé par immersion sur le métal. Nous donnons cette précision car en anglais le terme a une acception beaucoup plus large : toute opération de revêtement par le zinc est appelée « galvanizing ». On a alors la « hot dip galvanization » pour la galvanisation à chaud tandis que l'électrozingage s'appelle « electro-galvanization ».

13.1 Galvanisation

13.1.1 Zinc pur

C'est un revêtement connu depuis longtemps, mais il n'était appliqué autrefois que sur les pièces déjà formées.

Le dépôt de zinc sur tôle à froid[1] se fait aux environs de 460 °C dans un bac où la bande passe, maintenue en profondeur par un rouleau. Il est économiquement très intéressant d'intégrer cette opération en fin de recuit continu car on profite alors de la température à laquelle se trouve déjà la bande. La couche de zinc liquide est de mieux en mieux régulée (8 à 10 µm) par des jets laminaires d'air (voire d'azote) qui viennent repousser le surplus à la sortie du bain.

La tôle galvanisée a un aspect brillant caractéristique dû au fait que les grains de zinc sont plats (figure 13.1) avec seulement des petites « vaguelettes » qui proviennent de la solidification[2]. L'impression de la rugosité au skin-pass se fait après refroidissement du zinc solidifié et donne les creux irréguliers que l'on voit. On distingue aussi les joints de grains du zinc.

Figure 13.1 – Surface d'une tôle galvanisée

Il était autrefois nécessaire que le bain de zinc contienne du plomb mais cette addition avait l'inconvénient de rendre les joints de grains du revêtement fragiles. Des fissures se formaient donc durant le formage, pouvant entraîner des arrachements locaux du revêtement. Le plomb est maintenant strictement interdit. Depuis la fin des années quatre-vingt, il est remplacé si nécessaire par l'antimoine, ce qui supprime le risque de fissuration.

Les tôles galvanisées sont considérées comme glissant facilement dans les outils, qui ont quand même intérêt à être revêtus, de chrome le plus souvent. Les raisons de cette intéressante propriété ne sont pas encore formellement connues. Il semble qu'on puisse l'attribuer à la présence d'alumine en extrême surface du zinc, sous forme d'un film de 5 nanomètres seulement. Son mécanisme exact d'action n'est pas formellement compris et fait l'objet de recherches.

Le principal reproche fait aux tôles galvanisées est la formation de picots sur les pièces d'aspect. Les origines de ces défauts d'aspect seront examinées dans la partie C.

Les progrès réalisés en galvanisation depuis plusieurs années sont tels qu'on l'utilise maintenant couramment pour les pièces d'aspect d'une automobile. L'intérêt de la

1. La galvanisation est relativement peu pratiquée sur les tôles à chaud car elles sont en général trop épaisses pour s'accommoder des flexions imposées par le bac de galvanisation.
2. Le zinc cristallise dans le système hexagonal ; en galvanisation, les plans basaux (plans denses) sont parallèles à la surface d'acier.

galvanisation par rapport aux produits électrozingués tient à son prix relativement modéré (le zinc reste cher, mais le procédé est plus économique).

13.1.2 Galvannealed

Cet alliage de zinc contient entre 8 et 12 % de fer.

L'épaisseur autrefois difficile à contrôler des dépôts de zinc était un obstacle à l'utilisation des tôles galvanisées en automobile car son irrégularité provoquait des problèmes de soudage par points. De plus, le zinc ayant tendance à réagir avec le cuivre des électrodes obligeait à nettoyer fréquemment ces dernières (*avivage*).

Pour pallier à ces difficultés de soudage, une variante consiste à allier le zinc pour le durcir. Ceci se fait en refroidissant moins vite la bande à la sortie du bain, ce qui donne au zinc le temps de s'allier avec le fer de l'acier. Le produit obtenu porte le nom de *zinc allié* ou, en anglais, de *galvannealed.*

Le revêtement formé est constitué de plusieurs couches plus ou moins alliées, donc plus ou moins fragiles.

La figure 13.2 représente une tôle galvannealed relativement peu alliée. On distingue clairement, en surface, les bâtonnets de phase dzéta qui sont riches en zinc et donc à l'origine d'un glissement médiocre. Le fait de pousser l'alliation (température plus élevée) permet de les supprimer et d'améliorer le glissement, au détriment de la fragilité car on forme alors plus de phases fragiles.

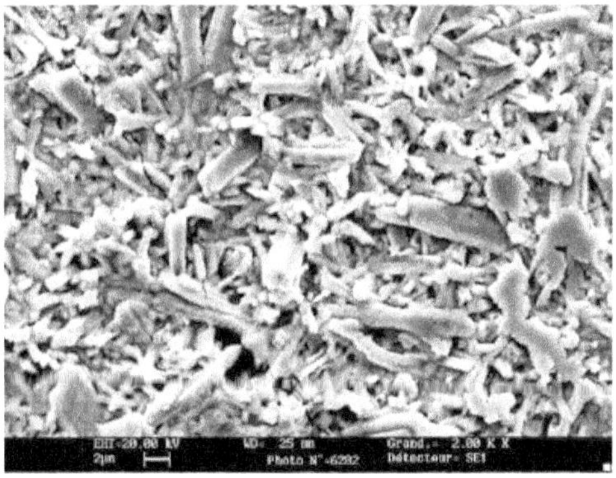

Figure 13.2 – Surface d'une tôle galvannealed

C'est l'inconvénient du produit : il faut choisir entre bon glissement et poudrage.

Signalons qu'il a existé un produit original quelquefois utilisé pour des pièces extérieures : le Monogal. Il s'agissait d'une tôle galvanisée normale dont une face était nettoyée immédiatement en sortie de bain par des brosses métalliques pour enlever le zinc. Il en restait cependant un peu, environ un micromètre d'épaisseur, qui conservait à cette face visible une bonne résistance à la corrosion cosmétique en cas de rayures. Compte tenu de la faible épaisseur de zinc, une alliation se produisait, c'est pourquoi nous signalons ici ce produit.

Il a été abandonné pour sa qualité d'aspect insuffisante.

13.1.3 Galfan

Un autre revêtement à chaud de zinc allié présente des caractéristiques très différentes : il s'agit d'un alliage à 95 % de zinc et 5 % d'aluminium, connu sous le nom de Galfan. Cet alliage est relativement dur ; il glisse de ce fait très bien, c'est l'un des revêtements de zinc ayant le meilleur comportement sur ce plan. Malgré sa dureté, il reste très formable.

De ce fait, le Galfan est souvent utilisé comme support pour les tôles prépeintes car la peinture n'a ainsi pas à supporter de grandes déformations locales.

Sa résistance à la corrosion est également excellente.

13.2 Electrodéposition de zinc

13.2.1 Zinc pur

À la fin des années soixante-dix, l'épaisseur mal contrôlée des dépôts de zinc dont nous venons de parler a fait rechercher d'autres voies de déposition. La solution retenue a été d'utiliser le dépôt électrolytique qui est d'un contrôle relativement plus aisé.

Mais on n'imaginait pas alors que le dépôt électrolytique puisse être un jour de qualité suffisante pour permettre d'obtenir le fameux aspect de surface de classe « A » exigé sur les pièces extérieures de carrosserie automobile. Les premières lignes d'électrozingage n'étaient donc destinées qu'à revêtir une face de la tôle, la face intérieure des pièces automobiles, la plus exposée à la corrosion. Les produits étaient satisfaisants sur ce point ainsi que pour le soudage, mais présentaient une forte propension au grippage (cf. partie C).

Cependant, les progrès faits sur le procédé ont permis d'envisager, dès 1985, la fabrication de tôles revêtues sur les deux faces. Tous les fabricants, sauf un, ont alors connu de profonds déboires car ces produits glissaient très mal dans les outils. Ces problèmes seront évoqués en détail dans la partie C. Aujourd'hui, on peut dire qu'ils sont quasiment éliminés par les lubrifiants ou traitements de surface actuels, sauf les cas de mélanges de lubrifiants qui restent toujours d'actualité.

On peut réguler très précisément l'épaisseur de zinc, la visée la plus courante étant 7,5 µm (± 0,1 µm).

L'aspect de surface d'une tôle électrozinguée apparaît sur la figure 13.3. Contrairement à la galvanisation à chaud qui dépose de très larges grains (attention, l'échelle n'est pas du tout la même que celle de la photo 13.1), le zingage électrolytique produit énormément de petits grains d'orientations variées[1]. C'est cette diversité d'orientation des faces qui réfléchit la lumière dans toutes les directions et donne un aspect mat à la tôle. À noter : on ne voit pas de texture de rugosité car celle-ci a été imprimée avant déposition du zinc.

1. Le zinc cristallise dans diverses positions, mais pas parallèlement à la surface de la tôle comme en galvanisation.

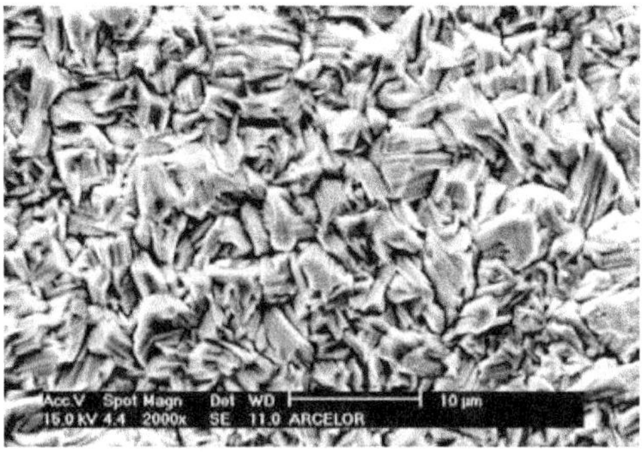

Figure 13.3 – Surface d'une tôle électrozinguée

Il existe, en gros, deux procédés d'électrodéposition : avec anodes solubles, constituées de zinc très pur qui se dépose sur la tôle et avec anodes insolubles (en plomb) qui servent à amener le courant entre la tôle et un électrolyte contenant le zinc. La différence essentielle vient alors du fait que le zinc n'est pas aussi pur car il contient des traces de plomb.

L'aspect de surface des tôles électrozinguées est très uniforme et ce revêtement reste préféré pour certaines pièces visibles de véhicules haut de gamme. Mais sa production a beaucoup diminué du fait de son prix de revient supérieur à celui de la galvanisation.

Ces tôles reçoivent parfois une préphosphatation, ce qui a tendance à diminuer le coefficient de frottement dynamique mais peut, dans certains cas, augmenter le coefficient statique (voir partie J). L'épaisseur du dépôt est faible, environ un micromètre.

13.2.2 Zinc-nickel

Il existe des variantes du procédé qui consistent, là encore, à durcir le revêtement. Nous verrons dans la partie C pourquoi un revêtement très mou se comporte moins bien en emboutissage qu'un revêtement dur. L'idée est donc d'allier le zinc.

La solution qui a connu le plus grand succès est celle qui consiste à former un alliage très dur de zinc et de nickel, beaucoup plus dur même que le métal sur lequel il est déposé. On a mesuré des duretés Vickers de 250 à 300 HV alors que l'acier doux n'est qu'à environ 80 HV. Une autre solution était d'allier le zinc au fer, mais elle n'a pas connu beaucoup d'applications pratiques du fait de sa difficulté d'obtention et d'un aspect de surface peu satisfaisant.

La dureté du revêtement élimine tous les problèmes reprochés au zinc pur, qu'il soit déposé à chaud ou par voie électrolytique : pas de « collage » de la tôle sur l'outil, pas de grippage, pas de poudrage, pas de picots. En revanche, le Zn-Ni n'étant pas ductile implique plusieurs conséquences vis-à-vis de l'emboutissage :

– il se fissure facilement mais reste très adhérent à son substrat. De ce fait il constitue sur la tôle des ilots particulièrement acérés et coupants qui usent beaucoup plus les outils que ses homologues non alliés (voir figure 13.4). Les outils doivent donc recevoir une protection, constituée le plus souvent par une nitruration superficielle,

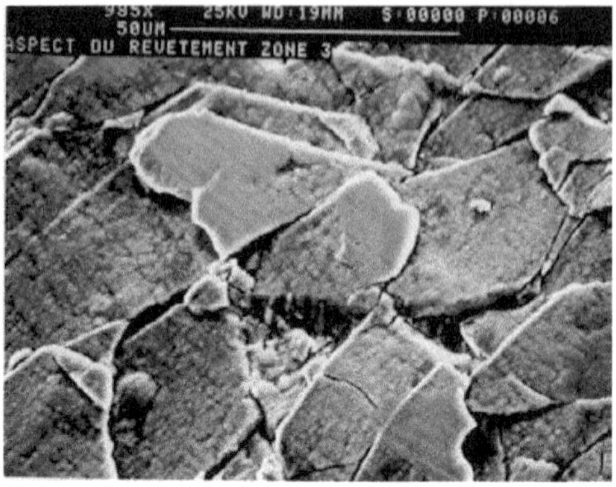

Figure 13.4 – Surface d'une tôle électrozinguée Zn-Ni, frottée durant un rétreint

– sa dureté s'oppose à sa compression latérale dans le mode rétreint. Le coefficient d'anisotropie r est donc diminué, d'une façon variable selon la direction[1] dans la tôle et la capacité de rétreint s'en trouve diminuée. La consolidation (coefficient n) diminue aussi un peu.

Mais le prix du nickel ajouté à sa mauvaise réputation sur le plan écologique ont pratiquement éliminé le revêtement zinc-nickel de ses utilisations courantes.

13.3 Dépôts à base d'aluminium

Les dépôts à base d'aluminium se font toujours à chaud. On trouve essentiellement de l'aluminium pur et un alliage aluminium-silicium.
Le premier sert quasi uniquement à revêtir les tuyaux de poêle, pièces qui sont seulement roulées et pliées, mais pas embouties. Nous ne nous y intéresserons pas.

13.3.1 Aluminium-silicium

Le revêtement aluminium-silicium, couramment dénommé Alusi, Alugal, contient environ 10 % de silicium et a un excellent comportement aux hautes températures. Il est, pour cette raison, utilisé dans de nombreux appareils de chauffage et dans la partie secondaire des systèmes d'échappement des moteurs thermiques, mais pas pour la première partie qui chauffe trop (elle atteint le rouge en service intensif).
Bien qu'un peu dur et fragile, ce revêtement permet quand même des déformations relativement sévères et l'on emboutit ainsi des brûleurs, des pots d'échappement, etc.

13.3.2 Aluminium-zinc

Ce sont des alliages d'aluminium à 45 % de zinc et 1,5 de silicium, connus sous plusieurs noms, entre autres Galvalume, Aluzinc, Algafort, Zalutite...
Ces revêtements offrent une très bonne protection contre la corrosion atmosphérique et sont de ce fait surtout employés dans le bâtiment. Ils glissent malheureusement

1. Expliquer pourquoi la variation de r dépend de la direction sort du cadre de ce livre.

assez mal, ayant une forte tendance au grippage, ce qui fait qu'ils se prêtent plus au pliage ou au profilage qu'à l'emboutissage proprement dit. Nous les citons surtout pour être assez complets en ce qui concerne les revêtements métalliques.

13.4 Dépôts d'étain et de chrome

Les tôles recouvertes d'étain portent le nom de *fer blanc* et si nous incluons dans cette même catégorie les *fers chromés*, appelés ECCS en anglais[1] (*Electrolytic Chromium Coated Steel*), c'est que les deux produits sont utilisés dans l'emballage métallique. Ils ont tous deux l'avantage d'être très bien supportés par le corps humain et les animaux et peuvent donc servir à l'emballage alimentaire. L'étain étant un métal très cher, le chrome est utilisé chaque fois que le premier n'est pas indispensable, c'est-à-dire essentiellement quand les conditions de mise en forme ne sont pas trop sévères et que le soudage n'est pas indispensable.

13.4.1 Tôles étamées

Le fer blanc est connu et utilisé de longue date ; cependant, son usage industriel s'est essentiellement développé depuis la découverte en 1795 par Nicolas Appert des vertus de la stérilisation[2] qui conduisit à l'invention des boîtes de conserve vers 1850.

L'étain peut être déposé à chaud ou par voie électrolytique, et doit ensuite être refondu pour avoir un aspect lisse et brillant, puis passivé, ce qui augmente sa résistance à la corrosion. L'épaisseur est très faible, entre 0,5 et 1,5 µm. Il est ensuite systématiquement recouvert d'un vernis qui augmente d'une part la résistance à la corrosion et réduit, d'autre part, le coefficient de frottement.

Notons que pour les boîtes boisson, qui sont repassées après emboutissage (voir partie G), l'étain n'est pas refondu. Il y en a deux fois plus à l'extérieur qu'à l'intérieur du récipient.

On considère que la rugosité du dépôt électrolytique joue un rôle dans l'entraînement du lubrifiant.

13.4.2 Tôles chromées

Le chrome est également déposé par voie électrolytique, mais l'épaisseur est encore beaucoup plus faible : quelques centièmes de micromètre !

Le fer chromé n'est pas soudable par les procédés classiques. Il ne peut donc pas être utilisé pour les boîtes dites « trois pièces » (dont le corps est roulé puis soudé sur toute sa longueur). Par ailleurs, c'est un revêtement très abrasif qui doit systématiquement être protégé par un vernis ou un polymère.

L'adhérence de ces produits est excellente mais des précautions doivent être prises vis-à-vis de sa tendance à la fissuration, surtout en traction plane (nervurage des boîtes).

---

1. On trouve aussi l'appellation plus ancienne de TFS : *Tin Free Steel.*
2. Il utilisait à l'époque des récipients en verre.

13.5 Revêtements complémentaires

On peut être amené, pour améliorer certaines propriétés des revêtements métalliques, à superposer une protection supplémentaire qui peut se présenter sous trois formes : soit une préphosphatation, soit un film organique mince, soit ce qu'on appelle un post-traitement.

13.5.1 Préphosphatation

Il s'agit, comme l'indique son nom, d'une phosphatation préliminaire très mince (environ un micromètre d'épaisseur) déposée par le sidérurgiste. Ce dépôt a deux objectifs :

– apporter une protection supplémentaire aux tôles électrozinguées durant leur transport,
– faciliter l'accrochage ultérieur des traitements de surface précédant la mise en peinture chez l'utilisateur.

Ce traitement a la réputation d'abaisser le coefficient de frottement et de le rendre plus stable. Il apparaît cependant parfois un inconvénient gênant : le coefficient de frottement dynamique est bien effectivement diminué mais le coefficient statique peut être augmenté. L'auteur n'est pas en mesure de dire quelle est la fréquence d'apparition de ce désagrément, ni sa cause, car il n'y a été que rarement confronté (il pourrait s'agir d'une incompatibilité avec le lubrifiant).

Mais son identification est facile : le métal tarde à glisser sous le serre-flan et la tension peut devenir telle que la rupture se produit de façon très précoce, sur tout le pourtour de la pièce et pour une très faible profondeur, exactement comme si la pression de serre-flan était exagérément élevée.

Face à une telle rupture et si la tôle est préphosphatée, il faut donc immédiatement vérifier cette pression et, si elle est normale, soupçonner le traitement ou le lubrifiant.

13.5.2 Revêtements organiques minces

L'appellation de ces revêtements est abrégée en ROM. Quelques noms commerciaux sont Bonazinc, Granocoat...

Ils sont généralement déposés sur le zinc en faible épaisseur : 2 à 3 micromètres. Ils jouent le rôle de films protecteurs grâce à leur *effet barrière*. Leur souplesse est en principe suffisante pour qu'ils puissent suivre les déformations du substrat ou de son revêtement sans se déchirer. Ce sont des protections permanentes, dont la présence améliore la résistance à la corrosion et facilite les opérations ultérieures de peinture. Un ROM n'est donc pas éliminé après emboutissage, ce qui le différencie absolument d'un film sec qui est un lubrifiant éliminable (nous précisons cette différence car il y a souvent confusion entre les deux produits).

Ils contiennent souvent des particules de zinc ou de phosphure de fer (FeP) qui procurent une certaine conductivité à ce film, améliorant ainsi le soudage par point. Les phosphures de fer ont cependant l'inconvénient d'être très abrasifs.

Dépendant de leur composition (ajout de cires, en particulier), les ROM peuvent avoir un effet plus ou moins lubrifiant.

13.5.3 Post-traitements

Il ne s'agit plus à proprement parler d'un revêtement mais d'une couche de conversion extrêmement mince formée par réaction avec le revêtement métallique. Certains de ces traitements n'ont pour principal but que de protéger le zinc de la rouille blanche pendant son transport et son stockage mais beaucoup ont une fonction lubrifiante beaucoup plus importante. Ils permettent en effet d'isoler la surface de la tôle de celle de l'outil, et l'on verra que ceci permet d'éviter l'adhésion de l'une sur l'autre et de réduire, parfois dans de grandes proportions, le coefficient de frottement.
Mais d'autres importants avantages en résultent comme de limiter la formation de débris ou, à tout le moins, de les rendre beaucoup moins adhérents aux outils. Tout ceci sera vu plus en détail dans la partie C dédiée au contact entre la tôle et l'outil.
On peut cependant déjà noter que l'utilisation de ces post-traitements doit être préconisée en toute connaissance de cause car ils peuvent avoir une incidence sur d'autres propriétés, comme la tenue des adhésifs. Il est donc essentiel de ne décider de leur emploi qu'après étude approfondie de la gamme de fabrication et concertation avec le fournisseur.

13.6 Conclusion générale sur les revêtements

Les tôles revêtues destinées à l'emboutissage n'existent pas depuis bien longtemps ; elles résultent essentiellement de l'introduction intensive, dans les années soixante-dix, du salage des routes et de ses répercussions catastrophiques sur la longévité des automobiles.
La corrosion caverneuse qui partait de l'intérieur des sertis a été combattue par l'introduction, à partir de 1980, de tôles revêtues intérieurement de peintures riches en zinc, puis de tôles galvanisées et surtout électrozinguées sur une face. Le développement des procédés de dépose a ensuite autorisé l'utilisation d'électrozingué double face. Ceci a marqué un tournant dans le travail des emboutisseurs car ces produits ont immédiatement manifesté une aptitude très différente au glissement dans les outils. Cette difficulté a été résolue par l'utilisation de lubrifiants plus efficaces, que nous appellerons les prélubs dans la suite, ainsi que par certains post-traitements particuliers que nous examinerons aussi.
Une ère nouvelle est ainsi née, avec des produits rendus souvent plus difficiles à emboutir car plus sensibles au comportement de leur surface. Il est alors apparu que la rugosité n'était pas le paramètre important régissant cette caractéristique et que des particularités d'emploi autrefois sans conséquences, par exemple le mélange d'huiles, pouvaient avoir des conséquences catastrophiques. Cela sera traité en détail dans la partie C de l'ouvrage.
Signalons qu'une piste prometteuse pour l'application de revêtements métalliques semble être le dépôt dit PVD, qui signifie *Physical Vapour Deposition*, soit déposition en phase gazeuse. Cette technique autorise la formation de couches dont on peut, d'une part, réguler l'épaisseur avec précision et, d'autre part, la composition avec une certaine facilité. Ceci permettrait d'envisager le développement de nouveaux alliages protecteurs. Le cas du zinc-magnésium, actuellement en cours d'industrialisation, en est un exemple.

14 • NORMALISATION EUROPÉENNE DES ACIERS

Cet ouvrage, étant écrit en français, s'adresse aux utilisateurs français. Ceux-ci sont tenus de respecter les normes françaises mais surtout européennes s'ils veulent exporter, c'est pourquoi nous allons en dire quelques mots.

14.1 Généralités sur la normalisation

Il existe beaucoup de normes : le catalogue AFNOR en contient 28 000, toutes catégories confondues. Avant d'aborder l'examen des différentes catégories d'acier, il est bon de rappeler que leurs appellations normalisées ont souvent changé au cours des dernières décennies, en fonction de la progression de l'unification européenne. On est passé des normes nationales aux premières EURONORM, qui n'étaient que des recommandations, puis aux normes EN qui sont d'usage obligatoire dans la trentaine de pays adhérant au CEN[1].

La gestation de la norme définissant la façon de désigner symboliquement les aciers, appelée EN 10027-1 (1992, puis 2005), a été particulièrement longue et douloureuse. Encore les spécialistes ont-ils bien des occasions d'en discuter l'interprétation...

Ces multiples évolutions pourraient justifier un certain désintérêt des techniciens français vis-à-vis de la normalisation, mais nous craignons qu'en réalité le mal ne soit plus profond. Le français, réputé pour son esprit indépendant, éprouve généralement un sentiment négatif à l'égard de la norme, quelle qu'elle soit, dans la mesure où il la ressent comme une limitation à sa liberté. Mais soyons nets : les normes sont non seulement utiles, elles sont indispensables.

Utiles car elles simplifient les échanges techniques et commerciaux. Un très bon exemple en est l'adoption par les pays adhérant au CEN de la norme EN 10130 reconnaissant par exemple une qualité pour emboutissage profond, appelée DC04, qui remplace les qualités ES en France, St14 en Allemagne, CR1 au Royaume Uni, FeP04 en Italie, AP04 en Espagne... Le nombre de nuances qu'il fallait élaborer pour satisfaire les différentes normes nationales s'en trouve considérablement réduit, de même que le coût global de fabrication.

1. CEN : Comité européen de normalisation. Les normes EN sont non seulement d'utilisation obligatoire dans les pays constituant la CEE, mais également dans d'autres pays adhérant au CEN : Norvège, Islande, Suisse...

Indispensables aussi car, comme nous l'avons vu dans la partie A, comment pourrait-on se mettre d'accord sur les propriétés à viser si chacun utilisait des éprouvettes de traction dont il fixe la géométrie et les dimensions à sa guise ?

C'est pourquoi nous militons vigoureusement pour que la normalisation soit prise au sérieux, que référence soit faite aux qualités standardisées chaque fois qu'un impératif technique justifié ne s'y oppose pas, que les dénominations obsolètes soient abandonnées (adieu à l'acier ES, si cher aux constructeurs automobiles français) et que les unités légales soient utilisées (adieu aux capacités de presses en tonnes).

Bien entendu, on fait souvent l'objection que tout cela change trop souvent... Notre consolation est de se dire que, si une nouvelle modification intervient, ce sera cette fois au niveau mondial et, donc, la dernière.

Cette ultime étape est d'ailleurs en cours. Il faut savoir qu'il existe depuis 1991 une convention, appelé l'accord de Vienne, qui stipule que les normes ISO et EN doivent avancer de conserve, c'est-à-dire qu'à chaque révision de l'une ou de l'autre tous les efforts possibles doivent être tentés pour les homogénéiser. Ceci est déjà le cas pour beaucoup de normes. Le stade suivant est d'arriver à une seule norme et ce stade commence à apparaître[1] pour les normes d'essai sur lesquelles il est toujours plus facile de se mettre d'accord (ex. : la norme ISO EN 6892 pour l'essai de traction qui remplace la EN 10002-1).

14.2 Dénomination des aciers

On détaillera au chapitre 15 les appellations employées pour les aciers inoxydables. Pour les aciers au carbone, voici quelques indications extraites de la norme EN 10027-1. Nous ne présentons que les produits qui nous concernent le plus. Des précisions peuvent être trouvées dans les références [3 et 4].

Dans notre domaine, la première lettre d'une désignation européenne normalisée concerne l'application de la qualité considérée ; on trouve ainsi :

- D : acier pour formage à froid,
- E : acier de construction mécanique,
- H : acier à haute résistance pour formage à froid,
- P : acier pour appareil à pression,
- S : acier de construction avec garantie de résilience,
- T : fer noir, blanc ou chromé (aciers pour emballage).

La deuxième lettre, s'il y en a une, donne des indications sur l'élaboration de l'acier,

- C : acier laminé à froid,
- D : acier laminé à chaud,
- X : indéfini, acier laminé à chaud *ou* à froid,
- S : recuit sur base (aciers pour emballage),
- H : recuit continu (aciers pour emballage).

1. La plus grande résistance est à attendre de la part des américains qui ne jurent que par leurs propres normes : ASTM, AISI, etc.

Il peut y avoir une troisième lettre :
– T : indique que le nombre qui suit spécifie la résistance à la traction de la nuance[1].

Les chiffres qui suivent les lettres peuvent avoir trois significations :

– après les premières lettres H, P ou S, la limite d'élasticité minimale garantie,
– après les deuxièmes lettres D, C et X, un indice de qualité (deux chiffres),
– après la troisième lettre T, la résistance à la traction garantie, en MPa,

De plus, des indices additionnels peuvent être ajoutés après les chiffres pour préciser les conditions d'obtention ou d'utilisation :

– D pour revêtement par immersion à chaud,
– ED pour émaillage direct,
– EK pour émaillage conventionnel.

On peut ensuite trouver un signe « + » qui indique la nature du revêtement : A, AS, AZ, Z, ZA, ZE, ZF, ZN… Nous les verrons au fur et à mesure de l'examen des normes.
Pour les aciers à haute résistance (commençant par H), les chiffres sont suivis d'un indice indiquant le type de métallurgie utilisé :

– B pour les Bake Hardening,
– C pour les complex phase,
– F pour les ferrite-bainite,
– I pour les isotropes,
– LA pour les Low Alloyed (HLE au niobium),
– P pour les rephosphorés,
– T pour les TRIP,
– X pour Dual Phase,
– Y pour les aciers IF.

Comme on le voit, les choses ne sont pas très simples. Nous ne voulons cependant pas nous substituer aux normes et n'entrerons pas davantage dans les détails.
Quelques exemples seront utiles pour fixer les idées :

– DC04EK : acier laminé à froid pour formage à froid, indice de qualité 04, pour émaillage conventionnel (EK),
– DD12 : acier laminé à chaud pour formage à froid, d'indice de qualité 12,
– DX51D+Z : acier laminé à froid *ou* à chaud pour mise en forme à froid, indice de qualité 51, revêtu à chaud de zinc (galvanisé),
– HC400LA : acier laminé à froid faiblement allié (LA), de limite d'élasticité au moins égale à 400 MPa,
– HDT450F : acier ferrite-bainite laminé à chaud de résistance au moins égale à 450 MPa,
– P265B : acier pour bouteille à gaz, limite d'élasticité de 265 MPa au moins,
– S355 : acier de construction dont la limite d'élasticité est au moins de 355 MPa,
– TH550 : acier pour emballage obtenu par recuit continu, limite d'élasticité d'au moins 550 MPa.

1. Pour la gamme d'épaisseur la plus faible.

Comme on le voit, s'y retrouver dans le dédale des appellations demande une certaine habitude.

14.3 Comment s'y retrouver ?

Nous donnons en 14.4 des commentaires sur les différentes nuances d'acier au carbone existantes ainsi que sur les revêtements possibles, en essayant de suivre la normalisation au plus près. Pour qui n'est pas familier avec celle-ci, un sentiment de confusion peut, à juste titre, en ressortir. C'est pourquoi il nous a semblé utile de créer les trois tableaux qui suivent ; ils indiquent dans quelle norme trouver les informations en partant de la qualité d'acier.
Où trouver les informations en fonction de l'acier ?

Tableau 14.1 – Tôles à chaud

Définition de la nuance	Norme	Date	Lettres
Aciers doux pour emboutissage	EN 10111	Sept. 2008	DD
Aciers de construction non revêtus	EN 10025-2	Mars 2005	S et E
Aciers pour bouteilles à gaz (e < 5 mm)	EN 10120	Déc. 2008	P
HSLA non revêtus	EN 10149-2	Déc. 1995	S
THR revêtus : FB, DP, CP, MS	EN 10336	Août 2007	HDT
Acier trempant	EN 10083-3	Déc. 2006	20MnB5

Tableau 14.2 – Tôles à froid

Définition de la nuance	Norme	Date	Lettres
Aciers doux pour emboutissage	EN 10130	Avr. 2007	DC
Aciers pour émaillage	EN 10209	Nov. 1996	DC EK ou ED
Aciers HSLA non revêtus : BH, P, LA, IFHR, Isotropes	EN 10268	Mai 2007	HC
Aciers doux électrozingués (Zn pur)	EN 10152	Sept. 2003	DC
Acier doux revêtus de Zn-Ni	EN 10271	Janv. 1999	DC
THR revêtus : DP, TRIP, CP	EN 10336	Août 2007	HCT
Fer blanc et fer chromé	EN 10202	Janv. 2002	TS et TH

Tableau 14.3 – Tôles d'origine indéfinie (chaud ou froid)

Définition de la nuance	Norme	Date	Lettres
Aciers doux revêtus à chaud : Z, ZF, ZA, AZ, AS	EN 10327	Janv. 2005	DX
Aciers HLE revêtus à chaud : BH, IFHR, LA	EN10292	Juin 2007	HX
Tôles prélaquées (tous supports, TAF et TAC)	EN 10169-1	Avril 2004	

14.4 Les différentes catégories d'aciers au carbone

On peut présenter les nuances d'acier existantes de plusieurs façons. Nous avons fait le choix de les accompagner, chaque fois que possible, des caractéristiques mécaniques garanties par la norme adaptée. Cela donne une idée des performances et permet en plus de savoir où aller chercher une information plus détaillée.
Malheureusement :

– d'une part le découpage des normes est tel, actuellement encore, qu'une classification parfaitement logique n'est pas possible. Ceci nous conduit à séparer les aciers au carbone en deux grandes catégories : tôles à chaud (TAC) et tôles à froid (TAF),
– d'autre part, le plus souvent, ce sont des normes différentes qui régissent les mêmes qualités suivant qu'elles sont nues ou revêtues (de zinc, d'aluminium, etc.). Mais il existe aussi des cas où les normes de produits revêtus s'appliquent indifféremment aux TAC et aux TAF. Nous serons donc amenés à considérer une troisième catégorie de produits, assez artificielle, où l'origine de la tôle est non définie ou, parfois, mal définie.

Pour situer, dans un premier temps, les solutions métallurgiques adoptées les unes par rapport aux autres, nous utiliserons le diagramme très classique de la figure 14.1, relatif aux TAF (le même existe pour les TAC). Il se justifie par le fait que, pour une catégorie de matériau métallique donnée, la formabilité, représentée dans ce cas par l'allongement à rupture, varie normalement à l'inverse des caractéristiques de ténacité : limite d'élasticité et résistance à la traction[1].
Notons que l'on peut choisir d'autres caractéristiques. Par exemple, si l'allongement à rupture est bien un indicateur de la capacité de formage en expansion, il n'a, comme on le verra dans la partie E, aucun intérêt vis-à-vis du rétreint. Il faudrait alors lui préférer le coefficient d'anisotropie r pour tracer le diagramme, mais cette solution est rarement utilisée.
On choisit aussi très souvent la limite d'élasticité à la place de la résistance.
La forme hyperbolique de ce diagramme le fait couramment appeler *courbe en banane*, mais nous pensons plus juste de dire qu'il matérialise le fait qu'on ne peut pas avoir à la fois le beurre et l'argent du beurre : ductilité et ténacité en l'occurrence.
Ceci est vrai pour un type de métallurgie. Pour s'écarter de l'hyperbole, il faut adopter des principes métallurgiques tout à fait différents ; c'est le cas des aciers

1. Nous n'employons pas ici le terme ténacité dans le sens de résistance à la rupture fragile.

TRIP car ils subissent une transformation allotropique durant la déformation et cela pourrait être plus marqué encore pour une nuance en cours de développement, appelée TWIP (*TWinning Induced Plasticity*), un acier austénitique qui se déforme par maclage.

En partant des qualités les plus formables en expansion c'est-à-dire, en gros, celles ayant la plus basse résistance et l'allongement à rupture le plus élevé, on trouve les nuances classiques pour emboutissage (DC01 à DC05) calmées à l'aluminium, et, à l'extrême droite, les nuances à très haute formabilité (DC06 et DC07). Les aciers d'émaillage sont une classe spéciale des aciers pour emboutissage et n'apparaissent pas sur ce diagramme.

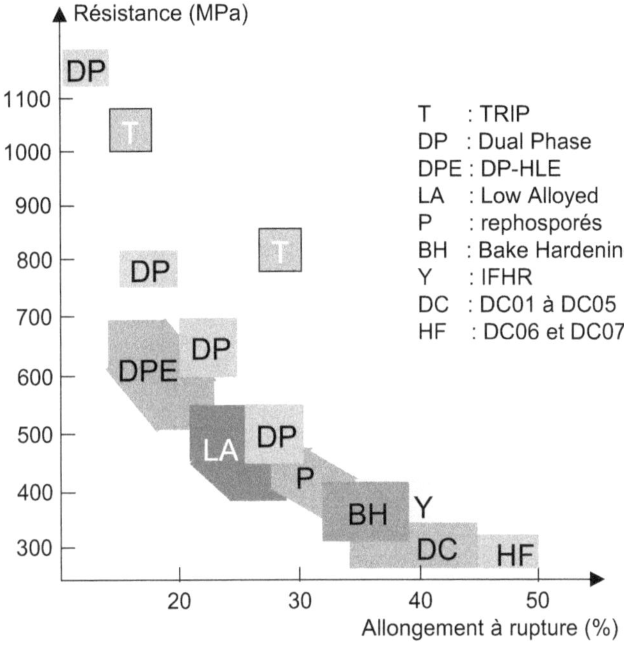

Figure 14.1 – Les différentes possibilités du couple formabilité-ténacité des tôles à froid

Montant légèrement dans l'échelle de résistance, apparaissent les aciers à Bake Hardening (BH), puis les nuances IF à haute résistance (Y) ainsi que les aciers rephosphorés (P).

Le degré de résistance supérieur est constitué par les aciers dits à haute limite d'élasticité (LA), puis les Dual Phase (DP). On note la présence d'une catégorie un peu étrange, les (DP-HLE) dont l'existence a été expliquée en 12.1.

La dernière catégorie, la plus récente, celle des aciers TRIP (T) est maintenant d'usage assez courant.

Il est une remarque qui doit être faite au sujet des caractéristiques garanties par les normes : c'est qu'elles ne sont généralement limitées que dans une direction. Donnons un exemple pour préciser cette notion.

La qualité DC05 a une limite d'élasticité garantie inférieure à 180 MPa tandis que la qualité DC01, en principe beaucoup moins formable, a une limite d'élasticité maximale de 280 MPa. Voilà deux matériaux apparemment bien différents. Mais ils n'ont pas de limite d'élasticité inférieure garantie, la norme dit seulement « que la limite d'élasticité est prise à 140 MPa pour les besoins du calcul ». De fait, il n'y a aucune garantie sur le minimum de limite d'élasticité.

Une conséquence est que rien n'interdit au sidérurgiste, sauf accord contraire à la commande, de livrer du DC05 à un client ayant commandé du DC01 car il satisfait, et bien au-delà, toutes les caractéristiques garanties. Théoriquement, seul le fabricant est perdant, sur le plan commercial, mais cela peut dans certains cas être accepté en cas d'urgence, d'indisponibilité, etc. En principe, la mise en forme ne peut pas être dégradée, mais il est possible que la stabilité de l'emboutissage le soit, si des réglages sont nécessaires pour l'adapter au produit.

Autre remarque générale : les caractéristiques garanties varient sensiblement en fonction de l'épaisseur des tôles. Il y a à cela des explications différentes en ce qui concerne les caractéristiques de ténacité (surtout la limite d'élasticité, un peu la résistance) d'une part, et l'allongement à rupture, d'autre part.

Plus une tôle est épaisse, plus son refroidissement après laminage ou traitement thermique a tendance à être lent. Cela joue sur la limite d'élasticité de deux façons :

- en laissant le temps aux grains de grossir, ce qui entraîne une diminution de la limite d'élasticité (loi de Hall-Petch, cf. 11.1),
- en réduisant l'effet de trempe, s'il y en a un, donc en diminuant la dureté.

Ceci explique pourquoi la limite d'élasticité garantie diminue quand l'épaisseur augmente.

L'influence de l'épaisseur vis-à-vis de l'allongement à rupture a une autre raison. Elle est due au fait que l'allongement de striction est plus ou moins proportionnel à la racine carrée de la section (loi de Bauschinger). Quand l'épaisseur diminue à largeur d'éprouvette constante, la section est réduite et l'allongement total aussi. Dans ce cas, ce n'est pas un effet métallurgique mais purement mécanique. Les éprouvettes proportionnelles utilisées lorsque la tôle a une épaisseur supérieure à 3 mm effacent ces différences.

Nous rappelons que pour classifier les aciers au carbone, nous avons choisi de nous référer, autant que possible, aux normes qui les régissent. Pour rendre les tableaux de caractéristiques mécaniques lisibles, nous les avons simplifiés, en éliminant une grande quantité d'annotations, de renvois, etc., dont il faut cependant tenir compte dans le cas où l'on commande de la tôle, s'il y a litige, etc. De plus, les normes évoluent et nous ne pouvons présenter que l'état de celles-ci au moment de la publication.

Il est donc hautement recommandé de ne considérer ces données que comme des indications générales et de *se référer à la norme* chaque fois que nécessaire.

Par ailleurs, on ne trouvera que :

- les nuances les plus courantes,
- pour les épaisseurs les plus classiquement utilisées en emboutissage (0,5 à 3 mm).

Lorsqu'une case contient un tiret, cela signifie qu'il n'y a pas de valeur spécifiée.

Signalons enfin que les explications qui suivent ne prennent tout leur sens que si l'on a déjà procédé à une première lecture de la partie E de l'ouvrage, qui permet de comprendre l'importance de chacune des caractéristiques mécaniques vis-à-vis des différents modes d'emboutissage.

14.5 Les tôles à chaud

14.5.1 Les aciers doux pour emboutissage

La qualité principale demandée à ces aciers est, évidemment, la formabilité, au sens le plus général. Étant laminés à chaud, ils n'ont pas une texture favorable à l'obtention d'un coefficient d'anisotropie plastique élevé : il est habituellement proche de 1, parfois même un peu inférieur.

Dans ces conditions, leur emboutissabilité va surtout dépendre de leur aptitude à la consolidation, c'est-à-dire de la valeur du coefficient d'écrouissage ou de son presque équivalent (mais variant à l'inverse), le rapport R_e/R_m.

La norme EN 10111 de septembre 2008, définit quatre qualités pour les épaisseurs allant de 1 à 11 mm.

Tableau 14.4 – Tôles à chaud en acier doux pour mise en forme

Nuance	R_{eL} (MPa)* $1 \leq e < 2$	R_{eL} (MPa)* $2 \leq e \leq 11$	R_m max (MPa)	A % mini**			
				$1 \leq e < 1{,}5$	$1{,}5 \leq e < 2$	$2 \leq e < 3$	$3 \leq e < 11$
DD11	170 à 360	170 à 340	440	22	23	24	28
DD12	170 à 340	170 à 320	420	24	25	26	30
DD13	170 à 330	170 à 310	400	27	28	29	33
DD14	170 à 310	170 à 290	380	30	31	32	36

Caractéristiques mécaniques garanties en direction travers (s'appliquent aussi au long s'il n'est pas possible de tester le travers)

* Si l'acier ne présente pas de palier, on applique les mêmes valeurs garanties à Rp0,2.

** Éprouvette n° 2 (20 x 80) pour e < 3 mm

** Éprouvette proportionnelle ($L_0 = 5{,}65\sqrt{S_0}$) pour e ≥ 3

Comme on le voit sur le tableau, la limite d'élasticité maximale diminue au fur et à mesure que le niveau de qualité s'élève, tandis que l'allongement à rupture augmente. Ces deux caractéristiques sont évidemment favorables à l'augmentation de la formabilité en traction plane ou en expansion.

On notera aussi, règle très générale, que l'allongement total augmente avec l'épaisseur comme nous l'avons vu en 5.1 de la partie A. Ceci s'applique aux trois premières classes d'épaisseur (1 à 3 mm) mais dans le cas de la dernière (3 à 11 mm) la raison est différente, c'est surtout l'usage d'une éprouvette proportionnelle (L_0 plus petit) qui fait que les allongements sont nettement supérieurs.

Les caractéristiques mécaniques sont garanties six semaines pour le DD11 et six mois pour les autres qualités. Les nuances DD12 et DD13 sont peu vieillissantes.

Pour la nuance DD14, l'ajout de titane ne suffit pas pour en faire un acier IF, tel que décrit précédemment, car la teneur est très limitée et ne fixe pas tout l'azote ni le carbone libre. Il a cependant un effet global bénéfique.

On notera que la détermination de l'aptitude au pliage n'est plus exigée (les progrès réalisés en élaboration font qu'ils sont toujours bons).

14.5.2 Les aciers pour émaillage

Les tôles à chaud pour émaillage ne sont pas normalisées mais plusieurs sidérurgistes en fabriquent cependant. Elles sont destinées essentiellement à la fabrication de réservoirs sous pression, les boilers ou chauffe-eau électriques (encore appelés cumulus) et, dans une moindre mesure, à des panneaux ou des structures émaillées.

Ces tôles ont subi un cycle de fabrication qui garantit l'absence d'ennuis dus à l'émaillage comme vu en 10.2.

Comme nous l'avons expliqué en 11.6, il existe aussi des tôles pour émaillage renitrurées. Elles ne sont pas normalisées non plus.

Tableau 14.5 – Tôles à chaud pour emaillage (valeurs indicatives)

R_{eH} mini (MPa)	R_m (MPa)	A_{80} % mini
250	360-450	26
280	410-510	24
310	430-550	23

14.5.3 Les aciers de construction

Comme l'indique leur nom, ces aciers sont avant tout conçus en fonction de leur usage : la construction métallique. C'est pourquoi, contrairement à ceux que nous venons de voir, ils sont caractérisés par une limite d'élasticité minimale (qui garantit en principe leur indéformabilité permanente aux contraintes inférieures[1]) tandis que leur formabilité devient une caractéristique un peu secondaire.

Ils n'en sont pas moins formables pour la plupart, cette propriété diminuant en fonction de l'augmentation de la limite d'élasticité garantie comme le montre le tableau suivant. Avec la nuance la plus douce, S235, on peut fabriquer des pièces de forme complexe, comme par exemple des voiles de roues d'automobile. Les nuances supérieures s'emboutissent moins facilement et sont plutôt utilisées pour des pièces mécaniques, de châssis, de réservoirs sous pression limitée…

Nous avons sélectionné dans la norme EN 10025-2 de mars 2005 les nuances qui ne comportent pas de garantie de résistance au choc car c'est une propriété rarement exigée sur des pièces embouties.

1. Nous disons en principe car, comme expliqué au sujet des aciers renitrurés, des phénomènes de microplasticité peuvent apparaître bien en dessous de la limite d'élasticité garantie. Ils restent cependant suffisamment limités pour qu'il n'en soit pas tenu compte dans la plupart des cas.

Tableau 14.6 – Tôles à chaud en acier de construction

Nuance	R_{eH} mini (MPa)	R_m (MPa)		À % mini	
		e < 3 mm	e ≥ 3 mm	e < 2 mm	2 ≤ e ≤ 3 mm
S185	185	310 à 540	290 à 510	8 à 10	11 à 12
E295	295	490 à 660	470 à 610	10 à 12	13 à 14
E335	335	590 à 770	570 à 710	6 à 8	9 à 10

Caractéristiques mécaniques garanties en direction transverse (sauf impossibilité)
Éprouvette n° 2 (20 x 80) pour e < 3 mm
Éprouvette proportionnelle ($L0 = 5{,}65\sqrt{So}$) pour e ≥ 3 mm

14.5.4 Les aciers pour bouteilles à gaz

Cette catégorie se caractérise par des propriétés d'emploi garanties assurant la sécurité des pièces formées, telles que limite d'élasticité, soudabilité et résistance à la rupture fragile. Le choix de la nuance est fait en fonction des conditions d'emploi, l'emboutisseur n'y intervient généralement pas. Les deux nuances supérieures ne peuvent subir que du formage léger, roulage par exemple.
Nous reproduisons ci-dessous une partie de la norme EN 10120 de décembre 2008.

Tableau 14.7 – Tôles à chaud pour bouteilles à gaz

Nuance	R_{eH} mini (MPa)	R_m (MPa)	A % mini	
			e < 3 mm	3 ≤ e ≤ 5 mm
P245NB	245	360 à 450	26	34
P265NB	265	410 à 500	24	32
P310NB	310	460 à 550	21	28
P355NB	355	510 à 620	19	24

Caractéristiques mécaniques garanties en direction travers
Éprouvette n° 2 (20 x 80) pour e < 3 mm
Éprouvette proportionnelle ($Lo = 5{,}65\sqrt{So}$) pour 3 ≤ e

14.5.5 Les aciers à dispersoïdes (HSLA)

Ces aciers ne sont pas des produits très nouveaux puisque le début de leur industrialisation date des années 70 mais ils représentent encore une part non négligeable des nuances à hautes caractéristiques utilisées tant en automobile que dans tous les autres domaines : mécanique, biens d'équipement, cycles, etc.

Ils ont des caractéristiques honnêtes qui les font utiliser intensivement pour des pièces de structure, mais leur faible consolidation (n vaut de 0,10 à 0,15 selon les nuances) et leur faible allongement à rupture ne les prédisposent pas à de grandes performances en expansion. Ils ne sont pas bons, non plus, en rétreint (r est en général inférieur à 1).

On notera que le test de pliage est obligatoire dans ce cas. La valeur 0,5 t signifie que la tôle doit pouvoir être pliée complètement (180°) sur une cale ayant sa demi-épaisseur.

Les aciers HSLA en tôle à chaud sont définis par la norme EN 10149-2 de décembre 1995. Finalement, ce sont essentiellement leurs qualités d'usage qui les font adopter. Il existe des grades supérieurs (jusqu'à S700MC) mais qui ne sont plus emboutissables.

Tableau 14.8 – Tôles à chaud en acier à haute limite d'elasticité

Nuance	R_{eH} min (MPa)	R_m (MPa)	À mini (%)		Pliage à 180°
			e < 3 mm	e ≥ 3 mm	
S315MC	315	390 à 510	20	24	0 t
S355MC	355	430 à 550	19	23	0,5 t
S420MC	420	480 à 620	16	19	0,5 t
S460MC	460	520 à 670	14	17	1 t
S500MC	500	550 à 700	12	14	1 t

Caractéristiques mécaniques garanties en direction longitudinale, sauf pour le pliage

Éprouvette n° 2 (20 x 80) pour e < 3 mm

Éprouvette proportionnelle ($L0 = 5{,}65 \sqrt{So}$) pour e ≥ 3

14.5.6 Les aciers double phase (DP)

Ces aciers sont assez largement utilisés pour les pièces de structure, notamment du fait de leur excellent compromis entre résistance et ductilité qui les rend particulièrement aptes à l'absorption d'énergie. Leur très bonne tenue en fatigue les prédispose aussi à la réalisation des voiles de roues, pièces de sécurité fortement exposées à cette sollicitation. Ils ont permis d'obtenir, dans ce domaine, des allégements considérables.

La norme EN 10336 d'août 2007 ne présente qu'une seule nuance de DP en tôle à chaud et seulement à l'état revêtu, soit électrolytiquement, soit par immersion (ce sont évidemment les états les plus utilisés).

Les caractéristiques garanties sont indépendantes du revêtement. On notera qu'une valeur de BH2 supérieure à 30 MPa est garantie. Elle est souvent plus forte sur produit.

Tableau 14.9 – Tôle à chaud en acier double phase

Nuance	$R_{p0,2}$ (MPa)	R_m (MPa) mini	A_{80} (%) mini	Coefficient n mini
HDT580X	330 à 460	580	19	0,13

Caractéristiques mécaniques garanties en direction transversale

14.5.7 Les aciers ferrite-bainite

Ces aciers n'existent qu'en version laminée à chaud.

Ce sont des aciers à grain fin durcis par la présence d'une phase bainitique finement dispersée. Ils remplacent les aciers HSLA dans les applications nécessitant une bonne formabilité (particulièrement l'expansion de trou) et une résistance supérieure en fatigue. Ils apparaissent par exemple dans la fabrication des disques de roues automobiles.

Ils sont définis par la norme EN10336 d'août 2007 (à l'état revêtu seulement).

Tableau 14.10 – Tôle à chaud en acier ferrite-bainite

Nuance	$R_{p0,2}$ (MPa)	R_m (MPa) min.	A_{80} (%) min.	Coefficient n mini
HDT450F	320 à 420	450	23	–
HDT560F	460 à 570	560	16	–

Caractéristiques mécaniques garanties en direction longitudinale

14.5.8 Les aciers phases complexes

Comme les précédents, ils n'existent qu'en tôle à chaud.

Ils contiennent, en plus de la bainite, de la martensite et de l'austénite résiduelle. Comme nous l'avons déjà dit, il est nécessaire de faire appel à un spécialiste pour avoir le meilleur choix parmi les possibilités offertes par cette catégorie d'aciers.

Ils offrent de très hautes caractéristiques et sont utilisés pour des pièces de structure ou des renforts. La norme EN 10336 d'août 2007 en définit trois nuances.

Tableau 14.11 – Tôle à chaud en acier phases complexes

Nuance	$R_{p0,2}$ (MPa)	R_m (MPa) min.	A_{80} (%) min.	Coefficient n mini
HDT750C	620 à 760	750	10	–
HDT780C	680 à 830	780	10	–
HDT950C	720 à 920	950	9	–

Caractéristiques mécaniques garanties en direction longitudinale

14.5.9 Les aciers martensitiques

Ce sont uniquement des aciers laminés à chaud. Une seule nuance est normalisée par la même norme EN 10336.
L'allongement à rupture est faible, et ne permet pas vraiment le formage.

Tableau 14.12 – Tôle à chaud en acier martensitique

Nuance	$R_{p0,2}$ (MPa)	R_m (MPa) min.	A_{80} (%) min.	Coefficient n mini
HDT1200M	900 à 1150	1200	5	–

Caractéristiques mécaniques garanties en direction longitudinale

14.5.10 Les aciers trempant

Ce sont des aciers qui doivent répondre d'une façon reproductible aux traitements thermiques (trempe et revenu). Pour cette raison, ils ne sont pas normalisés d'après leurs caractéristiques mécaniques, comme toutes les autres nuances qui nous intéressent, mais d'après leur composition chimique. Celle-ci est fixée dans des limites serrées pour obtenir cette répétabilité de la réponse au traitement thermique. Nous n'aborderons pas cet aspect purement métallurgique.
Il existe deux nuances : 20MnB5 et 30MnB, mais la seconde n'est pas vraiment utilisée en emboutissage compte tenu de sa formabilité limitée. Bien que ce ne soit pas la méthode généralement utilisée, le 20MnB se forme raisonnablement bien à froid.
Ces nuances sont régies par la norme EN 10083-3 de décembre 2006. Le tableau ci-dessous donne quelques caractéristiques typiques à l'état de livraison.

Tableau 14.13 – Tôle à chaud en acier trempant

Nuance	R_e (MPa)	R_m (MPa)
20MnB5	350 à 550	500 à 700

14.6 Les tôles à froid

14.6.1 Les aciers doux pour emboutissage

C'est certainement la catégorie de tôles la plus utilisée en emboutissage, que ce soit en automobile, dans l'électroménager, dans l'industrie des équipements sanitaires ou en mécanique.

■ **Tôles non revêtues**

Il existe six qualités définies par la norme EN 10130 d'avril 2007, mais les sidérurgistes produisent généralement aussi des nuances plus sophistiquées pour élargir la gamme et permettre les emboutissages les plus difficiles, comme ceux des côtés de caisse automobiles.

Tableau 14.14 – Tôle à froid nue pour emboutissage

Nuance	Re_{max} (MPa)	R_m (MPa)	A_{80} % mini	r_{90} mini	n_{90} mini
DC01	280	270 à 410	28	–	–
DC03	240	270 à 370	34	1,3	–
DC04	210	270 à 350	38	1,6	0,180
DC05	180	270 à 330	40	1,9	0,200
DC06	170	270 à 330	41	2,1	0,220
DC07	150	250 à 310	44	2,5	0,230

Caractéristiques mécaniques garanties en direction travers (sauf impossibilité)

Il n'existe pas de qualité DC02. Les qualités DC06 et DC07 doivent obligatoirement être sans interstitiels libres (IF), l'azote et le carbone doivent être entièrement fixés par le titane ou, parfois, par le niobium.[1]

■ Aciers doux électrozingués

Un symbole additionnel, « +ZE » indique la nature du revêtement.
La norme EN 10152 de septembre 2003 reprend les qualités de la 10130 mais tient compte du passage sur la ligne d'électrozingage en augmentant un peu la limite d'élasticité et en diminuant l'allongement garanti ainsi que les valeurs de n pour les qualités supérieures. Ceci résulte de la nécessité d'appliquer sur la bande, durant l'électrozingage, une tension non négligeable qui écrouit un peu les nuances les plus douces. C'est pour la même raison qu'il n'existe pas de qualité DC07.

Tableau 14.15 – Tôle à froid électrozinguée pour emboutissage

Nuance	R_e (MPa)	R_m (MPa)	A_{80} % min.	r_{90} min.	n_{90} mini
DC01+ZE	140 à 280	270 à 410	28	–	–
DC03+ZE	140 à 240	270 à 370	34	1,3	–
DC04+ZE	140 à 220	270 à 350	37	1,6	≥ 0,160
DC05+ZE	140 à 190	270 à 330	39	1,9	≥ 0,190
DC06+ZE	120 à 190	270 à 350	37	$r_m \geq 1,8$	$n_m \geq 0,200$

Caractéristiques mécaniques garanties en direction travers.
Les contraintes sont calculées en faisant abstraction de l'épaisseur de zinc.

1. Attention : le niobium a dans ce cas pour fonction d'adoucir le métal, alors qu'il a plus couramment celle de le durcir (cf. les aciers HSLA). L'effet métallurgique dépend du dosage.

■ **Aciers doux revêtus de zinc-nickel électrolytique**

La norme EN 10271 de janvier 1999 définit cinq nuances.

Tableau 14.16 – Tôle à froid revêtue Zn-Ni pour emboutissage

Nuance	R_e maxi (MPa)	R_m (MPa)	A_{80} % mini	r_{90} mini	n_{90} mini
DC01+ZN	280	270-410	28	–	–
DC03+ZN	240	270-370	34	≥ 1,2	–
DC04+ZN	220	270-350	36	≥ 1,4	≥ 0,160
DC05+ZN	190	270-330	38	≥ 1,6	≥ 0,180
DC06+ZN	190	270-350	37	r_m ≥ 1,6	n_m ≥ 0,190

Caractéristiques mécaniques garanties en direction travers pour les revêtements ayant deux faces identiques.

On remarque que les valeurs de r et de n sont encore diminuées, du fait de la dureté du revêtement. Le revêtement de zinc-nickel n'est pratiquement plus utilisé en raison de l'impact écologique négatif du nickel.

14.6.2 Les aciers d'émaillage

On peut dire que les aciers d'émaillage sont un matériau dont l'élaboration est délicate, raison pour laquelle il y a d'ailleurs peu de producteurs. Ces aciers font l'objet de la norme EN 10209 de novembre 1996 qui définit six qualités : trois pour émaillage conventionnel (indice EK) et trois pour émaillage direct (indice ED).

Les qualités pour émaillage direct DC03ED et DC04ED sont décarburées en bobines. Elles ont des joints de grains très purs qui peuvent leur conférer une certaine fragilité dans les zones en très fort rétreint.

Les qualités DC06 EK et ED contiennent du titane, elles ne sont pas vieillissantes et ont une forte capacité de formage.

Tableau 14.17 – Tôle à froid pour emaillage

Nuance	R_{eL} ou $R_{p0,2}$ maxi (MPa)	R_m (MPa)	A_{80} mini (%)	r_{90} mini
DC01EK	270	270-390	30	–
DC04EK	220	270-350	36	–
DC06EK	190	270-350	38	1,6
DC03ED	240	270-370	34	–
DC04ED	210	270-350	38	–
DC06ED	190	270-350	38	1,6

Caractéristiques mécaniques garanties en direction travers. Éprouvette n° 2 (20 x 80).

On notera que cette norme est basée sur la norme NF EN 10130 définissant les aciers doux pour emboutissage mais avec des caractéristiques légèrement moins favorables. C'est la conséquence de l'endommagement volontaire dont nous avons dit la nécessité en 10.2.

14.6.3 Les aciers à haute limite d'élasticité (HSLA)

Comme pour les TAC, ce sont des aciers à dispersoïdes, le plus souvent au niobium. Les caractéristiques sont assez semblables à celles des TAC, mais la limite d'élasticité maximale garantie est plus faible, 420 au lieu de 700 MPa, ceci venant du fait qu'il devient difficile de laminer à froid ces nuances trop « raides ».
On peut faire les mêmes remarques sur leur formabilité : elle est honnête et permet des formes assez compliquées pour les nuances les plus douces, mais n'est jamais bien adaptée à l'emboutissage en rétreint (coefficient d'anisotropie trop faible).
La norme EN 10268 de mai 2007 prévoit cinq qualités. Le symbole LA qui caractérise ces aciers vient de l'anglais : Low Alloyed. Toutes les qualités peuvent être pliées à bloc, sauf les deux plus fortes pour lesquelles le pliage est garanti pour 0,5 e.

Tableau 14.18 – Tôle à froid non revêtue en acier micro-allié

Nuance	R_{eH} ou $R_{p0,2}$ (MPa)	R_m mini (MPa)	A_{80} (%) mini
HC260LA	260 à 330	350 à 430	26
HC300LA	300 à 380	380 à 480	23
HC340LA	340 à 420	410 à 510	21
HC380LA	380 à 480	440 à 560	19
HC420LA	420 à 520	470 à 590	17

Caractéristiques mécaniques garanties en direction transversale.
La limite d'élasticité R_e correspond à $R_{p0,2}$ si le métal ne présente pas de palier et à R_{eL} s'il en présente un.

14.6.4 Les aciers à Bake Hardening

La norme EN 10268 de mai 2007 ne porte que sur les nuances non revêtues. La valeur de BH2 est de 35 MPa au moins pour les quatre qualités.

Tableau 14.19 – Tôle à froid non revêtue en acier a Bake Hardening

Nuance	$R_{p0,2}$ (MPa)	R_m (MPa)	A_{80} (%) mini	r_{90} mini	n_{90} mini
HC180B	180-230	300-360	34	1,6	0,17
HC220B	220-270	320-440	32	1,5	0,16
HC260B	260-320	360-440	29	–	–
HC300B	300-360	400-480	26	–	–

Caractéristiques mécaniques garanties en direction travers.
En cas de palier, la valeur de limite d'élasticité s'applique à ReL

14.6.5 Les aciers rephosphorés

Comme on l'a vu, l'addition de phosphore permet d'augmenter les caractéristiques de l'acier sans trop modifier sa texture, donc le coefficient d'anisotropie. On utilise par conséquent cet élément d'alliage pour fabriquer des nuances ayant de plus fortes caractéristiques mécaniques que les aciers doux d'emboutissage classiques tout en conservant une formabilité assez proche, particulièrement en rétreint.

Ces aciers sont beaucoup utilisés pour des pièces de peau difficiles et soumises à l'indentation en service (chocs de caddies, de vélos, etc.) Beaucoup de portes et de capots d'automobiles sont ainsi réalisés en acier rephosphoré. Le choix entre acier rephosphoré et acier à BH pour ces applications dépend essentiellement des habitudes et convictions du constructeur automobile.

À l'état non revêtu, les aciers rephosphorés font l'objet de la norme EN 10268 de mai 2007).

Tableau 14.20 – Tôle à froid non revêtue en acier rephosphoré

Nuance	R_e (MPa)	R_m (MPa)	A_{80} (%) mini	r_{90} mini	n_{90} mini
HC180P	180 à 230	280 à 360	34	1,6	0,17
HC220P	220 à 270	320 à 440	32	1,3	0,16
HC260P	260 à 310	360 à 440	29	–	–
HC300P	300 à 360	400 à 480	26	–	–

Caractéristiques mécaniques garanties en direction travers.
Éprouvette n° 2 (20 x 80).

14.6.6 Les aciers IF à haute résistance

On les appelle IFHR, bien qu'ils soient classés dans les aciers à haute limite d'élasticité. La base est, bien entendu, un acier IF (cf. 10.3) mais qui est renforcé par des éléments en solution de substitution : essentiellement phosphore ou silicium (ils ont le grand avantage de ne pas trop diminuer la formabilité, comme on l'a déjà vu à propos des aciers rephosphorés).

On conserve ainsi partiellement les propriétés des aciers IF, en particulier bonne consolidation et coefficient d'anisotropie élevé, tout en augmentant sensiblement les caractéristiques mécaniques. Ces aciers sont donc très formables compte tenu de leurs caractéristiques de ténacité. Comme pour les IF, et encore plus, des précautions sont prises pour éviter la rupture fragile.

Malheureusement, le coût d'élaboration de ces aciers est assez élevé, ce qui en limite l'emploi.

La norme EN 10268 de mai 2007 définit trois nuances non revêtues.

La normalisation des nuances revêtues ressort de la norme EN 10292 de novembre 2000. Il n'y a que de légères différences portant sur l'allongement (un peu réduit du fait de la présence des revêtements).

Tableau 14.21 – Tôle à froid non revêtue en acier IF haute résistance

Nuance	R_e (MPa)	R_m (MPa)	A_{80} (%) mini	r_{90} mini	n_{90} mini
HC180Y	180 à 230	340-400	36	1,7	0,19
HC220Y	220 à 270	350-420	34	1,6	0,18
HC260Y	260 à 320	380-440	32	1,4	0,17

Caractéristiques mécaniques garanties en direction travers.

Même remarque que précédemment en ce qui concerne les caractéristiques garanties indiquées ci-dessus. Consulter la norme pour entrer dans les détails.

14.6.7 Les aciers isotropes

Ils sont eux aussi régis par la norme EN 10268 de mai 2007 définissant trois nuances.

Tableau 14.22 – Tôle à froid en acier isotrope

Nuance	R_e (MPa)	R_m (MPa)	A_{80} (%) mini	r_{90} max	n_{90} mini
HC220I	220 à 270	300 à 380	34	1,4	0,18
HC260I	260 à 320	320 à 400	32	1,4	0,17
HC300I	300 à 350	340 à 440	30	1,4	0,16

Caractéristiques mécaniques garanties en direction travers.

On notera, point important, que le coefficient d'anisotropie est maintenant garanti inférieur à 1,4, ceci pour assurer du caractère anisotrope de ces aciers.

14.6.8 Les aciers Dual Phase

En tôles à froid, les aciers Dual Phase sont utilisés à grande échelle pour les pièces de structure comme on va le voir.

La figure 14.2 montre l'exemple d'une telle pièce réalisée en DP600 sur laquelle des éprouvettes de traction ont été prélevées aux endroits repérés en blanc. On observe que la limite d'élasticité est très fortement augmentée – jusqu'à 650 MPa – particulièrement dans les murs de la pièce. Cela résulte de la forte consolidation de ces aciers.

On a vu cependant que quelques difficultés rendent parfois délicate leur utilisation.

Une première difficulté, évidente, est que la capacité des presses doit être en rapport avec les limites d'écoulement atteintes. Il faut couramment avoir une capacité supérieure de 20 à 40 %.

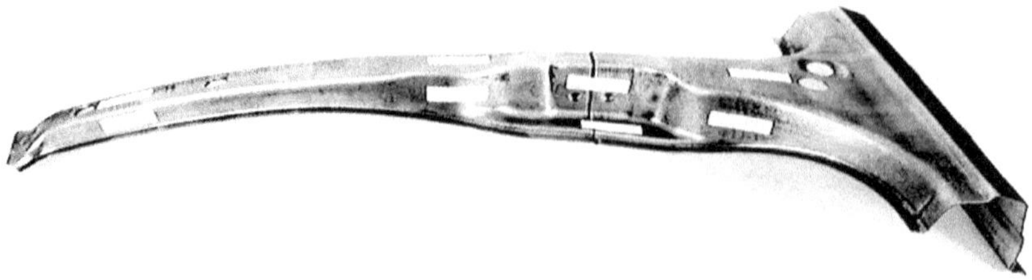

Figure 14.2 – Pièce emboutie en DP600

La dureté supérieure de ces aciers entraîne aussi une usure plus rapide des outils. Il faut la prendre en compte et accepter l'obligation de recouvrir ceux-ci avec des revêtements adaptés (TiN, TiCN, etc.)

Enfin, de sérieuses difficultés résultent du retour élastique, ce qui est vrai de tous les aciers à hautes caractéristiques. C'est, d'ailleurs, physiquement inévitable.

Il est possible que les DP permettent à l'avenir une nouvelle vague d'allégement car on tente actuellement de faire des pièces de robe avec les nuances les plus douces (DP450 ou 500). Notons cependant que la diminution de l'épaisseur des pièces de peau n'est pas, en fait, limitée par les caractéristiques mécaniques du matériau mais par la rigidité. Celle-ci est fortement réduite quand on diminue trop l'épaisseur et on s'expose alors à l'apparition de phénomènes vibratoires inacceptables.

En tôles à froid, les DP font l'objet de la norme EN 10336 d'Août 2007 pour les tôles galvanisées. Les tôles nues ne sont pas encore normalisées (ce sera l'objet de la future norme EN 10338).

Tableau 14.23 – Tôle à froid en acier double phase galvanisé

Nuance	$R_{p0,2}$ (MPa)	R_m min. (MPa)	A_{80} % min.	n min.
HCT450X	260 à 340	450	27	0,16
HCT500X	300 à 380	500	23	0,15
HCT600X	340 à 420	600	20	0,14
HCT780X	450 à 560	780	14	–
HCT980X	600 à 750	980	10	–

Caractéristiques mécaniques garanties en direction travers.

Signalons que les aciers DP présentent un effet BH2 important, garanti supérieur à 30 MPa mais souvent beaucoup plus élevé dans la pratique (jusqu'à 80 MPa).

14.6.9 Les aciers TRIP

Il s'agit là d'une nouvelle classe d'aciers dont les performances sont très adaptées aux pièces de structure. Ils ont une teneur en carbone assez élevée (0,2-0,3 % C) et de relativement fortes additions de silicium pour stabiliser l'austénite.

Comme les aciers inoxydables auxquels ils empruntent le mode de durcissement, ils se prêtent plus particulièrement au formage dans le mode expansion.

Leurs caractéristiques mécaniques élevées après emboutissage les prédisposent particulièrement à l'utilisation dans les pièces de structure devant absorber de l'énergie en cas de choc. Ils sont capables d'un fort durcissement à la cuisson de la peinture.

La norme EN 10336 définit deux nuances.

Tableau 14.24 – Tôle à froid en acier trip

Nuance	$R_{p0,2}$ (MPa)	R_m min. (MPa)	A_{80} % min.	n min.
HCT690T	430 à 550	690	23	0,18
HCT780T	470 à 600	780	21	0,16

Caractéristiques mécaniques garanties en direction travers.

14.6.10 Les aciers phases complexes

La norme 10336 définit aussi trois nuances revêtues.

Tableau 14.25 – Tôle à froid en acier phases complexes

Nuance	$R_{p0,2}$ (MPa)	R_m min. (MPa)	A_{80} % min.
HCT600C	350 à 500	600	16
HCT780C	500 à 700	780	10
HCT980C	700 à 900	980	7

Caractéristiques mécaniques garanties en direction travers.

Ces aciers ont également du bake hardening (BH2 ≥ 30 MPa).

14.6.11 Les aciers trempant

Les mêmes nuances que celles vues à propos des tôles à chaud peuvent être employées dans les épaisseurs plus fines laminées à froid, mais c'est encore le 20MnB5 qui est le plus utilisé, essentiellement pour l'automobile.

On forme ainsi des pièces destinées à éviter la déformation lors des chocs de l'avant ou de l'arrière du véhicule (renforts de pare-chocs) ou du côté (bavolet, renfort de pied milieu, barre anti-intrusion). C'est une application en constante progression depuis plusieurs années. Il existe au jour de la publication presque une centaine de lignes de formage dans le monde.

On parle de ligne car le chauffage au-dessus de 900 °C nécessite un long four (plusieurs dizaines de mètres) qui alimente en continu la presse de formage. C'est un considérable investissement. Mais, comme on l'a vu, les avantages sont énormes, en particulier l'absence de retour élastique.

Signalons une contrainte non négligeable : la difficulté de détourage ou de poinçonnage des pièces trempées. Par les moyens classiques, l'usure des lames et poinçons de découpe est extrêmement rapide. On préfère souvent l'utilisation d'un laser cinq axes qui, bien que très cher à l'achat, présente de grands avantages en termes d'absence d'usure d'outils et de flexibilité.

14.7 Les tôles revêtues d'origine non définie

Certaines normes concernant les tôles revêtues, voulues très générales, n'indiquent pas si le substrat est une tôle à chaud ou à froid. La deuxième lettre – D ou C – est alors remplacée par un X.

14.7.1 Aciers galvanisés pour emboutissage

Le symbole additionnel devient « +Z ». La classification des six qualités normalisées fait l'objet de la norme EN 10327 de janvier 2005. Elle tient compte du fait que l'acier de base peut être une tôle à chaud, ce qui explique les tolérances très larges sur la limite d'élasticité et la résistance, ainsi que les valeurs modestes de l'allongement garanti.

La nuance DX51D ne permet guère plus que le pliage et le profilage. Les caractéristiques des nuances DX51D et DX52D, vieillissantes, sont garanties seulement huit jours après mise à disposition. Les nuances DX56D et DX57D permettent des emboutissages difficiles, tant en rétreint qu'en expansion.

Tableau 14.26 – Tôle galvanisée pour emboutissage

Nuance	R_e (MPa)	R_m (MPa)	A_{80} % mini	r_{90} mini	n_{90} mini
DX51D+Z	–	270 à 500	22	–	–
DX52D+Z	140 à 300	270 à 420	26	–	–
DX53D+Z	140 à 260	270 à 380	30	–	–
DX54D+Z	120 à 220	260 à 350	36	1,6	0,18
DX56D+Z	120 à 180	260 à 350	39	1,9	0,21
DX57D+Z	120 à 170	260 à 350	41	2,1	0,22

Caractéristiques mécaniques garanties en sens travers (épaisseur considérée sans le revêtement).
S'il y a un palier, on considère la limite d'élasticité R_{eL}. Sinon, on prend $R_{p0,2}$.

Il n'existe pas de qualité DX55D+Z.

14.7.2 Aciers galvanisés-alliés pour emboutissage

Plusieurs appellations sont appliquées à ce revêtement :
- galvanisé-allié, qui n'est pas ambigu,
- galvannealed, l'équivalent anglo-saxon,
- fer-zinc : il peut alors y avoir confusion avec les revêtements électrolytiques de même nature.

C'est la même norme EN 10327 qui définit les caractéristiques des produits. Les caractéristiques sont inchangées pour les trois premières nuances, la différence portant seulement sur les qualités DX54D, DX56D et DX57D. Le symbole additionnel devient « +ZF ».

L'alliage zinc-fer formé à la surface de la tôle est plus dur que le zinc quasi pur d'une galvanisation simple. C'est pourquoi l'allongement à rupture garanti, le coefficient d'anisotropie plastique et le coefficient d'écrouissage des qualités les plus performantes sont légèrement réduits.

Tableau 14.27 – Tôle galvanisée-alliée pour emboutissage

Nuance	R_e (MPa)	R_m (MPa)	A_{80} % mini	r_{90} mini	n_{90} mini
DX51D+ZF	–	270 à 500	22	–	–
DX52D+ZF	140 à 300	270 à 420	26	–	–
DX53D+ZF	140 à 260	270 à 380	30	–	–
DX54D+ZF	120 à 220	260 à 350	34	1,4	0,18
DX56D+ZF	120 à 180	260 à 350	37	1,7	0,20
DX57D+ZF	120 à 170	260 à 350	39	1,9	0,21

Caractéristiques mécaniques garanties en sens travers.

14.7.3 Aciers doux revêtus d'alliage Zn-Al (dit Galfan)

Le symbole additionnel est « +ZA ».

C'est encore la même norme EN 10327 qui définit les caractéristiques des produits. Nous ne faisons figurer que les nuances pour lesquelles existent des variations par rapport aux galvanisés.

Tableau 14.28 – Tôle revêtue d'alliage Zn-Al pour emboutissage

Nuance	$R_{p0.2}$ ou R_{eL} maxi (MPa)	R_m maxi (MPa)	A_{80} % mini	r_{90} mini	n_{90} mini
DX54D+ZA	120 à 220	260 à 350	36	1,6	0,18
DX56D+ZA	120 à 220	260 à 350	39	1,9	0,21
DX57D+ZA	120 à 170	260 à 350	41	2,1	0,22

Caractéristiques mécaniques garanties en sens travers.

14.7.4 Aciers doux revêtus d'alliage Al-Si

Le symbole additionnel devient « +AS ».
C'est encore la norme EN 10327 qui définit les caractéristiques des produits.

Tableau 14.29 – Tôle revêtue d'alliage Al-Si pour emboutissage

Nuance	$R_{p0.2}$ ou R_{eL} maxi (MPa)	R_m (MPa)	A_{80} % mini	r_{90} mini	n_{90} mini
DX54D+AS	120-220	260-350	34	1,4	0,18
DX55D+AS	140-240	270-370	30	–	–
DX56D+AS	120-180	260-350	39	1,7	0.20
DX57D+AS	120-170	260-350	41	1,9	0,21

14.7.5 Aciers HSLA revêtus à chaud

Pour les tôles en acier HSLA revêtues à chaud, la norme EN 10292 de juin 2007 définit cinq nuances qui sont affectées des symboles habituels :

- Z pour le galvanisé,
- ZF pour l'alliage zinc-fer (galvanisé allié),
- ZA pour le zinc-aluminium (Galfan),
- AZ pour l'aluminium-zinc (cf. 13.3.2),
- AS pour l'alliage aluminium-silicium.

Les caractéristiques garanties sont identiques pour tous ces revêtements.

Tableau 14.30 – Tôle revêtue a chaud en acier hsla

Nuance	R_e (MPa)	R_m (MPa)	A_{80} (%) mini
	Trav.	Trav.	Trav.
HX260LAD+	260 à 330	350 à 430	26
HX300LAD+	300 à 380	380 à 480	23
HX340LAD+	340 à 420	410 à 510	21
HX380LAD+	380 à 480	440 à 560	19
HX420LAD+	420 à 520	470 à 590	17

Caractéristiques mécaniques garanties en direction travers.

14.8 Fer blanc et fer chromé

On désigne en général l'ensemble de ces aciers sous le vocable de APE, c'est-à-dire aciers pour emballage. Le plus ancien de ces matériaux est le *fer blanc*, un acier recouvert d'étain (et presque toujours d'un vernis), tandis que le *fer chromé* est plus récent. Outre son plus bas coût, l'avantage de ce dernier est surtout de promouvoir une meilleure adhésion des protections organiques, vernis ou films coextrudés. L'acier avant revêtement d'étain ou de chrome porte le nom de *fer noir*. La particularité des APE est d'avoir de faibles épaisseurs, typiquement 0,13 à 0,40 mm.

Pendant longtemps, ils ont été caractérisés par leur dureté car on ne savait pas faire d'essai de traction correct sur ces faibles épaisseurs. C'est maintenant possible et la dernière norme les définit par une fourchette de limite d'élasticité et une fourchette de résistance.

On peut séparer les qualités de deux manières. La récente norme EN 10202 de janvier 2002 les range dans deux catégories : TS pour les aciers recuits sur base et TH pour les recuits continus. Mais il existe un deuxième mode de différenciation qui repose sur le fait que certains APE sont laminés normalement, comme les TAF, on les appelle alors *simple réduction*, tandis que l'on confère à d'autres des caractéristiques plus élevées en pratiquant un laminage supplémentaire après recuit (allongement de 8 ou 10 %), ils portent alors le nom de *double réduction*. Il se trouve que les fers simple réduction sont le plus souvent recuits sur base tandis que les double réduction sont plutôt des recuits continus.

L'ensemble des qualités pour APE, aussi bien en fer blanc qu'en fer chromé, est défini par la norme EN 10202 de janvier 2002.

Tableau 14.31 – Fer blanc et fer chromé

	Nuance	**$R_{p0,2}$ (MPa)**	**R_m (MPa)**
Recuit base	TS230	180-280	275-375
	TS245	195-295	290-390
	TS260	210-310	310-410
	TS275	225-325	325-425
	TS290	240-340	340-440
	TS550	500-600	525-625
Recuit continu	TH415	365-465	385-485
	TH435	385-485	410-510
	TH520	470-570	490-590
	TH550	500-600	520-620
	TH580	530-630	540-640
	TH620	570-670	575-675

Caractéristiques mécaniques garanties en direction longitudinale.
Éprouvettes n° 1 : largeur 12,5 mm, L0 = 50 mm.

B

LES TÔLES D'ACIER

Il est assez difficile d'attribuer une application particulière à chaque qualité d'acier. Bien souvent, le choix dépend de l'épaisseur souhaitée car, si l'on veut utiliser une fine épaisseur, il faut compenser par des caractéristiques plus élevées. Ainsi, toutes les pièces faites avec une épaisseur inférieure à 0,18 mm sont obligatoirement en double réduction.

Il existe quelques règles qu'on peut cependant formuler :

- les corps de boîte roulés sont toujours en fer étamé car le fer chromé n'est pas soudable, ils sont fabriqués avec les qualités TS275 à TH550,
- les corps de boîte roulés-soudés qui doivent subir une expansion ultérieure (par exemple *blow-forming*) sont faits en TS275 et doivent avoir une valeur de r très constante dans la direction de la génératrice du cylindre, de façon à assurer la constance de la hauteur,
- les boîtes coniques, difficiles à fabriquer à cause de leur brin libre, sont faites avec des qualités TS de faibles caractéristiques, surtout si elles ont un galbe,
- les couvercles de boîte *à ouverture facile* (Easy Open) sont fabriqués à partir des qualités TH415 à TH550. Notons que leur faible capacité en expansion oblige à utiliser des gammes d'emboutissage assez longues et progressives pour la réalisation du rivet fixant l'anneau sur le couvercle,
- les fonds de boîte standards sont, en revanche, réalisés avec les qualités TH 520 à TH 620,
- les bouchons couronne, qui doivent être sertis sur le goulot des bouteilles ou canettes, nécessitent une relativement bonne ductilité. On les fait avec les qualités TH415 à TH550.

Les aciers utilisés pour la fabrication des boîtes de boisson (DWI) ont un revêtement d'étain différentiel non refondu, avec une épaisseur environ deux fois plus forte à l'extérieur, de façon à promouvoir un glissement facile sur les matrices de repassage et moins facile sur le poinçon, de façon à ce que celui-ci « entraîne » le corps de boîte dans les outils.

Cette solution peut sembler être en contradiction avec l'idée qui sera exposée dans la partie C, disant qu'un métal mou n'est pas favorable au glissement. Mais nous précisons alors que cette idée s'applique au seul emboutissage et pas au cas où des pressions très élevées existent, tel qu'en tréfilage ou en repassage.

On considère aussi qu'un certain type de rugosité, comportant plus de plateaux que de vallées, est favorable à l'entraînement du lubrifiant durant le repassage.

14.9 Tôles prépeintes et prélaquées

Il n'y a pas de normes particulières concernant les tôles prélaquées, mais la EN 10169-1 d'avril 2004 définit les peintures qui peuvent être utilisées ainsi que les méthodes d'essai à appliquer pour le contrôle de la surface. Elle spécifie que pratiquement toutes les nuances d'acier peuvent être prélaquées.

On admet généralement les définitions suivantes :

- une tôle *prépeinte* est une tôle recouverte d'un apprêt qui sera lui-même, après mise en forme, recouvert de la peinture finale,

– une tôle *prélaquée* comporte déjà cette peinture finale et ne subira donc plus de mise en peinture après mise en forme.

La peinture ou le laquage des tôles, qui sont faits sur des lignes continues, permettent d'obtenir une qualité et une régularité du dépôt difficilement accessibles par peinturage de la pièce finie. De plus, le traitement des effluents qui est devenu sur le plan économique l'un des points clef du prix de revient de la mise en peinture, est bien mieux rentabilisé sur les grosses installations ne faisant que de la tôle peinte que dans les entreprises obligées de peindre les pièces fabriquées.

Il en résulte que, malgré leur prix relativement élevé, les tôles prépeintes et prélaquées peuvent se révéler extrêmement rentables si l'on considère le bilan global de la mise en peinture. Il est toujours recommandé de faire ce bilan avant d'investir dans une chaîne de peinture.

Pour bénéficier pleinement des avantages de ces produits, il est pratiquement indispensable de les mettre en forme à sec, de façon à éliminer la phase dégraissage qui suit habituellement la mise en forme. Ceci entraîne quelques difficultés car, dans les deux cas, la ligne de fabrication doit être très propre pour ne pas souiller les pièces. Par exemple, on ne peut tolérer que des gouttes d'huile tombent d'une presse...

Les tôles prépeintes ne posent pas de très grands problèmes vis-à-vis de l'emboutissage, seules deux limitations se présentent :

– le coefficient de frottement peut être plus élevé que celui d'un produit non peint ; les plus hauts coefficients mesurés atteignaient 0,4 ! Néanmoins, il existe des solutions d'amélioration par l'ajout de cires, qui ont malheureusement l'inconvénient de réduire un peu la résistance à la corrosion de la peinture. Dans les pires cas, des huiles évanescentes ont pu être employées sans nécessité de nettoyage ultérieur des pièces (cela dépend de l'utilisation),
– il convient d'éviter les incidents graves de frottement qui élimineraient complètement la couche de peinture.

On peut ajouter quand même que certaines peintures sont extrêmement abrasives[1] et nécessitent que les outillages soient réalisés en conséquence (traitements superficiels, revêtements durs...)

Si nous examinons maintenant le cas des tôles prélaquées, il ressort clairement de leur définition – pas de peinture ultérieure – que l'emboutissage demande des précautions extrêmes destinées à conserver la couche extérieure absolument intacte. Les rayures sont cette fois *strictement* interdites, ce qui signifie que les outils doivent être dans un état absolument parfait, avec poli spéculaire des rayons, poli qui demande à être ravivé périodiquement en raison du caractère abrasif dont nous venons de parler. Une solution diminuant ces risques consiste à revêtir la tôle d'un film de polyuréthane ou de polyéthylène, mais le prix s'en ressent.

Les emboutisseurs classiques sont si peu habitués à respecter l'hygiène nécessaire qu'on recommande fortement, pour l'introduction de tôles prélaquées dans une entreprise, de créer un atelier spécialisé, avec des machines neuves ou en excellent

1. Les peintures contiennent des particules très dures telles que silice, alumine, etc.

état et avec, de préférence, un personnel nouveau, n'ayant pas de « mauvaises » habitudes.

Signalons encore que la déformation du métal entraîne une modification de l'aspect de la peinture qui peut devenir localement moins brillante, ceci dépendant du niveau et du mode de déformation. Il existe des courbes limite de brillance qui, à l'instar des CLF (voir partie D), indiquent les niveaux de brillance possibles en fonction du type et de l'intensité de la déformation supportée par la tôle.

Tout ceci étant dit, les tôles prépeintes ou prélaquées sont largement utilisées. Relativement peu dans l'industrie automobile où elles ne servent pratiquement qu'à la fabrication de pièces peu visibles (par exemple sous capot) mais beaucoup dans l'électroménager. Quasiment tous les réfrigérateurs sont réalisés à partir de tôles prélaquées.

Pour le fabricant de tôle, la plus grande difficulté n'est pas la dépose de la peinture mais l'obtention d'une couleur constante et reproductible d'une bobine à la suivante ; il faut en effet savoir qu'il existe près d'une centaine de blancs différents et que l'œil humain les distingue…

15 • ACIERS INOXYDABLES

Ce sont des alliages Fe-Cr et Fe-Cr-Ni contenant éventuellement d'autres éléments d'alliage tels que Mo, Si, Al... L'élément indispensable pour qu'un acier soit inoxydable est le chrome, sa teneur devant être au minimum de 10,5 %.

Tous ces matériaux se caractérisent par une excellente résistance à la corrosion dans des milieux chimiques très variés grâce à la formation à leur surface d'une couche complexe protectrice appelée *couche passive*. Cette couche est extrêmement fine, d'une épaisseur de l'ordre de 1 à 10 nm[1]. Dans de très nombreux milieux, elle a la capacité de se reformer spontanément lorsqu'elle a été endommagée par frottement, rayures...

Les propriétés remarquables des aciers inoxydables en ce qui concerne leur résistance à la corrosion permettent de comprendre pourquoi, sur une longue période, leur production augmente d'environ 5 % par an.

Il existe un grand nombre de nuances d'aciers inoxydables différentes, qui varient par les compositions chimiques utilisées. On peut regrouper toutes ces analyses en grandes familles d'alliage qui auront des structures métallographiques différentes.

La structure métallographique et son évolution au cours de la déformation plastique permettent d'expliquer les comportements très variés des aciers inoxydables, d'une famille à l'autre, lors de leur mise en forme. C'est pourquoi nous sommes obligés, dans ce chapitre, de nous intéresser à la métallurgie d'une façon beaucoup plus détaillée qu'auparavant. Sans la compréhension de cet aspect, on ne peut qu'avancer « au hasard » face aux problèmes rencontrés.

Notons aussi que, du fait de leur inaltérabilité, les aciers inoxydables sont le plus souvent livrés avec un aspect de surface très lisse, Ra valant par exemple 0,3 µm, ce qui les rend assez sensibles au grippage. Comme, par ailleurs, ils ne sont généralement pas revêtus après mise en forme, des précautions particulières tant au niveau de la lubrification que des matériaux d'outils sont à prendre.

Encore une remarque très générale : on a vu que c'est la présence de chrome qui donne l'inoxydabilité au fer. Il est donc essentiel d'éviter l'apport de fer non chromé sur la surface des pièces lors du formage. Celui-ci pourrait provenir de deux sources :

– soit l'abrasion de particules de fer d'un outil en fonte (rare) ou en acier, c'est pourquoi les outils en cupro-aluminium dur (improprement appelé bronze

1. Un nanomètre (nm) est égal à un millième de micromètre. C'est l'ordre de grandeur des dimensions des atomes. Ces dimensions étaient autrefois exprimées en Angström, égal à un dixième de nanomètre.

d'aluminium) sont souvent préférés, de même que l'utilisation de films en PVC adhérant à la tôle,

– soit encore l'incrustation dans l'inox de particules de fer déposées par des tôles non inoxydables embouties sur le même outil[1]. Le meilleur remède est évidemment d'éviter les outils à usage mixte.

Dans tous les cas de figure, il reste possible de faire passer les pièces dans un bain acide qui réduit le fer non allié, puis de les passiver.

15.1 Les différents types

On a l'habitude de classer les aciers inoxydables sur la base de leur structure micrographique à la température ambiante. On distingue ainsi les familles suivantes :

– aciers martensitiques,
– aciers ferritiques et semi-ferritiques,
– aciers austénitiques
– aciers austéno-ferritiques,
– aciers austénitiques réfractaires (résistant à l'oxydation à chaud).

Les aciers martensitiques sont très durs à l'état de livraison car la martensite est un constituant de trempe des aciers. Ils ne sont donc pas emboutissables et leurs principales utilisations concernent les pièces d'usure, la coutellerie. Nous n'en parlerons donc plus par la suite. Nous oublierons aussi les aciers réfractaires qui sont rarement emboutis.

Les diverses nuances normalisées en Europe (pas moins de 110, sans compter les aciers réfractaires !) sont reprises dans la norme EN 10088-1 de septembre 2005. Cette norme introduit deux types de notations :

– alphanumérique, utilisant les symboles chimiques des éléments et indiquant la teneur des principaux, par exemple X2CrMoTi18-2 concerne un acier contenant 0,02 % de carbone, 18 % de chrome, 2 % de molybdène et du titane,
– numérique, qui est un nombre à 5 chiffres, dans ce cas 1.4521. Cette numérotation[2] est surtout utilisée dans les opérations commerciales et statistiques.

Signalons cependant qu'on rencontre encore trois autres modes de désignation :

– certains gardent l'habitude de nommer les aciers inoxydables suivant l'ancienne norme française NF A 35573, où les éléments chimiques étaient désignés par des lettres conventionnelles, par exemple : C pour chrome, N pour nickel, D pour molybdène, etc. L'avantage de ce système était de faciliter la prononciation des noms. On avait par exemple : Z8C17, Z3CN18-10, Z2NCDU25-20,
– un code à trois ou quatre chiffres, dit AISI[3], qui rend l'écriture et la prononciation beaucoup plus faciles. Voici un exemple très démonstratif : la nuance appelée

1. Les outils à usage mixte sont couramment employés dans l'électroménager, par exemple pour réaliser des plaques de cuisson de cuisinières alternativement en acier d'émaillage et en acier inoxydable.
2. C'est l'ancienne numérotation des « Werkstoffnummern » allemandes.
3. American Iron and Steel Institute (Institut américain pour le fer et l'acier).

X2CrMoTi18-2 dans la norme européenne se nomme simplement 444 dans la norme américaine.
– un code ASTM[1] qui n'a valeur en principe qu'aux États-Unis. Dans ce système, par exemple, la nuance bien connue AISI 304 devient ASTM A240.

Comme on le voit, le choix est grand. Quelle attitude adopter ?

Il faut d'abord perdre l'habitude d'employer l'ancienne dénomination française, illégale depuis 1995. Le système purement numérique de la norme européenne n'est pas utilisé dans la pratique normale. La dénomination par les symboles chimiques est donc, logiquement, la seule officielle. Elle donne une idée précise de la composition chimique mais devient presque imprononçable pour les nuances chargées. On comprend donc bien pourquoi les personnes qui travaillent fréquemment les aciers inoxydables utilisent presque toujours la notation américaine, même si elle est, officiellement, incorrecte en Europe.

Pour tenir compte de cette pratique, nous citerons les aciers par leur appellation normalisée EN, en indiquant la notation AISI entre parenthèses.

15.2 Aciers inoxydables ferritiques

Ce sont des alliages Fe-Cr qui peuvent contenir de 10,5 à 30 % de chrome. Ils ont une structure cubique centrée à la température ambiante, comme les aciers au carbone. Comme eux, ils sont ferro-magnétiques (attirés par l'aimant) à l'ambiante et leur structure est essentiellement constituée de ferrite, c'est-à-dire de fer presque pur.

Ces aciers sont sensibles à la température, ils peuvent devenir fragiles si emboutis trop froids ; voir à ce sujet le paragraphe « Risque de fragilité » dans la partie dédiée aux austénitiques.

L'emploi des aciers ferritiques est assez développé du fait de leur prix inférieur à celui des nuances au nickel (aciers austénitiques).

15.2.1 Les inox ferritiques standards

La composition de quelques nuances est donnée dans le tableau 15.1.

Tableau 15.1 – Composition de quelques aciers inoxydables ferritiques

Nuance	AISI	C	Si	Mn	Cr	Mo	Ti	Ti+Nb
X6Cr13	410 S	0,03	0,35	0,30	12,50	–	–	–
X6Cr17	430	0,05	0,35	0,40	16,50	–	–	–
X2CrNi12	–	0,06	0,30	0,80	11	–	–	–

1. American Society for Testing Materials (Société américaine pour l'essai des matériaux).

Des valeurs typiques des caractéristiques mécaniques à l'état recuit apparaissent au tableau 15.2.

Tableau 15.2 – Caractéristiques de quelques aciers inoxydables ferritiques

Nuance	AISI	$Rp_{0,2}$	Rm	A (%)	n	r
X6Cr13	410 S	330	480	26	–	–
X6Cr17	430	340	500	26	0,18-0,22	1,1-1,6
X2CrNi12	–	370	510	27	–	–

Ces aciers, qu'on appelle aussi parfois *semi-ferritiques*, ont des caractéristiques assez comparables à celles des aciers doux au carbone, restant cependant un peu moins formables en expansion. La nuance X6Cr17 (430) est la plus représentative.

Ils sont utilisés dans l'aéronautique, dans l'électroménager, pour les cuves de machines à laver, en décoration, pour des wagons, des citernes, etc.

Du point de vue de l'emboutissage, il faut tenir compte du fait que leurs caractéristiques mécaniques assez élevées conduisent à augmenter les efforts de serre-flan de 50 % environ, l'effort au poinçon augmentant d'environ 30 % (par rapport à un acier au carbone de même épaisseur).

Pour fixer les idées, on peut ajouter que la nuance X6Cr17 permet d'atteindre en rétreint un rapport d'emboutissage limite (LDR, cf. partie E) de 2,05 à 2,10 lors des essais de laboratoire. Dans la pratique, on essaiera de ne pas dépasser 1,85 à 1,90 pour les emboutis réalisés en une passe. Compte tenu des performances modestes en expansion, on aura soin de ne pas dépasser un amincissement local de 12 % sur les pièces embouties.

Quand ils sont utilisés dans des épaisseurs relativement fortes, ces aciers peuvent devenir fragiles si on les emboutit à trop basse température (stockage au froid ou début de série quand les outils sont encore trop froids). Il est également recommandé de ne pas emboutir à plus de 5 ou 6 m/mn environ au coulisseau.

Ils sont sensibles à l'apparition de certains défauts de surface lors de la mise en forme :

– *vermiculure*. La courbe de traction présente souvent un palier de limite d'élasticité ce qui entraîne la formation de bandes de Lüders, visibles seulement sur les zones peu déformées comme le montre la figure 15.1, cet inconvénient entraînant la nécessité de pratiquer un skin-pass avant livraison, lequel n'autorise généralement que des finis lisses, peu favorable vis-à-vis du risque de grippage,
– *cordage* (ou *roping*), voir figure 15.2, qui est une forme de perturbation de l'aspect de surface dans les zones fortement déformées, où se produisent des sortes de vaguelettes,
– *chiffonnage*, qui est constitué du cordage sur lequel se rajoute une rugosité de surface en rapport direct avec la taille de grain.

Ces défauts sont gênants et nécessitent parfois des retouches coûteuses.

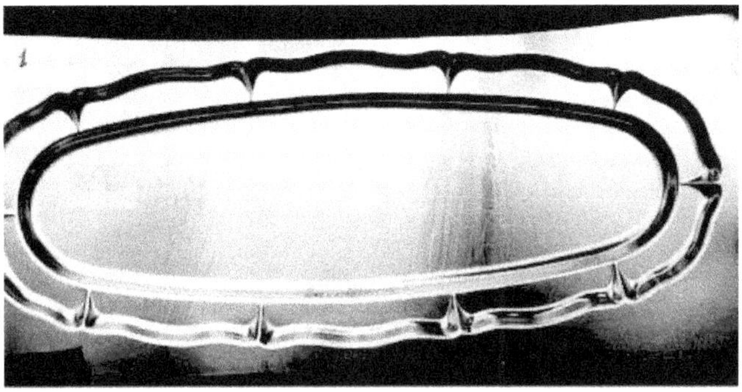

Figure 15.1 – Vermiculure sur un plat

Figure 15.2 – Cordage sur un godet

15.2.2 Les inox ferritiques stabilisés

Les aciers ferritiques de base que nous venons de voir sont à l'origine de problèmes de corrosion dans les zones soudées, que nous allons brièvement expliquer pour justifier l'existence des nuances stabilisées.

Durant le soudage, leur structure est constituée de ferrite et d'austénite (CFC). Après un refroidissement rapide, celle-ci se transforme en martensite qui est un constituant de trempe fragile. De plus, les carbures de chrome sont dissous à haute température et ils re-précipitent au refroidissement en appauvrissant localement la matrice en chrome, surtout aux joints de grains, ce qui peut provoquer des corrosions intergranulaires en service.

Les nuances stabilisées ont été créées pour y remédier. On ajoute à la composition de base du titane et/ou du niobium, voire du zirconium. Ces éléments forment avec le carbone et l'azote des composés très stables qui évitent la formation de carbures de chrome. De plus, ils confèrent à l'acier une structure ferritique à toute température, évitant ainsi la formation de martensite (risque de fragilité) au refroidissement des soudures. À cause de ces ajouts, pour maintenir le niveau souhaité de résistance à la corrosion, on est amené à augmenter les teneurs en chrome et en molybdène. Ces nuances sont présentées aux tableaux 15.3 et 15.4.

Tableau 15.3 – Composition de quelques aciers ferritiques stabilisés

Nuance	AISI	C	Si	Mn	Cr	Mo	Ti	Ti+Nb
X2CrTi12	409	0,02	0,50	0,30	11,50	-	0,180	-
X3CrTi17	430 Ti	0,02	0,35	0,40	16,50	-	0,400	-
X2CrTiNb18	441	0,02	0,50	0,50	17,80	-	-	0,70
X2CrMoTi18-2	444	0,02	0,40	0,50	18,00	2,00	-	0,50

Tableau 15.4 – Caractéristiques de quelques aciers ferritiques stabilisés

Nuance	AISI	$Rp_{0,2}$	Rm	A (%)	n	r
X2CrTi12	409	250	410	32	–	–
X3CrTi17	430 Ti	300	450	30	0,22-0,28	1,6-2,0
X2CrTiNb18	441	240	530	20	–	–
X2CrMoTi18-2	444	380	540	27	–	–

Mais les aciers stabilisés présentent trois avantages supplémentaires qui nous intéressent au premier chef :

– la texture cristallographique de l'acier est modifiée et conduit à une augmentation sensible du coefficient d'anisotropie plastique, donc à un meilleur comportement en rétreint. Le coefficient d'anisotropie moyen r_m peut dépasser 2 pour certaines nuances (X3CrTi17), permettant d'atteindre en laboratoire un LDR de 2,20 ou même 2,25. Cela permet d'envisager de façon industrielle des réductions de diamètre de 1,95 à 2 pour le rétreint en une passe. Si l'emboutissage nécessite plusieurs passes, on peut choisir une réduction de 1,6 pour la première et de 1,2 à 1,3 pour les suivantes,
– le piégeage du carbone et de l'azote adoucit la matrice de l'acier (moindre durcissement par solution solide) ce qui se traduit par des limites d'élasticité plus faibles et des allongements à rupture supérieurs. La déformation maximale en expansion sur outil hémisphérique est augmentée d'environ 10 % par rapport aux nuances non stabilisées. Il peut néanmoins arriver qu'un excès d'ajout de stabilisant soit à l'origine d'une dégradation de cette aptitude, car formant trop d'inclusions et de précipités,
– les défauts de surface dont nous avons parlé à propos des ferritiques standards (vermiculure, cordage, chiffonnage) sont supprimés.

Les aciers stabilisés ont en définitive, par rapport aux ferritiques standards, une formabilité améliorée en rétreint (influence de r) et en expansion (rôle de n et de l'allongement à rupture), où ils ont un comportement très proche de leurs homologues en acier au carbone. Ils sont insensibles aux différents défauts précédemment cités, tout ceci justifiant souvent largement le surplus de coût d'achat.

15.3 Aciers inoxydables austénitiques

Ils ont, à la température ambiante, une structure cubique à faces centrées, appelée austénite. Cette structure est obtenue en ajoutant à l'acier inoxydable de base à 18 % de chrome des éléments dits *gammagènes* (en particulier du nickel) qui stabilisent cette forme cristalline qui n'existe, habituellement, qu'aux températures élevées. Comme déjà dit, ceci augmente leur prix par rapport aux aciers ferritiques.

La nuance type la plus utilisée est la nuance X5CrNi18-8 (301). On peut ajouter d'autres éléments d'alliage, en particulier pour améliorer la résistance à la corrosion : molybdène, cuivre... La teneur en carbone est habituellement au voisinage de 0,050 % dans cette nuance de base.

On retrouve alors, comme dans le cas des aciers ferritiques, des risques de corrosion aux joints de grains, particulièrement si un refroidissement relativement lent suit une température élevée, cas auquel on remédie de trois façons :

– d'abord, l'état de livraison normal est *hypertrempé*, c'est-à-dire qu'il a subi un refroidissement très rapide. Ce terme faisant intervenir l'idée de trempe ne doit pas engendrer de confusion : c'est dans cet état que le métal est le plus mou car il n'y a pas apparition de martensite,
– ensuite, on a créé des nuances austénitiques, telles la X2CrNi18-9 (304 L) à basse teneur en carbone (< 0,030 %) qui n'ont plus de carbures précipités à la suite d'un traitement thermique,
– enfin, on a, là encore, créé des nuances stabilisées par le titane et/ou le niobium, dans lesquelles le carbone est piégé sous forme stable.

Les nuances principalement utilisées sont présentées dans les tableaux 15.5 et 15.6. Comme déjà dit, la nuance X10CrNi18-8 (301) est largement la plus utilisée. Elle est bien adaptée à l'emboutissage, à la fois en rétreint et en expansion.

La structure CFC de l'austénite ne donne pas lieu à la formation de vermiculure. De ce fait, on peut obtenir ces aciers non skin-passés et, en particulier, avec un fini mat qui donne les meilleures performances en emboutissage (réduction du grippage).

Tableau 15.5 – Composition de quelques aciers austenitiques

Nuance	AISI	C	Si	Mn	Cr	Ni	Autres
X10CrNi18-8	301	0,10	1,00	1,50	17,50	8,00	
X2CrNiN18-7	301LN	0,025	0,50	1,50	17,50	7,0	N = 0,15
X5CrNi18-10	304	0,04	0,50	1,50	18,20	8,70	-
X2CrNi19-11	304L	< 0,025	0,60	1,50	18,50	10,20	-
X4CrNi18-12	305	0,04	0,60	0,90	18,30	12,20	-

B

LES TÔLES D'ACIER

Tableau 15.6 – Caractéristiques de quelques aciers austénitiques

Nuance	AISI	$R_{p0,2}$	Rm	A (%)	n	r
X10CrNi18-8	301	280	700	38		
X2CrNiN18-7	301LN	380	700	37		
X5CrNi18-10	304	300	600	50	0,5-0,7	1,0-1,3
X2CrNi19-11	304L	250	600	48		
X4CrNi18-12	305	250	580	52		

Pour toutes les qualités, le coefficient d'anisotropie plastique reste proche de 1. Les performances en rétreint sont donc inférieures à celles des aciers ferritiques. Mais l'anisotropie plane est faible et le métal est peu sensible à la formation de cornes.

Leur grande force, du point de vue de l'emboutissage, résulte d'une très forte consolidation, laquelle dépend fortement de la composition chimique. Cela nécessite un développement particulier si l'on veut comprendre le comportement de ces aciers.

15.3.1 Prévision des changements de structure

Bien que toutes les nuances austénitiques aient, à l'état de livraison, des structures identiques, il est très important, du point de vue de l'emboutissage, de distinguer les austénites stables des austénites instables lors d'une déformation, et c'est là que les considérations métallurgiques deviennent incontournables. Cependant, nous n'entrerons pas dans le détail des raisonnements développés car c'est affaire de spécialistes. Ceux qui veulent en savoir plus à ce sujet peuvent, par exemple, consulter le livre de Lacombe et al. (cité en fin d'ouvrage) qui est très complet sur le sujet. Quel est le problème ?

La composition des aciers inoxydables austénitiques est extrêmement variée puisqu'ils peuvent contenir, outre le chrome et le molybdène, beaucoup d'autres éléments d'addition : carbone, azote, manganèse, silicium, molybdène, cuivre, titane, niobium, aluminium…

Ces apports ont des actions variées sur l'austénite, tantôt la stabilisant, s'ils sont *gammagènes* comme le nickel, le carbone, le manganèse, l'azote… tantôt la déstabilisant ; on dit alors qu'ils sont *alphagènes* : chrome, molybdène, silicium, niobium, titane.

L'ensemble des actions, dans un sens ou dans l'autre, se trouve résumé dans le diagramme de Schaeffler représenté à la figure 15.3, qui représente les états d'équilibre à la température ambiante. Le caractère gammagène s'accroît quand on monte dans le diagramme, tandis que le caractère alphagène augmente en allant vers la droite. Ces tendances se calculent en considérant l'équivalent Cr et l'équivalent Ni qui figurent respectivement en abscisse et en ordonnée. Les coefficients sont empiriques et les résultats sont approximatifs.

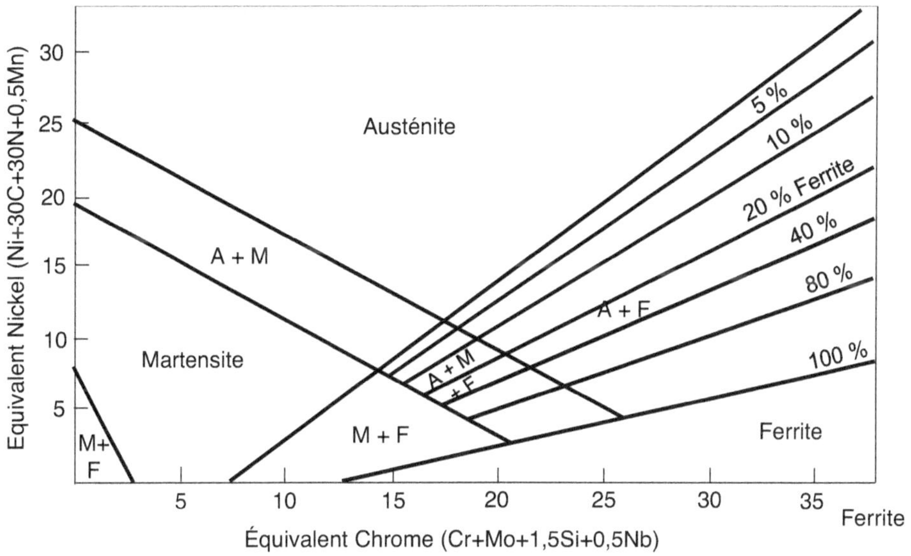

Figure 15.3 – Diagramme de Schaeffler

Comme on le voit, il existe, des zones de composition ou l'acier est totalement austénitique (en haut), complètement ferritique (en bas à droite) ou martensitique (en bas à gauche).

Ce qui nous intéresse, du point de vue de la formabilité, c'est de savoir si l'acier va ou non se transformer partiellement en martensite lors de la déformation plastique, car cette modification modifie complètement les caractéristiques de l'écoulement plastique. Les nuances austénitiques les plus prédisposées à cette transformation sont celles dont la composition les rapproche de la zone marquée A + M (austénite + martensite), c'est-à-dire les compositions qui comportent le moins d'éléments gammagènes, soit, dans l'ordre de stabilité croissante : 304, 347, 308, 316, 309, etc.

15.3.2 Conséquences des changements de structure

Nous l'avons dit, la martensite est un constituant dur en comparaison de l'austénite. La transformation progressive, sous l'effet de la déformation, de l'austénite en martensite va donc fortement renforcer le métal. La contrainte d'écoulement s'accroît donc en cours de déformation, beaucoup plus que si l'écrouissage seul entrait en compte. Elle s'accroît, évidemment, d'autant plus aussi que l'austénite est instable car il s'en transforme plus en martensite. Un acier du type X5CrNi18-10 (304) a ainsi une valeur de n = 0,5 tandis que celle d'un acier X10CrNi18-8 (301), qui contient plus de carbone mais moins de nickel, peut atteindre la valeur très élevée de 1[1].

Ce comportement a plusieurs conséquences en emboutissage :

– à cause de la forte consolidation, le métal va très bien répartir ses déformations,

1. Ces valeurs de n s'appliquent au cas où l'on considère la formule de Hollomon, hypothèse simplificatrice discutable pour cette catégorie d'aciers.

B LES TÔLES D'ACIER

– il va pouvoir fortement s'allonger, car la striction est sans cesse différée par le renforcement des zones se déformant. Notons que l'effet le plus favorable n'est obtenu que lorsque la transformation martensitique a lieu juste avant la striction ! C'est dire à quel point peut être subtile la mise au point d'un emboutissage en expansion sur les nuances instables, si l'on cherche à atteindre le maximum de formabilité possible,
– l'emboutissage va nécessiter des efforts plus grands, parfois le double de ce qui est nécessaire avec les aciers au carbone d'épaisseur identique,
– l'outil et la pièce vont fortement s'échauffer.

Cette dernière particularité vient d'une part du fait qu'on dépense plus d'énergie et, d'autre part, de la mauvaise conductivité thermique des aciers inoxydables, qu'ils soient austénitiques ou non. Notons d'ailleurs que la température va jouer un grand rôle puisqu'elle a une influence directe sur l'austénite : plus elle est élevée, plus l'austénite est stable, moins elle se transforme en martensite. Autrement dit, plus on laisse le métal s'échauffer durant l'emboutissage, moins il se renforcera.

On voit donc que le fait de refroidir l'outil a, dans le cas des aciers austénitiques peu stables, une influence directe sur l'emboutissage, mais au travers de la métallurgie. Il convient donc de prêter une très grande attention aux aspects thermiques du comportement de l'outil. On emploie souvent des poinçons refroidis intérieurement.

La vitesse de déformation a aussi une double influence sur la transformation martensitique : plus elle est grande vers l'apparition de la striction, plus la déformation possible croît, d'abord, mais aussi plus l'échauffement augmente (moins de temps pour le refroidissement).

Le mode de déformation n'est pas sans influence non plus. À cause de sa constitution cristalline, la martensite a une densité plus faible que l'austénite, ce qui implique qu'elle se forme avec dilatation. Or l'expansion est essentiellement *dépressive*. Elle favorise donc la formation de martensite, toutes choses égales par ailleurs. À l'inverse, le rétreint, et *a fortiori*, la compression, s'opposent à la dilatation, donc à la transformation martensitique.

Comme on l'a déjà signalé, le coefficient d'anisotropie plastique des nuances austénitiques est toujours voisin de 1. Comme ce coefficient joue un rôle primordial en rétreint (cf. partie E), on pourrait en déduire que la composition chimique ne joue aucun rôle vis-à-vis de ce mode de formage ; il n'en n'est rien. D'abord, la force nécessaire à l'emboutissage augmente si la nuance est instable, élevant les risques de grippage. Ensuite, le risque de fragilité augmente aussi, comme on le verra au chapitre suivant. Une première solution est donc d'éviter l'utilisation des nuances instables pour les pièces en rétreint. Une seconde solution consiste à chauffer la matrice et le serre-flan (surtout pas le poinçon) de façon à inhiber la transformation martensitique. En refroidissant le poinçon, on arrive ainsi à des valeurs de LDR atteignant 2,5 pour l'austénite la plus instable !

Il est nécessaire également de considérer un autre phénomène : celui du retour élastique. On a vu que la modification de forme de la pièce quand elle sort de l'outil, due à la présence de contraintes résiduelles, est d'autant plus marquée que ces contraintes sont fortes. On voit donc que le choix d'une nuance instable, qui augmente considérablement le niveau des efforts, aura une influence sur les tolérances géométriques dont il est bon de tenir compte lors des choix initiaux.

Notons pour finir que l'acier qui se transforme devient progressivement ferromagnétique ; on peut donc évaluer le degré de transformation subi avec un aimant. Les zones très déformées, surtout en expansion, attireront l'aimant, les autres non.
En conclusion, l'emboutissage des aciers austénitiques, surtout les nuances les plus instables, est sensible à beaucoup plus de variables que celui des aciers ferritiques ou au carbone. La composition du métal joue un rôle prédominant de même que le mode de déformation, la température également (elle-même influencée par la vitesse), le refroidissement de l'outil, etc.
On dit souvent que l'acier austénitique n'est pas plus difficile à emboutir qu'un autre, il est seulement différent. Ce n'est pas vrai dans la mesure où il fait intervenir beaucoup plus de paramètres (qui sont, au surplus, interdépendants).
Seul un véritable spécialiste est capable de prendre simultanément en compte tous ces paramètres pour la réalisation d'une pièce difficile. On aura une idée du niveau de subtilité auquel atteignent les raisonnements utilisés en consultant la référence [5].

15.3.3 Risque de fragilité

En raison de la valeur élevée de n qu'on peut leur attribuer, les aciers austénitiques sont particulièrement bien adaptés aux pièces en expansion. On a même intérêt, lorsqu'on conçoit un outil, à équilibrer les déformations en favorisant l'expansion au détriment du rétreint.
Une autre raison se rattache à la formation de martensite. Dans les zones en fort rétreint, la martensite formée a tendance à donner des groupements alignés dans la direction radiale, alignements qui provoquent un risque de fragilité. Ils peuvent se fracturer et le métal s'ouvre alors comme une fleur, d'où le joli nom *de casse en marguerite*, représentée à la figure 15.4.

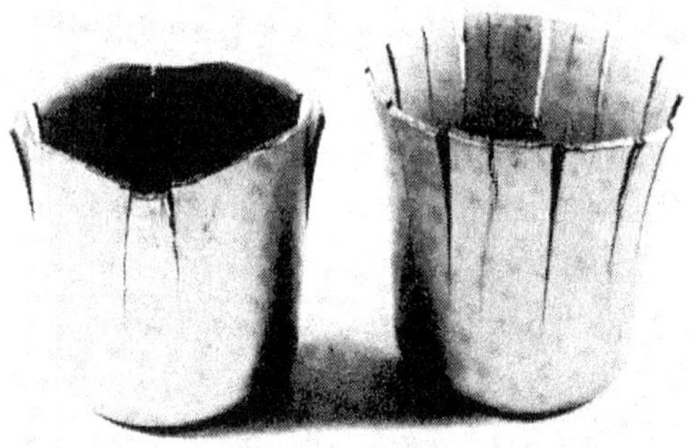

Figure 15.4 – Casse en marguerite

Plusieurs précautions doivent être prises pour éviter ce problème :

– ne pas emboutir du métal froid. Le stocker vingt-quatre heures à l'avance dans l'atelier est une mesure généralement suffisante,
– utiliser des flans dont le bord découpé à la meilleure qualité possible, tout en gardant à l'esprit que, même si la découpe initiale est parfaite, le rétreint provoque la formation de petits plis sur la tranche qui constitueront autant d'amorces de rupture (cf. partie J, exemple 14),

- si possible, utiliser un flan un peu trop grand de façon à conserver une collerette plate autour de la pièce formée,
- détourer les pièces le plus tôt possible, sans attendre leur refroidissement,
- au besoin, pratiquer rapidement un recuit de détente, entre 150 et 300 °C pendant au moins une heure, sous atmosphère protectrice.

15.3.4 Risque de corrosion en service

Les aciers inoxydables austénitiques peuvent être l'objet de corrosion sous contrainte en service s'ils sont soumis à des contraintes atteignant la moitié de la limite d'élasticité, dans des milieux peu agressifs (contenant en général des chlorures et des espèces soufrées). Cette corrosion ne démarre qu'au bout de quelques dizaines d'heures.

Si une pièce risque d'être soumise à de telles conditions, il faudra effectuer après emboutissage un traitement thermique de détensionnement ou un recuit.

15.4 Aciers inoxydables austéno-ferritiques

Ce sont des aciers contenant 22 à 25 % de chrome et 4 à 6,5 % de nickel, qui ont une structure biphasée comportant environ 50 % de ferrite et 50 % d'austénite (fonction de la composition et du traitement thermique). La teneur en nickel est insuffisante pour développer une structure complètement austénitique.

Ces aciers sont essentiellement employés à l'état moulé, une faible proportion étant néanmoins sous forme de tôles. Nous n'en dirons donc pas grand chose.

La nuance la plus utilisée est la nuance X2CrNiMoN22-5-3. Les caractéristiques mécaniques sont très élevées bien que la ductilité reste acceptable (pour ce niveau de caractéristiques). Ils sont peu utilisés en emboutissage.

Leurs hautes performances les destinent à des applications structurelles devant résister à de fortes contraintes, comme les chaudrons de voitures de chemin de fer, par exemple, pour lesquels l'essentiel des déformations est obtenu par cintrage, pliage ou profilage.

16 • TÔLES COMPOSITES

Nous utilisons cette expression pour désigner des produits livrés à plat mais qui ne sont pas de simples tôles ordinaires. Il serait possible d'écrire un livre sur les sujets qui suivent : flans soudés, patchworks et tôles sandwich. Il n'en est évidemment pas question ici et les indications données resteront sommaires.
Signalons aussi qu'il existe des produits assez sophistiqués qui, soit ont été éliminés parce que non compétitifs tels les tôles sandwich pour rigidité, soit sont en cours de développements, par exemple des tôles possédant un revêtement plastique épais sur une face. Nous n'en parlerons pas.

16.1 Les flans soudés

Ce sont des flans constitués de plusieurs morceaux de tôle différents et soudés ensemble avant emboutissage.

16.1.1 Court historique

La première application certaine des flans soudés avant emboutissage concerne le côté de caisse de la fameuse Citroën « Traction Avant »[1] de 1934, dont la caisse a été étudiée par la société américaine BUDD Co en collaboration avec Citroën. On ne sait pas qui a eu l'idée de faire un flan soudé. La soudure était faite par étincelage.
Vers la fin des années 60, les Américains fabriquaient par le procédé Wallace[2] des cabines monobloc de camion en soudant plusieurs tôles par faisceau d'électrons, les premiers brevets ayant été déposés en 1965 par la société américaine BUDD Co...
Néanmoins, le développement vraiment industriel de cette technique remonte à 1980, suite à une demande quelque peu utopique des constructeurs automobiles. À cette époque, AUDI et d'autres avaient réalisé que la résistance à la corrosion du bas de caisse des véhicules automobiles serait grandement améliorée en y supprimant toutes les liaisons soudées (leur talon d'Achille, par la facilité avec laquelle s'y développent des piles locales). Il avait donc été poliment demandé aux sidérurgistes d'envisager la fabrication de tôles d'au moins deux mètres de largeur.
Malheureusement, le laminage continu est un processus qui ne permet pas d'augmenter la largeur de la bande fabriquée et ce nouveau produit aurait exigé

1. Pour obtenir un flan de taille suffisante, deux tôles de 0,9 mm d'épaisseur étaient soudées ensemble.
2. Procédé d'expansion hydraulique.

que tout l'appareil industriel soit refait, en partant des coulées continues, en passant par les laminoirs à chaud et à froid, le décapage, les fours et en finissant par les lignes de revêtement. L'investissement à consentir était tellement considérable que personne n'a estimé nécessaire de s'engager dans une telle aventure…

Mais le groupe allemand Thyssen décida d'utiliser l'invention américaine. Après avoir travaillé discrètement quelques années, il se mit en mesure de livrer des tôles que l'on pouvait ensuite emboutir par les moyens classiques. Aussi, dès 1984, Thyssen fournissait-il 40 000 flans en tôle galvanisée raboutée par soudage laser à AUDI. Depuis, cette « success story » n'a fait que prendre de l'ampleur.

On a alors commencé à souder ensemble des aciers de qualités différentes, ce qui ouvrait la voie au remplacement des renforts (qui sont d'habitude emboutis séparément puis soudés ensuite) par des parties en acier à plus hautes caractéristiques. Pourquoi pas, alors, aller plus loin et modifier l'épaisseur ? L'idée est certes très bonne mais d'application beaucoup plus complexe, comme on le verra ensuite. Puis, il est apparu que les revêtements ne sont pas indispensables en tout point de la caisse et qu'on pouvait donc les mettre seulement aux endroits exposés à la corrosion. Pour finir, l'idée est venue récemment qu'on devait pouvoir souder des matériaux différents tels l'acier avec l'aluminium… Il n'y a pas encore d'application industrielle.

Ce concept novateur permet donc de mettre la matière exactement là où elle est nécessaire, que ce soit en termes d'épaisseur, de caractéristiques mécaniques ou de protection vis-à-vis de la corrosion : c'est indiscutablement une voie d'optimisation et d'allégement.

Récemment, Toyota fut un des premiers à sentir tous les avantages de cette solution et à s'y engager résolument. C'est aujourd'hui, dans le monde, le constructeur qui emploie le plus de flans soudés. En Europe, Volkswagen en a été de très loin le plus grand utilisateur mais tous les constructeurs, sans exception, se sont maintenant tournés vers cette solution, ce qui montre à l'évidence son intérêt.

La consommation mondiale doit dépasser les 300 millions de flans soudés. On note toutefois un ralentissement de la croissance dans ce domaine, sans doute parce que toutes les utilisations potentielles ont été satisfaites.

Il existe plusieurs façons de fabriquer ces flans. La moins utilisée consiste à rabouter les deux tôles par un soudage à la molette. Les inconvénients sont alors de deux ordres : la surépaisseur inévitable, qui entrave le mouvement du métal dans l'outil d'emboutissage et la destruction du revêtement, s'il y en a un, qui résulte du trop grand apport thermique. Il existe d'autres procédés assez peu utilisés : le soudage par faisceau d'électrons, par induction, le soudage plasma.

Mais la solution la plus couramment adoptée aujourd'hui, malgré son coût initial plus élevé, est celle du soudage en bout par laser. On économise du métal et du poids (pas de recouvrement), la soudure est très locale, elle peut se faire sur des épaisseurs très différentes et, finalement, la zone perturbée thermiquement est tellement réduite que la protection sacrificielle du zinc (le revêtement de loin le plus courant) élimine le recours à la réfection de la protection, connue sous le nom de *rechampissage*.

16.1.2 Difficultés de mise en forme

Voyons rapidement les différents problèmes que peut entraîner l'utilisation des flans soudés.

Le premier auquel on pense est évidemment lié au comportement différent de la zone soudée (plus dure en général) pendant l'emboutissage. Aussi étonnant que cela puisse paraître, les choses se passent relativement bien et il n'est que rarement une source d'ennuis. C'est surtout le cas lorsque la soudure est fortement sollicitée en traction plane selon sa direction principale.

Cela s'explique bien quand on considère qu'ayant une structure plus ou moins trempée (refroidissement très rapide), sa ductilité est inférieure, dans la plupart des cas, à celle des métaux adjacents. La présence éventuelle de porosités réduit sensiblement la capacité de déformation de la soudure. On considère qu'une soudure d'acier doux ne doit guère s'allonger de plus de 15 % environ dans ce mode. Ce chiffre est à revoir si un acier à très hautes caractéristiques (donc relativement allié) participe à l'assemblage.

Une autre difficulté résulte de la différence de nature des aciers qui entraîne des différences d'écoulement du métal très marquées entre une zone et une autre de la pièce. Ceci n'arrive pas en emboutissage courant et l'on devine facilement que cette nouvelle sujétion rend les choses plus difficiles. La conception de l'outil, la position des soudures, doivent donc être soigneusement adaptées et prendre en compte la nature locale du métal à emboutir.

Mais, de très loin, la plus grande difficulté résulte des différences d'épaisseur qui sont un cas très fréquent ; on ne voit plus que rarement des flans soudés dont les deux parties ont la même épaisseur (beaucoup emploient d'ailleurs l'expression de « flans multi-épaisseurs »).

Deux possibilités se présentent : celle où des efforts perpendiculaires à la soudure s'exercent et celle où la différence d'épaisseur rend impossible le contrôle de l'écoulement de la tôle la plus mince. Commençons par ce cas.

Dans une zone de raccordement entre une tôle mince et une tôle épaisse, le mieux faisant voudrait que l'espace entre la matrice et le serre-flan soit exactement adapté à cette différence (voir figure 16.1, à gauche).

Le premier ennui possible vient de l'apparition d'efforts excessifs s'appliquant sur la soudure, transversalement à elle-même, figure 16.1 au centre. Ce problème peut apparaître, par exemple, sur une pièce constituée de deux tôles dont le rapport d'épaisseur est du simple au double. La plus épaisse se déforme difficilement dans l'outil et transmet des efforts élevés sur la tôle mince adjacente qui doit donc « encaisser » toute la déformation.

Le second cas apparaît quand la soudure subit un déplacement latéral (figure 16.1 à droite). On voit très facilement que le serre-flan ne peut plus remplir son rôle

Fgure 16.1 – Difficultés liées aux différences d'épaisseur d'un flan soudé

B LES TÔLES D'ACIER

vis-à-vis de la tôle la plus mince qui ne manquera pas de plisser si elle est soumise à une compression.
C'est souvent ce qui risque d'arriver lors de la réalisation des caissons de porte, comme le montre la figure 16.2.

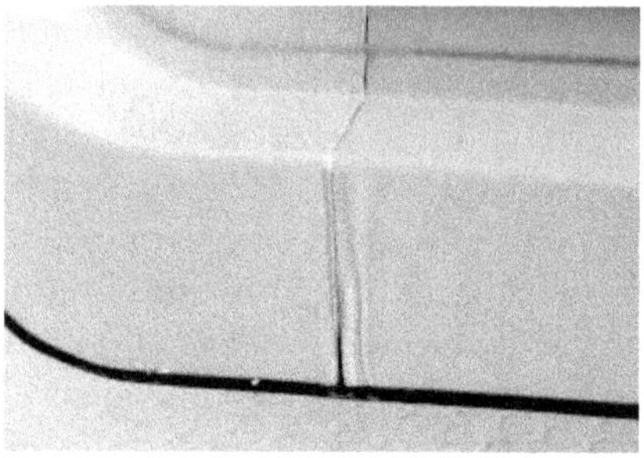

Figure 16.2 – Plissement de la tôle la plus fine sur un caisson de porte

Le cas dans lequel la zone de soudure subit une tension perpendiculaire à l'axe de celle-ci (illustré par la figure 16.3) a été très précisément analysé par Cayssials [6, 7] qui conclut que le comportement du matériau le plus faible (en épaisseur et caractéristiques) ne peut pas être simplement déduit de sa courbe limite de formage. Il faut établir celle d'un *matériau équivalent*, laquelle est toujours inférieure à celle de l'acier considéré.
C'est là une conclusion certainement troublante, mais qui s'est révélée parfaitement exacte à plusieurs occasions.

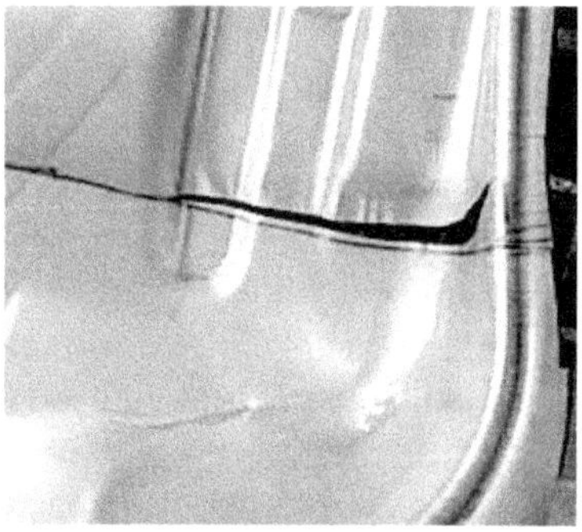

Figure 16.3 – Rupture sous l'effet d'une traction transversale [7]

Un autre problème posé par les flans soudés est celui de la valeur du redan à usiner dans le serre-flan ou la matrice car, bien entendu, chaque élément du flan est prélevé dans des bandes ou tôles qui sont affectées de tolérances. Il est raisonnable d'usiner ce redan en fonction de la différence nominale d'épaisseur, mais il est facile d'imaginer des cas extrêmes où les tolérances des constituants étant à l'inverse, ce « jeu » n'est plus adapté.
Une solution élégante consisterait à utiliser des serre-flans en plusieurs parties disposant chacune d'un réglage indépendant, mais le coût de ces outillages en a, pour l'instant, exclut l'emploi. On peut penser, cependant, que la difficulté d'emboutissage

croissante (on complique de plus en plus les pièces) pourrait rendre un jour indispensable ce type de solution. Pour l'instant, le problème est contourné par l'utilisation des joncs qui régulent l'avalement du métal sans être aussi dépendants du jeu existant. Signalons pour finir que les soudures sont fortement sollicitées pendant l'emboutissage et se révèlent parfois de qualité insuffisante pour le supporter correctement. C'est un problème à ne pas négliger. Autrement dit, l'analyse de l'échec d'emboutissage d'un flan soudé doit comporter la vérification de la qualité de la soudure.

16.2 Les flans patchwork

C'est en fait un développement astucieux des flans soudés, destiné à l'obtention d'une solution avant tout moins onéreuse, en remplaçant le soudage en bout par un moyen de liaison « à plat », qui est généralement le point soudé ou même parfois le collage seul, mais qui pourrait aussi être le rivetage ou le clinchage.
L'invention, due aux chercheurs de Cockerill, consiste à adjoindre à une tôle une autre tôle de renfort posée dessus et non fixée en bout. Le formage des deux tôles se fait donc au cours du même emboutissage, dans le même outil. Étant donné que la tôle de renfort se trouve normalement du côté du poinçon, elle est automatiquement pressée sur la tôle qui la supporte. Ceci élimine les risques de décollement. Les principales sollicitations supportées par la liaison sont des cisaillements des points de soudure (ou autre) qui résultent de déformations localement différentes des deux flans. Les moyens de calcul modernes permettent de définir précisément le nombre et la position optimale des points vis-à-vis de ces sollicitations.

16.3 Les tôles sandwich à fonction acoustique

Les tôles sandwich (TS) ne sont pas un produit nouveau, les premières apparitions industrielles datent des années soixante-dix, mais les difficultés de leur mise en forme ainsi que des essais d'utilisation dans des cas inadaptés en avaient freiné la diffusion. Le marché de ce produit reste très instable : après un redémarrage difficile dans les années quatre vingt dix, une plus grande diffusion de ces tôles était apparue à partir de 2000 en raison de la demande d'un confort accru, mais les évènements de 2008 ont de nouveau ralenti cette diffusion en raison de son prix.
Deux tôles minces, appelées *parements*, d'une épaisseur de l'ordre de 0,2 à 0,6 mm, sont reliées par une couche de polymère dont l'épaisseur est de l'ordre de 0,05 mm. Les parements sont presque toujours en acier doux pour emboutissage, nous n'avons pas connaissance de pièces fabriquées en acier HLE ou autre qualité « exotique ».
La nature et les propriétés du polymère dépendent grandement de la température d'application prévue. Il faut en effet qu'il soit visqueux à cette température de façon à remplir sa fonction qui est d'amortir le cisaillement apparaissant par flexion[1] entre les deux parements. C'est pourquoi les fabricants proposent généralement

1. Une tôle qui vibre se courbe très légèrement dans un sens puis dans l'autre. Il y a donc un déplacement relatif très faible qui découle de la différence de courbure entre un parement et l'autre, d'où l'apparition d'un cisaillement dans le polymère qui les lie.

une gamme de deux ou trois produits adaptés aux niveaux de température d'usage envisagés.

Les tôles sandwich ont des propriétés d'emploi qui justifient largement leur utilisation. Mais comme ce livre est consacré à l'emboutissage et que ces produits présentent de nombreuses difficultés dans ce domaine, nous allons les examiner tour à tour, ce qui peut donner une vision plutôt pessimiste du produit. Il faut néanmoins se dire que des emboutisseurs les mettent en forme tous les jours.

Pourquoi la formabilité est-elle différente ? Parce que les TS contiennent, par construction, une interface faible située entre deux parements beaucoup plus rigides. Nous allons donc simplifier nos raisonnements en considérant que la tôle sandwich (TS) est un état intermédiaire entre deux cas :

- deux tôles très minces non liées l'une à l'autre, qui se déforment donc indépendamment : ce serait le cas d'une liaison extrêmement faible,
- une tôle *monolithique* normale : cas où la liaison aurait des propriétés identiques à celles du métal des parements.

Pour illustrer les particularités du comportement des TS nous n'allons pas directement aborder leur emboutissage mais commencer par le cas plus simple du pliage. Celui-ci devient de plus en plus délicat au fur et à mesure que leur épaisseur diminue et que la résine est plus souple (cas des tôles pour emploi à température ambiante). Ces difficultés sont examinées ci-dessous.

16.3.1 Le retour élastique

Comme tous les produits plats, les TS. sont soumises au retour élastique. Il est amplifié dans la mesure où, dépendant de la plus ou moins grande plastification du métal, donc de son épaisseur, deux parements ne sont pas équivalents à un seul d'épaisseur double. Nous renvoyons le lecteur au chapitre 32 de la partie E pour les détails.

Si nous examinons maintenant le cas d'une TS, nous constatons que sa géométrie la désavantage de deux façons :

- comme la liaison entre les parements présente une nécessaire souplesse, chacun se déforme presque comme une tôle seule (mais de sévérité de pliage moindre) et le retour élastique s'en trouve amplifié,
- chaque parement a une épaisseur qui est la moitié de celle d'une tôle monolithique équivalente, pour un rayon de courbure moyen identique : le retour élastique est donc beaucoup plus fort que pour la tôle monolithique.

La figure 16.4 à gauche montre un cas de retour élastique sur TS.

Quelles sont les précautions à prendre pour éviter ou réduire le retour élastique ?

Généralement, le choix de l'épaisseur est imposé par des considérations de prix ou de poids : on essaie de la prendre minimale. Le choix de la résine, quant à lui, ne tient qu'à la température de fonctionnement prévue. Ceci posé, tous les moyens classiques sont applicables :

- choisir des parements en acier à basse limite d'élasticité,

– surplier (faire un angle plus fermé) pour compenser l'ouverture après la suppression de l'effort. Les plieuses à volet ainsi que le procédé Ready Bender (cylindre rotatif) conviennent assez bien,
– superposer au pliage un effort de traction qui plastifie plus globalement la tôle, ou un effort de compression (*tassage*),
– imprimer des raidisseurs sur l'angle du pli.

Il existe un autre moyen qui consiste à utiliser deux parements d'épaisseur différente, en veillant à ce que le plus épais soit sur la face externe des plis situés près d'un bord de la pièce. Les limitations à cette dissymétrie sont données par des considérations acoustiques (mieux vaut ne pas dépasser un rapport de deux entre les épaisseurs) et les possibilités de fabrication du parement le plus mince (il est, par exemple, quasiment impossible de fabriquer une tôle électrozinguée de 0,2 mm en grande largeur).

16.3.2 Le décalage de rive

Cet incident typique peut se produire quand un pli est fait près du bord d'une tôle sandwich. Il résulte directement de leur particularité structurelle. Pour en comprendre le mécanisme, nous allons considérer le pliage de deux parements qui ne seraient pas du tout liés ensemble.

Le rayon de pliage du parement extérieur est plus grand que celui du parement intérieur et, comme rien ne les lie, il se produit un glissement du premier sur le second, qui se voit très bien sur le schéma de la figure 16.4 à droite. Ce décalage va donc se retrouver au niveau des bords des tôles.

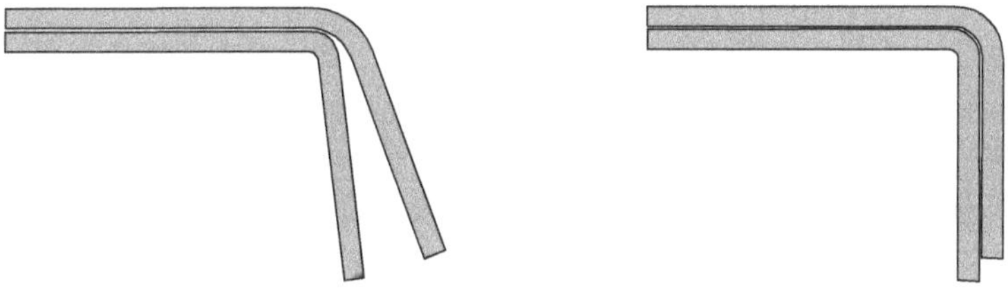

Figure 16.4 – Retour élastique et décalage de rive d'une tôle sandwich

Mais, dans la tôle sandwich, une liaison existe entre les deux parements, un cisaillement est donc introduit dans le polymère par le décalage, ce qui fait que ce dernier diminue quand on s'éloigne du pli. Le décalage de rive va donc dépendre essentiellement :

– de la distance du pli par rapport au bord de la tôle,
– du rapport e/R ; plus il est grand, plus le décalage augmente,
– de la rigidité du polymère,
– de sa capacité de déformation.

Si celle-ci n'est pas suffisante et que plusieurs des facteurs aggravants sont cumulés, il peut arriver que le polymère se cisaille sur la rive.

16.3.3 L'aile de mouette

Ce défaut, au nom pourtant si poétique, est probablement le plus gênant lors du pliage des TS. Il a la même origine que le précédent. Reprenons donc les mêmes données, mais en imaginant qu'il y a suffisamment de longueur de TS de part et d'autre du pli pour éviter qu'un décalage de rive ne se produise. Des contraintes de cisaillement existent bel et bien dans le polymère du fait que les parements de tôle sont décalés, réparties comme le montre la figure 16.5.

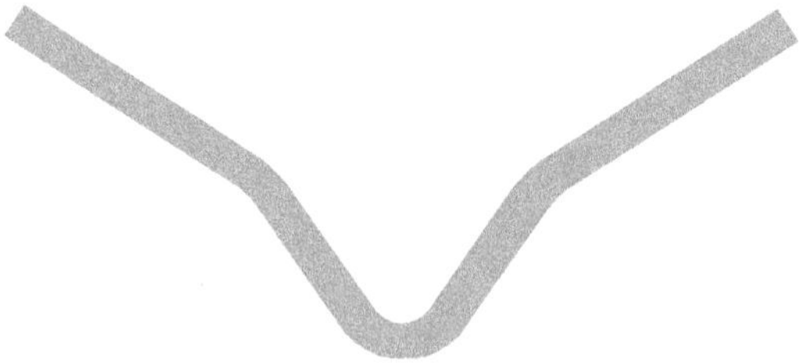

Figure 16.5 – Aile de mouette au pliage

Ces contraintes exercent, sur les parements, des efforts qui sont loin d'être négligeables (malgré la différence de propriétés mécaniques existant entre les deux produits). Si la tôle est libre de se déformer, ces contraintes font fléchir les parements de façon à compenser les différences de longueur, de la même façon qu'un bilame accommode, en se courbant, les différences dues à la dilatation différentielle de ses éléments constitutifs.

Quels moyens employer pour réduire cet inconvénient ? Il en existe plusieurs :

- éviter l'utilisation de trop petits rayons,
- tenir la tôle sur une longueur suffisante durant le pliage, par exemple 20 fois l'épaisseur (ne pas utiliser des V trop étroits),
- utiliser des moyens de formage générant une contrainte de traction sur le parement extérieur (le formage par plieuse à volet combine cette action et la précédente).

16.3.4 L'emboutissage des tôles sandwich

C'est une opération qui fait évidemment appel à des modes de déformation variés et apparemment beaucoup plus complexes que ceux mis en jeu lors du pliage. On pourrait donc imaginer, *a priori*, qu'elle présente encore plus de difficultés que le pliage.

La réalité est à l'inverse, les choses se passent mieux. La preuve en est qu'on trouve beaucoup de pièces embouties en tôle sandwich mais très peu qui sont seulement pliées. Pourquoi cette différence ?

D'abord, une pièce emboutie est souvent « fermée », expression par laquelle on veut dire qu'elle a une forme creuse, ce qui lui donne une rigidité non négligeable qui réduit considérablement les possibilités de retour élastique. Notons que cette propriété n'est absolument pas particulière aux tôles sandwich, elle est vraie pour toutes les pièces embouties.

Cette même rigidité supprime aussi le risque d'aile de mouette qui est un défaut typiquement lié au pliage.
Enfin, le décalage de rive peut aussi apparaître sur le bord des pièces embouties, mais celles-ci subissent quasiment toujours un détourage (voir partie G) qui élimine automatiquement, s'il intéresse suffisamment de métal, le défaut.
Notons que les TS pour usage à haute température (vers 100 °C ou plus) contiennent, pour apporter un amortissement convenable en service, des polymères visqueux à ces températures mais, ipso facto, rigides à la température ambiante. Cette rigidité du polymère réduit l'écart existant entre tôle sandwich et tôle monolithique et la mise en forme s'en trouve facilitée. C'est, avec le gain acoustique qu'elles apportent, une des raisons qui expliquent la percée des TS dans le domaine des carters d'huiles de voitures ou camions, lesquels s'emboutissent assez facilement. Un tel carter apparaît à la figure 16.6.

Figure 16.6 – Carter d'huile de camion en tôle sandwich

Finalement, l'emboutissage des TS est assez bien maitrisé, la plus grande difficulté tient au fait que l'inertie dans son plan du composite est faible (parements peu épais), ce qui justifie de bien prendre en compte les risques de plissement.

C

Le contact tôle-outil

Dans le procédé de mise en forme par emboutissage, le frottement joue un rôle qui peut être plus ou moins marqué selon les pièces et le mode de formage mais qui n'est, en tout cas, jamais négligeable. Il peut même avoir, dans certains cas, une influence primordiale et c'est pourquoi il est important de bien en connaître les mécanismes.

De façon globale, on peut dire que 50 % environ des ruptures que rencontrent les emboutisseurs proviennent de difficultés de glissement du métal dans l'outil. Cette forte proportion a trois origines :

– l'amélioration continuelle des procédés d'élaboration et de contrôle des tôles et celle, corrélative, de leurs propriétés a fait reculer le nombre des incidents résultant de défauts du métal ; les retassures de lingots, les défauts de calmage, les gros amas d'inclusions ont totalement disparu sur les produits de qualité. Les ruptures sur gros grains, les exfoliations, les repliures sont devenues très rares. C'est donc toute une population de défauts, courants il y a quelques lustres, qui a été éradiquée,
– le développement rapide des tôles revêtues a progressivement donné plus d'importance à la surface, pour des raisons de compatibilité avec les lubrifiants,
– la complexité croissante des pièces, autorisée par les nuances améliorées (on peut comparer un côté de caisse actuel avec les dix pièces qui le constituaient, il y a vingt ans) les a rendues plus sensible au frottement.

Beaucoup d'emboutisseurs n'en ont cependant pas encore pris conscience, et, s'ils l'ont fait, ils ne savent que mettre les problèmes rencontrés sur le compte de la rugosité.

Quand on parle frottement des tôles dans l'outil, en effet, la réaction la plus spontanée des techniciens concernés consiste à penser rugosité uniquement. C'est là une simplification contre laquelle s'insurge l'auteur ; son expérience le conduit à penser que la rugosité des tôles joue, vis-à-vis du frottement[1], un rôle de second ordre. Cette affirmation hautement iconoclaste ne résulte pas d'une volonté de se distinguer mais de l'accumulation de preuves qui seront présentées dans cette partie de l'ouvrage.

1. Nous parlons bien ici du frottement lui-même, pas d'incidents tels que le grippage, qui ont un rapport plus direct avec la rugosité superficielle, ni de l'usure des outils.

On examinera successivement les chapitres :

- 17. la rugosité, quand même, car on ne peut évidemment l'ignorer,
- 18. les lois empiriques du frottement,
- 19. les mécanismes fins qui sont à l'origine du frottement,
- 20. la lubrification,
- 21. les différentes catégories de lubrifiants,
- 22. les anomalies du contact métal-outil,
- 23. l'endommagement de la surface des tôles.

On terminera par une discussion générale sur ce problème qui est, de l'avis de l'auteur, l'un des plus mal maîtrisés de l'emboutissage.

17 • LA RUGOSITÉ DES TÔLES

Malgré l'influence limitée que l'auteur reconnaît à la rugosité, c'est quand même l'un des éléments qui composent la surface d'une tôle, et d'un outil aussi, d'ailleurs. Il n'est donc pas question d'ignorer cet élément, d'autant plus qu'il revient à tous les niveaux de la compréhension du contact métal-outil.

17.1 Nécessité d'une rugosité superficielle

La rugosité de la tôle va forcément participer à la plus ou moins grande rétention d'huile, à sa mise en pression, elle va jouer sur la formation et le piégeage des débris, etc. Avant d'entrer dans le détail, voyons ce qui a conduit à donner une rugosité à la tôle.

Dans les temps anciens, disons, sept à huit décennies, la propreté de surface des tôles d'acier était très loin de ce qu'elle est aujourd'hui. Le *troisième corps*[1] était donc naturellement présent sur les tôles et jouait un rôle favorable vis-à-vis du frottement, d'une part, et du grippage d'autre part, en évitant le contact direct tôle-outil.

De plus, les aciers étaient beaucoup moins purs et la dureté superficielle de l'acier doux était plus élevée que maintenant. Également, les emboutisseurs ne reculaient pas devant l'idée d'employer des lubrifiants très efficaces, même si les difficultés étaient grandes pour les enlever ensuite. On ne parlait pas encore d'écologie ni d'effluents...

Plusieurs facteurs sont venus modifier cet ordre de choses :

- l'introduction d'aciers plus malléables (aciers à l'oxygène[2], d'abord, aciers IF ensuite) a rendu leur surface moins dure, donc plus propice au grippage,
- il a été montré que la présence de résidus brûlés d'huiles de laminage[3] sur les tôles était très néfaste vis-à-vis de leur tenue ultérieure à la corrosion. Les sidérurgistes ont donc fait de gros efforts pour rendre les tôles plus « propres ». Mais cela a eu des conséquences désastreuses sur l'adhésion métal-outil – on verra pourquoi – et les problèmes de grippage se sont multipliés,

1. Expression tribologique imagée qui désigne tout ce qui peut se trouver entre les deux corps frottant l'un sur l'autre : lubrifiant solide ou liquide, polluant, poudre, débris...
2. Le premier procédé à l'oxygène, LD, est apparu peu après la fin de la seconde guerre mondiale.
3. Brûlés lors du recuit qui suit le laminage à froid. La quantité de ces résidus est évaluée selon une méthode appelée « carbone de surface » (autrefois « carbone Ford »).

- l'introduction des procédés de recuit continu a également amélioré la propreté de surface et, donc, participé à ce phénomène,
- du fait de la concurrence, la demande des clients en terme d'aspect s'est sévérisée, avec deux conséquences. D'une part, l'ondulation de la tôle, une sorte de peau d'orange, peut transparaître sous la peinture dont on cherche constamment à réduire l'épaisseur pour des raisons évidentes de coût. D'autre part, des défauts de surface autrefois sans conséquences, petites rayures, par exemple, sont devenus insupportables. Une certaine rugosité minimale permet de les éviter ou de les rendre moins visibles,
- les contraintes économiques et écologiques (coût du dégraissage, traitement des effluents) ont fait reculer l'emploi des lubrifiants d'emboutissage qui ne sont plus employés, maintenant, que dans de rares cas très difficiles.

Ces différentes raisons ont fait prendre conscience du fait qu'il pouvait être intéressant d'appliquer sur la tôle une rugosité superficielle contrôlée, dont les buts sont multiples : limiter le grippage, améliorer l'aspect de surface des pièces en réduisant l'ondulation au minimum et en « cachant » les fines rayures, améliorer l'effet de la lubrification si possible.

17.2 Les principaux critères de rugosité

Nous allons définir dans ce chapitre les critères de rugosité les plus employés, sachant bien qu'il y en a un très grand nombre (la norme ISO 4287 en définit 43). Notre courte liste paraîtra scandaleusement incomplète aux fanatiques de la rugosité, mais on comprendra à la fin de cette partie pourquoi elle nous semble déjà bien suffisante.

On commence par le palpage de la surface à l'aide d'un rugosimètre. Sans entrer dans le détail, il s'agit d'un appareil qui peut déplacer, sous une force très faible, un palpeur pointu en diamant (rayon au sommet : 5 ± 1 µm) sur la surface concernée. La mesure peut aussi se faire sans contact, avec un rayon laser, pour éviter d'endommager les matériaux très mous comme le zinc pur.

La représentation utilise classiquement une forte *anamorphose* : le déplacement le long de la surface du produit est multiplié par 10 sur le papier tandis que les altitudes sont, elles, multipliées par 100 ou 1 000 (voir figure 17.4). Cette disproportion induit souvent en erreur les non-spécialistes sur la véritable géométrie des surfaces de tôle : car on appelle « pics[1] » les parties hautes du relief, qu'on imagine volontiers ressembler à l'Everest, alors qu'il s'agit en fait de *plateaux* assez doux, se rapprochant beaucoup plus du relief de la Bretagne... Les creux sont appelés *vallées.*

L'enregistrement brut est inexploitable car il comporte des défauts de différentes natures. Il faut donc décomposer l'état de surface en quatre opérations successives.

1. Il faut aussi tenir compte du fait que les mesures de rugosité n'ont pas été conçues, à l'origine, pour les tôles mais pour les pièces usinées. Les arêtes entre passes d'usinage peuvent être très pointues.

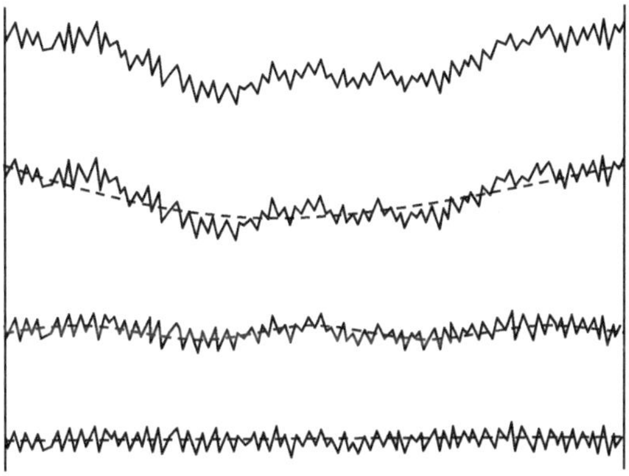

Figure 17.1 – Décomposition du profil de surface d'un solide

Un premier filtrage éliminant les variations de très faible longueur d'onde (bruit du signal électrique) permet d'obtenir un profil correspondant aux seules variations réelles de la surface. C'est ce que nous avons appelé « profil nettoyé » en haut de la figure 17.1.

On utilise ensuite la méthode des moindres carrés pour extraire un nouveau profil (en pointillé sur la deuxième courbe) qui traduit l'écart à la planéité de la zone de surface examinée. On élimine ainsi l'erreur de forme (échantillon courbé, incliné).

Après une opération mathématique de « redressement » de cette surface, apparaît l'ondulation de la zone intéressée (troisième courbe). La longueur d'onde de cette ondulation est de l'ordre du, ou de plusieurs, millimètre(s). Si l'amplitude verticale de cette ondulation est forte, c'est à elle que correspond l'impression de peau d'orange d'une tôle peinte, à la condition expresse que la peinture soit bien faite car celle-ci peut aussi porter l'entière responsabilité de cet aspect.

Un second « redressement » utilisant des longueurs d'ondes encore plus faibles permet d'éliminer l'ondulation et de récupérer le profil de rugosité (dernière courbe), qui se présente sous la forme d'une succession de *pics* et de *vallées*. On l'a vu, les pics sont en réalité plus proches de plateaux.

Les redressements dont nous venons de parler sont la difficulté de ces mesures. Ils sont faits par des filtrages qui sont analogiques sur les anciens rugosimètres et numériques sur les nouveaux. Dans un cas comme dans l'autre, le filtrage consiste à éliminer les variations d'altitude correspondant à certaines plages de longueur d'onde, opération qui ne peut être qu'arbitraire. En conséquence, la rugosité trouvée dépend des filtres utilisés et c'est la raison pour laquelle il est indispensable de préciser le filtre qui a servi à la mesure. On utilise normalement un filtre de 0,8 mm pour les tôles courantes et de 2,5 mm pour les tôles destinées à la carrosserie automobile, cette dernière valeur permettant de mieux approcher les caractéristiques qui peuvent influencer l'aspect après peinture (il arrive aussi qu'on prenne plus de 2,5 mm).

L'exploitation des profils obtenus permet ensuite leur analyse et leur quantification à l'aide de différents critères dont nous allons maintenant présenter les plus utilisés dans l'étude des tôles.

17.2.1 Rugosité totale : Rt

Voila certainement le critère le plus simple : c'est la différence entre l'altitude du plus haut pic et celle du plus bas fond de vallée sur la longueur d'évaluation (qui n'est pas obligatoirement la longueur palpée).

17.2.2 Rugosité arithmétique : Ra

Elle est définie en Europe par la norme EN 10049 de février 2006 [1].

C'est le critère de loin le plus utilisé, au point même que la plupart des gens quantifient la rugosité d'une tôle en indiquant seulement cette valeur. C'est négliger nombre d'autres facteurs dont nous parlerons lors de la discussion qui suivra. C'est un peu comme si l'on prétendait définir complètement un individu en indiquant seulement sa taille...

La définition de Ra est la suivante : c'est la moyenne arithmétique de la valeur absolue des amplitudes des pics et des vallées par rapport à la ligne moyenne.

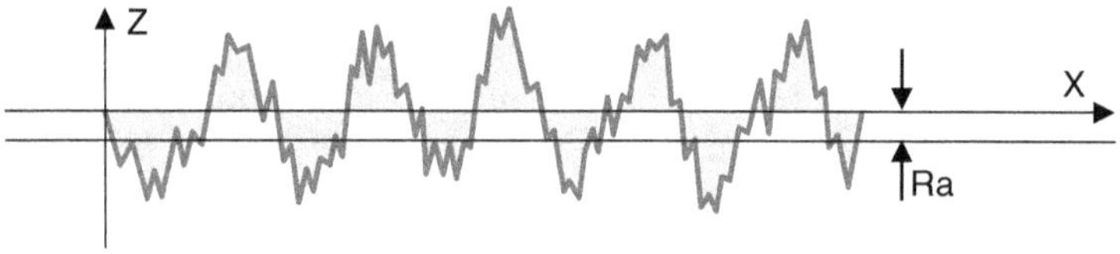

Figure 17.2 – Définition de Ra (selon EN 10049)

En gros, on compte la valeur moyenne des occurrences d'altitude situées au-dessus et au-dessous de la ligne moyenne. Les deux surfaces grisées de la figure 17.2 sont égales. L'avantage de cette caractéristique est d'être plus statistique que Rt. Évidemment, Ra est toujours beaucoup plus faible que Rt, de sept à dix fois environ. Le tableau 17.1 donne des valeurs classiques de Ra pour différentes qualités de tôles.

Tableau 17.1 – Finition des tôles non revêtues, selon norme EN 10130

Finition	Rugosité
Brillante	Ra ≤ 0,4 µm
Semi-brillante	Ra ≤ 0,9 µm
Normale	0,6 µm < Ra ≤ 1,9 µm
Rugueuse	Ra > 1,6 µm

17.2.3 Amplitude d'ondulation : Wa

C'est l'équivalent du paramètre Ra, mais appliqué à l'ondulation. C'est plus ou moins une mesure du phénomène dit *peau d'orange* qui correspond à une déformation de la surface à l'échelle du millimètre. Il est donc très utile pour l'appréciation de l'aspect après peinture.

C'est ce paramètre qu'utilisait Kobayashi dans sa méthode de détermination des courbes limite de formage (cf. partie D).

17.2.4 Dissymétrie du profil : Rsk

Ce critère indique la dissymétrie du profil, c'est-à-dire la présence majoritaire de plateaux ou de vallées (rien n'oblige en effet à ce qu'ils soient en même proportion). Il est défini par la norme NF EN ISO 4287 [2]. La valeur de Rsk est négative quand la proportion de plateaux est supérieure à celle des vallées et positive dans le cas contraire.

L'intérêt de sa prise en considération apparaîtra facilement en considérant l'exemple schématique suivant : imaginons deux rugosités de surface ayant même valeur de Ra mais dont les profils sont opposés (figure 17.3). Il est bien clair que leur même valeur de Ra ne suffit pas à ce qu'elles aient le même comportement en frottement. Sur celle de gauche, les pics vont être rapidement arasés dès le début du glissement sur l'outil et vont former de nombreux débris. Celle de droite, au contraire, possède déjà une large surface portante qui réduit la pression réelle, l'abrasion et la tendance à former des débris.

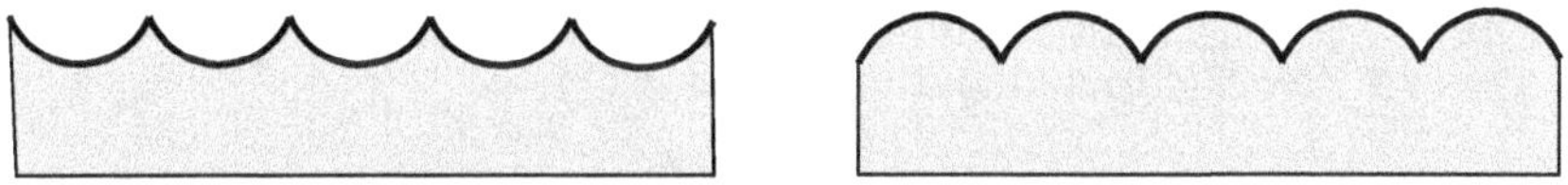

Figure 17.3 – Surfaces dont le paramètre Rsk est positif (gauche) ou négatif (droite)

17.3 Les différentes textures possibles

La rugosité superficielle des tôles est essentiellement produite lors des dernières passes de son laminage. Si c'est une tôle à chaud, ce sera surtout l'état du cylindre de la dernière cage ainsi que les conditions de laminage qui vont être influents (température, vitesse, traction, pression). Dans le cas d'une tôle à froid, on ajoute, après recuit, une opération supplémentaire appelée skin-pass. C'est elle, surtout, qui va déterminer le type de rugosité.

Nous allons examiner principalement ce dernier cas, car c'est celui dans lequel les plus grands efforts de recherche de textures ont été développés. On peut estimer qu'il existe, ou a existé, cinq grands procédés permettant d'obtenir sur le cylindre de skin-pass la géométrie superficielle qui sera ensuite imprimée par indentation sur la tôle. Nous n'allons pas les examiner dans leur ordre chronologique d'apparition mais en considérant deux catégories distinctes :

- les trois premiers donnent une texture de rugosité dite *stochastique*, c'est dire une répartition au hasard des plateaux et vallées (figure 17.4 gauche),
- les deux derniers produisent une texture dite *déterministe*, c'est-à-dire que la position des plateaux et vallées n'est plus au hasard mais déterminée par les paramètres du process de gravage des cylindres (figure 17.4 à droite).

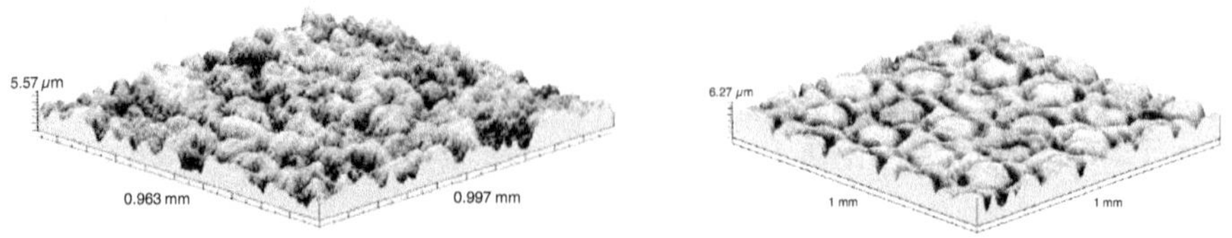

Figure 17.4 – Rugosité stochastique (gauche) et déterministe (droite)

Attention

Les figures ci-dessus sont le résultat de palpages tridimensionnels, donc extrêmement déformées par anamorphose comme indiqué plus haut (le carré fait 1 mm de côté et l'altitude est de l'ordre de 10 µm).

17.3.1 Le grenaillage

Avant 1980, une seule méthode de préparation des cylindres de laminage et surtout de skin-pass était industriellement utilisée : le grenaillage. Dans cette technique, un jet de grenaille métallique (de la fonte, en général), est projeté à grande vitesse sur le cylindre préalablement rectifié. Les impacts fracturent localement la fonte du cylindre et créent des dépressions réparties au hasard (figure 17.5, à gauche). Lors du skin-pass (à droite) le métal est comprimé entre les cylindres et « remonte » dans les cavités, formant ainsi les plateaux (P).

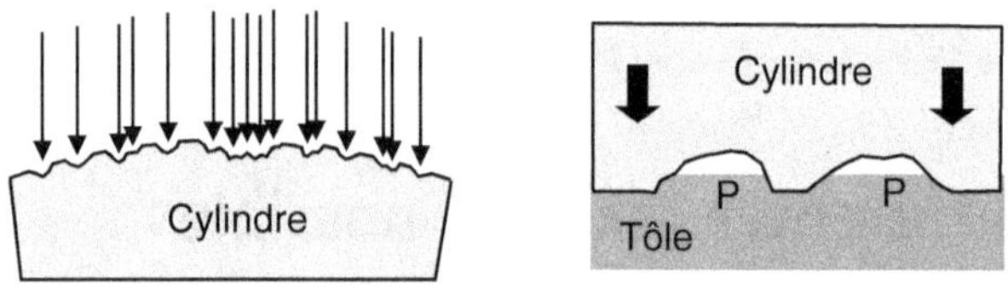

Figure 17.5 – Gravage du cylindre (gauche) et impression sur la tôle (droite)

Durant le grenaillage, le cylindre est mis en rotation. On voit donc que les facteurs qui vont déterminer la grosseur et la profondeur des cratères sont :

- la nature, la taille, le degré d'usure de la grenaille,
- sa vitesse de projection,

tandis que ceux jouant sur la densité de cratères seront :

- la vitesse de rotation, celle de « balayage » du grenaillage,
- le temps de grenaillage.

Les inconvénients sont de plusieurs genres. D'abord, la grenaille est fragile ; elle se brise et s'use. Il est donc nécessaire de la trier continuellement et de respecter une politique stricte de renouvellement si l'on veut maintenir constants les résultats. Ensuite, les paramètres de réglage que nous venons d'énumérer ne sont pas toujours faciles à gérer et à contrôler précisément. Cette méthode est quasiment abandonnée aujourd'hui.

17.3.2 L'électroérosion (EDT)

C'est un procédé dont les premiers essais datent de 1992.

Le procédé, appelé EDT (*Electro Discharge Texturing*[1]) est relativement simple. Le cylindre est immergé dans un bac contenant une huile diélectrique et tourne face à des électrodes immergées. Des arcs électriques se forment qui font fondre très localement la surface du cylindre et lui donnent une rugosité, aléatoire comme dans le cas du grenaillage.

Il y a cependant plusieurs avantages : le métal du cylindre est fondu et non cassé, ce qui le rend moins sensible à l'endommagement en service. Les variables de réglage sont électriques et plus faciles à maîtriser. Enfin, il n'y a pas à craindre, comme dans le cas du grenaillage, une usure des particules abrasives. Le procédé est très couramment utilisé, notamment pour les pièces extérieures des carrosseries d'automobiles. Il est assez économique et tend à prendre le pas sur les autres procédés.

17.3.3 Le procédé Pretex

Pour ne pas être en reste, le sidérurgiste allemand Preussag (Salzgitter) a développé vers 1998 un procédé appelé Pretex (qui s'appelle aussi Topcrom).

Le cylindre est plongé verticalement dans un puits contenant un électrolyte chargé en chrome. Ce métal se dépose sous forme de nodules sur le cylindre, donnant ainsi une rugosité aléatoire qui serait assez comparable à celle obtenue par électro-érosion.

Les applications industrielles ne semblent pas être très nombreuses à ce jour. Des problèmes de mise au point ont subsisté un certain temps, dus en particulier au fait que des nodules de chrome se détachaient parfois du cylindre et venaient s'incruster dans la tôle skin-passée.

Il semble cependant qu'il existe un certain regain d'intérêt pour ce procédé.

17.3.4 Les procédés au laser

L'idée d'utiliser le laser pour graver les cylindres de skin-pass est venue en 1984 à l'équipe du CRM[2], alors dirigée par Bragard.

Il est évident que, face au caractère aléatoire du grenaillage, le seul existant à cette époque, le faisceau laser semblait avoir tous les avantages. On peut en régler la puissance assez facilement, le projeter à l'endroit voulu au dixième de millimètre près, régler à souhait l'écartement des cratères, etc. L'ensemble de ces propriétés en fait donc bien un procédé déterministe, à opposer au caractère stochastique des précédents.

Un sérieux avantage des procédés déterministes, laser ou EBT, vient du fait qu'ils n'entraînent pas la formation d'ondulations marquées, ce qui s'explique en partie de la façon suivante : en grenaillage, la distribution des impacts est tout à fait aléatoire et plusieurs particules de grenaille peuvent frapper le cylindre au même

1. Texturage par électro-érosion.
2. Centre de Recherches Métallurgiques belge (situé à Liège).

endroit, donc créer une large dépression locale tandis que des zones proches n'auront reçu que peu d'impacts (se reporter à la figure 17.5 à gauche). Il en résulte une succession de bosses et de creux de longueur d'onde beaucoup plus grande que la rugosité elle-même qui amplifie donc le paramètre Wa, et peut être à l'origine de l'aspect peau d'orange. Il en est d'ailleurs un peu de même du procédé EDT et, peut être en moins marqué, du procédé Pretex.

La première version du procédé au laser, le Lasertex, avait pour principal objectif de supprimer le grippage par un meilleur contrôle de la hauteur et de la répartition des plateaux et vallées.

Une deuxième technique a été créée à l'instigation des Japonais (premiers brevets par Kawasaki) : le « Laser-Mirror ». L'idée est de réduire l'ondulation en respectant, sur la tôle, la planéité donnée par le cylindre rectifié tout en créant un faible nombre de petits cratères qui serviront de pièges au lubrifiant. Étant donné le faible volume de ces cratères, ce dernier est censé s'y mettre en pression pour faire tendre le régime vers l'hydrodynamique (voir plus loin).

Cette technique n'a pas connu un grand succès en Europe, à cause, pensons-nous, du relativement peu de respect qu'y avaient certains emboutisseurs pour leurs outils. Les outils japonais sont, la plupart du temps, impeccables, ce qui fait qu'on peut encore croire à la théorie des pièges à huile. Mais ce n'est plus possible quand on a affaire à des outils rayés car le lubrifiant à toutes les possibilités de fuir.

Trois inconvénients se sont opposés à la diffusion des procédés au laser :

- l'investissement assez élevé nécessité pour la machine de gravage,
- la quasi impossibilité de « re-skin-passer » une bobine, opération qui est utilisée dans différents cas où un défaut de surface est à éliminer,
- la répétition systématique du motif crée souvent des effets de Moiré qui s'opposent à son utilisation en pièce visible (l'auteur ne connaît qu'un seul cas d'utilisation en pièce de peau).

17.3.5 Le procédé par faisceau d'électrons (EBT)

C'est une variante des procédés au laser, inventée dès 1971 aux USA, mais surtout développée en Europe par le sidérurgiste belge SIDMAR vers 1990. Le sigle vient de l'anglais : *Electron Beam Texturing*. Le faisceau d'électrons remplace le faisceau laser, tout le reste étant comparable à l'exception du fait qu'on est obligé, pour obtenir un rendement convenable, d'agir sous vide assez poussé, ce qui complique évidemment grandement les choses. L'investissement est élevé, là aussi.

Plusieurs raisons ont poussé à la mise au point du procédé. D'abord, le faisceau d'électrons est beaucoup plus facile à manipuler et à doser qu'un faisceau laser[1]. On devrait donc, normalement, posséder une plus grande maîtrise du résultat. On peut, en particulier, dévier légèrement le faisceau et éviter les alignements de cratères qui sont à l'origine des Moirés.

1. Il suffit, pour s'en convaincre, de penser à l'extraordinaire agilité du faisceau d'électrons d'un tube cathodique.

Ensuite, le fait de travailler sous vide est plus satisfaisant du point de vue métallurgique. Le métal du cylindre ne subit pas d'oxydation pendant la fusion, ce qui en améliore la qualité.
Du point de vue des résultats, il semble que ce procédé permette d'obtenir un aspect meilleur après peinture, à valeur de Ra identique, que ses concurrents. À l'inverse, une revendication est donc, à qualité d'aspect égale, de pouvoir réduire le grippage en utilisant une tôle dont le critère Ra est supérieur.
Pour résumer cette partie, nous dirons que :

– le grenaillage est abandonné,
– le Lasertex et le Laser Mirror le sont également,
– les procédés EBT et EDT sont en concurrence pour les pièces d'aspect,
– le procédé Pretex semble être assez peu utilisé.

Notons que les énormes progrès réalisés par les lasers de puissance ces dernières années pourraient leur redonner un intérêt économique certain (sources plus petites et moins coûteuses, non-nécessité du vide).

18 • LES PRINCIPALES LOIS DU FROTTEMENT

Il existe plusieurs niveaux de représentation de ce qui se passe au contact de deux solides qui se déplacent l'un contre l'autre et dont l'étude porte le nom de *tribologie*. On peut examiner les choses d'un point de vue macroscopique, en considérant les forces engendrées par le frottement, ou bien microscopique, en observant par exemple la déformation et le comportement des aspérités de surface. C'est à la première approche que correspond la notion de *coefficient de frottement*.
Il n'existe pas un, mais plusieurs modèles de frottement, ce qui complique la tâche de celui qui doit en choisir un pour l'application qu'il se propose d'examiner. Léonard de Vinci semble être le premier à avoir considéré le phénomène en faisant glisser des solides sur des plans inclinés ; nous n'allons pas exposer ses résultats mais ceux de Coulomb qui a laissé son nom à un modèle inventé juste avant la révolution, en 1781, mais encore très utilisé en emboutissage.

18.1 Le coefficient de frottement de Coulomb

Définissons le système étudié. Un corps dur se déplace sur un solide plat, dur également, avec une certaine vitesse relative $\vec{v}$. Le système n'est pas lubrifié. Une force P applique les corps l'un sur l'autre ; l'origine de cette force peut être la pesanteur comme dans l'exemple que nous allons traiter maintenant mais, durant l'emboutissage, c'est plutôt la force de serre-flan ou la tension exercée sur la tôle qui l'applique sur un rayon.
Dans un premier temps, les deux corps sont considérés comme étant indéformables et il faut donc bien qu'à leur interface se produise un glissement. On appelle cela *l'accommodation de vitesse*, dans la mesure où c'est bien un mouvement relatif des deux corps qu'il faut autoriser.
Examinons la figure 18.1 gauche. Le corps A, de poids P, est posé sur une surface B. Une force horizontale F suffit à le déplacer à la vitesse $\vec{v}$. Dans le cas représenté, une poulie renvoie la force exercée verticalement par un poids de valeur F.

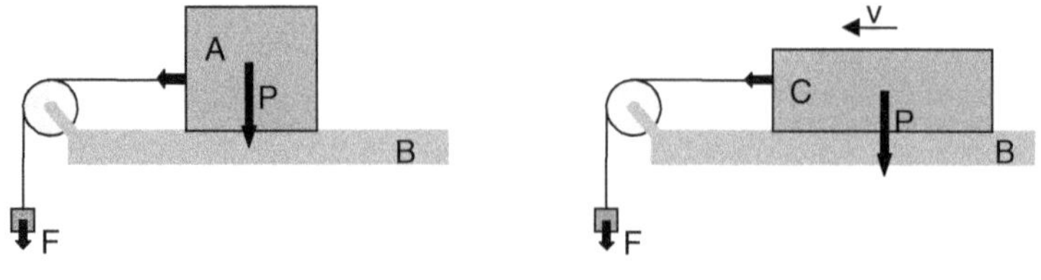

Figure 18.1 – Modèle simple de frottement

Coulomb a défini le coefficient de frottement, qu'on symbolise traditionnellement par μ, comme étant le rapport de la force F à la force P :

$$\mu = F/P$$

On pourrait difficilement trouver définition plus simple.

Une remarque importante s'impose, que nous aurons l'occasion de rappeler quand nous examinerons la mécanique de l'emboutissage et ses applications. Dans cette formule n'apparaît pas la surface de contact S. Pour l'illustrer (figure 18.1 à droite), disons que le corps C, de même poids P que A mais de surface d'appui S' nettement plus grande, glissera sous l'effet de la même force F.

Il faut insister sur ce point car c'est une notion qui n'est pas intuitive du tout : on a toujours tendance à croire qu'en augmentant la surface de contact on va augmenter la force s'opposant au glissement.

C'est la réaction qui vient immédiatement à l'esprit quand on envisage d'agrandir le flan pour une pièce donnée. On oublie simplement que si l'on augmente la surface d'appui sans changer la force qui s'applique, on réduit la pression.

Nous reverrons cela plus en détail à propos du mécanisme microscopique et l'explication apparaîtra alors très simple.

Pour montrer l'universalité de cette loi, Felder [3] utilise l'exemple suivant : faire glisser un meuble pesant demande un grand effort. Mais chacun perçoit bien qu'en vidant le meuble, il le déplacera plus facilement, ce qui signifie que plus ou moins inconsciemment, par expérience, on a qualitativement redécouvert la loi de Coulomb.

Le coefficient de frottement de Coulomb est théoriquement limité à 1, ce qui signifie que la force F nécessaire pour faire glisser le corps ne peut pas être supérieure au poids P[1]. Pour les cas qui nous intéressent, il est même très nettement au-dessous de 1. Voici quelques valeurs typiques mesurées sur *tribomètre*[2] :

– acier nu avec huile de protection classique : 0,10 à 0,15,
– acier nu avec un très bon lubrifiant d'emboutissage : 0,05
– tôle électrozinguée avec huile de protection classique : 0,10 à 0,25,
– tôle électrozinguée avec post-traitement : 0,05 à 0,10,
– tôle prépeinte sèche : 0,15 à 0,45.
– tôle prépeinte huilée : 0,02 à 0,05.

Signalons que des coefficients très élevés (0,4 ou 0,5) sont rencontrés en emboutissage à chaud.

Revenons à l'expérience précédente : les choses sont un peu plus compliquées qu'il n'y paraît car on constate, en faisant l'essai, que la force F' qui provoque le démarrage du glissement est toujours supérieure à la force F qui suffit ensuite à entretenir

1. On voit des cas où il dépasse nettement 1. Par exemple, la tête d'un pilote de formule 1 peut subir des accélérations latérales de 4 g ! C'est donc que F = 4 P. Mais ce n'est pas pour rien que les gommes des pneus de course sont très tendres, c'est pour faciliter leur engrènement dans la chaussée... Le phénomène ne correspond plus à la définition de Coulomb (solides indéformables). Là réside une très grande différence avec l'emboutissage, qui fait que les évidences de la vie courante ne s'appliquent pas.
2. C'est un appareil de laboratoire qui reproduit, de façon plus automatisée, l'expérience décrite ci-dessus.

ce glissement (figure 18.2). Il y a donc lieu de considérer non pas un, mais deux coefficients de frottement :

– le coefficient de frottement statique : $\mu_{stat} = F'/P$, au démarrage,
– le coefficient de frottement dynamique : $\mu_{dyn} = F/P$.

On verra (cf. exemple 16, partie J) que cette nuance peut avoir une influence néfaste dans quelques rares cas d'emboutissage.

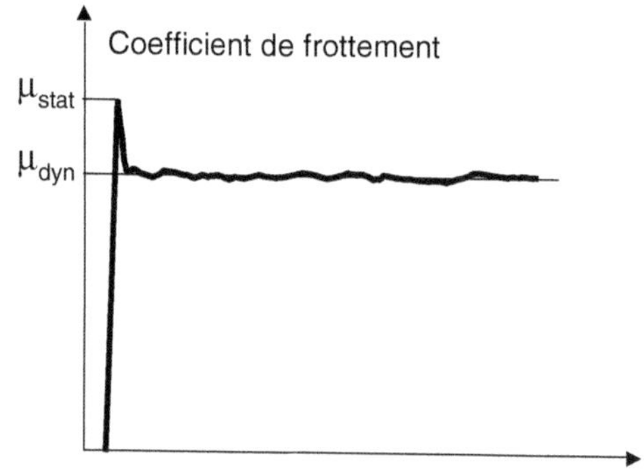

Figure 18.2 – Enregistrement typique sur tribomètre

D'où vient qu'il existe une force de démarrage F' plus élevée que celle qui permet le déplacement relatif continu des deux corps. Cela tient à trois phénomènes.

Le premier est de nature mécanique et nous allons l'illustrer, de façon imagée, en comparant les surfaces en contact à deux tôles ondulées qui seraient empilées l'une sur l'autre, donc encastrées. Cette image est justifiée par le fait que deux surfaces ne sont jamais parfaites (on le verra plus loin) et qu'elles comportent toujours des rayures, des creux et des aspérités.

On tire sur la tôle ondulée supérieure. Avant qu'elle ne prenne sa vitesse, il faut obtenir qu'elle se soulève par rapport à celle du dessous, de façon à désengager les tôles l'une de l'autre. À partir du moment où le mouvement est amorcé, en revanche, cet effort initial n'est plus à fournir, les deux tôles « glissent » facilement l'une sur l'autre, et d'autant plus facilement, d'ailleurs, que la vitesse est grande (elles n'ont pas le temps de « retomber » l'une dans l'autre). Nous appellerons *engrènement mécanique* l'interpénétration des deux surfaces.

Le deuxième phénomène à l'origine de ce coefficient de frottement statique plus élevé est de nature physico-chimique. Nous avons vu, dans la partie A, qu'il existe, entre les atomes, des forces qui tendent à les rapprocher. Quand existe entre deux métaux un contact intime, il y a donc nécessairement des atomes de l'un très proches des atomes de l'autre, en fait à une distance interatomique s'il s'agit des deux mêmes métaux. Même si ces atomes sont de nature différente, il en résulte des forces tendant à les unir les uns aux autres et ce phénomène porte le nom d'*adhésion*. Nous en parlerons souvent car l'adhésion joue un rôle bien plus important que généralement admis dans toutes ces questions.

Ces forces d'adhésion vont, évidemment, s'opposer au mouvement relatif des deux corps puisqu'il va falloir les rompre pour permettre le mouvement. Elles existent donc tout au long du glissement des deux corps et sont une des composantes habituelles du frottement. Cependant, elles sont plus présentes, plus vigoureuses si l'on peut dire, au moment du démarrage car elles ont eu plus de temps pour s'établir. Des expériences sur tribomètre ont montré que la force statique du démarrage augmentait avec le temps pendant lequel on laissait l'éprouvette sous l'action de la force de serrage avant de commencer l'essai de frottement. Ceci est normal car l'adhésion est un phénomène thermiquement activé, lesquels sont aussi fonction du temps.

Nous verrons aussi que ces forces d'adhésion jouent un rôle prédominant dans les phénomènes de broutage (ou stick-slip) et de grippage.

Pour expliquer le troisième phénomène influant sur le coefficient de frottement statique, il est nécessaire d'oublier l'hypothèse peu réaliste, faite au début, de deux corps strictement indéformables. Nous avons évoqué précédemment l'engrènement des surfaces et l'effort nécessaire pour que les aspérités se dégagent les unes des autres. Dans ce mécanisme, les aspérités étaient supposées indéformables ; mais ce n'est pas le cas en emboutissage, surtout en ce qui concerne la tôle, la plupart du temps moins dure que l'outil[1].

Il se produit en réalité un cisaillement des aspérités de la tôle qui nécessite, lui aussi, un effort. Or, cet effort est plus grand au démarrage car nombre d'aspérités les plus hautes doivent alors être rabotées simultanément. Mais ensuite, après cet arasement initial, cette résistance diminue. Ce phénomène d'arasement, qui joue également un rôle pendant le mouvement de glissement, sera examiné plus en détail en 19.1.3.

Pour le moment, nous retiendrons donc que le glissement d'un corps nécessite l'application d'une force élevée au début mais qui décroît puis se stabilise dès que le mouvement est commencé. Notons que la rigidité du système joue également un rôle : c'est ainsi que le rapport μ_{stat}/μ_{dyn} mesuré sur deux tribomètres différents varie en fonction des rigidités des machines et des éprouvettes utilisées.

18.2 Le coefficient de frottement de Tresca

Dans ce qui précède, nous avions initialement pris soin de préciser que les deux corps étaient macroscopiquement indéformables ; puis nous avons signalé que les aspérités de surface de la tôle pouvaient se déformer plastiquement. C'est ce qu'on peut considérer comme vrai, en première approximation, dans le cas de l'emboutissage.

Cependant, les tôles se déforment également dans leur plan, c'est même le but de l'opération d'emboutissage. On verra que cet état de déformation est dit en *contraintes planes* (qu'on peut aussi appeler mode *membrane*), pour bien marquer qu'il n'y a pratiquement pas de contrainte exercée dans l'épaisseur[2].

Il existe des modes de déformation beaucoup plus complexes. Pour préciser ce que nous voulons dire, considérons le forgeage d'un lingot. Il est écrasé en long, en

1. Il existe quelques exceptions : les revêtements galvannealed peuvent être plus durs que certains outils et cela est encore plus marqué pour les revêtements électrolytiques de Zn-Ni.
2. Il y a des déformations en épaisseur, mais elles résultent seulement des contraintes existant dans le plan (en première approximation).

C

LE CONTACT TÔLE-OUTIL

travers, sur le côté, de façon à le malaxer pour lui donner sa forme et pour l'homogénéiser. On voit bien que le mode de déformation, *triaxial* cette fois, est beaucoup plus sévère et complexe.

Continuons l'exemple du lingot d'acier qu'on forge à près de mille degrés Celsius ; la comparaison permettra de mieux fixer les idées. Sa mise en forme présente de grandes différences par rapport au cas de l'emboutissage.

Il est d'abord très mou. En raison de sa température élevée, l'agitation atomique est très grande, les forces de liaison entre les atomes sont relâchées, son système cristallin (CFC) est très malléable et sa limite d'élasticité est presque nulle. Cela a plusieurs conséquences :

- d'une part, sa surface très molle s'imprime trop parfaitement dans la rugosité de l'outil, ce qui s'oppose à son glissement (effet d'engrènement). On peut comparer cela à la façon dont le pneu s'accroche au sol,
- d'autre part, à cause du travail à haute température, les outils ont souvent un état de surface dégradé, ce qui renforce l'effet mécanique de blocage,
- de plus, la haute température augmente l'adhésion et rend difficile l'emploi de bons lubrifiants,
- enfin, le métal chaud se déforme très facilement dans son volume (heureusement car c'est le but du forgeage).

Comme on le voit, toutes les conditions sont réunies pour s'opposer au glissement du métal très chaud. Ce qui en découle, c'est qu'il n'y a pratiquement pas de déplacement de la peau du lingot sur l'outil et que l'accommodation de vitesse doit se faire là où elle est la plus facile, c'est-à-dire dans le corps du métal, en principe sous la peau.

Dans ce cas s'applique le coefficient de frottement imaginé par Tresca en 1865, qui prend en compte la limite d'écoulement du métal. Il ne s'agit plus à proprement parler d'un coefficient de frottement entre les deux surfaces mais d'une loi indiquant l'effort de cisaillement de la zone sous-cutanée du métal.

Le lecteur peut, raisonnablement, s'interroger sur les raisons qui nous ont amenés à parler d'un cas de frottement qui s'applique au forgeage ou au matriçage à chaud. Elles sont au nombre de deux :

- la première est que nous entendons parfois demander pourquoi on utilise en emboutissage le coefficient de frottement de Coulomb et pas un autre. La réponse est ainsi donnée,
- la seconde tient au fait que le coefficient de Tresca pourrait s'appliquer dans les cas d'emboutissage où les conditions de lubrification se dégradent énormément. C'est lui qu'il faudrait localement utiliser si l'on voulait modéliser le grippage, phénomène que nous examinerons plus loin.

19 • MÉCANISMES DU FROTTEMENT

19.1 Le mécanisme au niveau microscopique

Essayons de voir plus finement ce qui se passe au niveau du contact, ce qui nous permettra d'avancer dans la compréhension théorique des composantes du frottement.

19.1.1 Influence de la force appliquée

Examinons la figure 19.1. Un corps A, dont la surface est rugueuse et déformable, est écrasé sur un corps B, lisse et indéformable. Dans notre cas, le corps A est une tôle d'acier tandis que B est un outil, en acier traité par exemple.

Avant d'aller plus loin, il importe de nous mettre d'accord sur ce que signifient les notions de lisse et rugueux. Elles sont très relatives, car, au niveau microscopique, aucune surface n'est jamais absolument lisse. En fait, cette notion dépend uniquement de la finesse de l'examen : une surface métallique polie et réfléchissante (poli spéculaire) peut l'être encore quand on la regarde avec un microscope qui grossit, par exemple, mille fois. A un grossissement de cinquante mille fois, en revanche, l'existence de rayures apparaît clairement. Dans la réalité, le contact entre deux corps est toujours assuré par l'intermédiaire des aspérités.

Nous allons d'abord examiner ce qui se passe au niveau de ces aspérités lors du contact *statique* (sans mouvement relatif de translation) d'une surface rugueuse et déformable (la tôle) avec une surface dure (l'outil).

Supposons qu'une force verticale P croissante applique progressivement A sur B. Étant donné que toutes les aspérités ne se trouvent pas dans un même plan, tant que la force P1 est faible la surface réelle de contact est limitée à quelques aspérités (figure 19.1 gauche). Quand la force augmente et devient P2, la pression locale devient grande sur les aspérités et celles-ci se déforment plastiquement et s'élargissent. D'autres aspérités viennent aussi en contact et un équilibre stable est atteint lorsque la surface totale de contact est suffisante pour que le métal des plateaux cesse de se déformer plastiquement (figure 19.1 droite). On appelle cette surface la *surface réelle de contact* que nous symboliserons par S_r, la surface apparente de contact étant S_a.

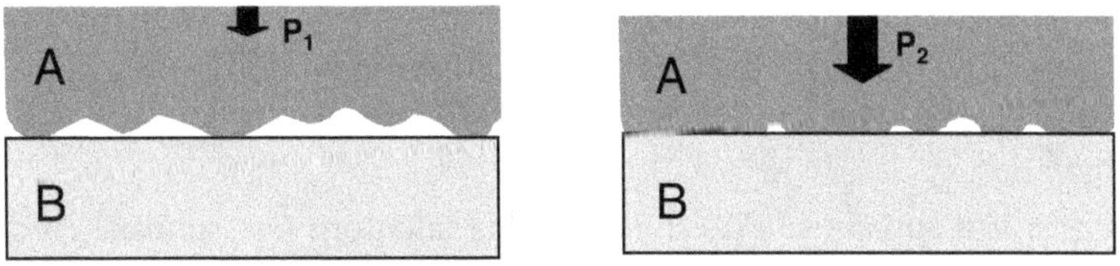

Figure 19.1 – Déformation des aspérités superficielles du métal

Cette influence de la pression est illustrée pratiquement par les photos de la figure 19.2 : les plateaux et vallées d'une tôle galvanisée apparaissent clairement sur la vue de gauche tandis que l'on voit, sur la vue de droite, que leur surface a été fortement aplanie par la pression d'un outil lisse.

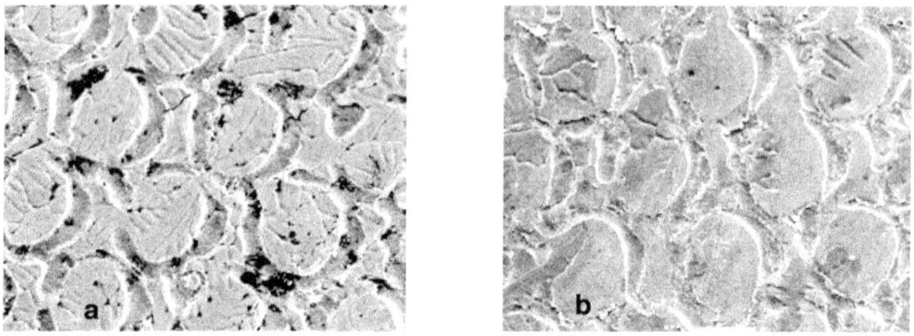

Figure 19.2 – Surface portante : a) état initial, b) après application d'une charge

Comme nous considérons un état statique, il faut que les actions et les réactions s'équilibrent. Autrement dit, on doit avoir dans tous les cas égalité entre, d'une part, la force P qui s'applique et, d'autre part, le produit de la surface réelle S_r de contact par la contrainte d'écoulement en compression σ_c des aspérités. Ceci s'écrit très simplement :

$$P_{(N)} = \sigma_{c\,(MPa)} \cdot S_{r\,(mm2)}$$

A l'équilibre, le terme σ_c représente donc, à la fois, la pression réelle de contact et la contrainte d'écoulement des aspérités du matériau doux (une caractéristique mécanique). Il peut sembler inhabituel de raisonner de la sorte, mais il suffit de se dire que l'on est dans le cas inverse de la traction, dans lequel la force est égale au produit de la section par la contrainte. C'est la même chose ici, sauf que la contrainte est de compression.

Cette formule implique qu'un matériau dur n'a qu'une petite surface réelle de contact tandis qu'un mou en aura une grande (comparer avec un pneu bien gonflé ou très dégonflé). Nous verrons l'importance de cette notion à propos des revêtements de tôle.

Profitons-en aussi pour noter la conséquence suivante : en statique, la géométrie de la rugosité, c'est-à-dire sa texture (grenaillée, Lasertex, EDT ou EBT) n'a quasiment aucune influence sur la surface réelle de contact entre la tôle et l'outil. Seule peut influer la « dureté » superficielle de la tôle, c'est-à-dire la limite d'élasticité et l'écrouissabilité des aspérités ainsi que les éventuelles contraintes résiduelles qui y ont été introduites lors des dernières opérations de laminage ou de skin-pass.

Étant donné que le contact effectif ne concerne qu'un nombre restreint d'aspérités, la surface réelle de contact S_r est évidemment toujours plus faible que la surface apparente S_a.

La pression apparente P_a, celle que nous calculons par exemple en divisant la force de serre-flan par la surface apparente sous serre-flan S_a, est donc toujours plus faible, dans une proportion variable, que la pression réelle de contact. On comprend donc maintenant pourquoi cette surface apparente de contact ne joue pas de rôle direct sur le frottement et n'apparaît pas dans la formule de Coulomb.

19.1.2 Effet de l'adhésion

Prenons maintenant en compte l'adhésion. Il est logique de penser que dans les zones microscopiques où les deux solides sont en contact intime, il existe en fonction de leur nature physico-chimique, des forces de liaisons atomiques qui peuvent se représenter par une contrainte les liant l'un à l'autre. L'adhésion totale entre les deux corps devient alors le produit de cette contrainte par la surface réelle de contact :

$$F_{adhés} = \sigma_{adhés} \cdot S_r$$

Entrons dans le détail. Les forces d'adhésion s'opposant au mouvement vont donc varier en fonction de la nature des corps en contact, de la surface réelle de contact S_r et de l'éventuelle présence d'un élément s'interposant entre les deux surfaces, qu'on appelle en tribologie le *troisième corps* et qui peut être le lubrifiant, un revêtement, des oxydes, une pollution. Nous allons examiner ces différents facteurs.

■ Nature des corps en contact

En emboutissage, la nature des forces d'adhésion est essentiellement atomique[1]. Quand deux solides métalliques sont amenés localement au contact, les atomes de l'un et de l'autre s'attirent de plus en plus jusqu'à une certaine distance, puis se repoussent. On retrouve l'explication donnée pour justifier l'existence des cristaux (cf. partie A). La différence, c'est que nous considérons maintenant des atomes pas forcément identiques d'un côté et de l'autre de l'interface. Le problème revient donc à estimer le degré d'affinité d'un métal pour l'autre.

Nous devons faire appel à la métallurgie pour l'apprécier, en comparant l'adhésion à une sorte de soudure froide par diffusion entre les deux métaux[2]. Celle-ci ne pouvant se faire, en principe, que par formation d'une solution solide de substitution, nous renvoyons au paragraphe 1.2.1 de la partie A pour revoir les lois de Hume-Rothery.

La première conclusion qui en découle, c'est qu'il faut éviter à tout prix de faire frotter deux pièces de même métal l'une sur l'autre : cuivre sur cuivre, fer sur fer.

Hélas ! Le deuxième exemple correspond exactement à un cas de figure très répandu : une tôle nue frottant sur un outil en fonte ou en acier ! Il n'est donc pas étonnant que cette configuration puisse conduire au *grippage* (voir 23.1). Cela nous explique pourquoi, dans les cas où la tendance au grippage est élevée, une bonne solution (mais coûteuse) consiste à réaliser l'outil en cupro-aluminium, qui n'a que peu d'affinité pour le fer, ou à le revêtir de nitrure de titane, chrome ou autres métaux différents.

1. Il existe d'autres formes de forces d'adhésion, par exemple capillaires.
2. Les choses sont, à coup sûr, bien plus compliquées, mais cette explication sera suffisante pour nous.

Surface réelle de contact

Pour un couple de métaux donnés, on peut estimer que la force liant deux atomes de chacun des corps est une constante. La force d'adhésion va donc être une fonction du nombre de vis-à-vis sur l'interface et, par conséquent, proportionnelle à l'aire de contact réelle S_r. Nous avons déjà vu qu'en l'absence de lubrifiant et de mouvement, cette surface dépendait seulement de la dureté superficielle et de la force appliquée.

En conséquence, les forces dues à l'adhésion augmentent avec la pression réelle appliquée, ce qui suffirait à justifier, en soi, le coefficient de frottement de Coulomb.

En revanche, ces forces diminuent quand la dureté superficielle du métal (ou de son revêtement) augmente, puisque la surface réelle de contact diminue[1]. Ceci nous amène à tordre le cou à une idée, hélas, très largement répandue : celle que le zinc pur agit comme un lubrifiant.

Le zinc pur est très mou : sa dureté Vickers est de 40 HV, alors que l'acier doux a une dureté d'environ 80 à 100 HV. Sous la même pression, le zinc s'étale donc beaucoup plus. En comparaison, le revêtement d'alliage zinc-nickel employé par certains constructeurs automobiles est très dur : 200 à 300 HV. Sa surface réelle de contact restera donc toujours très faible.

L'auteur pense que cette idée fausse concernant les propriétés lubrifiantes du zinc vient de l'analogie injustifiée avec certains cas d'utilisation où le zinc joue ce rôle de lubrifiant : le tréfilage des fils d'acier, par exemple. Cependant, les circonstances sont totalement différentes : les pressions et vitesses sont considérables en tréfilage. D'abord, le zinc très mou isole l'acier de la filière, il répartit les charges ; ensuite, son cisaillement participe un peu à l'accommodation de vitesse et, surtout, sa présence assure une meilleure tenue du lubrifiant solide utilisé (phosphatation ou autre).

On retiendra donc ce principe essentiel et trop méconnu :

un revêtement mou glisse toujours moins bien qu'un revêtement dur

Ceci concerne le frottement. Nous verrons plus loin, néanmoins, que le zinc a quand même l'avantage de protéger le substrat du grippage.

Influence du troisième corps

Jusqu'à présent, nos raisonnements ont uniquement porté sur des contacts directs entre les métaux. Point de lubrifiant, point de pollution et donc, point de troisième corps. Mais il s'agit là d'un cas rare, heureusement, en emboutissage.

On comprend bien que, si l'on introduit un corps liquide ou visqueux tout à fait différent entre les deux métaux, le contact direct de leurs atomes respectifs devient impossible et que, par conséquent, les forces d'adhésion sont, au moins, très diminuées. Quand le corps intermédiaire est en quantité suffisante, il apparaît, de plus, des effets de sustentation hydrodynamique, que nous étudierons au chapitre 20.

Le troisième corps peut également se trouver sous une forme pulvérulente solide, la poudrette, qui peut être composée d'oxydes ou d'autres matériaux résultant du frottement (cas des frottements non lubrifiés).

1. Ce n'est pas la seule raison, on le verra plus loin.

Examinons les aspects mécaniques et physico-chimiques du cas qui nous intéresse, celui du contact tôle-outil lubrifié. On peut distinguer, très schématiquement, deux types d'action différents ; l'interposition d'un ensemble déformable sous de faibles contraintes et celle d'un film adhérent au substrat.

Le suif, graisse animale, les cires, sont des composés visqueux à longues chaînes moléculaires assez résistantes mais faciles à déformer. Présentes entre les deux métaux, elles s'opposent à leur contact direct et doivent logiquement supprimer, de ce fait, leur adhésion réciproque.

Les huiles auraient un effet semblable mais les molécules sont plus courtes, ce qui implique une viscosité et une onctuosité plus faibles. Cependant, on sait leur ajouter des additifs dits extrême-pression qui améliorent leur comportement à l'endroit des contacts.

Dans les deux cas précédents, le lubrifiant contient donc des particules libres qui viennent créer un film d'isolement. Il nous semble qu'une comparaison, un peu triviale sans doute, peut être faite avec un fond de littoral marin couvert d'algues. Celles-ci forment un tapis déformable et glissant sur lequel on a de la peine à marcher.

Une deuxième possibilité est constituée par un film moléculaire encore, mais fortement adhérent à la tôle (ou à l'outil) cette fois. On parle dans ce cas d'un film *chimisorbé*, ce qui signifie que les molécules de l'additif se fixent aux atomes constituant la surface des métaux par des liaisons covalentes fortes. Le modèle du tapis de Hardy représente (figure 19.3) ce dispositif comme une population de molécules accrochées à la surface métallique et disposées perpendiculairement à elle, à la façon des poils d'un tissu de velours (sur lequel les objets glissent effectivement très bien).

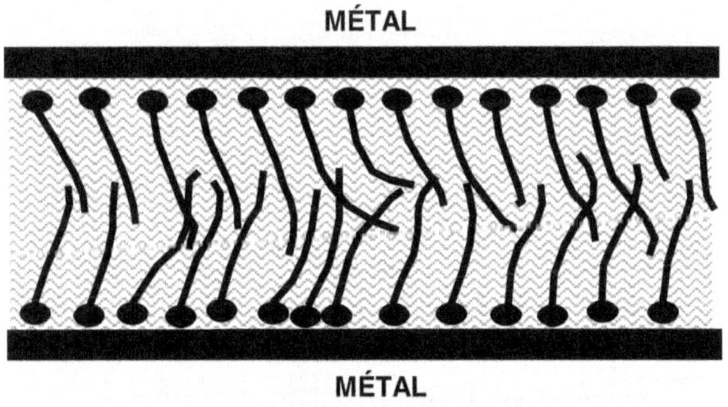

Figure 19.3 – Modèle du tapis de Hardy

Le chlore, le phosphore et le soufre, souvent utilisés dans les additifs extrême-pression malgré leur influence néfaste vis-à-vis de la corrosion, forment des molécules plus ou moins plates qui s'accrochent également fortement à la surface des métaux. Pour continuer notre rustique comparaison avec les surfaces glissantes du bord de mer, nous pourrions cette fois comparer ces systèmes à la mousse qui recouvre les rochers sous l'eau.

Nous verrons, par la suite, que ces modes de lubrification ont des propriétés remarquables et étonnantes, souvent ignorées des emboutisseurs. Mais avant de les examiner, il est nécessaire d'aborder d'autres aspects du frottement.

19.1.3 Déformation plastique des aspérités

Nous avons surtout considéré, jusqu'à présent, l'aspect statique de l'appui de la tôle sur une surface dure, l'outil. En emboutissage, cet état ne dure pas longtemps (étape de fermeture du serre-flan, au maximum) et il nous faut maintenant considérer ce qui change quand le métal se déplace par rapport à l'outil.

Le premier aspect est purement mécanique, c'est la déformation des aspérités appelées *plateaux*.

La surface de l'outil n'est jamais parfaite ; elle comporte généralement des rayures, des empreintes, des microcavités[1], des traces d'usure et même des fissures dans les zones qui ont été rechargées par soudage. De ce fait, il faut considérer que tout outil se comporte, plus ou moins, évidemment, comme une lime vis-à-vis de la tôle. Ses aspérités, s'il y en a, rabotent la tôle moins dure mais les creux peuvent avoir le même effet dans la mesure où les plateaux peuvent y pénétrer un peu. Des examens précis montrent très nettement que des débris de tôle restent attachés, piégés, dans les rayures des outils.

Pour se faire une idée du mécanisme, on peut observer le schéma de la figure 19.4 qui représente plusieurs niveaux de ce phénomène. À gauche, on voit qu'un plateau de la tôle (en haut) s'approche du bord d'une rayure. Au centre, l'arête de la rayure commence à labourer ce plateau, repoussant devant elle une vague. A droite, enfin, elle a arraché un copeau, qu'on appelle alors *débris*, qui reste piégé dans une *vallée*.

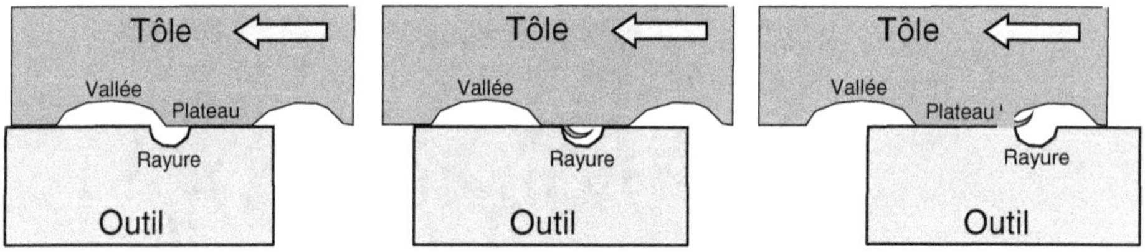

Figure 19.4 – Abrasion des plateaux

Nous reverrons encore ce mécanisme, plus en détail, à propos du grippage.

19.1.4 Charge supportée par le lubrifiant

Reportons-nous à la figure 19.1 qui montre l'augmentation de la surface réelle de contact par écrasement des plateaux. On peut observer une diminution corrélative du volume des *vallées*, ce qui est parfaitement logique. Si nous faisons l'hypothèse que ces vallées sont remplies de lubrifiant, il apparaît clairement qu'il va se mettre en pression. Cette pression va s'exercer vers le bas sur l'outil mais, vers le haut sur

1. Par exemple celles laissées par l'abrasion des lamelles de graphite de la fonte.

la tôle, ce qui entraîne que la force qui s'applique sur les plateaux en sera diminuée d'autant, d'où une diminution de la pression réelle de contact sur les plateaux.

C'est un mécanisme qui est très souvent et abusivement invoqué pour expliquer l'utilité de la rugosité : création de réservoirs qui retiennent l'huile. L'idée est simple, accessible, elle est donc adoptée comme une évidence.

Il convient cependant de rester extrêmement prudent dans ce domaine. D'abord, les liquides, et l'huile entre autres, sont incompressibles mais fluides. Il y a donc les plus fortes chances pour que la pression n'augmente pas tellement mais que le lubrifiant s'échappe du contact s'il en a la possibilité. Ceci se produit notamment lors de la fermeture du serre-flan mais aussi et surtout sur les rayons. Le rayon de matrice, par exemple, s'use avec formation de rayures alignées dans le sens de défilement de la tôle ; elles constituent des voies naturelles d'échappement pour le lubrifiant.

Ensuite, la quantité d'huile présente sur la tôle est, le plus souvent, insuffisante pour remplir les vallées. Songeons que la valeur de 1 g/m^2 d'huile, qui est très souvent retenue pour une lubrification normale, ne représenterait qu'une couche uniforme de 1,1 µm d'épaisseur si la surface de la tôle était parfaitement lisse. Or la rugosité totale du fond des vallées au sommet des plateaux d'une tôle de carrosserie s'approche des 10 µm. On voit donc que cette hypothèse, très couramment évoquée, ne s'applique en réalité qu'à un petit nombre de cas. Elle ne se justifie que quand le régime limite, dans lequel les plateaux ont déjà été largement écrasés par l'emboutissage (cf. 20.1.1), s'établit.

Nous allons aussi voir au chapitre suivant qu'il peut se former, sous l'effet de la vitesse relative de déplacement, une sorte de coin d'huile qui isole plus ou moins la tôle de l'outil. C'est un phénomène important qui participe fortement à la diminution du frottement.

Pour résumer cette partie dédiée à la compréhension des phénomènes physique qui contribuent à l'existence du coefficient de frottement dynamique, nous pouvons dire qu'ils sont au nombre de trois : l'adhésion, qui élève le coefficient quand elle augmente, la déformation plastique des plateaux qui a également un effet d'élévation de µ et la mise en pression du lubrifiant qui permet au contraire de diminuer les efforts de frottement, donc de réduire le coefficient de frottement apparent, si elle existe vraiment.

20 • LA LUBRIFICATION

20.1 Les différents régimes de lubrification

Nous venons de voir que non seulement la présence d'un lubrifiant a pour effet d'isoler chimiquement les deux métaux mais, qu'en plus, elle absorbe une partie de la charge appliquée. Ceci donne lieu à trois différents régimes de lubrification que nous allons maintenant examiner sous un angle purement mécanique, ou hydraulique si l'on préfère. Avec ce que nous venons de voir, les différences vont apparaître simplement.

20.1.1 Régime limite

Dans ce régime, la quantité de lubrifiant est nettement insuffisante pour séparer la tôle de l'outil, comme indiqué sur la figure 20.1, à gauche. Le frottement se fait donc directement sur les plateaux, à sec ou presque à sec, et le coefficient de frottement est élevé. La production de débris sera grande aussi, ainsi que l'échauffement et l'usure des outils.

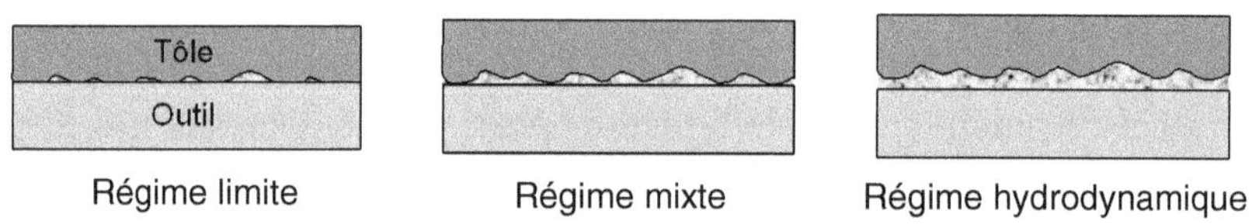

Figure 20.1 – Les trois régimes de lubrification

C'est dans ce cas qu'il est clairement intéressant d'utiliser des additifs extrême-pression car ils vont former des films chimisorbés sur les plateaux qui isoleront les deux métaux et donc assureront un glissement relativement facile malgré les très fortes pressions qui y règnent.

Notons qu'il est facile de reconnaître un élément de métal ayant été soumis au régime limite : il apparaît lisse et brillant par suite de l'abrasion superficielle des plateaux qui a fait disparaître la rugosité initiale.

20.1.2 Régime hydrodynamique

Dans le cas où existe une forte quantité de lubrifiant entre tôle et outil, les deux matériaux sont totalement séparés, sans aucun contact (figure 20.1, à droite).

La seule force qui s'oppose au glissement est alors celle nécessaire à cisailler le liquide (au sens du glissement des molécules les unes sur les autres). Cette force augmente avec la vitesse relative des deux corps mais reste, on s'en doute, toujours incomparablement plus faible que celle nécessaire au glissement direct des plateaux sur l'outil. Le coefficient de frottement est donc très faible.

On comprendra aisément que la présence d'additifs extrême-pression devient, dans ce cas, sans intérêt.

Notons aussi que la surface reste alors intacte : les seules modifications de la géométrie superficielle sont celles qui peuvent résulter de l'émergence d'une rugosité de déformation due à la mise en forme.

20.1.3 Régime mixte

Comme il se doit, entre ces deux cas extrêmes se trouvent toute une série de possibilités intermédiaires qu'on désigne sous le nom de régime mixte (figure 20.1, milieu).

Le métal de la tôle est partiellement séparé de celui de l'outil, il ne touche qu'en quelques points. Le coefficient de frottement va bien sûr dépendre directement de ce nombre de points de contact. Notons que c'est le régime le plus courant en emboutissage des tôles minces.

20.2 La courbe de Stribeck

En 1902, Stribeck [4] a publié le résultat d'essais portant sur le comportement des paliers lisses en fonction de leurs conditions de fonctionnement. Ces paliers sont ceux qu'on trouve, par exemple, sur les vilebrequins et bielles des moteurs thermiques ou pour supporter les arbres des moteurs électriques. Nous en avons une représentation très schématique à la figure 20.2.

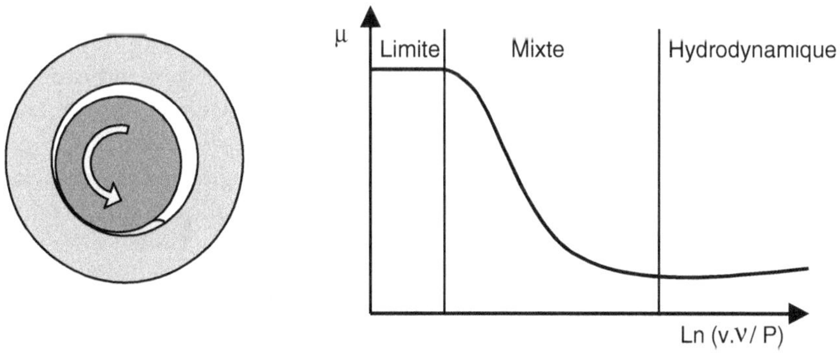

Figure 20.2 – Lubrification d'un palier lisse et courbe de Stribeck

L'arbre tournant est représenté avec un jeu très large pour permettre de voir le coin d'huile qui se forme entre lui et le palier.

Stribeck a établi une corrélation entre le coefficient de frottement dans le palier, mesuré en enregistrant le couple résistant, et trois paramètres connus pour être prépondérants vis-à-vis du frottement et dont certains nous sont déjà familiers :

- la vitesse relative V des deux corps,
- la viscosité dynamique ν du lubrifiant,
- la charge radiale P appliquée sur l'arbre.

On notera que la température, qui est sans l'ombre d'un doute un facteur influent, est prise en compte au travers de la viscosité dynamique.

Le résultat de ses essais se présente sous la forme d'une courbe, appelée courbe de Stribeck (figure 20.2 à droite), sur laquelle on lit en abscisse la variation d'un paramètre appelé nombre de Sommerfeld ou de Hershey et, en ordonnée, la variation du coefficient de frottement induite. Le nombre de Sommerfeld vaut :

$$\text{Log}\,(V.\nu/P)$$

Ce paramètre peut paraître complexe à première vue, mais nous allons voir qu'il n'en est rien. Commençons en appliquant ces données à un domaine que tout technicien doit pouvoir appréhender facilement : celui des moteurs d'automobile.

Ces moteurs n'ont jamais de pompe à huile indépendante pour établir la pression dans le circuit. Au moment du démarrage du moteur, donc, le seul lubrifiant qui soit dans le palier est ce qui y est resté après l'arrêt précédent, c'est-à-dire peu. De plus, la vitesse de rotation est faible.

La charge due aux explosions exercée par les bielles sur le vilebrequin applique celui-ci sur les paliers avec une pression élevée. Le peu d'huile est chassé du contact et le métal du vilebrequin peut toucher directement celui du palier par l'intermédiaire de ses aspérités. On est donc en régime limite. Comme V est très faible et qu'il y a peu d'huile (ce qui revient au même qu'une viscosité faible), le nombre de Sommerfeld est petit : on est donc dans la partie gauche du diagramme.

Le coefficient de frottement est élevé et assez constant car il y a une certaine adhésion entre les deux métaux, bien qu'ils soient soigneusement choisis de nature différente. Il y a aussi, hélas, abrasion. Heureusement, ce régime ne dure pas longtemps[1].

Puis, l'huile arrive, poussée par la pompe, et commence à progressivement isoler les deux pièces métalliques l'une de l'autre. Elle se met en pression entre elles et supporte alors une grande partie de la charge, soulageant ainsi le contact métal-métal. Ceci revient au même qu'une augmentation de viscosité. On passe alors en régime de lubrification mixte. La diminution progressive de la surface réelle de contact, donc de l'adhésion, ainsi que de la force appliquée sur ces contacts abaisse progressivement le coefficient de frottement.

Quand la vitesse augmente, l'huile est entraînée entre les deux surfaces et il se forme alors ce qu'on appelle le *coin d'huile*. Les deux métaux sont complètement séparés, c'est le régime hydrodynamique. Une excellente comparaison, due à Von Stebut, est possible avec le skieur nautique. A l'arrêt, il est dans l'eau jusqu'au cou. Quand sa vitesse augmente et grâce à l'inclinaison de ses skis, il en sort progressivement, exactement comme si se formait sous lui un coin d'eau.

1. Les premières explosions seulement. Le ralenti suffit déjà largement à assurer un régime hydrodynamique.

Le coefficient de frottement devient simplement la contrainte très faible qui permet de « cisailler » le lubrifiant[1]. Si la courbe continue à monter légèrement en allant vers la droite, c'est seulement parce que cette constante, qu'on appelle la viscosité dynamique, augmente (pour les liquides non Newtoniens[2], qui sont les plus courants).

Quelles sont les conséquences pratiques de l'existence de ces différents régimes ?

Durant le régime limite, le contact est de nature à provoquer une usure rapide des paliers. C'est pourquoi l'alliage utilisé pour les coussinets, appelé métal blanc ou métal de Babbit[3], contient toujours des particules dures incluses dans une matrice plutôt molle, les premières « supportant » le contact du vilebrequin pendant cette phase et les secondes répartissant la poussée.

On s'explique aussi pourquoi il est important de ne pas faire « ronfler » un moteur immédiatement après son démarrage. La quantité d'huile n'est pas encore suffisante dans les paliers pour assurer une lubrification convenable. On comprend bien, aussi, pourquoi les surfaces frottantes doivent être très lisses : plus elles le sont, plus on aura de chances de mettre l'huile en pression entre elles, donc plus il sera facile de quitter le régime limite.

Le fonctionnement normal d'un moteur se fait, bien entendu, dans le régime hydrodynamique : il évite l'usure (pas de contact) et limite au minimum possible les pertes d'énergie par frottement.

Si, pour une raison quelconque, la lubrification vient à manquer, les régimes mixtes, puis limite apparaissent. Le frottement s'accroît, la température monte et la soudure entre les deux pièces devient probable. Pour éviter cette fin catastrophique, le matériau choisi pour le palier est un alliage à bas point de fusion qui sert de « fusible » et limite les dégâts à la zone considérée : c'est ce qu'on appelle « couler » une bielle. Dans le cas des moteurs électriques, on adopte également des matériaux frittés qui contiennent du graphite (lubrifiant solide) et dont la porosité contient le lubrifiant liquide.

Avant d'appliquer les notions précédentes à l'emboutissage, faisons trois remarques importantes.

Premièrement, une courbe de Stribeck n'est représentative que d'un système donné, c'est-à-dire :

- matériau et état de surface du palier,
- matériau et état de surface de l'arbre,
- lubrifiant,
- ambiance (atmosphère, etc.)

Notons qu'il faudrait un nombre incalculable de telles courbes pour couvrir tous les cas possibles d'emboutissage. Or leur établissement est extrêmement délicat et long si bien qu'il n'existe probablement pas dans le monde plus d'une quinzaine de

1. Dans ce sens, le terme est discuté par les spécialistes de l'hydraulique. Nous voulons évoquer le glissement des « couches » de lubrifiant les unes sur les autres.
2. Un liquide Newtonien a une viscosité dynamique indépendante de la vitesse de cisaillement. Ce n'est pas le cas des huiles.
3. Ce sont les plus couramment utilisés, mais il existe d'autres solutions métallurgiques de nos jours.

courbes relatives à l'emboutissage. Elles ne sont donc pas utilisées dans les calculs, elles ne servent qu'à expliquer les phénomènes.

Deuxièmement, l'épaisseur de lubrifiant varie à peu près à l'inverse du coefficient de frottement. Sur la droite de la courbe, le film est épais, ce qui est en accord avec le fait que les deux surfaces métalliques sont isolées. En allant vers la gauche du diagramme, il s'amincit quand on atteint le régime mixte pour devenir nul dans le régime limite.

Troisièmement, une différence importante existe entre les paliers tournants et l'emboutissage : dans le premier cas, les surfaces en vis-à-vis ne sont pas censées se déformer, même superficiellement, tandis que les aspérités de la tôle vont, comme on l'a vu, plus ou moins fluer sous l'action du contact frottant. Ceci introduit une différence dans l'interprétation de la courbe de Stribeck : au fur et à mesure que les aspérités s'écrasent, le volume des vallées diminue et, à condition que le lubrifiant puisse y être piégé (outil en bon état, vallées non communicantes), il va s'y mettre en pression, diminuant ainsi le coefficient de frottement.

Il arrive donc couramment, pour cette raison, que le coefficient de frottement diminue légèrement quand la pression augmente, ce qui est en apparente contradiction avec la signification du nombre de Sommerfeld. Ceci se traduit en fait par un déplacement de la courbe.

20.3 Les différents régimes dans un outil

Nous venons de voir l'interprétation des courbes de Stribeck dans leur application originale : la lubrification des paliers lisses. Emmens [5] est le premier à avoir eu l'idée d'appliquer ces notions à l'emboutissage.

Dans ce cas, on retrouve les trois principaux régimes de lubrification, mais leur occurrence relative est modifiée. Il faut aussi tenir compte du fait que, la plupart du temps, la quantité de lubrifiant disponible à la surface de la tôle est faible.

20.3.1 Sous le serre-flan

Pour permettre une explication simple, nous considérons d'abord le cas d'un serre-flan plan, sans joncs ; il y a donc en théorie contact direct entre toute la surface de la tôle et celles du serre-flan et de la matrice.

Entre ces deux éléments, la pression apparente appliquée est très faible au début de l'emboutissage, de l'ordre de 3 à 10 MPa[1], car la surface de métal sous serre-flan est grande. Mais la pression apparente s'accroît au fur et à mesure que le métal est entraîné dans la matrice puisque la surface de tôle sous serre-flan diminue. La vitesse de déplacement dépend du type de presse employé. Elle est moyenne pour une presse hydraulique et variable pour une presse mécanique : assez grande au début pour devenir très faible vers la fin de course, cela résultant du mouvement sinusoïdal du coulisseau.

1. Ce sont les valeurs conseillées lors des premiers essais d'un nouvel outil.

Dans les zones en rétreint (voir partie D), le métal s'épaissit. Comme l'outil est quasiment rigide, le contact a tendance à se localiser sur ces zones qui s'épaississent (l'extérieur de la collerette d'un godet, par exemple) et le régime y est presque toujours mixte ou limite. Cela se voit d'ailleurs aisément en regardant la pièce : plus le métal est lisse et brillant, plus la zone considérée s'est approchée du régime limite.
L'utilisation de lubrifiants très visqueux, comme les graisses ou les films secs, voire des films pelables, permet de rester presque toujours en régime hydrodynamique. Cela se voit, encore, par l'absence d'endommagement de la surface de la pièce. Une telle utilisation n'est pas courante en emboutissage de tôle en acier au carbone car le dégraissage est rendu très difficile. On la rencontre surtout en deux occasions :

– pour le formage des APE (aciers pour emballage : le fer étamé ou chromé) car la part du frottement devient alors, compte tenu des épaisseurs très faibles, prépondérante. Dans ce domaine, on ne pourrait réussir aucune pièce avec des coefficients de frottement courants. Nous reverrons cela à propos des forces développées durant la mise en forme (partie E),
– pour le formage des aciers inoxydables car, la surface n'étant pas destinée à être peinte, il convient de garder intact son aspect initial. On utilise alors un film plastique qui a une fonction supplémentaire : assurer la protection de la pièce pendant le transport et jusqu'à son utilisation finale (un évier, par exemple, arrive souvent chez le client encore revêtu du film qui a servi à l'emboutir).

20.3.2 Sur le poinçon

Selon sa forme et sa dimension, les pressions appliquées peuvent être très variables. Prenons deux exemples qui seront explicités dans la partie E : si le poinçon est plat, raccordé par de petits rayons, le métal n'exerce aucune pression sur le sommet. Si le poinçon est, au contraire, hémisphérique, la tension qui s'exerce sur le métal est répercutée sur le nez et la pression peut y être élevée. Cela déplace le point représentatif du régime de lubrification vers la gauche du diagramme de Stribeck.
Pour ce qui concerne les vitesses de déplacement du métal, les choses sont plus nettes : elles sont toujours très faibles sur un nez de poinçon car il y a peu de mouvement relatif, ce qui fait également tendre vers la gauche du diagramme de Stribeck, donc vers les coefficients de frottement élevés.
En cet endroit, la quantité d'huile n'est jamais très forte ; il y a donc peu de chances d'avoir une épaisseur de lubrifiant significative, sauf dans le cas rare où la rugosité de la tôle est très fine (vallées inexistantes).
En définitive, on retiendra que c'est surtout la géométrie qui détermine les conditions de pression sur le nez de poinçon. Le régime y est limite ou mixte mais les déplacements demandés y sont, heureusement, très limités.

20.3.3 Sur un rayon ou un jonc

On verra dans la partie E comment se calcule la pression sur un rayon. Celle-ci est d'autant plus élevée que le rayon est faible vis-à-vis de l'épaisseur de la tôle. La résistance qu'oppose le métal à la déformation plastique accroît également les efforts sur le rayon, c'est pourquoi la pression sera toujours plus grande avec un acier dur qu'avec un acier mou. Les pressions sur les rayons sont donc toujours très élevées, ce qui amène vers la gauche du diagramme de Stribeck. Les joncs (voir partie outillage) sont encore pires puisque ce sont des successions de petits rayons destinés à freiner l'écoulement du métal.

Remarquons de plus que le lubrifiant a peu de chances de se maintenir sur un rayon et, *a fortiori*, sur un jonc. Il est retenu en avant de ces obstacles qui « essuient » une bonne partie de l'huile présente sur la tôle. On pourrait espérer que se forme un coin d'huile, mais les vitesses sont trop faibles (aucun rapport avec celles qu'on trouve dans un moteur).

La lubrification est donc souvent limite sur un rayon, au mieux elle devient mixte. Ceci explique pourquoi le grippage apparaît toujours sur les rayons et pourquoi il est nécessaire de les maintenir dans un état parfait. Notons qu'un jonc ou un rayon de matrice devrait être finement poli dans la direction de défilement du métal, ce qui est beaucoup plus difficile à faire que dans la direction transverse.

20.4 Les vitesses et pressions mises en jeu

Nous allons donner, à titre purement indicatif, quelques valeurs courantes de vitesses et de pressions qu'on peut observer lors de l'emboutissage.

La première chose à noter est que la connaissance de la cadence d'emboutissage et de la course du poinçon ne permet pas, à elles seules, de déterminer la vitesse de déplacement de ce dernier. Il y a à cela trois raisons :

- la première est qu'une relativement faible partie du cycle est effectivement dédiée à la mise en forme ; la majeure partie concerne l'approche du coulisseau et sa remontée, l'approvisionnement en flan et le retrait de la pièce emboutie,
- la deuxième est que les vitesses d'approche et de travail sont différentes (cf. partie G),
- la troisième est valable pour les presses mécaniques dont le cycle est plus ou moins sinusoïdal et donc à vitesse variable, même dans sa partie « travail ».

D'ailleurs, connaître la vitesse du poinçon ne suffirait même pas, en règle générale, à déterminer la vitesse de frottement tôle-outil. Prenons un exemple simple, celui d'un outil tel que représenté à la figure 20.3 et imaginons deux cas extrêmes : celui d'un métal doux mal lubrifié et celui d'un métal à très hautes caractéristiques embouti avec une excellente lubrification. Le poinçon P se déplace à la même vitesse dans les deux cas.

L'acier doux mal lubrifié va peu glisser entre matrice (M) et serre-flan (SF) car le frottement est élevé et qu'il n'est capable d'exercer qu'une faible force de traction. Il s'allonge donc beaucoup entre A et B mais glisse peu sur le rayon de matrice. Le second acier, au contraire, glisse très facilement dans l'outil sans pratiquement s'allonger. La conséquence est évidente : la vitesse de glissement du métal mou par rapport à la matrice sera très faible tandis que celle du métal dur et bien lubrifié sera quasiment égale à la vitesse du poinçon[1].

1. Profitons en pour noter que les vitesses de déformation du métal seront elles aussi très différentes et à l'inverse de celles de glissement. Le métal mou peu lubrifié aura une vitesse de déformation élevée tandis qu'elle sera très faible pour le métal dur.

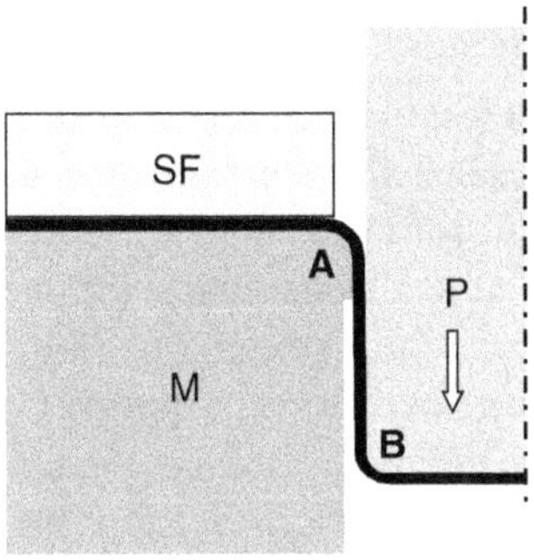

Figure 20.3 – Outil d'emboutissage

On observera également que, sur le nez de poinçon, les vitesses relatives sont toujours faibles car les déplacements relatifs le sont aussi. À l'extrême, la partie de métal en contact avec le pôle d'un poinçon hémisphérique ne bouge pas par rapport à celui-ci.

On voit donc qu'on ne peut assimiler les vitesses de déplacement des outils et celles de glissement du métal.

Si nous en venons maintenant aux pressions rencontrées dans un outil, elles varient également beaucoup.

On pense tout de suite à la pression existant entre la matrice et le serre-flan. Il est utile de répéter qu'elles sont toujours faibles par rapport à ce que peut supporter le métal. Certains s'imaginent que la force de serre-flan peut réduire l'épaisseur de la tôle par écrasement. C'est là une erreur grossière.

Dans cette zone de l'outil, la pression normale, au début de l'emboutissage, se situe généralement autour de 3 à 4 MPa (30 à 40 bars) pour un acier doux. Cela s'entend pour un outil sans joncs, où le métal est effectivement pincé entre les deux parties de l'outil. Avec un acier à hautes caractéristiques, cette pression peut atteindre 10 MPa.

Cette contrainte de 3 à 10 MPa dans l'épaisseur est tout simplement dérisoire par rapport à la limite d'élasticité de n'importe quel acier, laquelle se situe toujours au-dessus de 100 ou 120 MPa et quelquefois cinq ou six fois plus haut ! Elle ne peut donc engendrer qu'une très faible déformation élastique mais en aucun cas une plastification.

Au cours de l'emboutissage, si le métal est avalé et non bloqué par un jonc d'arrêt, la surface restant sous le serre-flan diminue évidemment et la pression augmente. Normalement, cette augmentation ne permet néanmoins pas d'atteindre la limite d'élasticité et il n'en résulte pas d'écrasement plastique.

Le seul cas où ceci puisse être observé est celui où l'on avale complètement la pièce, un godet par exemple. La surface de métal sous serre-flan diminue alors jusqu'à être nulle et l'on peut voir un véritable « laminage » des bords de la pièce, particulièrement si des cornes se sont formées.

Revenons aux pressions rencontrées. Nous avons donné le chiffre de 3 à 10 MPa comme normal entre matrice et serre-flan. Il peut être beaucoup plus bas si l'outil comporte des joncs car il n'y a, en général, pas contact direct de l'outil sur le flan ailleurs que sur les joncs (on verra ce qui s'y passe dans la partie H).

Toujours entre matrice et serre-flan, il faut tenir compte du fait que le métal s'épaissit dans les zones en rétreint. De ce fait, la répartition des pressions n'est pas homogène et l'on peut atteindre à ces endroits des pressions de 40 ou 50 MPa.

Enfin, un outil n'est pas parfait, surtout s'il a beaucoup servi. On voit alors apparaître des *points durs* qui sont des zones où la distance entre matrice et serre-flan est anormalement faible, suite à des rechargements ou à l'usure des zones adjacentes[1]. On y a mesuré des pressions atteignant 75 MPa. C'est un lieu privilégié pour l'apparition du grippage dont nous parlerons plus loin.

Mais les pressions de loin les plus élevées sont trouvées sur les petits rayons : rayons de matrice et surtout rayons des joncs. On verra dans la partie F un calcul simplifié de cette pression mais on peut déjà dire qu'elle peut y atteindre plusieurs centaines de MPa ! C'est évidemment considérable.

La pression sur un rayon n'est pas homogène, elle peut s'appliquer en un point ou en deux suivant la courbure du métal et l'angle réel de contact, le rapport épaisseur/rayon et la tension. La figure 20.4 illustre un exemple de ce comportement qui explique la forme variable de l'usure des rayons. À épaisseur donnée et pour la même tension appliquée, on voit que la pression diminue et se répartit mieux quand le rayon est plus grand.

Une explication sommaire de ces phénomènes est donnée au début de la partie E à propos du pliage.

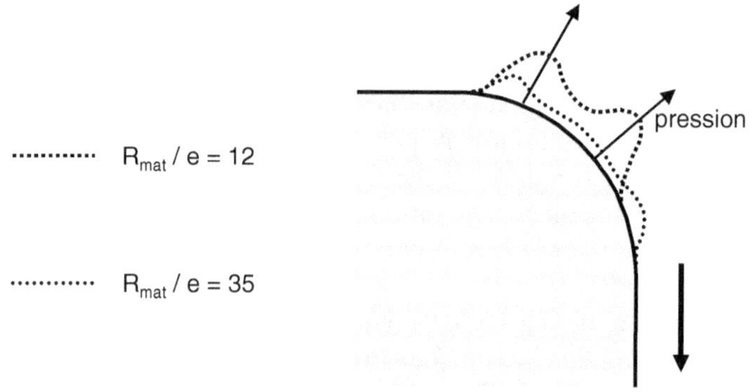

Figure 20.4 – Répartition des pressions pour deux rapports rayon / épaisseur

20.5 Influence de la rugosité de l'outil

C'est un point qui semble bien mal connu de certains emboutisseurs. Nous avons eu l'occasion de voir des outils dont la surface avait été sablée ou grenaillée, suite à des suggestions, simplement « pour voir » si, par hasard, la tôle ne glisserait pas mieux. L'idée invoquée est toujours issue du même mythe : la présence de cavités dans l'outil permettra l'établissement de poches d'huile sous pression, etc. Nous avons vu, déjà, qu'il faut se méfier de cette théorie comme de la peste...

1. Ces points durs peuvent aussi résulter d'une opération volontaire de gonflement de l'outil (obtenu par trempe locale) destinée à freiner l'écoulement du métal. Cette pratique n'est guère recommandable.

Quoi qu'il en soit, vouloir augmenter la rugosité d'un outil, c'est lamentablement ignorer un certain nombre de travaux qui ont définitivement éclairci la question. Nous pensons en particulier à ceux du CRM, menés par Montfort en 1989 [6]. Ils sont résumés par le graphique qui apparaît à la figure 20.5.

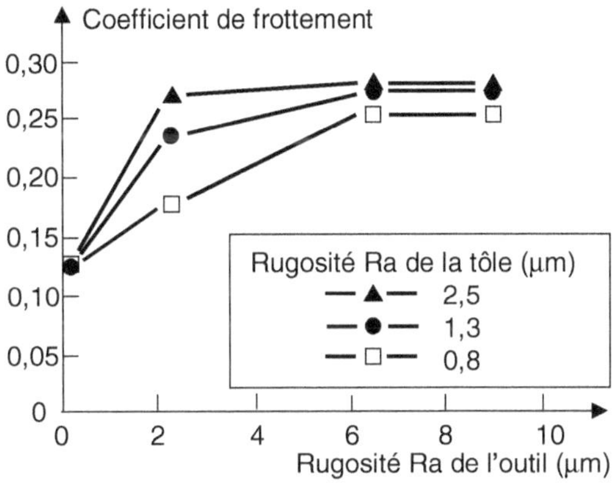

Figure 20.5 – Coefficient de frottement en fonction de la rugosité de l'outil et de la tôle [6]

En abscisse figure la valeur Ra de rugosité de l'outil, en ordonnée le coefficient de frottement mesuré avec un lubrifiant classique. Trois courbes sont relatives à trois valeurs différentes du paramètre de rugosité Ra de la tôle : 0,8-1,3 et 2,5 µm.

Que voit-on ? Que, pour des valeurs de rugosité d'outil Ra relativement élevées, plus de 1 µm, le coefficient de frottement s'élève avec la rugosité de la tôle puis se stabilise. C'est un résultat très intuitif, que tout le monde accepte facilement. Probablement cela découle-t-il de l'expérience de la vie courante : un sol rugueux évite de déraper, une route lisse est glissante.

Dans le cas présent, une forte rugosité de l'outil implique qu'il faudrait beaucoup de lubrifiant pour établir un régime, au minimum, mixte. De plus, les aspérités de l'outil, qui sont dures, ont un effet de rabotage intense sur la surface de la tôle qui augmente l'effort de plastification superficielle (formation de copeaux). Ce sont là les raisons pour lesquelles le coefficient de frottement augmente avec la rugosité de l'outil.

On remarque encore deux autres choses sur ce graphique :

- que le maximum d'influence de la rugosité de la tôle se manifeste quand elle est du même ordre de grandeur que celle de l'outil (effet d'engrènement, encore),
- que le coefficient de frottement augmente quand la rugosité de l'outil fait de même, pour finalement atteindre une valeur limite élevée, mais qui dépend assez faiblement de la rugosité de la tôle.

Mais, indiscutablement, l'information la plus importante à retirer de ces essais reste le fait que :

quelle que soit la rugosité de la tôle, le coefficient de frottement est toujours minimal (et constant) pour une rugosité nulle de l'outil.

Ce n'est pas par hasard qu'on recommande, dans la pratique, une surface d'outil ayant une rugosité Ra inférieure à 0,2 ou 0,3 µm pour la tôle d'acier et une valeur encore inférieure (poli spéculaire) pour les aciers d'emballage.
En conclusion, ce graphe montre à l'évidence que :

la rugosité Ra de la tôle ne joue qu'un rôle très secondaire vis-à-vis du frottement tant que l'outil est dans un état correct.

Toutes les hypothèses contraires et expériences farfelues sont à proscrire formellement.
Il arrive exceptionnellement qu'on cherche à augmenter le frottement sur un nez de poinçon, généralement pour éviter un trop fort amincissement du métal (cf. partie F). Cela peut se faire en grenaillant le nez de poinçon mais il faut bien tenir compte du fait qu'un état de surface rugueux a de la peine à se maintenir et demande donc à être entretenu périodiquement. Si le grenaillage peut parfois fonctionner sur un nez de poinçon où les déplacements sont très faibles, son effet ne saurait, en revanche, durer sur une surface de serre-flan et encore moins sur un rayon.

20.6 Influence de la rugosité de la tôle

En fait, nous venons déjà d'en parler, mais l'auteur tient à insister sur ce point car c'est un sujet extrêmement controversé qui est l'objet de discussions parfois serrées. Comme nous l'avons dit, certains voient dans la rugosité de la tôle un des éléments essentiels de son comportement en emboutissage, ce qui est déraisonnable. Nous venons de voir que son rôle est faible comparé à celui de la rugosité de l'outil.
Trois catégories de considérations nous entraînent vers l'opinion que la rugosité de la tôle n'est pas, en elle-même, un facteur bien important de l'emboutissage : elles sont d'ordre théorique d'abord, expérimental ensuite et, finalement, pratique (l'expérience d'atelier).

20.5.1 Considérations théoriques

Quelles sont les revendications qui portent sur la rugosité ?
Nous avons déjà fait allusion au fait qu'il semble intuitivement établi qu'une rugosité forte (Ra ou Rt élevé) ne peut qu'appeler un coefficient de frottement élevé. *A contrario*, une rugosité faible devrait systématiquement promouvoir un coefficient µ faible. Ceci peut se concevoir dans le cas d'une lubrification abondante et d'une surface d'outil parfaitement lisse, mais pas dans la plupart des situations couramment rencontrées en fabrication.
Il est dit, aussi, qu'une rugosité forte (toujours au sens de l'altitude) doit éviter le grippage en créant plus de pièges à débris, les vallées. Cela n'est défendable que si la lubrification et l'outil sont mauvais car, dans le cas contraire, les débris ne devraient pas se former (voir le chapitre grippage).
Le fait critiquable est que toutes ces théories essaient de rattacher les performances à un ou deux paramètres, uniquement. Mais il est clair que tout joue un rôle ! Par exemple, si les plateaux sont à des altitudes différentes, un petit nombre d'entre eux, les plus hauts, porteront toute la charge et seront rabotés par l'outil, alors que s'ils sont tous strictement dans le même plan, cette charge sera plus harmonieusement

répartie et la pression locale bien plus faible. Or ceci n'est pas indiqué par les valeurs de Ra ou Rt.

Certains ont montré, dans ce cas, l'utilité de critères sophistiqués tels que Rku ou Wku, mais les spécifications qui en résultent vis-à-vis du laminage des tôles sont quasiment impossibles à respecter industriellement. Il ne faut pas oublier, en effet, que les plateaux « remontent » dans les cavités du cylindre de laminage (cf. 17.3.1) mais que rien ne limite cette élévation de niveau. Il serait donc extrêmement difficile de contrôler leur altitude avec les procédés actuels de laminage ou de skin-pass.

Par ailleurs, si les vallées communiquent entre elles, ce qui n'est pas indiqué par Ra ni par aucun autre critère, la théorie qui veut que la pression s'établisse dans le lubrifiant ne vaut rien, car, évidemment, ce dernier s'empressera de migrer des zones où la pression tend à s'élever vers celles où elle est faible. Notons, au surplus, que l'état de l'outil joue un rôle comparable : les rayures servent de voie d'évacuation de l'huile...

On a déjà vu (17.2.4) que la dissymétrie du profil peut complètement modifier les données du problème. Comment pourrait-on croire que la surface de gauche de la figure 17.3 a le même comportement tribologique que celle de droite ?

20.5.2 Résultats d'expériences

Les essais de laboratoire ou semi-industriels montrent une influence dérisoire de la rugosité comparée à celle du lubrifiant ou de la chimie de surface. Nous ne pouvons pas présenter tous les résultats dont nous avons connaissance, mais nous affirmons que, sauf exception, la relation entre rugosité Ra de la tôle et coefficient de frottement n'apparaît pas avec évidence.

On a vu sur la figure 20.5 que pour un outil se trouvant dans un état convenable, c'est-à-dire ayant une rugosité Ra inférieure à 0,3 μm, les tests de laboratoire pratiqués par le très sérieux CRM ne montraient aucune influence de la rugosité de la tôle.

On montrera dans la partie relative à la chimie de surface (figure 21.2) un exemple qui permet de comparer l'influence de celle-ci avec celle de la rugosité. Les ordres de grandeur sont significativement différents.

Même si l'on considère la tendance au grippage, que l'auteur admet plus liée à la rugosité que le frottement lui-même, des tests objectifs et bien corrélés avec l'expérience industrielle indiquent que le lubrifiant joue un rôle bien plus important que la rugosité de la tôle (figure 23.4).

20.5.3 Expériences d'atelier

Les nombreux essais que l'auteur a suivis chez des emboutisseurs ne se sont jamais révélés très probants non plus. Nous pourrions citer de nombreux exemples de cas où la différence de comportement entre deux lots, tout naturellement attribuée à une différence de rugosité, n'avait rien à voir avec elle.

En voici un parmi d'autres : telle pièce était réputée n'être faisable qu'avec une rugosité Lasertex. Or, un jour, l'usine livrant cette tôle n'est pas en mesure de le faire, il faut accepter un lot de dépannage comportant une rugosité différente. Catastrophe, protestations ! Mais le lot reçu non seulement passe, mais même beaucoup mieux que la marche normale… pourquoi ? L'huile de protection n'était pas la même et bien plus efficace sur le plan de la lubrification.

Lors de l'introduction du recuit continu, on a connu beaucoup de problèmes dus à un coefficient de frottement trop élevé. Les emboutisseurs ont immédiatement pensé qu'une modification de la rugosité avait été associée au changement de recuit. En fait, la différence venait tout simplement du fait que ce type de recuit, beaucoup plus rapide, ne laisse pas le temps à la diffusion de modifier la chimie de surface et est à l'origine d'une beaucoup plus grande propreté de surface. Nous verrons que cela joue un rôle défavorable vis-à-vis du glissement de la tôle à la section suivante.

De plus, nous ne craignons pas d'affirmer, cela en choquera sûrement beaucoup, que dans un essai industriel les conditions d'une étude objective sont rarement réunies. Nous voudrions faire une comparaison avec ce qui se passe dans les laboratoires spécialisés en mise en forme des tôles, que l'auteur connaît bien.

Les outils de laboratoire sont, pour la plupart, simples (surfaces serre-flan planes) et en excellent état, montés avec précaution sur des presses en bon état car ne servant pas intensivement. De plus, les labos dignes de ce nom possèdent toujours des lots de métal témoin, choisis pour leur constance dans le temps (aciers IF) et soigneusement caractérisés et conservés, qui servent à vérifier le process avant toute nouvelle campagne d'essais. Il existe aussi, systématiquement, des procédures de nettoyage des outils et de lubrification : on emploie toujours la même huile pour le même essai, appliquée en quantité identique, etc. Quel atelier industriel peut prétendre respecter autant de précautions et obtenir la même reproductibilité d'une campagne d'emboutissage à une autre ?

Il est très instructif, à ce point de vue, d'examiner de près les résultats des benchmarks de la conférence Numisheet. Il s'agit d'expériences d'emboutissage très soigneusement préparées et documentées qui sont réalisées par un grand nombre de laboratoires travaillant sur les tôles. Or, il arrive que les résultats d'essai varient du simple au double (force d'emboutissage mesurée, épaisseur locale, retour élastique…) Bien sûr, il se trouvera quelques personnes pour dire que les gens de laboratoire ne savent pas emboutir…

Donc, malgré toutes les précautions prises, dans cet environnement de laboratoire pourtant favorable à une bonne répétabilité des essais, on constate des variations. Elles ne peuvent pas être détectées dans un atelier car les outils sont de formes trop complexes (ils peuvent donc se modifier sans que cela soit facilement perceptible) et que les éléments de comparaison objectifs n'existent pas (procédures d'essai, de lubrification, réglages, métal témoin). La réaction classique serait d'accuser « la matière ».

Tout ceci fait que nous n'attachons que peu de valeur aux comptes-rendus d'essais signalant que, sur deux bobines, la rugosité X s'est montrée supérieure ou inférieure à la rugosité Y. Or c'est ainsi que se font, la plupart du temps, les essais de validation. Mais on n'a pas assez d'éléments, on ne maîtrise pas suffisamment les autres paramètres pour pouvoir en tirer une conclusion.

L'essai industriel n'a de valeur que s'il porte sur une large période, une dizaine de campagnes de fabrication et des dizaines de lots de métal.

20.7 Influence de la chimie de surface

Ce sujet est beaucoup moins l'objet de controverses que le précédent pour la simple raison que très peu de gens sont conscients de son importance. Et pourtant, il apparaît clairement, depuis quelques années, que la nature de l'extrême surface joue un rôle prédominant vis-à-vis de son aptitude à glisser.

Attention ! Nous disons bien *extrême surface*, qui se réfère uniquement aux quelques couches atomiques externes du métal ou à quelques couches moléculaires qu'on a pu y déposer accidentellement ou volontairement. Il ne s'agit pas du tout, ici, des traitements classiques de diffusion ou de conversion (pré-phosphatation) qu'on connaît. Voici quelques exemples.

Comme déjà vu, on pense que la présence d'une couche d'oxydes d'aluminium à la surface de la tôle galvanisée, couche dont l'épaisseur se mesure en nanomètres[1], est à l'origine de son meilleur glissement par rapport à l'électrozingué. On ne sait pas encore exactement pourquoi.

On sait comme nous venons de le voir que, toutes choses égales par ailleurs, la tôle issue du recuit continu, plus propre superficiellement que celle issue du recuit base, à une plus forte propension au grippage, ce qui se conçoit bien quand on a compris le mécanisme de ce phénomène. Évidemment, ce n'est quand même pas ce qui va faire renoncer aux multiples avantages, tant économiques que techniques, du recuit continu.

De la même façon, le décapage des tôles à chaud par l'acide sulfurique a été abandonné pour de multiples raisons parfaitement justifiées, bien que le décapage à l'acide chlorhydrique qui le remplace délivre des surfaces également plus sensibles au grippage…

Enfin, on a pu constater que l'apport de certains éléments en quantité extrêmement faibles, des milligrammes par mètres carrés, changeait drastiquement le comportement de certaines tôles revêtues. Des post-traitements spéciaux de surface sont donc proposés par certains sidérurgistes. Nous montrerons un exemple à la fin de cette partie.

Comment se fait-il, dès lors, que cette piste d'amélioration si prometteuse reçoive relativement peu d'attention de la part des sidérurgistes et des emboutisseurs ? Cela tient tout simplement au fait, selon nous, qu'il s'agit là d'un domaine qui n'est pas familier aux acteurs de ces professions.

Les techniciens et ingénieurs impliqués dans le formage des tôles sont, en général, des mécaniciens mais pas des chimistes. Ils comprennent facilement les théories concernant les effets supposés de la rugosité de surface des tôles car ce sont des théories mécaniques, donc familières. La meilleure preuve ? Qu'un lot de tôle vienne à mal glisser dans l'outil et la première question est invariablement : quelle est sa rugosité ? Mais quand on parle d'éléments chimiques présents à la surface des produits en quantités tellement faibles qu'il faut parfois mettre au point des méthodes de dosage spéciales pour les détecter, ils ne se sentent, c'est logique, plus compétents pour en discuter.

1. Millième de micromètre ou millionième de millimètre.

Attention ! L'auteur ne se considère pas plus compétent que les autres emboutisseurs pour expliquer l'influence de ces micro-pollutions de surface – on peut les considérer comme telles – qui peuvent être si favorables ou défavorables durant l'emboutissage. En revanche, il a conscience qu'il existe dans ce domaine un gisement de progrès considérable, presque totalement inexploité jusqu'à maintenant, et qui ne pourra l'être que lorsqu'une coopération sérieuse s'établira entre spécialistes de la tribologie et chimistes de haut niveau. Il reste bien entendu que la mise au point de nouveaux post-traitements ne peut se faire qu'avec beaucoup de précautions pour éviter d'éventuels effets négatifs sur la phosphatabilité, la résistance à la corrosion, l'adhérence des adhésifs, etc.

Notre conclusion partielle sur ce sujet sera que les progrès qu'on pouvait attendre du contrôle de la rugosité superficielle des tôles, progrès bien réels par rapport à la situation d'il y a cinquante ans, ont été maintenant largement exploités. Continuer à raffiner toujours plus ces techniques devient, à notre avis, une perte de temps et d'argent en comparaison de ce qui pourrait être fait plus utilement si l'on dédiait le même niveau d'effort à rendre plus efficaces les lubrifiants, à déterminer la nature des éléments souhaitables en surface ou encore à améliorer le comportement de la surface des outils eux-mêmes.

21 • LES LUBRIFIANTS

La lubrification reste encore, actuellement, un point de passage obligé. Dans ce qui suit, nous allons la considérer sous plusieurs angles.
La nécessité de lubrifier la tôle pour l'emboutir est reconnue depuis très longtemps. Néanmoins, la façon dont elle est perçue varie avec les époques et les entreprises. Il fut un temps lointain où l'emboutisseur éliminait des tôles d'acier l'huile de protection déposée par le sidérurgiste et la remplaçait par une huile d'emboutissage avant de mettre les flans sous presse. Au besoin, il remettait ensuite une huile de protection sur les pièces...
Les tôles se sont améliorées et l'on est passé à un stade où les emboutisseurs se sont contentés de déposer leur huile d'emboutissage sur ce qui restait de l'huile de protection. Certains le font encore pour les cas très difficiles, c'est par exemple courant chez les baignoiristes.
Puis, sous des pressions à la fois économiques et écologiques, certains ont estimé qu'ils pouvaient supprimer toute lubrification supplémentaire, c'est-à-dire emboutir sans aucun rehuilage les produits tels que reçus du fournisseur. Nous pouvons remarquer que l'obtention d'une rugosité favorable de la surface du métal a favorisé cette tendance en repoussant nettement les limites du grippage par rapport à celles obtenues sur les tôles autrefois non skin-passées.
Cette tendance à supprimer ou, au moins, réduire le huilage avant emboutissage, de même que l'introduction de nouveaux revêtements métalliques des tôles plus sensibles aux conditions du frottement, ont amené les sidérurgistes à rechercher des produits de protection plus performants, en termes de lubrification, que les classiques huiles de protection.
Il existe différents types de lubrifiants que nous allons passer en revue en essayant de mettre en évidence les avantages et les inconvénients de chaque catégorie.

21.1 Les lubrifiants solides

Il y en a essentiellement deux : le graphite et le bisulfure de molybdène. Bien que très efficaces, ils sont de nos jours très peu utilisés, principalement à cause des difficultés qu'ils peuvent entraîner ensuite vis-à-vis des traitements de surface : dégraissage, phosphatation, peinture. Si nous nous y intéressons, c'est aussi parce que leur mécanisme d'action se rapproche d'une propriété assez souvent revendiquée pour le zinc. Leur particularité est, en effet, d'avoir un système cristallin hexagonal dont le rapport c/a est élevé (cf. 1.1.4, partie A), supérieur à 1,8. De ce fait, les

forces atomiques liant entre eux les atomes des plans basaux sont grandes (leur distance a est petite) tandis que celles qui s'exercent entre les plans basaux eux-mêmes sont faibles, car la distance c est grande. De façon très exagérée, on pourrait comparer ces cristaux à des empilements de tapis séparés par des coussins d'air...
Il en résulte que le glissement des plans de base les uns par rapport aux autres est extrêmement facile, ce qui explique pourquoi le graphite et le bisulfure de molybdène sont si friables ; quand on les frotte, ce sont des colonies entières de plans atomiques basaux qui se détachent très facilement.
Pourquoi donc n'acceptons-nous pas le fait que le zinc puisse jouer lui-même le rôle d'un lubrifiant solide, alors que son rapport c/a de 1,856 lui permet d'entrer dans cette catégorie ? Tout simplement parce que, même s'il peut facilement se cisailler selon les plans basaux, il reste néanmoins que ceci exige une contrainte nettement plus élevée que de cisailler un film d'huile. L'accommodation de vitesse doit clairement se faire dans le lubrifiant, pas dans le métal. D'ailleurs, est-il raisonnable d'imaginer qu'un film de quelques micromètres d'épaisseur puisse, à lui seul, assurer le glissement de sa couche supérieure par rapport au substrat sur des longueurs qui font parfois plus de 150 mm (cas d'un côté de caisse) ?
Ce n'est que lorsque les conditions de frottement se dégradent considérablement qu'on peut alors considérer le zinc comme lubrifiant en emboutissage. Une preuve en est que l'on ne voit pratiquement jamais de grippage important sur les surfaces zinguées. Il joue bien alors le rôle d'un lubrifiant, en limitant les dégâts.

21.2 Les lubrifiants d'emboutissage

On ne parle pas ici des lubrifiants pouvant se trouver sur les tôles à leur livraison ; il s'agit des huiles, graisses ou cires qui sont employées par l'emboutisseur dans le but *exclusif* d'améliorer la mise en forme.
Les huiles de cette catégorie sont toujours des produits épais, onctueux, dont la viscosité est élevée, de façon à assurer un régime de lubrification proche, au moins, de l'hydrodynamique (cf. courbe de Stribeck). Ce régime est obtenu, de façon absolue cette fois, avec les produits pâteux connus depuis bien longtemps : graisses, cires et certains composés naturels comme le suif.
Des graisses animales comme celles extraites des dauphins et baleines étaient extrêmement réputées pour leurs qualités lubrifiantes. Certains emboutisseurs ont cru venue la fin du monde quand on leur a annoncé l'interdiction de ces produits miracles... Le suif n'est plus guère utilisé que par les prototypistes qui viennent à bout de tous les problèmes de glissement grâce à lui. Les graisses minérales restent utilisées dans des cas difficiles, seules ou mélangées à des huiles. Elles sont en général appliquées localement, là où la nécessité d'un très bon glissement se fait sentir.
Que les lubrifiants d'emboutissage soient liquides ou pâteux, les avantages qu'on peut retirer de leur utilisation sont de trois ordres :

- rendre le glissement très facile, de façon à diminuer les efforts qui s'opposent à la mise en forme et risquent de provoquer la rupture ou, encore, pour mieux répartir les déformations dans certaines zones de la pièce. On peut dire, à titre

d'exemple, que c'est là le souci principal des fabricants de baignoires (difficiles quand elles sont profondes). On verra plus loin un exemple (figure 21.1) mettant en évidence l'action vigoureuse d'un lubrifiant d'emboutissage,
– éviter l'endommagement des surfaces pour les pièces d'aspect. Ce sera le souci majeur de beaucoup d'emboutisseurs d'aciers inoxydables. Souvent, un film plastique pelable est ajouté dans ce but,
– ou satisfaire ces deux exigences simultanément, c'est ce qui se passe dans le cas des emballages en fer blanc.

Les inconvénients sont, hélas, nombreux :
– la dépose du lubrifiant demande une opération supplémentaire, soit manuelle, soit le plus souvent automatisée,
– le produit peut salir les outils et peut polluer l'environnement des presses, rendant le sol glissant,
– le produit peut être agressif pour l'acier (cas des composés extrême-pression au soufre ou au chlore) et nécessiter un nettoyage immédiat après formage, suivi d'une re-protection également immédiate,
– l'utilisation des lubrifiants d'emboutissage augmente le prix de revient de l'opération, d'une part du fait du prix du produit lui-même, d'autre part et surtout en augmentant les frais de traitement des effluents de lavage des pièces, point de plus en plus important de nos jours.

Évidemment, il y a des variations du niveau de ces inconvénients d'un lubrifiant à l'autre, mais il n'en reste pas moins que l'utilisation des lubrifiants d'emboutissage tend à se réduire sous les pressions conjuguées des efforts d'économie et d'amélioration environnementale. On peut résumer la situation en disant qu'on n'utilise plus les lubrifiants d'emboutissage, aujourd'hui, qu'en cas d'absolue nécessité.

Il semblerait néanmoins qu'une évolution soit possible vers des films secs non polluants. Elle donnerait peut-être alors un renouveau d'intérêt à ces produits.

21.3 Les huiles évanescentes

C'est une classe d'huiles ayant la particularité de s'évaporer en grande partie. Très schématiquement, ce sont des huiles auxquelles on a ajouté un solvant. La quantité de ce dernier détermine le temps d'évaporation, qui va de quelques secondes à quelques heures, ainsi que la qualité de la fonction lubrifiante et la quantité de résidu que l'on retrouvera sur la tôle après emboutissage.

En gros, plus il y a de solvant, plus l'évaporation est rapide et complète et moins le produit est lubrifiant. Ces huiles évanescentes sont particulièrement intéressantes lorsque la pièce à produire peut ne pas être dégraissée. C'est le cas, par exemple, de pièces fabriquées en tôles prélaquées ou en acier inoxydable et dont l'emboutissage ne requiert qu'une lubrification moyenne.

Certains y ont vu, à tort, une solution aux problèmes environnementaux en se disant qu'il n'y avait plus de rejets dans la nature. C'est oublier qu'il y a des rejets dans l'air, le problème éternel des solvants. C'est pourquoi des études se poursuivent pour mettre au point des huiles évanescentes à base d'eau, ce qui résoudrait élégamment le problème. Il faut attendre leur éventuelle diffusion pour pouvoir se faire une idée exacte de leur intérêt industriel.

Étant donné, d'une part que les huiles évanescentes sont appliquées par l'emboutisseur, d'autre part que le peu de produit qui reste après évaporation ne peut pas constituer une protection sérieuse des pièces, ces huiles doivent être considérées comme des lubrifiants d'emboutissage.

21.4 Les huiles de protection

En emboutissage, ce sont évidemment les plus connus et les plus utilisés des lubrifiants. Elles répondent avant tout au souci d'éviter l'oxydation des tôles pendant leur stockage, leur transport et avant leur mise en forme. Notons que, si cela est évident pour les tôles d'acier non revêtues, c'est également indispensable avec les tôles revêtues car sous l'effet de l'humidité, le zinc donne lieu à l'apparition d'une oxydation superficielle appelée *rouille blanche.*

Ce qu'il faut surtout savoir, c'est que les propriétés demandées à ces huiles de protection sont extrêmement variées et même, parfois, presque contradictoires. En voici un rapide aperçu :

- la protection contre l'oxydation d'abord, testée tout à la fois en exposition naturelle (plus ou moins agressive), en humidotherme et en paquets serrés,
- la dégraissabilité, qui garantit que toute l'huile sera éliminée lors des traitements de surface qui précèdent la mise en peinture. Remarquons qu'on assiste à une sévérisation de ces tests : il y a quinze ans, une huile était réputée convenir quand elle passait les tests normalisés avec succès ; aujourd'hui, on prend de plus en compte la facilité du dégraissage (dans la mesure où celle-ci conditionne son prix), la quantité d'effluents et, en conséquence, le coût de leur traitement. Cette tendance ne peut que se renforcer,
- une viscosité contrôlée : elle doit rester comprise entre certaines limites assurant à la fois l'applicabilité (dans l'usine productrice) et limitant les pertes par coulure,
- la compatibilité avec l'électrophorèse est évidemment une autre propriété indispensable dans l'industrie automobile,
- la compatibilité avec les autres huiles en service chez l'utilisateur (huiles de « lavage » pour les pièces extérieures de carrosserie, voir 22.12),
- la compatibilité avec les adhésifs, de plus en plus utilisés dans l'industrie (l'aéronautique, puis l'auto ont donné l'impulsion, mais l'industrie tout entière y vient lentement). N'oublions pas que les adhésifs sont généralement déposés *avant* dégraissage des pièces ! Notons aussi qu'ils sont extrêmement variés, tant dans leur fonction (adhésifs structurels, mastics d'amortissement, mastics d'étanchéité) que dans leur nature (résines polyuréthannes, époxy, bitumineux, caoutchoutiques). En général, un lubrifiant peut être développé de façon à s'accommoder d'un adhésif donné, mais pas de tous. Les tests de compatibilité doivent donc être exécutés en toute connaissance de cause, ce qui implique que, le plus souvent, c'est l'assembleur qui doit prendre cette question à sa charge,

– la compatibilité avec le soudage. Il faut signaler quand même que ce problème est moins pointu avec les huiles qu'avec les films secs,
– la résistance au vieillissement : non-siccativité, non-jaunissement, résistance aux ultraviolets,
– la sécurité. Les métaux lourds sont de plus en plus interdits. C'est le cas du baryum qui était couramment utilisé dans les huiles et qui doit être remplacé par des éléments moins dangereux. Des huiles ont également vu leur emploi interdit dans certaines entreprises du fait de leur odeur... Le point éclair du lubrifiant doit aussi être le plus élevé possible pour des raisons évidentes de sécurité,
– la non-démouillabilité. C'est une caractéristique mal connue, de même que les facteurs influents. L'idée est, en tout cas, d'avoir un produit bien mouillant afin d'éviter au mieux les retraits locaux d'huile. On en reparlera plus loin,
– la thyxotropie. Étant un liquide, toute huile a tendance à couler, ceci dépendant évidemment de sa viscosité, de la température, etc. Il y a donc une demande pour des huiles thyxotropes, qui se liquéfient sous l'effet de la pression comme le font certaines peintures vendues sous forme de gel. Dans le domaine qui nous intéresse, le terme est d'ailleurs galvaudé, certaines huiles dites thyxotropes étant tout simplement un peu plus visqueuses que les autres.

On remarquera, à ce propos, que nous n'exagérons pas quand nous disons que certaines propriétés peuvent être quelque peu contradictoires. On sent bien, même si les choses ne sont pas aussi simples, qu'il est difficile de demander à une huile de bien adhérer à son substrat (non démouillabilité, résistance aux fortes pressions locales pendant l'emboutissage) et, à l'inverse, de s'éliminer facilement.

Nous n'en avons pas fini, cependant, avec l'invraisemblable palette des propriétés demandées à ces huiles. Celui qui les applique, le sidérurgiste, a, lui aussi, ses propres exigences. Il veut :

– une grande facilité d'application ; ne pas avoir à trop chauffer pour fluidiser, une résistivité électrique constante pour l'application électrostatique, une certaine facilité de nettoyage (changements d'huile sur une ligne),
– une parfaite compatibilité avec les lubrifiants utilisés au skin-pass (il arrive qu'on doive re-skin-passer une bobine déjà huilée),
– une bonne compatibilité avec le métal sous-jacent (par exemple zinc et ses alliages).

Comme on le voit, les caractéristiques demandées sont extrêmement nombreuses et variées, ce qui explique qu'il n'y ait pas tellement de produits qui satisfassent les cahiers des charges. Ajoutons que ce marché, même s'il se compte en milliers de tonnes par an, reste relativement dérisoire pour les fabricants de lubrifiants (il suffit de comparer avec la consommation des huiles pour moteurs thermique) et que ceux-ci n'y consacrent donc qu'une petite partie de leurs efforts de recherche.

Par ailleurs, la sélection de nouvelles huiles de protection constitue un travail tellement gigantesque (énormément de tests, des essais industriels grandeur nature sur des milliers de tonnes d'acier) qu'elle n'est pas entreprise de gaité de cœur. Ceci explique qu'il existe une certaine stabilité dans les huiles de protection employées par la sidérurgie.

21.5 Les huiles solubles

Il faut faire une place à part aux « huiles solubles » (mal nommées car elles sont en fait insolubles et ne sont utilisées que sous forme d'émulsions). Ce sont les mêmes émulsions, de couleur laiteuse, que celles employées dans les opérations classiques d'usinage telles que fraisage, tournage, alésage.

Deux raisons peuvent pousser à les utiliser :

– la première vient de la nécessité de refroidir les pièces lorsqu'un échauffement trop marqué se manifeste. Celui-ci provient généralement d'une cadence élevée ; c'est le cas typique des presses transfert, a fortiori si l'épaisseur de la tôle est forte. Nous avons déjà signalé que la quantité de chaleur dégagée par la déformation plastique du métal dépend peu de la vitesse de déformation : c'est surtout parce que le temps alloué au refroidissement de l'outil entre deux pièces diminue que la température de celui-là s'accroît quand la cadence augmente. Revenons à la raison qui fait préférer l'huile soluble quand il y a risque d'échauffement : l'eau contenue dans l'émulsion, qui représente 90 ou 95 % de celle-ci, s'échauffe et la partie en contact avec la pièce se vaporise par caléfaction. Comme tout changement d'état, cette transformation absorbe beaucoup plus de calories que l'échauffement d'une huile entière. Le refroidissement est donc beaucoup plus efficace.

– deuxièmement, il se trouve que les émulsions sont particulièrement lubrifiantes vis-à-vis du zinc pur. Dans des études extensives menées sur quelques centaines de lubrifiants différents, les plus efficaces vis-à-vis des revêtements galvanisés et surtout électrozingués se sont révélés être les huiles solubles, quelle que soit leur concentration. Les Américains utilisent d'ailleurs parfois ces produits pour emboutir les tôles zinguées.

L'inconvénient majeur de l'utilisation des huiles solubles réside non seulement dans l'absence de protection des pièces finies, mais même dans le risque très grand de formation de rouille blanche qu'elles entraînent. Il faut donc envisager une utilisation très rapide des pièces, par exemple en appliquant la technique de gestion des flux dite Fi-Fo.

21.6 Qu'est-ce qu'un prélub ?

Dans la longue énumération des propriétés exigées d'une huile de protection, on aura peut-être remarqué qu'il manque un élément de poids : le pouvoir lubrifiant n'est jamais évoqué ! C'est une réalité... Il est déjà si difficile de satisfaire toutes ces exigences que la capacité à lubrifier le contact tôle-outil était, jusqu'à ces dernières années, complètement oubliée. On faisait implicitement l'hypothèse qu'une huile ne peut pas être un mauvais lubrifiant.

Le déclic est venu des difficultés apparues avec le développement industriel des tôles d'acier revêtues de zinc, vers 1985. De nombreux problèmes sont apparus, parmi lesquels des casses inexpliquées par les moyens traditionnels (considération des caractéristiques mécaniques, de la rugosité, etc.). Il est devenu nécessaire d'ajuster le lubrifiant en fonction de la nature du revêtement et c'est ainsi que sont nées les « huiles prélub ».

Tout simplement, elles ajoutent la fonction lubrifiante à toutes celles exigées des huiles de protection. Pour cette raison, il est impossible de définir une limite claire entre huile de protection et huile prélubrifiante. Nous nous contenterons de dire qu'une huile prélubrifiante lubrifie *beaucoup mieux* qu'une huile de protection. C'est tellement vague que la séparation entre les deux varie selon les fournisseurs de matériaux ou les utilisateurs. L'huile bien connue FUCHS 4107S a été considérée longtemps en France comme un prélub tandis qu'elle était une huile de protection pour les Allemands !

Cette amélioration du pouvoir lubrifiant n'est généralement pas obtenue par le biais de la viscosité : certains prélubs sont très fluides. Il faut donc maintenant partiellement oublier les informations issues de la courbe de Stribeck et se dire que nous parlons uniquement de chimie. C'est d'ailleurs bien là que le bât blesse : très peu de gens savent ce qu'il faut faire pour que des réactions chimiques favorables aient lieu entre la tôle et l'outil et ceux qui le savent sont très discrets sur le sujet. Les prélubs contiennent souvent des esters, des acides gras, des sulfonates de calcium, etc.

Nous sommes donc dans une ignorance assez complète des phénomènes mis en jeu. Tout ce que nous savons, c'est que la présence d'une couche extrêmement fine de molécules chimisorbées, très adhérentes à la tôle et isolant les deux surfaces métalliques, suffit pour modifier drastiquement le comportement du métal comme nous l'avons déjà vu.

Une autre conséquence du mode d'action particulier de ces prélubs est leur spécificité vis-à-vis d'un revêtement donné. Le produit favorable à une certaine tôle peut ne pas l'être pour une autre et ceci complique encore leur utilisation. On verra plus loin qu'il y a d'autres inconvénients d'emploi, en particulier vis-à-vis des adhésifs.

Il n'en reste pas moins que, depuis une vingtaine d'années maintenant, on peut dire que la plupart des tôles livrées par la sidérurgie sont prélubrifiées.

21.7 Les films secs

C'est un type de lubrifiant de protection qui n'est pas nouveau (certains étaient disponibles au début des années soixante) mais qui connaît un regain d'intérêt, pour ses propriétés lubrifiantes d'une part et pour sa propreté, d'autre part. La classification en lubrifiant de protection implique que ce produit est enlevé avant peinture, tout comme une huile. Ceci le différencie des revêtements organiques minces (ROM) dont nous avons parlé dans la partie B, avec lesquels il ne faut pas les confondre.

On peut résumer les avantages des films secs comme suit :

- en général, excellent pouvoir lubrifiant, presque toujours très supérieur à celui des huiles prélub,
- non-démouillabilité : on évite les inconvénients dont nous parlerons en 22.1.1,
- grande propreté : pas de coulures, pas de traces au sol, pas de risques d'accident.

L'usage des films secs ne s'est pas encore développé pour plusieurs raisons que nous allons passer en revue :

- le prix d'abord. L'application de films secs sur des lignes de laminage existantes est souvent difficile, voire impossible. Elle doit donc être faite sur des lignes dédiées et l'investissement à consentir plus la manipulation des bobines coûtent cher. Les produits à déposer sont eux-mêmes plus chers que les huiles, en général,
- la disponibilité, ensuite. En Europe, il n'y a pas beaucoup de fournisseurs de matériaux plats qui soient capables de fournir régulièrement de tels produits or, très logiquement, un client répugne à dépendre d'un seul fournisseur,
- les films secs sont souvent si efficaces sur le plan du glissement que d'importantes modifications de l'outil d'emboutissage s'imposent. Celles-ci font souvent reculer l'utilisateur qui craint d'avoir un outil inutilisable en cas de rupture d'approvisionnement des tôles revêtues du produit adéquat,
- ce même pouvoir de glissement peut introduire des difficultés de manutention qui induisent des modifications sur les outils de transfert. À l'inverse, il peut arriver que les flans « collent » les uns aux autres,
- des problèmes avec les adhésifs sont aussi possibles, le film sec s'éliminant plus difficilement de la zone de liaison que les huiles. Le soudage peut également être perturbé,
- enfin, il y a le côté écologique qui n'est pas encore bien résolu. Les films secs à base de solvant rendent obligatoires des précautions coûteuses lors du séchage et ceux à base d'eau n'assurent pas encore la protection requise vis-à-vis de la corrosion.

21.8 Les films pelables

Ce sont des polyéthylènes (PE) pour les cas ordinaires ou des chlorures de polyvinyle (PVC) pour les cas les plus délicats.

Ils sont le plus souvent utilisés pour l'emboutissage difficile des aciers inoxydables (les éviers, notamment) où, comme on l'a vu, ces revêtements jouent un double rôle : faciliter la mise en forme sans rayure (une huile ou graisse est ajoutée) et éviter les détériorations ultérieures jusqu'à livraison au client final.

Parmi les inconvénients, nous citerons le prix, souvent très élevé, et le problème de leur élimination de la pièce (le plus souvent impossible autrement que manuellement). De plus ils doivent être éliminés assez rapidement car plus le temps passe, plus leur adhésion augmente. Bien entendu, on ne peut pas souder ces produits.

21.9 Post-traitements

On appelle ainsi un traitement de surface qui se fait sur la tôle après qu'elle soit finie, donc après son revêtement métallique s'il y en a un, et en tout état de cause avant qu'elle soit huilée. Il ne s'agit pas à proprement d'un dépôt mais plutôt d'une réaction qu'on cherche à provoquer à la surface. L'épaisseur intéressée est donc extrêmement faible de même que les poids de couche.

Nous ne pouvons en donner la nature exacte car elle est très variable et, le plus souvent, assez jalousement gardée secrète par le sidérurgiste.
Ces traitements ultra-superficiels ont pour principale fonction d'améliorer le glissement. Un second intérêt est souvent de rendre les fines particules d'abrasion de la tôle, zinc par exemple, peu adhérentes et donc de réduire drastiquement les défauts du genre picot (cf. 23.3) ou de faciliter le nettoyage des outils. Comme ils modifient la chimie de l'extrême surface, ils peuvent avoir des conséquences vis-à-vis des adhésifs et il est donc nécessaire de vérifier ce point avant de les adopter.
Nous verrons quelques exemples de leur efficacité en 21.11.

21.10 Comparaison des performances

Nous allons donner à titre indicatif, et pour bien montrer que toutes les huiles n'ont pas la même valeur lubrifiante, quelques résultats de tests de laboratoire concernant les lubrifiants. Ils sont obtenus en traçant la partie supérieure d'une latitude de réglage de pression de serre-flan (opération décrite en détail dans la partie F) dans laquelle on mesure la force de serre-flan maximale que peut supporter un embouti cylindrique de sévérité donnée[1]. On porte en ordonnée la force de serre-flan maximale que peut supporter le godet sans casser et en abscisse la sévérité de l'emboutissage, représentée par le rapport du diamètre de flan à celui du poinçon.
Nous n'expliquons pas ici les mécanismes intervenant dans le résultat de l'essai. Retenons seulement que plus une courbe est haute et à droite, meilleure est la lubrification.
La figure 21.1 montre le résultat de tests d'huiles de protection commerciales, sauf E, faits sur une tôle non revêtue, à gauche, et une tôle électrozinguée, à droite.
Notons d'abord que tous les lubrifiants utilisés ici, sauf E, ont une viscosité sensiblement équivalente. Ce n'est donc pas ce paramètre qui est à l'origine des différences de comportement.
Comme on le voit, on peut appliquer avec les meilleures huiles une force de serre-flan double de celle qui provoque la rupture avec les moins bonnes, ce qui implique tout simplement que le coefficient global de frottement a été divisé par deux ! C'est le cas pour l'huile D comparée à la A pour la tôle nue, et pour les huiles G ou B par rapport à A pour la tôle électrozinguée.
Mais il y a d'autres informations à tirer de ces graphes.
D'abord, remarquons l'extraordinaire performance de l'huile E sur le graphe de gauche. C'est qu'il s'agit d'un véritable lubrifiant d'emboutissage, pas d'une huile de protection. Il est tellement efficace que la force mesurée à rupture devient quasiment indépendante de la force appliquée sur le serre-flan ; cela veut tout simplement dire que le coefficient de frottement est quasiment nul. Autre leçon à tirer de ce résultat : il n'est pas possible de remplacer un lubrifiant d'emboutissage par une huile de protection ou même par un bon prélub.

1. Nous prévoyons bien la réaction de certains emboutisseurs qui est de dire : « nos pièces sont bien plus compliquées qu'un simple godet ! ». Mais d'innombrables études ont montré que le classement des lubrifiants sur des essais de godets rend parfaitement compte de ce qui se passe en fabrication (et ceci même pour des godets de seulement 33 mm de diamètre).

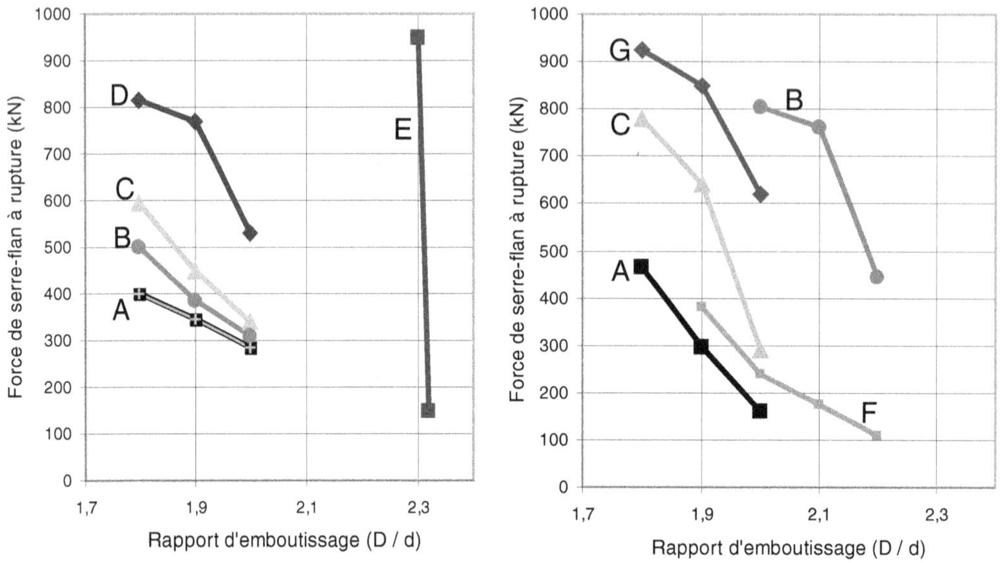

Figure 21.1 – Comparaison d'huiles sur tôle nue (gauche) et électrozinguée (droite)

On remarque aussi que le meilleur lubrifiant B sur la tôle électrozinguée (graphe de droite) n'est pas le meilleur sur la tôle nue. Cela confirme l'observation que les produits revêtus sont extrêmement sensible à la nature du lubrifiant.

21.11 Importance de la chimie de surface

Nous avons fait, déjà, plusieurs allusions à cette caractéristique et avons prétendu qu'elle avait une influence supérieure à celle de la rugosité. Il faut bien s'entendre sur le sens à donner à l'expression chimie de surface : elle est volontairement vague car l'auteur n'est pas chimiste. Il peut s'agir de la nature des premières couches atomiques du métal, ou des premières couches moléculaires d'un dépôt non métallique, ou encore du produit des réactions qui ont lieu entre la tôle et le lubrifiant, mais en aucun cas, nous ne prétendons être en mesure de dire ce qu'il faudrait en surface pour que le glissement soit facile. Il y a d'ailleurs, évidemment, de multiples solutions.

On vient de voir le rôle très important joué par la nature des lubrifiants sur le comportement en emboutissage. On verra un peu plus loin celui qu'il joue également vis-à-vis d'un défaut appelé *grippage*. Nous voudrions maintenant montrer les résultats d'une expérience semi-industrielle qui illustre parfaitement l'influence des lubrifiants et post-traitements sur le glissement de la tôle électrozinguée, qui est la plus sensible à ces facteurs. La pièce emboutie est une demi-coquille de réservoir à essence et les tôles étudiées sont en acier doux type DC04, électrozinguées sur les deux faces.

La figure 21.2 porte en abscisse la pression de serre-flan (en bars) appliquée sur une presse hydraulique industrielle instrumentée. On a recherché, pour chaque échantillon, la pression de serre-flan provoquant la rupture. Par échantillon, on entend une vingtaine ou trentaine de flans provenant d'une même bobine. Au total, 42 bobines ont été essayées ; on voit qu'il ne s'agit pas d'un essai à échelle réduite !

Le nombre de bobines ayant cassé pour une valeur de la force de serre-flan donnée est porté en ordonnée. Les distributions sont normales dans tous les cas. Que voit-on ?

Sur la première rangée, qui correspond à des tôles nues lubrifiées par une huile de protection très ordinaire (celle dénommée A dans les graphes de la figure 21.1), le moins bon résultat est à 90 bars et le meilleur à 120 bars environ. C'est la dispersion moyenne classique sur cette pièce.

La deuxième rangée représente les résultats de tôles électrozinguées, lubrifiées avec la même huile. Sur les 19 bobines testées, 7 donnent un résultat comparable à la tôle nue mais 12 cassent pour une force de serre-flan extrêmement basse, inférieure ou égale à 40 bars[1]. Ce résultat était, hélas, en parfait accord avec l'expérience industrielle de l'époque.

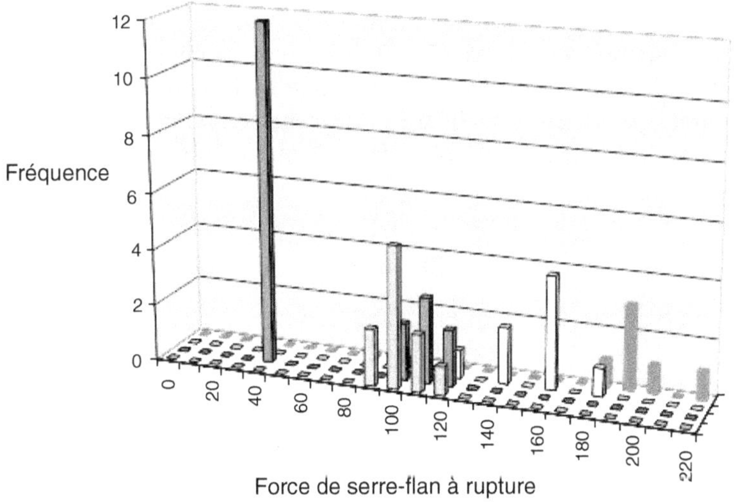

Figure 21.2 – Comparaison d'huiles et post-traitement sur tôle électrozinguée

Les raisons de l'existence de deux familles de résultats si différents semblent liées à la qualité du rinçage qui suit l'électrozingage. Mais là n'est pas le point intéressant. Pour pallier à cette difficulté, un post-traitement a été mis au point par le sidérurgiste et a donné des résultats extrêmement satisfaisants qui sont représentés par la troisième rangée de résultats. Comme on le voit, toutes les ruptures apparaissant pour une pression inférieure à 120 bars sont éliminées, ce qui signifie que la tôle devient toujours parfaitement emboutissable, et la pression maximale qu'on peut appliquer passe à 180 bars, révélant une excellente aptitude au glissement.

1. Il n'était pas possible de régler la pression hydraulique du serre-flan à une valeur inférieure à 40 bars. C'est la raison pour laquelle tous les résultats faibles apparaissent pour cette même pression.

Des études supplémentaires ont permis de sélectionner une huile parfaitement adaptée à cette tôle électrozinguée qui, sans l'usage du post-traitement, relève encore les performances puisque la plus faible pression à laquelle on enregistre une rupture est maintenant de 180 bars ! La tôle glisse extrêmement facilement dans les outils et nécessitera même une adaptation de ceux-ci.

Ce qui n'est pas représenté sur le graphique, c'est que l'addition du post-traitement et de cette nouvelle huile améliore encore le résultat, qui sort des limites du graphique (les pièces ne cassent plus). Bien entendu, ces différents produits ont été appliqués au domaine industriel avec le plus grand succès.

On voit donc, avec cet exemple tout à fait réel et bien documenté, que les modifications de l'aspect purement chimique des réactions de la surface (il n'y a point là d'influence de la viscosité) ont un impact d'une considérable importance.

Pour un peu plus enfoncer le clou, faisons remarquer la chose suivante : il se trouve que les trois premiers lots de la dernière série d'essai (les barres situées entre 180 et 200 bars) avaient trois textures de rugosité différentes. Supposons, bien que l'auteur n'y soit pas enclin, que la différence de résultat entre ces trois lots soit uniquement reliée à leur rugosité et comparons les effets : 20 bars de différence dus à la rugosité contre 180 résultant de modifications de la surface ou du lubrifiant !

L'auteur espère avoir fait sentir du doigt tout l'intérêt qu'il y a à considérer les aspects « chimiques » du frottement et que les lecteurs comprennent maintenant pourquoi il est si peu convaincu de l'influence de la rugosité de la tôle vis-à-vis du frottement… Qu'il y en ait une, soit, mais qu'elle soit prépondérante, non, jamais !

22 • LES ANOMALIES DE FROTTEMENT

Plusieurs difficultés peuvent résulter d'un glissement imparfait du métal dans l'outil. Il peut avoir différentes origines que nous examinons maintenant.

22.1 Problèmes liés à la lubrification

22.1.1 Le démouillage

Nous n'en dirons pas grand-chose car l'ignorance est grande sur les causes et, encore plus, sur les remèdes applicables à ce fléau de l'emboutissage.
De quoi s'agit-il ? D'une distribution de l'huile à la surface de la tôle qui devient hétérogène, même si elle était uniformément répartie lors de la fabrication de la bobine.
Ce que nous en savons, c'est que le démouillage est d'abord provoqué par la non-planéité de la tôle. Là où il n'y a pas contact entre deux flans, l'huile se retire sous l'effet de la tension superficielle en laissant des zones apparemment déshuilées et forme un ménisque à la périphérie. Il en résulte des taches apparemment sèches bordées d'un liseré épais d'huile, comme le montre la figure 22.1. En réalité, les zones qui semblent sèches ont encore de l'huile, mais nettement moins que la normale.

Figure 22.1 – Vue d'une tôle très fortement démouillée

Dans une bobine, les spires sont fortement serrées les unes contre les autres et ce phénomène ne se produit pas, sauf parfois en rives car l'épaisseur y est légèrement plus faible[1]. Mais la découpe des flans relâche certaines contraintes résiduelles qui entraînent un léger cloquage, lequel est à l'origine des zones sans contact. Le démouillage apparaît normalement quelques heures après la découpe et s'amplifie ensuite.

La gravité du démouillage augmente avec le temps de stockage des paquets avant emboutissage ; la lubrification se trouve être localement dégradée, avec les conséquences qu'on peut supposer : augmentation du taux de grippage des tôles non revêtues et du nombre de picots sur les tôles galvanisées

Les inconvénients peuvent même êtres encore plus graves ; l'auteur a suivi des campagnes d'emboutissage extrêmement perturbées par ce phénomène. On peut, par exemple, avoir une série de pièces bonnes, puis plusieurs qui sont plissées, certaines pièces correctes à nouveau, suivies d'une série de casses, ceci variant selon que la zone sensible de l'outil est plus ou moins lubrifiée.

Pour en finir avec le démouillage, les essais tentés pour trouver des huiles strictement « non démouillantes » n'ont pas connu beaucoup de succès. Quand on reste à l'intérieur du cahier des charges imposé aux huiles de protection (voir plus haut), il ne semble pas que l'augmentation de la seule viscosité soit suffisante, ni même l'emploi d'huiles supposées thyxotropes. L'amélioration de la planéité des tôles semble évidemment être une autre voie d'action ; elle coûte hélas très cher et n'est pas, de ce fait, une voie économique.

C'est donc un problème important mais qui reste entier pour le moment. La seule solution est de re-huiler le métal juste avant sa mise œuvre, de préférence en entrée de ligne de presse. Une autre solution serait évidemment le remplacement des huiles par des films secs.

22.1.2 Les mélanges d'huiles

C'est, encore, un sujet qui est relativement méconnu. De quoi s'agit-il?

Il faut d'abord dire que cette question concerne essentiellement les constructeurs automobiles et leurs sous-traitants fabricant des pièces visibles à partir de tôles électrozinguées double faces. La plupart d'entre eux (l'auteur ne connaît qu'un exemple contraire) estiment nécessaire de « relaver » le métal avant de l'emboutir. Que faut-il entendre par « relavage » et quelles en sont les raisons ?

Cette opération au nom trompeur ne consiste en aucun cas à nettoyer la tôle avec un solvant (c'est proscrit) ni même avec un bain alcalin détergent. En fait, il s'agit de re-huiler le métal reçu du sidérurgiste. La bande est déroulée pour la découpe des flans et passe dans une machine qui applique une grosse quantité d'huile tout en brossant énergiquement la surface, puis essore l'huile superflue.

Plusieurs buts sont attribués à cette opération :

– éliminer les particules métalliques (zinc, bavures de découpe) qui pourraient se trouver sur la tôle et provoquer l'apparition de picots (voir en 23.3),

1. C'est ce qu'on appelle le « bombé » de la tôle, indispensable pour la guider dans les laminoirs. La différence d'épaisseur est très faible (quelques centièmes de mm) et n'intéresse qu'une faible largeur, 30 à 40 mm au maximum.

– remettre de l'huile sur les bords des bandes, s'il y a lieu,
– essayer de supprimer le démouillage.

Ces objectifs sont plus ou moins discutables. D'abord, certains constructeurs automobiles ont constaté l'existence de plus de picots sur les tôles « lavées » que sur les autres ! Ensuite, comme on vient de le voir, le démouillage apparaît rapidement sur les flans découpés ; seule une utilisation très rapide de ces flans permettrait effectivement de profiter de l'absence de démouillage. C'est pourquoi le re-huilage en entrée de presse est le seul efficace de ce point de vue.

Tant que les huiles de protection sont restées telles, c'est-à-dire sans vertus lubrifiantes particulières, le mélange avec les huiles de relavage est resté sans conséquences. Mais, du jour où les sidérurgistes se sont mis à appliquer sur leurs produits les huiles dites prélubs, les ennuis sont apparus.

On peut les expliquer de la façon suivante : le prélub est un produit ayant une composition bien adaptée au revêtement et des caractéristiques plus « pointues » que l'huile de protection classique, pour justement procurer cet effet prélubrifiant. De ce fait, il est sensible à tout mélange, même avec un autre lubrifiant jugé bon. Comme les réglages d'emboutissage ont été faits en tenant compte de ses caractéristiques supérieures, c'est la catastrophe en production si le mélange vient à les dégrader.

C'est effectivement ce qui s'est passé à de nombreuses reprises lors de l'introduction des prélubs. On a vu des livraisons entières de tôles parfaitement conformes rejetées faute de pouvoir être embouties. Force est d'admettre, dans ce cas, que les essais préliminaires n'avaient pas été assez poussés.

Nous insistons sur le point suivant : un prélub peut être excellent et l'huile de relavage aussi ; il n'en reste pas moins que leur mélange a les plus fortes chances d'être mauvais. Sur une dizaine de cas que l'auteur a eus à connaître, un seul donnait un mélange meilleur que les produits de base, tous les autres étaient au détriment de l'effet lubrifiant.

Les grandes entreprises et les fournisseurs de lubrifiants semblent avoir pris conscience de ce problème et il est classique maintenant d'assurer la compatibilité entre le lubrifiant initial appliqué par le sidérurgiste et celui utilisé par l'emboutisseur. Mais il arrive que l'expérience quitte l'entreprise (départ en retraite, par exemple) et les problèmes réapparaissent… C'est encore arrivé il y a très peu de temps.

Nous voulons donc réitérer ce message trop peu connu :

en présence d'un problème de glissement avec une tôle électrozinguée, pensez d'abord au mélange d'huile et oubliez la rugosité.

23 • ENDOMMAGEMENT DE LA SURFACE DES TÔLES

23.1 Le grippage

C'est un phénomène qui provoque une abrasion de la surface des pièces, suivie par la formation de rayures et qui peut conduire à la casse comme le montre la figure 23.1.

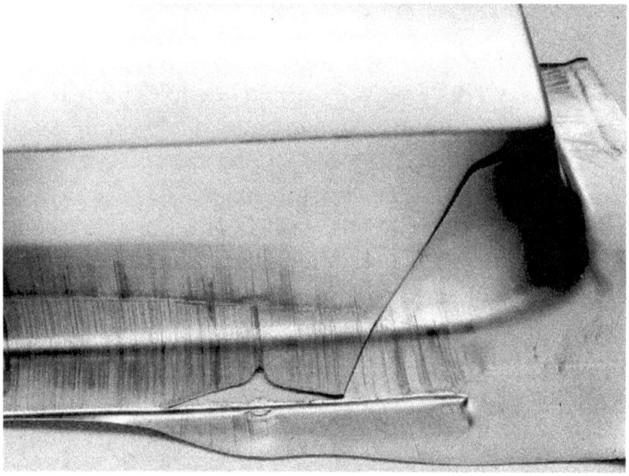

Figure 23.1 – Rupture due au grippage

Il est bien connu car étudié depuis longtemps. On peut même dire qu'il a constitué une des bases des études relatives au frottement en emboutissage et qu'il est la première cible visée par toutes les rugosités qui ont été inventées. D'où provient-il ? On peut le comprendre en examinant le schéma de la figure 23.2 ; on y voit une cavité de l'outil (rayure, porosité, logement d'une lamelle de graphite) dans laquelle « rentre » le métal plus mou de la tôle d'acier car le plateau est « poussé » dans la cavité par la pression exercée, par exemple, par le serre-flan. La même chose est encore plus probable sur un petit rayon. Il y a abrasion des plateaux.

Les morceaux de métal adhérent à l'outil sont donc séparés de la tôle et vont former d'abord des copeaux, s'accumuler dans la cavité puis faire une excroissance qui va émerger de la rayure d'outil et qui ne fera qu'empirer la situation. Il y a alors contact intime du même métal sur lui-même et adhésion. En définitive, une

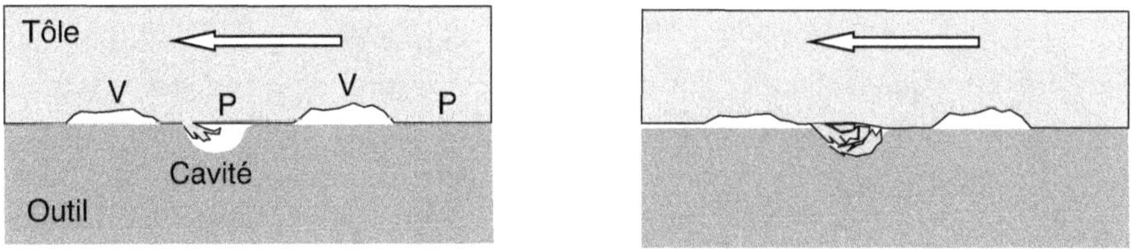

Figure 23.2 – « Rabotage » d'un plateau par un défaut d'outil

accumulation de plus en plus importante de métal doux a lieu sur l'outil et peut conduire à une telle difficulté de passage du métal qu'elle entraîne la casse. De nombreuses et profondes rayures perturbent la surface de la pièce, comme on le voit sur la photo précédente (figure 23.1).

Rault et Entringer ont clairement démontré en 1976 [7] l'influence de la longueur du frottement sur les plateaux de rugosité, grâce à une très astucieuse expérience[1]. Ils ont fait usiner par électroérosion des cylindres de skin-pass ayant la particularité d'avoir des plateaux dix fois plus longs que larges, ce que représente la figure 23.3. Faisant glisser la tôle ainsi obtenue dans les deux directions, ils ont bien montré que la tendance au grippage augmentait considérablement avec la longueur frottée. Sur la vue de gauche, on voit clairement que le frottement n'endommage pas les plateaux au début, mais que des rayures se forment et grossissent ensuite. La vue de droite indique que la longueur de contact est maintenant trop faible pour permettre à des rayures de se former.

Felder a, plus tard, élaboré un modèle rendant compte de cette caractéristique.

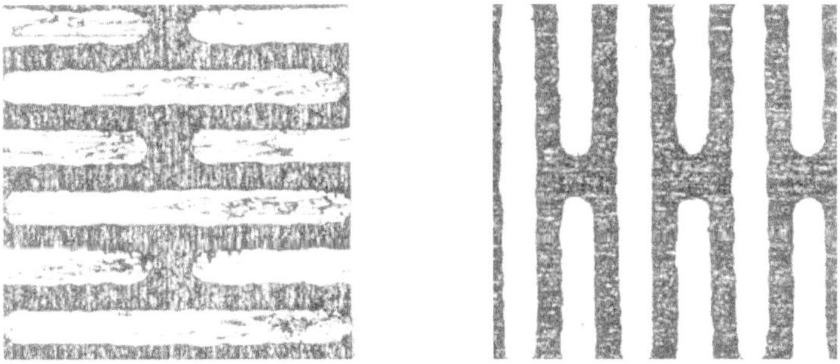

Figure 23.3 – Influence de la texture de rugosité sur le grippage [7]

La température est un des facteurs aggravants de ce défaut. D'une part, elle diminue la contrainte d'écoulement des aspérités (les plateaux) et donc facilite leur « rabotage » par l'outil et, d'autre part, elle augmente l'adhésion de la tôle sur l'outil. De plus, elle réduit la viscosité du lubrifiant. Il est donc parfaitement logique que le fait de diminuer la cadence, donc l'échauffement, ait une action favorable sur le grippage.

1. Dans cette expérience, nous apprécions particulièrement le fait que c'est la *même* tôle qui est frottée dans les deux cas. Il n'y a donc pas de discussion possible sur l'éventuelle différence de chimie de surface qui aurait pu être soupçonnée suite à l'emploi de deux tôles différentes.

En première analyse, cette solution est bien sûr néfaste vis-à-vis de la productivité mais l'auteur a vu des cas où les arrêts pour *dégrippage* de l'outil coûtaient bien plus cher que ne l'aurait fait une petite diminution de la cadence. Maintenir à tout prix la cadence quand il y a du grippage est une forme d'obscurantisme.

Une mauvaise lubrification ou son absence presque totale (démouillage) sont souvent à l'origine de ces défauts qui sont très graves car ils impliquent non seulement des arrêts de fabrication mais peuvent aller jusqu'à une mise hors d'état de l'outil.

Notons qu'il existe un remède assez efficace qui consiste à remplacer le matériau d'outil classiquement utilisé – l'acier ou la fonte – par un alliage tout à fait différent, un cupro-aluminium, dont l'affinité vis-à-vis de la tôle est beaucoup plus limitée (réseaux cristallins différents). Pour de petites pièces, le carbure de tungstène est aussi très efficace sur les bagues d'entrée de matrice. Mais ces options sont coûteuses et rarement employées.

En revanche, les traitements de surface à base de nitrures de chrome, de titane, etc., sont une autre solution efficace et moins coûteuse.

Nous sommes personnellement de l'avis qu'une modification de la rugosité de la tôle n'est pas la meilleure solution. Les lecteurs ne seront sans doute par surpris par cet avis ! La figure 23.4 montre les effets comparés de la rugosité et de la nature d'huile lors d'un test sévère de grippage en laboratoire (validé par des essais en usine).

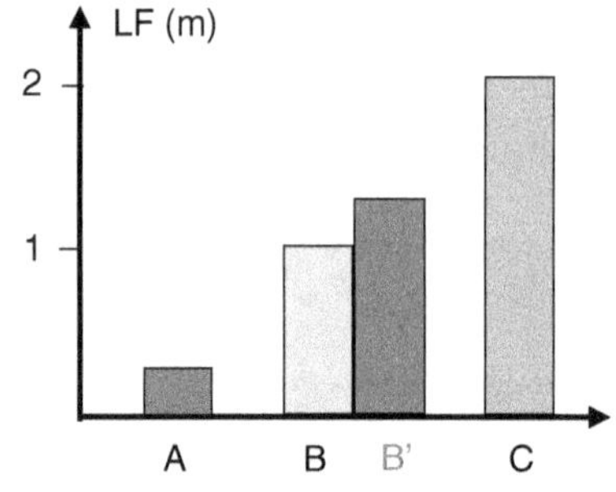

Figure 23.4 – Test de grippage

En ordonnée se trouve la longueur de frottement LF provoquant le grippage. Les barres A, B et C montrent l'influence de trois huiles différentes sur une même tôle de rugosité Ra = 1,24 µm.

On voit clairement que l'huile B augmente la distance parcourue avant grippage, résultat encore nettement amélioré par l'huile C.

La barre B' présente le résultat du même test pour une tôle dite anti-grippante à très forte rugosité : Ra = 2,18 µm, essayée avec l'huile B. Certes, il y a amélioration par rapport à la tôle de moindre rugosité, mais il n'en reste pas moins que le passage à l'huile C est quand même un remède plus efficace.

Toute la théorie hydromécanique du grippage repose sur la formation des débris et leur piégeage par les vallées. Empêchons tout simplement les débris d'apparaître et il n'y aura plus à s'inquiéter du grippage.

23.2 Poudrage et écaillage

Il est important de ne pas faire d'amalgame entre le poudrage et l'écaillage, même si la différence peut paraître subtile aux yeux de l'utilisateur. Cette nuance est justifiée par l'origine des défauts et donc, leur remède.

L'écaillage d'un revêtement est sa séparation physique du substrat auquel il adhère insuffisamment. Cela n'a lieu, normalement, qu'avec les revêtements fragiles où lorsque la déposition a été mal faite (sur un métal oxydé, par exemple).

Le poudrage procède d'un autre mécanisme et peut avoir deux sources :

- dans le cas de revêtements plutôt fragiles comme le galvannealed fortement allié, le revêtement se fracture sous l'effet des déformations de la tôle sous-jacente et des particules de petite taille se détachent. Ceci ne résulte donc pas de l'abrasion et la qualité de la lubrification ne semble pas jouer un rôle bien significatif vis-à-vis du phénomène. C'est la composition chimique du revêtement qui est le facteur important,
- dans le cas des revêtements très ductiles tels que le zinc, c'est l'abrasion du sommet des plateaux sur les petits rayons (forte pression) qui provoque la formation de copeaux très minces.

Ces petits copeaux ont ensuite une fâcheuse tendance à s'agglomérer et à donner ainsi des morceaux de quelques dixièmes de millimètre qui, en se collant sur le poinçon, sont à l'origine de déformations très locales de la tôle appelées *picots*.

23.3 Les picots

Ce sont, sur les pièces d'aspect, de minuscules déformations en relief de la tôle provoquées par la présence d'une particule coincée entre cette tôle et le nez de poinçon, comme représenté à la figure 23.5. Elles n'ont évidemment aucune influence mécanique sur le comportement de la pièce mais deviennent visibles après peinture. Il est donc nécessaire de poncer la pièce avant peinture, ce qui enlève sa protection de zinc et pénalise la garantie anti-corrosion.

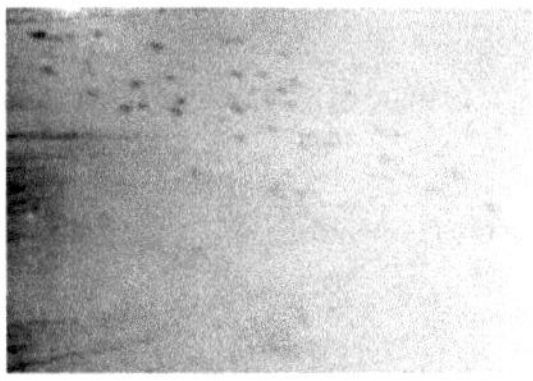

Figure 23.5 – Origine du picot (gauche) et très forte densité de défauts (droite)

Les particules qui provoquent les picots peuvent avoir de très nombreuses origines que nous distinguerons en deux classes : exogènes et endogènes.

Les particules *exogènes* peuvent être :

- des copeaux métalliques provenant du refendage ou de la découpe des flans,
- des particules de zinc (surtout si la bande n'est pas dérivée),
- des particules de bois, de peinture (palettes, containers),

– des particules de polymères (guides, rouleaux, etc.)
– des particules de cuir (gants),
– des poussières...

Le lavage des flans peut parfois éliminer une partie de ces débris mais il peut aussi, d'autre fois, les recycler et en couvrir des bobines qui en étaient exemptes. L'entretien de ces machines est donc essentiel (changement des filtres, par exemple).

Les particules *endogènes* se forment dans l'outil d'emboutissage. Elles proviennent généralement de la présence d'amas de zinc sur les petits rayons. Le mécanisme est le suivant.

Le zinc, très mou, est abrasé par le frottement sur les inégalités des outils qui peuvent être des rayures, des sillons microscopiques résultant de l'usure du graphite lamellaire des fontes ou encore dus à l'agressivité des joncs de retenue. Le contact entraîne des arrachements de micro-copeaux sur le sommet des plateaux. Ces copeaux sont du zinc à l'état natif, c'est-à-dire que, provenant d'une coupe récente, ils sont extrêmement réactifs. Ils s'agglomèrent facilement et forment des amas dont la dimension est de l'ordre du dixième de millimètre et l'épaisseur de quelques micromètres.

Une partie de ces amas tombe sur le flan, particulièrement dans le cas des presses double effet. De ce fait, au cours du cycle qui suit, ils ont tendance à venir se coller sur le nez de poinçon. Ceci ne veut pas dire qu'il n'en tombe pas ailleurs que sur le flan, naturellement. Mais ceux qui tombent dans l'outil n'ont pas d'influence ultérieure (il en faudrait beaucoup pour remplir le fond d'une matrice...).

Ces amas collés sur le poinçon déforment localement la tôle et une petite aspérité restera imprimée sur la pièce : c'est le *picot* (en anglais : pimple).

C'est une des raisons pour lesquelles les agents qualité des usines automobiles passent régulièrement une pierre abrasive douce sur les pièces, de façon à détecter la présence de ces anomalies. C'est ce qu'on appelle *pierrer* une pièce, opération qui se fait soit à intervalle régulier, soit chaque fois qu'un doute existe sur la qualité de surface. On évite ainsi d'avoir à poncer les caisses après peinture pour reprendre ces zones.

Les tôles galvanisées sont plus sensibles à ce défaut que les tôles électrozinguées, ceci venant sans doute de leur cristallisation basale[1].

On a bien noté aussi une influence marquée de l'état de l'outil ; moins il est lisse, plus il a de rayures ou autres défauts de surface, plus les picots seront nombreux. Les petits rayons des outils doivent être parfaitement polis. La qualité de la lubrification joue également un rôle, en particulier quand on fait face à des problèmes de démouillage. La meilleure solution consiste alors re-huiler les flans en entrée de ligne de presses.

À défaut de pouvoir ou vouloir le faire, il faut veiller à laisser les flans découpés le moins longtemps possible stockés avant emboutissage[2]. Une étude assez poussée, dans un gros atelier d'emboutissage, a montré une augmentation du nombre de picots proportionnelle au temps pendant lequel les paquets de flans restaient en attente avant mise en œuvre.

Évidemment, un film sec pourrait constituer une bien meilleure solution.

1. Les plans de base du système hexagonal sont parallèles à la surface de la tôle, ce qui facilite l'abrasion de fines couches de zinc. Néanmoins, cette hypothèse n'est pas formellement démontrée.
2. On rappelle que le démouillage par grandes taches ne se fait que sur flans, pas sur bobine.

24 • CONCLUSIONS SUR LE CONTACT TÔLE-OUTIL

Nous avons essayé de présenter ici, le plus objectivement possible, les mécanismes mis en jeu dans le contact entre la tôle et l'outil d'emboutissage.

Bien sûr, certaines des idées présentées sont en forte opposition avec celles reçues concernant les vertus de la rugosité dont l'auteur pense, très sincèrement, qu'elles ont été exagérément amplifiées pour trois raisons d'ordre purement psychologique :

- les théories hydromécaniques relatives à la rugosité sont simples et assez intuitives, au contraire de celles relatives aux propriétés physico-chimiques de l'extrême surface qui ne sont accessibles qu'à quelques rares initiés (dont l'auteur rappelle qu'il n'a pas la prétention de faire partie),
- beaucoup considèrent que la rugosité de la tôle est une des caractéristiques significatives du produit, au même titre que la limite d'élasticité ou le coefficient d'anisotropie. En cas de problème d'emboutissage, les convaincus réclament donc une modification de la rugosité et, en cas de succès de l'essai, l'attribuent automatiquement à cette modification, oubliant les cas inverses. C'est comme le principe de la tartine : on note toujours les cas dans lesquels elle tombe sur le côté beurré et on oublie ceux où elle tombe de l'autre (l'autre moitié). L'auteur pense sincèrement que nous sommes victimes d'une auto-intoxication par la rugosité et que les avis émis à son sujet ne sont pas suffisamment objectifs,
- lorsque quelqu'un, fournisseur ou utilisateur, a opté pour l'une des différentes textures de rugosité existantes, il lui est difficile d'admettre ensuite qu'il s'est trompé et que ce choix était maladroit. C'est clairement, de l'avis de l'auteur, le cas de la rugosité Lasertex ; le nombre de cas où il a été finalement démontré que son efficacité était illusoire est impressionnant. Il en est plus ou moins de même de tous les types de rugosité et les bénéfices à en attendre sont, depuis déjà longtemps, sans commune mesure avec les immenses recherches et investissements qui y sont consentis.

Soyons clairs : le passage de l'ancienne situation où la rugosité de surface des tôles était incontrôlée à celle où elle obéit à quelques principes simples est un grand progrès. C'est, par exemple, celui accompli depuis quelques années par l'industrie de l'aluminium qui est passée du mill-finish à l'EDT. Mais pour l'acier, les gains qu'on peut attendre de modifications mineures du process de gravage des cylindres deviennent assez dérisoires.

Nous pouvons ajouter que si la même ardeur avait été appliquée à la recherche de traitements de surface des tôles favorisant leur glissement ou à l'amélioration de revêtements d'outils glissants (genre carbone diamantin, par exemple), il y a longtemps que beaucoup de problèmes seraient résolus.
En conclusion, la préconisation de l'auteur est de dire : cessons d'épuiser nos forces sur la rugosité et attaquons-nous plutôt aux solutions porteuses d'avenir.

D

Limites de ductilité

Nous avons examiné en détail, dans la première partie de cet ouvrage, les propriétés des aciers lors d'un essai de traction uniaxiale. Mais c'est seulement l'une des nombreuses façons dont peuvent se déformer les métaux en feuilles.
L'analyse de l'ensemble des types de déformation que peut subir une tôle, qu'on appelle les *modes*, est d'autant plus importante que ses propriétés, par exemple sa limite d'élasticité ou la quantité dont on peut la déformer avant que n'apparaisse la rupture, en dépendent grandement. Ces variations peuvent être considérables et il n'est donc pas possible de les ignorer. C'est ce que nous allons examiner dans cette partie.

25 • PRINCIPAUX MODES

En voyant une pièce, un emboutisseur chevronné identifie les modes de déformation locaux d'une façon devenue presque instinctive, sans avoir recours aux mesures par grilles dont nous allons parler plus loin, simplement par expérience. Remarquons que c'est là une aptitude très utile car on ne dispose pas toujours du temps ou des moyens nécessaires à la mesure précise des déformations. Il est indiscutable que, sans rendre les mesures superflues dans les cas difficiles, l'appréciation immédiate du mode de déformation local permet de gagner beaucoup de temps dans l'analyse d'un problème d'emboutissage ou lors de la mise au point d'un outil. On ne saurait donc trop recommander au technicien qui travaille dans l'emboutissage, même si c'est sur un ordinateur, de cultiver cette connaissance intuitive de l'identification des modes de déformation à chaque fois qu'il examine une pièce (réelle ou virtuelle).

25.1 Conventions de mesure

Pour examiner les modes de déformation, nous allons commencer par ignorer les phénomènes de flexion ou pliage ; ils seront abordés dans la partie E. On ne s'intéressera donc qu'aux déformations subies dans le plan de la tôle, qu'on appelle pour cette raison des *déformations de membrane*. La membrane représente une tôle dont l'épaisseur serait nulle et qui pourrait donc se plier sous un effort également nul ; elle se comporte comme une baudruche.

La mesure des déformations se fait en imprimant sur le morceau de tôle découpé à la forme exactement nécessaire pour son emboutissage, appelé le *flan*, un réseau de figures de dimensions connues, qui seront mesurées après mise en forme. On appelle ce réseau une *grille* ou une *trame*.

Pour donner une définition simple de chacun des modes, nous choisissons une méthode classique qui est de l'illustrer par la déformation de cercles de diamètre initial D_0 tracés sur le flan avant la mise en forme. On pourrait aussi choisir des carrés, plus couramment utilisés pour les mesures, mais ils se prêtent moins bien à l'interprétation. Ces cercles doivent être assez petits pour permettre de mesurer des déformations locales : par petits, on entend en général des diamètres situés entre 1 et 5 mm, les dimensions les plus courantes étant 2 mm ou 2,54 mm (un dixième de pouce).

Un cercle déformé peut devenir un cercle plus grand ou plus petit, mais, le plus souvent, c'est une figure très proche d'une ellipse. Une déformation non homogène

à l'échelle du cercle peut donner une forme plus ou moins « patatoïde », comme par exemple celle d'un œuf. On doit alors considérer que l'élément de mesure est trop grand par rapport au système de déformation.
On mesure le plus grand diamètre D_1 de l'ellipse et on appelle $e_1 = (D_1 - D_0)/D_0$ la déformation obtenue, dite principale. On l'exprime souvent en %. On mesure ensuite le plus petit diamètre D_2, normalement situé à 90°, et l'on obtient la déformation secondaire $e_2 = (D_2 - D_0)/D_0$. Bien sûr, on peut avoir $e_1 = e_2$ dans certains cas particuliers qu'on verra ensuite.
Ces mesures de déformation sont dites *conventionnelles* (*engineering strains* en anglais), en opposition avec les déformations *rationnelles* (*true strains*) qu'on va voir bientôt. On respecte en général la convention $e_1 \geq e_2$.
Pour une pièce de forme complexe, les déformations principales peuvent être orientées de façon très variable puisqu'elles dépendent de la façon dont l'outil a déformé la tôle et ne peuvent avoir, en principe, qu'un rapport fortuit avec la direction de laminage.
Cependant, il peut être parfois plus pratique de ne pas respecter la convention $e_1 \geq e_2$ et d'adopter un système de mesure mieux adapté à la géométrie de la pièce. L'exemple classique est celui d'une pièce axisymétrique (godet ou coupelle hémisphérique) pour lequel il est beaucoup plus judicieux de mesurer les déformations radiales e_r et circonférentielles e_c. Dans sa méthode d'évaluation des difficultés, Karima [1] propose aussi, quelle que soit la pièce, des mesures partant du centre et allant vers les bords.
Il faut noter enfin que, bien souvent, ce sont les déformations rationnelles, encore dites logarithmiques, qui sont préférées : on a alors $\varepsilon_1 = \text{Ln}\ (D_1/D_0)$ et $\varepsilon_2 = \text{Ln}\ (D_2/D_0)$. Ce sont celles que nous allons employer dans la suite en raison de leurs avantages.
Voyons maintenant les principaux modes de déformation que l'on peut rencontrer.

25.2 L'expansion

En *expansion*, les deux diamètres principaux augmentent par rapport au diamètre D_0 du cercle initial. La figure 25.1 représente le cercle initial en pointillé et l'ellipse qui peut résulter de la déformation (à gauche). A droite est représenté le cas de l'expansion *équibiaxiale* où $D_1 = D_2$.

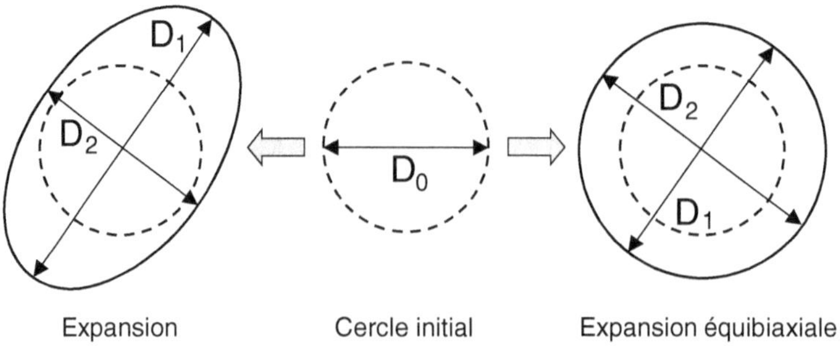

Figure 25.1 – Deux cas d'expansion

En expansion, les déformations conventionnelles aussi bien que rationnelles sont toutes positives. La plupart des pièces de peau d'une voiture sont obtenues par expansion.

25.3 Le rétreint

C'est le mode de déformation prédominant dans la fabrication des godets cylindriques. Le *rétreint*, certains disent la *rétreinte* par référence à la chaudronnerie, est un mode de déformation dans lequel un cercle est étiré dans une direction tandis qu'il se rétrécit dans la direction transversale, comme montré sur la figure 25.2.

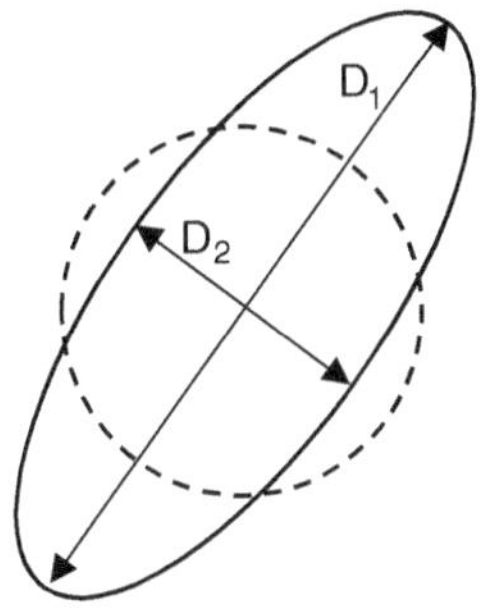

Figure 25.2 – Cercle déformé en rétreint

Notons, car l'erreur est courante, que la surface de l'ellipse n'est pas forcément plus petite que celle du cercle de départ, elle est même supérieure la plupart du temps. On peut citer trois cas particuliers de rétreint : la traction uniaxiale, le cisaillement plan et la compression uniaxiale.

25.3.1 Traction uniaxiale

L'allongement ε_1 de l'éprouvette de traction doit être compensé par une réduction de section équivalente (conservation du volume) : $\varepsilon_1 = -(\varepsilon_2 + \varepsilon_3)$.
Si r = 1, on a par définition $\varepsilon_2 = \varepsilon_3$, ce qui implique que $\varepsilon_1 = -2\,\varepsilon_2$. On voit donc que durant la traction uniaxiale d'un métal isotrope, la déformation principale sera le double des déformations secondaires et de signe inverse.

Si $r \neq 1$, un calcul simple montre que $\varepsilon_1 = -\dfrac{r+1}{r}\,.\,\varepsilon_2$.

25.3.2 Le cisaillement

Le *cisaillement* n'est généralement pas considéré comme un mode de déformation à part entière, mais comme un cas particulier du rétreint.
Il ne s'agit bien sûr pas du cisaillement tel qu'on l'entend pour le découpage des tôles, qui intervient dans la direction de l'épaisseur et qu'on verra rapidement à la partie G, mais du cisaillement dans le plan, c'est-à-dire du glissement relatif des « fibres » du métal les unes par rapport aux autres. Une très simple illustration

peut en être donnée par un parquet dont on ferait glisser les lames pour former un losange comme montré à la figure 25.3.

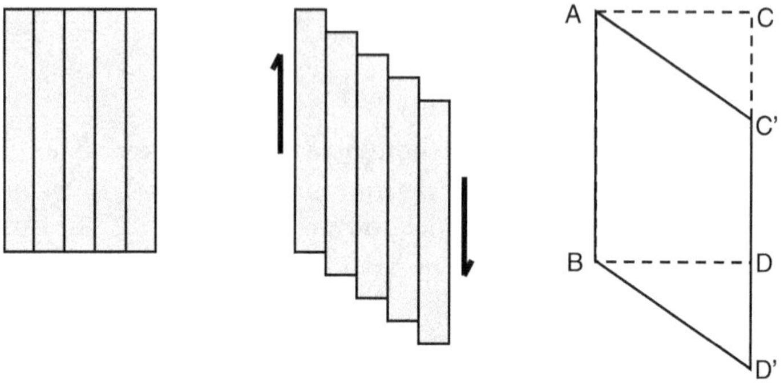

Figure 25.3 – Cisaillement représenté par un plancher déformé

Considérons maintenant le schéma de droite représentant le rectangle initial et le losange résultant de son cisaillement : il est clair que les triangles ACC' et BDD' sont égaux et donc que la surface du losange final est identique à celle du rectangle initial. Si la surface n'a pas varié et puisque le volume est conservé, il en résulte que l'épaisseur est inchangée (ce qui se vérifie bien dans le cas du parquet) : $\varepsilon_3 = 0$.
Ceci entraîne que la somme $\varepsilon_1 + \varepsilon_2 = 0$ et par conséquent que $\varepsilon_1 = -\varepsilon_2$.

25.3.3 La compression uniaxiale

Tout comme il y a une traction uniaxiale, il existe son inverse : la *compression uniaxiale*. Elle est très facile à imaginer : on comprime une éprouvette selon son axe sans exercer aucune contrainte dans les autres directions. Elle va donc se raccourcir ($\varepsilon_1 < 0$) et sa largeur et son épaisseur vont augmenter (ε_2 et $\varepsilon_3 > 0$).
Par symétrie avec la traction, $\varepsilon_1 = -1/2\ \varepsilon_2$ si r = 1.

25.4 La traction plane

La *traction plane* correspond à un cas dans lequel la déformation principale est positive tandis que la déformation secondaire est nulle : $\varepsilon_2 = 0$, comme le montre la figure 25.4.

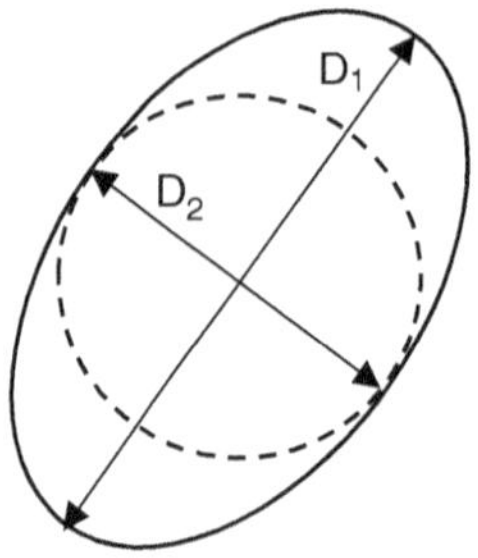

Figure 25.4 – Cercle déformé en traction plane

Ceci entraîne bien sûr que $\varepsilon_3 = -\varepsilon_1$ et donc que l'allongement est entièrement compensé par de l'amincissement.
Presque toutes les pièces embouties comportent des zones déformées selon ce mode.

25.5 Compression-compression

Nous parlerons peu de ce mode de déformation qui conduit à un épaississement. Il existe pour les tôles, mais nous verrons dans la partie F qu'il est peu fréquent car plutôt remplacé par le plissement qui nécessite moins d'énergie. D'autre part, les conditions d'apparition de la compression en emboutissage ne sont pas si fréquentes non plus.
Sa représentation apparaît à la figure 25.5 où l'on voit que les deux déformations sont négatives. La surface de l'ellipse est évidemment inférieure à celle du cercle initial et l'épaisseur augmente.

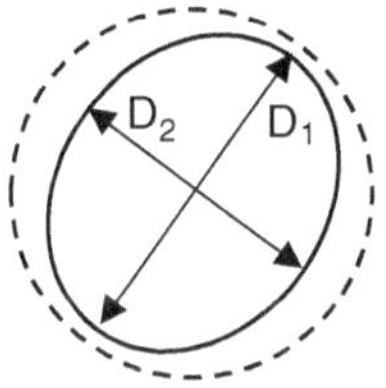

Figure 25.5 – Cercle déformé par compression-compression

Comme la tendance à plisser augmente quand l'épaisseur initiale de la tôle diminue, l'épaississement est extrêmement rare et très limité pour les tôles minces telles que les aciers pour emballage dont l'épaisseur peut descendre jusqu'aux environs de 0,12 mm.
C'est donc plutôt sur les tôles épaisses, notamment les tôles à chaud, qu'on peut détecter des zones comprimées, parfois même assez fortement.
Notons qu'on peut aussi avoir compression-compression sans épaississement, mais sur une face seulement, dans le cas d'une double courbure, c'est-à-dire si la surface est concave. L'autre face, convexe, est alors le plus souvent en expansion. Nous signalons le fait, bien qu'on ne soit plus là dans le cas des déformations de membrane.

25.6 Diagramme de formage

Considérons la figure 25.6 représentant un embouti rectangulaire dont le fond comporte une partie hémisphérique et supposons que des cercles aient été tracés sur le flan initial.
Un cercle A situé au centre du dôme suit les déformations de la calotte sphérique, tendue de tous côtés, et voit son diamètre grandir, sa surface augmenter : il est donc en expansion quasi équibiaxiale. Un cercle en B, tiré de tous côtés mais de façon moins homogène, est également en expansion, mais non équibiaxiale.

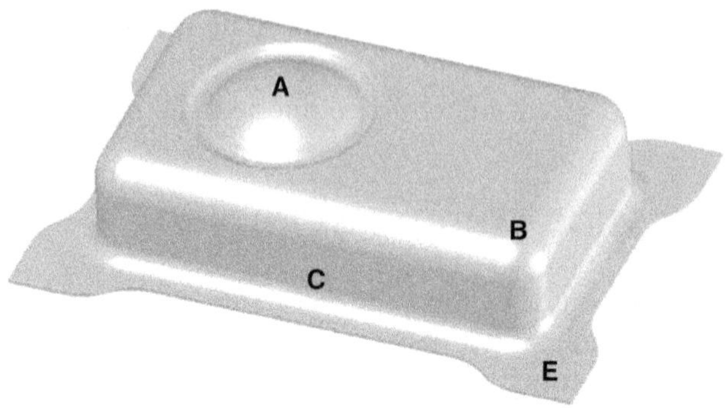

Figure 25.6 – Pièce rectangulaire emboutie

Un cercle E situé initialement dans un angle du flan va se déplacer dans la collerette au tout début de l'emboutissage puis se trouver dans une zone de l'embouti qui est *avalée* par la formation du coin. Il subit donc un écrasement circonférentiel. Dans le même temps, il est aussi soumis à une traction radiale et prend, petit à petit, la forme d'une ellipse : il est en rétreint, très proche du cisaillement.

Considérons pour finir le cas d'un cercle situé en C. On voit qu'il se trouve dans une zone de la jupe qui est seulement « tirée » par le poinçon, sans subir rétreint ni expansion. Sa largeur ne varie pas, il s'allongera seulement au cours de son déplacement sous l'effet de la tension supportée par la paroi verticale, appelée *le mur* : il se déforme donc en traction plane.

Nous pouvons donner une forme plus quantitative à la description précédente en portant les déformations mesurées aux différents points sur un graphique appelé *diagramme des déformations*. Représentons donc ces déformations sur la figure 25.7 en respectant les conventions fixées en 25.1.

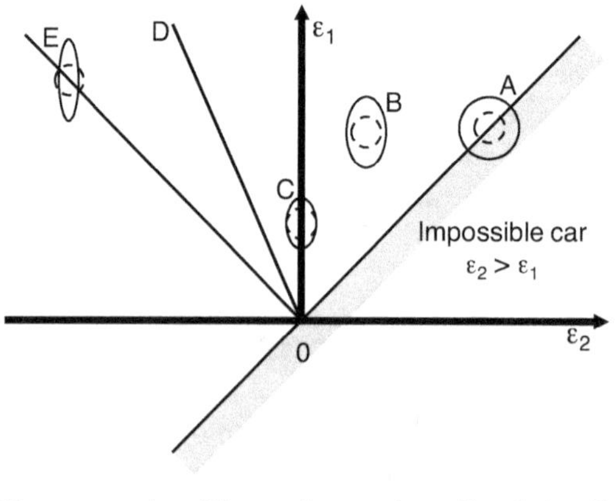

Figure 25.7 – Diagramme des déformations rationnelles de la pièce précédente

On voit clairement que les deux notions intéressantes sont représentées dans ce système de coordonnées :

– d'une part, le mode de déformation est indiqué par le rapport $\varepsilon_2/\varepsilon_1$ des deux déformations (droite 0A = expansion, droite 0C = traction plane, droite 0E = cisaillement) ; ce rapport est couramment symbolisé par α,
– d'autre part l'intensité de la déformation est donnée par la distance aux axes.

La zone située au-dessous et à droite de la ligne 0A est considérée impossible car on a alors $\varepsilon_2 > \varepsilon_1$, ce qui est contraire à la convention que nous nous sommes fixée en 25.1. Ceci n'est plus vrai si cette convention n'est pas adoptée, et on peut alors avoir des points dans tout le diagramme.

Ce diagramme en déformations rationnelles présente plusieurs propriétés très utiles. Rappelons d'abord que, vu la conservation du volume, on a toujours $\varepsilon_1 + \varepsilon_2 + \varepsilon_3 = 0$.

Ceci nous permet de situer la traction uniaxiale ; on a vu en effet, en 25.3.1, que le rapport des deux déformations dans le plan était : $\varepsilon_1 = -2\,\varepsilon_2$, si r = 1.

Ainsi donc, à tout moment[1], la déformation en traction uniaxiale d'un métal isotrope est représentée par un point situé sur une ligne droite de pente – 2, la ligne 0D sur la figure 25.7. On appelle cette droite la *trajectoire de déformation* de la traction uniaxiale.

Si le métal n'est pas isotrope, on déduit de la définition de r que la pente de la droite diminue et prend la valeur – (r + 1)/r. En conséquence, plus le coefficient r augmente et plus la trajectoire de la traction uniaxiale s'incline vers la gauche.

Une valeur de r infinie conduirait à une pente de – 1, qui correspond au cisaillement pur (mode dans lequel il n'y a effectivement pas de diminution d'épaisseur, ce que signifie r infini).

Une valeur de r nulle conduirait au contraire à une pente infinie, c'est-à-dire à la trajectoire de traction plane. C'est tout à fait logique puisque ce mode correspond bien au cas où il n'y a pas de variation de largeur, ce que signifie $\varepsilon_2 = 0$, donc r = 0.

Ces notions prendront de l'importance quand nous examinerons les courbes limite de formage car elles expliqueront pourquoi la répartition des déformations dépend de r.

La pratique montre que toute déformation réalisée sur un outil simple conduit à une trajectoire quasiment rectiligne. On parle aussi de trajectoire proportionnelle. Nous verrons une petite exception à propos de la méthode Nakajima.

Notons une propriété intéressante des diagrammes de formage en coordonnées rationnelles[2]. Sur la figure 25.8 on a représenté des segments correspondant à différentes déformations :

point A : $\varepsilon_1 = 0{,}5$, $\varepsilon_2 = 0$, point B : $\varepsilon_1 = 0{,}3$, $\varepsilon_2 = 0{,}2$, point C : $\varepsilon_1 = 0{,}6$, $\varepsilon_2 = -1$.

Dans tous les cas, la somme des déformations $\varepsilon_1 + \varepsilon_2$ vaut 0,5, ce qui implique que $\varepsilon_3 = -0{,}5$, autrement dit que l'épaisseur correspondant à tous ces points est la même. Or ces points sont situés sur la droite X-Y de pente – 1. On en déduit que tous les points situés sur une droite de pente – 1 ont même épaisseur, ce qui n'est que la généralisation de ce qu'on a vu à propos du cisaillement. On lit facilement ε_3 en regardant où la droite de pente – 1 qui passe par le point concerné coupe l'un des axes.

1. Jusqu'à la striction localisée qui se fait, elle, en traction plane.
2. Cette propriété se retrouve sur les diagrammes en coordonnées conventionnelles, comme on va le voir, mais de façon moins évidente.

D

LIMITES DE DUCTILITÉ

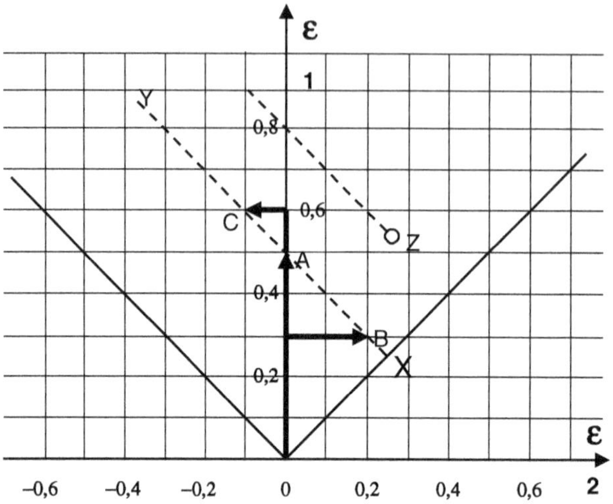

Figure 25.8 – Estimation de l'épaisseur sur un diagramme en coordonnées rationnelles

Par exemple, la déformation en épaisseur du point Z est de – 0,8.

Une conséquence de ce qui précède est que plus le point représentatif d'une déformation s'éloigne de la droite représentant le cisaillement en allant vers le haut à droite, plus l'amincissement est fort. Inversement, plus le point représentatif s'en éloigne vers le bas à gauche, plus le métal s'épaissit.

Il apparaît donc clairement que le diagramme des déformations fournit de très précieuses indications concernant l'état de l'élément de métal considéré : son mode de déformation, l'amplitude de cette déformation et la variation d'épaisseur.

Nous venons de présenter des diagrammes de formage établis en déformations rationnelles ; mais ils sont souvent faits, aussi, en déformations conventionnelles, particulièrement pour l'utilisation pratique en atelier. Dans ce cas, les axes sont gradués selon les déformations e_1 et e_2 qui sont presque toujours données en pourcent.

Remarque

Nous voulons faire à ce sujet une observation. Les scientifiques expriment souvent les valeurs rationnelles en pourcents. D'un point de vue purement mathématique, il n'y a rien à redire à cette pratique ; il est équivalent de dire que la déformation est de 0,4 ou qu'elle est de 40 %. Nous nous insurgeons cependant contre cette pratique qui confond souvent ceux qui n'ont pas l'habitude des mesures rationnelles et qui s'expriment habituellement en valeurs conventionnelles. En effet, $\varepsilon = 0{,}4$ n'est pas du tout la même chose que $e = 40\ \%$. Pour éliminer cette ambiguïté, nous suggérons donc de n'employer les valeurs en pourcents que pour les déformations conventionnelles et les valeurs décimales uniquement pour les déformations rationnelles.

Les lignes droites qui représentaient dans le diagramme rationnel les limites des domaines ou des épaisseurs équivalentes car résultant d'additions de logarithmes, deviennent dans le diagramme conventionnel des courbes car elles représentent alors des multiplications. On en trouvera une illustration dans la partie J (figure 57.5).

25.7 Limite entre expansion et rétreint

Nous avons défini précédemment les modes rétreint et expansion. Où se trouve la limite entre les deux ? Il faut savoir que tous les spécialistes ne s'accordent pas sur ce point, certains fixant cette limite à la traction uniaxiale, d'autres à la traction plane. Pourquoi ?

La mécanique classique n'étudie pas, en général, la déformation plastique du métal ; une pièce mécanique n'est normalement pas faite pour se déformer de façon permanente sous les efforts qu'elle subit, elle doit au contraire travailler au-dessous de sa limite d'élasticité pour conserver sa forme et sa fonction. Les « mécaniciens » raisonnent donc plutôt en contraintes. Pour eux, de ce fait, on passe d'un état compressif ($\sigma_2 < 0$) à un état expansif ($\sigma_2 > 0$), au niveau de la traction uniaxiale, qui se situe à l'interface par le fait qu'il y a une seule contrainte appliquée ($\sigma_1 > 0$ mais $\sigma_2 = 0$). Quand on parle de diagrammes de formage, ils considèrent donc, suivant leur logique, que la séparation est constituée par la traction uniaxiale (ligne 0D de la figure 25.7).

On peut aller plus loin encore et se demander quel est le vrai sens à attribuer au terme « expansion ». En mise en forme, ce ne peut être une augmentation de volume puisqu'il n'y en a pas durant la déformation plastique ; il ne peut donc s'agir que d'une augmentation de surface. Mais alors, la limite entre expansion et rétreint n'est pas la traction uniaxiale mais devient la droite représentant le cisaillement plan (ligne 0E) puisqu'il n'y correspond pas de modification d'épaisseur, donc de surface ! Le domaine de l'expansion serait donc encore agrandi vers la gauche...

C'est pourquoi, compte tenu du fait que les techniciens qui s'occupent de mise en forme s'intéressent beaucoup plus aux déformations qu'aux contraintes, l'auteur juge plus logique de dire que l'expansion correspond à une déformation secondaire positive ($\varepsilon_2 > 0$) et que le rétreint englobe tous les modes dont la déformation mineure est négative ($\varepsilon_2 < 0$).

La traction plane est donc bien, dans ce cas, la limite séparant les deux modes principaux. C'est ce que nous considérons tout au long de cet ouvrage.

26 • LES COURBES LIMITE DE FORMAGE

On a l'habitude d'attribuer la découverte des courbes limite de formage (CLF) à Keeler [2], au cours d'un travail de thèse au MIT en 1963, complété en 1968 par celui de Goodwin [3] pour la partie gauche.
En réalité, Lankford, puis Gensamer [4] avaient déjà montré que le niveau de déformation que peut atteindre une tôle avant de se rompre varie en fonction du mode de déformation, figure 26.1. Gensamer avait aussi découvert la notion de CLF intrinsèque (la droite inclinée sur la figure 26.1), redécouverte en 1972 par Grumback et Sanz [5].

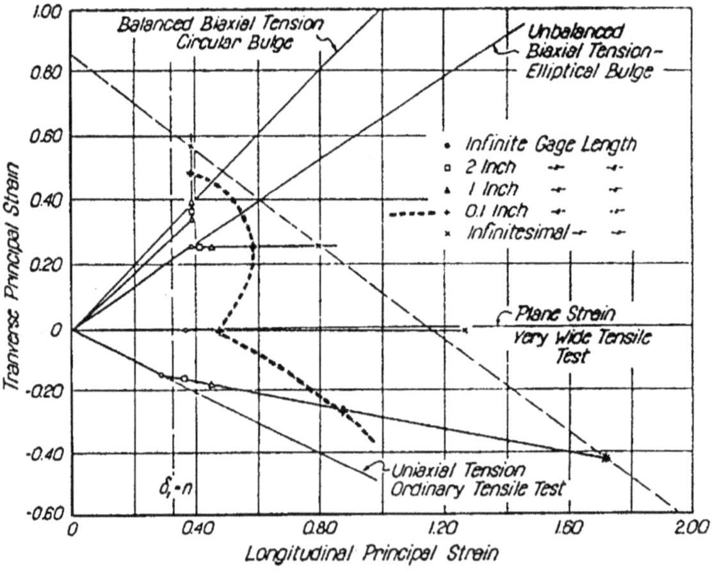

Figure 26.1 – Limites de déformation selon Gensamer [4]

La courbe en pointillés a été tracée par l'auteur en reliant les points expérimentaux pour bien révéler la forme de la CLF.

Remarque

Les déformations principales ε_1 et ε_2 sont inversées par rapport à l'usage actuel.

Mais ces travaux, bien que publiés, sont restés assez curieusement ignorés et il semble que Gensamer, un spécialiste de la rupture, n'ait pas beaucoup insisté dans cette voie et qu'il n'ait pas cherché à développer ou favoriser l'emploi industriel de ce concept pourtant révolutionnaire, bien qu'un de ses adjoints, Lankford, ait aussi poussé dans ce sens. Mais ce dernier a simultanément observé le phénomène d'anisotropie plastique et a ensuite porté ses efforts sur l'étude de cette caractéristique, avec le succès que l'on sait.

Finalement, le grand mérite de la diffusion de la notion de courbe limite de formage revient donc indiscutablement à Stuart Keeler. Il a su montrer son importance physique et a inlassablement travaillé, depuis, à en faire triompher le principe et l'application dans les ateliers d'emboutissage.

26.1 Striction diffuse, localisée ou rupture ?

L'idée d'une courbe limite de formage répond à une question très générale : du fait qu'il existe beaucoup de modes de déformation possibles pour une tôle, la capacité de déformation maximale d'un métal donné est-elle la même dans tous ces modes ? Si ce n'est pas le cas, est-il possible de représenter les différentes limites dans un même diagramme de déformations ?

La réponse est oui, mais se pose la question du critère qu'on va adopter pour cette limite. Il y a trois possibilités :

- la première consiste à choisir la striction diffuse, ce qui a parfois été fait par ignorance des spécificités des matériaux et de l'emboutissage. C'est d'abord ignorer, par exemple, qu'il n'y a théoriquement pas de striction diffuse dans le mode traction plane. C'est ensuite ignorer que les pièces sont normalement déformées bien plus loin que la striction diffuse. On y reviendra,
- la deuxième choisit la striction localisée comme critère d'arrêt de l'emboutissage. Elle a l'avantage de correspondre à la pratique industrielle mais complique beaucoup la détermination de cette limite,
- la dernière est de considérer la rupture comme critère de faillite d'une pièce. Avec les matériaux ductiles, c'est alors négliger le fait qu'une pièce peut être rebutée sans présenter de rupture. Cette option redevient cependant plus logique lorsqu'on considère des aciers peu ductiles pour lesquels la rupture apparaît avant la striction localisée (cf. partie A).

Nous allons donc examiner plus loin, en détail, ces différentes possibilités. Mais auparavant, nous représentons sur la figure 26.2 la position des CLF à striction diffuse selon Swift (trait continu), à striction localisée selon Hill (tirets) et à rupture (pointillé) d'un matériau ductile hypothétique.

Donnons quelques explications de cette figure. Le modèle de Swift est théorique ; on voit que la striction diffuse apparaît pour $\varepsilon_1 = n$ en traction uniaxiale, c'est ce qu'on appelle à tort le principe de Considère[1]. Le niveau de striction diffuse est identique pour la traction plane et l'expansion équibiaxiale.

1. Considère a « seulement » montré en 1885 que le module tangent était égal à la contrainte au moment de l'instabilité de charge. Il ne pouvait pas employer la déformation logarithmique proposée en 1909 par Ludwik, ni le coefficient d'écrouissage introduit en 1945 par Hollomon, à qui on doit cette égalité !

D

LIMITES DE DUCTILITÉ

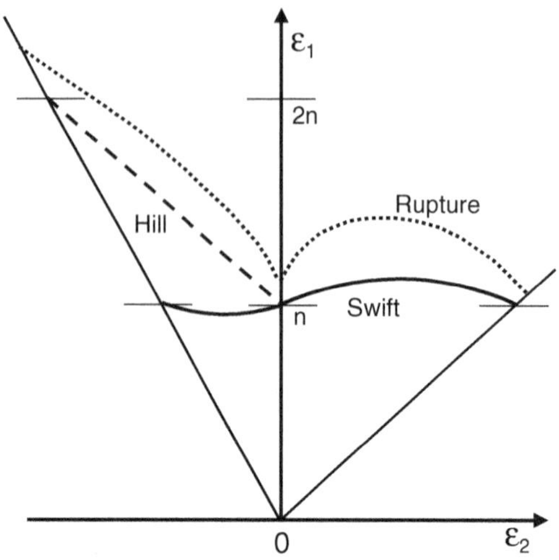

Figure 26.2 – CLF à striction diffuse, localisée et à rupture

Le modèle de Hill pose que la striction localisée apparaît toujours pour la même diminution d'épaisseur : ε_3 = une constante qui dépend du matériau. Ceci implique que $\varepsilon_1 + \varepsilon_2$ = cte et explique que la droite soit de pente – 1. Cette droite coupe la CLF à $\varepsilon_1 = 2n$ pour la striction localisée, fait également démontré par Hollomon.
La théorie de Hill ne s'applique pas au coté droit, c'est-à-dire à l'expansion. C'est ce manque de support théorique qui a conduit Marciniak et Kucszinski à proposer en 1968 un modèle (non représenté) imaginant l'existence d'un défaut initial, modèle dont nous dirons quelques mots plus loin.
La courbe de rupture est une courbe hypothétique seulement imaginée par l'auteur. Elle est basée sur deux principes : a) elle se situe évidemment toujours au-dessus de la striction localisée, b) la rupture est proche de la striction localisée dans le mode traction plane.

26.2 Concept industriel

Si l'on se base sur ce que nous avons vu à propos de l'essai de traction, la rupture suit de très près la striction localisée pour les métaux ductiles[1] ; en emboutissage, il en est de même quel que soit le mode de déformation, si bien qu'une pièce présentant une striction localisée, même très légère, équivaut à une pièce cassée.
Dans la pratique industrielle, c'est-à-dire dans un atelier d'emboutissage, une pièce est donc rebutée aussitôt qu'elle présente une striction localisée *perceptible.*
Le terme perceptible est malheureusement vague et nous verrons plus loin qu'il est la source de toutes les discussions concernant les CLF. Dans l'atelier, la détection des strictions se fait d'abord de façon visio-tactile, c'est-à-dire à l'œil et au toucher. Il semble qu'on arrive à percevoir de cette façon une striction dont la profondeur n'est guère supérieure à 0,01 mm.

1. Mais la précède pour les métaux fragiles (il n'y a alors, évidemment, pas de striction localisée !)

On pratique souvent une confirmation par *pierrage*. Cette opération consiste à délicatement frotter la surface de la pièce avec une pierre abrasive assez douce, ce qui la rend brillante, seules les parties en creux restant mates. Le pierrage peut révéler des dépressions qui n'apparaissent vraiment qu'après peinture. Il n'est praticable que sur des pièces au moins légèrement bombées.

Mais la détection visio-tactile dépend bien sûr de la sensibilité de l'opérateur et même le pierrage peut parfois donner lieu à discussion. Le fait est qu'il n'existe pas une définition précise et universellement acceptée de ce qu'est une striction localisée. C'est pourquoi de nombreuses méthodes ont vu le jour pour essayer de rendre moins discutable cette détection et donc l'établissement des CLF. Ce sont essentiellement des méthodes de laboratoire que nous examinerons plus loin.

Mais si les discussions font rage autour de cette définition, particulièrement dans le monde des chercheurs impliqués dans la mise en forme des métaux, et s'il est si difficile d'établir une norme internationale, il ne faut pas perdre de vue que le problème de l'établissement des CLF n'est pas un problème scientifique : la CLF est avant tout un outil qui doit servir à résoudre un problème industriel, et doit donc chercher à se rapprocher le plus possible des critères utilisés dans cette industrie. C'est du moins l'opinion de l'auteur.

De ce point de vue, il considère que la méthode américaine d'évaluation de la striction locale est la plus proche de la réalité industrielle, ce qui ne veut pas dire qu'il l'approuve sans réserves. Nous allons donc définir la CLF en nous basant sur cette méthode que les Américains appellent la méthode Keeler et qui est partiellement reprise par l'actuelle version de la norme ISO 12004-1 [6]. Cette partie 1 décrit une méthode simple, dite d'atelier.

On commence par sélectionner plusieurs outils donnant des casses dans des modes différents ; il peut s'agir d'outils industriels ou de laboratoire. Puis, on recherche pour chaque type de pièce, en faisant par exemple des emboutis de profondeur croissante, le seuil d'apparition de la striction localisée. On déforme alors plusieurs pièces, sur lesquelles on a déposé des trames, juste au-dessous de ce même niveau et l'on mesure la déformation à l'endroit où l'on sait que doivent apparaître les ruptures. Si une striction est perceptible, la mesure est éliminée.

La courbe limite de formage est définie comme étant la limite supérieure de non-apparition de la striction. La méthode est donc conservative puisque tous les points litigieux sont au-dessus de la courbe.

Quels sont les « pour » et les « contre » de cette méthode ?

Les pour :

- elle est simple et ne nécessite pas un matériel sophistiqué,
- elle correspond de près à la réalité industrielle.

Les contre :

- elle nécessite de déformer plusieurs pièces identiques à des niveaux différents pour bien cerner le niveau d'apparition de la striction (certains laboratoires estiment à un mois le temps nécessaire pour réaliser une CLF selon cette méthode),
- elle dépend évidemment de la « sensibilité » de l'opérateur.

Ce sont ces deux inconvénients qui ont conduit les Européens et les Japonais à rechercher d'autres méthodes qu'on verra au chapitre 27.4. Notons qu'à l'objection

D

LIMITES DE DUCTILITÉ

relative à la part prise par l'opérateur, les Américains répondent fort logiquement qu'ils utilisent cette méthode depuis plus de quarante ans et que si elle était mauvaise ils l'auraient abandonnée depuis longtemps.

Pour revenir à la question posée en 26.1, notons qu'on ne détermine plus depuis longtemps les CLF à rupture mais qu'on va sans doute y revenir dans la mesure où les aciers à très hautes caractéristiques ne présentent bien souvent pas de striction localisée. C'est cependant un point qui ne semble pas avoir encore été abordé très sérieusement.

26.3 Influence des matériaux

Durant sa thèse, Keeler a trouvé que les déformations principales correspondant à la striction localisée pour les quatre matériaux qu'il avait essayés : acier doux, aluminium pur, cuivre et laiton tombaient toutes dans une même bande de dispersion. Il a donc pensé fort logiquement que la striction localisée était un phénomène intrinsèque aux métaux en feuilles, ayant la même valeur pour tous. Mais cette apparente identité de limite de formage venait essentiellement de la définition insuffisamment précise de la striction locale qui n'était pas systématiquement considérée à sa stricte apparition.

C'est Backofen qui a montré quelque temps après que tous les matériaux n'avaient pas la même limite et ceci s'est largement confirmé depuis : les courbes de la figure 26.3 montrent que, bien que se ressemblant, les CLF de cinq nuances d'acier bien différentes se trouvent également à des niveaux bien différents qui sont une fonction de leur ductilité.

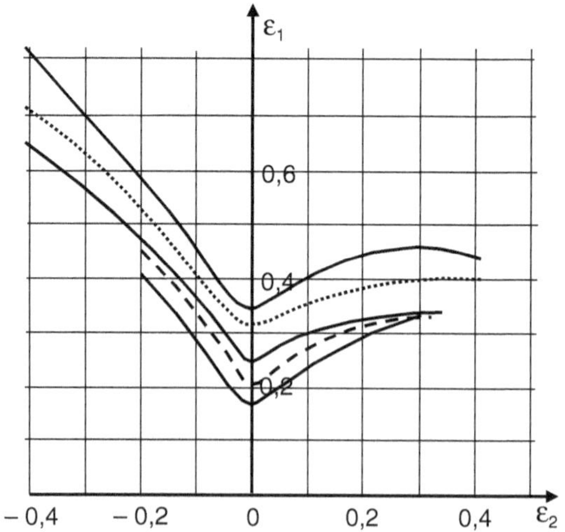

Figure 26.3 – Courbes limite de formage de cinq aciers différents (de haut en bas : DC06, DC04, DC04ED, HSLA360, TRIP780)

La plus haute correspond à une nuance très formable, un acier IF DC06. On trouve au-dessous la nuance DC04 qui est l'acier doux classique pour emboutissage.

Un peu plus bas se présente un autre acier doux, du même grade mais dédié à l'émaillage, le DC04ED. On comprendra pourquoi sa CLF est plus basse – alors qu'il est de même grade – en se référant au chapitre 10.2, partie B, qui donne les bases métallurgiques de cette dégradation volontaire de la formabilité destinée à éviter le défaut coup d'ongle. Disons, pour ceux qui ne veulent pas faire ce retour en arrière, que le métal est volontairement endommagé au laminage à froid de façon à créer des pièges pour l'hydrogène. Cet endommagement, qui accélère la striction locale, se fait surtout sentir en expansion[1], comme on le voit en comparant la CLF de cet acier à celle du DC04.

Immédiatement au-dessous du DC04ED se trouve une nuance HSLA360 à limite d'élasticité assez élevée, qui entre donc en striction locale pour de plus faibles déformations principales. Enfin la courbe du bas est celle d'un acier TRIP à très hautes caractéristiques.

On voit donc que les CLF se situent à des hauteurs qui sont assez dépendantes du niveau de formabilité de l'acier, pris au sens large. C'est parfaitement logique.

1. Ceci est normal car l'expansion est un état dépressif qui tend à agrandir les porosités résultant de l'endommagement.

27 • ÉTABLISSEMENT DES CLF

Si l'on considère la façon dont sont établies les CLF en France et même en Europe, on peut oublier ce qui vient d'être dit à propos de la méthode américaine, standardisée par la norme ISO 12004-1, car elle n'est pas utilisée (l'auteur ne connaît qu'un seul laboratoire européen qui l'applique plus ou moins).

En général, une CLF expérimentale est le résultat d'une étude de laboratoire. Pour le moment, l'apparition de la rupture n'est pas considérée comme le critère recherché, même si c'est en fait le cas pour certains aciers.

Il existe de très nombreuses méthodes pour les déterminer et comme elles donnent des résultats différents, nous jugeons indispensable de les détailler de façon à ce que chacun soit averti de la variabilité possible des CLF d'un même matériau. L'examen des détails de ces méthodes permet également de mieux comprendre certains aspects du formage en général.

Ces méthodes varient sur plusieurs points :

- la façon de déformer le métal,
- le type de grille utilisé pour mesurer les déformations,
- la façon de mesurer ces déformations,
- la méthode utilisée pour estimer l'apparition de la striction locale.

27.1 Les moyens de déformation

27.1.1 Pièces réelles

L'idée qui apparaît comme la plus simple pour obtenir les déformations consiste à utiliser des pièces réelles ; elle est évoquée dans la norme ISO 12004-1 qui dit que tout outil permettant de déformer le métal convient. En réalité, trois raisons s'opposent à ce choix :

- en général, il n'y a pas simultanément dans un atelier des pièces susceptibles de donner des ruptures dans tous les modes de déformation,
- il faut normalement dérégler le process pour obtenir lesdites ruptures puisque la vocation de l'atelier est de produire des pièces bonnes,
- il n'est plus de mise de mobiliser les forces d'un atelier d'emboutissage pour des essais qui perturbent fortement sa production.

C'est pourquoi cette technique, qui a été initialement utilisée par Keeler pour montrer l'intérêt de ses études, n'est plus jamais utilisée.

27.1.2 Méthode IRSID[1]

Nous ne citons cette méthode, aujourd'hui abandonnée, que pour illustrer une technique et en faire sentir les avantages et inconvénients.

L'idée de base était d'éviter deux inconvénients : la courbure des éprouvettes qui modifie le résultat (cf. 28.5) et le frottement qui, comme on le verra en 28.6 peut rendre impossible l'obtention de certains modes. Dans ce but l'IRSID utilisait des éprouvettes plates entaillées (figure 27.1) pour la partie gauche des courbes. Les éprouvettes représentées permettent de tester depuis la traction uniaxiale, à gauche de la photo, jusqu'à la traction plane, à droite.

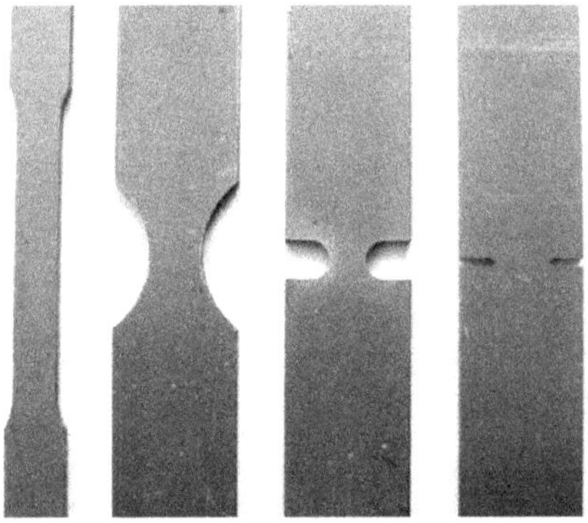

Figure 27.1 – Éprouvettes entaillées de la méthode IRSID

Les éprouvettes entaillées ont certes l'avantage d'être plates et, étant tirées dans une machine de traction, de ne pas être soumises au frottement. Mais en revanche, elles sont difficiles à usiner, coûteuses et ont en plus deux inconvénients : elles cassent parfois à partir du fond de l'entaille – ce qui n'est pas représentatif – et elles présentent un très fort gradient de déformation. On voit, si l'on considère l'éprouvette à droite de la figure, que la zone qui se déforme ne fera guère plus de deux millimètres de long (la largeur de l'entaille). La variation du niveau de déformation est donc extrêmement rapide et rend très difficile des mesures précises.

Ces éprouvettes entaillées donnent une partie gauche de courbe toujours située beaucoup plus bas que celle donnée par toutes les autres méthodes.

L'expansion – partie droite de la CLF – était réalisée par gonflement hydraulique des flans, ce qui supprimait tout frottement mais évidemment pas la courbure. Celle-ci restait cependant limitée grâce aux dimensions généreuses de l'outillage. L'expansion équibiaxiale était obtenue avec une matrice circulaire et celles plus proches de la traction plane en utilisant des matrices de plus en plus elliptiques.

1. Institut de Recherches SIDérurgiques.

27.1.3 Méthode Nakajima[1]

C'est de loin la méthode de déformation la plus employée depuis son invention en 1968 [7]. Elle est d'ailleurs la seule reconnue par les fabricants et utilisateurs d'alliages d'aluminium.

Cette méthode repose sur l'utilisation d'une classique machine de laboratoire pour essais d'emboutissage, souvent improprement appelée machine Erichsen[2], équipée d'un simple poinçon hémisphérique : figure 27.2.

Un premier avantage est que tout laboratoire impliqué dans des recherches sur les tôles possède ce genre d'équipement.

Figure 27.2 – Outillage selon Nakajima

Le principe de l'essai est le suivant : le flan est toujours fermement tenu entre matrice et serre-flan par un jonc de blocage[3] qui interdit tout mouvement du métal vers le centre. Si l'on utilise un flan rond ou carré nettement plus large que la matrice, donc tenu sur toute sa périphérie, la déformation imposée par le poinçon hémisphérique est évidemment de pure expansion équibiaxiale.

En prenant des flans de moins en moins larges, donc moins bien tenus dans une direction, la déformation secondaire diminue et le point représentatif est de plus en plus à gauche du diagramme. On peut donc couvrir ainsi toute la plage de déformation située entre la traction uniaxiale (obtenue en testant une éprouvette étroite) et la traction plane (l'éprouvette a une largeur proche du diamètre de poinçon) pour la partie gauche et, pour la partie droite, en utilisant une série de flans plus larges que le poinçon mais dont une partie peu retenue glisse sous le serre-flan.

Un deuxième avantage réside donc dans la simplicité des éprouvettes qui se contentent généralement d'être des bandes simplement cisaillées, bien qu'il devienne nécessaire de poncer les rives pour les aciers à très hautes caractéristiques. On est aussi parfois obligé d'usiner des encoches, figure 27.3, pour éviter l'amorçage de ruptures ou la formation préjudiciable de plis sur les bords de l'éprouvette. Ces encoches sont même indispensables pour les alliages d'aluminium. On peut également avoir une partie rectiligne pour les éprouvettes les plus étroites (qui ressemblent alors à une éprouvette de traction).

1. On rencontre souvent l'écriture Nakazima, les deux prononciations étant très proches en japonais. Mais le Pr Nakajima préférait voir son nom écrit avec un j.
2. Le premier fabricant de ce type de machine d'essai universelle de laboratoire.
3. Cf. partie H.

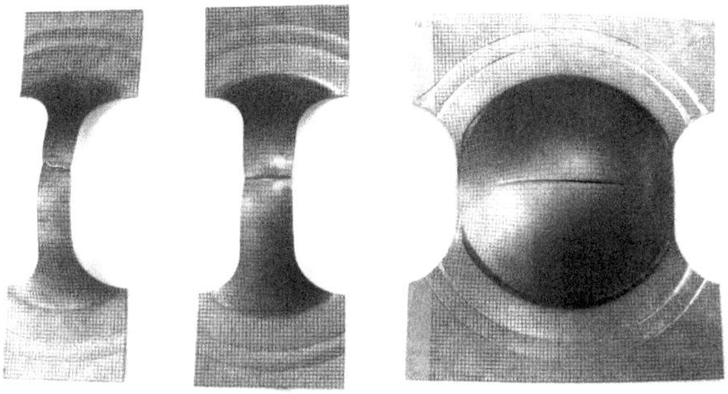

Figure 27.3 – Éprouvettes avec encoches (de gauche à droite : traction uniaxiale, traction large proche de la traction uniaxiale, traction plane)

Un troisième avantage[1] vient du fait que la forme bombée du poinçon localise en principe les déformations au sommet et restreint donc le champ à observer.

Cependant, comme on le verra dans la partie E, section 33.1.2, la rupture qui se produit sur un poinçon hémisphérique a tendance à s'éloigner du pôle quand le frottement augmente. C'est aussi ce qui se passe avec l'essai Nakajima et plus la rupture s'éloigne, plus les déformations, d'une part, tendent vers la traction plane, ce qui empêche d'obtenir des points vers la gauche du diagramme, plus, d'autre part, elles deviennent dissymétriques par rapport à la rupture, ce qui rend difficile voire impossible leur mesure.

Il est donc indispensable, pour l'utilisation de cette méthode, de particulièrement soigner la lubrification. Certains laboratoires vont jusqu'à utiliser un empilement de sept couches lubrifiantes (téflon, graisse, caoutchouc, etc.) Un exemple de ce type de lubrification est donné dans la norme ISO 12004-2 [8].

27.1.4 Méthode Marciniak

Cette méthode [9] date aussi des débuts de l'aventure CLF et cherche à supprimer deux des inconvénients de la méthode Nakajima : la courbure et le frottement.

Pour supprimer la courbure de l'éprouvette, on utilise un poinçon plat. Pour supprimer le frottement, il suffirait d'avoir un évidement au sommet de ce poinçon, mais la technique utilisée est plus subtile. Marciniak a eu l'idée d'interposer entre le poinçon et le flan à tester (*flan-test*) une tôle, appelée *contre-flan* ou *flan-support*, dans laquelle est percé un trou alésé, comme montré sur la figure 27.4.

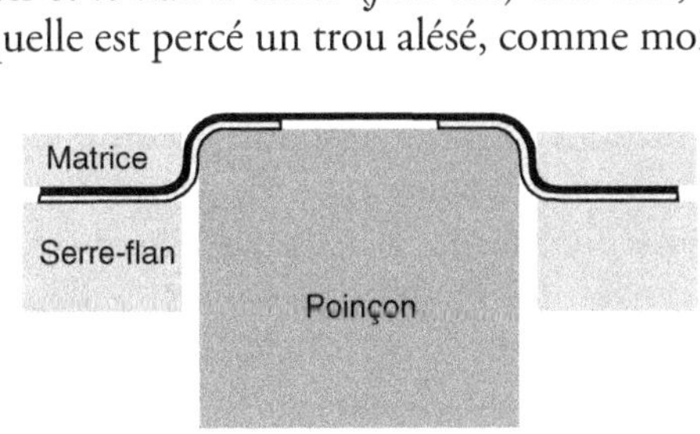

Figure 27.4 – Schéma du montage selon Marciniak

1. Si l'on néglige l'effet de la courbure.

D'une part, ce flan support doit être plus ductile et plus épais que le flan qu'on teste et, d'autre part, il doit adhérer le plus possible au flan à tester. On obtient cet effet en évitant soigneusement de lubrifier la surface de contact entre les deux flans (tout en soignant, au contraire, la lubrification entre le flan support et le poinçon).

Le trou usiné a deux fonctions : d'abord, il isole le flan-test du poinçon sans qu'il y ait nécessité d'avoir un évidemment (suppression du frottement), ensuite il s'agrandit pendant l'essai et définit donc une zone dans laquelle apparaîtra la striction.

Le contre-flan est très utile. D'une part, le trou situé au centre s'agrandit facilement sur le sommet du poinçon, localisant la déformation du flan-test et, d'autre part, son matériau plus ductile que le flan à tester évite la rupture de ce dernier sur le rayon de poinçon (voir partie E). Par frottement, le flan-test est entraîné et ne cassera pas sur ce rayon mais dans la zone centrale, en principe.

La technique Marciniak a donc potentiellement de grands avantages en supprimant deux causes de variation des résultats. En revanche, son grand défaut est la complexité de sa mise au point : le diamètre du trou du contre-flan est à choisir avec précision pour la trajectoire souhaitée, il doit être parfaitement alésé, le contre-flan est parfois formé de deux morceaux, etc. Les laboratoires qui pratiquent uniquement cette méthode n'ont pas de difficultés car ils en ont une bonne expérience, mais ceux qui pratiquent rarement la détermination des CLF renoncent en général à la méthode Marciniak.

Un autre inconvénient vient du fait que lorsqu'on cherche à faire de l'expansion équibiaxiale, la striction peut se produire dans toute la zone plate centrale, ce qui rend plus aléatoires les mesures, et qu'aussi peuvent apparaître simultanément plusieurs strictions.

Notons enfin que si le contre-flan casse radialement lors de l'expansion du trou, le flan-test est ipso-facto déchiré au même endroit, ce qui démontre d'ailleurs bien l'efficacité du frottement élevé entre les deux tôles.

27.2 Les grilles ou trames

Pour pouvoir mesurer les déformations, il est nécessaire de déposer sur le flan une *grille*, ou *trame*, ou *réseau*, de dimensions connues. Trois problèmes se posent : quel type de trame choisir, de quelle taille et par quelle méthode la déposer sur la tôle ?

Dans ses travaux initiaux, Keeler a employé des grilles de cercles de 2,54 mm de diamètre. Cette méthode a longtemps prévalu jusqu'à ce que l'on soit en mesure de calculer les déformations de carrés distordus, ce qui nécessite presque obligatoirement l'usage d'un ordinateur. Quelques types de grilles sont présentés à la figure 27.5.

Les cercles disjoints sont faciles à lire mais l'inconvénient est que si la striction se fait entre deux cercles, les mesures ne sont plus fiables (il est souhaitable que la striction passe par le centre d'un cercle). Les cercles entrelacés suppriment cet inconvénient mais sont d'une lecture difficile et fatigante, et quasi impossible via un ordinateur.

Les carrés présentent plusieurs avantages. D'abord, il est plus facile de produire sur des tables traçantes les stencils ou négatifs photo très précis qui seront utilisés pour déposer les trames sur la tôle (0,1 mm sur un diamètre de 2 mm représente déjà

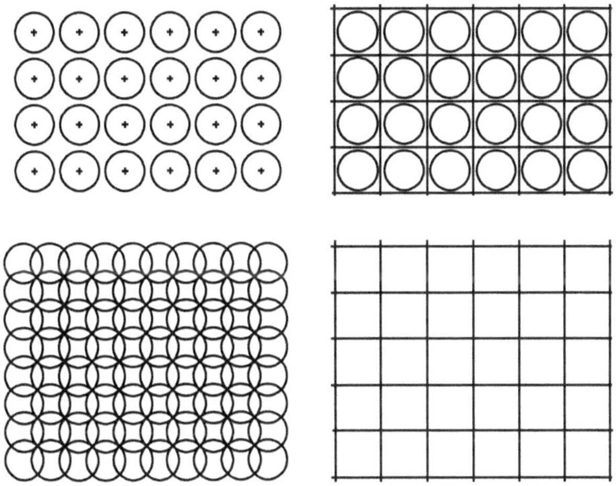

Figure 27.5 – Trames utilisées pour les mesures de déformation

5 % d'erreur !) Ensuite, il est possible de « réparer » les imperfections apparaissant après emboutissage (absence locale de trait) par un lissage[1] qu'on obtient en cliquant avec la souris sur les morceaux de lignes visibles. Enfin, les algorithmes de calcul sont plus simples et plus rapides que pour des cercles. C'est pourquoi la plupart des labos emploient aujourd'hui des trames carrées même si les cercles sont d'une interprétation plus facile à l'œil.

Dans certains systèmes commerciaux, des taches rondes sont imprimées suivant un réseau carré. Le centre de gravité de chaque tache est considéré comme un nœud de la maille carrée.

Il existe une méthode alternative, valable quand il n'y a pas de frottement (donc pas pour l'emboutissage mais pour les essais de laboratoire) couramment appelée speckel[2]. Il s'agit d'un mouchetis de points disposés au hasard qu'on obtient en projetant de loin une peinture, figure 27.6. Une caméra filme la surface et un logiciel d'analyse par corrélation d'image identifie un grand nombre de taches dont il garde la forme et la position en mémoire. On a actuellement tendance à utiliser plusieurs caméras de façon à couvrir un champ plus large, surtout quand les pièces ont une forte courbure.

Cette technique a plusieurs avantages : la dépose sur la tôle est très rapide, elle n'impose pas à l'avance une dimension de trame, elle est surtout très précise (voir 27.3). En revanche, elle exige un matériel de mesurage sophistiqué.

Il y a de nombreuses façons de déposer les trames classiques (hors mouchetis) :

– on peut tracer des carrés ou des cercles avec une pointe sèche ou un stylo, c'est la méthode la plus rustique mais qui convient bien pour mesurer de faibles déformations sur de grandes pièces où cette déformation est homogène (capot ou pavillon automobile, par exemple),

1. Mais ceci introduit une part d'erreur.
2. En toute rigueur, la méthode dite « speckel » est plus complexe : elle utilise des mesures par interférométrie laser et n'a besoin que de la rugosité de la tôle, pas d'un mouchetis rapporté.

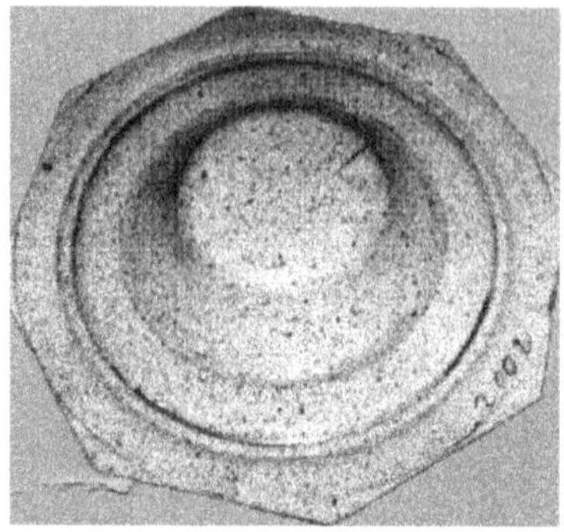

Figure 27.6 – Speckel ou mouchetis

- on peut les déposer avec un rouleau encreur en caoutchouc. Cette méthode ultra-rapide convient bien pour les mises au point d'outillage à condition d'utiliser des cercles de 5 mm de diamètre au moins (imprécision de la trame),
- on peut faire une attaque électrolytique à travers un stencil, c'est la méthode la plus robuste en atelier, et la plus utilisée bien qu'elle soit assez polluante,
- on peut aussi adopter une impression photographique, méthode longue mais précise, supportant mal le frottement dans les outils,
- la sérigraphie, impression par de l'encre passant au travers d'une soie, est également utilisée pour des mesures précises,
- il est encore possible d'utiliser des décalcomanies, ce qui est intéressant sur des surfaces non conductrices (prépeintes),
- une méthode plus sophistiquée consiste à graver le réseau avec un laser. Elle ne convient pas pour les matériaux sensibles à l'effet d'entaille,
- certains ont gravé des échantillons dans un microscope électronique en utilisant tout bonnement le faisceau d'électrons, pouvant mesurer, par exemple, les déformations d'un grain de métal grâce à un réseau de 1 µm de côté.

Comme on le voit, les solutions ne manquent pas.

27.3 Mesure des déformations

Le réseau étant réussi, l'emboutissage aussi, il reste à mesurer les déformations. Aux débuts, cela se faisait avec des microscopes ou des projecteurs de profil travaillant en diascopie. C'est un travail minutieux et assez pénible. À part cas très particuliers, ces méthodes sont abandonnées.

L'invention de l'ordinateur et des caméras électroniques dites CCD a révolutionné ce domaine. Il existe différents systèmes dans le commerce qui permettent une mesure quasi automatique et simultanée des déformations de dizaines, voire centaines, d'éléments. On peut alors obtenir l'image complète des déformations d'une pièce et identifier les zones à problème. Les systèmes utilisant les cercles restent limités à la mesure d'une ellipse à la fois. Ils gardent leurs partisans qui soutiennent que le fait d'avoir à choisir soigneusement les ellipses à mesurer impose à l'opérateur un examen plus attentif de la zone de rupture.

Un système à une caméra ou un appareil photo numérique nécessite de prendre plusieurs images sous des angles différents pour permettre la reconstitution spatiale de la pièce observée. Il existe des systèmes à deux ou quatre caméras qui permettent l'acquisition simultanée des images, même de pièces aux formes compliquées.

L'utilisation d'une caméra a aussi l'énorme avantage de permettre l'enregistrement continu d'un essai et par conséquent d'appréhender l'évolution des déformations en fonction du temps et de pouvoir les exploiter après la fin de l'essai.

Si cette méthode est appliquée au mouchetis, on profite alors de la vitesse de calcul de l'ordinateur pour mesurer le déplacement de taches automatiquement choisies en fonction de l'espacement qu'on veut utiliser comme base de mesure. Un grand avantage résulte de la précision incomparable obtenue avec cette technique, qui provient du fait qu'on n'a pas à subir l'inévitable imprécision initiale d'une grille puisque la distance entre deux taches est toujours mesurée individuellement au départ d'un essai.

Il existe des systèmes commerciaux qui permettent, par interpolation, d'estimer le 1/400 de pixel ! Une telle précision n'est certes pas indispensable pour les CLF...

27.4 Détermination de la striction localisée

Il existe de nombreuses façons d'évaluer le niveau de déformation auquel apparaît la striction localisée. Comme nous l'avons déjà évoqué, le grand problème vient tout simplement du fait qu'il n'y a pas de définition rigoureuse de ce stade, chacun l'entendant plus ou moins à sa manière.

Pour définir ce qu'est une CLF, nous avons déjà décrit la méthode américaine dite « méthode Keeler » qui se base sur la détection visio-tactile en indiquant qu'elle était certainement la plus proche de la pratique industrielle. Nous n'y reviendrons donc pas.

Nous allons en revanche détailler toutes les procédures qui ont été inventées pour pallier aux inconvénients de cette méthode, même celles qui ont été depuis abandonnées, ceci pour bien faire ressortir les différents aspects du problème.

27.4.1 Méthode Hecker

La méthode Hecker de détermination de l'apparition de la striction [10] a été couramment utilisée en Amérique du Nord et délivre des résultats assez proches de la réalité industrielle. Voici la démarche : sur des pièces cassées dans différents modes, on mesure les déformations de cercles (ou de carrés) proches d'une zone rompue.

Chaque élément mesuré est affecté à l'une des trois catégories suivantes (figure 27.7 à gauche) :

- ellipse A : cassée (ε_1 est donnée par la somme des deux moitiés),
- ellipse B : très proche de la striction,
- ellipse C : non strictionnée.

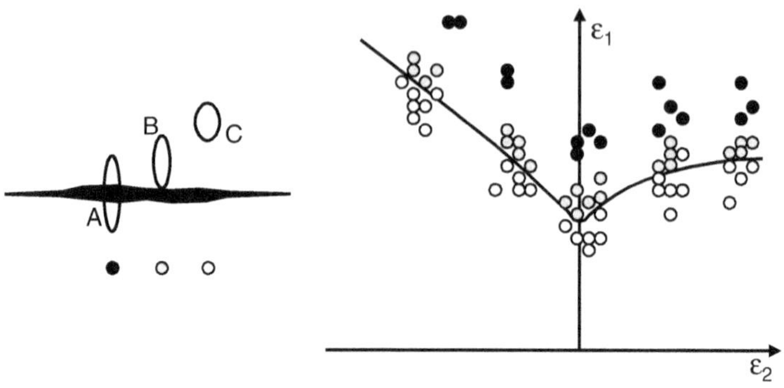

Figure 27.7 – Principe de la méthode Hecker

On porte ces points sur un diagramme de déformation en les différentiant, par exemple :

– cassé (noir),
– très proche de la striction (gris),
– non strictionné (blanc).

On constate alors qu'on peut faire passer une courbe entre les points représentant les strictions et ceux correspondant à la non-striction, c'est la CLF à striction localisée du métal (figure 27.7 à droite). On voit d'ailleurs qu'on pourrait également déterminer tout aussi facilement la CLF à rupture entre les points gris et noirs.

Pour être conservative, la méthode autorise la présence de points non strictionnés au-dessus de la courbe, mais en aucun cas celle de points strictionnés en dessous.

La méthode est longue car il faut mesurer beaucoup de points, soumise à l'incertitude due à l'opérateur ou aux changements d'opérateurs et difficile à automatiser. On note cependant un avantage par rapport à la méthode Keeler : c'est qu'on se contente d'une pièce cassée alors qu'il faut tester plusieurs pièces avec différents niveaux de déformation dans cette dernière avant de pouvoir faire les mesures.

27.4.2 Méthode Veerman

Veerman, à l'époque chez le sidérurgiste Hoogovens, a imaginé en 1971 [11] une méthode graphique de détermination de l'apparition de la striction.

On porte des éprouvettes à plusieurs stades de déformation, par exemple en arrêtant la machine d'essai à différentes hauteurs. À chaque stade, on mesure la déformation des cercles se trouvant dans la zone de la pièce supposée critique. Quand la pièce est cassée, on identifie alors précisément le cercle cassé (il faut que la rupture soit en son centre) et l'on compare ses déformations à celles des deux cercles l'entourant dans la direction de la déformation principale.

L'hypothèse adoptée, tout à fait justifiée, est que les trois cercles se sont déformés de façon identique tant qu'il n'y avait pas striction localisée, mais qu'au moment où celle-ci apparaît, la déformation du cercle central s'accélère tandis que celle des autres s'arrête. On porte donc sur un graphique l'évolution de la déformation du cercle qui va casser, en ordonnée, en fonction de la déformation moyenne des deux cercles l'entourant, en abscisse (figure 27.8). La courbe décrivant cette évolution subit une inflexion quand apparaît la striction localisée.

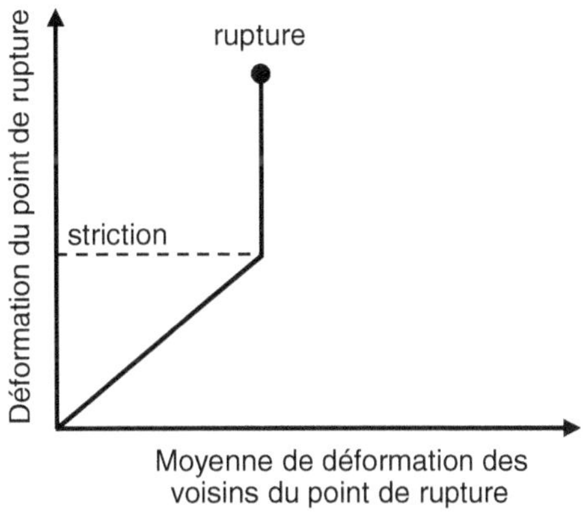

Figure 27.8 – Graphique représentant l'évolution comparée du cercle cassé et de ses voisins

La méthode est physiquement satisfaisante, sans doute l'une des plus rigoureuses de ce point de vue, mais elle comporte malheureusement pas mal d'inconvénients.

D'abord, elle est très lourde car il faut déformer beaucoup de pièces et mesurer beaucoup de cercles. Ensuite, la pente de la droite dépend des gradients de déformation – eux-mêmes dépendant de la lubrification – et les mesures deviennent moins sûres quand elle s'écarte de 45°. Enfin, l'inflexion de la trajectoire n'est pas toujours aussi nette que sur la figure.

Malgré une amélioration apportée en 1972, cette méthode est maintenant abandonnée.

27.4.3 Méthode Bragard

L'utilisation de la méthode Veerman représente donc un travail énorme. C'est pour parer à cet inconvénient qu'un chercheur du CRM, Bragard [12], a imaginé en 1972 une façon relativement plus simple de déterminer l'apparition de la striction. Au lieu de pratiquer plusieurs niveaux de déformation comme dans la technique précédente, il suffit d'une pièce cassée pour trouver un point de la CLF (comme dans la méthode Hecker).

On mesure la déformation de tous les points entourant la rupture dans la direction de la déformation principale. On a donc accès au gradient de déformation dans cette zone. L'idée directrice est que la déformation a été relativement homogène jusqu'à l'apparition de la striction locale. Il y correspond donc une courbe en forme de parabole inversée, visible sur la figure 27.9.

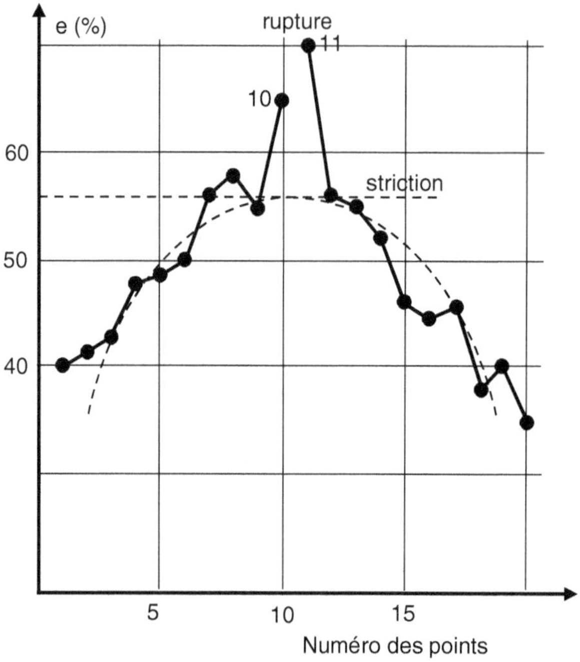

Figure 27.9 – Répartition des déformations autour de la rupture et extrapolation

C'est l'extrapolation de cette courbe qu'il s'agit de mener à bien et qui constitue la plus grande difficulté, car elle n'est possible que dans certaines conditions bien définies qui ont été plus ou moins standardisées suite à de longues études communautaires de l'IDDRG[1].

Est-il utile de mentionner que cette extrapolation restait quand même très dépendante de l'opérateur et qu'il était facile aux Américains, à juste titre, de faire remarquer que cette solution ne résolvait pas le problème de la subjectivité reproché à leurs propres méthodes ?

Malgré ces objections, la méthode Bragard est encore la plus utilisée en Europe, avec certaines variantes cependant. Depuis l'apparition de l'informatique, la détermination de l'extrapolation est rendue plus automatique et par conséquent moins tributaire de l'opérateur. Des algorithmes appropriés ont été définis par Vegter et son équipe, de Corus, qui sont intégrés dans la norme ISO 12004-2 déjà citée.

27.4.4 Méthode « Vitesse »

L'idée initiale, présentée en 1997, est due à une équipe de chercheurs du sidérurgiste Usinor [13]. Elle résulte de l'utilisation astucieuse des progrès de l'électronique et de l'informatique par quatre particularités :

1. IDDRG est l'abréviation de « International Deep Drawing Research Group », un groupe travaillant sur l'emboutissage, fondé en 1957. La méthode normalisée par cet organisme porte le nom de méthode Zürich n° 5 du fait que c'est dans cette ville que s'est tenue la conférence qui l'a officialisée.

– la déformation de l'échantillon durant un test Marciniak est filmée en permanence par une caméra CCD,
– la grille de cercles ou carrés est remplacée par un mouchetis,
– le suivi des déformations est fait en temps réel grâce à un logiciel d'analyse par corrélation d'images,
– les images sont enregistrées en permanence.

À la fin de l'essai, on sait où l'éprouvette s'est cassée et donc la zone qu'il faut mesurer. Il est alors facile de « relire à l'envers » le film de la déformation et de suivre son évolution locale. Ce n'est d'ailleurs pas le critère qui a été choisi car il est apparu plus judicieux de considérer l'évolution de la vitesse de déformation. Elle augmente nettement à l'apparition de la striction, comme on le voit sur la figure 27.10. On notera la grande ressemblance de principe avec la méthode Veerman.

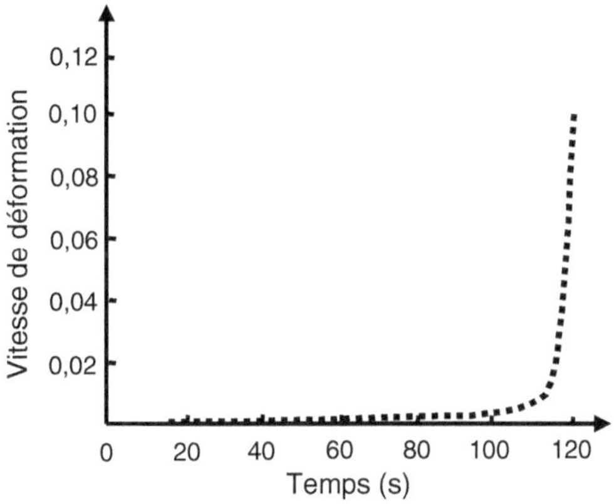

Figure 27.10 – Vitesse de déformation en fonction du temps

C'est une technique rapide et quasi automatique très sophistiquée, et les progrès récents de la technologie ont permis l'émergence de plusieurs produits commerciaux. On peut d'ailleurs améliorer son efficacité en prenant en compte l'évolution de la déformation des zones adjacentes à la striction (tandis que la déformation s'accélère dans la zone de striction, elle se ralentit en dehors).

Notons que la caméra unique obligeait à la déplacer en fonction de la montée du poinçon, pour assurer une distance frontale constante. Elle est maintenant remplacée par plusieurs caméras (deux ou quatre) qui permettent d'utiliser un test Nakajima et de supprimer la sujétion du maintien de la distance caméra-objet.

Un important avantage résulte de la rapidité de l'analyse[1] qui peut assez facilement s'automatiser et il ne serait pas surprenant que cette méthode, maintenant connue sous le nom de DIC (*Digital Image Correlation*), devienne rapidement la seule méthode utilisée. Des travaux sont en cours pour obtenir la standardisation d'une version très élaborée.

1. Un laboratoire américain considère que le temps d'établissement d'une CLF passe de un mois à un jour grâce à cette innovation !

27.4.5 Méthode Kobayashi

Nous ne citons cette autre méthode créée en 1972 [14] et aujourd'hui abandonnée, que pour bien montrer le degré de créativité qu'a entraîné le concept de CLF à ses débuts.

Il est connu par expérience que lorsque le métal approche de la striction localisée, sa rugosité locale augmente ; les emboutisseurs disent qu'il « fatigue ». Un chercheur américain, Kobayashi, a eu l'idée d'utiliser cette propriété pour déterminer l'apparition de la striction. Voici la démarche : on déforme des pièces à différents niveaux en mesurant à chaque niveau l'un des critères d'ondulation, le paramètre Wa, de la zone supposée de rupture.

L'apparition de la striction est considérée correspondre à une rapide augmentation de ce paramètre. Les inconvénients l'emportent nettement sur les avantages ; comme pour la méthode Veerman, il faut faire beaucoup de mesures car il y a plusieurs niveaux de déformation à tester et qu'on ne sait pas précisément à l'avance quelle zone va casser. De plus, il est clair que mesurer la rugosité sur des pièces déformées n'est pas une opération facile ni précise.

27.4.6 Courbes limite de formage en contraintes

On verra plus loin que la position des CLF est extrêmement sensible à la trajectoire de déformation, ceci venant de la réorganisation des cellules de dislocations en fonction du mode de déformation. Il semble logique, en revanche, que l'apparition de la striction localisée ne dépende que de l'état de contrainte instantané subi par un élément de métal. Nous n'essayerons pas de justifier cette affirmation.

C'est en partant de cette idée que Arrieux *et al.* [31] ont eu l'idée, en 1982, d'établir les CLF, non en déformations, mais en contraintes.

Quel est le principal avantage de cette méthode ? Donner une courbe unique valide pour toutes les trajectoires. On voit sur l'exemple de la figure 27.11 que deux trajectoires complexes pour lesquelles la striction localisée est représentée par les croix (à gauche) aboutissent sur la même courbe en contraintes que les trajectoires directes (à droite).

C'est évidemment un très grand progrès. De plus, ce type de critère s'adapte très bien au calcul numérique dans lequel on peut connaître à tout instant l'état des contraintes.

Pratiquement, une CLF en contraintes s'établit en partant des mesures de déformation sur pièces à l'apparition de la striction localisée, donc par transformation d'une CLF classique. En effet, il n'existe pas de technique permettant de mesurer directement les contraintes[1]. Mais évidemment, le passage d'une déformation plastique à une contrainte fait appel à une manipulation mathématique qui fait intervenir la loi de consolidation du matériau et son critère de plasticité (notion qu'on étudiera au chapitre 31). La courbe en contrainte est donc discutable sur ce point.

1. C'est toujours la déformation d'un solide qui est utilisée, soit élastique dans le cas des cellules de force, des mesures par rayons X, etc, soit plastique dans le cas qui nous intéresse.

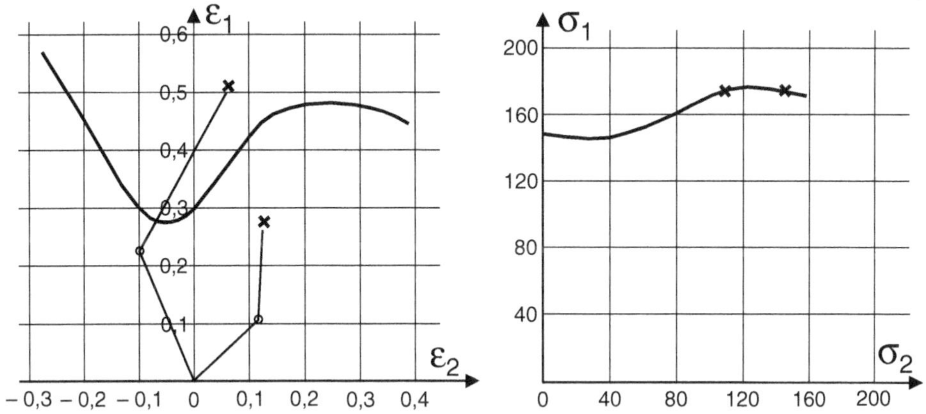

Figure 27.11 – Exemple de trajectoires de déformation complexes (gauche) et courbe en contraintes (droite). Acier doux [31]

Malgré leurs avantages, les CLF en contraintes ont évidemment leurs détracteurs. Ceux-ci font essentiellement quatre reproches à ce concept :

- les courbes de différents matériaux ne sont pas assez différenciées. Il est vrai qu'il y a peu de variation de forme et de hauteur entre des aciers par ailleurs assez différents,
- les courbes varient peu, dû à la saturation de l'écrouissage (cf. courbe traction),
- si la loi de consolidation ou le critère de plasticité sont mal choisis, la validité des courbes s'en ressent évidemment,
- les trajets expansion → rétreint semblent moins bien représentés que l'inverse ; il est possible que cela vienne de l'endommagement[1], non pris en compte dans ces représentations.

Certains chercheurs (Stoughton [32] puis Ofenheimer [33]) ont récemment essayé de redonner une certaine audience à ce concept mais il ne semble pas qu'il y ait beaucoup de réactions positives pour le moment.

1. L'endommagement est toujours plus fort en expansion qu'en rétreint. Le négliger « favoriserait » donc indument les trajets expansion → rétreint.

28 • PARAMÈTRES INFLUENTS

Nous allons examiner les différents paramètres qui peuvent jouer un rôle sur la détermination de la CLF. On va voir qu'ils sont, hélas, assez nombreux.

28.1 La taille de la grille

On s'est rapidement rendu compte du fait que la taille de la grille utilisée jouait un rôle important vis-à-vis du niveau de déformation mesuré.

Ceci se comprend assez facilement en remarquant que, en présence d'une striction localisée, plus la grille est grande et plus elle englobe les déformations des zones adjacentes moins déformées. La mesure qui en résulte est évidemment la moyenne de la déformation globale, donc plus faible.

La comparaison avec la mesure par traction de l'allongement d'un acier doux est significative : on mesure en Europe cet allongement sur une base de longueur de 80 mm alors que la zone en striction diffuse ne concerne qu'environ 20 à 30 mm et celle en striction localisée 1 mm seulement. Et bien que l'allongement très local de la striction localisée atteigne un niveau proche ou supérieur à 100 %, on ne mesure qu'un allongement total de 40 ou 45 %. Le problème est le même.

28.2 L'épaisseur de la tôle

Dès les débuts de l'utilisation des CLF, les utilisateurs ont aussi constaté que pour une même nuance d'acier, la courbe était d'autant plus haute que l'épaisseur de la tôle était forte.

Keeler a présenté en 1975 [15] les résultats d'une étude systématique chiffrant cette influence pour les aciers doux surtout utilisés à l'époque. La variable considérée est la position du point le plus bas de la courbe, situé sur la trajectoire de la traction plane, que les Américains appellent FLD_0.

La figure 28.1 montre cette courbe qui révèle une relation linéaire entre la hauteur du point FLD_0 et l'épaisseur, et ceci jusqu'aux environs de 3 mm d'épaisseur. On notera aussi qu'elle coupe l'ordonnée pour une valeur de 23,3, valeur que nous reverrons par la suite.

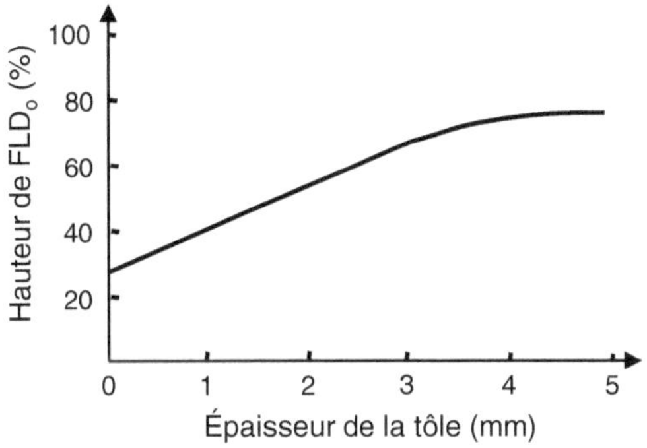

Figure 28.1 – Influence de l'épaisseur sur la position du point FLD_0 [15]

Il existe deux théories concernant l'influence de l'épaisseur. L'une fait intervenir l'action complexe de la sensibilité à la vitesse mais ne compte pas beaucoup de partisans. L'autre [16], beaucoup plus simple et plus généralement acceptée, attribue cette influence aux faits suivants :

– les strictions de deux tôles identiques ne différant que par l'épaisseur sont homothétiques,
– si la taille de grille est la même, la mesure de déformation sera donc plus locale dans le cas de la tôle de forte épaisseur et, par conséquent, le niveau maximal mesuré sera plus élevé.

L'idée est identique à celle évoquée précédemment en 28.1.

Une solution pour éliminer l'effet de l'épaisseur serait donc d'adapter la taille de la grille à celle-ci ; on le fait bien pour l'essai de traction des tôles de plus de 3 mm (éprouvettes dites proportionnelles). Mais elle n'a pas été retenue pour les CLF compte tenu du nombre de grilles différentes qu'il faudrait posséder. Cette position pourrait éventuellement se modifier avec l'utilisation des mouchetis, grâce auxquels on peut moduler la base de mesure.

28.3 La consolidation

Au cours de la conférence de 1975 déjà citée, Keeler, toujours lui, a aussi montré l'influence du coefficient d'écrouissage sur la hauteur des CLF, en considérant encore l'évolution du point central FLD_0.

Cette influence, obtenue suite à la même étude portant sur de nombreux aciers doux, est représentée par la figure 28.2 et montre une corrélation linéaire excellente entre la hauteur de FLD_0 et la valeur de n calculée aux alentours de l'instabilité de charge (juste avant A_g, donc). Notons que cette mesure ne correspond pas à celle normalement faite en Europe où le coefficient d'écrouissage est calculé entre 10 et 20 % pour les aciers doux.

Les travaux de l'époque avaient semblé indiquer, comme le montre la courbe, que l'augmentation de la hauteur du point avec celle de n s'arrêtait pour une valeur de ce paramètre de 0,21. Il a été montré depuis que cette idée était fausse et que la hauteur de FLD_0 continue d'augmenter pour les valeurs de n supérieures à 0,21.

D

LIMITES DE DUCTILITÉ

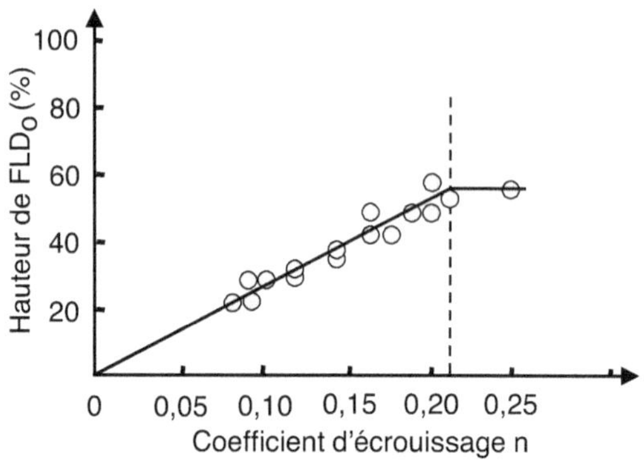

Figure 28.2 – Corrélation entre FLD_0 et la valeur du coefficient d'écrouissage [15]

On verra néanmoins réapparaître cette valeur de 0,21 dans la suite.

28.4 Les trajectoires

S'il est un paramètre qui a une énorme influence sur les CLF, c'est sans conteste la trajectoire de déformation.

Nous avons déjà vu cette notion de trajectoire qui traduit la manière dont un élément de métal arrive à sa déformation finale. Si la déformation progressive est toujours exactement dans le même mode, si donc elle garde toujours le même rapport $\alpha = \varepsilon_2/\varepsilon_1$, la trajectoire est directe et prend, sur le diagramme des déformations en valeurs rationnelles, la forme d'une ligne droite émanant du point zéro du diagramme.

Mais il se peut que le mode change au cours du formage, un exemple classique en est donné par la traction uniaxiale. Comme on l'a vu, la trajectoire commence par une droite de pente – 2 (si r = 1), mais elle change quand apparaît la striction localisée car la largeur de la dépression ne se modifie plus jusqu'à la rupture[1]. La trajectoire devient donc verticale à partir de la striction localisée et jusqu'à la rupture. Au total, on a donc une trajectoire complexe.

Il est possible de réaliser au laboratoire des trajectoires complexes en extrayant par exemple des éprouvettes d'expansion dans des éprouvettes de traction uniaxiale de grandes dimensions et réciproquement. C'est ce qui est représenté par la figure 28.3 où l'on peut voir que, par rapport à la CLF en trajectoires directes (trait noir épais), la CLF obtenue avec des trajectoires commencées en expansion et poursuivies en rétreint est plus basse, surtout du coté droit, et qu'à l'inverse la CLF obtenue par rétreint suivi d'expansion est considérablement plus élevée que la CLF directe.

Quand on voit combien est forte la différence entre ces courbes, il est permis de raisonnablement se demander si le concept de CLF mérite vraiment d'être utilisé tant il peut y avoir de différence dès que la trajectoire n'est plus directe. La vérité est heureusement beaucoup plus nuancée.

Durant une même opération, les trajectoires, bien que rarement strictement rectilignes, ne sont pas aussi compliquées que celles visibles sur la figure précédente.

1. La démonstration est du ressort de la plasticité, nous n'entrerons pas plus dans le détail.

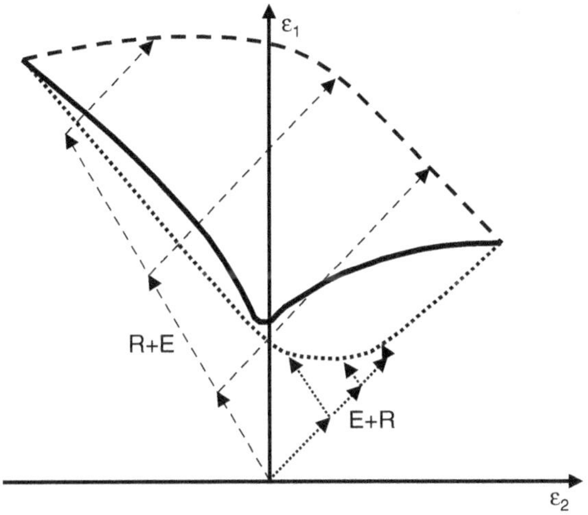

Figure 28.3 – CLF obtenues avec des trajectoires complexes

Les effets sont donc limités. La preuve en est que les CLF directes sont utilisées quotidiennement pour étudier de nouveaux outils ou résoudre des problèmes d'emboutissage et que « ça marche ». Si cette utilisation ne donnait de bons résultats qu'une fois sur deux, il est bien clair qu'on aurait abandonné cette technique depuis longtemps.

Au cours d'opérations d'emboutissage successives, en revanche, il peut y avoir de profonds changements de trajectoire et ceci demande à être pris en compte.

Dans l'atelier, il n'y a qu'une façon de savoir si une trajectoire est rectiligne ou non : c'est de déformer progressivement la pièce en faisant des mesures à chaque stade. C'est une opération tellement longue et compliquée qu'elle a été abandonnée, d'autant plus qu'on peut maintenant avoir la même information par la simulation numérique, à la seule condition de posséder les CAO[1] de la pièce et de l'outil.

Cet effet de la trajectoire est une chose qu'avaient remarqué les vieux emboutisseurs, sans pouvoir se l'expliquer, naturellement[2] : si l'on a le choix, il vaut mieux commencer un emboutissage par du rétreint que par de l'expansion. Mais il faut bien le dire, c'est un choix que l'on a rarement. D'autres considérations que nous aborderons dans le paragraphe 43.4 de ce livre priment largement sur celles-ci.

Notons que les CLF réalisées avec la méthode Nakajima diffèrent généralement des autres par le fait que le point le plus bas n'est pas exactement situé sur la traction plane mais un peu plus du côté de l'expansion, vers $\varepsilon_2 = 0{,}05$, cela résultant du fait que les trajectoires ne sont pas rectilignes. La figure 28.4 montre sur un même graphe trois trajectoires directes obtenues par la méthode Marciniak et une, en pointillés, obtenue par la méthode Nakajima.

1. Définition numérique de la géométrie de la pièce, voir partie I.
2. L'explication tient à la formation des cellules de dislocations et à leur changement de forme lors du passage d'une trajectoire à une autre.

On voit clairement qu'avant d'atteindre la striction localisée en traction plane, elle a commencé sa trajectoire par de l'expansion. Ceci est dû au fait que le poinçon étant sphérique, le métal commence par se tendre dans toutes les directions.

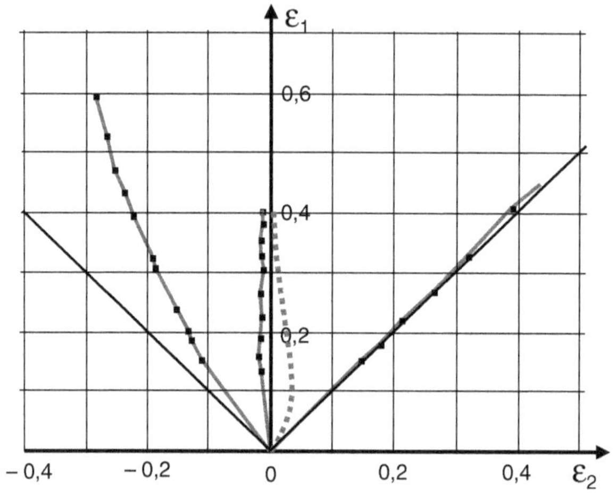

Figure 28.4 – Trajectoire Nakajima (pointillé) comparée à celles données par la méthode Marciniak

28.5 La courbure

Une forte courbure de la tôle a sur la courbe limite de formage une indiscutable influence. À leur origine, les CLF ont été conçues comme un outil destiné à mieux juger la formabilité des pièces automobiles et, en particulier, des pièces de carrosserie. De nombreux panneaux sont assez plats (capots, pavillon) et même sur des pièces comme une porte ou une aile, les courbures restent globalement peu marquées.

Mais la CLF étant devenue avec le temps et, particulièrement avec son introduction comme critère de faillite de l'emboutissage dans les codes de calcul, d'usage général, les utilisateurs ont cru pouvoir élargir son domaine d'application et il est apparu de nombreux cas où la courbure de la pièce faussait le résultat du calcul.

Cette introduction transparente de l'usage des CLF dans les codes de calcul a en effet eu pour conséquence que des gens n'ayant pas la moindre idée de la façon dont elles sont obtenues les utilisent quotidiennement. N'étant pas avertis des limitations inhérentes au concept, ils s'étonnent de trouver des résultats qui leur paraissent anormaux ; c'est le cas de points représentatifs situés très au-dessus de la CLF sans pour autant que les essais montrent la moindre striction, d'où l'existence d'un doute, pour certains, sur la validité du principe même.

Ces points anormalement élevés sont parfois dus à une trajectoire indirecte, comme on l'a vu précédemment, mais le plus souvent, ils correspondent tout simplement à des zones de forte courbure, les petits rayons.

Face à ce problème, la réaction classique est de considérer que l'erreur vient du fait que les mesures de déformations sont faites à la surface et représentent donc par excès les mesures qui devraient être faites « à la fibre neutre ». Il s'agirait donc tout simplement d'une erreur de nature géométrique, facile à corriger. Certains logiciels de mesure possèdent d'ailleurs une option permettant cette correction.

Nous allons montrer qu'il s'agit d'un phénomène beaucoup plus complexe et qui ne se corrige pas aussi facilement qu'on pourrait le penser.

D'abord, il faut faire justice d'une expression qui n'a guère sa place en emboutissage : celle de fibre neutre. Par définition, la fibre neutre est, au cours d'une déformation, celle dont la longueur ne varie pas. C'est par exemple la fibre centrale lors de la flexion élastique d'une poutre ou une fibre proche de la mi-épaisseur dans le cas d'un pliage. Mais en emboutissage, le métal subit de forts allongements et cette notion perd le plus souvent sa signification.

Pour illustrer cette affirmation, prenons l'exemple simple d'un test de gonflement hydraulique : figure 28.5. La tôle est déformée pour donner une surface hémisphérique et, vue en coupe, un diamètre initial AC va devenir un arc de cercle ABC bien plus long (57 % en plus, si c'est vraiment un demi-cercle).

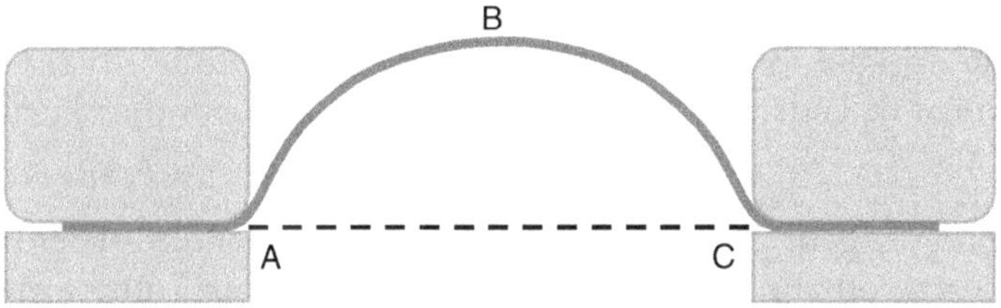

Figure 28.5 – La notion de fibre neutre est trompeuse en emboutissage

Où est alors la fibre neutre, celle dont la longueur n'a pas varié ? Pas dans l'épaisseur du métal en tout cas, c'est bel et bien une fibre virtuelle qui est le segment de droite joignant A et C dans le plan initial du flan ! On voit qu'on est loin du cas de la flexion ou du pliage. Ceci résulte simplement du fait que la tôle a été allongée dans toute son épaisseur. Oublions donc cette notion trompeuse de fibre neutre[1] et revenons au problème du métal capable de se déformer beaucoup plus en surface lorsqu'il est courbé.

Il y a là, en fait, beaucoup plus qu'un simple effet géométrique : c'est carrément en face d'une modification physique du comportement que nous nous trouvons.

Considérons une tôle pliée à bloc : on peut à juste titre s'étonner de voir que la déformation mesurée en surface extérieure du pli atteint presque 100 % alors qu'il n'y a aucune amorce de rupture (figure 28.6).

Le pli étant rectiligne, la largeur ne varie pas (cf. photo) et cette déformation superficielle est donc en pure traction plane. On peut noter que ceci est vrai même pour un acier HLE pour lequel la striction est censée apparaître aux environs de 20 ou 25 % dans ce mode de déformation ! Voilà donc un point qui, reporté sur la CLF, est complètement anormal.

1. Il est raisonnable de ne parler que de la fibre médiane, ou à mi-épaisseur.

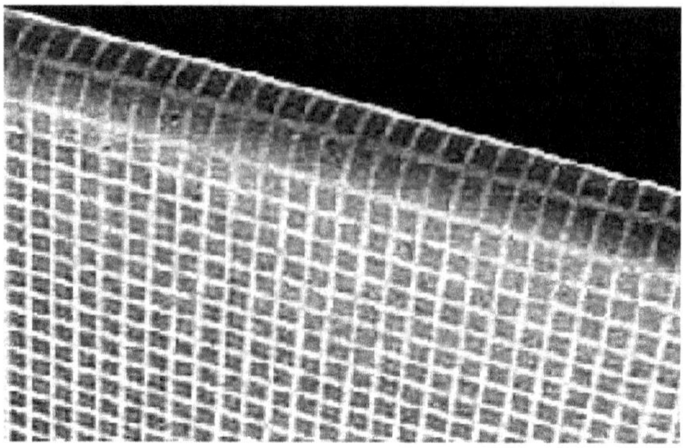

Figure 28.6 – Déformations superficielles sur un pli « à bloc »

À cause de la courbure, il existe en fait une variation de la déformation dans l'épaisseur, cas qui n'est normalement pas pris en compte par la notion de courbe limite de formage. La façon scientifique d'énoncer la chose est de dire que la déformation critique, celle qui détermine l'apparition de la striction, ne dépend plus seulement de la déformation ε_1 mais aussi du gradient de celle-ci dans l'épaisseur :

$$\varepsilon_{crit} = f(\varepsilon_1, d\varepsilon_1/de) \qquad e = \text{épaisseur}$$

Néanmoins, pour être fidèle à l'esprit de ce livre, nous préférons en donner une démonstration simple plutôt que de nous en tenir à une formulation qui peut sembler abstraite et qui ne donne pas une explication directement compréhensible. Pour les besoins de cette démonstration, nous allons imaginer que la tôle pliée est constituée de couches minces fortement liées ensemble (il ne s'agit là que d'une hypothèse de travail). Toutes les couches ont les mêmes propriétés, et en particulier une capacité de déformation en traction plane de, disons, 25 % pour donner un chiffre[1]. La figure 28.7 représente cet empilement de couches.

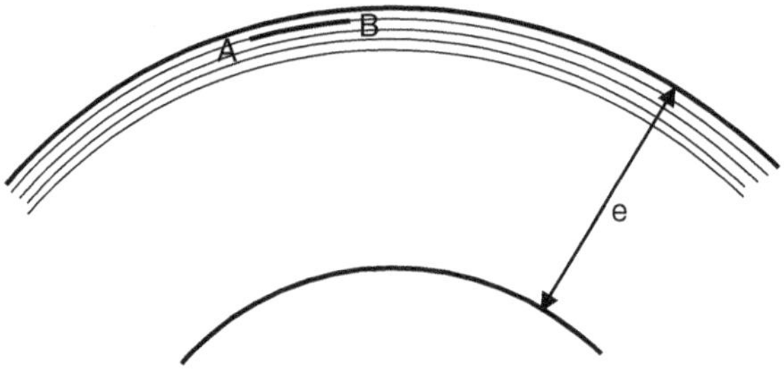

Figure 28.7 – Les couches virtuelles censées composer la tôle

Normalement, la striction de la couche supérieure devrait donc apparaître aussitôt qu'elle atteint un allongement de 25 %.

Mais si cette couche virtuelle supérieure entre en striction, cela implique que la couche suivante, qui lui est liée en réalité, localise elle aussi la déformation sous

1. Il ne faut pas, dans cette démonstration, tenir compte de l'influence de l'épaisseur sur la position de la CLF précédemment évoquée car elle n'a aucun rapport avec les phénomènes examinés.

forme d'une striction. Or elle n'y est pas encore « prête », si nous pouvons employer cette expression, car elle est insuffisamment déformée. La striction de la couche externe n'a donc pas lieu. Elle est différée par la résistance de la suivante.

Le raisonnement peut être ainsi répété plusieurs fois et il apparaît que le gradient de déformation qui fait que ε_1 diminue quand on s'enfonce dans le métal joue un rôle mécanique extrêmement favorable. On pourrait dire, de façon imagée, que les couches inférieures de métal peu déformé « aident » les plus déformées à résister à la striction et la rupture.

C'est ainsi que le métal déformé en traction plane dans un pli à bloc atteint en surface un allongement de presque 100 % sans qu'il y ait rupture.

Clairement, la CLF n'a pas été faite pour représenter ce cas-là, car elle correspond à des pièces de courbure limitée (le terme est évidemment vague) dans lesquelles la déformation atteinte est quasiment identique dans toute l'épaisseur. C'est la raison pour laquelle l'auteur a suggéré en 2002, puis développé en 2005 et 2007 [17-19], l'idée d'une surface limite de formage (SLF) qui comporterait trois dimensions, la troisième étant la courbure (épaisseur/rayon de courbure).

Une telle surface limite de formage se présenterait comme indiqué sur la figure 28.8.

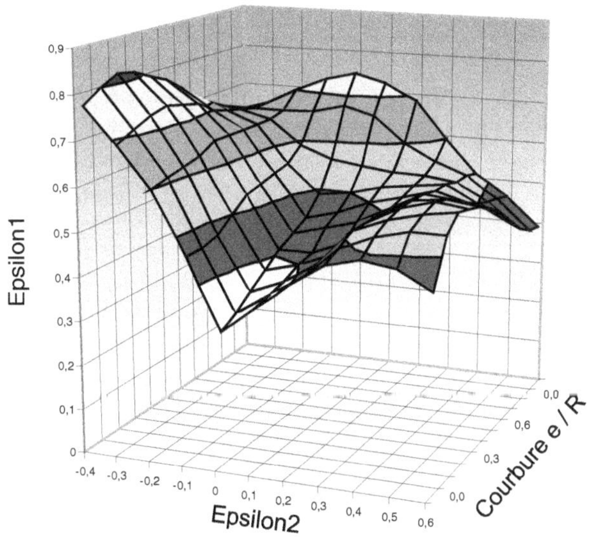

Figure 28.8 – La surface limite de formage [18]

Précisons immédiatement que, d'après ce que sait l'auteur, aucune mesure expérimentale n'a encore été faite pour vérifier la forme complète de cette surface hypothétique dans sa totalité et que, probablement, l'expérience ne sera jamais tentée. Il y a à cela quatre raisons justifiées :

– la première, c'est qu'il faudrait un énorme travail pour arriver à réaliser la dizaine de CLF correspondant à différents rayons de courbure, ceci pour un matériau seulement,

– la deuxième vient du fait que certains points de cette surface seraient difficiles à obtenir (par exemple, il faudrait un outil en « selle de cheval » pour avoir des points sur la partie gauche),
– la troisième est que ce travail serait sans doute assez inutile ; la partie la plus intéressante correspond indiscutablement à l'effet de la courbure sur la zone correspondant à $\varepsilon_2 = 0$ et c'est, au demeurant, la plus facile à obtenir. Des mesures ont d'ailleurs déjà été faites par le laboratoire d'ArcelorMittal [20] pour plusieurs aciers et prouvent que l'hypothèse était juste, comme le montre la figure 28.9 dans ce cas de la zone centrale correspondant à la traction plane,

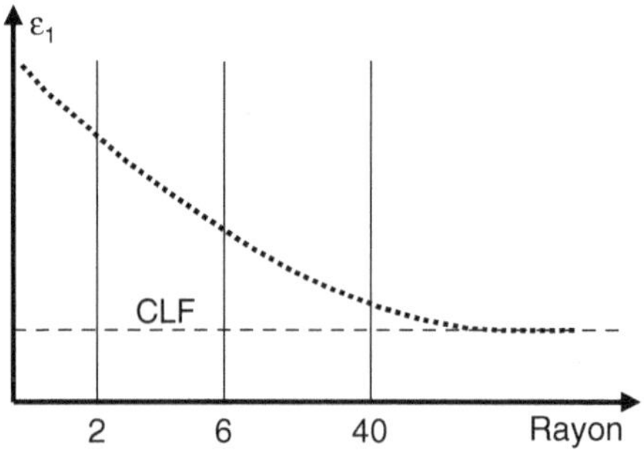

Figure 28.9 – Évolution de la déformation ε_1 avec la courbure pour $\varepsilon_2 = 0$

– la dernière raison est qu'il est plus intéressant de définir des modèles physiques mettant en jeu les phénomènes qui sont à l'origine de l'influence du gradient que de faire des expériences très nombreuses. La SLF doit seulement être considérée comme une représentation destinée à illustrer le phénomène. Des tentatives de modélisation ont déjà été faites [21].

Revenons à la signification de cette SLF. D'un point de vue pratique, tout cela veut dire qu'on ne doit pas juger à l'aune de la CLF ordinaire des zones dont le rayon de courbure est inférieur à, disons, cinq ou dix fois l'épaisseur. On a de fortes chances de trouver des points sans striction au-dessus de la CLF classique, et parfois même très au-dessus. L'exemple 3, partie J, illustre ce cas de figure.

Notons que des études récentes [22] montrent que l'influence favorable de la courbure serait plus marquée dans le cas des aciers THR que pour les aciers assez ductiles. C'est là un fait important qui modifie la façon dont on doit utiliser les CLF.

Une autre conséquence concerne les outils utilisés pour la détermination expérimentale des CLF. Dans le cas d'un outil sphérique, il est souhaitable que son rayon reste supérieur à au moins dix fois l'épaisseur de la tôle. La norme ISO 12004-2 impose un diamètre standard de poinçon de 100 ± 2 mm (un diamètre de 4 pouces convient donc).

Notre démonstration par les couches qui se déforment peut paraître douteuse à certains. Montrons qu'elle est justifiée par l'expérience. Supposons que, par un moyen quelconque, on puisse annuler la forte liaison qui lie la couche externe à la suivante, par exemple entre le point A et le point B de la figure 28.7. Il devient logique que la couche externe, n'étant plus empêchée de se mettre en striction par la couche inférieure, commence à localiser la déformation pour la valeur précédemment indiquée, soit 25 %.

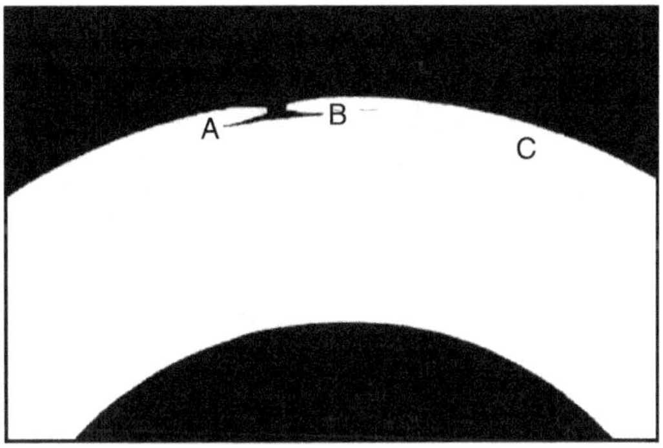

Figure 28.10 – Cas où la couche extérieure est effectivement séparée des suivantes

L'expérience montre que c'est bien ce qui se produit lorsqu'il existe quelque chose séparant les deux couches métalliques. La figure 28.10 représente la coupe métallographique d'un élément de jante de roue qui comportait une inclusion sous-cutanée très mince de sulfure de manganèse (MnS). Celle-ci a supprimé la liaison existant entre les couches et une striction est apparue à la surface du pli alors que ces pièces sont réalisées sans difficulté si le métal est sain (le rayon de courbure est le même en C, par exemple, et il n'y a pas de rupture). Notons qu'une inclusion moins superficielle n'aurait pas cet effet.

On peut encore trouver plusieurs exemples montrant la véracité de notre explication. Le premier concerne l'essai Marciniak : le contre-flan aide effectivement le flan à supporter la déformation sur le rayon de poinçon, et ceci d'autant mieux qu'il n'y a pas de lubrification entre les deux…

Dans un procédé relativement nouveau, l'hydroformage visqueux, il a été démontré que la formabilité de la tôle s'améliorait quand le coefficient de frottement entre celle-ci et le milieu visqueux augmentait. Les déformations sont ainsi mieux réparties.

On notera pour finir que cette notion de gradient explique aussi pourquoi les tôles épaisses se comportent moins bien en pliage que des tôles minces de même qualité. C'est une constatation courante : là où une certaine qualité d'acier doux se plie à bloc sans aucun dommage lorsque l'épaisseur est faible (disons moins de 2 mm pour fixer les idées), la même qualité donne une rupture quand l'épaisseur dépasse 10 mm. Pourquoi ?

Nous allons le montrer en prenant un exemple numérique pour bien fixer les idées. La tôle mince pliée a une épaisseur de 2 mm et le rayon de courbure à mi-épaisseur est de 5 mm (figure 28.11 à gauche). La déformation en surface est donc égale à 0,2, soit 20 % par rapport à la fibre médiane. On peut en déduire que le gradient de déformation dans l'épaisseur est de 20 %/mm.

Une tôle du même matériau mais de 10 mm d'épaisseur (figure 28.11 à droite), pliée d'une même valeur relative c'est-à-dire sur un rayon moyen de 25 mm, aura bien la même déformation en surface : 20 %.

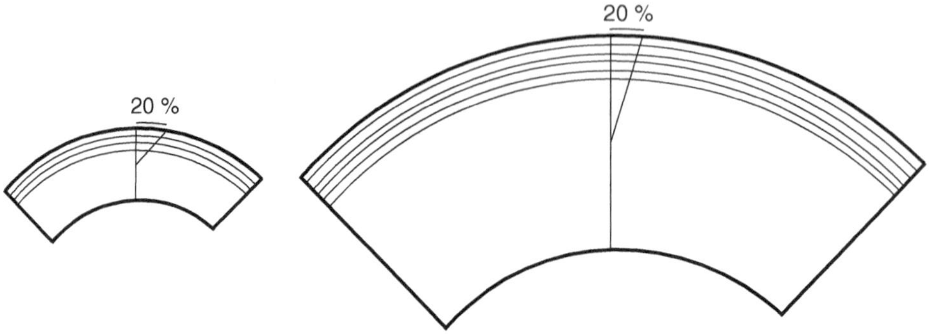

Figure 28.11 – Pliage de deux tôles d'épaisseur différente

Mais le gradient de déformation sera seulement de 20 %/5 = 4 %/mm comme on le voit bien sur la figure. Cela veut dire, si l'on reprend le raisonnement du début, que la différence de déformation entre les couches successives sera beaucoup moins grande ; les couches inférieures auront une déformation plus proche de celles de surface et l'effet de « soutien » procuré aux couches externes sera moins marqué. On se rapproche du cas où il n'y a pas de variations de déformation dans l'épaisseur et donc des valeurs classiques de la CLF.

Nous avons dit plus haut que l'avantage dû à la courbure serait plus marqué avec les aciers à hautes caractéristiques. Ceci ne doit pas faire oublier qu'ils sont aussi plus sensibles à l'entaille. Le raisonnement ne vaut donc qu'en l'absence de défauts superficiels capables d'initier des ruptures.

Signalons pour finir que quelques études, notamment [23], montrent que le passage de la tôle sur un rayon modifie également la CLF d'un métal, favorablement en général. Il faut donc être très prudent lors de la comparaison de ces zones avec la CLF.

28.6 Le frottement

Il est assez difficile de donner une indication rigoureuse sur son influence. Certains considèrent qu'un peu de frottement améliore la répartition des déformations ; c'est une des raisons évoquées pour justifier le fait que les CLF qui étaient établies à partir de pièces réelles étaient parfois plus élevées que celles issues d'essais de laboratoire.

Ce raisonnement pourrait se justifier en disant que plus le métal est retenu pas son contact avec l'outil, moins il peut se déformer localement et donner naissance à une striction. Nous retrouvons un peu là l'idée concernant l'influence de la courbure.

Mais l'emboutissage impose souvent une déformation globale, par exemple dans le cas d'un embouti hémisphérique bloqué à son pourtour. Dans ce cas, ce qui va changer, c'est la position de la rupture : plus le frottement augmente, plus elle va s'éloigner du pôle et plus elle sera proche de la traction plane. Il devient alors impossible d'obtenir des points en expansion équibiaxiale.

Ces considérations sont détaillées en 33.1.2.

29 • LIMITATIONS À L'USAGE DES CLF

Nous venons d'examiner au chapitre précédent les facteurs qui jouaient un rôle vis-à-vis de la détermination des courbes limite de formage. Nous considérons maintenant les limitations qui s'appliquent à leur utilisation « bête et méchante », c'est-à-dire qui font qu'elles ne sont pas directement applicables dans certains cas.

29.1 Palier de limite d'élasticité

On a vu dans la partie A, section 4.3, ce qu'était le palier de limite d'élasticité : en simplifiant, c'est une période du début de la déformation plastique pendant laquelle il n'y a pas de consolidation. On verra aussi à la partie E qu'en l'absence de consolidation la déformation se localise très rapidement.
Il faut savoir que ce palier, surtout connu au travers de l'essai de traction, existe dans tous les modes de déformation : expansion, traction plane, cisaillement et même compression (les bandes correspondent alors à des zones épaissies).
Le palier de limite d'élasticité n'a pas, à proprement parler, une influence directe sur la hauteur de la CLF car, n'existant en principe qu'au début de la déformation – sauf cas d'un très grand palier – il ne modifie pas beaucoup le comportement en fin de déformation. Il a néanmoins deux influences :

- sur la façon dont se déforme le métal, d'une part,
- sur la prédiction de la CLF par calcul, d'autre part (voir chapitre 30).

Par son action néfaste sur la répartition des déformations, il peut fortement localiser les déformations dans une pièce au tout début du formage et faire qu'elle n'atteindra jamais le niveau qu'on aurait pu espérer du seul examen de la CLF. C'est ce que nous détaillerons en 29.3.
Par le fait qu'il fausse la valeur de n (par excès, voir la remarque en 6.4, partie A, et l'exemple 9, partie J), il a aussi tendance à donner une estimation optimiste de la hauteur des courbes calculées.

29.2 Les bords découpés

Les pièces qu'on emboutit sont toujours faites à partir de flans qui sont simplement découpés à la cisaille ou par poinçonnage[1]. Or la découpe ne donne jamais un état

1. À l'exception des pièces prototypes ou de très petites séries qui peuvent être découpées au laser ou par jet d'eau (voir l'exemple 13, partie J).

de bord parfait : on y voit des rayures, une zone arrachée et des bavures, tous ces défauts se comportant comme des concentrateurs de contraintes, donc favorisant la rupture en extension. Nous détaillons un peu ces considérations à la partie G.

Or il y a évidemment des rives de flans qui sont étirées pendant l'emboutissage. Elles sont, comme on le verra dans la partie E, section 33.6, en traction uniaxiale. Mais elles ne se comportent naturellement pas aussi bien que du métal sain ou même qu'un bord qui aurait été usiné comme celui d'une éprouvette de traction. La CLF n'est donc plus applicable car les strictions et ruptures qui s'ensuivent apparaissent pour des déformations bien inférieures à celle indiquée par la courbe, comme sur l'exemple montré par la figure 29.1.

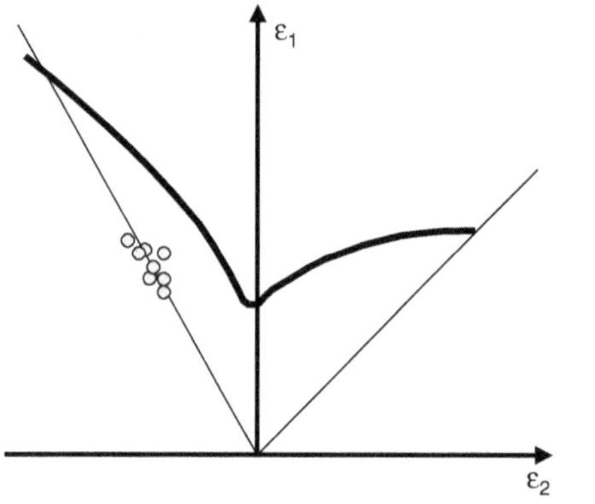

Figure 29.1 – Exemple du niveau de déformation atteint à striction sur une rive

C'est un problème qui a pris beaucoup d'importance depuis qu'on utilise des tôles d'acier THR et des alliages d'aluminium car ces deux produits, pourtant différents, ont une grande sensibilité à l'effet d'entaille, due à leur faible sensibilité à la vitesse de déformation qui les rend incapables d'accommoder les concentrations de contraintes par une forte consolidation locale.

Des études sont en cours dans différents laboratoires pour essayer d'élaborer des critères permettant de prendre cet effet en compte, mais il est difficile de les rendre très précis tant la qualité de la découpe est difficile à quantifier et peut être variable.

29.3 Influence de la répartition des déformations

Nous venons d'y faire un peu allusion à propos de l'influence du palier.

Bien réalisée, la CLF est censée décrire la déformation locale maximale que peut supporter un métal avant d'entrer en striction localisée. Mais il s'agit bien de la déformation locale et la répartition des déformations loin de cette striction n'est pas du tout prise en compte.

Supposons deux métaux ayant strictement la même CLF mais une consolidation bonne au début pour l'un, mauvaise pour l'autre. C'est une chose possible bien qu'elle semble aller à l'inverse de l'influence du coefficient d'écrouissage. L'explication en est que la hauteur de la CLF est donnée par la valeur de n calculée vers le maximum de la courbe de traction tandis que l'homogénéité des déformations se joue surtout au début de la mise en forme, laquelle dépend plus du n instantané (n*) qu'on mesure au début de la courbe (figure 29.2 à gauche). Ceci a été très bien expliqué par Keeler [24].

La pièce faite avec le métal ayant une bonne consolidation initiale va donc exhiber un taux de déformation élevé sur une large surface tandis que l'autre aura le même amincissement final (car même CLF) mais sur une très petite étendue. La figure 29.2 de droite illustre, très amplifié, un tel comportement dans le cas d'un embouti hémisphérique.

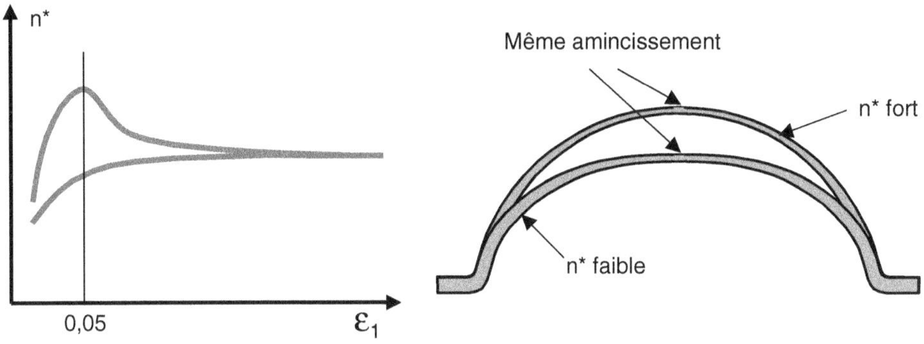

Figure 29.2 – Distribution différente des déformations en fonction de n*

Il faut donc retenir que la CLF indique bien la capacité de déformation maximale que peut supporter un métal mais ne donne aucune indication sur sa répartition. Des suggestions ont été faites pour considérer une CLF prenant en compte la répartition des déformations, mais ne semblent pas avoir été très suivies.

Un autre exemple démonstratif d'influence de la répartition des déformations, mais d'origine différente, est cité par Geoffroy *et al.* [25]. Ces chercheurs ont utilisé deux éprouvettes de traction, une grande et une petite, pour déterminer l'apparition de la striction localisée. Ils montrent que les distributions inégales d'une éprouvette à l'autre (figure 29.3) entraînent une variation du point correspondant de la CLF.

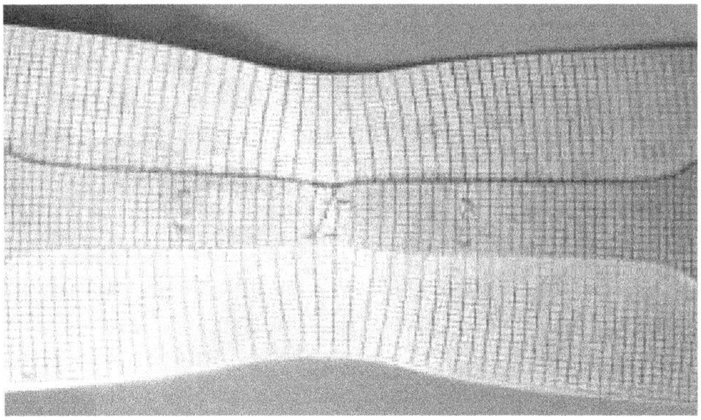

Figure 29.3 – Distribution différente des déformations en fonction de l'éprouvette

D

LIMITES DE DUCTILITÉ

29.4 Variabilité des résultats

Quand on voit, d'une part le nombre de méthodes qui ont été imaginées pour déterminer les CLF, d'autre part le nombre de paramètres qui peuvent influencer la position et la forme de la CLF, il ne faut pas s'étonner du fait que les résultats obtenus pour un même métal puissent différer de façon très sensible en fonction des techniques utilisées.

Un exemple impressionnant provient d'un projet de recherche européen dans lequel les mêmes matériaux avaient été testés par plusieurs laboratoires, la CLF faisant partie de cette caractérisation. La figure 29.4 représente les courbes obtenues pour un acier par trois laboratoires différents, tous très habitués à ce genre de mesure.

Et pourtant, toutes les précautions classiques pour vérifier d'abord l'homogénéité du lot puis sa répartition (randomisée) avaient été prises, et les acteurs du projet, conscients du niveau de disparité, ont fait les contre-essais nécessaires.

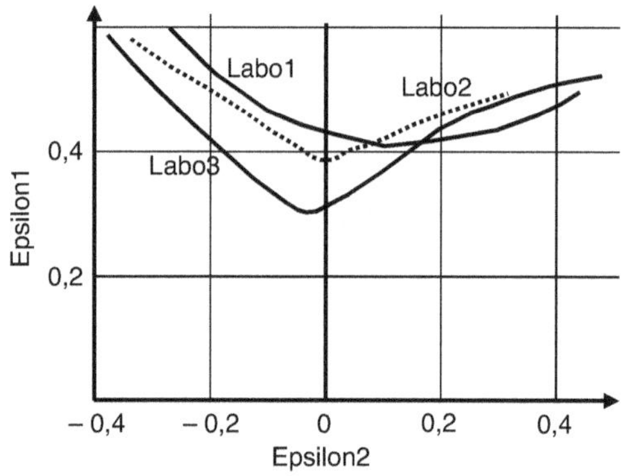

Figure 29.4 – La CLF d'un acier DC04 déterminée par trois laboratoires

On ne peut qu'être effrayé par un tel résultat et en venir à se demander, encore une fois, s'il est vraiment utile de déterminer les CLF ! C'est pourquoi nous ajoutons que ceci est, heureusement, l'un des pires cas connus de l'auteur et que la plupart des autres CLF établies dans le cadre de ce projet donnaient des comparaisons meilleures et souvent même excellentes.

L'origine du problème réside, évidemment, dans la surabondance de méthodes de mesure et le manque de standardisation du domaine. L'auteur a beaucoup œuvré pour la révision d'une recommandation de l'ISO qui définissait trop vaguement la façon d'établir une CLF. Cette révision a finalement abouti à la publication de la norme ISO 12004 parties 1 et 2 en décembre 2008, dont seule la partie 2 présente un intérêt, comme nous l'avons déjà dit.

Bien sûr, cette méthode est complexe, mais peut-on faire quelque chose de simple pour régler un problème compliqué ? La présente norme est bien acceptée en Europe, plutôt méconnue au Japon et, *a priori*, rejetée par beaucoup d'Américains. Comme nous l'avons dit également à propos de la méthode vitesse, il est plus que probable que les nouvelles technologies et la corrélation d'images remplaceront bientôt les autres techniques et qu'il faudra donc réviser cette norme d'ici peu[1].

1. En 2013 donc, puisque les normes sont normalement révisables tous les cinq ans.

30 • LA MODÉLISATION DES CLF

Produire une CLF expérimentale est un très gros travail : on considère en général qu'il faut entre une semaine entière et un mois à un technicien pour y arriver par les méthodes classiques. Or, une CLF est en principe relative à un matériau donné, dans une épaisseur donnée, et peut éventuellement varier en fonction de son revêtement, particulièrement s'il est dur. Il faudrait donc disposer d'un nombre énorme de courbes pour couvrir tous les besoins de l'emboutissage industriel.

De plus, une CLF nécessite de disposer de plusieurs mètres carrés de métal, ce qui est rarement le cas lorsque des problèmes inattendus apparaissent dans une usine ou lorsqu'un emboutisseur crée un litige vis-à-vis d'un lot de métal[1].

Pour ces différentes raisons, le besoin d'être capable de prévoir les CLF s'est rapidement fait sentir. Ce sont les différentes méthodes mises au point dans ce but que nous allons examiner maintenant.

30.1 Le modèle américain

Le NADDRG[2] a pris conscience du problème dès les années 1970 et a réalisé un important travail commun pour étudier les facteurs influents, mettant en évidence l'influence de l'épaisseur et du coefficient d'écrouissage n.

La solution trouvée a été la normalisation d'une courbe-type, représentative de la forme caractéristique des très nombreuses CLF examinées, courbe que l'on translate verticalement en fonction de l'épaisseur et de la valeur de n. Notons qu'à l'époque les aciers utilisés pour la mise en forme étaient essentiellement des aciers doux, les aciers HSLA étant en cours d'émergence.

Le modèle a été officiellement présenté en 1975 par Keeler [15], sous forme d'une formule simple qui détermine la position du point appelé FLD_0, c'est-à-dire du point le plus bas de la courbe, situé sur la trajectoire de la traction plane. La figure 30.1 représente la courbe-type américaine et la formule s'écrit :

$$FLD_{0(\%)} = (23,3 + 14,14\ e_0)n/0,21$$

1. Bien sûr, la quantité reçue est bien supérieure, mais il est rare qu'il reste beaucoup de métal à plat au moment de l'analyse du problème.
2. North American Deep Drawing Research Group, branche américaine de l'IDDRG.

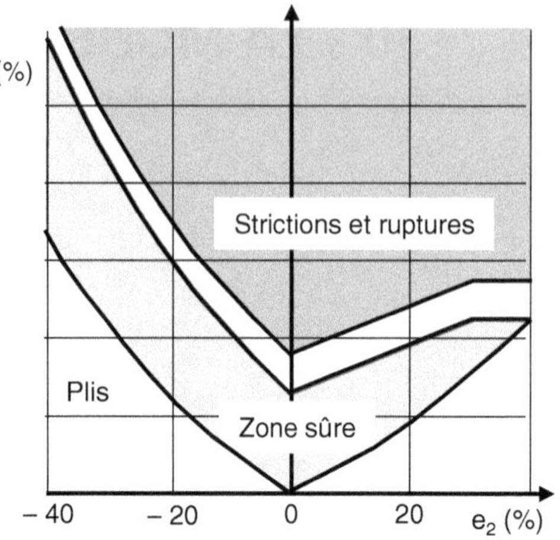

Figure 30.1 – Courbe type utilisée par les Américains pour les aciers doux

On remarque d'abord que FLD_0 est exprimé en pourcents : toujours le souci américain d'être compris de tous. Le terme e_0 est bien sûr l'épaisseur initiale et n est le coefficient d'écrouissage final – c'est-à-dire proche de l'allongement réparti – de l'acier.

La valeur 23,3 est tout simplement l'ordonnée à l'origine de la droite représentant la variation de FLD_0 avec l'épaisseur, déjà présentée à la figure 28.1. Autrement dit, la CLF d'un acier d'épaisseur quasi nulle serait déjà située à cette valeur de e_1.

Quant au terme multiplicateur n/0,21 (attention, ce n'est pas une puissance) il découle du fait que les auteurs de la formule ont cru, à l'époque, qu'une valeur de n supérieure à 0,21 ne faisait plus évoluer la hauteur de FLD_0 (revoir la figure 28.2). La courbe de base correspondait donc à n = 0,21[1] et la valeur de FLD_0 diminuait quand n était plus petit.

L'hypothèse selon laquelle FLD_0 n'évoluerait plus pour les valeurs de n supérieures à 0,21 s'est révélée fausse par la suite et l'on doit tout simplement mettre la valeur réelle, quelle qu'elle soit.

La validité de cette formule a été vérifiée par Geoffroy sur un grand nombre de cas en 1998 [26] et s'est révélée bonne. Elle n'est mise en défaut pour les aciers doux, semble-t-il, que si l'acier présente un palier de limite d'élasticité. Ceci n'est pas étonnant dans la mesure où la présence de ce palier modifie la signification de n.

Signalons pour finir que dans les années 70, et parce que la détermination de n était alors une opération difficile nécessitant une éprouvette particulière, le sidérurgiste américain Bethlehem Steel a produit une formule du même genre mais ne faisant pas intervenir le coefficient d'écrouissage, alors remplacé par l'allongement à rupture A :

$$FLD_{0(\%)} = 2{,}78 + 3{,}24\ e_0 + 0{,}892\ A$$

Le coefficient d'écrouissage est si couramment disponible aujourd'hui que cette formule, par ailleurs moins efficiente que celle de Keeler, ne présente plus d'intérêt.

1. Y compris pour n > 0,21.

30.2 Le modèle de Cayssials

C'est à la fois pour donner un caractère plus physique à la formule empirique de Keeler et pour étendre son utilisation aux aciers à hautes et très hautes caractéristiques ainsi qu'aux épaisseurs supérieures à 3 mm que Cayssials [27] a développé une nouvelle formule de prédiction des CLF qui se révèle très efficace et se trouve intégrée dans certains logiciels de simulation d'emboutissage.

On ne peut pas détailler ici cette méthode améliorée plus tard [28] qui prend également en compte, en plus de l'épaisseur et de la consolidation, l'influence de la sensibilité à la vitesse du matériau et son coefficient d'anisotropie. Il ne s'agit pas en effet d'une simple formule mais d'une série d'algorithmes fonctionnant sous Excel.

Le paramètre m représentant la sensibilité à la vitesse du métal est très rarement connu, vu le coût de sa détermination. C'est pourquoi il est remplacé par la valeur de la résistance à la traction R_m qui varie à l'inverse, comme montré au chapitre 6.5, partie A.

D'autre part, il arrive que les caractéristiques mécaniques connues d'un acier ne comprennent pas le coefficient d'écrouissage, surtout pour les aciers THR. C'est pour cette raison que la dernière version remplace l'utilisation de n par celle de l'allongement réparti A_g, beaucoup plus souvent mesuré. Cette tactique se base sur l'hypothèse bien connue que la déformation rationnelle est égale à n à l'instabilité de force.

30.3 Le modèle Marciniak-Kuczinski

Les théories classiques de la plasticité indiquent qu'il ne doit pas exister de striction locale pour les déformations d'expansion, c'est-à-dire le côté droit des CLF. Il n'y aurait qu'une striction diffuse.

L'expérience met malheureusement cette idée en défaut : on voit bel et bien apparaître une striction localisée sur les pièces en expansion. C'est pour représenter ce phénomène que Marciniak et Kuczinski [9] ont développé en 1967 une théorie, appelée M-K du nom des auteurs, qui suppose l'existence initiale d'un très léger défaut dans la tôle. Ce défaut est schématisé par une bande locale d'épaisseur moindre – simulant une hétérogénéité géométrique ou métallurgique – qui va bien sûr localiser et précipiter la déformation.

Cette théorie très discutée permet bien d'expliquer le phénomène incompréhensible autrement, mais elle a un défaut : il faut estimer la valeur initiale f du défaut, c'est-à-dire le rapport des épaisseurs entre la zone supposée initialement amincie et le reste de la tôle. Cette estimation peut se faire plus ou moins rigoureusement et c'est là que le bât blesse.

Les détracteurs de la méthode déplorent l'énorme influence de la valeur estimée du défaut f sur la position des CLF. La figure 30.2 montre un exemple cité par Mattiasson [29].

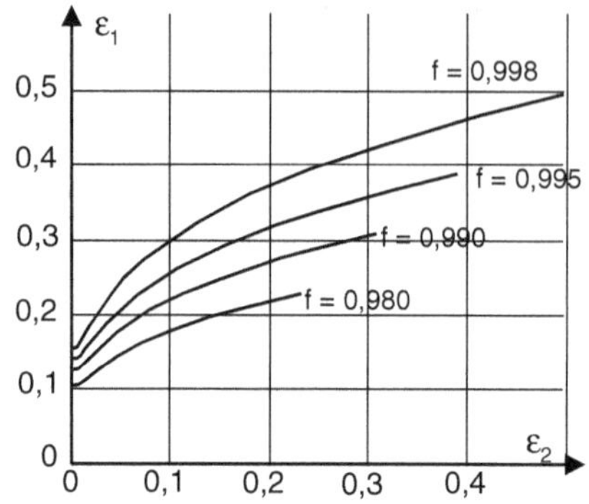

Figure 30.2 – Influence de la valeur du défaut f sur la position des CLF [29]

En revanche, les partisans de cette théorie soutiennent qu'elle est parfaitement valable à la condition de rigoureusement déterminer la valeur de f, qui dépend du matériau, par des calculs adaptant ce paramètre à des résultats d'expériences parfaitement maîtrisées. Ils citent alors des valeurs extrêmement précises, comme par exemple 0,998.

30.4 Le calcul par éléments finis

Il existe une façon plus moderne de prévoir les CLF : c'est de faire une simulation par éléments finis (cf. partie I) de l'apparition de la striction dans un mode particulier, en se basant sur la connaissance de la loi de comportement et du critère de plasticité du matériau considéré. Il est nécessaire de prendre en compte d'autres paramètres comme l'endommagement et la sensibilité à la vitesse. Pour une détermination absolue (si l'idée n'est pas en elle-même saugrenue !) il faudrait aussi considérer l'influence thermique.

Cette méthode est encore peu utilisée mais semble promise à un bel avenir. La figure 30.3 donne, à titre d'exemple, la simulation de la striction localisée lors d'un essai de traction [30]. On y voit très clairement l'influence de la taille du maillage (cf. partie I) sur la qualité du résultat.

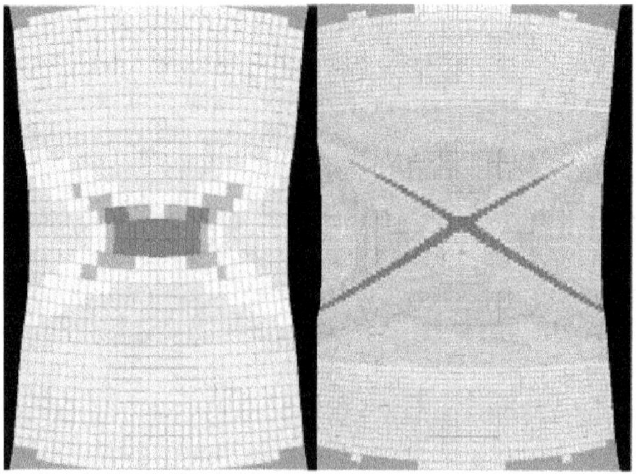

Figure 30.3 – Simulation de la striction d'une éprouvette de traction [30]

31 • LES CRITÈRES DE PLASTICITÉ

Lors du formage d'une pièce, il est bien difficile de dire si celui-ci est commandé par les déformations, comme on vient de le suggérer, ou par les contraintes qui s'appliquent. Le problème est comparable à celui de l'œuf et de la poule : est-ce que les déformations imposées induisent les contraintes ou sont-ce les contraintes s'exerçant qui provoquent les déformations ?

La vérité est plus complexe et subtile : il existe en effet une grande différence entre la simplicité apparente de l'essai de traction, où la position des extrémités et par conséquent l'allongement sont parfaitement définis, et l'emboutissage dans lequel, en général, le métal n'est pas rigoureusement tenu mais plus ou moins libre de glisser dans l'outil sous l'effet des tensions et compressions développées.

La géométrie de l'outil induit des mouvements et des courbures de la tôle qui ne trouvent leurs équilibres que par des ajustements locaux des tensions de membrane, le tout compliqué par le frottement sur l'outil. On comprend pourquoi l'emboutissage n'est pas encore devenu une science : l'équilibre final résulte d'une multitude d'interactions entre des entités aux limites mal définies.

Nous avons jusqu'à maintenant essentiellement examiné la ductilité des aciers en fonction de leurs déformations. Nous allons aborder la question sous un autre angle, celui des contraintes et, en particulier, l'influence du système de contraintes auquel est soumis le métal sur ses propriétés mécaniques, surtout sa limite d'élasticité.

Il est essentiel de bien réaliser que le même morceau de métal peut exhiber des caractéristiques mécaniques très différentes suivant la façon dont s'y appliquent les contraintes, donc suivant sa position dans la pièce. Ces différences de caractéristiques induisent évidemment des comportements différents et nous ne pouvons donc pas les ignorer. Il est sans doute quelque peu osé d'aborder ce sujet dans un livre qui se veut destiné à un large public mais il est aussi, *a contrario*, bien difficile de l'éviter.

Pour montrer l'importance de ces considérations, on peut donner l'exemple suivant : la limite d'élasticité est souvent nettement plus élevée en expansion qu'en rétreint ce qui implique qu'une pièce simultanément soumise aux deux modes se déformera forcément plus, et plus tôt, dans la zone en rétreint.

Mis à part l'intérêt général lié à la connaissance de ces mécanismes, c'est surtout pour les techniciens qui utilisent des logiciels de simulation que ces notions ont une grande importance, car ils peuvent être appelés à faire des choix dont les bases physiques leur échappent bien souvent. Cette partie ne prétend pas donner une connaissance approfondie de ces questions mais seulement un vernis permettant de comprendre de quoi l'on parle et d'imaginer les conséquences de ces notions sur l'emboutissage.

Remarque

Ce qui va être dit serait plus à sa place dans la partie A consacrée aux caractéristiques mécaniques. Mais ces notions ne peuvent être comprises qu'après avoir vu ce qu'étaient les modes de déformation, ce qui justifie leur place ici.

Nous avons déjà vu un certain nombre de phénomènes liés à la plasticité et nous avons, en particulier, examiné l'aspect microscopique : glissement dans les cristaux, influence des dislocations, maclage. Nous avons aussi examiné ce qui se passe durant l'essai de traction : mouvement des dislocations, empilement sur les joints de grains, enchevêtrement...

Mais la déformation par traction uniaxiale n'est que l'un des nombreux modes possibles. C'est une chose que l'on oublie assez facilement : observez comme il est courant de dire « cet acier à une limite d'élasticité de x MPa », sans penser à spécifier que c'est seulement en traction uniaxiale.

Nous connaissons donc, partiellement, le comportement de nos matériaux qui ont été caractérisés en traction uniaxiale. D'abord, pourquoi dans ce mode ? Parce qu'il est assez simple de réalisation, d'une part, et simple également sur le plan théorique, d'autre part. Il n'existe, en effet, qu'une seule contrainte σ_1 suivant la direction de la déformation. Rien ne s'opposant aux déformations latérales (en largeur ou en épaisseur), on en déduit aisément que les contraintes σ_2 et σ_3 sont nulles (pas les déformations, bien sûr).

Mais supposons maintenant que l'on déforme un élément de tôle dans deux directions perpendiculaires sous l'effet de deux forces simultanées différentes : la contrainte σ_2 n'est plus nulle. Dans le cas de pièces massives, il arrive même souvent que des contraintes s'exercent dans les trois directions, ajoutant une troisième contrainte σ_3. Ceci se produit très couramment dans les pièces mécaniques, les ouvrages d'art, etc.

Revenons au cas de la tôle, le seul qui nous intéresse. Étant donné que l'épaisseur est faible vis-à-vis des autres dimensions, on considère généralement que les contraintes dans l'épaisseur sont suffisamment faibles pour être négligées ; c'est ce qu'on appelle l'hypothèse des contraintes planes[1], que nous avons déjà citée.

Le problème qui se pose est donc le suivant : les caractéristiques mécaniques, la consolidation, seront-elles les mêmes que celles données par l'essai de traction uniaxiale ? La réponse générale est non, ce qui nous oblige à étudier dans quelle mesure la modification du rapport des contraintes appliquées influe sur le comportement plastique des aciers. La représentation graphique qui figure cette relation s'appelle *surface de charge* et l'équation mathématique la décrivant porte le nom de *critère de plasticité*. Nous les examinerons d'un point de vue purement qualitatif.

1. Notons que le métal n'est plus en contraintes planes dans quelques cas, par exemple celui des fortes courbures.

31.1 Surface de charge ou de plasticité

Nous allons donner dans cette partie une simple description de ce concept, sans chercher à démontrer quoi que ce soit. Ceci suffira pour comprendre, ultérieurement, des mécanismes qu'on ne peut s'expliquer sans cette connaissance.

Comme on vient de le signaler, on considère en emboutissage qu'il ne peut exister que les deux contraintes dans le plan de la tôle : σ_1 et σ_2. La contrainte perpendiculaire σ_3, dans la direction de l'épaisseur, est supposée nulle.

Sur un graphe orthonormé (figure 31.1), on porte en abscisse la contrainte σ_1 et la contrainte σ_2 en ordonnée. Notons que les deux axes sont indifférenciés, on pourrait aussi bien inverser les contraintes σ_1 et σ_2.

Le point 0 correspond à un état de contrainte nulle : le métal est non chargé.

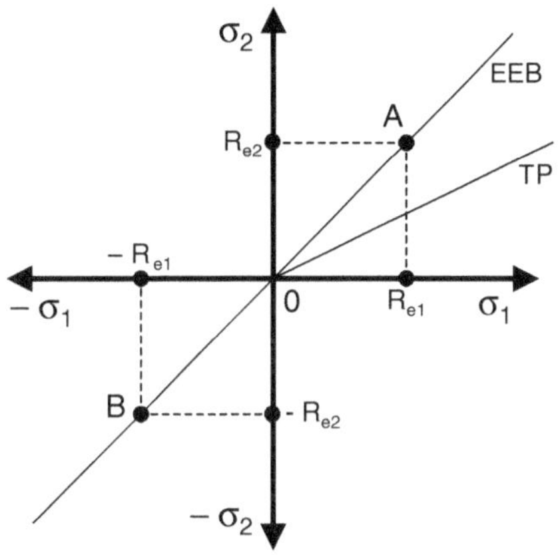

Figure 31.1 – Lieu des différentes limites d'élasticité

Sur l'axe horizontal, on porte la valeur R_{e1} de la limite d'élasticité en traction uniaxiale, ce qui est normal puisque sur cet axe $\sigma_2 = 0$. On fait de même avec R_{e2} sur l'axe vertical (il s'agit en général de la limite d'élasticité dans la direction 90 °). Estimant que les contraintes limite d'élasticité sont égales en traction et en compression – une hypothèse assez bien vérifiée pour l'acier – on porte également ces mêmes valeurs sur la partie négative des deux axes.

La première bissectrice du diagramme correspond à $\sigma_1 = \sigma_2$, qui représente l'expansion équibiaxiale (EEB). Pour les métaux isotropes, la limite d'élasticité y est en principe égale à celle trouvée en traction uniaxiale. Le point représentatif A sur le diagramme se trouvera donc sur la verticale de R_{e1} et au niveau de R_{e2}.

Un état de compression équibiaxiale (très improbable pour les tôles) serait représenté par le point B, symétrique de A par rapport au point 0.

On démontre, par ailleurs, qu'un chargement en traction plane (TP) correspond à la droite de pente 1/2, si r = 1 [1].

1. L'idée simple suivante explique qualitativement la chose : en traction uniaxiale, la largeur diminue. En traction plane elle ne diminue pas, ce qui implique bien qu'une contrainte transversale existe qui s'oppose au rétrécissement.

Dans le cas d'un métal strictement isotrope, deux solutions ont été proposées pour représenter le lieu des points correspondant à la limite d'élasticité dans tous les autres cas de charge possibles.

31.2 Critères de Tresca et de Von Mises

L'un des plus anciens critères, celui de Tresca (1864), se représente très simplement par un polygone tel que montré à la figure 31.2 à gauche, pour lequel les limites d'élasticité sont équivalentes en traction uniaxiale, traction plane et expansion équibiaxiale. De plus, on note que la limite d'élasticité en cisaillement, c'est-à-dire quand $\sigma_2 = -\sigma_1$, est la moitié seulement de celle en traction, ce qui représente une différence considérable dans le domaine de l'emboutissage.

Ce critère n'est plus beaucoup utilisé de nos jours. Celui de Von Mises (1913), figure 31.2 droite, l'est en revanche beaucoup plus car il représente très bien le comportement d'un métal isotrope et qu'il est relativement simple d'emploi.

Il tient compte du fait que la limite d'élasticité en traction plane est un peu plus élevée qu'en traction uniaxiale. La différence est de 15 % ($2/\sqrt{3}$) pour un acier isotrope.

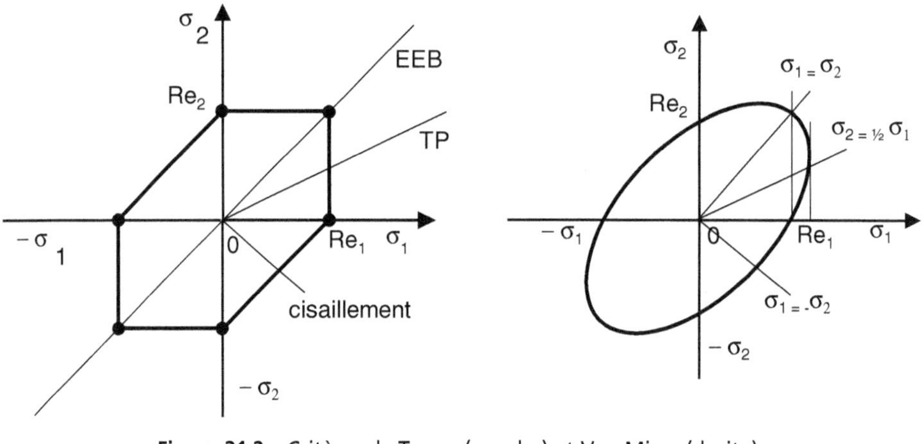

Figure 31.2 – Critères de Tresca (gauche) et Von Mises (droite)

Comment doit-on interpréter ces figures ?

Nous l'avons déjà dit, le point 0 correspond à des contraintes nulles, donc à une tôle au repos. Dès qu'on applique une contrainte à un élément de cette tôle, le point représentatif s'éloigne du point 0, d'autant plus que la ou les contraintes sont élevées ; il se rapproche donc de l'enveloppe formée par le polygone ou l'ellipse. Quand il atteint cette courbe, et ceci quelle que soit la combinaison des contraintes σ_1 et σ_2, la déformation plastique commence. L'intérieur de la courbe fermée représente donc le domaine d'élasticité pure pour toutes les combinaisons possibles de contraintes.

Pourquoi parle-t-on d'une surface alors que nous voyons une courbe seulement ? C'est simplement parce que nous nous occupons des tôles. Pour des pièces plus massives intervient aussi la contrainte σ_3 et la courbe devient une surface dans un repère à trois dimensions.

31.3 Cas d'un métal anisotrope : critère de Hill

Nous avons commencé cette description par le cas le plus simple : celui d'un métal isotrope. Mais ce cas est assez rare avec les aciers. Plus généralement, leur coefficient d'anisotropie plastique est différent de 1.

Le critère le plus couramment utilisé est alors celui de Hill 1948 (ce chercheur en a énoncé trois, sur une période de plus de 40 ans...) qui se présente sous la forme de la figure 31.3 et qu'on appelle *critère quadratique* car il fait intervenir une racine carrée.

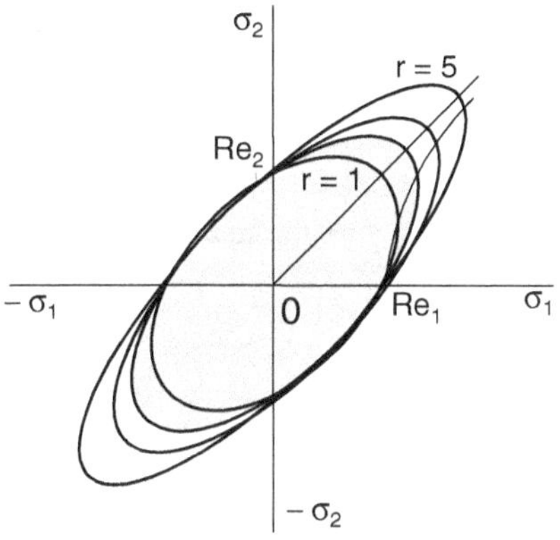

Figure 31.3 – Critère de Hill (1948)

L'ellipse la plus centrale correspond à r = 1. C'est l'ellipse de Von Mises. Mais l'ellipse s'allonge au fur et à mesure que r croît. On a représenté les ellipses suivantes pour r = 2, r = 3 et r = 5. La partie grisée correspond à r = 2.

L'introduction de l'anisotropie dans ce modèle comporte beaucoup de conséquences au plan de la plasticité.

D'abord, on voit que la limite d'élasticité en expansion augmente considérablement avec r : elle est multipliée par 1,5 pour r = 3. Ceci ne favorise évidemment pas la plastification dans ce mode de déformation. Ensuite, on voit qu'il en est de même, dans une moindre mesure, pour la limite d'élasticité en traction plane (elle suit la courbe partant de R_{e1}).

Enfin, on notera (bien que cela n'apparaisse pas clairement sur le schéma trop petit) que la limite d'élasticité en cisaillement simple diminue légèrement avec l'augmentation de r. Toutes ces modifications ont une influence très marquée sur l'emboutissage, ce que nous verrons plus en détail dans la partie E (figure 33.12).

31.4 Autres formes du critère

Le critère Hill 48 a été beaucoup utilisé jusqu'en 1977, date à laquelle Pearce a montré qu'il ne s'appliquait pas aux alliages d'aluminium. Hill a immédiatement réagi et proposé un nouveau critère en 1979, lequel rend beaucoup mieux compte de leur comportement. La même année, Hosford a créé une nouvelle catégorie de modèles basés sur des considérations cristallographiques et, depuis cette époque, leur production est devenue permanente, la palme revenant à Barlat qui est l'auteur d'une dizaine d'entre eux.

La plupart affectent une forme qui se situe entre celle de Tresca et celle de Von Mises, comme représenté à la figure 31.4.

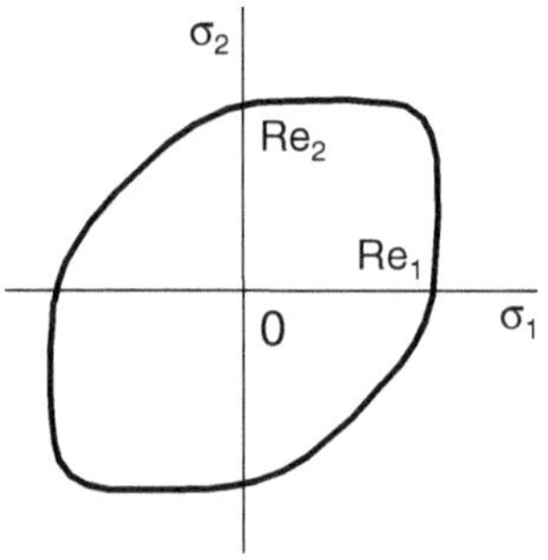

Figure 31.4 – Critère non quadratique

Il faut noter que la forme du critère a une très forte influence sur le comportement du métal, même pour des variations apparemment insignifiantes, surtout quand celles-ci concernent la zone d'expansion. De nombreuses études, celles de Mattiasson entre autres [34], ont largement montré qu'une simulation utilisant un critère inapproprié peut induire de profondes erreurs sur le comportement du métal. Donner plus de détails sur ce point sort certainement du cadre de l'ouvrage.

31.5 Écrouissage isotrope, écrouissage cinématique

Un critère de plasticité définit, en termes de contraintes, le lieu où la déformation plastique commence. Mais une fois celle-ci commencée, que se passe t-il ? On ne le sait pas parfaitement pour la seule et simple raison qu'on ne sait pas mesurer les contraintes en dehors des cas très simples comme celui de la traction uniaxiale ou du cisaillement. On ne mesure bien que les déformations.

L'hypothèse la plus couramment admise est celle de l'écrouissage isotrope. On entend par là que le lieu des contraintes correspondant à des déformations données, par exemple 5 %, 10 %, 15 %, se trouve sur des courbes homothétiques de celle correspondant à la limite d'élasticité. Un exemple d'écrouissage isotrope est donné par la figure 31.5 établie par Kuwabara [35].

Mais visiblement, certains métaux ou aciers n'obéissent pas à cette règle simple. On peut alors avoir des surfaces plus complexes.

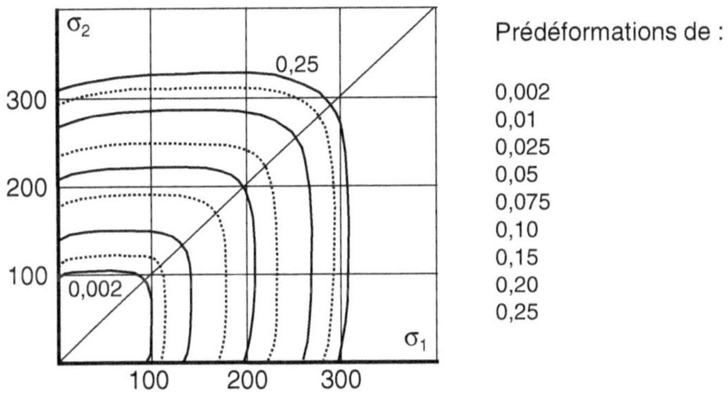

Figure 31.5 – Écrouissage sensiblement isotrope [34]

Un exemple d'écrouissage non isotrope est celui des aciers TRIP car la transformation de l'austénite en martensite ne se fait pas de la même façon en cisaillement que dans les autres modes. La consolidation n'est donc pas proportionnelle dans tous les types de chargement et la surface de charge a une forme différente d'une simple ellipse.

Mais, pour compliquer encore la situation, les surfaces de charge peuvent dépendre de l'*histoire du chargement*, c'est-à-dire de l'ordre dans lequel les contraintes ont été appliquées (par exemple, traction uniaxiale suivie de compression). Ceci s'appelle *écrouissage cinématique*. Sous l'effet d'une première déformation, la surface de charge se déplace (modèle de Prager) de telle sorte que les contraintes ne sont plus symétriques entre traction et compression. On rend ainsi compte de l'effet Bauschinger.

Il est aujourd'hui démontré que ce modèle (relativement) simple ne suffit pas et qu'il est préférable d'utiliser un mélange d'écrouissage cinématique et isotrope...

On voit que les choses se compliquent énormément. Nous n'irons donc pas plus loin dans l'exploration de ces phénomènes qui sont cependant essentiels dans le domaine de la simulation numérique.

Ce qu'il nous semble nécessaire de retenir, c'est que les caractéristiques que nous sommes habitués à considérer, telles la limite d'élasticité, la consolidation du métal, dépendent beaucoup du système de contrainte appliqué et que, vu d'une autre façon, l'essai de traction ne caractérise qu'une très petite fraction du domaine possible des contraintes et des déformations mises en jeu pendant l'emboutissage.

Le critère de plasticité est, en somme, l'outil qui permet, connaissant seulement un ou quelques comportements du métal (en traction, en expansion, en cisaillement...), d'être capable de représenter tous les états possibles. Il est donc indispensable à tout calcul de simulation. On peut remarquer qu'il est un peu l'équivalent, dans le domaine des contraintes, de ce qu'est la CLF dans le domaine des déformations : il permet de connaître les réactions du métal dans tous les modes.

D

LIMITES DE DUCTILITÉ

31.6 Établissement des critères de plasticité

Un critère de plasticité est avant tout le résultat de considérations théoriques basées sur la mécanique ou la cristallographie. Mis à part ceux de Tresca et Von Mises, qui n'ont qu'une seule variable (limite d'élasticité en traction), ils font toujours intervenir plusieurs paramètres, jusqu'à 17 pour les plus compliqués ! Mais pour qu'un critère devienne utilisable dans les calculs concernant un métal donné, il convient évidemment de donner une valeur à chacun d'eux : c'est ce qu'on appelle *identifier* les paramètres. Comment se font ces identifications ?

Dans les cas les plus simples, on se contente de résultats obtenus par des essais de traction : une limite d'élasticité ou plusieurs (en long et travers), un ou plusieurs coefficients d'anisotropie plastique (les trois directions), etc.

Actuellement, on ajoute couramment des essais de cisaillement qui ont deux avantages : d'une part, ils donnent un point de la surface de charge éloigné de ceux déterminés par traction, traction large ou expansion et, d'autre part, ils permettent d'atteindre de très grandes déformations (on atteint couramment $\varepsilon_1 = 0{,}8$ avec des aciers à hautes caractéristiques). Cette particularité est utilisée pour augmenter le domaine de validité des lois de consolidation.

On cherche aussi à déterminer avec précision les limites en expansion, ce qui peut se faire par essais de gonflement hydraulique, des essais d'éprouvettes en croix ou par écrasement de tôles empilées. Chaque méthode a ses partisans.

Un souci très actuel est de sérieusement considérer le coût de l'identification des paramètres : on admet bien que le fait d'en avoir un grand nombre puisse améliorer la précision des modèles, mais à quel prix ? Plus il y a d'expériences à faire, plus le coût devient énorme par rapport au bénéfice qu'on en tire. D'autant plus que les expériences les plus compliquées s'éloignent fort du simple essai de traction !

C'est un domaine de recherche actuellement en pleine effervescence. On peut trouver une intéressante revue de la question par Kessler et Gerlach dans la référence [36].

E

Mécanique de l'emboutissage

Nous allons essayer maintenant d'expliquer le plus simplement possible le comportement des aciers lors de l'emboutissage, en fonction des notions acquises précédemment sur :

- l'influence du mode de déformation sur la capacité de déformation,
- le fait qu'il peut considérablement modifier les caractéristiques mécaniques,
- la façon dont le métal glisse dans les outils.

C'est un domaine qui, comme nous l'avons dit au début de ce livre, n'est pas encore strictement compris. Il reste une bonne part de « feeling » dans cette approche et on verra que de nombreuses restrictions sont faites, qu'on introduit souvent par des conditions imprécises telles que : « si le frottement n'est pas trop fort », « si r est élevé », etc.

Ceci résulte du fait qu'un nombre considérable de facteurs interdépendants sont en compétition durant le formage d'une pièce et que leur action n'a pas été, jusqu'ici, quantitativement déterminée. On n'est même pas absolument sûr, à vrai dire, de connaître tous les facteurs car il existe encore des cas qui résistent à l'analyse rationnelle, sans qu'on puisse dire si c'est parce que celle-ci n'a pas été menée convenablement ou si cela provient de caractéristiques du matériau qui seraient encore ignorées.

Cette remarque peut surprendre certains. Prenons un exemple pour rendre ce point plus clair. Avant la découverte du coefficient d'anisotropie plastique par Baldwin [1] en 1946, puis la démonstration de son utilité pratique sur une aile d'automobile par Lankford et Gensamer [2] en 1947 et, finalement, la mise en évidence de son importance vis-à-vis de l'emboutissage des godets par Witheley en 1959 [3], il était impossible – connaissant seulement la limite d'élasticité, la résistance à la traction et l'allongement à rupture d'un acier – d'expliquer le succès ou l'insuccès d'un emboutissage en rétreint (godet). C'est précisément pour tenter de percer ce mystère qu'avait été fondé en 1957 le groupe de recherche bien connu sous le nom d'IDDRG (*International Deep Drawing Research Group*[1]).

1. Groupe de recherche international sur l'emboutissage profond (sous-entendu : des godets).

Peut-être sommes-nous encore ignorants d'une propriété aussi fondamentale et sa découverte nous fera-t-elle progresser dans quelques années...
L'emboutissage de pièces faciles se déroule toujours correctement, quels que soient les réglages de la presse, la conception ou l'état de l'outil, et pourvu que l'acier soit de qualité « loyale et marchande », selon une expression désuète mais plaisante. Ce cas ne nous intéresse évidemment pas, dans la mesure où son examen n'apporte aucune information intéressante. Ce n'est donc que sur les emboutis difficiles qu'il est justifié de passer du temps et ce sont donc uniquement ceux-ci qui font l'objet de ce qui suit.
Face à un cas difficile, l'emboutisseur se trouve toujours pris entre deux extrêmes aussi déplaisants l'un que l'autre : soit il laisse le métal « filer » dans la matrice et la pièce risque fort d'avoir des plis, soit il retient le métal pour ne pas avoir ces plis et il court le risque de la voir casser. C'est ce dilemme que nous examinerons, en voyant les facteurs favorisant le plissement, puis en examinant les forces qui tendent à provoquer la rupture de l'embouti. Nous examinerons pour finir les différentes sources de non-respect de la géométrie.
Cependant, il ne serait certainement pas judicieux de commencer cette étude par une pièce très compliquée, le côté de caisse d'une voiture par exemple, et nous aborderons donc la question par des cas simples qu'on essaiera de généraliser ensuite. Nous commencerons même en étudiant une déformation plus simple encore, au moins en apparence : le pliage.

32 • LE PLIAGE

En toute rigueur, il ne fait pas partie de l'emboutissage pour la simple raison que l'emboutissage est défini comme étant une opération permettant d'obtenir des surfaces non développables, alors qu'un pli est, par excellence, développable. Nous ne devrions logiquement pas en parler et il est vrai que ce n'était pas notre intention il y a quelques années quand nous avons commencé à penser au contenu de cet ouvrage.

Mais les choses changent, assez vite même, dans notre domaine ; c'est l'adoption de plus en plus massive des aciers à très hautes caractéristiques qui modifie la situation.

Ces aciers ayant, c'est normal, une formabilité inférieure à celle des aciers doux et même HSLA, il a fallu, pour les mettre en œuvre, réduire la difficulté de mise en forme des pièces. C'est pourquoi on voit apparaître, de plus en plus souvent, de simples opérations de pliage, notamment dans la réalisation des pièces de structure (longerons, traverses, etc.) Mais même ces opérations peuvent poser problème et c'est pourquoi nous allons nous intéresser à ce procédé apparemment si simple.

32.1 Pliage sans tension

C'est rarement le cas en emboutissage, mais nous allons l'examiner cependant pour commencer par les conditions les plus simples.

32.1.1 Pliage sans frottement

Considérons ce qu'on peut appeler le cas du pliage pur, c'est-à-dire sans contraintes autres que celles dues à la flexion (pas de tension, en particulier[1]). Soit R le rayon de courbure à mi-épaisseur d'une tôle. Pour éviter un certain nombre de pièges qu'on verra ensuite, nous supposons que ce rayon R est grand par rapport à l'épaisseur (au moins dix fois plus grand, par exemple).

Nous supposons que la tôle pliée est suffisamment large pour que les bords ne jouent aucun rôle vis à vis de la section considérée. Cette précision aussi a son importance car on verra en 32.6 que les bords se comportent différemment de la partie centrale.

1. C'est ce qu'on obtient avec le pliage dit « quatre points ». La partie située entre les deux appuis centraux ne subit aucune contrainte longitudinale et présente un rayon de courbure constant.

Comme le montre la figure 32.1, le secteur de métal ABCD qui était initialement plan devient un secteur A'B'C'D', de même volume évidemment, ce qui implique que, sur la section de la figure, la surface est conservée. La fibre extérieure est allongée, la fibre intérieure est comprimée. La fibre neutre se trouve sensiblement au milieu de l'épaisseur.

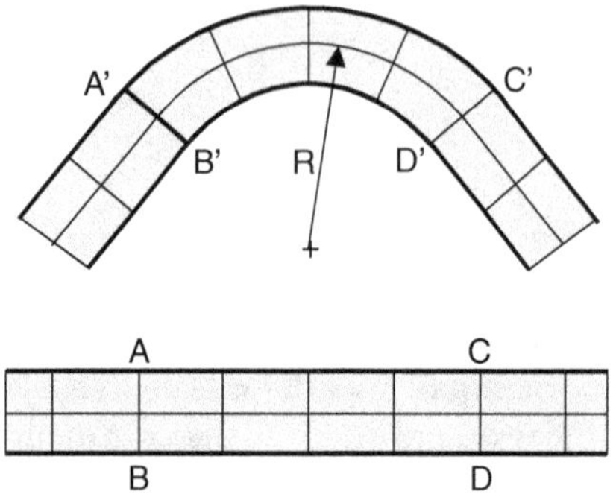

Figure 32.1 – Pli sans tension ni frottement

Les déformations sont évidemment dans le rapport des rayons et par conséquent proportionnelles à la distance à la fibre neutre, ce que montre la figure 32.2, à gauche.

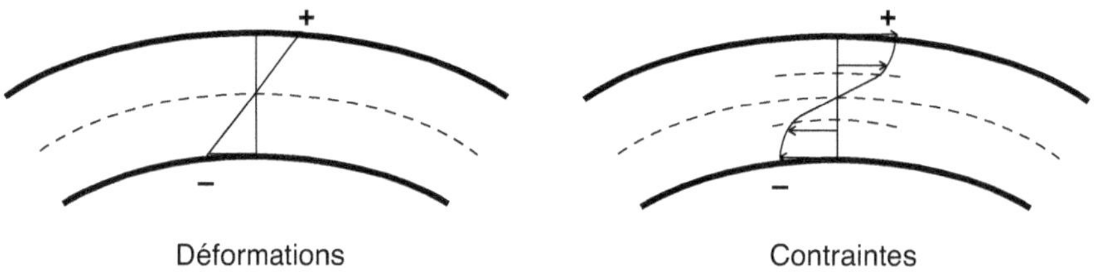

Figure 32.2 – Déformations (gauche) et contraintes (droite) dans un pli sans tension ni frottement

Mais les contraintes qui en résultent peuvent ne pas l'être, ceci dépendant du niveau de déformation atteint en surface. Nous pouvons considérer deux cas :

– la limite d'élasticité du métal n'a pas été atteinte en surface et la déformation est donc purement élastique. La distribution des contraintes, strictement rectiligne, aura le même aspect que celle des déformations. Notons que quand le moment de flexion qui a provoqué le pliage de la tôle sera relâché, celle-ci reprendra sa forme plate initiale puisqu'elle n'aura pas subi de déformation plastique. C'est le retour élastique total,
– la limite d'élasticité du métal a été dépassée en surface, lui imposant une déformation plastique d'extension à l'extérieur et de compression à l'intérieur. La distribution des contraintes prend alors l'aspect de la figure 32.2 à droite.

On voit qu'on peut alors distinguer trois couches : une couche étirée plastiquement à l'extérieur, une couche centrale seulement déformée élastiquement, et une couche intérieure comprimée plastiquement. L'épaisseur relative de ces couches dépend du niveau de déformation atteint et des caractéristiques du métal. Notons que, dans tous les cas, le retour à la forme originelle plate n'est plus possible après suppression du moment fléchissant. Il subsistera toujours une certaine courbure, d'autant plus forte que l'épaisseur totale plastifiée était grande. Le but du pliage étant d'obtenir une déformation globale permanente, l'intérêt est de déformer plastiquement le maximum de métal.

32.1.2 Pliage avec frottement

Nous avons dit que la fibre neutre, celle dont la longueur n'a pas varié, était très près de la mi-épaisseur. C'est rarement le cas dans la réalité, même si le métal a strictement les mêmes propriétés en traction qu'en compression – cas des aciers[1] – et ceci provient essentiellement du frottement. Voyons ce point de plus près, en supposant maintenant qu'on plie le métal en l'appuyant sur un outil.

Pour que la surface intérieure se comprime, il faut qu'elle ait un déplacement relatif par rapport à l'outil sur lequel elle s'appuie (ce déplacement est nul au centre de l'arc et maximal aux deux extrémités du contact). S'il y a frottement entre tôle et outil, la compression du métal est gênée, et donc réduite. Il en résulte que, la surface intérieure se comprimant moins, la surface extérieure doit s'allonger plus pour que la conservation de la surface du secteur A'B'C'D' soit respectée. Dans ce cas, la fibre neutre va se rapprocher de la surface intérieure, elle ne sera plus à mi-épaisseur.

On peut illustrer ce raisonnement en le poussant à l'extrême. Supposons que la tôle ne puisse pas glisser du tout sur l'outil : la longueur B'D' de la partie de tôle en contact avec l'outil ne varie donc pas et la fibre neutre est alors la surface intérieure, au contact de l'outil.

Dans la réalité on n'atteint jamais ce cas extrême et, dans les conditions habituelles, on considère souvent que la fibre neutre se trouve à peu près au 2/5e de l'épaisseur, coté outil.

32.2 Pliage avec tension

Considérons maintenant le cas, plus général en mise en forme, où le métal subit, en plus d'un moment de flexion, une traction. C'est ce qui se passe en emboutissage quand la tôle se plie sur un rayon ou au sommet d'un poinçon aigu.

Examinons la figure 32.3 qui représente un pli en coupe, et supposons qu'une tension soit appliquée de chaque côté sur le métal. La répartition des déformations indiquées à propos du pliage simple n'est plus respectée car l'effort appliqué apporte un supplément de tension. Deux possibilités :

– si cette tension est inférieure à la compression de la fibre intérieure, la quantité de métal en extension augmente, la fibre neutre (en pointillé) se rapproche encore de la surface intérieure mais il subsiste de la compression (figure 32.3 à gauche),

1. Sauf ceux présentant un effet TRIP.

– si elle est supérieure à la compression, tout le métal se trouve alors en tension (figure 32.3 à droite) et la fibre neutre devient tout à fait virtuelle et pourrait être considérée comme étant hors de la tôle, dans l'outil.

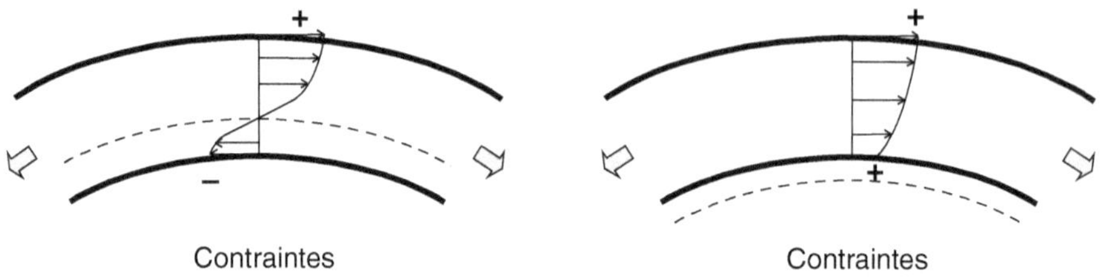

Figure 32.3 – Fibre neutre encore dans le métal (gauche) et extérieure au métal (droite)

On constate aujourd'hui que les aciers à hautes et très hautes caractéristiques ont une fâcheuse tendance à casser sur les petits rayons lorsqu'ils sont sous tension, chose qui arrivait très rarement avec les aciers doux ou HSLA. De nombreuses études ont été lancées sur ce sujet depuis l'introduction de ces nuances ; elles consistent à étirer une bande de métal sur des poinçons de différents rayons et sous des tensions variables.

Nous ne pouvons entrer dans les détails qui nous mèneraient trop loin pour un résultat d'importance peut être secondaire, mais nous pouvons résumer la situation comme suit :

– si le rayon de courbure est grand[1], la rupture aura lieu hors du rayon, dans le brin tirant, c'est une rupture de traction classique,
– si le rayon est très petit par rapport à l'épaisseur, la rupture se produira au milieu de la zone pliée. Certains considèrent qu'elle apparaît lorsque la fibre intérieure a atteint le niveau de déformation indiqué par la CLF pour la traction plane,
– dans les cas intermédiaires, la rupture peut avoir lieu au milieu ou à la sortie du contact avec l'outil.

Les essais menés permettent de tracer l'évolution de la contrainte à rupture en fonction de la courbure représentée par le rapport du rayon de courbure R à l'épaisseur e. Pour les petits rayons, la rupture apparaît pour de très faibles tensions (point A de la figure 32.4) ; celle-ci s'élève quand le rayon augmente jusqu'à atteindre la résistance du métal en traction (au point B) et n'évolue évidemment plus ensuite (BC), comme le montre la figure pour un acier THR.

Bien entendu, plus le rayon correspondant au point B est petit, moins le métal est sensible à la rupture sur petits rayons. Ce test permet donc de classer les aciers dans ce domaine.

1. En fait, on doit tenir compte de l'épaisseur puisque, pour un même rayon, les déformations atteintes sont plus fortes quand l'épaisseur augmente. C'est pourquoi les abscisses sont en R/e à la figure 32.4.

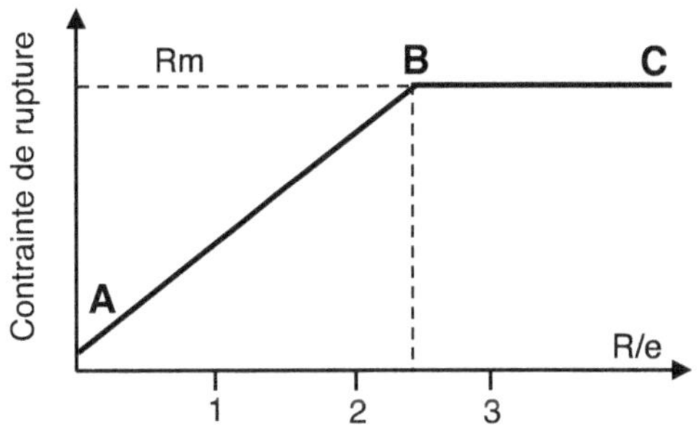

Figure 32.4 – Évolution de la contrainte de rupture en fonction de la courbure

Il faut signaler un fait intéressant et, *a priori*, choquant : les chercheurs ont constaté que la pente de la partie AB augmentait, à résistance à la rupture constante, avec la limite d'élasticité. Autrement dit, moins un acier se consolide, plus il peut être plié sous tension sur de petits rayons sans se rompre. Ce n'est évidemment pas une évidence et va à l'inverse des notions généralement admises concernant la formabilité. Une explication pourrait venir du fait que les déformations de pliage sont, dans ce cas, plus localisées.

32.3 Courbure réelle

Quand on pense pliage, on a tendance à considérer que le rayon de courbure de la tôle est tout simplement celui de l'outil sur lequel elle est tendue ; ce n'est pas toujours le cas, beaucoup s'en faut.

Le cas représenté sur la figure 32.5 à gauche se comprend bien. Même si une tension s'exerce sur la tôle, celle-ci peut avoir une rigidité telle qu'elle s'oppose à son contact total avec l'outil. Le cas de droite est plus délicat à expliquer et dépend de plusieurs facteurs, dont le frottement, la consolidation, etc.

Figure 32.5 – La courbure de la tôle n'est pas celle du poinçon

Il ne semble pas utile d'entrer dans les détails, dans la mesure où le pliage n'est pas le sujet premier de l'ouvrage. On a vu avec la figure 20.4 un exemple de répartition des pressions sur un rayon qui s'explique par le comportement représenté à droite.

32.4 Cas des très petits rayons

Nous avons pris la précaution de signaler, au début du chapitre, que nous considérions des cas où le rayon de pliage était nettement plus grand que l'épaisseur. Mais on peut plier des aciers sur des rayons beaucoup plus petits et il arrive même que, pour certaines applications, il soit nécessaire d'avoir un rayon intérieur de pli inférieur à l'épaisseur, par exemple pour la réalisation des glissières de sièges automobiles.
Les raisonnements habituels ne s'appliquent plus, l'opération tient plus du matriçage[1] que du pliage. Quelles sont les différences ? Il y en a deux qui interviennent et qui nous intéressent d'autant plus qu'on sera amené à en reparler dans la partie concernant le calcul en mise en forme, plus une troisième qui est à l'origine de défauts.
D'abord, l'une des hypothèses de base de la mise en forme des tôles minces, que nous avons déjà évoquée, n'est pas respectée : celle qui dit que les contraintes sont négligeables dans l'épaisseur. Il apparaît en effet assez clairement que pour obtenir un rayon de pliage très petit il faut exercer des pressions locales considérables. Dans ce cas σ_3 a une valeur qui est loin d'être négligeable et qui a, d'ailleurs, une influence favorable sur l'écoulement du matériau. Mais il est difficile d'en tenir compte quantitativement.
Ensuite, une autre hypothèse classique de la mécanique n'est pas respectée ; celle qui dit que les sections planes perpendiculaires restent, dans le pli, des sections planes passant par le centre du rayon (voir la figure 55.6). En fait, ces sections ne restent pas planes car le métal subit un cisaillement dans son épaisseur, et ne passent donc pas par le centre. Là encore, ce cisaillement serait plutôt favorable, comme cela a été démontré dans le cas du formage incrémental.
Il ne faudrait pas déduire du fait que nous avons signalé deux facteurs plutôt favorables que le pliage sur un rayon très petit est facile. Il est au contraire extrêmement difficile du fait que l'allongement de la surface extérieure du pli est très élevé.
D'ailleurs, en plus de l'allongement extrême de la surface extérieure, une troisième conséquence résulte de l'énorme compression qui s'exerce sur la fibre interne du pli. Elle est tellement forte qu'elle peut donner naissance, avant la fin du pliage, à un plissement très local qui se ferme ensuite complètement. Ce pli interne est difficilement détectable mais peut amener la rupture du métal sous l'effet d'une sollicitation mineure tendant à ouvrir le pliage, le retour élastique, par exemple.

32.5 Contrainte de pliage et de dépliage

Nous nous intéressons ici au cas très important du métal défilant sur un rayon, le rayon de matrice, par exemple. Nous ne prenons pas le frottement en compte, mais seulement l'effort nécessaire à la plastification du métal quand il entre dans le rayon.
Swift a étudié le cas dès 1948 mais Chung [4] en a donné quelques années plus tard une formulation simplifiée que nous allons examiner maintenant. Celle-ci fait appel à quelques hypothèses simplificatrices et n'est valable que lorsque le rayon de

1. Le matriçage est un forgeage à froid.

pliage est grand par rapport à l'épaisseur, disons quatre à cinq fois plus grand, ce qui convient bien pour les cas classiques. L'expression de la contrainte de pliage à laquelle il arrive est la suivante :

$$\sigma_{pliage} = (\sigma_0 \,.\, e)/4\, R_{mat}$$

où :

σ_0 représente la contrainte d'écoulement du métal,
e est l'épaisseur instantanée,
R_{mat} est le rayon de pliage (sur matrice en général).
Cette expression simple appelle plusieurs remarques :

- la présence du rayon au dénominateur permet de comprendre pourquoi, quand on l'augmente, la résistance opposée au mouvement diminue. C'est l'explication du remède bien connu des emboutisseurs qui savent qu'il faut augmenter le rayon de matrice quand il y a des casses,
- la contrainte d'écoulement est en fait la limite d'élasticité du métal, écroui ou pas, qui rentre dans le rayon,
- on voit aussi que la contrainte générée par le pliage sur un rayon est relativement faible. Illustrons ceci par un exemple numérique en considérant un acier doux écroui, de 1 mm d'épaisseur, passant sur un rayon de 5 mm. Nous supposerons que la contrainte d'écoulement a été portée à 300 MPa[1]. La formule indique une contrainte de seulement 15 MPa, ce qui est modeste,
- cette valeur est faible mais peut très bien suffire à faire la différence entre une pièce cassée et une pièce saine. On voit donc pourquoi élargir un rayon de 4 mm jusqu'à, par exemple, 5 mm suffit souvent à rendre l'emboutissage possible.

Pendant que le métal glisse sur le rayon, il ne subit plus de pliage si le rayon de l'outil est constant. Quand il arrive en sortie de rayon, il doit redevenir droit et se redresser : ceci introduit donc une contrainte de dépliage qui va s'ajouter à celle de pliage. En toute rigueur, des choses ont changé : le métal s'est un peu plus écroui si l'on est dans une zone en rétreint (le diamètre s'est réduit durant le passage sur le rayon), mais pas si l'on est dans une zone droite, il peut subir un effet Bauschinger (voir 32.7), etc. Pour simplifier et étant donné qu'il ne s'agit que d'approximer les contraintes dans ce qui précède, on fait l'hypothèse que la contrainte de dépliage est égale à celle de pliage.

32.6 Effet anticlastique

Il s'agit un peu d'une curiosité, mais qui mérite d'être expliquée car elle est parfois à l'origine d'états d'âme perturbés.

Cet effet se manifeste par une courbure transversale des bords d'un pli quand il est de faible rayon, que le métal est épais et, surtout, que le morceau de métal plié est

1. Cette valeur est égale à la résistance du métal non déformé ; on peut en être surpris. Mais il ne faut pas oublier que nous raisonnons ici en contrainte vraie et que celle-ci peut pratiquement atteindre 400 MPa pour un acier doux écroui.

étroit. Ce n'est pas, en vérité, bien compliqué et le graphique de la figure 32.6 suffira à en expliquer l'origine.

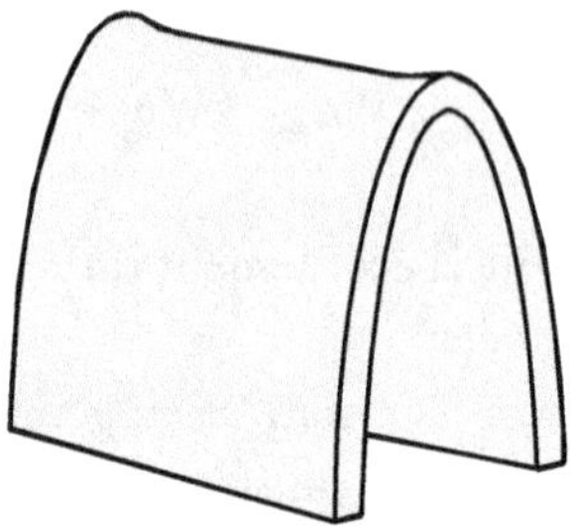

Figure 32.6 – Pliage avec effet anticlastique

Pour bien comprendre le phénomène, imaginons encore une fois que la tôle est constituée de nombreuses couches minces. La couche extérieure est allongée, exactement comme une éprouvette de traction uniaxiale, et elle a donc tendance à se rétrécir. La couche intérieure est, au contraire, en compression, elle a donc tendance à s'élargir. La résultante de ces effets doit donc donner une section transversale de forme trapézoïdale.

Mais si l'épaisseur est forte et la largeur assez faible, les contraintes introduites par ces tensions tirent transversalement sur la couche extérieure et, à l'inverse, poussent dans la couche inférieure. Le résultat est tout simplement le relèvement des bords du morceau de métal.

32.7 Influence de l'effet Bauschinger

L'origine physique de cet effet a été évoquée dans la partie A, section 8.3. Il s'agit d'une diminution de la limite d'élasticité quand on inverse la direction du chargement : traction suivie de compression ou l'inverse.

Or, si l'on observe ce que subit la surface extérieure du métal lors du passage sur un rayon, on voit qu'il y a d'abord extension lors de l'attaque du rayon puis compression au redressage. C'est l'inverse qui se produit sur la surface intérieure. On a donc bien, dans les deux cas, une inversion du type de déformation et si le métal est sujet à l'effet Bauschinger (tous les aciers ne le sont pas) il y aura diminution de la limite d'élasticité pour la seconde déformation.

On peut donc dire que l'effet Bauschinger est favorable dans ce cas puisqu'il diminue le terme σ_0 de la formule que nous avons vue en 32.5.

32.8 Influence de la sensibilité à la vitesse

On n'a pas tendance à croire que la vitesse joue un grand rôle dans le pliage, même si celui-ci se fait par défilement sur un rayon car cette vitesse de défilement est relativement constante et qu'elle n'atteint pas des valeurs astronomiques.

Mais les choses ne sont pas si simples : lors du passage sur un rayon, la déformation du métal quand il se plie à l'entrée, de même que quand il se déplie à la sortie, est quasi instantanée et les vitesses locales peuvent alors être très élevées.
Sans que cette contribution soit prépondérante, on voit quand même qu'elle joue un rôle non négligeable et qu'elle devrait, en toute rigueur, être prise en compte dans un calcul qui se voudrait le plus proche possible de la réalité.

33 • PRINCIPAUX TYPES D'EMBOUTISSAGE

Nous avons défini dans la partie D les différents modes de déformation : expansion, rétreint, traction plane, etc. Nous allons maintenant appliquer ces connaissances à des cas réels d'outils, mais tout en restant sur des formes simples pour pouvoir en tirer quelques conclusions utiles.

33.1 Emboutissage en expansion

L'exemple typique de l'expansion pure est donné par l'emboutissage sur un poinçon hémisphérique. La figure 33.1 représente un tel procédé. Le métal est totalement bloqué entre matrice et serre-flan, en général simultanément par un jonc et par une force de serre-flan élevée. Quand le poinçon s'élève[1], la partie de métal située au-dessus passe de la forme plane à une forme plus ou moins bombée, dépendant de la hauteur atteinte. La surface augmentant et le volume restant constant, le métal ne peut que s'amincir sur le sommet.

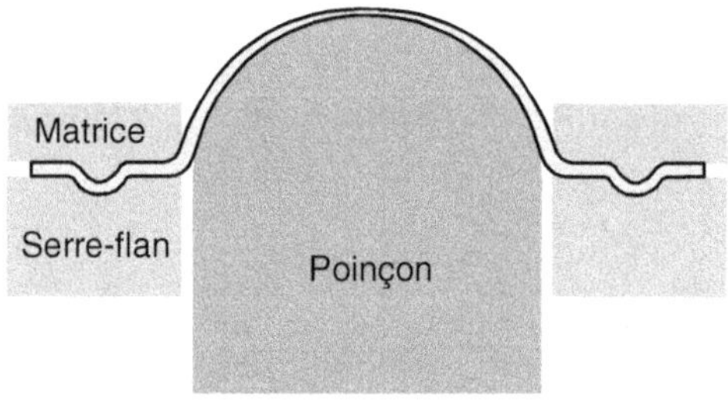

Figure 33.1 – Schéma d'un essai d'expansion

L'expansion est dite *équibiaxiale* si le métal est également retenu de toutes parts, donnant une déformation isotrope au sommet[2] mais elle peut être non équibiaxiale quand le poinçon n'est pas hémisphérique mais de forme elliptique.

1. Cette description s'applique à la figure. Il est important de noter qu'il n'y a pas de différence, dans le cas présent, entre le fait que le poinçon s'élève ou que la matrice descende car la tôle subit, quel que soit le cas, les mêmes déformations. De la même façon, il importe peu que la concavité soit tournée vers le bas ou le haut (le poinçon descendrait alors).
2. En fait, la déformation n'est vraiment isotrope que si le métal l'est lui-même. Dans le cas contraire, il réagit différemment, selon les directions, aux contraintes imposées.

33.1.1 Répartition des déformations

Le pôle de l'embouti, le premier en contact avec le poinçon, est le premier déformé. Il se cintre pour épouser la forme du poinçon tandis que les brins libres entre poinçon et matrice se tendent. Théoriquement, l'épaisseur devrait donc commencer par diminuer au pôle et devrait, bien sûr, y rester toujours inférieure à ce qu'elle est dans le reste du dôme.

Mais c'est ne pas tenir compte de l'influence du frottement. Cela n'arrive en fait que quand il est nul, par exemple pour le formage par gonflement hydraulique.

Pour expliquer cette influence du frottement, reprenons l'idée déjà émise au sujet du pliage : pour que le métal au contact d'un outil puisse s'allonger, il est nécessaire qu'il glisse sur celui-ci. On en déduit aisément que plus le frottement sur le poinçon est élevé, moins le métal en contact pourra s'allonger.

Au début du formage la tension est encore faible. Le métal « s'enroule » sur le poinçon sans trop s'amincir et se trouve de plus en plus bloqué sur le nez du poinçon par sa forme et le frottement. Le sommet n'est donc pas la partie la plus amincie, comme elle devrait l'être.

L'amincissement maximal est reporté à l'extérieur de la zone de contact, dans le brin libre, mais pas n'importe où.

Considérons un secteur de l'embouti : il transmet la tension – une force – entre la zone centrale qui se déforme et le bord de la matrice. Mais cette force s'applique sur une section de métal qui augmente en allant vers le bord puisque la largeur du secteur augmente, ce qui implique que la contrainte est de plus en plus faible.

Du fait des deux mécanismes invoqués : réduction par frottement de la déformation sur les zones de contact et diminution de la contrainte radiale en allant vers l'extérieur, on comprend bien que l'amincissement maximal est à chaque instant situé exactement à la limite du contact de la tôle avec le poinçon : c'est là qu'aura lieu la rupture. Plus le frottement est élevé, plus elle sera éloignée du pôle

La rupture normale d'un acier ductile est telle que représentée sur la figure 33.2 à gauche : en forme de lunule. On voit bien sur la photo que la rupture représente

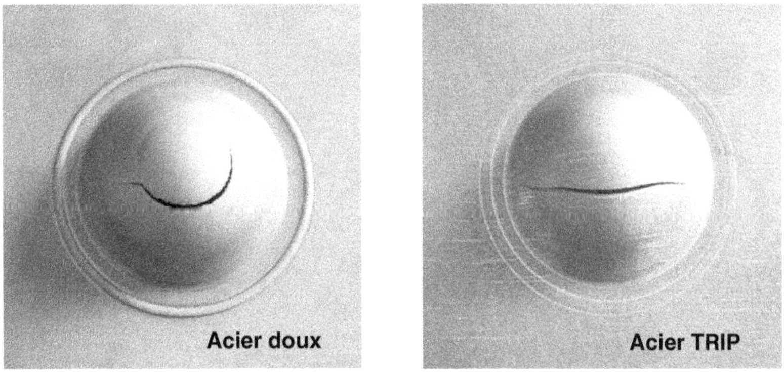

Figure 33.2 – Les deux types de rupture obtenus par expansion

environ la moitié de la circonférence mais qu'une striction est présente sur l'autre moitié[1].

Les aciers à hautes caractéristiques ont une rupture plus localisée et plus brutale. Comme ils sont beaucoup plus sensibles à toutes sortes de défauts internes, elle suit presque toujours la direction de laminage (figure 33.2 à droite), en raison de l'effet néfaste des inclusions non métalliques. Il y a cependant des exceptions mal expliquées à cette règle.

33.1.2 Influence de la lubrification

Le glissement du métal sur le poinçon n'est pas homogène : il n'y en a pas du tout au pôle (puisqu'il ne se déplace pas) et le maximum est toujours à la lisière du contact tôle-poinçon, mais il reste cependant très limité.

On vient de voir que le frottement joue un rôle important sur la répartition des déformations. Examinons la figure 33.3.

Si la lubrification est parfaite, cas d'un gonflement hydraulique, le pôle est bien la partie la plus amincie comme le veut la théorie, et la répartition des amincissements suit la courbe en trait plein. Il est normal que l'extérieur subisse peu d'amincissement puisque la contrainte diminue du centre au bord.

Si à l'inverse, la lubrification est très mauvaise, la partie centrale s'amincit peu et le maximum d'amincissement est reporté, comme on l'a vu, à la limite de la zone de contact. La répartition d'épaisseur suit la courbe en pointillé.

Il n'est pas nécessaire d'insister sur les cas intermédiaires (courbe en tirets).

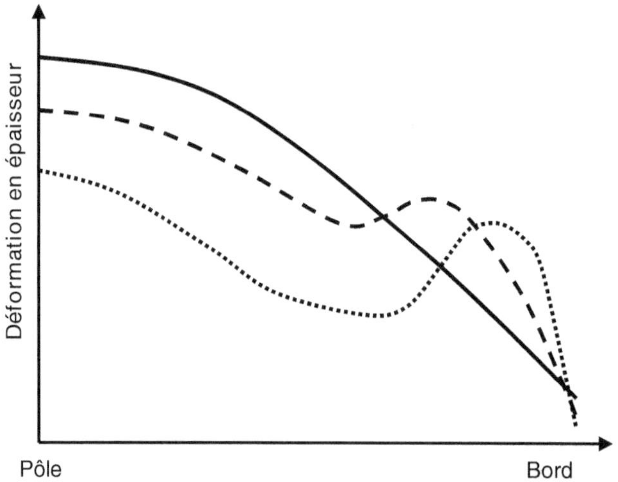

Figure 33.3 – Répartition des déformations en fonction de la lubrification

1. La rupture ne peut pas faire tout le tour puisque la tension cesse dès qu'elle a à moitié isolé la partie centrale.

Il résulte de tout ceci que la rupture est d'autant plus reportée vers l'extérieur que la lubrification est mauvaise. Un œil averti réussit souvent à évaluer ainsi la qualité du glissement.
Mais bien sûr, la qualité du glissement joue aussi sur la capacité de formage. Celle-ci peut être évaluée par l'aire sous la courbe dans la figure précédente (la somme des déformations), et il est bien clair que plus il y a eu d'amincissement dans la zone centrale, plus grande sera la surface de la calotte formée et plus profonde la pièce obtenue.

33.1.3 Influence du matériau

Il est utile pour l'emboutisseur de savoir précisément quelles sont les caractéristiques mécaniques de la tôle qui vont avoir une influence favorable sur l'emboutissage en expansion. On peut dire, pour commencer, que ce sont les mêmes que celles qui caractérisent l'allongement lors de l'essai de traction ; des valeurs élevées de l'allongement réparti Ag ou de l'allongement total à rupture A sont donc favorables.
Mais cela ne suffit pas : si l'on veut obtenir par expansion un embouti très profond, il est nécessaire que les déformations imposées se répartissent sur la plus grande surface possible. La démonstration en a été faite en 29.3 de la partie D que nous ne reprendrons pas ici.
Il est important de noter, en revanche, qu'un coefficient d'anisotropie r élevé n'est pas de façon normale un facteur favorable à l'expansion, ce qui se comprend en observant qu'il indique la tendance du métal à ne pas s'amincir sous l'effet d'une tension. Or l'expansion nécessite justement une forte capacité d'amincissement pour permettre l'augmentation de surface.
Voici une première indication du fait qu'il n'est pas toujours souhaitable qu'un acier ait à la fois n et r élevés comme on le croit souvent.
On vient de voir que le frottement s'opposait à l'amincissement sur le nez de poinçon et repoussait donc la rupture vers l'extérieur dans un mode plus proche de la traction plane. Un frottement fort est donc à prohiber si l'on veut obtenir des pièces profondes, il n'est souhaitable que si l'on désire garder le maximum d'épaisseur au sommet (en général pour des considérations relatives à la tenue en service). Il arrive, parfois, qu'on sable ou grenaille le nez de poinçon dans ce but, mais en gardant à l'esprit qu'on sera limité dans la profondeur possible et qu'il s'agit d'une opération à renouveler fréquemment si l'on veut qu'elle conserve son efficacité.

33.2 Emboutissage en traction plane

Supposons une tôle de grande largeur, renforcée aux deux extrémités par des plaques soudées sur ses deux faces, comme montré à la figure 33.4, et étirée dans le sens des flèches. La largeur de la partie déformée est donc beaucoup plus grande que sa longueur.
Quand cette tôle est soumise à une déformation suivant la direction des flèches, la partie centrale ne peut pas se rétrécir comme dans une traction uniaxiale car elle est fermement maintenue par les renforts. Pour un élément situé au milieu de l'éprouvette, tout se passe comme si une contrainte transversale s'opposait à son

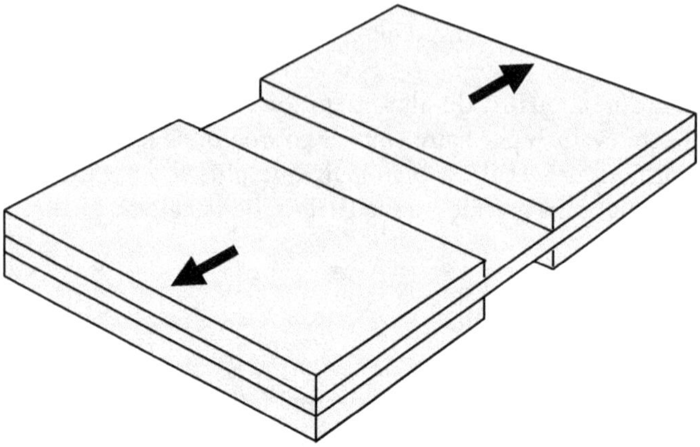

Figure 33.4 – Éprouvette de traction plane

rétrécissement. C'est d'ailleurs la réalité physique et on démontre que cette contrainte transversale σ_2 est égale à la moitié de la contrainte axiale σ_1 si le métal est isotrope (r = 1).
Cette zone qui s'allonge mais dont la largeur ne varie pas est en traction plane (TP). Dans le cas illustré, seule la partie centrale de l'éprouvette se trouve vraiment en TP.
Comme le volume est conservé en déformation plastique, on retrouve en épaisseur toute la variation de longueur : $\varepsilon_3 = -\varepsilon_1$ car $\varepsilon_2 = 0$.

33.3 Emboutissage en rétreint

D'une certaine façon, la déformation en rétreint peut être considérée comme l'inverse de l'expansion car elle s'obtient, d'une part en utilisant un poinçon plat et, d'autre part, en laissant le métal venir de la périphérie – la *collerette* – pour former la partie cylindrique verticale – la *jupe* ou le *mur* – ceci en supprimant le jonc et en réglant une pression de serre-flan juste suffisante pour éviter la formation de plis.
Durant ce type d'opération, le métal de la collerette est constamment attiré dans l'ouverture de la matrice, on dit *avalé*, pour devenir la partie cylindrique, la jupe. C'est ce que représente la figure 33.5.

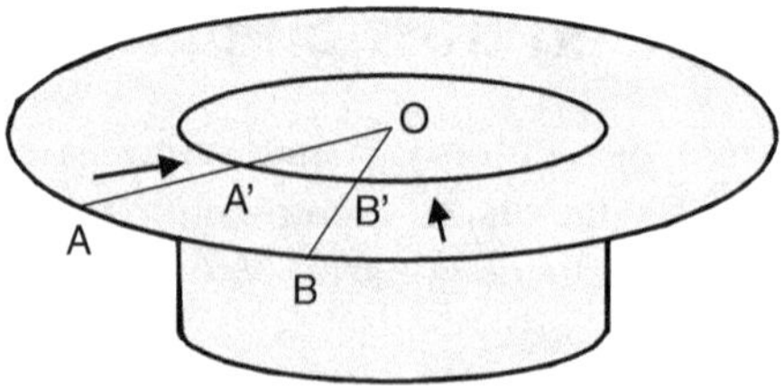

Figure 33.5 – Mouvements du métal d'un godet

La symétrie de la pièce impose que chaque point du flan situé entre la matrice et le serre-flan soit entraîné vers le centre suivant une direction radiale : A va en A' et B en B'. Il en résulte que le secteur AB devient A'B' plus petit, dans le rapport des rayons : OA'/OA.

Cette réduction de longueur est imposée par les éléments proches voisins qui exercent donc une contrainte circonférentielle sur l'élément ABB'A' : il est comprimé selon une direction tangente.

33.3.1 Répartition des déformations

Considérons la figure 33.6. Étant donné que le métal vient assez facilement depuis la collerette, les tensions appliquées sur la tôle située sur le nez de poinçon (zone A) sont faibles et l'épaisseur ne varie guère. La déformation y est évidemment équibiaxiale.

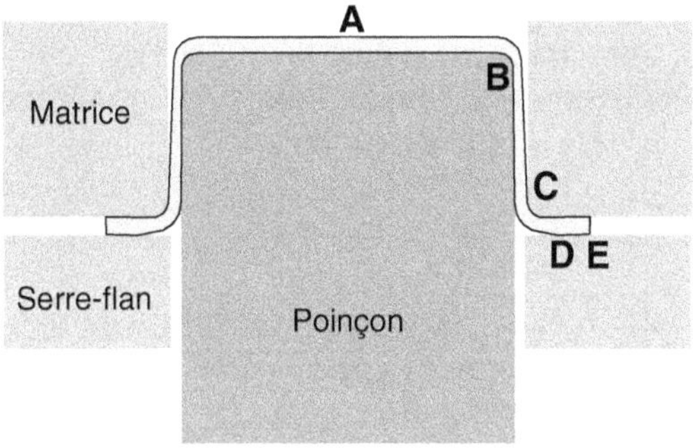

Figure 33.6 – Emboutissage en rétreint

L'amincissement maximal est situé à la jonction du rayon de nez de poinçon et de la partie cylindrique (zone B). Nous verrons un peu plus loin pourquoi.

Voyons maintenant ce qui se passe dans la collerette : le périmètre diminuant constamment elle subit une compression circonférentielle. Simultanément, le métal est tiré vers l'intérieur de l'outil et subit une tension radiale. La déformation globale est ainsi de compression dans une direction et d'extension dans l'autre ; c'est la définition même du cisaillement. Effectivement, on le verra dans l'exemple 1 de la partie J, la zone de la collerette est toujours dans un état proche du cisaillement.

Mais considérons maintenant l'extrême bord de cette collerette (point E) : il ne peut pas subir de déformation dans la direction radiale puisqu'il n'y a rien du côté extérieur, que de l'air. Il est seulement soumis à une compression circonférentielle uniaxiale et ne peut donc que s'épaissir.

Nous voyons finalement, en résumant les constatations précédentes que :

- la tôle située sur le sommet de poinçon (point A) s'amincit, mais peu en général,
- la zone située entre rayon de nez de poinçon et partie cylindrique (zone B) est la plus amincie,
- la zone située dans la jupe entre B et C, venue de la collerette, a d'abord subi un rétreint entre matrice et serre-flan, puis une traction plane à partir du moment où le métal est entré dans le cylindre (puisque le diamètre ne varie plus),
- le métal situé dans la collerette subit une déformation proche du cisaillement, dont l'amplitude varie avec la position,

– le bord de la collerette s'épaissit, en compression uniaxiale, et seule une partie, située entre D et E, est en contact avec l'outil,
– l'épaisseur initiale se retrouve quelque part dans la partie cylindrique entre B et C.

Nous avons vu que le plus fort amincissement se trouvait au point B. Pourquoi ?

Cette particularité s'explique de la manière suivante, illustrée par la figure 33.7 : au début de l'emboutissage, l'élément X (point blanc) se trouve entre le poinçon et la matrice, sur un diamètre Y. Quand le poinçon commence à monter, la tension est initialement faible et ne suffit pas à faire glisser le flan entre matrice et serre-flan. C'est donc la zone annulaire X qui commence à se déformer, et ceci jusqu'à ce que la tension devienne suffisante pour initier le glissement du métal sous le serre-flan ; c'est ce que l'on voit sur la figure 33.7, à gauche.

Ensuite, cet anneau restera pendant toute la suite du formage entre poinçon et matrice, donc toujours sur le même diamètre Y, ce qui implique que l'élément X, allongé dans la direction radiale, ne subit pas de déformation dans le sens circonférentiel ; il est en traction plane.

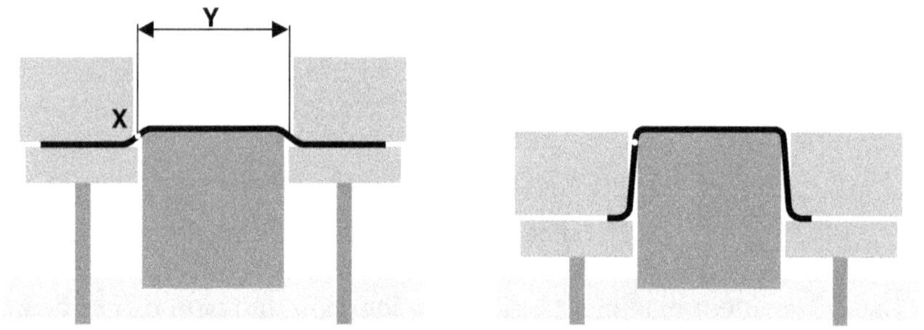

Figure 33.7 – Stagnation de la position de l'élément X

Voilà donc un élément annulaire qui a été le premier à s'amincir et a continué au fur et à mesure que la tension augmentait ; de plus il a toujours été dans le mode de déformation le plus défavorable possible. On conçoit donc aisément pourquoi un godet casse normalement à la jonction de la jupe et du nez de poinçon.

Pour un acier ductile, la rupture apparaît généralement quand on cherche à faire un godet dont la hauteur dépasserait environ 80 % du diamètre. On détaillera ce point plus loin.

33.3.2 Influence du procédé

Il est très utile de réfléchir à la façon dont la forme des outils, la force de serre-flan et la lubrification vont modifier les conditions d'écoulement du métal. Bien sûr, la simulation peut donner des réponses, mais il est beaucoup plus rapide de développer une forme d'expérience permettant de prévoir, sans calcul, l'influence de ces différents facteurs sur le résultat. Cette tactique ne remplace pas le calcul mais permet d'arriver plus vite à la résolution des problèmes.

Nous allons commencer par l'influence de la taille du flan et de la géométrie des outils en utilisant les très anciens résultats de Swift plus quelques autres plus récents.

Pour un outil de rétreint donné, plus le flan est grand (courbes de plus en plus à droite sur la figure 33.8), plus les efforts pour l'entraîner dans la matrice vont devoir être élevés (les courbes s'élèvent).

On remarque également que la course augmente avec la taille du flan, ce qui est bien normal puisqu'il y a plus de métal et que la profondeur de la pièce peut donc s'accroître, jusqu'à l'apparition de la rupture, bien entendu.

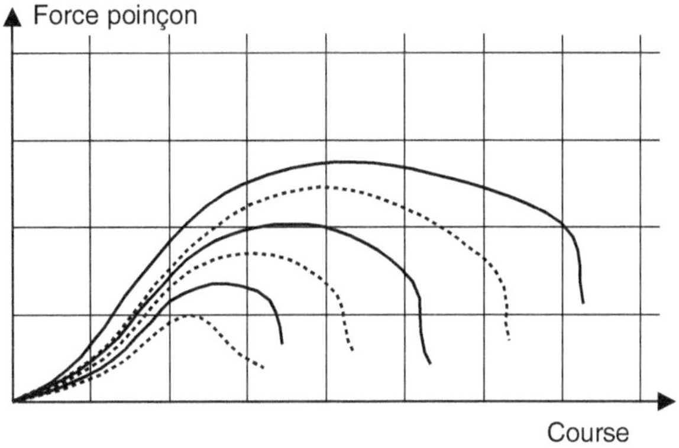

Figure 33.8 – Évolution de la force de poinçon en fonction de la taille du flan

On observe enfin que la force maximale est atteinte aux environs de la moitié de la course. Ceci s'explique par le fait que le métal se renforce de plus en plus par écrouissage, mais qu'il y en a de moins en moins à déformer sous serre-flan. La force croissante au début doit donc diminuer vers la fin, exactement comme ce qui se passe durant l'essai de traction. La position du maximum dépend de plusieurs autres facteurs[1].

Si l'on s'intéresse maintenant à l'influence du rayon de matrice (figure 33.9, rayons de plus en plus petits en allant vers le haut), on constate que plus il est petit, plus la force augmente rapidement et plus le maximum est élevé. Ceci illustre

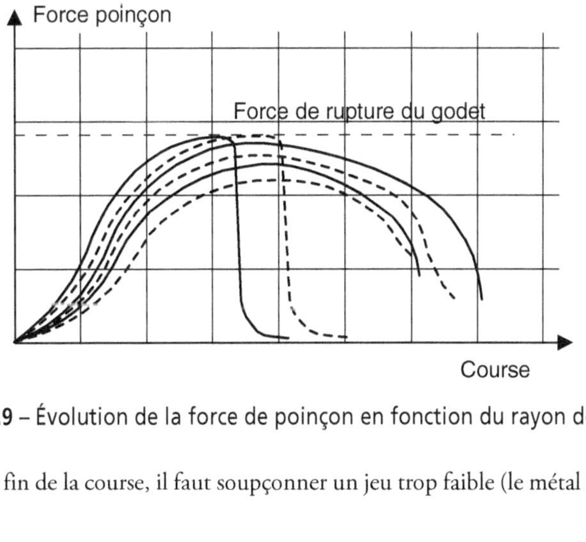

Figure 33.9 – Évolution de la force de poinçon en fonction du rayon de matrice

1. Si le godet casse vers la fin de la course, il faut soupçonner un jeu trop faible (le métal s'est trop épaissi).

ce que nous avons dit à propos des efforts de pliage-dépliage qui augmentent quand le rayon de courbure diminue.
On observe encore que la course (donc la profondeur des godets) s'accroît légèrement quand le rayon de matrice diminue. Ceci vient du fait que les efforts plus grands allongent plus le métal de la jupe.
On peut voir aussi que la force provoquant la rupture « plafonne » à une certaine valeur, indépendante du rayon de matrice. Ceci sera expliqué au chapitre 34.
Observons maintenant ce qui se passe quand on fait varier le rayon du sommet de poinçon, figure 33.10. Quand il est très petit (courbe de gauche), le métal est rapidement « bloqué » sur le poinçon et commence à se déformer dans la collerette ; la force au poinçon augmente rapidement. Plus le rayon de poinçon augmente (courbes vers la droite), plus l'emboutissage a tendance à commencer par de l'expansion pure, phénomène qui donne une évolution beaucoup moins rapide des efforts et retarde le glissement sous serre-flan. La courbe la plus à droite correspond à un poinçon hémisphérique.

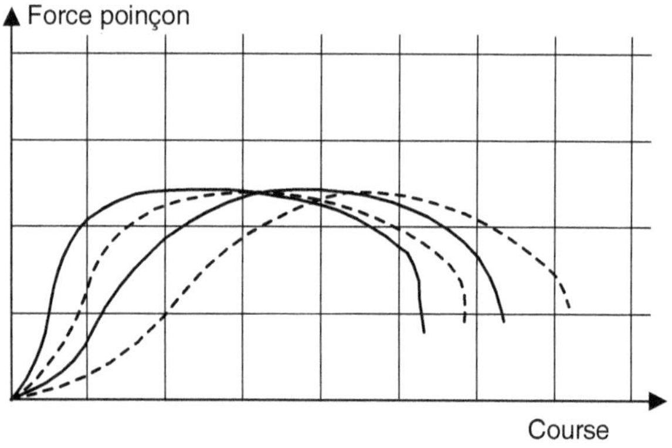

Figure 33.10 – Évolution de la force de poinçon en fonction du rayon de poinçon

La course est augmentée également, car toute la hauteur obtenue par expansion vient s'ajouter à ce qui résulte du pur rétreint. On peut d'ailleurs remarquer que la forme et la longueur des parties de courbes postérieures au maximum est identique dans tous les cas, ce qui montre bien que le rétreint a été lui-même identique.
Il est très intéressant de noter que, là encore, la force atteinte avec les différents poinçons est strictement la même. Ceci prouve ce que nous expliquerons plus loin, à savoir que l'effort d'emboutissage nécessaire pour former un godet ne dépend que de ce qui se passe dans la collerette.

33.3.3 Influence du matériau

Le rétreint correspond d'assez près à un essai de traction puisqu'un secteur est soumis à une tension radiale et se rétrécit dans l'autre direction. On comprend donc pourquoi le paramètre important pour l'acier est la valeur du coefficient d'anisotropie. Plus il est élevé, plus le rétrécissement est facile et moins l'effort nécessaire pour comprimer la collerette dans la direction circonférentielle est grand. Cette propriété

est à l'origine d'un avalement facile et diminue donc les risques de casse, ce qui permet, toutes choses égales par ailleurs, de faire des godets plus profonds.
Ceci est vrai pour les aciers doux, mais ne l'est plus quand r est proche de ou inférieur à 1, cas des aciers HR et THR, ainsi d'ailleurs que des alliages d'aluminium.
Les autres caractéristiques mécaniques n'ont guère d'importance vis-à-vis du rétreint. Quand la limite d'élasticité et la résistance augmentent, la force nécessaire à la mise en forme augmente aussi : c'est bien logique. Mais la capacité d'emboutissage n'est nullement diminuée ; dans le domaine de l'emballage, on fait de splendides godets avec des aciers ayant une limite d'élasticité de 550 MPa et une résistance très proche de 560 ou 570 MPa. Ce sont donc des aciers qui, en termes généraux, seraient considérés comme non formables…
Il faut aussi absolument souligner le fait que l'allongement réparti ou l'allongement à rupture ne jouent aucun rôle sur l'emboutissage en rétreint. Les aciers pour emballage dont nous venons de parler ont un allongement à rupture mesuré par l'essai de traction qui ne dépasse parfois pas 0,5 % !
La raison de ces apparentes anomalies est simple : le rétreint n'est pas le résultat d'un allongement, comme l'expansion ou la traction plane, mais essentiellement de la compression facile du métal de la collerette.
La seule zone vraiment allongée est la partie de la jupe proche du nez de poinçon, on a vu pourquoi, et encore son allongement participe-t-il très peu dans la hauteur de la jupe. Pour bien fixer les idées, nous voudrions faire une comparaison : selon l'auteur, le grillage métallique (figure 33.11) constitue le matériau idéal pour l'emboutissage en rétreint. Il a pour cela toutes les qualités :

- il n'oppose qu'une très faible résistance à la compression latérale, caractéristique nécessaire dans la collerette,
- il est néanmoins capable d'exercer une forte traction et de tirer le métal qui résiste à la compression latérale dans cette collerette.

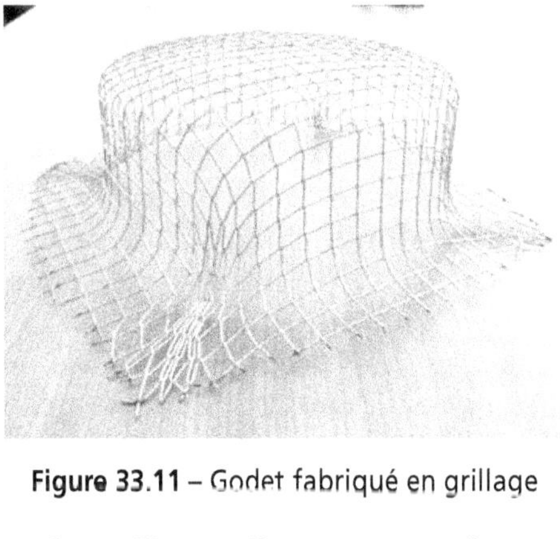

Figure 33.11 – Godet fabriqué en grillage

On peut considérer que le coefficient d'anisotropie r d'un grillage est très élevé.
Il existe cependant une façon beaucoup plus physique d'expliquer pourquoi une valeur forte du coefficient d'anisotropie est si utile au rétreint : c'est en comparant deux aciers ayant des r très différents et en supposant qu'ils sont bien représentés par le critère de Hill 1948. Examinons la figure 33.12 sur laquelle l'ellipse grisée

correspond à un acier ayant un r de 1 et l'ellipse plus grande, en trait noir, à un acier ayant un r de 3.

Considérons les trois zones qui conditionnent le comportement :

– le fond du godet est en expansion ; plus r est grand, plus il tarde à se plastifier, donc plus il entraîne le reste du métal,
– la zone qui se trouve à la limite du rayon de poinçon et de la jupe est en traction plane, c'est elle qui doit normalement casser : mais pour r = 3, sa limite d'écoulement est bien plus élevée que pour r = 1, ce qui explique qu'elle résiste fortement aux efforts d'emboutissage et soit capable de « tirer » le métal de la collerette,
– le métal de la collerette qui est en cisaillement a, justement, une contrainte d'écoulement un peu plus faible dans le cas où r = 3. La différence est faible (et non visible sur la figure) mais va dans le bon sens pour faciliter l'avalement.

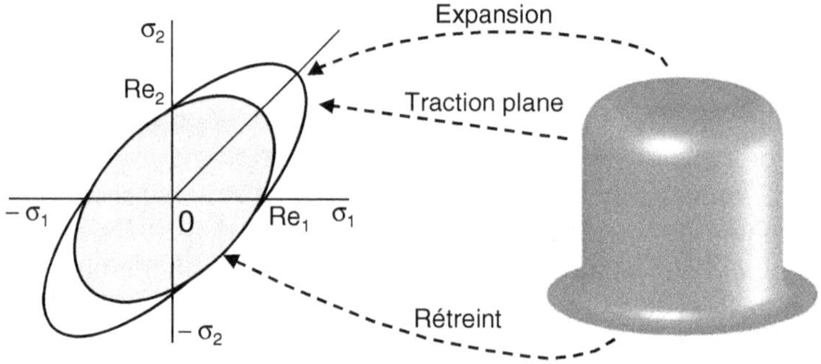

Figure 33.12 – Limite d'écoulement des différentes zones d'un godet

On voit donc que tous ces éléments se conjuguent pour favoriser le rétreint.

Cette démonstration a indiscutablement le mérite de montrer que les phénomènes de l'emboutissage, qui paraissent a priori si complexes, ont quand même des explications rationnelles et que celles-ci peuvent être justifiées de plusieurs façons différentes, mais cohérentes et complémentaires.

33.3.4 Formation des cornes

Revenons en arrière : le flan de grillage illustré par la figure 33.11 était initialement parfaitement circulaire, mais on voit que l'emboutissage a fait naître quatre cornes. Pourquoi ? Un grillage à maille carrée se déforme bien plus facilement quand on appuie sur les coins du carré que quand on appuie sur les côtés. C'est cette anisotropie qui a donné naissance aux quatre cornes que l'on voit.

Détaillons le mécanisme de la formation des cornes sur un embouti en tôle.

On a trop souvent tendance à ne considérer le coefficient d'anisotropie plastique que comme un indice de non-variation de l'épaisseur et d'essayer d'expliquer par ce biais le comportement de la tôle en rétreint. Ce n'est pas faux, mais il peut être plus utile, vis-à-vis de la compréhension de l'emboutissage, de regarder le coefficient d'anisotropie comme un paramètre mesurant la tendance du métal à se rétrécir sous l'effet d'une traction.

Sur le schéma de gauche de la figure 33.13, le flan a été découpé en huit secteurs de 45 °. Ces secteurs sont supposés avoir alternativement un coefficient d'anisotropie fort (= 2) puis faible (= 1). Le diamètre de la matrice est représenté par le cercle en tirets.
Sous l'effet de la tension, chaque secteur va s'allonger et, c'est surtout ce qui nous intéresse, se rétrécir en fonction de son coefficient d'anisotropie. Les secteurs ayant une valeur de r élevée vont se rétrécir beaucoup, les autres vont au contraire résister à la compression circonférentielle et profiter de l'espace rendu disponible pour moins se rétrécir.
Comme le volume de chaque secteur est une constante, les secteurs ayant un r de 2 seront en définitive plus étroits et plus longs que les autres, donnant ainsi les cornes que l'on voit sur la partie droite de la figure.
La forme des secteurs n'a pas été modifiée dans le fond du godet puisqu'il n'est presque pas déformé, la variation de largeur se fait seulement dans la hauteur de la jupe et dans la collerette.

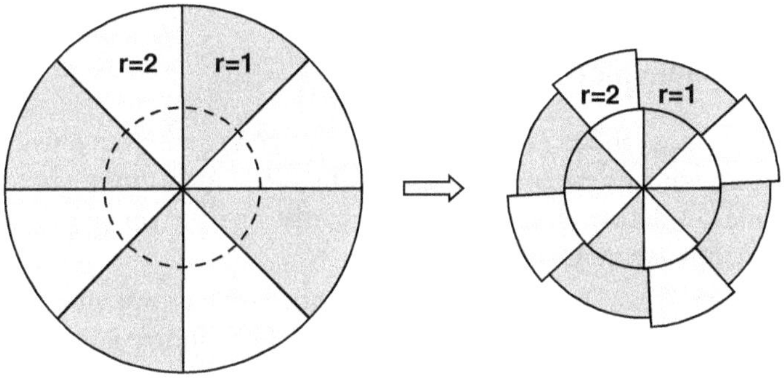

Figure 33.13 – Formation des cornes en fonction de la valeur de r

33.4 Cisaillement

Poursuivant l'illustration des modes de déformation par des tests mettant en évidence la façon dont se déforme le métal, nous allons considérer une forme d'éprouvette très utilisée pour produire du cisaillement. La partie utile est constituée par un rectangle de tôle dont les bords sont tenus par deux mors dont l'un est fixe et l'autre peut se déplacer parallèlement à la direction principale de l'éprouvette, figure 33.14 à gauche.

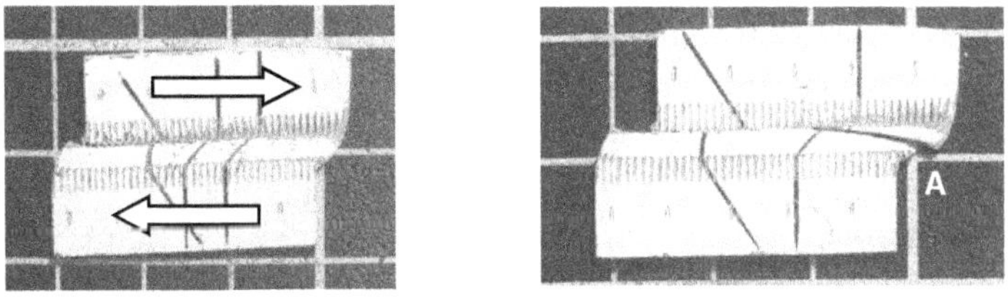

Figure 33.14 – Éprouvettes de cisaillement

Le rectangle se transforme donc en un losange de même longueur de côté. La largeur ne varie pas, c'est du cisaillement simple La déformation est représentée par un angle.

L'un des grands intérêts de ce test est qu'il permet d'atteindre des niveaux de déformation considérablement plus élevés que les autres tests de formage. Par exemple, un acier DP peut atteindre une déformation de $\gamma = 0{,}8$ avant de se rompre, c'est ce qui fait que cet essai est très utilisé pour extrapoler les lois de consolidation aux grandes déformations.

33.5 Mode dominant

Nous avons, dans ce qui précède, montré que certains essais de base illustraient un type ou un autre de déformation. En fait, nous allons voir maintenant trois choses :

- que toute pièce emboutie présente au moins deux modes principaux différents,
- que la plupart des pièces présentent *tous* les modes de déformation,
- que la même zone d'une pièce peut subir successivement plusieurs modes.

33.5.1 Absence d'un mode unique

Dans les paragraphes 33.1 à 33.4, nous avons présenté plusieurs pièces d'essais simples en laissant entendre que chacune d'elle était, en quelque sorte, l'archétype du mode de déformation que nous voulions illustrer. Nous allons maintenant nuancer sérieusement cette idée.

Commençons par l'embouti hémisphérique censé représenter le mode de déformation appelé expansion. Le métal situé au pôle supporte la tension due à des efforts résistants venant de toute part, il subit donc bien une expansion équibiaxiale. Mais considérons un élément de métal situé exactement au niveau du rayon de matrice. Une tension radiale s'y applique et doit donc l'allonger, mais il ne se déplace pas (le métal est bloqué près du serre-flan) et il reste donc continuellement sur le bord de la matrice. Puisqu'il reste sur le même diamètre, ceci entraîne que sa largeur ne varie pas (circonférence constante) et, par conséquent, qu'il se déforme en traction plane…

En conséquence, un embouti hémisphérique n'est pas déformé dans un mode unique : l'expansion pure subie au centre évolue progressivement vers la traction plane en se rapprochant du bord[1]. Tous les stades intermédiaires existent. On a vu que la lubrification compliquait encore les choses.

Considérons maintenant le cas du godet. La collerette subit bien du rétreint entre matrice et serre-flan mais, sur le nez de poinçon, c'est de l'expansion (faible en général) et au raccordement entre rayon de nez de poinçon et partie cylindrique, c'est de la traction plane. Les trois modes de déformation coexistent donc sur un godet, l'équilibre entre ces différents modes dépendant de beaucoup de facteurs.

Si nous passons à l'essai de traction plane illustré par la figure 33.4, il n'est pas pur non plus. On a vu que la traction plane se produit quand une contrainte transverse s'oppose au rétrécissement de l'éprouvette ; elle vaut la moitié de la contrainte axiale

1. Ceci reste vrai mais beaucoup moins marqué pour le gonflement hydraulique. Une grande partie de l'hémisphère formé est très proche de l'expansion biaxiale.

dans le cas d'un métal isotrope. Mais on a aussi vu que le bord d'une pièce ne peut pas subir une contrainte latérale puisqu'il n'y a rien à l'extérieur, c'est le vide.

Les rives de l'éprouvette ne peuvent donc être qu'en traction uniaxiale (contrainte dans une seule direction) et se rétrécir progressivement. Il n'y a finalement que le centre de l'éprouvette qui soit réellement en pure traction plane. On considère que cette zone représente environ 70 à 80 % de la largeur en fin d'essai pour un acier doux.

Terminons avec le cas du cisaillement : il n'est pas totalement pur non plus. Quand le métal arrive à la rupture, celle-ci se produit en traction dans les angles de l'éprouvette, au point marqué A sur la figure 33.14 (à droite).

33.5.2 Cas des pièces industrielles

Nous venons de voir qu'il y avait souvent deux modes au moins impliqués dans la déformation d'une pièce simple. Les pièces industrielles, généralement plus compliquées que celles qu'on vient d'étudier, contiennent tous les modes de déformation. Nous allons le voir avec deux exemples.

Le caisson de porte représenté à la figure 33.15 présente très clairement des zones déformées en rétreint : ce sont les angles marqués R où le métal de la « collerette » (la partie plate sous serre-flan) doit converger. Les parties rectilignes (TP) sont tirées en traction plane et risquent de casser sur les petits rayons.

Certaines zones bombées (E) sont en légère expansion.

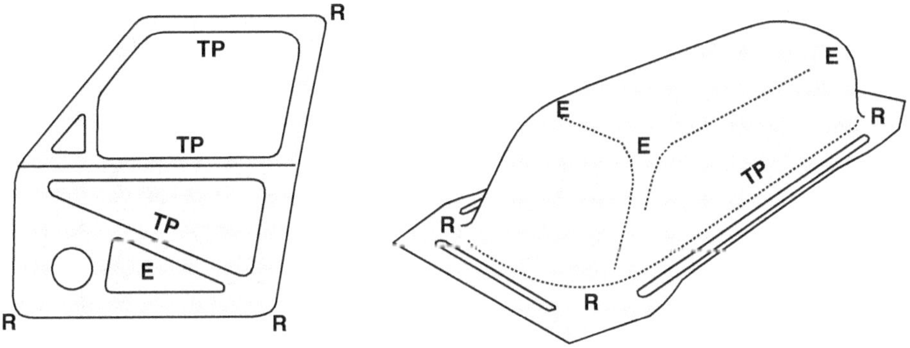

Figure 33.15 – Modes de déformation sur un caisson de porte et une baignoire

Le second exemple concerne une baignoire emboutie. Dans les coins, elle a subi du rétreint. Dans la partie droite centrale, c'est de la traction plane, générée par le jonc. Les coins du fond de la baignoire sont en pure expansion et l'épaisseur peut être diminuée de presque la moitié.

33.5.3 Modes successifs

Revenons à l'emboutissage du godet cylindrique. Un élément de la collerette commence sa déformation en rétreint pur, mais, quand il arrive dans la jupe, il passe en traction plane puisque le diamètre ne change plus (circonférence constante,

encore). Cet élément subit donc une déformation dite en *trajectoire complexe,* la première en rétreint, la seconde en traction plane.
On peut ainsi trouver des zones d'une pièce dans lesquelles se succèdent expansion puis traction plane, rétreint puis expansion, etc.
Ce cas est encore plus courant, évidemment, pour les pièces obtenues par plusieurs opérations successives. Une zone de pièce qui a subi une expansion peut, par exemple, être soumise à un tombage de bord (lors d'une opération ultérieure de finition), lequel peut être lui-même en expansion ou en rétreint.
C'est alors que doivent être sérieusement prises en compte les limitations des courbes limite de formage classiques (en trajectoires directes), indiquées au chapitre 28 de la partie D.

33.6 Déformation des rives

Nous avons déjà examiné cette question à propos des godets. Nous allons élargir le sujet en examinant une pièce qui illustre parfaitement les différents cas de figure : il s'agit du réservoir d'essence automobile[1], où vient en général s'encastrer la roue de secours. La figure 33.16 illustre ce cas.

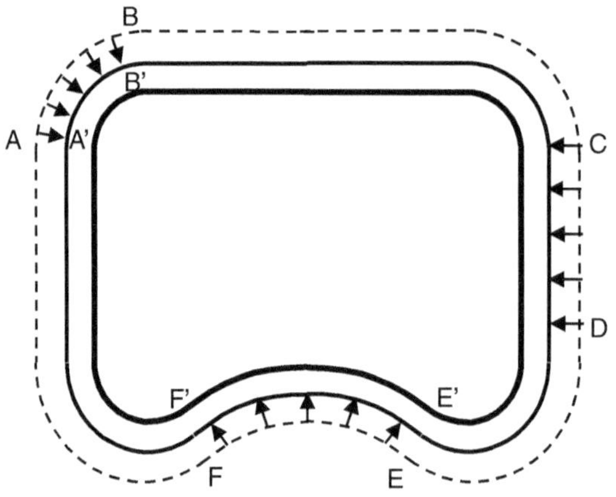

Figure 33.16 – Déformations des rives sur un réservoir

La ligne pointillée extérieure représente schématiquement le flan initial, la ligne épaisse correspond à l'intérieur du réservoir et la ligne intermédiaire est le bord de la pièce emboutie (bord de la collerette).
Considérons l'angle en haut à gauche. Le point A vient en A', B en B', dans un mouvement convergent. Il est clair que le métal subit une déformation en rétreint : il doit se rétrécir circonférentiellement, sous le serre-flan. C'est le type de déformation qui se produit sur la collerette d'un godet, sauf qu'un quart de circonférence seulement est concerné ici.

1. Il est vrai qu'ils sont de plus en plus réalisés en matières plastiques, lesquelles autorisent une plus grande liberté de formes, ce qui permet de mieux remplir l'espace disponible à l'arrière de la voiture.

Il y aura donc dans cette zone épaississement et risque de plissement.
Un raisonnement identique mais inverse s'applique au cas de l'angle rentrant situé entre E et F. Le bord est en traction uniaxiale. C'est un cas qui se retrouve sur beaucoup de pièces. Nous l'étudierons en détail dans la partie J.
Si nous résumons ces observations en nous référant à la figure 33.16, nous pouvons dire :
- le secteur A'B' est en compression uniaxiale,
- le secteur E'F' est en traction uniaxiale,
- la longueur des secteurs tels que CD ne varie pas.

La conclusion très importante, dont nous nous resservirons souvent dans la suite, est que le bord d'une pièce est toujours dans un mode de déformation uniaxiale, soit traction, soit compression. Bien entendu, il peut aussi, c'est le cas des bords rectilignes, ne pas subir de déformation.
À propos des pièces rectangulaires, une remarque importante s'impose : si l'on joint les quatre coins en supprimant les côtés droits, on obtient évidemment un godet. On pourrait donc être tenté de penser que les mêmes règles s'appliquent et, en particulier, que la hauteur qu'on peut atteindre est limitée, comme pour le godet, à environ 160 % du rayon (on a vu que la hauteur d'un godet en acier obtenu en une seule passe est limitée aux environs de 80 % de son diamètre).
Or, les côtés droits d'un panneau rectangulaire absorbent en réalité une importante proportion des contraintes de compression développées dans les coins (parfois par un peu de flambage) et permettent d'atteindre un rapport hauteur/rayon bien supérieur. Il suffit pour s'en convaincre d'examiner le coin d'un couvercle embouti de machine à laver ou de cuisinière : on peut avoir un rayon de 4 ou 5 mm et une profondeur du bord de 25 ou 30 mm, ce qui implique que la hauteur est environ trois plus grande que le diamètre du cylindre virtuel que constitueraient les coins assemblés.

34 • LES FORCES DÉVELOPPÉES EN EMBOUTISSAGE

Quand on parle de mise en forme, les spécialistes s'en tiennent bien souvent à l'examen des déformations pour étayer leurs raisonnements. Les fameuses Courbes Limites de Formage en sont un bon exemple. Or, ces déformations ont une cause, ou une conséquence, cela dépend des cas : il y correspond des contraintes et, pour être encore plus pratique, des forces. Nous allons succinctement les examiner. Comme il faut nécessairement simplifier pour comprendre, nous n'examinerons que deux cas simples en commençant par celui du rétreint dont l'exemple incontournable est le godet à fond plat.

Remarque

Les emboutisseurs de l'automobile n'aiment pas qu'on leur parle de godets. Ils n'en fabriquent pas et considèrent que leurs pièces sont infiniment plus compliquées que cela et que les raisonnements issus de l'examen du godet ne peuvent en aucun cas s'appliquer à leurs problèmes. Nous l'avons déjà dit, c'est une erreur : les zones en rétreint des pièces automobiles ou autres sont parfaitement simulées par le godet dont la géométrie très simple permet des raisonnements impossibles sur une pièce plus complexe. Il a été amplement prouvé, d'autre part, que des mesures de l'influence du frottement sur des godets rendaient parfaitement comptes de problèmes rencontrés sur des pièces de carrosserie.

34.1 Cas du godet

Comme le montre la figure 34.1, cinq forces résistantes peuvent être identifiées.

34.1.1 Force de rétreint

Il existe une force résistante dite de rétreint, $F_{rét}$, nécessaire à la modification, par déformation plastique, de la forme de la collerette résultant de son avalement dans l'outil.

Le secteur représenté est tiré entre matrice et serre-flan et sa largeur doit diminuer sous l'effet des contraintes de compression circonférentielles σ_c tout en s'allongeant radialement. Une telle déformation plastique exige évidemment de l'énergie, qui dépend de l'acier et des dimensions du flan ainsi que de celles de l'outil.

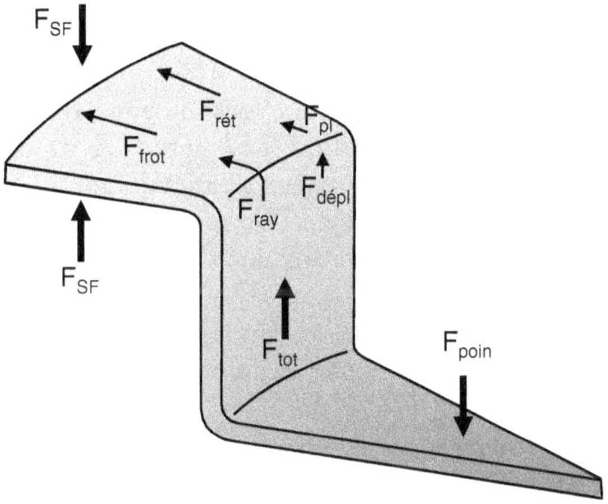

Figure 34.1 – Distribution des forces dans un secteur de godet

Pour l'acier, la limite d'élasticité joue un rôle plus que modeste dans ce type de déformation. Comme on l'a déjà vu, le facteur prépondérant est en fait le coefficient d'anisotropie r, qui décrit l'aptitude naturelle du métal à se déformer plutôt en largeur qu'en épaisseur, donc à suivre plus facilement le type de déformation imposé. On comprend bien que cette tendance, découlant de la texture cristallographique et mesurée lors de l'essai de traction, soit favorable puisqu'elle signifie que l'acier n'oppose qu'une faible résistance au rétrécissement imposé.

C'est aussi ce que nous avons constaté en étudiant les critères de plasticité : la contrainte d'écoulement en cisaillement (cas du rétreint) est toujours très inférieure à celle des autres modes.

La figure 34.2 montre un exemple historique : la première relation établie par Whiteley, en 1959, entre le rapport limite d'emboutissage (voir 41.1.1 de la partie F) et le coefficient moyen d'anisotropie r_{moyen}.

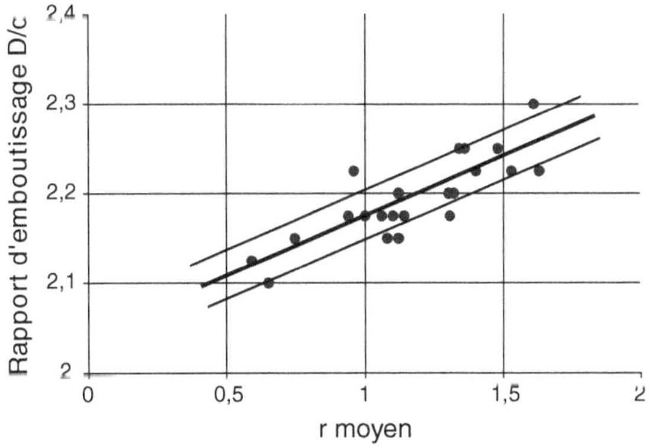

Figure 34.2 – Relation entre rapport limite d'emboutissage et r_{moyen} [3]

Le calcul de la force de rétreint ne peut pas se faire simplement ; il existe des formules approchées mais un calcul précis est difficile.

Évidemment, la force de rétreint augmente linéairement avec l'épaisseur. Il ne faut pas en déduire que l'emboutissage d'une tôle épaisse est plus difficile que celui d'une tôle mince : c'est même tout le contraire !

Car si la force résistante augmente effectivement, la section qui transmet l'effort augmente dans la même proportion. Les chances de rupture ne sont donc pas plus grandes. En revanche, une épaisseur de métal supérieure réduit la tendance au plissement (par augmentation de l'inertie de la tôle dans son plan) et permet parfois, toutes choses égales par ailleurs, de diminuer la force de serre-flan, donc les efforts résistants dus au frottement.

C'est pourquoi un remède souverain en emboutissage consiste à augmenter l'épaisseur de métal. Il n'est malheureusement pas souvent accepté...

34.1.2 Force de frottement sous le serre-flan

Il existe aussi une force résistante F_{frot}, due au frottement de la tôle entre la matrice et le serre-flan.

Celui-ci, destiné à éviter le plissement du métal comme nous l'avons vu, est appuyé avec une force F_{SF} soit directement sur la tôle, soit sur des cales de compensation situées légèrement à l'extérieur de l'outil (cf. 49.1, partie H). Dans le premier cas, le calcul de F_{frot} est simple : c'est le produit de la force F_{SF} supportée par le secteur considéré multipliée par le coefficient de frottement tôle-outil μ (pour les conditions de lubrification réelles), le tout multiplié par deux puisqu'il y a deux faces en contact. Les erreurs possibles découlent : de la variation éventuelle de F_{SF} durant le cycle (cas des presses mécaniques, notamment) et de la variation possible du coefficient μ durant la déformation (variations de la vitesse de contact, de la pression, de la température, de la rugosité de la tôle...)

Dans le cas où l'outil comporte des cales de compensation, une proportion inconnue de la force F_{SF} est supportée par ces cales et le calcul de F_{frot} est alors impossible car il faudrait prendre en compte la rigidité des outils et de la presse. On régule alors plutôt un jeu qu'une pression.

Rappelons qu'en rétreint le frottement se produit essentiellement sur la bordure extérieure de la collerette car c'est elle qui s'épaissit le plus. La surface en contact n'est donc pas celle de la collerette mais beaucoup plus petite. Cela modifie la répartition du frottement mais pas la force totale F_{frot} si la loi de Coulomb s'applique[1].

Une autre remarque est importante : la force de frottement, liée d'une part à la qualité du contact tôle-outil représentée par μ et, d'autre part, à la force de serre-flan, est totalement indépendante de l'épaisseur. Mais la contrainte de traction radiale qui en résulte ne l'est pas.

Illustrons le fait par un exemple simple : une tôle de 0,8 mm et une autre de 0,2 mm ont le même coefficient de frottement. Supposons que les deux reçoivent dans l'outil une force de serre-flan identique : la force de frottement sera la même, mais la contrainte radiale qui en résulte sera quatre fois plus élevée dans la tôle la plus mince !

1. On a vu à la partie C que la surface apparente de contact n'entrait pas en ligne de compte dans le calcul du coefficient de frottement de Coulomb.

Le frottement devient donc un facteur prépondérant pour les aciers utilisés en emballage métallique qui font couramment 0,2 à 0,3 mm d'épaisseur. Il convient alors de soigner particulièrement la lubrification qui doit quasiment toujours se trouver dans le domaine hydrodynamique (on utilise souvent un vernis plus une graisse très efficace et les outils ont un fini miroir).

Dans le même ordre d'idées, citons ce cas qui s'est réellement produit : quand des ruptures sont provoquées par un frottement trop important mais sans que cette cause soit clairement identifiée, une solution apparemment évidente consiste à utiliser un matériau réputé plus formable, donc plus « doux »[1]. Cette substitution peut se solder par des ruptures encore plus nombreuses car il résistera moins bien aux sollicitations venant du frottement... On essaie en fait de compenser le manque d'avalement par une expansion sur le nez du poinçon.

34.1.3 Force de pliage

Il existe aussi une force résistante F_{pl}, dite de pliage.

Nous avons vu son expression en 32.5. Elle n'est pas élevée mais elle peut jouer un rôle non négligeable sur une pièce difficile ; c'est ce qui explique qu'on puisse supprimer parfois la rupture simplement en augmentant légèrement le rayon de matrice (au risque d'augmenter le plissement de brin semi-libre).

34.1.4 Force de frottement sur le rayon de matrice

Le passage sur le rayon de matrice se fait évidemment avec frottement, d'où l'existence d'une force F_{ray}, mais le fait intéressant est que ce frottement joue un rôle amplificateur particulier, dû au fait qu'il ne s'exerce pas dans une direction constante mais perpendiculairement à la surface du rayon en chaque point de celui-ci.

La première analyse du phénomène est due à Alexander qui a montré que le frottement de la tôle sur un rayon était en tout point comparable à celui d'une corde sur un cabestan ou une bitte d'amarrage. Or la solution de ce dernier problème est connue depuis longtemps : on sait que la force F_1 exercée sur la corde en amont du cabestan peut être contrebalancée par une force F_2 plus faible, le frottement l'amplifiant de façon exponentielle :

$$F_1 = F_2 \text{ EXP } \mu\theta$$

où μ représente le coefficient de frottement et θ l'angle de contact[2].

En appliquant cette formule à un rayon de matrice, on voit que l'ensemble des forces situées en amont du rayon, c'est-à-dire la force de rétreint, la force de frottement sous serre-flan et la force de pliage sont amplifiées par un facteur exponentiel valant $\mu \,.\, \pi/2$. Cette amplification peut être illustrée par le tableau suivant, qui montre à quel point il est important de ne pas négliger l'importance du frottement en emboutissage.

Il apparaît donc bien que le passage sur le rayon de matrice peut augmenter très fortement les efforts retenant la tôle : ils sont presque doublés pour un coefficient

1. Limite d'élasticité et résistance plus faibles.
2. Attention : le contact se fait très souvent sur un angle plus réduit que l'angle théorique. Le contact réel entre outil et tôle dépend beaucoup de la tension appliquée à celle-ci comme on l'a vu en 32.3.

E

MÉCANIQUE DE L'EMBOUTISSAGE

Tableau 34.1 – Amplification de la force F_1 en fonction du coefficient de frottement

Coefficient de frottement	Facteur d'amplification
0,1	1,17
0,2	1,37
0,3	1,60
0,4	1,87

de frottement de 0,4, valeur parfois atteinte par certaines tôles prélaquées... Il n'y a donc rien d'étonnant à ce que l'emboutissage à sec de ces produits nécessite des précautions spéciales, prenant en compte cette particularité.

Remarque

L'effet est énormément plus marqué pour la corde sur le cabestan ; on voit que si le coefficient de frottement est de l'ordre de 0,4 et que l'on a fait trois tours, la force est multipliée par plus de 1800 !

Un exemple montrera bien l'influence de l'amplification des forces de retenue sur le rayon de matrice. Une tôle électrozinguée monoface peut avoir un coefficient de frottement de l'ordre de 0,12 sur la face nue et proche de 0,20 ou 0,25 sur la face revêtue de zinc pur. Nous avons vu un cas où cette tôle cassait pour une force de serre-flan presque deux fois plus faible quand le zinc était coté matrice que quand il était coté poinçon. Comme les caractéristiques de la tôle ne varient pas quand on la tourne (sic), pas plus que le frottement global entre serre-flan et matrice, on est bien obligé d'admettre que c'est seulement l'effet amplificateur du rayon de matrice qui différencie les deux comportements.

Remarque

On se pose quelquefois la question de savoir si l'existence de deux coefficients de frottement différents sur les faces de la tôle, qui entraînent donc une force de frottement sur le serre-flan différente de celle sur la matrice, a des conséquences marquées sur l'emboutissage (cisaillement dans l'épaisseur, contraintes résiduelles). L'analyse de ce cas a été faite tant sur le plan théorique qu'expérimental et montre que cette influence est négligeable.

34.1.5 Force de dépliage

Tout comme une force était nécessaire pour plier la tôle à l'entrée de matrice, une autre force $F_{dépl}$ va être utilisée pour la redresser en sortie de ce rayon. L'expression en est identique, la seule différence provenant de l'écrouissage dû d'abord au pliage puis au rétreint qui s'est produit sur le rayon. La contrainte de dépliage doit donc être supérieure à celle de pliage. On peut négliger cette augmentation dans les calculs approchés.

Dans le cas où l'acier y est sensible, l'effet Bauschinger peut même réduire cet effort puisque les déformations imposées sont de signe inverse de celles correspondant au premier pliage.

34.1.6 Force de retenue globale

L'ensemble des forces que nous venons d'examiner constitue la *force de retenue*[1] ou *force totale* F_{tot}. Comme c'est une force résistante qui s'oppose à l'avalement, donc au formage du godet, il est nécessaire qu'une autre force, opposée et fournie par la presse, puisse la vaincre. Cette force est celle appliquée par le nez de poinçon sur le fond du godet, que nous avons symbolisée par F_{poin} sur la figure 34.1.

Comme dans le cas de l'essai de traction, remarquons d'abord que la force d'emboutissage n'est en aucune façon dictée par la machine, c'est-à-dire la presse dans ce cas. Ce sont bel et bien les caractéristiques du métal à emboutir, son épaisseur, les conditions d'emboutissage et le frottement qui déterminent la force d'emboutissage. Ce point est bien souvent mal compris ; détaillons-le.

La presse doit être capable de fournir un effort supérieur à la résistance opposée par le flan à sa déformation que nous venons d'appeler force de retenue. Si elle ne l'était pas, le coulisseau se bloquerait durant son mouvement, une chose qui arrive rarement, bien sûr. En revanche, la presse n'exerce jamais un effort supérieur à celui qui lui est opposé ; si ce dernier est très faible, elle se contentera généralement d'aller plus vite.

Ce qui trompe parfois les opérateurs, c'est que sur les presses hydrauliques existe souvent un robinet qui permet de doser l'effort au coulisseau, par le biais d'une pression. Mais il s'agit seulement de l'effort maximal autorisé, lequel est fixé soit par mesure de sécurité, soit pour déclencher la fin du cycle.

Pour résumer : la presse est capable de développer un très grand effort, mais celui effectivement fourni ne sera, en réalité, que ce qui est nécessaire au formage. Qu'on remplace le flan par un autre de demi-épaisseur, l'effort diminuera. Qu'on mette deux flans et l'effort augmentera tellement que la presse risque de se casser (nous avons connu le cas).

34.1.7 Force de rupture

Revenons au godet : la partie cylindrique, appelée la jupe, transmet l'effort moteur exercé sur le nez de poinçon à la partie résistante, la collerette. Il est donc bien logique que les ruptures apparaissent presque toujours dans la jupe. On peut d'ailleurs facilement calculer la force qu'elle peut supporter, et ceci sans avoir besoin de faire la moindre expérimentation.

La jupe est comparable dans ce cas à un tube qui serait soumis à une traction axiale. Sa section est égale à la circonférence moyenne du tube multipliée par l'épaisseur et la force qui le fera casser est tout simplement cette section utile multipliée par sa résistance à la traction. Une petite correction est à faire pour tenir compte du fait que la jupe n'est pas soumise à une traction uniaxiale mais à une traction plane, comme vu précédemment. Le facteur correctif k qui fait passer de la résistance en traction uniaxiale à celle en traction plane[2] vaut :

$$k = \frac{r + 1}{\sqrt{2r + 1}}$$

1. Ce n'est pas là une expression « normalisée ».
2. Ce facteur est valable pour un métal respectant le critère de plasticité de Hill 1948.

E

MÉCANIQUE DE L'EMBOUTISSAGE

Remarque

On ne tient pas compte ici du fait que le métal peut avoir été préalablement déformé en rétreint, ce qui rendrait le facteur correctif erroné. Mais, dans le cas de la rupture classique d'un godet, elle se situe, comme on l'a vu en 33.3.1, très près du rayon de sommet de poinçon, une zone qui n'a quasiment pas subi de rétreint.

On peut donc prévoir très simplement la force au poinçon F_{rup} pour laquelle un godet donné cassera :

$$F_{rup} = \Pi . (D + e_0) . e_0 \left(R_m \cdot \frac{r + 1}{\sqrt{1 + 2r}} \right)$$

où :
D est le diamètre du poinçon,
e_0 est l'épaisseur initiale de la tôle,
R_m est sa résistance à la traction,
r est son coefficient moyen d'anisotropie.

Ne laissons pas passer cette formule sans attirer l'attention sur un point intéressant : elle n'utilise en aucune façon l'épaisseur locale à l'endroit de la rupture ni la contrainte locale d'écoulement après écrouissage ; il faudrait des calculs complexes par éléments finis pour les connaître.

Cette extrême simplification résulte tout simplement du fait qu'on utilise exclusivement des valeurs conventionnelles : l'épaisseur e_0 est l'épaisseur initiale et R_m est la résistance à la traction conventionnelle, *rapportée à cette épaisseur initiale.* La mesure de R_m en traction tient donc automatiquement compte de l'écrouissage et de la réduction de section. On peut écrire en effet :

$$F_{rup} = R_m . e_o = \sigma_{rup} . e_{rup}$$

en appelant :
σ_{rup} la contrainte vraie au moment de la rupture,
e_{rup} l'épaisseur résiduelle restant au moment de la rupture.

34.2 Cas d'une pièce de forme quelconque

Quand la pièce est de forme complexe, il faut bien garder présent à l'esprit que le métal a des caractéristiques mécaniques qui varient localement en fonction du mode de déformation. On a vu en 33.3.3 qu'on peut avoir, au cours du même formage et avec le même acier, une plastification qui démarre à des moments très différents selon les zones.

Le cas du godet que nous venons d'examiner présente l'avantage de faire participer quasiment tous les types de force qu'on rencontre en emboutissage. Mais toutes les pièces embouties ne sont pas des godets et il importe donc que nous examinions les autres possibilités.

Le cas d'une boîte de forme rectangulaire, figure 34.3 permet de répondre à une partie de cette question. Les quatre coins sont des zones où le métal se déforme en rétreint et les forces qui s'opposent à l'avalement sont donc exactement celles que nous venons de voir en détail (si les coins du flan n'ont pas été arrondis, il en résulte quelques petites variations).

La différence essentielle vient des quatre côtés rectilignes ; il est clair qu'il n'y a pas là de rétreint puisque le métal est sollicité en traction plane. On ne doit donc y considérer que quatre forces : le frottement sous serre-flan, les forces de pliage et de dépliage et, bien sûr, l'amplification de tout ceci par le frottement sur le rayon de matrice selon la formule exponentielle.

Figure 34.3 – Déformations du flan d'une boîte rectangulaire

Les efforts s'opposant alors à l'avalement sont nettement plus faibles dans les parties rectilignes que dans les coins, parfois dans une grande proportion, et ceci explique la forme de la collerette de la pièce rectangulaire ci-dessus, nettement plus avalée sur les bords droits que dans les coins. Remarquons aussi que le rétreint ayant lieu dans les coins de la pièce, c'est là que la tôle va s'épaissir. Le serre-flan sera donc soulevé en ces quatre points et la tôle devient plus libre dans les parties droites, ce qui ne peut qu'y faciliter l'avalement (réduction de F_{frot}).

Il est donc souvent nécessaire de rééquilibrer l'avalement et nous en verrons des justifications à propos de la tension de panneau, du voilage et aussi des ruptures dites « en Vé ».

Une première méthode, appliquée pendant la mise au point d'un outil consiste en l'ajustement du *passage métal*, c'est-à-dire un meulage ou ponçage local des portées de serre-flan et matrice dont le but est d'établir un jeu en tout point conforme à l'évolution de l'épaisseur du métal (on a intérêt à considérer celle-ci au moment où la force du poinçon passe par son maximum). Ceci n'est pas pratiqué dans le cas des aciers pour emballage, la matrice et le serre-flan ont habituellement une portée strictement plane.

Une autre façon d'améliorer l'équilibre des avalements consiste à utiliser un rayon de matrice légèrement plus grand dans les coins que dans les parties droites. On peut par exemple l'augmenter de 20 à 25 %, en créant un raccordement progressif sur 15 ° de part et d'autre du coin.

La méthode la plus employée et la plus efficace consiste néanmoins à disposer des joncs de freinage ou des redans sur les côtés de l'outil ; ces dispositifs seront détaillés dans la partie H.

Il existe enfin un autre type de force qui peut intervenir : c'est celle qui se développe, en fin d'emboutissage, dans le cas où un calibrage, un tassage ou une frappe (cf. partie G) sont nécessaires. Ces types de déformation locale exigent en général des efforts assez élevés car ils se rapprochent plus ou moins du matriçage. Leur prédiction est difficile, même par le calcul.

35 • VARIABLES INFLUENTES

Les forces que nous avons énumérées précédemment font intervenir à différents niveaux l'épaisseur, les caractéristiques du métal et le frottement. L'analyse de ces phénomènes n'est pas simple : par exemple la force de rétreint augmente comme l'épaisseur, mais cela n'a pas une influence fondamentale sur l'apparition des ruptures car la section résistante, là où la pièce va casser, est évidemment augmentée dans la même proportion.

La force de pliage-dépliage augmente, quant à elle, comme la limite d'élasticité et l'épaisseur.

Le tableau 35.1 résume d'une façon très schématique ces diverses influences. Il est bien sûr approximatif et n'engage que l'auteur.

Tableau 35.1 – influence de différents facteurs sur les forces en rétreint

	Coefficient de frottement	Épaisseur	Limite d'élasticité	Résistance	Coefficient d'écrouissage	Coefficient d'anisotropie
Force de rétreint	=	++	+	++	++	– – –
Frottement plan	++	=	=	=	=	=
Pliage	=	+	+	=	=	=
Frottement sur rayon	+++	=	=	=	=	=
Dépliage	=	+	+	=	=	=
Force totale	+++	++	+	+	+	– –

Pour la compréhension : les signes indiquent la conséquence de l'augmentation du paramètre considéré. Exemple : = signifie pas d'influence sensible, ++ signifie forte augmentation de la force, – – – signifie très forte diminution.

35.1 Influence du frottement

Un fait qui ressort avec netteté de ce tableau, c'est que, en rétreint, la force totale augmente toujours avec le coefficient de frottement. Comme la force sous laquelle va se rompre le godet est une constante pour une géométrie et un matériau donnés, on voit bien qu'une augmentation du coefficient de frottement, par exemple une lubrification de qualité insuffisante, rapproche des conditions de rupture de la pièce.

Dans ce cas représentatif de beaucoup de pièces (il y a du rétreint dans les baignoires, dans les portes d'automobiles, dans les côtés de caisse, etc.) le frottement est donc un élément essentiellement nocif. Il réduit en général la capacité d'emboutissage ou la latitude de réglage du procédé. Nous verrons cependant dans l'exemple 18 de la partie J qu'il y a quelques rares cas où le frottement minimum n'est pas l'idéal.

Nous n'adhérons donc pas à l'idée émise par certains chercheurs selon laquelle il faut se trouver dans le domaine de la lubrification limite pour stabiliser le procédé, sous prétexte que μ est quasi constant dans ce mode de lubrification comme indiqué par les courbes de Stribeck.

Examinons maintenant le cas des emboutissages en expansion, en prenant l'exemple simple d'un poinçon hémisphérique. Il a été largement montré par de nombreuses études que la rupture avait lieu presque au sommet si la lubrification était excellente (cas extrême, le gonflement hydraulique) et s'en écartait de plus en plus quand la qualité de lubrification diminuait, pour tendre vers une rupture en traction plane. Or, nous avons vu que ce mode de rupture est celui qui autorise le moins de déformation plastique pour la plupart des aciers. Le résultat est tout simplement que la hauteur des pièces embouties de cette façon décroît au fur et à mesure que le coefficient de frottement croît.

Là encore, une mauvaise lubrification est un élément néfaste. C'est si vrai que les normes définissant les essais du genre Erichsen précisent de façon très stricte le lubrifiant à utiliser.

Dans quels cas, alors, peut-on trouver des avantages à un coefficient de frottement élevé ? Nous n'en connaissons que trois, que nous discuterons ensuite :

- si, sur une pièce obtenue par expansion, on a besoin, pour des raisons liées à son utilisation, de maintenir l'épaisseur la plus forte possible au sommet, on peut avoir intérêt à limiter le glissement à cet endroit. Le métal sera peu allongé, donc peu aminci, mais ceci se fera bien sûr au détriment de la quantité globale de déformation possible,
- comme déjà dit, le fait de travailler dans le régime limite assure une certaine constance du coefficient de frottement que l'on n'a certainement pas dans le régime mixte, de loin le plus fréquent en emboutissage. Les tenants de cette pratique considèrent que la stabilisation du frottement est une raison valable pour limiter la qualité de la lubrification,
- sur les pièces plates – capot d'automobile, pavillon – il y a nécessité de tirer fortement sur la tôle pour éliminer les défauts tels que petites ondulations, « déformes », manque de « tendu », etc. (cf. partie F). L'habitude veut alors que le frottement serve à obtenir le freinage des parties externes de l'embouti qui permettra de développer les tensions nécessaires à ce tendu. Le frottement doit néanmoins rester minimal sur le poinçon.

Nous pensons que le premier cas – vouloir éviter l'amincissement sur le nez de poinçon – peut justifier un frottement local élevé. Dans ce cas, il est en général obtenu par un traitement de l'outil tel que, par exemple, un sablage ou un grenaillage de la partie concernée. C'est mieux que de supprimer toute lubrification car l'avantage est de vraiment localiser le frottement là où il est nécessaire, mais l'inconvénient réside dans le fait qu'un tel traitement n'a pas une durée de vie bien grande. La surface se polit progressivement et il faut veiller à re-grenailler périodiquement.

À notre avis, les deux autres cas censés nécessiter un coefficient de frottement élevé ou, au moins, un glissement pas trop facile, peuvent être résolus d'une façon plus élégante.

Comme nous l'avons déjà dit, le frottement n'est pas la meilleure façon de réguler l'avalement du métal car il dépend de caractéristiques qui sont trop mal connues et donc difficiles à maîtriser par le fournisseur de métal aussi bien que par l'emboutisseur. Nous pensons que, parce que la constance des caractéristiques mécaniques est beaucoup mieux maîtrisée, il est préférable d'en user pour contrôler les mouvements du métal.

Cela peut se faire, par exemple, en utilisant des joncs très sévères ou tout autre moyen adapté de freinage. L'objection qui vient immédiatement à l'esprit est : les fortes pressions locales engendrées par la sévérité de ces joncs vont immanquablement provoquer du grippage. C'est oublier que le grippage résulte de l'adhésion du métal sur l'outil. Si l'on peut utiliser un lubrifiant extrêmement performant empêchant toute adhésion entre tôle et outil, alors l'argument tombe. Nous pensons que c'est là une voie qui mériterait d'être explorée plus sérieusement qu'elle ne l'a été jusqu'à présent.

35.2 Influence de l'épaisseur

En emboutissage de tôles minces, l'épaisseur joue toujours un rôle favorable vis-à-vis de la formabilité. Cette affirmation surprend souvent car l'association intuitive qui est faite est : épaisseur plus élevée = efforts plus grands[1].

C'est vrai, comme le montre le tableau, mais cela s'applique aux deux termes de l'équation, c'est-à-dire que si les parties de l'embouti qui résistent à la déformation opposent effectivement un effort plus grand, proportionnel à l'épaisseur, celles chargées de tracter le métal augmentent dans la même proportion. Autrement dit, les efforts s'accroissent de la même façon partout si bien que les contraintes sont quasiment inchangées, de même que le risque de rupture.

En revanche, l'augmentation de l'épaisseur a une influence énorme sur la résistance au plissement, comme on le verra à la partie F. De ce fait, une augmentation d'épaisseur permet une réduction corrélative de la pression de serre-flan, donc des efforts résistants dus au frottement.

Les emboutisseurs savent bien qu'augmenter l'épaisseur serait un excellent remède dans beaucoup de cas ; hélas, ils savent aussi que cette solution est presque toujours inacceptable, pour des raisons de prix d'abord, et des raisons de poids, ensuite ! L'auteur n'a connaissance que d'un seul cas où cette solution ait été acceptée sur une automobile déjà en production. En revanche, il a eu connaissance, à plusieurs reprises, de cas où une diminution d'épaisseur avait été imprudemment décidée,

1. Relevant du même raisonnement, beaucoup croient que l'emboutissage de l'aluminium est plus facile que celui de l'acier car c'est un matériau plus doux. En réalité, il demande moins d'effort (presses plus faibles) mais n'est en rien plus facile, au contraire. Il y a confusion entre malléabilité et ductilité.

entraînant tellement de difficultés de fabrication qu'un retour en arrière s'est avéré nécessaire…

Si l'on pense maintenant aux tôles épaisses, il peut arriver qu'une augmentation d'épaisseur réduise exagérément le rapport R/e du rayon de pliage à l'épaisseur. Il faut alors modifier le rayon en conséquence.

Il faut également, c'est évident, vérifier dans tous les cas que les jeux sont suffisants vis-à-vis de l'épaisseur choisie.

35.3 Influence de la limite d'élasticité

Plutôt que comme la fin du domaine élastique, il est ici plus justifié de considérer la limite d'élasticité comme étant le seuil de la plasticité. Étant donné que la mise en forme consiste précisément à travailler le métal dans le domaine plastique (sans atteindre la rupture) il est clair que la limite d'élasticité doit absolument être dépassée.

Plus celle-ci est basse, plus tôt commencera la déformation permanente et plus faible sera l'énergie emmagasinée par le métal en cours de formage. Il y a deux conséquences, que nous avons déjà évoquées.

Premièrement, la résistance opposée aux déformations en compression est faible, ce qui permet de retarder le flambement élastique et la formation de plis. Il est théoriquement et expérimentalement prouvé que le plissement est d'autant moins à craindre que la limite d'élasticité est faible. Ceci a une intéressante conséquence : c'est qu'on peut réduire la pression de serre-flan, donc les risques de casse.

Secondement, la déformation par extension est également facilitée, plus précoce. Tous les modes de déformation y faisant appel (traction, traction plane, expansion) sont par conséquent avantagés par l'existence d'une faible limite d'élasticité.

En conclusion, pour tous les types de déformation faisant intervenir un mode compris entre la traction et l'expansion, une limite d'élasticité basse est toujours avantageuse vis-à-vis du formage. C'est ce qui explique que les normes concernant les tôles pour mise en forme sont toujours établies sur la base d'un niveau de qualité qui diminue quand la limite d'élasticité augmente (cf. EN 10130, par exemple).

Il faut cependant remarquer que la limite d'élasticité ne joue pas seulement par sa valeur absolue mais aussi par sa valeur relative. Pour expliquer cette réflexion, considérons deux aciers. L'acier A présente une limite d'élasticité de 150 MPa et une résistance à la traction de 300 MPa, c'est un bon acier d'emboutissage avec un rapport R_e/R_m de 0,5. Supposons maintenant un acier B, dont la limite d'élasticité serait la même mais la résistance beaucoup plus élevée, 450 MPa par exemple ; le rapport R_e/R_m vaut alors 0,33 (valeur jamais atteinte en réalité).

Le second acier sera plus formable, au sens général du terme, que le premier car l'écart existant entre limite d'élasticité et résistance à la traction dénote une capacité d'écrouissage bien supérieure. Le coefficient d'écrouissage bien plus élevé conduira à une répartition des déformations beaucoup plus homogène (comme on l'a vu lors de l'étude de l'essai de traction) et permettra des formages plus difficiles.

Ceci confirme aussi ce que nous avons dit à propos de la normalisation (partie B) : une résistance faible n'implique en rien une formabilité élevée. Il y a là une confusion, encore une fois, entre malléabilité et ductilité. On pourrait schématiser cette nuance en disant qu'un métal ductile est un métal ayant une faible limite d'élasticité, mais pas forcément une faible résistance.

Nous avons excepté le rétreint de cette généralisation. Comme déjà dit, des aciers à très faible allongement et ayant une limite d'élasticité très élevée se forment parfaitement en rétreint à condition que leur coefficient d'anisotropie soit élevé.

35.4 Influence de la résistance

Poursuivant le raisonnement précédent, on peut aisément constater que, pour une même limite d'élasticité, plus la résistance à la traction d'un métal est élevée, plus grande est la plage de contrainte existant entre début de la déformation plastique et apparition de la rupture. Quitte à nous répéter, redisons qu'une résistance élevée n'est donc pas, en elle-même, c'est-à-dire si les autres caractéristiques sont constantes, un facteur négatif vis-à-vis du formage.

En réalité, son principal effet est de relever les efforts d'emboutissage, donc de nécessiter des presses plus fortes, un facteur qui n'est en rien négligeable. Pour alléger leurs véhicules, certains constructeurs automobiles ont préféré utiliser des tôles d'alliage d'aluminium plutôt que des aciers à très hautes caractéristiques car ce choix leur permettait de ne pas avoir à renouveler leur parc de presses.

En gros, l'effort d'emboutissage, toutes choses égales par ailleurs, évolue de façon relativement proportionnelle à la résistance à la traction du métal embouti, sauf quand les épaisseurs sont très faibles, cas dans lequel le frottement devient l'élément principal de cet effort.

35.5 Influence de la consolidation

Nous venons d'y faire indirectement allusion dans les deux paragraphes précédents et nous nous contenterons ici d'examiner les paramètres qui permettent de quantifier cette caractéristique.

Le plus évident, qui vient immédiatement à l'esprit, est le coefficient d'écrouissage n. Rappelons d'abord qu'il ne devrait être employé que lorsque l'acier obéit parfaitement à la loi de Hollomon, ce qui n'est pas toujours le cas.

Pour tenir compte de ces remarques, on peut dire que la pratique simple consistant à considérer le rapport R_e/R_m est une façon raisonnable de juger l'aptitude d'un acier aux déformations autres que de rétreint. La relation existant entre ces deux caractéristiques est montrée par la courbe de la figure 6.3.

Remarque

Comme nous l'avons écrit dans la partie A, il serait évidemment plus facile de comparer au coefficient d'écrouissage le rapport R_m/R_e qui aurait l'avantage de varier de la même façon que n. L'habitude est malheureusement prise de considérer son inverse.

35.6 Influence de la vitesse

Il n'est pas question de seulement considérer, comme c'est trop souvent le cas, l'influence de la vitesse d'emboutissage en comparant une presse hydraulique à une presse mécanique. Dans le premier cas, elle est constante au cours de l'emboutissage tandis qu'elle varie constamment dans le second. Voyons par quel mécanisme, plus compliqué que ce que l'on croit généralement, ces différences peuvent jouer.

Pour commencer, disons que des expériences bien menées sur une presse hydraulique n'ont pas permis de mettre en évidence une variation du rapport limite d'emboutissage (LDR) pour des variations de vitesse du coulisseau allant de 0,25 à 4 m/mn, soit un rapport déjà significatif de 1 à 16.

Il ne faut pas s'en étonner outre mesure. On a insisté, dans la partie A, sur le fait que les caractéristiques mécaniques de l'acier doux étaient sensibles à la vitesse et, en particulier, que sa contrainte d'écoulement plastique augmentait dans le même sens que la vitesse de déformation. C'est de là que vient l'idée que les efforts, et donc les risques de casse, augmentent avec la vitesse du coulisseau de la presse.

Mais disons une fois de plus que si les efforts résistants générés par la déformation plastique du métal de la collerette augmentent effectivement, il en est de même, en première approximation, de la capacité du métal à « tirer » le métal sous serre-flan. Bien entendu, les vitesses et les modes de déformation ne sont pas strictement comparables dans ces différentes zones, mais on peut raisonnablement poser que lorsque la vitesse d'emboutissage augmente, les vitesses de déformation des deux zones augmentent dans les mêmes proportions. Ceci dit, on manque cruellement de résultats expérimentaux dans ce domaine.

Si nous revenons à la comparaison entre presse hydraulique et mécanique, nous pouvons remarquer que, dans le premier cas, la vitesse est moyenne et constante depuis l'attaque du métal par le poinçon jusqu'à la fin de l'emboutissage. Ceci sera détaillé dans la partie H. À l'inverse, le coulisseau de la presse mécanique « attaque » rapidement le flan, d'où cette idée souvent évoquée de rupture par choc, ou encore « fatigue » précoce du métal au sens où l'entendent les emboutisseurs.

En réalité, la plupart des aciers employés en emboutissage sont très loin d'être sensibles au moindre effet de fragilité. D'ailleurs, les ruptures qu'on enregistre dans l'immense majorité des cas sont bel et bien ductiles. Cette hypothèse d'un endommagement initial est donc à rejeter formellement.

C'est probablement plutôt l'influence de la vitesse de glissement entre tôle et outil qui joue le rôle primordial. Mais il faut différencier plusieurs cas.

Si le système tôle-outil-lubrifiant est tel qu'il y a apparition d'un fort pic statique (coefficient de frottement μ plus élevé au commencement du mouvement relatif que par la suite, cf. partie C), celui-ci est d'autant plus élevé que la vitesse est grande. Le métal sous serre-flan ne commencera donc à bouger que sous un effort plus grand. On peut alors se retrouver, pour une autre raison que celle imaginée, dans le cas de figure précédent, c'est-à-dire une déformation locale exagérée au début de l'emboutissage qui peut, soit provoquer une rupture immédiate, soit effectivement endommager le métal et accélérer la ruine en fin de cycle. Ceci ne peut se produire que si la pièce implique des efforts normalement assez grands dès le commencement du formage, par exemple avec de petits rayons de poinçon et de matrice. On a vu des cas de ce genre avec des aciers doux électrozingués pré-phosphatés (bien que diminuant le coefficient de frottement dynamique, la pré-phosphatation à tendance à générer un pic statique marqué). La rupture est alors assez reconnaissable : elle se produit pour une très faible profondeur d'embouti et fait presque tout le tour de la pièce.

Si l'effort d'emboutissage est normalement faible au début (cas, par exemple, d'un godet avec grand rayon de matrice) ceci ne doit pas pouvoir se produire. La vitesse d'attaque du poinçon n'a alors pas d'effet néfaste.

Si l'effort d'emboutissage croît constamment et devient maximal à la fin du formage, cas de l'expansion, alors la presse mécanique est défavorisée par le fait que sa vitesse diminue constamment depuis l'attaque du flan jusqu'au point mort bas. Car, en règle très générale, le coefficient de frottement varie à l'inverse de la vitesse de déplacement relative. Donc, l'effort résistant dû au frottement s'élève constamment et atteint son maximum au plus mauvais moment, celui où, précisément, les efforts de mise en forme sont également les plus élevés. Ceci explique partiellement l'avantage des presses hydraulique sur les presses mécaniques pour les emboutis délicats[1].

De l'ensemble de ces considérations, il ressort, encore une fois, que les raisonnements simples peuvent, malheureusement, conduire à des erreurs d'analyse. Ceci ne serait pas grave si les remèdes à apporter n'étaient pas fonction des causes réelles.

La vitesse d'emboutissage, ou plus simplement la cadence, joue un autre rôle important par ses effets thermiques.

Là encore, le raisonnement doit être mené avec précaution. Le fait de déformer un métal plus rapidement n'est pas en lui-même à l'origine d'une augmentation sensible du dégagement de chaleur. En effet, ce dernier résulte de la transformation d'un travail mécanique qui est le produit d'une force par un déplacement. Ce produit ne dépend de la vitesse que par l'intermédiaire de la sensibilité de l'acier à celle-ci, qui n'est d'ailleurs élevée que pour les aciers très doux.

Si la cadence d'emboutissage a effectivement pour effet d'élever la température de la pièce et de l'outil, fait indéniable quel que soit l'acier, c'est essentiellement parce qu'elle raccourcit le temps donné à chacun pour se refroidir.

Remarquons que, tous les métaux s'adoucissant avec l'élévation de température[2], cet échauffement devrait avoir pour conséquence de réduire les efforts d'emboutissage. Mais il joue un rôle négatif vis-à-vis du frottement (il diminue la viscosité du lubrifiant) et, surtout, il augmente la tendance au grippage. Bien souvent, c'est l'apparition de ce phénomène qui empêche d'augmenter les cadences. Un échauffement très localisé a aussi pour inconvénient de ségréger la déformation ; c'est la notion d'entaille thermique.

1. Un autre avantage tient à la régulation plus rigoureuse de l'effort de serre-flan sur les presses hydrauliques.
2. Il existe certains métaux qui vieillissent dynamiquement, c'est à dire pendant le formage lui-même. Nous ne tenons pas compte de cet effet très rare.

35.7 Influence de l'anisotropie

Il faut ici distinguer entre les différents types d'anisotropie examinés à la partie A.

35.7.1 Anisotropie plastique moyenne

On vient de voir qu'un coefficient d'anisotropie élevé favorisait grandement le rétreint (34.1.1). On a aussi vu qu'il n'était pas particulièrement favorable à l'expansion (33.1.3). On peut dire enfin qu'il ne joue pas un bien grand rôle en traction plane.

Nous n'insisterons donc pas plus sur ce point.

35.7.2 Anisotropie planaire

Elle correspond au fait que le coefficient d'anisotropie plastique varie, dans une tôle, avec la direction. Elle est à l'origine des cornes d'emboutissage dont nous avons parlé en 33.3.4. La présence de ces cornes n'est évidemment pas indifférente vis-à-vis de l'emboutissage, mais elle revêt une importance variable selon les applications.

En tôle, particulièrement pour les utilisations automobiles ou en électroménager, l'anisotropie plane n'est quasiment jamais prise en compte. On peut imaginer des cas où le choix d'une orientation adaptée pourrait soit faciliter l'emboutissage (un exemple sera donné dans la partie J), soit permettre d'économiser un peu de surface de tôle en faisant correspondre les cornes aux zones où la pièce doit avoir les plus grandes dimensions.

Mais le respect de telles contraintes rendrait plus difficile la détermination de la forme des flans et entraînerait certainement des dépenses supérieures aux économies envisageables. Donnons deux exemples pour illustrer ces propos.

Dans la plupart des aciers d'emboutissage, le coefficient d'anisotropie plastique est minimal à 45 ° de la direction de laminage. Or, pour un panneau rectangulaire, ce sont les coins qui subissent du rétreint et c'est donc précisément dans cette direction qu'il serait souhaitable d'avoir le plus fort coefficient d'anisotropie. Une solution efficace consiste à découper les flans rectangulaires avec un angle de 45 ° dans la tôle, mais elle implique une mise au mille bien élevée et n'est quasiment jamais appliquée (l'auteur a vu utiliser cette technique une fois). Il semble évidemment préférable de modifier l'anisotropie planaire de l'acier lui-même, possibilité qui sera peut-être utilisée dans quelques années...

Dans l'industrie automobile, les largeurs sont souvent déterminées en valeurs discrètes, c'est-à-dire qu'on passe, par exemple, de 1 200 mm à 1 210 mm, puis à 1 220 mm, etc. Du fait de ce pas grossier, il n'est pas justifié de particulièrement travailler la forme des flans ou leur orientation pour gagner éventuellement quelques millimètres.

En revanche, les choses sont très différentes dans le domaine des aciers pour emballage, surtout pour les boîtes cylindriques et les couvercles circulaires. Deux considérations différentes sont prises en compte :

E

MÉCANIQUE DE L'EMBOUTISSAGE

– L'économie de matériau. Si une pièce de forme circulaire présente des cornes d'emboutissage dues à l'anisotropie plane de l'acier, il est évidemment nécessaire de prévoir un diamètre de flan suffisant pour que le détourage élimine les creux de cornes. Plus ceux-ci sont marqués, plus le flan initial doit être grand. Vu la petite taille des boîtes et leur grande diffusion, le nombre de pièces fabriquées est évidemment énorme, sans commune mesure avec ce qui se passe dans l'électroménager ou dans l'automobile. C'est donc un domaine où l'anisotropie plane est beaucoup plus sérieusement prise en compte : un dixième de millimètre gagné sur le diamètre du flan représente des économies substantielles en fin d'année. Les grands clients demandent alors au sidérurgiste de garantir un taux de corne[1] inférieur à une valeur maximale fixée contractuellement. Comme on l'a vu dans la première partie, il n'est pas possible d'éviter cette anisotropie plane si l'on désire avoir une valeur élevée de r.
– Le respect d'une géométrie de déformation. Plusieurs types de boîtes sont obtenus à partir de flans pré-imprimés. C'est le cas des boîtes de thon ou de sardines, sur lesquelles les inscriptions sont faites à plat sur la bande, solution beaucoup plus rapide, économique et fiable. Ces illustrations sont évidemment déformées par l'emboutissage et cette déformation est prise en compte par avance, grâce à une distorsion initiale des motifs et inscriptions. Ce qui compte alors, ce n'est pas l'absence d'anisotropie plane mais sa constance. Le sidérurgiste garantit une fourchette de Δr.

Nous ne pouvons quitter ce sujet sans parler d'une qualité d'acier dite « isotrope », plutôt destinée à l'automobile, dont l'introduction par un sidérurgiste il y a une quinzaine d'années a été à l'origine de nombreuses polémiques. Cet acier est une sorte de HSLA dont l'anisotropie plane (Δr) est quasi nulle. Le promoteur a beaucoup insisté sur cette particularité lors de l'introduction du produit, au point d'en faire le nom générique.

D'un point de vue pratique, certains constructeurs reconnaissent à cette qualité des vertus indéniables pour la fabrication de pièces à dominante traction plane ou expansion (capots, portes) tandis que d'autres ne lui attribuent aucune vertu particulière.

Il est probable que le fait d'avoir une anisotropie plane nulle ne joue pas un grand rôle. Il est plus probable, en revanche, que le coefficient d'anisotropie égal à 1 du matériau soit plus favorable que celui inférieur à 1 des aciers HSLA classiques et même que le coefficient $r > 1$ des aciers rephosphorés souvent utilisés pour ces pièces (on a vu que r est légèrement défavorable à l'expansion). On doit dire aussi que cette qualité affiche un allongement réparti et un coefficient d'écrouissage assez élevés pour un HSLA, caractéristique forcément favorable pour les pièces considérées.

Le module d'Young varie à l'inverse du coefficient d'anisotropie r. Sa non-variation avec la direction pourrait jouer un rôle plus important que celle de r.

1. Signalons que le taux de corne prévisible peut être représenté par la valeur de Δr, mais aussi par d'autres critères plus représentatifs, obtenus par des mesures directes sur godets (Δc), voire des mesures de texture cristallographique.

35.7.3 Anisotropie de la surface

Nous voulons ici parler de l'anisotropie qu'on peut rencontrer à la surface de la tôle, due à une texture de rugosité qui n'est pas identique dans toutes les directions.
En fait, ce problème existe uniquement pour les aciers destinés à l'emballage[1]. Ils ont souvent une surface correspondant à ce qu'on appelle *mill finish*, c'est-à-dire résultant du laminage avec des cylindres n'ayant subi aucun traitement final pour leur attribuer une rugosité particulière. Celle-ci est donc tout simplement celle qui résulte de la rectification des cylindres, c'est-à-dire de fines stries orientées dans la direction du laminage.
Ceci a un effet sur le glissement, qui devient dépendant de la direction.
Il ne semble pas que les tôles minces puissent connaître ces problèmes, même dans le cas des finis déterministe qui donnent une orientation marquée à la rugosité (finis laser ou EBT).

1. On le retrouve aussi avec les alliages d'aluminium.

F

Limitations du procédé

Dans cette partie, nous essayons de recenser les différentes limitations pouvant apparaître lors de l'emboutissage des aciers. Elles sont nombreuses, évidemment, mais peuvent se rattacher à quatre grandes catégories :

- le plissement, que nous examinerons au chapitre 36,
- la striction ou la rupture qui feront l'objet du chapitre 37,
- les défauts de forme, chapitre 38, qui découlent presque tous du retour élastique,
- le voilage, autre conséquence du retour élastique, au chapitre 39.

Nous étendrons ensuite cette étude à celle de quelques défauts de surface qui seront examinés au chapitre 40.

Finalement, nous présenterons au chapitre 41 un certain nombre d'essais de laboratoire ou d'atelier destinés à juger la tendance du métal à s'emboutir ou à présenter ces différents défauts.

36 • LE PLISSEMENT

Commençons par examiner le phénomène de plissement sous son aspect physique. De par sa faible épaisseur, une tôle plane possède dans son plan une faible inertie : sous charge, la flèche est inversement proportionnelle au cube de l'épaisseur[1]. Par exemple, réduire de 10 % l'épaisseur (de 0,8 à 0,72 mm) augmente la déflexion de 40 % environ. C'est énorme !

D'où vient le plissement ? Quand la tôle est soumise à une compression dans son plan, elle devrait en toute logique subir une déformation plastique augmentant son épaisseur (conservation du volume) ; c'est ce que montre la figure 36.1.a. Malheureusement sa faible épaisseur lui fait adopter une autre solution qui nécessite moins d'énergie : le *flambement*, expression utilisée en mécanique pour désigner la formation d'une courbure qui, dans le cas présent, dégénère ensuite en pli.

Figure 36.1 – Comportement de la tôle en compression

Comme on le voit sur la partie b de cette figure, la longueur développée des plis reste sensiblement équivalente à la longueur initiale, ce qui signifie (revoir le pliage) que seules les couches extérieures de la tôle ont été fortement plastifiées. C'est ce faible degré de plastification de la tôle qui justifie que ce mode de déformation soit naturellement préféré par le matériau.

36.1 Plissement de collerette

Pour des raisons de simplicité, nous illustrerons essentiellement les mécanismes de plissement par le cas de l'emboutissage de godets. On considérera plus loin l'élargissement de ce comportement aux pièces de forme plus compliquée.

Imaginons que l'on veuille emboutir une coupelle cylindrique en poussant la tôle avec un poinçon à travers une matrice (figure 36.2 gauche), sans prendre d'autres précautions.

1. On suppose qu'il s'agit d'un cas de chargement simple sur une tôle non encastrée.

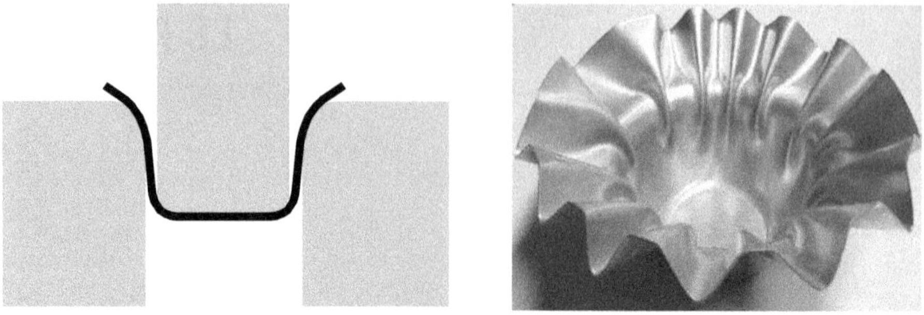

Figure 36.2 – Emboutissage en rétreint sans serre-flan

Cela fonctionne correctement à deux conditions seulement :

– que le taux de réduction demandé, caractérisé par le rapport d'emboutissage (diamètre du flan D sur le diamètre du poinçon d) soit faible, ce qui peut s'exprimer, pour l'acier doux, par :

$$D/d < 1{,}3$$

– que l'épaisseur e_0 ne soit pas trop faible vis-à-vis du diamètre du flan, par exemple :

$$e_0 > D/20$$

A titre d'exemple, on peut emboutir ainsi un acier doux de 2 mm en une coupelle de 30 mm de diamètre à partir d'un flan de diamètre 40 mm. Évidemment, la pièce sera peu profonde, environ 10 mm. Cette possibilité est rarement utilisée, mais on fabrique parfois ainsi des coupelles et des cabochons en acier. Il est alors d'usage, pour améliorer le résultat ou élargir le domaine d'application, de donner à l'entrée de matrice un profil à rayon évolutif appelé *tractrice*. C'est celui représenté sur la figure 36.2 à gauche.

Si, comme c'est le cas généralement, nous sortons de ces limites étroites, il en résultera un lamentable amas de plis comme montré sur la figure 36.2 à droite.

On a déjà vu, en 33.3, partie E, pourquoi il existait de fortes contraintes de compression circonférentielles en rétreint. Ce sont évidemment ces contraintes qui sont à l'origine de la formation des plis. On voit donc que le plissement est une conséquence géométrique inévitable du mode de déformation et que seul un moyen extérieur permettra d'en venir à bout, d'où la nécessité d'ajouter au système un *serre-flan*, que l'on appuie sur la tôle et qui vient l'empêcher de plisser.

Quel est son mode d'action ? Il résulte de deux mécanismes distincts : le *confinement* et la *tension radiale*.

36.1.1 Le confinement

Nous entendons par là qu'il n'existe pas de place pour que les plis se forment. Sur une presse hydraulique, le serre-flan appuie en général[1] directement sur la tôle ; le jeu est donc nul. Cependant, si la pression appliquée n'est pas suffisante, les plis

1. On verra dans la partie H que le serre-flan peut ne pas appuyer directement sur la tôle, mais sur des butées latérales. C'est surtout le cas sur les presses mécaniques.

peuvent fort bien repousser le serre-flan. Le petit calcul qui suit est à ce sujet très instructif.

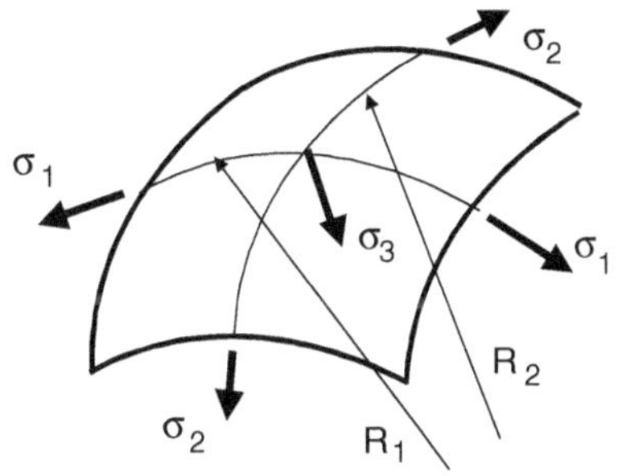

Figure 36.3 – Contraintes s'exerçant sur un diaphragme

Commençons par considérer un cas général, figure 36.3, qui nous servira plus tard. On démontre en mécanique que la contrainte σ_3 exercée par une membrane (une tôle dans notre cas) que deux contraintes σ_1 et σ_2 appliquent sur un corps rigide sphérique (un poinçon, par exemple) est égale à :

$$\sigma_3 = e \cdot \left(\frac{\sigma_1}{R_1} + \frac{\sigma_2}{R_2}\right)$$ e est l'épaisseur de la tôle

Appliquons cette équation au cas du pli. Comme il a une arête droite, l'un des rayons (disons R_2) est infini et la contrainte σ_2 est nulle. Le deuxième membre de l'équation ci-dessus se réduit alors au terme e (σ_1/R_1). D'autre part, la contrainte σ_1 étant alors une contrainte négative de compression, la contrainte σ_3 va s'exercer à l'inverse, vers le haut.

On voit clairement que tant que la tôle est plane, R_1 est infini et σ_3 est nulle. Mais dès que le pli se forme, R_1 diminue beaucoup et la force qu'exerce la tôle sur le serre-flan croît ainsi très rapidement.

La conclusion de cette démonstration est claire : il est beaucoup plus efficace de s'opposer à la naissance des plis sous serre-flan que d'essayer d'arrêter leur croissance. Ceci explique, entre autres, l'échec de certaines tentatives faites pour réduire le coût des outillages. On a essayé de faire des surfaces de serre-flan semi-rigides en polyuréthane, dans le but de n'avoir qu'une des surfaces de l'outil à usiner et à ajuster. Mais la rigidité du polyuréthane, même le plus dur, reste très insuffisante pour empêcher la formation des plis ce qui réduit la latitude de réglage (cf. 41.1.1) de ces outils à zéro. L'idée a été abandonnée.

Notons que la force développée par les plis peut être très grande. La formule montre, d'abord, qu'elle est proportionnelle à l'épaisseur. Nous avons vu, lors d'emboutissage de godets en tôle d'acier doux de 1,5 mm (figure 36.4) sur presse hydraulique, le plissement repousser le serre-flan pourtant appliqué avec une force de 300 kN ! Il suffit d'ailleurs d'examiner à quel point la surface du sommet des plis est écrasée (brillante) pour imaginer la pression exercée.

A titre indicatif, essayons de calculer la force exercée par l'ensemble des plis visibles sur la collerette du godet de diamètre 200 mm de cette figure.

Figure 36.4 – Plissement sous serre-flan

L'emboutissage étant assez avancé, la limite d'élasticité de cet acier doux a été largement dépassée ; situons la contrainte circonférentielle à au moins 250 MPa. Le rayon de courbure moyen des plis est d'environ 5 mm et leur longueur 70 mm. Il y en a soixante.

En fonction de la formule indiquée plus haut, chaque pli exerce donc vers le haut une contrainte de 1,5 . (250/5) = 75 MPa par mm de longueur, ce qui donne 315 kN pour le total des 60 plis.

Si nous remarquons que la surface d'appui des plis sur le serre-flan, facilement identifiable car elle est lisse et plate, n'a pas plus d'un mm de largeur, nous en déduisons que la pression de contact approximative est de 75 MPa (750 bars).

On voit que plus le métal aura des caractéristiques mécaniques élevées, plus la contrainte σ_1 sera forte, plus la force de serre-flan nécessaire devra être grande. Il peut être nécessaire, pour les aciers TRIP et inoxydables austénitiques qui se consolident beaucoup au cours de la mise en forme, d'utiliser des forces de serre-flan trois fois plus grandes que celles adoptées pour l'acier doux.

Nous avons annoncé par une note de bas de page que le serre-flan n'appuyait pas toujours sur la tôle elle-même, mais parfois sur des cales latérales ; c'est essentiellement le cas des outils comportant des joncs et montés sur presses mécaniques. On parle alors d'emboutissage sur *butées*, ou *cales de compensation*, concept qui sera développé plus profondément en 49.1, partie H. Nous pouvons néanmoins observer que ce système autorise l'existence d'un léger jeu entre la matrice et le serre-flan (ne serait-ce que pour tenir compte des tolérances sur l'épaisseur de la tôle) et que l'effet de confinement dont nous venons de parler est fortement réduit car les plis peuvent commencer à se former. C'est une des raisons pour lesquelles l'emboutissage sur butée est rarement pratiqué sur des pièces comportant seulement du rétreint (godets cylindriques).

Rappelons encore que l'épaisseur de la tôle sous serre-flan augmente, dans les zones en rétreint, surtout vers la périphérie. Il s'ensuit que, même si le serre-flan applique bien la tôle sur la périphérie de la matrice, il existe un jeu de plus en plus grand dans la zone proche du rayon de matrice ; des plis peuvent alors naître à cet endroit.

Dans le même ordre d'idée, on peut aussi rappeler que dans les parties en rétreint, les zones où le coefficient d'anisotropie plastique est le plus faible s'épaississent plus. Si le serre-flan a une portée strictement plane, l'épaisseur locale de ces zones déterminera le jeu entre serre-flan et matrice et le métal des parties où le coefficient d'anisotropie est élevé aura un jeu plus grand, susceptible de laisser des plis y naître.

36.1.2 La tension radiale

C'est, après le confinement, le deuxième mécanisme qui s'oppose au plissement ; on l'appelle aussi parfois *la retenue*. L'ensemble des forces qui tendent à empêcher le glissement de la tôle vers la cavité de la matrice a deux effets positifs.

D'abord un effet purement géométrique : pour une même profondeur d'embouti, la pénétration du métal dans la cavité de la matrice (l'avalement) est réduit puisque le métal du *mur* s'allonge plus sous l'effet de la tension. Le rapport AB/A'B' de la figure 33.5 est donc plus faible et les contraintes de compression aussi. Le plissement est ainsi retardé.

Ensuite un effet mécanique. Comme la tension augmente entre A et A', B et B', l'élément de métal ABB'A' subit une traction radiale qui non seulement l'allonge mais aussi le rétrécit (comparer à l'essai de traction). Ce rétrécissement naturel est comme on l'a vu favorable puis qu'il a pour conséquence de réduire les contraintes de compression circonférentielles.

On voit donc que l'augmentation de la force de serre-flan, la réduction de la lubrification, l'ajout de joncs ou redans, la diminution du rayon de matrice – toutes modifications qui réduisent l'avalement de la tôle – constituent des possibilités de réduction du plissement. On retiendra, cependant, que ces diverses modifications augmentent en revanche le risque de casse de la pièce.

Si l'on considère maintenant le cas de pièces de forme quelconque, il est clair que les angles convexes de ces pièces se comporteront comme des sections de godets, donc auront tendance à plisser. On observe bien souvent une usure prématurée des outils dans ces angles, due à la répétition du plissement toujours au même endroit.

36.2 Le plissement de brin libre

Un brin libre est une zone de métal qui n'est soutenue ni dessus, ni dessous au cours d'une partie au moins de l'emboutissage. Le cas du godet conique, astucieusement élevé au rang de test de plissement par la British Steel Co, en est un parfait exemple (figure 36.5). Considérons deux états successifs 1 et 2 de cette mise en forme et un point X situé sur un diamètre D1 de la zone conique.

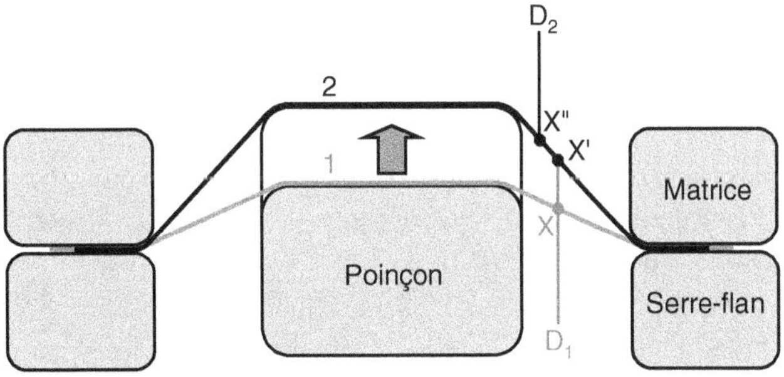

Figure 36.5 – Déplacement radial d'un point du brin libre

Quand le poinçon passe de 1 en 2, le point X devrait venir en X' sur le même diamètre D1 si seule la partie conique s'allongeait. Mais les efforts induits par la déformation entraînent le métal qui est sous serre-flan, si bien que le point X va en fait en X", situé sur un diamètre D2 plus petit que D1.

Donc, par rapport à l'état 1, la zone du point X" est en compression circonférentielle et, la tôle étant mince, elle flambe. L'excès de matière se retrouve sous forme d'ondulations radiales comme le montre la figure 36.6.

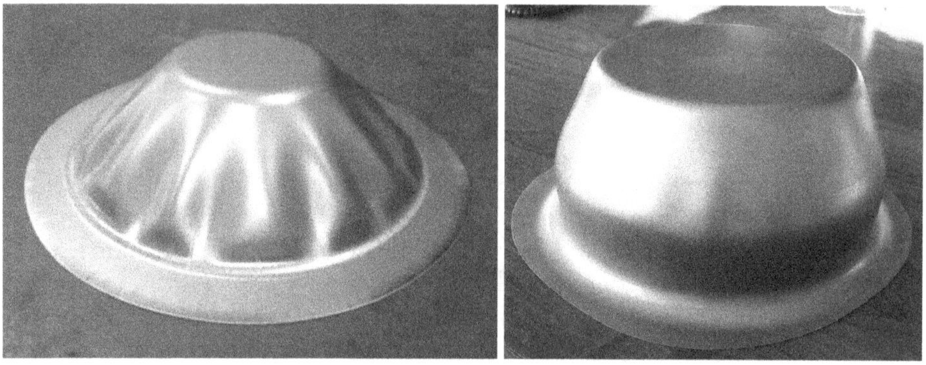

Figure 36.6 – Plis radiaux formés sur des emboutis coniques

On devine quels vont être les facteurs favorisant ce défaut :

- une faible pression de serre-flan, qui laisse le métal s'écouler dans la matrice,
- une trop bonne lubrification, un grand rayon de matrice, pour la même raison,
- un petit rayon de poinçon qui, en bloquant la tôle sur le poinçon, interdit son expansion et amplifie donc le glissement sous serre-flan,
- une faible épaisseur de tôle, qui facilite son flambage,
- une limite d'élasticité élevée de l'acier.

Dans l'explication concernant la figure 36.5, on a imaginé que le métal ne pouvait venir que de sous le serre-flan, par avalement. Mais une possibilité favorable consiste à le faire venir de la zone située sur le nez de poinçon. Si l'expansion est ici suffisante pour compenser le glissement sous serre-flan, on peut imaginer que le point X vienne en X' et non X", supprimant ainsi le risque de plissement de brin libre.

Ce résultat peut être atteint de plusieurs façons :

- en augmentant le rayon du nez de poinçon, ce qui facilitera l'écoulement du métal vers l'extérieur,
- en réalisant, si c'est possible, un nez de poinçon légèrement bombé, ce qui améliore aussi l'écoulement ; cette partie peut, si nécessaire, être remise à plat dans une opération ultérieure,
- en poinçonnant un trou au centre du flan ; sa présence réduira les forces qui s'opposent à l'expansion. Notons d'ailleurs que les pièces coniques ont très souvent un trou au milieu (voir l'exemple 24, partie J).

36.3 Le plissement de brin semi-libre

Il existe un cas de plissement qui est intermédiaire entre celui sous serre-flan et celui de brin libre : c'est le plissement sur rayon de matrice (figure 36.7 à gauche). Dans ce cas particulier, il n'y a pas de plis sur la collerette.

Remarque

L'expression de brin semi-libre utilisée par l'auteur n'est pas d'un usage reconnu.

On voit à droite de la figure qu'entre le point A et le point B, le métal porte sur la matrice mais n'est pas pressé sur elle par le serre-flan : l'effet de confinement ne joue donc pas complètement (seule la tension du métal le plaque sur la matrice).

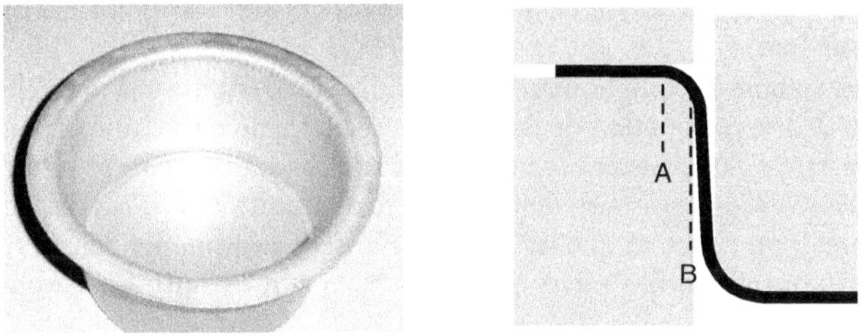

Figure 36.7 – Plissement de brin semi-libre

Or A est situé sur un diamètre supérieur à B, il y a donc risque de formation de plis par compression circonférentielle quand le métal passe de A à B. Face à une pièce présentant ce défaut, on peut donc poser que le rayon de matrice est trop grand. On trouvera en 50.2, partie H une formule semi-empirique permettant de calculer un rayon de matrice convenant bien pour l'emboutissage d'un godet en acier doux.

36.4 Facteurs influents

Pour résumer, reprenons les différents facteurs évoqués à propos des trois cas de plissement.

Coté matériau, le plus important est sans conteste l'épaisseur. On a vu que la résistance au flambement d'une tôle plane (cas de la collerette d'un godet) varie plus ou moins[1] en fonction du cube de son épaisseur, donc très rapidement.

Le deuxième facteur est la limite d'élasticité. Plus elle est élevée, plus la plastification est rendue difficile et plus la contrainte de compression σ_1 évoquée plus haut s'élève. Ceci s'explique par le fait qu'on emmagasine une forte énergie de déformation

1. Cela dépend en fait des conditions aux limites.

élastique, qui précipite l'instabilité qu'est le flambage[1]. Les risques de plissement augmentent donc.

On remarquera, au passage, qu'on trouve parmi les facteurs aggravants du plissement, les deux ingrédients de l'allégement (tel qu'appliqué à l'automobile) : la diminution d'épaisseur et l'augmentation de la limite d'élasticité. Il ne faut donc pas s'étonner si les problèmes de mise en forme des tôles sont de plus en plus ardus !

Mais il faut bien reconnaître que les aciers spécifiquement développés pour l'emboutissage ont fait de gros progrès en formabilité, notamment par l'abaissement de la limite d'élasticité, et que la réalisation de certaines pièces actuelles aurait été simplement impensable il y a dix ans.

Un troisième facteur matériau est le coefficient d'anisotropie r. Plus il est élevé, plus la tension radiale exercée sur un élément de métal tend à réduire sa largeur. Or nous avons vu que c'était là un facteur favorable pour éviter le plissement. Quand la valeur de r_{moyen} augmente, on peut donc s'attendre à une réduction du plissement.

Mais l'affaire se complique si l'on considère le phénomène à une échelle plus réduite, c'est-à-dire en fonction de la variation planaire de r. Comme on l'a vu, les zones où r est faible s'épaississent, ce qui est plutôt favorable, mais le rétrécissement moins marqué est au contraire défavorable. Il y a donc une sorte de compensation. En général, on constate que les plis apparaissent néanmoins dans les zones à r faible. Ceci pourrait venir du fait que l'épaississement est surtout marqué en bordure de la collerette.

Du point de vue de l'outillage, il existe au moins trois facteurs géométriques influents : le rayon de matrice, celui de poinçon et la dimension des brins libres. Si le rayon de matrice est trop grand, il retiendra insuffisamment le métal et pourra aussi provoquer du plissement de brin semi-libre. À l'inverse, plus le rayon de poinçon est grand, plus le métal situé sur le nez de poinçon se déforme, réduisant ainsi le niveau de rétreint comme on l'a vu à propos du brin libre. Évidemment, de grands brins libres (rapportés à l'épaisseur) généreront beaucoup de plissement, ce qui devient parfois problématique sur les pièces extérieures de carrosserie automobile, même parfois dès la fermeture du serre-flan (quand il est de forme gauche).

Au niveau du process, nous retiendrons deux variables influentes : la force de serre-flan et la lubrification. Plus la force de serre-flan s'élève, plus l'avalement diminue, donc les plis. L'ajout de joncs de freinage ou de redans et l'augmentation de la force de serre-flan sont les méthodes les plus utilisées pour contrôler le plissement mais il faut éviter les tensions trop fortes qui généreraient des ruptures.

On peut aussi jouer sur la lubrification. Favorable sur le nez de poinçon, elle augmentera l'expansion et réduira le rétreint. Trop efficace sous serre-flan, elle ne permettra pas de « tenir » la tôle, le rétreint sera fort et les plis nombreux. Non seulement l'avalement augmente, mais il se forme un film épais de lubrifiant juste en avant du rayon de matrice et ce film, qui n'a aucune rigidité, ne peut pas s'opposer à la naissance des plis.

1. Une autre façon d'expliquer l'influence de la limite d'élasticité est de voir qu'aussi longtemps qu'elle n'est pas atteinte les chances d'un épaississement plastique favorable (moins de plis) n'existent pas. Donc, plus elle est élevée, plus on a de chances de voir des plis apparaître.

36.5 Effacement des plis

Notons pour finir que les plis apparus au début de la mise en forme peuvent disparaître ensuite s'ils ne sont pas trop prononcés.

Cette notion s'applique presque exclusivement au cas des pièces extérieures de carrosserie. On considère souvent qu'ils disparaîtront en fin d'emboutissage si leur rayon de courbure est supérieur à environ 20 fois l'épaisseur. La figure 36.8 montre quatre phases successives de l'emboutissage d'un hayon de voiture, modélisé avec le logiciel PamStamp. On voit que l'allongement qui résulte de l'impression de la fenêtre et du boudin présent au bas de la pièce permet, en fin de course, de « tirer » le métal dans une direction circonférentielle et de résorber les plis. C'est bien ce qui se passe dans la réalité.

Figure 36.8 – Résorption des plis en cours d'emboutissage (ESI)

Il est néanmoins recommandé de ne pas systématiquement compter sur cet effet et de vérifier que la pièce fabriquée sera bien effectivement exempte de plis inacceptables.

Remarque

Dans le cas des logiciels explicites, la simulation reproduit bien le phénomène réel. Il faut, en revanche, faire très attention au fait que les logiciels implicites ne sont pas réalistes sur ce point : ils « aplatissent » systématiquement les plis en fin d'emboutissage.

37 • STRICTION ET RUPTURE

La première cause de rejet d'une pièce emboutie est la présence d'une (ou plusieurs) rupture(s). Rappelons que, pour l'emboutisseur, une striction visible a strictement la même signification qu'une rupture, tant les deux phénomènes sont proches en termes de déformation.
Il ne serait donc pas raisonnable de conclure à une différence de qualité entre deux lots de métal sous prétexte que l'un aurait plus de ruptures et l'autre plus de strictions. Statistiquement, on peut les considérer comme équivalents.

37.1 Augmentation de rugosité

Les raisonnements qui suivent ne sont applicables qu'au cas des aciers doux ou HSLA. Les aciers à hautes et très hautes caractéristiques ne présentent pas les phénomènes que nous exposons maintenant.
Comme on l'a vu à la partie A, les glissements plastiques se font dans des plans cristallins bien définis, les plans de haute densité. Ceux-ci ayant, sauf cas fortuit, des orientations différentes d'un grain à l'autre, les directions de plus grande déformation sont donc également variables d'un grain à ses voisins. De ce fait, certains grains sont orientés de telle façon vis-à-vis de la contrainte appliquée qu'ils se déforment beaucoup tandis que d'autres, orientés différemment, se déforment peu. Il s'ensuit que, au fur et à mesure que la déformation plastique progresse, la surface d'un métal ductile voit sa rugosité augmenter puisqu'elle est limitée par des grains se déformant plus ou moins, en fonction des mécanismes évoqués. Par rapport à la surface initiale, certains semblent se creuser, d'autres gonfler.
Normalement, cette augmentation de rugosité ne devient perceptible qu'à l'approche de la striction localisée, c'est-à-dire très peu avant la rupture finale. Les emboutisseurs ont depuis longtemps appris à reconnaître ce signe et ils disent, en voyant apparaître la rugosité de déformation, que le métal est fatigué, ce qui sous-entend qu'ils sont déjà allés trop loin. Rappelons-nous que l'augmentation de rugosité a été employée comme critère de striction dans une méthode de détermination des CLF maintenant abandonnée, la méthode Kobayashi.
Le terme « fatigué » n'est évidemment pas à prendre dans son sens technique habituel mais plutôt à considérer comme une des nombreuses manifestations du langage souvent anthropomorphe des techniciens[1].

---

1. Pour l'emboutisseur, la tôle n'est pas un objet ; elle vit car elle lui résiste. On rencontre souvent des expressions imagées rapprochant le comportement de la tôle de celui d'une personne. Certains disent qu'il faut lui « casser les reins » pour la mettre en forme, qu'elle « respire » (retour élastique), qu'elle se « fatigue », etc.

Il est clair que plus la taille des grains est grande, plus la rugosité de déformation est visible. Pour des tailles de grains anormalement fortes, la rugosité apparaît bien avant la striction ; ce défaut sera examiné en 40.2. À l'inverse, on utilise des aciers à grain très fin (souvent avec addition de bore) pour des pièces devant conserver une certaine réflectivité après formage (cas des paraboles d'optique, des réflecteurs).

37.2 Rupture ductile : striction diffuse et localisée

Nous considérons comme ductiles non seulement les aciers doux d'emboutissage mais aussi les aciers HSLA. Nous avons discuté, lors de l'examen de l'essai de traction, des deux strictions possibles sur les tôles minces : striction diffuse d'abord, qui correspond à une diminution de largeur et d'épaisseur répartie sur une assez grande zone, à partir du maximum de force (cf. 4.5, partie A), striction localisée ensuite, qui se manifeste par une diminution beaucoup plus locale d'épaisseur qui précède immédiatement la rupture (cf. 4.6 ; partie A).

Nous avons dit, aussi, que ces strictions peuvent apparaître de façon variable en fonction de l'épaisseur de l'acier : plus il est mince, moins la striction diffuse est prononcée. Ce qu'on peut ajouter maintenant que nous avons vu les différents modes de déformation, c'est que le type de striction qui apparaît dépend aussi du mode actif.

Un exemple simple nous évitera d'avoir à rentrer dans des théories complexes. Prenons le cas de la traction plane (TP) : elle est définie comme étant un mode de déformation dans lequel il n'y a pas de variation de largeur : $\varepsilon_2 = 0$. Partant de là, il ne peut pas y avoir de striction en largeur visible, ce serait en opposition avec la définition même du mode.

Ceci a une conséquence énorme vis-à-vis du formage et nous explique pourquoi le point bas des CLF est pratiquement toujours en TP (sauf trajectoire non directe ou $n > 0,33$). Dans un essai de traction plane, qu'on réalise en prenant une éprouvette beaucoup plus large que longue de façon à ce que la largeur ne puisse pas diminuer (tenue par les mors), on ne voit pratiquement pas d'allongement de striction, c'est-à-dire que le métal atteint sa charge maximale et casse presque tout de suite après.

Par ailleurs, on a expliqué en 6.4, partie A, sans le démontrer, que la déformation à l'instabilité de charge, c'est-à-dire quand la force atteint son maximum, valait n. On en déduit aisément que le point bas en TP d'une CLF devrait, si le métal obéit à la loi d'Hollomon, se trouver à une valeur de $\varepsilon_1 = n$. On constate que cette condition est en général bien respectée. On comprend aussi que la CLF s'élève du côté gauche, quand on va vers des ε_2 négatifs, puisque vient s'ajouter un allongement de striction de plus en plus grand.

Au passage, ceci nous permet de comprendre pourquoi on ne détecte pas de striction diffuse visible sur une éprouvette de traction de métal très mince. Comme elle a une largeur normalisée habituelle, 12,5 ou 20 mm, son rapport largeur sur épaisseur est très grand et elle se déforme suivant une trajectoire plus proche de la traction plane que de la traction uniaxiale.

Pour les aciers ductiles, la striction localisée apparaît donc dans tous les modes de déformation et elle constitue l'annonce de la rupture. Il faut ajouter que, du fait qu'il n'y a pas de cisaillement possible en traction plane, contrairement à la traction uniaxiale, la striction localisée ne fait pas un angle avec la direction de contrainte principale mais lui est perpendiculaire. Cette observation permet d'identifier la direction des contraintes quand on analyse une pièce cassée.

La figure 37.1, due à Green [1], schématise les différentes orientations possibles des strictions localisées, en fonction du mode de déformation dans le secteur gauche des CLF. Dans la partie I, un exemple discutera ces différents types de ruptures.

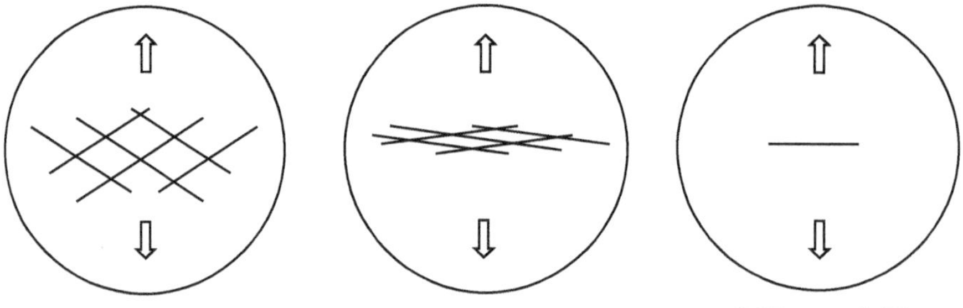

Figure 37.1 – Angle que fait la rupture en fonction du mode de déformation [1]

37.3 Rupture en sifflet

On utilise de plus en plus d'aciers à hautes ou très hautes caractéristiques ; ceux-ci sont en général peu ductiles et ne présentent donc pas le type de rupture avec striction dont nous venons de parler. La rupture se fait par cisaillement dans l'épaisseur et affecte une forme en biseau. Ce comportement peut être attribué à une faible consolidation à ce stade de la déformation, qui ne permet pas aux ligaments de se former et de s'allonger comme cela se passe lors de la striction localisée.

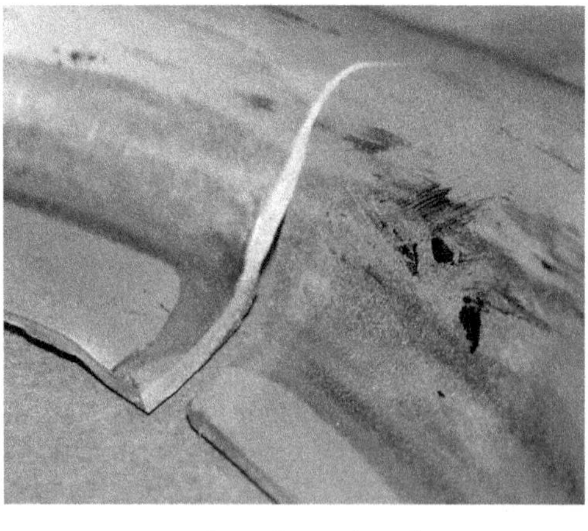

Figure 37.2 – Rupture typique d'un acier à hautes caractéristiques

Le problème est ici que ces ruptures ne sont pratiquement précédées par aucun signe annonciateur : pas de striction localisée visible, pas d'augmentation de la rugosité. Elles se produisent d'ailleurs de façon brutale et en faisant plus de bruit que les ruptures ductiles. L'endommagement ne participe pas à leur développement. Elles peuvent se produire en pleine tôle, évidemment, mais comme elles correspondent à des matériaux peu ductiles, donc beaucoup plus sensibles aux effets d'entaille, il est fréquent qu'elles partent d'un défaut, et en particulier d'un bord découpé. La figure 37.2 en donne un exemple. Dans un tel cas, il est impératif de s'assurer, d'abord, du fait que la découpe a été aussi bien faite que possible.

37.4 Rupture fragile

Par définition, une rupture fragile est une rupture qui a lieu sans plastification, donc sans modification de la forme des lèvres ; le meilleur exemple est celui du verre dont on peut parfaitement raccorder les morceaux cassés. Il existe actuellement quatre classes d'acier pour lesquels ce type de défaillance peut apparaître en emboutissage : ce sont les aciers décarburés pour émaillage, certains aciers sans interstitiels, les aciers inoxydables austénitiques et les aciers TRIP.

Du point de vue métallurgique, on peut résumer les causes comme suit :

- dans les deux premiers cas, c'est l'appauvrissement des joints de grains en carbone et autres éléments qui, les rendant faibles, est à l'origine de leur fragilité,
- pour les seconds, la formation de martensite – un constituant dur et fragile – est à l'origine des casses.

Ces ruptures fragiles se produisent uniquement dans des zones ayant subi un fort rétreint. Ceci s'explique par le fait que les grains y sont très allongés et que, par conséquent, les joints de grains s'y alignent, de même que les amas de martensite, rendant plus facile la progression linéaire des fissures[1].

Comment reconnaître une rupture fragile ? Elle se présente sous l'aspect d'une fissure très fine partant du bord de la pièce et orientée suivant la ligne de plus fort rétreint, c'est-à-dire la génératrice dans le cas d'un godet ou l'arête du coin dans le cas d'un panneau plat. La figure 58.10, partie J, en présente une. On notera que la rupture n'est jamais totale, elle s'arrête dès que le taux de rétreint devient suffisamment faible.

Quels sont les facteurs aggravants ?

- L'épaisseur d'abord. Plus elle est forte, plus la triaxialité des contraintes[2] augmente.
- La température ensuite. Il est formellement déconseillé d'emboutir un métal fragile à basse température. Il faut le laisser séjourner au minimum un jour dans l'atelier.
- La qualité des bords enfin. Mais soyons clairs : même si les rives du flan étaient usinées avant emboutissage, le très fort rétreint peut provoquer la formation de

1. Une fissure se propage beaucoup plus difficilement si elle doit contourner les grains.
2. Nous ne pouvons pas développer cette notion dans le cadre de cet ouvrage. Disons seulement que plus l'épaisseur augmente, moins est vérifiée l'hypothèse des contraintes planes : il existe alors des contraintes défavorables dans l'épaisseur qui contribuent à réduire la ductilité du métal.

sévères replis sur les rives. Ces entailles (visibles dans l'exemple de la partie J) sont des amorces de rupture extrêmement sévères.

On a vu en 10.3.2 et 11.3, partie B, que la tendance à la rupture fragile peut être efficacement combattue par l'ajout de bore ou de niobium pour les aciers IF et IFHR. Si donc on se trouve en face d'une rupture de ce type, la première chose à faire est de vérifier que les traitements nécessaires ont bien été faits.

37.5 Rupture différée

Le nom de ce type de rupture indique clairement sa particularité : c'est une rupture fragile qui advient un « certain temps » après la complétion de l'emboutissage, temps qui peut aller de quelques secondes à quelques semaines, ceci dépendant de plusieurs facteurs que nous allons examiner de façon sommaire car ce type d'incident n'est quand même pas courant.

D'abord, quels sont les aciers qui y sont sensibles ? Ce sont toujours des aciers à hautes ou très hautes caractéristiques mécaniques, ceci venant du fait qu'ils ne sont pas capables d'accommoder, comme un matériau ductile, la présence d'un défaut local ou d'un certain type de déformation. A la connaissance de l'auteur, tous les types d'acier ayant une résistance supérieure à, disons, 700 ou 800 MPa, peuvent être victimes de rupture différée. Heureusement, ce n'est qu'une possibilité qui ne se présente en fait pas souvent et qui apparaît plutôt sur les plus hauts grades.

La rupture est d'un type plutôt fragile, sans déformation plastique appréciable. Elle résulte toujours de la diffusion de l'hydrogène (il suffit de quelques ppm) après sortie de la pièce de l'outillage, due en fait au retour élastique. En simplifiant, on peut expliquer le phénomène ainsi : les zones comprimées pendant le formage se détendent élastiquement et la maille cristalline augmente de façon extrêmement légère, laissant un tout petit peu plus de place pour les atomes d'hydrogène qui diffusent donc vers ces lieux. Quand il y en a suffisamment, la pression qu'ils exercent fait rompre la pièce.

On peut ainsi voir, par exemple, le spectacle a priori surprenant d'une rupture partant de l'intérieur d'un pli.

Il convient quand même d'être rassurant, ces difficultés sont extrêmement rares ; nous en parlons surtout pour être exhaustifs dans notre énumération des différents types de rupture possibles. Si le cas se produit, il faut contacter le sidérurgiste pour procéder à l'analyse des causes.

38 • LE RETOUR ÉLASTIQUE

Bien évidemment, les plis et les ruptures sont des défauts tellement apparents qu'ils font systématiquement l'objet d'un travail intensif sur l'outil en vue de les éliminer. Il en est cependant d'autres qui, bien que moins visibles, ne peuvent pas être négligés, surtout actuellement. Cette affirmation mérite une courte justification.

Dans les sociétés, dites développées, auxquelles nous appartenons, l'offre matérielle est tellement large que le consommateur a le choix entre un très grand nombre de produits offrant des caractéristiques comparables à des prix identiques. Examinons le cas typique des automobiles ou des appareils ménagers.

Beaucoup de modèles appartenant à la même gamme (au même segment) sont, en fait, quasiment identiques. Les techniques employées sont les mêmes, les matériaux aussi et les seules différences découlent de l'aspect (le look) et de l'art du publicitaire chargé d'en faire la promotion. Face à cette confusion, l'acheteur éventuel cherche des critères de choix, et l'un des plus forts se trouve être ce qu'on appelle la *qualité perçue*. Le mot « perçue » vient à point pour bien montrer qu'on ne parle pas de qualité réelle et objective, mais seulement de celle ressentie par le client qui est, dans l'immense majorité des cas, strictement désarmé pour juger de la qualité réelle car il lui faudrait alors posséder un lourd bagage technique, d'ailleurs souvent seulement valable vis-à-vis d'un très petit nombre de propriétés.

De ce fait, les fabricants sont très attentifs à tout ce qui peut influencer favorablement le choix instinctif des clients et l'aspect perçu par celui-ci dès le premier coup d'œil devient alors primordial. Nous ne citerons qu'un seul exemple, hélas révélateur, de cette philosophie. Toutes les automobiles fabriquées avec des tôles d'acier protégées extérieurement par un revêtement de zinc ont des zones de la carrosserie où il n'y a plus un milligramme de zinc. Il a été supprimé par meulage au cours d'opérations dites de « réparation » dédiées à l'enlèvement de minuscules défauts visibles après peinture tels que : empreintes, picots, grattons.

Remarque

Notons quand même que la tendance à pratiquer ce genre d'opération, favorable à l'aspect mais défavorable à la qualité réelle, est en voie de diminution en raison de l'augmentation générale des garanties anticorrosion.

Quittons cette digression et revenons aux raisons qui font que le retour élastique est moins supportable aujourd'hui qu'il y a quelques lustres. Il y en a essentiellement trois :

- l'augmentation continuelle de la qualité exigée par les clients qui ne veulent plus voir des pièces mal ajustées,
- la même nécessité pour les fabricants, mais résultant de l'automation qui exige des formes absolument reproductibles pour permettre un ajustement correct, une pose facile, un soudage parfait, etc.
- et surtout, l'introduction de plus en plus massive d'aciers à hautes et très hautes caractéristiques[1], car ils ont un retour élastique beaucoup plus élevé que les aciers doux classiques.

38.1 Origine du retour élastique

En fin d'emboutissage, la pièce encore dans l'outil épouse au centre la forme du poinçon, celle de la matrice sur son pourtour, et une forme intermédiaire dans les brins libres. La déformation plastique est achevée, mais la pièce est toujours le siège de nombreuses tensions ou compressions élastiques qui correspondent aux niveaux de déformation localement atteints. Elle est donc dans un état de contrainte instable.

Quand l'outil s'ouvre[2] et que la pièce devient libre, cet état instable ne peut pas durer ; il faut qu'un nouvel équilibre s'instaure naturellement entre les zones déformées en compression et celles déformées en traction (ou en cisaillement, d'ailleurs).

Ce rééquilibrage des contraintes conduit évidemment à une modification de forme, plus ou moins perceptible (les déformations élastiques sont toujours faibles), que l'on appelle retour élastique, en anglais springback. Nous en avons parlé, à propos de l'essai de traction, en 2.2.2, partie A, où l'origine physique du phénomène est expliquée.

Ce phénomène a été longtemps ignoré en emboutissage, car les matériaux utilisés étant toujours les plus doux disponibles, les contraintes atteintes en fin de mise en forme étaient faibles et le retour élastique quasi invisible. C'était essentiellement une opération connexe, le pliage, qui révélait le plus le retour élastique des tôles.

Examinons pourquoi en prenant un exemple numérique. Si un élément d'acier est en traction sous une contrainte de, par exemple, 400 MPa, sa longueur ne se réduira que de deux millièmes (σ/E) quand la contrainte sera supprimée. C'est insignifiant et non visible.

Mais on a vu que le pliage imposait des niveaux de déformation très différents d'une face à l'autre de la tôle, extension à l'extérieur et compression à l'intérieur, ce qui implique que les déformations s'inversent quand cesse la sollicitation qui a provoqué la formation du pli. Il y a donc maintenant des contraintes élastiques de compression sur l'extérieur et inversement.

---

1. Les alliages d'aluminium ne sont pas mieux placés sur ce plan, car ils ont, à caractéristiques identiques, un retour élastique qui est le triple de celui de l'acier.
2. Signalons ici que l'ordre d'ouverture des différents éléments de l'outil n'est pas indifférent. Si certaines zones de métal subissent des contraintes élastiques supérieures à la limite élastiques de zones adjacentes, elles peuvent se plastifier à nouveau. Il est extrêmement important de tenir compte de ces particularités lorsqu'on cherche à simuler par calcul numérique le retour élastique d'une pièce.

Ces contraintes ne peuvent s'équilibrer que par un changement de forme du pli. Le mécanisme est strictement le même que celui d'un bilame : comme l'un de ses éléments se dilate plus que l'autre sous l'effet de la chaleur, il force l'autre à se courber. Les deux éléments ont alors un rayon de courbure différent et, comme ils couvrent le même angle, une longueur également différente.

Si nous reprenons les données de l'exemple numérique précédent pour une tôle d'épaisseur 1 mm, nous voyons que la longueur extérieure sera supérieure à celle de l'intérieur de 4 millièmes. Le rayon de courbure correspondant sera de 250 mm, ce qui est très facilement perceptible. S'il s'agit d'un pli, son ouverture sera également visible.

On rencontre souvent l'idée que le retour élastique augmente en raison directe de la limite d'élasticité, une notion vraie pour le pliage mais fausse pour l'emboutissage, car c'est alors la contrainte réellement atteinte qui importe, et non la limite d'élasticité.

Ceci se comprend aisément par l'examen de la figure 38.1 qui représente le comportement en traction de deux aciers ayant des caractéristiques très différentes mais atteignant la même déformation. Étant donné que le module d'élasticité est, en première approximation, le même pour tous les aciers, les deux triangles sont donc semblables et le retour élastique est proportionnel à la contrainte atteinte[1].

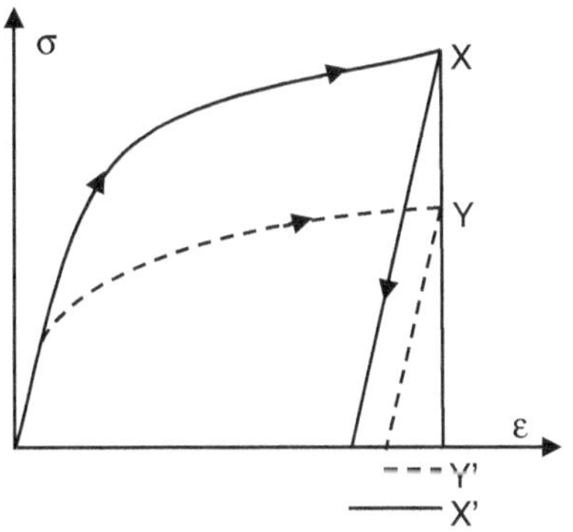

Figure 38.1 – Variation du retour élastique en fonction de la contrainte atteinte

L'exemple ci-dessous, figure 38.2, cité par Rondé-Oustau, montre bien l'erreur qu'on peut faire en assimilant retour élastique et limite d'élasticité. L'acier A, de faible limite d'élasticité mais ayant une forte consolidation, voit, à partir du point X, sa contrainte d'écoulement dépasser celle de l'acier B, pourtant à haute limite d'élasticité. Ces deux aciers ont donc le même retour élastique pour la déformation X, mais le retour élastique de A deviendra supérieur à celui de B pour toute déformation supérieure à X, bien que cet acier ait une limite d'élasticité plus basse.

1. Les phénomènes mis en jeu sont nettement plus compliqués en réalité, mais leur explication détaillée sort du cadre de ce livre.

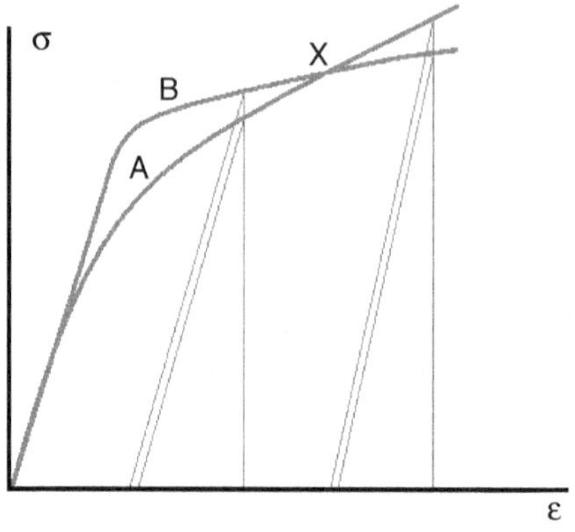

Figure 38.2 – Inversion du retour élastique selon le niveau de contrainte atteint

38.2 Retour élastique des pièces élancées

En emboutissage proprement dit, le domaine où le retour élastique est rapidement devenu insupportable est celui de la mise en forme des pièces longues, droites et ouvertes. On entend par là les U ou les omégas, ainsi que beaucoup de longerons, brancards et autres pièces de structure qui sont souvent faites, et de plus en plus, à partir d'aciers à hautes caractéristiques. La figure 38.3 montre quelques exemples.

Le profilé en haut à gauche correspond à un acier HSLA : il est légèrement ouvert, mais déjà trop pour un usage automobile pour lequel une pièce peut être rejetée dès qu'elle présente un angle différent de la visée de plus de un demi degré. La pièce en haut à droite est en DP600 : on note une forte courbure des murs vers l'extérieur ;

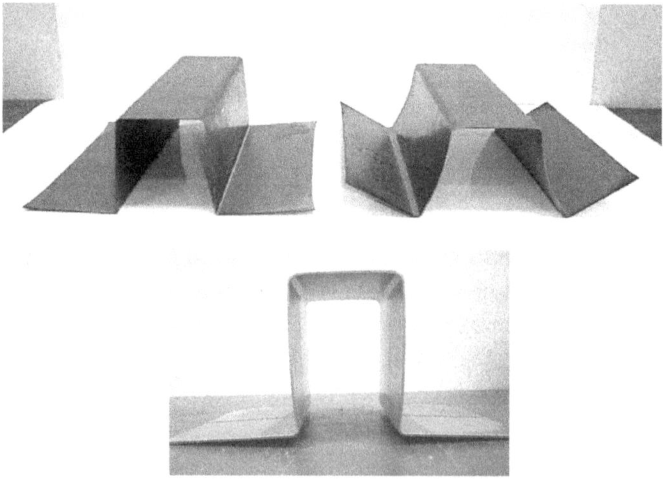

Figure 38.3 – Différents niveaux de retour élastique sur des omégas

elle est totalement inutilisable. Enfin, celle du bas correspond au cas plus rare d'une courbure vers l'intérieur.

Pourquoi le retour élastique est-il si visible sur ce type de pièce ? La raison en est qu'elles n'ont pas de rigidité transversale ; rien ne vient solidariser les deux côtés du profilé, ils peuvent se comporter librement, ce qui n'est pas le cas d'une pièce fermée.

Ce type de retour élastique a été intensivement étudié et les publications ne se comptent pas. Néanmoins, nous considérons que l'étude la plus pertinente est une des plus anciennes, celle de Hayashi *et al.*, parue en 1984 [2], que nous allons résumer rapidement. Ces chercheurs ont établi que quatre paramètres jouaient un rôle important :

– la nature de l'acier, évidemment,
– son épaisseur,
– le rayon de matrice,
– le jeu entre matrice et poinçon.

La figure 38.4 indique que, pour un rapport jeu sur épaisseur donné, la courbure du mur est fonction du rapport rayon de matrice/épaisseur. Ainsi, un acier doux a une courbure toujours négative (cintrage vers l'intérieur, comme sur le profilé du bas de la figure précédente), mais qui diminue quand le rayon augmente. Les valeurs courantes du rapport rayon de matrice/épaisseur étant de l'ordre de 5, on comprend que le phénomène ne soit pas détectable avec ces nuances.

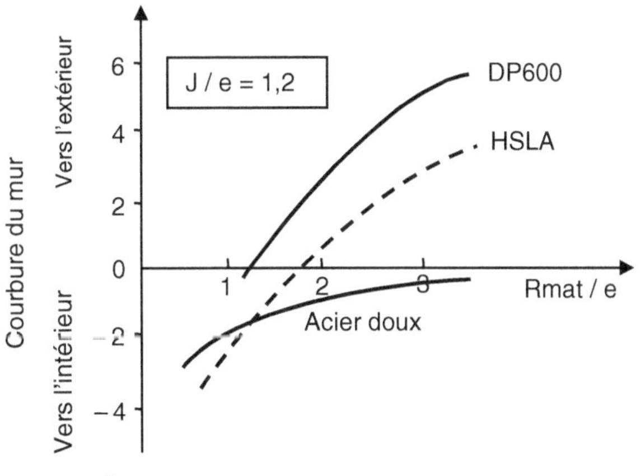

Figure 38.4 – Évolution de la courbure avec le rayon de matrice [2]

Le comportement de l'acier HSLA est plus complexe puisque se courbant vers l'intérieur pour de faibles valeurs du rayon de matrice, il passe par une courbure nulle puis commence à se cintrer vers l'extérieur. L'acier DP600, quant à lui, se courbe toujours vers l'extérieur et atteint de hauts niveaux de courbure, ce que montrait bien la figure 38.3 à droite.

D'un point de vue pratique, on retiendra qu'on peut annuler la courbure des murs, même avec des aciers à hautes caractéristiques, en adoptant de très petits rayons de matrice. Malheureusement, cette solution n'est guère praticable en raison des risques de grippage et de rupture de la tôle, ainsi que de l'usure des outils.

Une autre solution consiste à « tendre » la tôle en augmentant la force de serre-flan. Elle est très efficace, mais comporte exactement les mêmes risques que la solution précédente. Une astuce consiste, si la presse le permet, à faire la majeure partie de l'emboutissage avec une pression modérée de serre-flan, puis à bloquer la tôle un peu avant la fin de course. On obtient la même tension du mur mais en limitant beaucoup les risques de grippage, casse et usure du rayon.

Les auteurs déjà cités ont aussi étudié l'influence du jeu. La figure 38.5 la présente pour, cette fois, un rapport rayon de matrice/épaisseur fixé à 1,9 (valeur faible). On note que les évolutions de courbure sont extrêmement complexes et que pour certains aciers à hautes caractéristiques il peut exister jusqu'à trois valeurs du jeu qui permettent de totalement annuler la courbure.

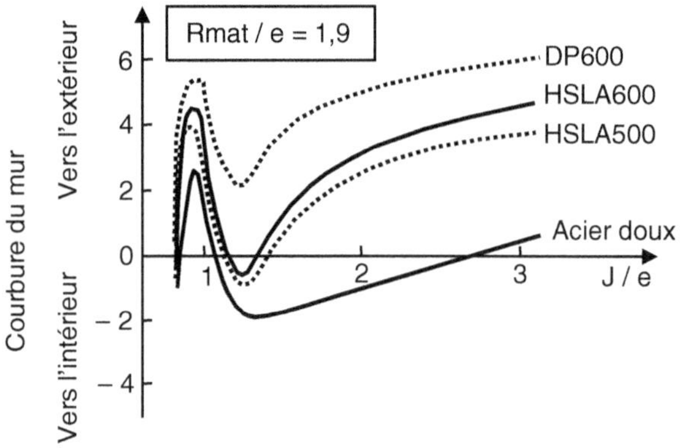

Figure 38.5 – Évolution de la courbure avec le jeu [2]

Nous n'irons pas plus loin dans l'analyse de cette très intéressante communication, laissant aux intéressés le soin d'étudier le document original. Ce qu'il est important d'en retirer, au moins, c'est que le problème est extrêmement complexe et qu'on ne peut pas tirer la moindre conclusion d'essais partiels. Il fallait bien l'esprit rigoureux de chercheurs japonais pour explorer de façon exhaustive les différentes possibilités.

38.3 Tension de panneau

Une tôle pliée sur une forme ayant un très grand rayon de courbure revient à plat dès que l'on relâche l'effort de flexion. On sent plus ou moins intuitivement que si l'on y appliquait un effort de tension supplémentaire, la courbure serait mieux conservée. C'est cela qu'on appelle la *tension de panneau.*

Mais nous ne pouvons pas nous satisfaire d'intuitions, il faut que nous donnions une explication rationnelle au phénomène. Nous allons donc considérer le cas d'un grand panneau de faible courbure – le pavillon d'une automobile, par exemple – qu'on met en forme d'abord sans tension, puis avec une tension qui augmente. L'acier est un acier doux pour carrosserie.

La figure 38.6 représente ce cas. La tôle, d'épaisseur e, est d'abord appliquée par deux faibles forces f sur le poinçon, sans tension (T = 0). Le rayon de courbure de la tôle, à mi-épaisseur est R. C'est ce que représente la figure de gauche.

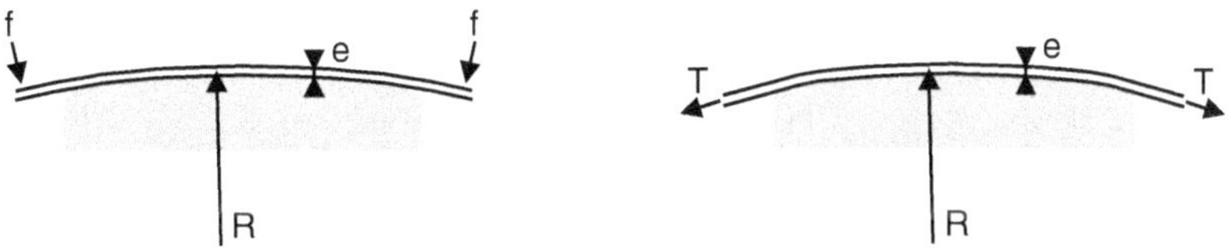

Figure 38.6 – Schéma du formage d'un pavillon

La tôle fléchit, sa surface extérieure s'allonge, l'intérieure se raccourcit dans les mêmes proportions. L'allongement relatif est dans le rapport du rayon de la fibre extérieure à celui de la fibre centrale, il vaut :

$$\frac{e}{2}/R \text{ soit } e/2\,R$$

L'acier est un acier doux et, pour simplifier les calculs, nous allons lui attribuer une limite d'élasticité de 200 MPa tandis que l'épaisseur sera de 1 mm. L'allongement élastique correspondant à une contrainte de 200 MPa est égal à 0,001 (200/E) pour un tel acier.

On voit alors que la limite d'élasticité sera atteinte en surface lorsque R aura une valeur de 500 mm. Si R est plus grand que cette valeur, aucune partie de la tôle n'est déformée dans le domaine plastique et elle va donc revenir à sa forme plate initiale dès qu'on relâchera les forces f. Ceci peut s'illustrer par la figure 38.7 qui représente le comportement en traction et en compression de l'acier.

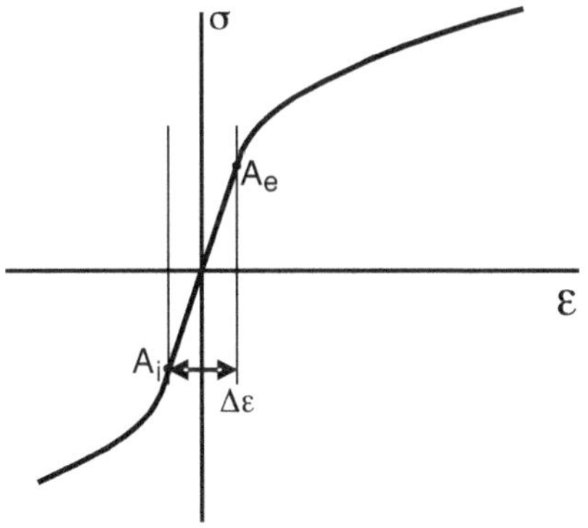

Figure 38.7 – Diagramme montrant les contraintes dans le cas sans tension

La déformation de la surface extérieure amène le point représentatif au maximum en A_e, tandis que celui correspondant à la face en compression est en A_i. Lorsque les forces f sont supprimées, les deux points reviennent à la position zéro.

Il faut donc, pour le cas considéré, que le rayon de courbure soit inférieur à 500 mm pour que la tôle subisse un minimum de plastification et qu'elle conserve

F

LIMITATIONS DU PROCÉDÉ

une légère courbure résiduelle. Encore sera-t-elle faible car l'épaisseur plastifiée l'est beaucoup elle-même.

Mais un pavillon n'a pas un rayon de courbure de 500 mm, c'est en mètres qu'il se mesure : 5 à 10 mètres, parfois plus, sont des valeurs courantes. De plus, les tôles font plutôt 0,7 à 0,8 mm, ce qui réduit encore la plastification.

Il apparaît, en définitive, qu'il n'est pas possible d'obtenir une pièce faiblement cintrée simplement en la forçant à s'appliquer sur un poinçon de grand rayon. Il faut trouver autre chose.

Cet « autre chose », c'est la tension.

Supposons maintenant que la tôle n'est pas appliquée par les forces f mais qu'on la plaque sur l'outil en exerçant deux tensions T aux extrémités. C'est d'ailleurs ce qui se passe en réalité. Nous allons considérer à la figure 38.8 trois états successifs correspondant à trois tensions de plus en plus grandes.

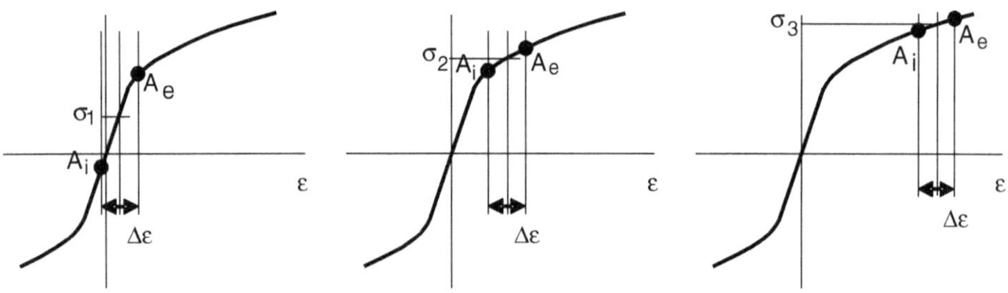

Figure 38.8 – Diagramme montrant les contraintes dans le cas avec tension

Remarquons tout d'abord que la différence de longueur entre la fibre extérieure et la fibre intérieure est une constante car elle ne dépend strictement que de la géométrie ; elle est égale à :

$$\Delta\varepsilon = e/R.$$

Supposons maintenant que nous appliquions aux extrémités une tension T_1 donnant une contrainte σ_1 dans la tôle. On voit (figure de gauche) que la contrainte de la fibre intérieure est en légère compression tandis que celle de l'extérieur a légèrement dépassé la limite d'élasticité. La situation est donc meilleure puisqu'une fraction de l'épaisseur est passée dans le domaine plastique. Mais quand on enlèvera la tension, il y aura quand même un fort retour élastique qui supprimera une partie de la courbure.

Augmentons donc la tension jusqu'à T_2, donnant une contrainte σ_2, et nous voyons (figure du milieu) que les deux faces de la tôle sont maintenant en extension, dans le domaine plastique. Il existe quand même une différence de niveau de contrainte entre ces deux faces, ce qui implique qu'il y aura encore un retour élastique. Néanmoins, la situation est nettement meilleure car :

- les deux faces sont déformées plastiquement,
- les deux faces sont en extension.

Appliquons maintenant une tension T_3 encore supérieure (figure de droite). La déformation globale augmente mais, surtout, la différence de niveau de contrainte entre les faces s'est réduite, il en sera donc de même du retour élastique qui se produira à l'ouverture de l'outil.

On voit ainsi que plus la tension exercée est grande, plus le maintien de la forme souhaitée sera proche de la perfection, ceci venant du fait que la consolidation subit une saturation progressive (la courbe est de moins en moins penchée).

C'est la raison pour laquelle on recommande que tous les points d'un panneau plan aient subi pendant le formage une déformation supérieure à une certaine valeur, souvent fixée à 3 % dans l'automobile.

Bien entendu, cela devient souvent impossible avec des aciers à limite d'élasticité élevée (IFHR, isotropes, rephosphorés...) et il est alors nécessaire de se contenter de niveaux plus faibles. Ceci est d'autant plus défavorable vis-à-vis du retour élastique de la pièce pour les aciers à forte consolidation, genre IFHR, car il devient plus difficile d'atteindre la saturation (relative) de l'écrouissage. N'oublions pas que plus la courbe monte, plus l'écart entre les contraintes des peaux externe et interne est grand.

38.4 La sur-courbure

Il arrive qu'il ne soit pas possible d'obtenir la courbure désirée par la seule application d'une tension sur les bords de la pièce. Un exemple en est présenté dans la partie J.

La seule solution consiste alors à exagérer la courbure du poinçon de façon à ce que celle de la pièce soit convenable après retour élastique : c'est ce qu'on appelle la *sur-courbure*, en anglais « overcrowning ». Les emboutisseurs disent qu'ils font un *faux*.

Notons d'abord que cette solution est relativement facile à appliquer lorsqu'il s'agit de corriger une seule des courbures de la pièce. Mais on imagine bien que les choses ne sont pas si simples quand il s'agit de modifier les deux courbures principales d'un panneau ou d'une pièce complexe ; il y a forcément des zones où ces corrections ne s'accordent pas bien.

Observons ensuite que de telles modifications de la géométrie du poinçon réduisent à néant certains progrès faits depuis l'introduction de la CAO. Depuis qu'elle est massivement adoptée, celle-ci sert en effet à la définition numérique de la géométrie des pièces. Cela présente, entre autres, l'immense avantage de permettre de dessiner facilement les outils, par exemple en prenant la forme intérieure de la pièce pour obtenir la forme extérieure du poinçon. La même définition numérique est ensuite introduite dans les machines de fraisage à commande numérique. Il n'est pas utile d'insister sur les énormes avantages que présente cette démarche.

Mais elle n'est plus applicable directement si la forme du poinçon doit être différente de celle de la pièce, ce qui est le cas pour le sur-courbage.

Des logiciels spécialisés ont été développés ces dernières années (il en existe cinq ou six) pour calculer automatiquement les modifications à apporter à l'outillage pour corriger le retour élastique. Il semble qu'ils atteignent, au moment de la parution, un degré de fiabilité suffisant pour permettre une généralisation de leur emploi.

Mais, bien entendu, les modifications ne seront pertinentes que si le calcul du retour élastique de la pièce est lui-même fiable…

38.5 Cloquage

Quand un panneau n'a pas été suffisamment déformé, on dit qu'il *manque de tension*. Mais ce défaut n'intéresse pas forcément l'ensemble d'un panneau ; il peut être très local.

La figure 38.9 présente un tel défaut enregistré pendant la mise au point d'une porte d'automobile. On distingue très bien des lignes verticales correspondant au *pierrage* de la pièce, opération qui consiste à frotter délicatement une pierre abrasive fine sur la surface de façon à faire apparaître les dépressions qui apparaissent mates par rapport aux zones en relief qui deviennent brillantes.

Figure 38.9 – Pièce montrant du cloquage après pierrage

Le pierrage révèle clairement l'existence de dépressions sur le bord inférieur de la pièce ; elles résultent d'un manque de tension. On remarque par ailleurs que le bord du flan s'est « échappé » du jonc ; c'est la cause de l'incident. Le remède a tout simplement consisté à allonger le flan de 20 mm, une solution évidemment contraire aux intérêts économiques du constructeur.

Dans le même ordre d'idées, les portes d'automobiles présentent très souvent des dépressions, plaisamment appelées « oreilles de Mickey », expression qui devient tout aussi plaisamment « Teddy bear ears » en anglais, qui se creusent autour des contre-emboutis. Le cas typique est celui des poignées de portes en automobile, illustré sur la figure 38.10.

Il est toujours difficile de lutter contre ces défauts très peu profonds ; l'ajustage, même précis, des outils ne suffit pas toujours. En réalité, la forme globale des dépressions joue un rôle important. Quand elles sont rectangulaires, on imagine bien qu'il y a du rétreint dans les angles de la poignée, ce qui induit des contraintes

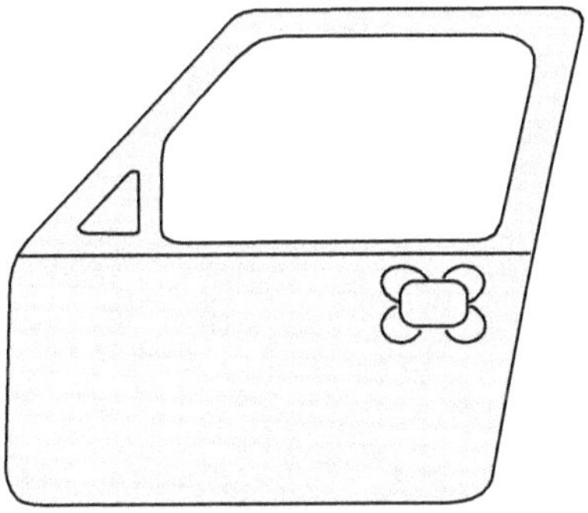

Figure 38.10 – Schématisation des « oreilles de Mickey » sur une porte de voiture

qui tendent à déformer la surface. En revanche, une dépression circulaire sera moins sensible à ce type de défaut.
Il est probable aussi que les aciers à forte consolidation soient plus sensibles à ce phénomène dans la mesure où ils s'écrouissent plus facilement et donnent donc naissance à de plus hauts niveaux de contrainte.

39 • LE VOILAGE

Le voilage est aussi une conséquence du retour élastique. Nous le traitons néanmoins à part étant donné son importance et son caractère particulier. C'est un défaut qui, sans être nouveau, prend maintenant de l'importance, pour plusieurs raisons. Il est plus particulièrement redouté dans le domaine de l'électroménager qui emploie de nombreux panneaux plans mais apparaît aussi en automobile, sur des pièces de peau ou sur les dossiers de sièges arrière.

D'abord, s'agissant d'une instabilité élastique due à un manque de rigidité de la pièce, comme nous allons le voir, les réductions d'épaisseur sont très favorables à son apparition. Or, on diminue constamment l'épaisseur pour gagner du poids dans les transports ou pour réduire le prix dans l'électroménager.

Ensuite, ces diminutions d'épaisseur sont souvent associées à une augmentation des caractéristiques mécaniques de l'acier employé, en particulier la limite d'élasticité. Las, une augmentation de limite d'élasticité amplifie le voilage !

Il y a aussi l'automatisation qui rend ses conséquences plus tangibles : une pièce voilée est difficile à transférer d'un poste d'emboutissage au suivant ou à fixer sur ses voisines. La présence d'un opérateur était bien pratique pour récupérer la déformation de la pièce et permettre son accostage, mais il y a de moins en moins d'opérateurs sur les lignes de montage.

Pour finir, une tendance actuelle dans l'électroménager est de réduire la quantité de métal sous serre-flan, encore une fois pour diminuer la quantité de matière engagée et donc le prix. Cela aggrave les défauts de voilage comme nous allons le voir. On voit donc que le problème a une grande importance, bien reconnue d'ailleurs par certains fabricants.

Comment se présente et s'explique le voilage ? Nous allons le voir dans le cas le plus simple, celui d'un panneau rectangulaire plan, mais sans trop entrer dans les détails. La figure 39.1 montre un panneau voilé (une porte de four à micro-ondes).

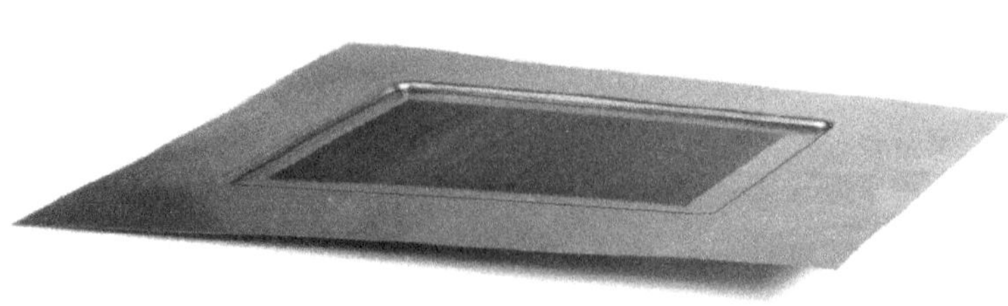

Figure 39.1 – Porte de four à micro-ondes voilée (première opération)

La figure 39.2 montre schématiquement les déformations d'un panneau plan ABCD (sa forme dans l'outil fermé). Quand le panneau sort de l'outil, le point A s'élève en A', B s'abaisse en B', etc. et le panneau semble se tordre autour des deux axes MN et OP. Il est logique que le déplacement d'un coin soit opposé à celui qui est à l'autre extrémité du côté car ces derniers ont une certaine rigidité et ne se courbent quasiment pas.

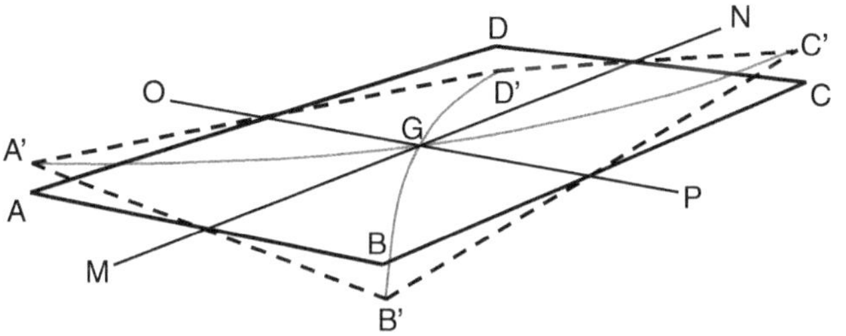

Figure 39.2 – Les déformations quand un panneau plat se voile

Quelles constatations générales peut-on faire sur ces pièces :

- la tôle est toujours mince,
- la pièce est toujours de faible profondeur,
- certains lots de tôle peuvent donner le défaut, d'autres non, faisant clairement penser qu'il s'agit d'un problème métallurgique,
- la pièce a deux positions d'équilibre antisymétriques (une seule est représentée ici),
- les bords du panneau constituent des raidisseurs qui jouent un rôle important : il n'y a jamais de voilage en l'absence de raidisseurs. Ceci peut surprendre et il est vrai que bien souvent l'emboutisseur qui doit faire face au problème de voilage cherche, comme premier remède, à augmenter la rigidité en ajoutant des nervures, remède qui peut être souvent pire que le mal…
- les bords du panneau, de même que toutes les lignes qui y sont parallèles, restent droits,
- seules les diagonales du panneau sont courbées, l'une l'étant vers le haut, l'autre vers le bas,
- pour redresser le panneau, il faut exercer un effort de torsion, qui augmente jusqu'à la position plane, point auquel le panneau se met brusquement dans l'autre position d'équilibre.

Que peut-on tirer de ces constatations ? Nous renvoyons le lecteur qui veut tout comprendre à la lecture de la référence [3].

Pour résumer, on y montre que le voilage ne résulte pas, comme on le croyait jusqu'à maintenant, des contraintes résiduelles existant dans la tôle à son état de livraison mais de celles qui y sont introduites par le formage. C'est un phénomène de retour élastique qui résulte de tensions différentielles créées dans la pièce par l'emboutissage lui-même. Par exemple, les diagonales d'un panneau plan peu profond sont mises en tension lors du formage par le fait qu'elles sont retenues à leurs extrémités par les efforts de rétreint des coins. En revanche, les côtés sont peu retenus et donc moins tendus.

Ce n'est donc pas le retour élastique en lui-même qui est la cause du voilage, ce sont les différences de retour élastique dues à des différences d'allongement de fibres qui peuvent être très faibles (on mesure des différences de l'ordre de 10^{-4} à 10^{-5}).

On voit aussi que les très faibles variations de caractéristiques mécaniques ou physiques (module d'Young, par exemple), pouvant exister d'un lot à l'autre mais qui entrent parfaitement dans les tolérances des qualités d'acier considérées, suffisent à expliquer qu'on puisse avoir voilage ou non en fonction des lots de métal. Mieux, on voit aussi que des compensations peuvent avoir lieu, rendant la prévision du voilage impossible par les voies normales.

La conséquence de ces observations est importante : c'est que, bien que des lots de métal puissent donner lieu à voilage tandis que d'autres ne le font pas, ce n'est pas au niveau de la qualité du métal qu'il faut chercher des explications, mais au niveau du process ou de la conception des pièces ![1]

Par exemple, nous avons montré que la profondeur d'un panneau rectangulaire avec bords tombés jouait un rôle prédominant sur le voilage, comme l'indique la figure 39.3.

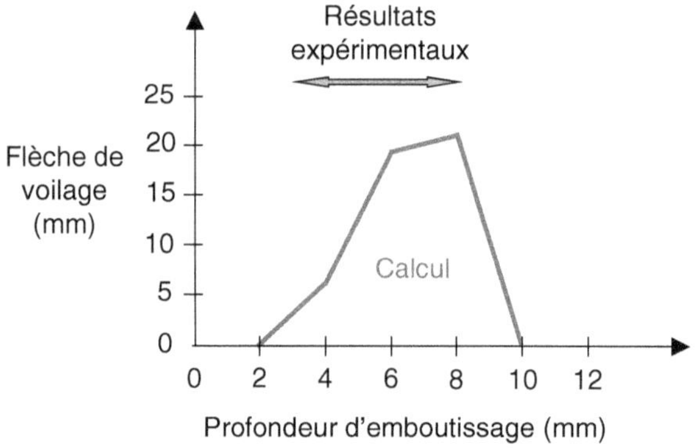

Figure 39.3 – Variation de la flèche de voilage avec la profondeur

Le calcul indiquait que le voilage ne se manifestait qu'à partir d'une profondeur de 2 mm (il faut un minimum de tensions pour faire voiler) et disparaissait au-dessus de 10 mm de profondeur (les coins apportent alors suffisamment de rigidité pour l'éviter). L'expérience, quant à elle, indiquait 3 et 8 mm comme extrêmes du voilage de cette pièce.

Il est donc, la plupart du temps, tout à fait illusoire de vouloir régler les problèmes de voilage par une modification des spécifications de l'acier.

Cependant, tout espoir n'est pas perdu : on peut agir sur la conception des pièces. On a démontré que leur profondeur jouait un grand rôle, qu'une meilleure tenue du métal de la partie centrale pouvait suffire à éliminer le voilage et l'on a réussi, par simulation numérique, à reproduire le phénomène, comme le montre la figure 39.4

1. Nous avons évidemment bien conscience du fait que, émanant d'un ancien sidérurgiste, ces conclusions puissent ne pas sembler parfaitement objectives. Elles ont pourtant, depuis leur émission, été plusieurs fois confirmées, y compris de la part de fabricants d'électroménager.

où l'on voit à gauche une pièce voilée et, à droite, le résultat de la simulation numérique, parfaitement fidèle !

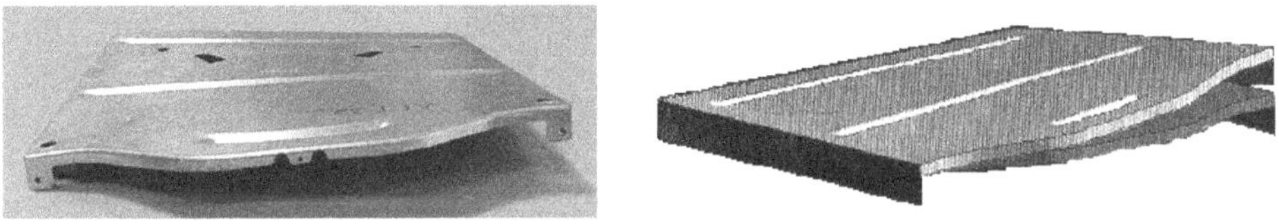

Figure 39.4 – Pièce voilée (à gauche) et sa simulation numérique (à droite)

C'est bien, d'ailleurs, la preuve formelle que les contraintes résiduelles initialement présentes dans la tôle ne sont pas en cause, car, s'il est difficile de savoir si une tôle réelle en contient ou non, cela est en revanche parfaitement clair en calcul. Il n'y en a pas si l'on n'a pas décidé d'en mettre ! Si donc le voilage se produit en simulation sans qu'on ait introduit de contraintes initiales dans le modèle, c'est qu'elles ne sont pas nécessaires.
Finalement, c'est bien au niveau du dessin des pièces que le remède est le plus efficace. Malheureusement, le problème est si complexe qu'il faudrait systématiquement user de la simulation pour trouver les modifications les plus efficaces. Actuellement, cette solution est encore considérée comme trop coûteuse et n'est quasiment jamais utilisée.
Nous avons quand même enregistré des résultats satisfaisants par la méthode du trial and error, appliquée à la modification de l'ordre des opérations, du rayon de coin, de celui de sommet de poinçon, l'utilisation de joncs, etc.
Finissons en disant que si les secteurs les plus concernés sont ceux de l'électroménager (portes de fours, couvercles, façades, tiroirs), suivis de l'emballage métallique (même des couvercles ronds peuvent voiler), l'automobile n'est cependant pas complètement exempte de ce type de problème. On en rencontre sur de grands panneaux, ce qui rend le ferrage difficile, ou sur des longerons en aciers à hautes caractéristiques.
On verra quelques exemples dans la partie J.

40 • LES DÉFAUTS DE SURFACE

40.1 Les rayures

Chacun sait ce qu'est une rayure et nous ne nous étalerons donc pas longuement sur ce défaut. En réalité, la plus grosse difficulté qui se pose est de déterminer l'origine de la rayure : était-elle sur la tôle, faite par le sidérurgiste, ou faite suite à des manutentions peu respectueuses ? Où résulte-elle du process de l'emboutisseur, auquel cas il doit identifier rapidement l'endroit où elle est produite de façon à supprimer la cause.

Que pouvons-nous dire pour faciliter la détermination de l'origine d'une rayure ? La première chose est de savoir s'il s'agit d'une rayure faite à chaud ou à froid.

Les rayures faites à chaud sur tôles à chaud se distinguent aisément du fait qu'elles ne brillent pas car elles ont été oxydées à haute température par l'air ambiant. Si nécessaire, une coupe métallographique peut indiquer s'il y a de la décarburation ou un grossissement de grain, type d'information qui peut permettre à un technicien averti d'aller plus loin dans l'investigation.

Sur tôle à froid, il est rare de voir ce genre de rayure. Si l'aspect est mat, on peut supposer qu'elle a été faite avant le recuit final, ce qui n'est même pas sûr. Dans le cas contraire, il est très difficile d'aller plus loin dans les investigations.

Quoiqu'il en soit, on remarquera aussi que toutes les rayures dues aux opérations faites chez le sidérurgiste sont alignées dans le sens du laminage. Une rayure transversale ou, a fortiori, courbe, a peu de chances de venir de ce stade d'élaboration.

40.2 Peau d'orange

On a déjà vu que la rugosité augmentait à l'approche de la striction localisée, sous l'effet de différences dans la déformation plastique des grains, mais le défaut peau d'orange (figure 40.1) apparaît bien plus tôt au cours de la déformation. C'est une anomalie qui résulte de la présence dans l'acier de zones où la taille de grain est excessive et hors norme.

Qu'est-ce qu'une taille de grain excessive? Disons que pour les tôles laminées à froid en acier doux, une taille normale correspond à un diamètre des grains de l'ordre de 20 à 30 micromètres. Sur certains aciers à haute limite d'élasticité, elle peut descendre aux alentours de 10 μm, mais c'est exceptionnel. Lorsqu'en revanche elle atteint 50 ou 80 μm, le risque d'apparition de peau d'orange est très grand.

Figure 40.1 – Peau d'orange

À l'origine des gros grains, se trouve toujours une anomalie du cycle thermomécanique subi par l'acier. Généralement, il s'agit d'une zone écrouie par un laminage à trop basse température et qui a subi une recristallisation critique lors du recuit final.

Au niveau de l'emboutisseur, il n'existe aucun remède possible ; il est inutile de vouloir changer les réglages.

40.3 La vermiculure

La *vermiculure* est d'abord un défaut d'aspect qui est associé à la présence d'un palier de limite d'élasticité sur la courbe de traction du métal. C'est donc un métal vieilli, volontairement ou non, comme expliqué dans la partie A. Le défaut se présente sous la forme de lignes parallèles, plus ou moins cintrées, qui sont l'équivalent des bandes de Lüders de l'essai de traction.

S'il s'agit de tôle, les zones affectées par ce défaut sont toujours celles qui sont faiblement déformées puisque le palier de limite d'élasticité n'existe qu'au début de la courbe conventionnelle et disparaît ensuite.

Le cas des aciers pour emballage est différent dans la mesure où des aciers volontairement vieillis sont souvent employés, le but étant de relever le niveau de limite d'élasticité pour mieux résister à la pression interne. On verra donc des bandes de Piobert-Lüders sur des fonds de boîtes, des fonds d'aérosols, etc. La figure 40.2 montre la vermiculure développée sur un pied-milieu et sur une coupelle d'aérosol en fer blanc.

Il est clair que la vermiculure constitue un défaut absolument rédhibitoire sur une pièce d'aspect, que ce soit dans le domaine automobile, sanitaire ou électroménager. Elle est bien finie l'époque (1930, encore) où toutes les carrosseries étaient mastiquées et poncées à la main… Pour éviter le défaut, il est admis que le métal doit présenter, à l'essai de traction normalisé, moins de 0,2 ou 0,3 % de palier de limite d'élasticité.

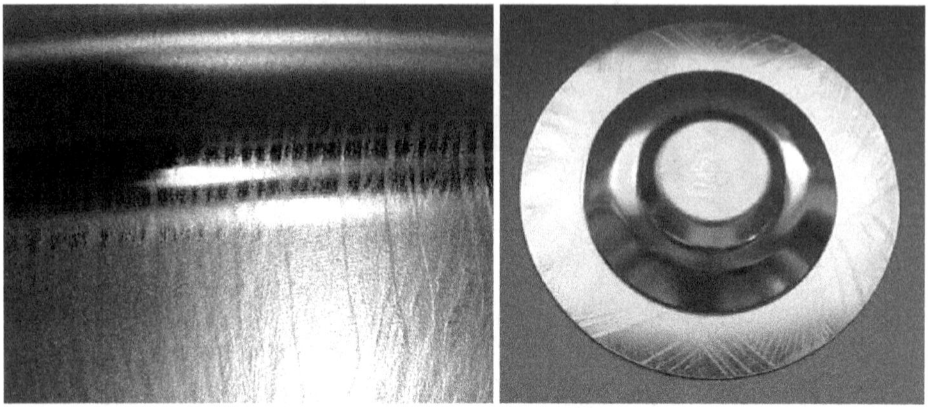

Figure 40.2 – Vermiculure sur tôle (gauche) et sur acier pour emballage (droite)

Ceci est obtenu en soignant la dernière opération métallurgique, le skin pass. Insuffisant, il y aura de la vermiculure ; mais trop fort, on dégrade la ductilité du métal puisqu'on absorbe déjà une partie de celle-ci.
La vermiculure peut aussi avoir des conséquences plus définitives. Elle peut être à l'origine de ruptures, fait peu connu que nous détaillerons dans l'exemple 9 de la partie J.

41 • LES ESSAIS D'EMBOUTISSAGE

Ces essais ne sont plus autant utilisés qu'autrefois, la tendance ayant été de les remplacer par l'utilisation avertie des caractéristiques rationnelles r et n, mais nous voulons cependant les présenter pour plusieurs raisons :

- que le lecteur puisse trouver quelques indications utiles si, au cours de ses lectures ou au détour d'un cahier des charges, il rencontre des références à ces essais,
- parce que ces tests, étant simples dans leur principe, constituent un excellent moyen de préciser des phénomènes fondamentaux,
- parce que plusieurs d'entre eux sont encore utilisés, la plupart du temps pour des emplois sans rapport direct avec leur destination initiale.

Nous les classerons d'une façon assez arbitraire en tests fondamentaux et tests simulatifs.

41.1 Essais fondamentaux

Ces essais ne sont pas seulement intéressants en tant que tests mais aussi par les informations didactiques qu'ils apportent.

41.1.1 Essai de latitude de réglage de la pression de serre-flan

Cet un essai de base en ce qui concerne l'aptitude au rétreint. Il consiste à emboutir des godets cylindriques tous identiques, mais en partant de flans de diamètres différents. La figure 41.1 présente un résultat représentatif.
On porte en abscisse le rapport d'emboutissage D/d (diamètre du flan sur diamètre du poinçon) qui représente, en quelque sorte, la sévérité de l'emboutissage (plus le flan est grand, plus il lui est difficile d'entrer dans la matrice sans se casser ni plisser).
Sur des flans d'un diamètre donné, donc pour un rapport d'emboutissage donné, on cherche par tâtonnement deux limites de la pression de serre-flan : celle qui supprime le plissement puis celle à laquelle apparaît la rupture. Ces deux limites déterminent la latitude de réglage du matériau considéré pour le rapport d'emboutissage testé.
En général, on essaie d'autres rapports d'emboutissage pour déterminer la latitude sur une plus grande étendue (le tracé de cette limite sous forme de droite est une simplification). Plus on va vers une sévérité croissante, plus la latitude diminue, jusqu'à une certaine valeur du rapport, appelée *rapport limite d'emboutissage*, couramment appelée aussi LDR (*Limiting Drawing Ratio*), pour lequel la pièce présente simultanément des plis et une casse.

F

LIMITATIONS DU PROCÉDÉ

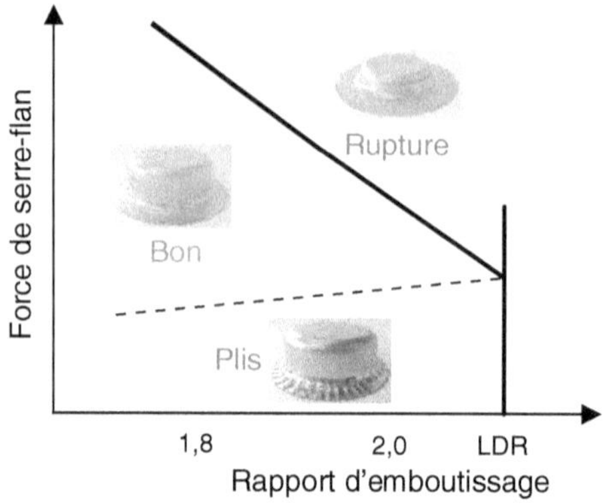

Figure 41.1 – Latitude de réglage de la pression de serre-flan

> **Remarque**
>
> On a vu en 34.1.7, partie E que la force sous laquelle casse un godet est une constante qui peut se calculer d'après sa géométrie et les caractéristiques de l'acier, quels que soient les autres paramètres de l'emboutissage : force de serre-flan, rayon de matrice, lubrification, etc. Plus on augmente la taille du flan, plus la force de rétreint augmente aussi et il est par conséquent logique qu'il faille réduire la force de serre-flan, donc le frottement, pour éviter la casse.

Ce rapport a souvent une valeur proche de 2 pour les aciers et il ne varie apparemment pas beaucoup d'une nuance à l'autre, mais il faut bien voir qu'une différence de 10 % sur le LDR représente une différence supérieure à 20 % sur la profondeur du godet formé, ce qui est loin d'être négligeable.
Ce test a été longtemps utilisé pour qualifier les aciers dans le mode rétreint, jusqu'à l'apparition des revêtements métalliques de zinc ou autres. On s'est alors aperçu du fait que la façon dont glissait ou ne glissait pas ce revêtement jouait un rôle plus important que les caractéristiques de l'acier. La figure 41.2 montre l'influence de la lubrification sur la position et l'ouverture de la latitude de réglage (μ diminue dans le sens de la flèche).

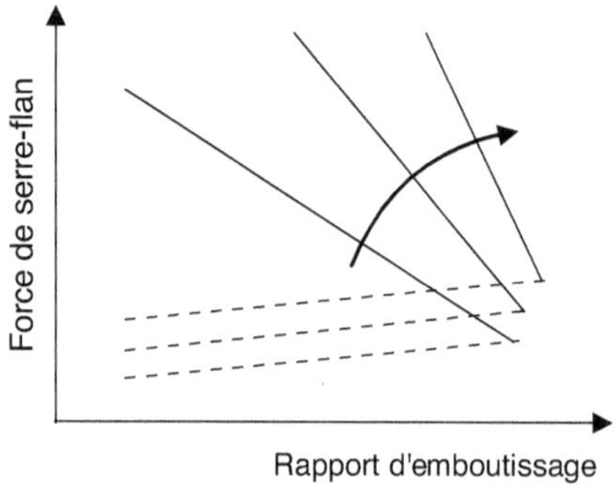

Figure 41.2 – Influence de la qualité de glissement sur la latitude de réglage

Comme d'autres, ce test a donc été dévoyé par rapport à sa fonction initiale pour en faire un test servant à qualifier les lubrifiants ou les post-traitements.

On retiendra un aspect très général, qui s'applique à tous les types de pièces : plus la difficulté augmente, plus la latitude de réglage diminue. Dit autrement, il est tout à fait normal que lorsqu'on fait des choix osés au stade de la conception d'une pièce ou de son processus d'emboutissage, pour gagner de la matière, supprimer une opération ou faire un outil moins cher, ce choix se paie plus tard pendant l'exploitation par de plus grandes difficultés de réglage. Il suffit que l'un des paramètres (pression de serre-flan, lubrification, vitesse, température...) s'écarte de la consigne pour que le procédé devienne instable et oblige à de fréquents réglages.

41.1.2 Essais de plissement

On vient de voir que l'essai précédent sert, entre autres, à vérifier la sensibilité du métal au plissement. Quand il est en fine épaisseur ou à haute limite d'élasticité, la frontière inférieure de la latitude de réglage s'élève. Mais il existe quelques tests plus directement dédiés à l'évaluation du plissement.

L'un d'eux est celui imaginé par la British Steel Co, qui consiste à déformer un métal sous forme d'un godet conique. Il a été présenté en 36.2, figures 36.5 et 36.6, et nous ne détaillerons donc pas l'outillage dont l'aspect apparaît clairement. Pour donner un résultat intéressant, c'est-à-dire un plissement, il faut évidemment s'assurer du fait que le métal peut glisser sous le serre-flan. Le contrôle de la pression de serre-flan est donc primordial.

Le point intéressant et également délicat est celui de l'évaluation du résultat. Normalement, on s'intéresse surtout à l'apparition des plis, leur développement ne présentant pas beaucoup d'intérêt pratique. Une solution consiste à « coiffer » la partie conique de l'embouti avec une sorte de cloche dans laquelle se trouve une lampe. L'apparition des plis correspond à celle de la lumière à l'extérieur de la cloche.

Un autre essai bien connu est le *Yoshida Buckling Test* (YBT), du nom de son inventeur, dans lequel on soumet un carré de tôle à une tension diagonale. Il se crée systématiquement des plis dans la direction de la tension qu'on peut détecter soit avec une sorte d'extensomètre mesurant l'épaisseur, soit, et c'est mieux, à l'aide de jauges de déformation collées sur les deux faces de l'éprouvette, au centre. Les deux signaux se mettent à diverger à l'instant précis ou apparaît le plissement.

Une version plus stable du test a été proposée par l'IRSID, en utilisant une éprouvette circulaire.

41.1.3 Essais de retour élastique

Cet essai fait l'objet de la norme ISO 24 213 de 2008. L'idée adoptée est de courber sous tension une bande de la tôle à tester de 50 mm de largeur sur une forme semi-circulaire de 100 mm de rayon. On mesure la courbure résiduelle de la bande après l'avoir extraite de l'outil.

Mais pour le présent, une façon assez efficace de comparer les aciers en termes de retour élastique consiste à pratiquer le U-bead test dont nous parlons plus loin. Les variations de courbure sont très marquées.

La même chose peut être obtenue par un simple test de jonc.

F

LIMITATIONS DU PROCÉDÉ

41.2 Essais simulatifs

Aux débuts de l'emboutissage et avant que ne soient connus les coefficients d'écrouissage et d'anisotropie (avant les années 60), les fabricants d'acier et les utilisateurs ont fait preuve d'une remarquable créativité pour développer des essais relativement simples mais tentant de reproduire, à une échelle réduite, les différents modes de déformation subis par la tôle lors de sa mise en forme. L'idée était bien sûr d'être capable, au moindre prix, de tester la qualité des tôles avant leur utilisation, compte tenu du fait que la dispersion de leurs propriétés était considérablement élevée à cette époque.

Ainsi sont nés une énorme quantité de tests qu'on appelle *simulatifs*, mais dont bien peu ont survécu. Nous parlerons surtout de ceux qui sont encore plus ou moins régulièrement réalisés, pas toujours dans leur but initial, d'ailleurs. Ces essais simulatifs peuvent être classés en quatre catégories : ceux tendant à simuler le rétreint, ceux dédiés à la traction plane, à l'expansion et une classe intermédiaire impliquant tous les modes, dite des *essais mixtes*. Nous y ajouterons quelques essais qui n'entrent dans aucune de ces classes.

41.2.1 Essais simulant le rétreint

Il a existé des essais faisant appel à une éprouvette en forme de coin, suggérée par Sachs. Elle était tirée entre deux glissières convergentes ce qui simulait exactement, sur le plan géométrique, ce qui se passe sous le serre-flan d'un outil de révolution. L'essai Guyot de 1958 appartient à cette catégorie. Malheureusement, il pêche par deux aspects : d'une part il y a un frottement entre les glissières et les bords de l'éprouvette, frottement qui n'existe pas dans la réalité, d'autre part il est difficile d'empêcher le métal de se plisser sous l'effet de la compression latérale. Des tentatives faites pour améliorer ce test n'ont pas conduit au succès escompté.

Ne reste donc, aujourd'hui, comme test de rétreint que le fameux godet, qui a été normalisé sous la forme de ce qu'on appelle l'essai Swift.

Ce professeur de l'université de Sheffield l'a proposé dès 1954 sous forme d'un godet cylindrique à fond plat ou hémisphérique. Ce test a ensuite fait l'objet d'études très approfondies au sein de l'IDDRG, ce qui a mené à une version modifiée appelée Swift-IDDRG qui suggère un godet à fond plat, et deux diamètres de poinçon : 32 et 50 mm, le dernier étant recommandé.

Cet essai est encore utilisé aujourd'hui, sous différentes formes. L'une des plus communément usitées sert à juger de l'adhérence des revêtements Zn-Fe appelés galvannealed. Après dégraissage, on revêt le flan de téflon sur ses deux faces, pour éliminer toute influence du frottement, et l'on mesure la perte de poids de revêtement après le test.

Comme on vient de le voir, le test de latitude de réglage de pression de serre-flan est également utilisé pour tester les lubrifiants, mais il ne l'est presque plus pour juger de l'aptitude au rétreint d'un métal.

Ceci dit, tous les laboratoires possèdent des outils d'essai, non normalisés, de tailles variables et qu'ils utilisent pour toutes sortes d'études sur l'influence de la déformation vis-à-vis de l'aspect, de la corrosion, de la sensibilité à l'hydrogène, etc.

41.2.2 Essais simulant la traction plane

Le LDH, *Limiting Dome Height*, d'origine américaine (Gosh) est un cas particulier de la méthode Nakajima d'élaboration des CLF, avec laquelle il est bien souvent confondu. Il consiste à tester des bandes de métal de différentes largeurs sur un poinçon hémisphérique jusqu'à trouver le minimum de hauteur d'embouti, ce qui signifie pratiquement que la déformation est en traction plane[1]. Il est supposé se faire sans lubrifiant.

La vocation de cet essai est de donner une technique très simple de jugement en atelier de la qualité d'une tôle, étant entendu que la plupart des casses qui se produisent industriellement sont dans ce mode.

Un autre essai impose essentiellement une traction plane au métal, avec en plus du pliage et dépliage. C'est l'essai U-bead test ou de pièces dites *en oméga*, représenté par la figure 41.3. L'outil peut comporter des joncs, comme représenté, ou non.

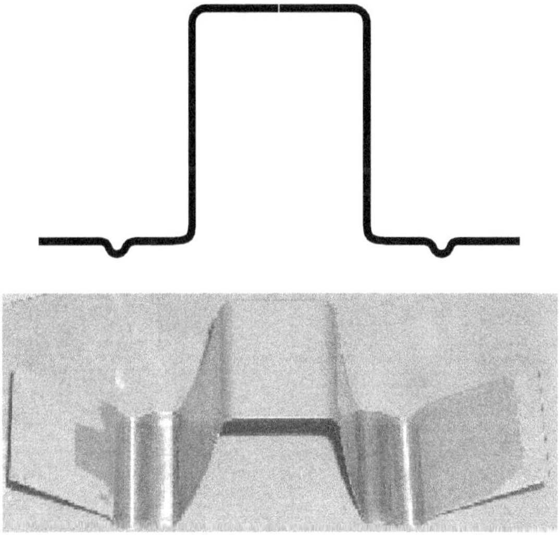

Figure 41.3 – U-Bead test

Cet essai peut être utilisé de plusieurs manières.

Il peut, bien sûr, être considéré comme un test représentatif de la traction plane pour vérifier les propriétés de métal à très hautes caractéristiques qui sont essentiellement utilisés pour fabriquer des pièces simples telles que des traverses ou des longerons. En fait, le pliage-dépliage joue aussi un grand rôle dans ce cas et peut être à l'origine, soit de ruptures si l'acier comporte des défauts, soit d'une amélioration de la formabilité comme montré par Green et Levy [4].

Il peut aussi servir à tester l'adhérence ou la fragilité des revêtements métalliques, particulièrement celui de zinc allié (galvannealed).

1. La différence avec la méthode Nakajima tient au fait qu'on n'explore pas toute la CLF, mais seulement la zone de la traction plane.

Il est également efficace pour juger de la qualité lubrifiante des huiles ou films secs utilisés en protection ou pour l'emboutissage seul. Il donne alors des résultats qui suivent sensiblement le classement des tests obtenus avec des godets cylindriques. Enfin, c'est un moyen efficace pour mettre en évidence le retour élastique comme le montre le bas de la figure précédente. Des chercheurs l'ont employé pour comparer différents aciers vis-à-vis de ce comportement gênant.

41.2.3 Essais simulant l'expansion

De nombreux tests ont été dédiés à ce mode de déformation. Nous évoquerons seulement les principaux, en les citant dans l'ordre de leur apparition.
L'essai Persoz, mis au point en 1903. Il consiste en une bille de diamètre 20 mm qu'on enfonce dans une tôle fermement tenue sur une matrice de diamètre 50 mm. La profondeur atteinte avant rupture constitue l'indice Persoz. Cet essai n'est plus utilisé.
L'essai Erichsen, inventé en 1910, a été pendant longtemps l'un des tests de formabilité normalisés les plus utilisés en Europe. Il est encore normalisé (EN-ISO 20482) mais n'est plus spécifié pour le contrôle des tôles d'emboutissage. Il ressemble beaucoup au précédent : une bille de diamètre 20 mm est poussée contre un flan tenu entre une matrice de 27 mm et un serre-flan appliqué avec une force de 10 kN (figure 41.4).

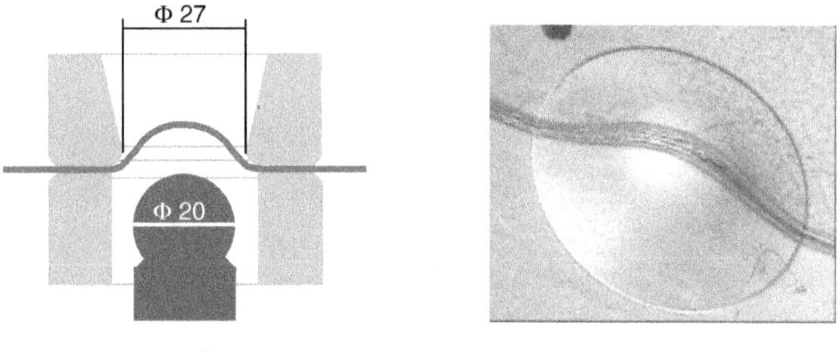

Figure 41.4 – Outillage pour essai Erichsen et utilisation actuelle de l'essai

Il ne s'agit donc pas strictement d'expansion puisqu'un léger glissement du flan dans la matrice peut se produire. C'est encore la profondeur atteinte qui joue le rôle de critère de qualité. Sa valeur dépend beaucoup de l'épaisseur du produit testé ainsi que de la lubrification qui doit être contrôlée dans des limites très strictes.
Ce test n'est plus guère utilisé, mais il a trouvé une seconde jeunesse pour tester les soudures laser ou molette des flans soudés. Le résultat est réputé inacceptable si :

- la soudure casse dans le sens longitudinal, comme illustré par la figure 41.4,
- la hauteur de l'embouti n'atteint pas 80 % de celle de l'acier de base[1].

L'essai *Jovignot* inventé en 1930 se faisait par gonflement hydraulique d'un flan dans une matrice de diamètre 60 mm. Son gros inconvénient était sa petite taille. Il est maintenant abandonné.

1. Des valeurs différentes peuvent être utilisées.

L'essai Olsen, apparu en 1930. Plus particulièrement utilisé aux États-Unis, ce test n'a jamais eu une grande diffusion en Europe.

Le bulge test ou essai de gonflement hydraulique proposé par Cough et Hankins en 1935, qui n'était rien de plus que la généralisation de l'essai Jovignot à de plus larges dimensions. Il a été utilisé essentiellement à des fins de recherche car il peut être facilement instrumenté et permettre, de ce fait, de mesurer simultanément les déformations et les contraintes (connaissant la pression hydraulique et le rayon de courbure). Il connaît pour cette raison un regain d'intérêt certain car il peut aider à mieux définir les lois de consolidation dans le domaine des grandes déformations.

41.2.4 Essais mixtes

On range dans cette catégorie des essais simulatifs faisant intervenir plusieurs modes de déformation.

L'un des plus typiques est le fameux test Fukui [5] inventé en 1958. Il consiste à emboutir sans serre-flan et avec un poinçon hémisphérique, de petits disques dans une matrice conique, figure 41.5.

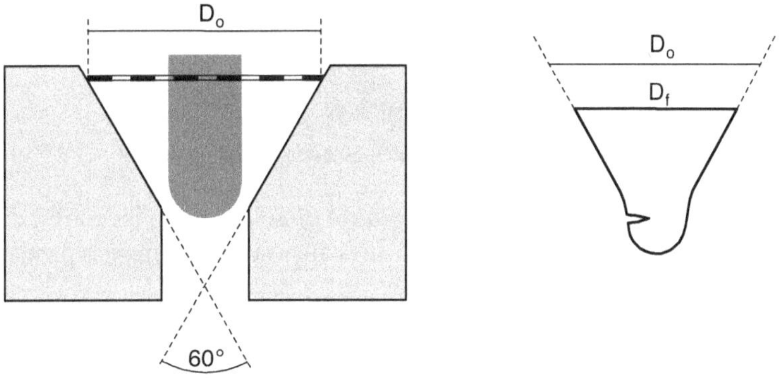

Figure 41.5 – Outillage de l'essai Fukui et pièce cassée

Un avantage vient du fait qu'il n'y a pas de serre-flan, donc pas de problème majeur d'ajustement de la pression ni de frottement. On pousse l'essai jusqu'à ce qu'une rupture apparaisse et l'on compare le diamètre final de la pièce à celui du flan.

Le principal inconvénient de ce test est l'usinage des éprouvettes qui doit être parfait : il est conseillé de faire les flans par tournage. Il faut aussi en faire de différents diamètres. Les informations étaient considérées comme assez pertinentes, mais le test a néanmoins été abandonné par suite de son coût, d'une part, et des progrès faits d'autre part dans la détermination des caractéristiques rationnelles.

Un autre essai très astucieux est l'essai Engelhardt, mis au point en 1963. Quand on emboutit avec succès un godet, on ne sait pas si cette pièce était tout près de sa rupture ou si elle en était très éloignée. C'est pourquoi on est en général obligé de tester beaucoup de pièces avec, par exemple, une pression de serre-flan variable, comme dans le premier test que nous avons vu. L'astucieuse idée du test Engelhardt est au contraire de déterminer la marge de sécurité avec un seul essai.

Pour ce faire, on emboutit un godet sans le casser mais en dépassant le maximum de force qui se trouve vers la mi-course. On bloque alors le serre-flan de telle sorte que la collerette de métal ne puisse plus du tout bouger. La force croît très vite jusqu'à la rupture. La différence entre cette force de rupture et la force maximale de rétreint constitue une mesure de la capacité résiduelle d'emboutissage du métal.

Signalons aussi qu'un outil déjà ancien, le Cross Die Tool ou outil en croix (figure 41.6), conçu en 1967 par Di Bartolo et Montagna de la société Italsider, vient d'être remis au goût du jour ces dernières années par le CRF[1] dans le cadre des très nombreux projets de recherche auxquels il participe. Plusieurs industriels européens s'en sont équipés pour leurs études de formabilité des nouveaux produits.

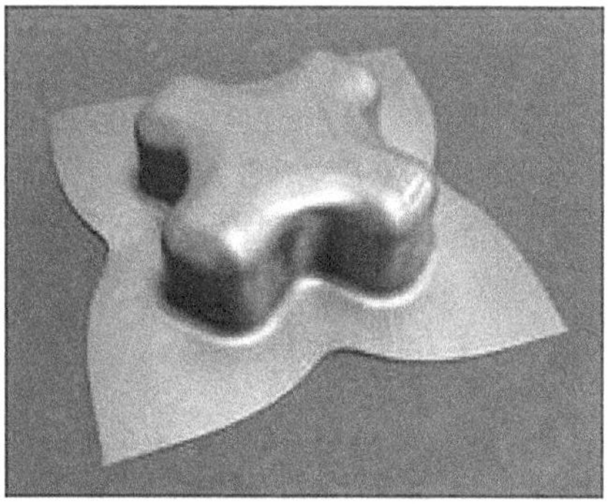

Figure 41.6 – Essai de l'outil en croix

C'est un essai intéressant en ce sens qu'il présente, selon les zones, des modes variés de déformation. D'ailleurs, les ruptures apparaissent dans des parties différentes de la pièce en fonction de l'acier testé.

On peut choisir comme critère soit la profondeur atteinte avant la casse pour une taille de flan donnée, soit la taille de flan critique pour une profondeur d'embouti fixée.

41.2.5 Essais divers

Dans un domaine assez particulier, il faut aussi citer les essais d'expansion de trou. Il en existe deux : l'essai KWI et l'essai avec poinçon conique.

L'essai du Kaiser Wilhelm Institut, dû à Siebel et Pomp, consiste à emboutir une coupelle cylindrique à fond plat comportant en son centre un trou, figure 41.7.

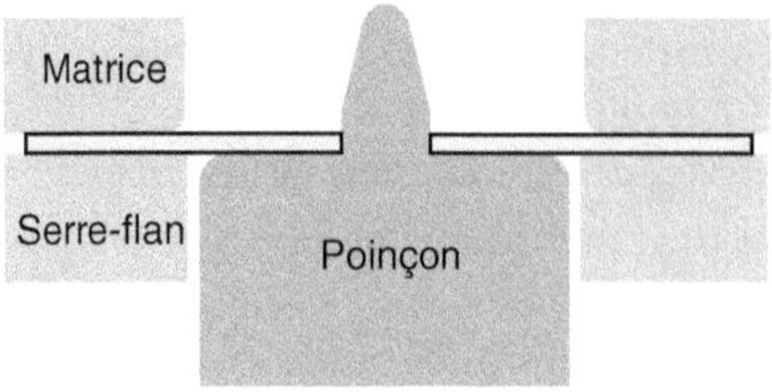

Figure 41.7 – Essai KWI

1. Centro Ricerche Fiat.

Ce trou subit donc une expansion et le critère d'arrêt de l'essai est l'apparition de fissures sur le bord du trou ou la chute de force. Le paramètre pris en compte est le rapport des diamètres du trou avant et après expansion.

L'autre essai, en cours de normalisation (c'est la norme ISO EN 16630), emploie un poinçon conique (angle de 60 °) qu'on pousse à travers un trou poinçonné jusqu'à l'apparition de fissures (figure 41.8). Le critère pris en compte est aussi le rapport des diamètres.

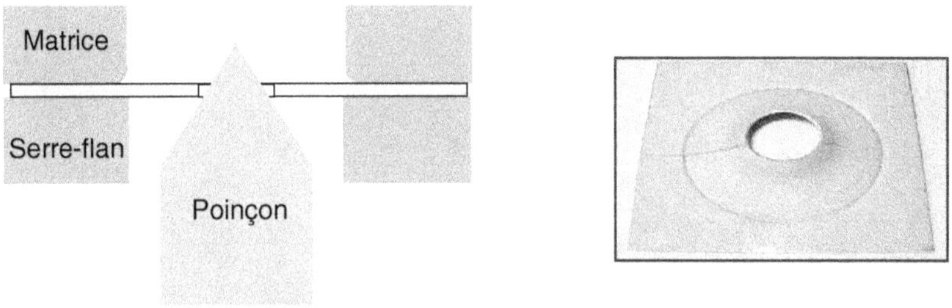

Figure 41.8 – Essai d'expansion conique

Dans un cas comme dans l'autre, la difficulté est de finement détecter l'amorçage des fissures. On peut, selon le but visé, considérer des macro-fissures traversantes (la norme parlera de fissures « pertinentes ») ou des microfissures. Le résultat est évidemment bien différent.

Il faut dire aussi que, pour tous les essais de ce type, la qualité de la découpe joue un grand rôle, ainsi que la position des bavures (coté poinçon ou opposé). Si l'on veut en faire abstraction, il est nécessaire d'aléser les trous.

On finira en parlant du test de jonc qui consiste, tout simplement, à tirer une bande de tôle à travers un jonc dont on peut régler l'imbrication ou la force de serrage.

Ce test peut être utilisé à plusieurs fins :

- étudier l'influence de la géométrie des joncs sur la force de retenue,
- étudier l'adhérence des revêtements en présence de déformations et frottement sévères,
- mesurer la tendance au retour élastique d'un acier par le biais de la courbure résiduelle de la bande.

Si l'on veut mesurer le coefficient de frottement, les choses se compliquent car l'effort qu'oppose la bande au mouvement imposé ne dépend pas que du frottement mais aussi du pliage-dépliage qu'elle subit, lequel est fonction de ses caractéristiques et de son épaisseur.

Pour décorréler les deux contributions, il devient alors indispensable d'employer un outil astucieux mais relativement complexe, l'outil de Nine. L'appareil comporte, à la place des rayons du jonc et de ceux de la matrice, de petits cylindres qui peuvent soit tourner, soit être bloqués. Quand ils tournent, on ne mesure que le pliage-dépliage, quand ils sont bloqués on mesure cet effort plus celui de frottement et la différence permet d'accéder au seul frottement.

G

Technique de l'emboutissage

Nous possédons maintenant les données nécessaires pour aborder de plus près la technique de l'emboutissage et en comprendre les mécanismes. On ne parlera pas, à proprement parler de sa technologie ; nous rappelons en effet que le but de ce livre n'est pas de décrire les détails techniques de l'outillage ni de donner les astuces (pas toujours expliquées) qui permettent de réussir une pièce, mais d'amener le lecteur à comprendre l'influence des très nombreux facteurs qui interagissent sur le résultat final, de manière à le mettre plus à même de trouver les bonnes solutions aux inévitables problèmes posés.

L'aspect quantitatif n'est pas considéré ici car il peut toujours être résolu, de nos jours, par la simulation. Mais celle-ci ne donne pas d'explication si elle n'est pas correctement interprétée. Or l'un des buts visés est justement de bien faire sentir, physiquement si l'on peut dire, les relations qui existent entre les propriétés de l'acier et la façon dont il réagit dans l'outil.

Après un rapide examen de la découpe des flans et de ses implications économiques, on examinera au chapitre 43 la constitution d'une gamme d'emboutissage. Le chapitre 44 détaille un certain nombre d'opérations de base comme le relevage de collet, le tombage de bord ou l'expansion de trou.

42 • LE DÉCOUPAGE DES FLANS

42.1 Généralités sur le cisaillage

Le cisaillage n'est pas l'emboutissage, mais il lui est indispensable. Il est donc logique que nous en disions quelques mots sans, néanmoins, trop entrer dans le détail.
Cette opération peut être réalisée de trois façons différentes :

- avec une cisaille, machine simple et d'usage économique,
- par un outil de poinçonnage, seulement justifié pour de grandes productions,
- à l'aide de molettes tournantes, pour les flans circulaires[1].

Les trois procédés comportent évidemment des différences d'exécution, mais nous allons regarder le découpage seulement sur le plan du résultat, c'est-à-dire en examinant l'aspect de la zone tranchée et en ne citant que rapidement les paramètres influant sur sa qualité.
L'outil de découpage est, dans tous les cas, constitué par deux pièces travaillant en opposition ; c'est ce que représente le schéma de gauche de la figure 42.1.
Sous l'effet de leur rapprochement, les lames commencent par plier la tôle qui se déforme plastiquement, donnant la partie arrondie (A) qu'on retrouve sur les deux côtés de la découpe. Puis les lames pénètrent véritablement dans la tôle et la cisaillent ; c'est ce qui se passe de A à B sur la vue de gauche. Après une certaine profondeur de cisaillement, qui est d'autant plus grande que le métal est ductile, apparaissent des déchirures qui vont, normalement d'une des arêtes d'outil à l'autre, soit de B à C sur la figure. Cette déchirure donne naissance à la zone dite fracturée visible sur la vue de droite, qui est une zone perturbée comportant de nombreux arrachements. La rupture se termine souvent par la formation d'une bavure.
La tranche de tôle découpée se présente en général conformément à la partie droite de la même figure 42.1.
Quels sont les facteurs qui vont jouer un rôle vis-à-vis du découpage ?

- le métal, d'abord. Plus il est ductile, plus la zone cisaillée est haute, pouvant atteindre jusqu'à environ 70 % de l'épaisseur de la tôle. La bavure a également tendance à augmenter. À l'inverse, un métal à très hautes caractéristiques, qui est donc sensible à l'effet d'entaille, commence à se rompre par fracture dès que les lames ont pénétré d'une petite profondeur dans l'acier. On peut alors avoir une zone cisaillée de 20 % seulement et le reste de l'épaisseur en déchirure,

1. C'est également le moyen employé dans la sidérurgie pour le refendage des bandes à partir d'une bobine plus large.

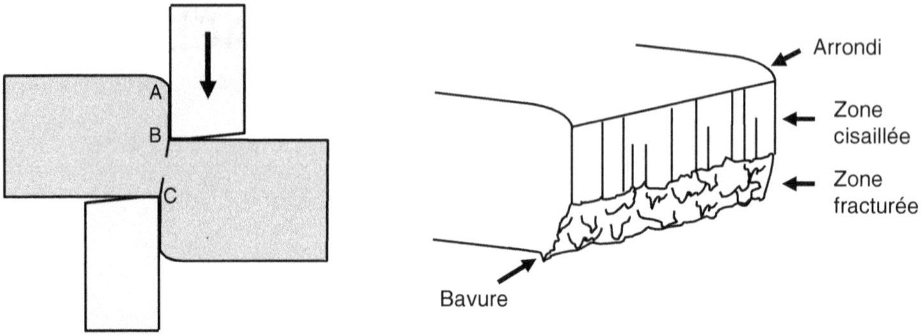

Figure 42.1 – Opération de découpage et aspect schématique d'un bord découpé

- le jeu, ensuite. Il doit idéalement être tel que les deux amorces de déchirure se rejoignent à la fin de la découpe ; c'est le cas représenté sur la figure. Si le jeu est trop grand, elles ne convergent pas et la zone déchirée est beaucoup plus inclinée et « chahutée » ; la bavure est forte. Si, à l'inverse, le jeu est trop faible, les fissures se croisent et l'on voit apparaître une sorte de languette à moitié détachée à mi-épaisseur,
- l'usure des arêtes de coupe : quand elles s'émoussent trop, le cisaillage devient moins net et la hauteur déchirée augmente. Notons cependant qu'il est de pratique courante de « moucher » les arêtes sur un outil neuf, ceci afin d'augmenter sa durée de vie. Cette tactique a été récemment confirmée par des études suédoises détaillées qui ont même montré que le rayon idéal se situait aux alentours de 80 µm.

Le tableau 42.1 ci-dessous résume ces tendances dans le cas des aciers relativement ductiles (aciers doux et HSLA). Pour les aciers à très hautes caractéristiques, l'importance relative des différentes zones semble être assez insensible au jeu.

Tableau 42.1 – Influence de quelques paramètres sur la géométrie d'une coupe

	R_e/R_m augmente	**Dureté augmente**	**Jeu augmente**
Arrondi	↘	↘	↗
Zone cisaillée	↘	↘	↘
Zone fracturée	↗	↗	↗
Bavure	↘	↘	↗

Le jeu idéal pour un acier doux est, en principe, égal à 7 % de l'épaisseur. Cette condition est bien rarement respectée et l'on trouve couramment dans les ateliers des jeux allant de 5 à 10 %, et parfois même 15 %. L'excès en tout est un défaut,

et plusieurs inconvénients peuvent en résulter : usure des outils, formation de bavures, formation de petits copeaux qui peuvent polluer les outils et donner naissance aux picots, etc.
Le jeu souhaitable augmente avec les caractéristiques mécaniques de l'acier. Pour les aciers des plus hauts grades, il n'y a pas tellement de choix et un jeu d'environ 15 % est recommandé pour beaucoup, donnant simultanément la meilleure formabilité des bords découpés et l'usure minimale.
Notons qu'il est souhaitable, pour le bon déroulement des opérations ultérieures de mise en forme, que la bavure soit aussi réduite que possible (c'est une source d'amorces de rupture) et qu'elle soit dirigée, autant que faire se peut, du côté du poinçon sur lequel elle sera déformée.

42.2 Le découpage des flans

Le découpage des flans ne fait pas, lui non plus, partie de l'emboutissage à part entière mais il constitue une fonction connexe absolument inévitable.
Notons d'abord que le prix du flan intervient dans le prix final de la pièce, même si c'est dans une faible proportion, et qu'il est donc important de rechercher le coût minimal pour sa production.
On peut définir trois niveaux de découpe des flans :

– les flans simplement cisaillés, qui sont des rectangles ou des trapèzes, quelquefois des secteurs courbés,
– les flans poinçonnés de forme simples (cercles le plus souvent),
– les flans dits « de forme », qui ont des géométries compliquées.

42.2.1 Flans simples

Ces flans sont obtenus par le moyen le plus rustique possible, qui consiste à découper une bobine avec une cisaille. La cisaille la plus simple est elle-même une cisaille droite, capable seulement de couper la tôle à angle droit. On fera donc ainsi des rectangles ou des carrés (qui ne sont qu'un cas particulier de rectangle).
On notera que le procédé implique une direction inversée des bavures aux deux extrémités de la feuille ainsi découpée.
Il n'y a pas grand-chose d'autre à en dire, si ce n'est que les aciers se contentent très souvent de ces flans simples, ce qui n'est pas le cas de tous les matériaux en tôle. C'est là un avantage non négligeable car il permet souvent d'éviter le coût des flans de forme.

42.2.2 Flans trapézoïdaux

On utilise une machine légèrement plus compliquée, appelée *cisaille oscillante*, pour découper ces flans. La cisaille en question est capable, à chaque coupe, de tourner d'un angle α par rapport à la direction de la bande.
On remarquera d'abord qu'en adoptant un angle α constant de 90°, on retombe dans le cas précédent. Cette machine est donc capable de découper des flans rectangulaires. Mais on peut faire aussi un angle droit, suivi d'un angle différent puis de

nouveau d'un angle droit (figure 42.2, gauche), ce qui donne deux trapèzes rectangle. Cette forme de flan est bien adaptée à la fabrication des portes avant de voitures.

Une petite difficulté résulte de la nécessité de séparer les flans obtenus en deux familles (main droite et main gauche) car il est rare que les deux faces de la tôle puissent être considérées comme strictement identiques. Dans beaucoup de cas, celle-ci possède un revêtement sur une face et pas sur l'autre, ou bien les revêtements sont différents, mais en tout cas, chaque fois qu'il s'agit de tôles destinées à des pièces visibles, il y a toujours le problème de mettre à l'extérieur la face garantie d'aspect par le sidérurgiste.

On peut aussi faire une coupe à un angle α suivie immédiatement d'une coupe à un angle $-\alpha$ et l'on obtient alors des trapèzes symétriques qui sont bien adaptés à certaines pièces, les capots de coffre automobile, par exemple (figure 42.2, centre). Nous ajoutons sur la figure un flan qui n'est pas trapézoïdal mais qui est également obtenu avec une cisaille simple, équipée de lames courbes (figure 42.2, droite). Ces flans sont destinés aux capots avant d'automobile.

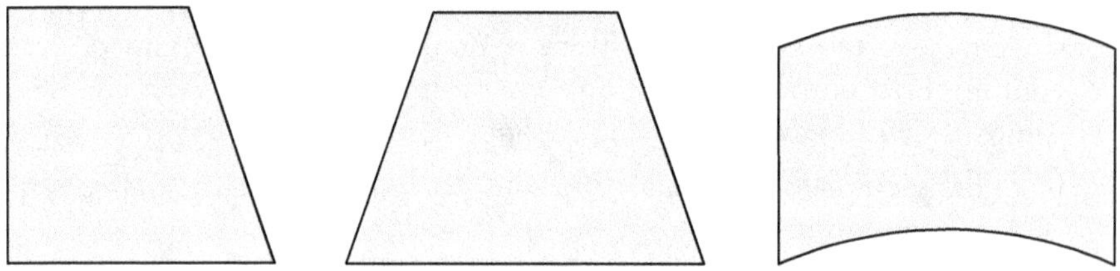

Figure 42.2 – Flans obtenus à l'aide d'une cisaille

42.2.3 Flans circulaires

Les flans ronds de grande dimension sont souvent coupés sur des cisailles circulaires, voire au laser ou au jet d'eau dans les cas de très petites séries. L'avantage est évidemment une grande souplesse de ces procédés qui permettent de passer rapidement d'un diamètre à un autre.

Pour les grandes séries, on utilise un outil dédié, qui ne convient donc qu'à un diamètre de flan et, normalement, à une seule épaisseur puisque le jeu de découpe est une fonction de cette dernière, comme nous l'avons vu. On peut éventuellement disposer de plusieurs poinçons permettant d'obtenir un jeu variable avec une matrice donnée. L'inverse est peu rentable.

La perte de métal lors de la découpe d'un flan rond dans une bande est assez élevée, 31,8 % en théorie. C'est la raison pour laquelle on essaie, chaque fois que c'est possible, d'introduire plusieurs flans dans la largeur de la bande. La solution la plus rentable est de les imbriquer les uns dans les autres en les décalant en largeur.

42.2.4 Flans de forme

Il reste quand même nombre de cas où il n'est pas possible de se satisfaire d'une forme très simple comme le rectangle ou un trapèze. On est alors obligé de recourir au *flan de forme* qui ne peut être découpé que par des moyens « souples » (laser, jet d'eau) pour les très petites séries ou lourds pour les grandes séries, c'est-à-dire poinçonnés sur une presse.

Ceci implique donc l'existence de cette presse, d'une part, et la création d'un outil dédié à la pièce, d'autre part ; le prix de revient du flan va donc sérieusement augmenter ce qui explique que l'on évite cette solution chaque fois que possible.

Les côtés de caisse monoblocs constituent l'un des exemples de flans les plus compliqués, comme le montre la figure 42.3. Ils doivent systématiquement avoir des découpes pour les portes car ils ne pourraient pas être correctement emboutis sans cette précaution. De plus, certains atteignent une longueur de plus de quatre mètres.

On notera sur la figure la forme des angles de la pièce. Ils présentent systématiquement de petits décrochements qui sont destinés à donner un angle de coupe de 90 ° par rapport à la rive de la pièce. Cette précaution épargne grandement l'usure des poinçons de découpe. On notera aussi la forme très étudiée des découpes centrales rendue indispensable par la difficulté de la pièce et les risques de rupture dans leurs angles ; ce point sera étudié en détail dans l'exemple 18 de la partie J.

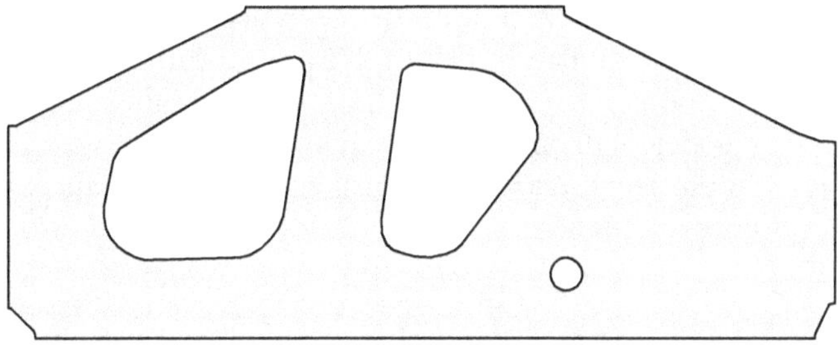

Figure 42.3 – Flan de forme complexe pour côté de caisse monobloc

Quand les flans sont de petite taille, on essaie d'en imbriquer le maximum possible dans la bande. Il existe pour cela des logiciels spécialisés, intégrés la plupart du temps dans les logiciels de calcul d'emboutissage. Notons que les éventuelles particularités métallurgiques de la bande (influence du sens « travers » par exemple) par rapport à la difficulté de la pièce à former ne sont normalement pas prises en compte.

Nous présenterons néanmoins dans la partie J un exemple où le fait de tourner le flan de 90 ° a amélioré les résultats d'emboutissage.

Un cas très particulier est à signaler : l'emboutissage de carters rectangulaires fait intervenir le rétreint des coins dans la direction la plus défavorable, celle à 45 ° où le coefficient d'anisotropie est le plus faible alors qu'il serait souhaitable qu'il soit élevé. Une solution consiste à découper les flans rectangulaires dans la bande avec une inclinaison proche de 45 °. Les coins correspondent alors aux directions long et travers du métal, là où le coefficient r est le plus élevé.

Il va sans dire que la chute est énorme et que cette solution est rarement adoptée ; nous avons cependant vu son application dans un cas difficile.

43 • NOTION DE GAMME

Pour être simple, commençons par examiner le cas du godet rond. On a vu précédemment que les amincissements et les épaississements locaux se compensent quasiment en rétreint, impliquant que la surface du godet formé est sensiblement égale à celle du flan de départ. Il en résulte que si l'on veut former un godet profond, donc de grande surface finale, il faudra partir d'un flan de grand diamètre. Or on a également observé que le rapport d'emboutissage ne devait pas dépasser en pratique la valeur de 1,8 pour les aciers doux, faute de quoi on risquait l'apparition d'une rupture.

Il en résulte que la seule solution est de commencer l'emboutissage par une opération moins sévère, ce qui revient à diminuer ce fameux rapport d'emboutissage.

Comme le diamètre du flan initial est fixé par la profondeur finale visée, c'est donc le diamètre du poinçon (et de la matrice) qu'il va falloir augmenter. On va ainsi emboutir un godet de diamètre supérieur à celui que l'on veut en finale et pratiquer ensuite un ou plusieurs *réemboutissages*. Il existe pour cela deux méthodes que nous allons examiner maintenant.

43.1 Réemboutissage direct

C'est la solution de loin la plus utilisée. Le but est de reprendre une pièce emboutie (nous en restons pour le moment au godet) et la *réemboutir* en réduisant son diamètre, comme montré à la figure 43.1.

Quand il n'y a qu'une opération de rétreint, le rapport limite d'emboutissage utilisé est pratiquement de 1,8, pour les aciers doux[1]. Mais dans le cas où le métal va être réembouti, il convient de ne pas trop forcer les choses et on choisira couramment une valeur plus faible pour la première opération, 1,5 ou 1,6 par exemple, et des valeurs encore inférieures pour les suivantes, par exemple 1,3 ou 1,4. Ces chiffres ne sont qu'indicatifs car ils dépendent de plusieurs facteurs. On peut aller au-delà dans le cas où la dernière opération amènerait à une réduction très faible. On économisera ainsi un outil et une passe en forçant un peu sur les précédentes.

Les valeurs du rapport d'emboutissage pratiquées avec les aciers pour emballage sont systématiquement plus élevées, cela venant en grande partie du frottement toujours très faible ; on peut avoir, par exemple 1,8, voire 1,9, suivi de 1,4.

1. Ce rapport diminue évidemment pour les aciers à hautes caractéristiques. Il dépend beaucoup de l'anisotropie plastique.

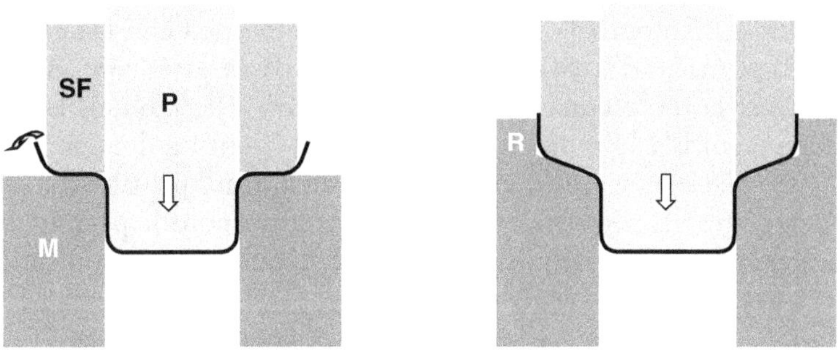

Figure 43.1 – Réemboutissage direct avec serre-flan plat ou conique

Pour éviter le plissement, on utilise un serre-flan tubulaire. Il y a, comme on le voit sur la figure 43.1, deux possibilités : il peut avoir une portée plate (à gauche) ou conique (à droite). La première solution donne de bons résultats dans la plupart des cas, mais la seconde est réputée permettre des réductions légèrement plus fortes. Des études très anciennes avaient indiqué qu'un angle de 38° était l'idéal pour le réemboutissage des aciers doux.

On remarque aussi que le métal situé entre serre-flan (SF) et matrice (M) est bien tenu par le fait qu'il est tendu entre le rayon extérieur du SF et le rayon de la matrice. De ce fait, et également parce que le rapport d'emboutissage est modéré, la tendance au plissement reste faible et l'on n'a pas à utiliser des forces de serre-flan élevées. Ceci est avantageux vis-à-vis du frottement et des risques de grippage, de même que pour l'aspect.

Il est nécessaire d'indiquer ici une précaution qui peut se révéler très utile. La matrice doit de préférence comporter un rebord (marqué R sur la figure de droite) guidant le métal du godet lors de son passage sur le serre-flan. Ce qui se passe, en effet, c'est que le bord du godet s'évase quand il arrive en fin d'emboutissage, comme représenté à gauche. Cette zone de la pièce, déjà fortement écrouie par le travail qui a précédé, subit donc brutalement une extension circonférentielle qui risque tout simplement de faire apparaître des fissures radiales. Le fait d'être maintenue jusqu'au bout par le rebord R évite cet inconvénient (ceci s'applique aussi bien aux serre-flans plats que coniques).

On notera finalement qu'il est nécessaire de « préparer » la forme conique, si elle est adoptée, dès la première opération.

43.2 Réemboutissage par retournement

Cette pratique n'est en principe utilisée que pour la dernière opération d'une gamme courte d'emboutissage en rétreint, comprenant en général trois phases : un emboutissage, un réemboutissage direct et, finalement, le *réemboutissage indirect*, appelé « emboutissage à la chaussette » dans le métier. On va fabriquer de la sorte des corps d'extincteurs, des filtres à huile de camions et divers éléments cylindriques profonds. Notons qu'il n'est pas souhaitable ni très rentable de pratiquer ainsi sur une ligne de presse. L'intérêt n'apparaît vraiment qu'avec l'utilisation d'une presse triple effet (cf. partie H).

La figure 43.2 montre l'opération finale de retournement. Un godet à fond plat de diamètre d_2 vient d'être formé en utilisant la partie extérieure M_2 de l'outil comme matrice et la pièce notée M_3 comme poinçon (elle monte). Le poinçon P vient ensuite repousser le godet dans la matrice M_3 pour lui donner le diamètre d_3. On peut dire que la présence du serre-flan SF n'est pas indispensable car le « déroulement » du métal sur M_3 nécessite suffisamment d'effort pour le plaquer assez solidement et éviter la formation de plis. En tout état de cause, la pression sur le serre-flan, s'il y en a une, peut être très réduite.

Comme on le voit, l'acier est déformé dans le sens inverse de celui des opérations précédentes. Ceci fait souvent croire que c'est une opération particulièrement sévère pour le métal. Il n'en est rien, on pourrait même dire qu'elle est plutôt moins sévère. Les avantages de cette technique seront exposés dans la partie H.

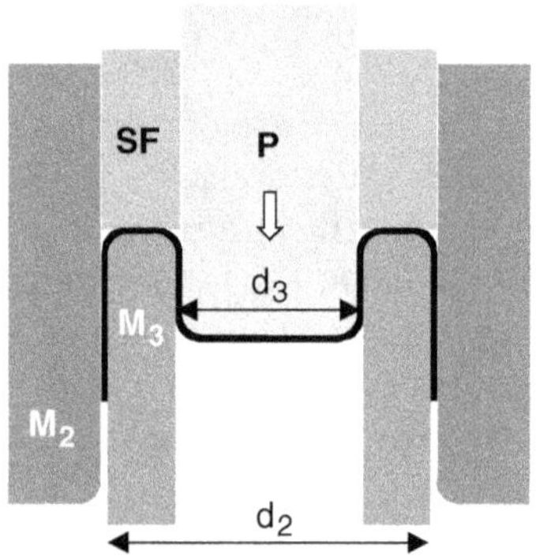

Figure 43.2 – Réemboutissage par retournement

43.3 Détourage

À la fin de l'emboutissage, il reste toujours autour de la pièce du métal qui doit être éliminé. Cette opération s'appelle *détourage* (trimming en anglais). L'un des grands principes à respecter est de toujours cisailler la tôle perpendiculairement à sa surface. Un cisaillage avec une inclinaison de 30°, par exemple, donne des résultats catastrophiques tant du point de vue de la pièce (bord coupant avec beaucoup de bavures) que de l'usure, voire même du coincement ou de la rupture des outils.

Le détourage peut se présenter sous plusieurs formes.

S'il s'agit d'un godet devant conserver une collerette résiduelle, par exemple pour sertir un couvercle ou coller un diaphragme, l'opération est simple puisqu'elle se fait à plat, dans la même direction que l'emboutissage. Mais si le godet n'est pas censé avoir une collerette, on est alors obligé de faire la découpe perpendiculairement à son axe.

Pour de petites séries, on emploiera le détourage à la molette, en faisant tourner la pièce. Cela n'est évidemment pas acceptable pour de grandes séries ; on est alors obligé de faire les découpes par outils à cames (voir partie H). Notons qu'il faut alors deux opérations car les cames ne permettent pas d'agir simultanément sur toute la circonférence. On découpe d'abord deux secteurs opposés, et les deux secteurs restant sont coupés au poste suivant.

Si l'on considère maintenant les pièces automobiles, ou qui y ressemblent, il y a toujours en première opération un surplus de métal, appelé *l'habillage* (cf. chapitre 50 de la partie H), qui sert à tendre la pièce mais qui n'a plus d'utilité ensuite. Le détourage sera donc systématiquement la deuxième opération d'une gamme automobile.

Pour que ce découpage se fasse perpendiculairement ou presque par rapport à la surface, on a le plus grand intérêt à prévoir une zone de découpe plate et perpendiculaire à l'axe d'emboutissage. On est souvent amené à créer des marches autour de la pièce simplement pour permettre cette bonne découpe. En cas d'impossibilité, il faudra recourir à des cames, avec tous les inconvénients que cela présente (complexité de l'outil, usure, augmentation du temps de cycle).

Signalons enfin que les flans de forme prototypes sont maintenant souvent découpés par laser ou même jet d'eau. Cela tient au fait qu'une petite quantité seulement est nécessaire et que la forme définitive n'est pas encore fixée (c'est précisément l'essai de ces flans qui permettra de figer leur forme). Ces moyens de coupe sont intéressants car ils permettent des modifications rapides de la forme.

Avec les aciers doux, il n'y a pas de différence de comportement entre ces flans et ceux qui sont découpés par poinçonnage, mais il n'en est pas de même avec les aciers à hautes ou très hautes caractéristiques. La découpe au laser, à condition de ne pas provoquer une trempe sévère, est en effet beaucoup moins nocive que le poinçonnage car il n'y a ni écrouissage, ni zone fracturée, ni bavure. La découpe au jet d'eau est encore moins sévère. Ce qui s'est déjà produit à plusieurs reprises, c'est que des flans découpés par l'un de ces deux moyens s'emboutissent parfaitement mais que quand l'outil de découpe définitif a été réalisé, il ne soit plus possible de faire des pièces saines car elles se cassaient à partir des bords écrouis. Un exemple est présenté dans la partie J.

Il est donc impératif de bien prendre en compte ce risque potentiel.

43.4 Notion de préforme

Toutes les pièces embouties ne sont pas des godets. Indépendamment des notions de rapport d'emboutissage que nous venons de voir à ce sujet, qui concernent les dimensions extérieures des flans et des godets, bien des pièces ont des formes complexes qui impliquent, dans les zones centrales, de très grandes déformations totalement impossibles à réaliser d'un seul coup. Il va alors falloir préparer le formage par un embouti donnant une *préforme* qui permettra d'arriver au bon résultat.

Mieux vaut certainement un exemple parlant qu'une longue description ; nous allons montrer un cas classique, la fabrication d'un disque (ou voile) de roue d'automobile.

La figure 43.3 représente la coupe d'un disque, en noir, et une étape préparatoire, en gris. Si l'on essayait d'emboutir d'un coup la forme centrale finale, le métal serait, si l'on peut dire, bloqué sur les petits rayons et les tensions seraient telles, dans les brins libres, que la rupture de la pièce serait obtenue avant d'avoir pu atteindre la course voulue.

La solution consiste donc à « préparer » le formage en donnant dans une opération préliminaire un développement (le plus important possible) par réalisation d'une forme simple et, surtout, ne comprenant aucune source de concentration des déformations, donc, pratiquement, ne comportant que de grands rayons. On essaie de se rapprocher le plus possible de la longueur développée de la forme finale.

Le formage qui suit n'aura donc qu'à modifier par des « pliages » la forme développée et ceci sans efforts trop localisés.

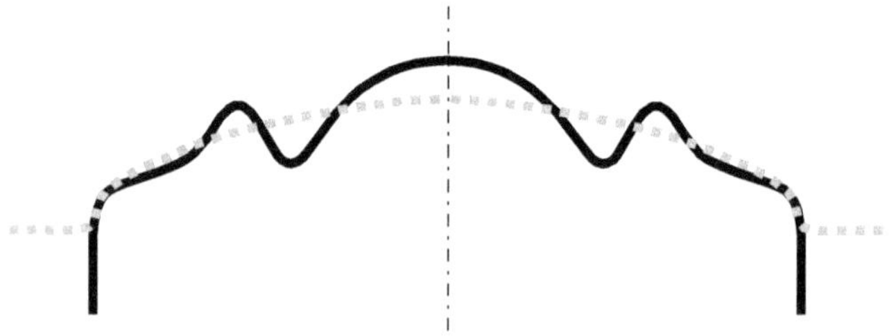

Figure 43.3 – Préparation de la forme d'un voile de roue

La dernière opération de formage consistera à former par rétreint le bord de la pièce. Remarquons qu'il s'agit là d'un cas où il n'est pas possible, à l'évidence, de respecter la recommandation disant qu'il est préférable de commencer la mise en forme d'une pièce par le rétreint plutôt que par l'expansion. On est obligé de faire exactement le contraire…

Si l'on commençait par faire le bord, il bloquerait les possibilités ultérieures de déformation par expansion. Mais heureusement, ce n'est pas la même zone de métal qui subit les deux modes de formage.

44 • OPÉRATIONS CONNEXES

Emboutir un flan n'est que l'une des étapes permettant d'obtenir des pièces fonctionnelles. De multiples opérations sont souvent nécessaires après l'emboutissage proprement dit, consistant à percer des trous, préparer des rebords permettant le soudage sur d'autres pièces, le sertissage ou le thermocollage d'un opercule, etc.
Ce sont ces différentes opérations que nous allons voir maintenant, mais sans y apporter autant d'attention qu'à l'emboutissage lui-même.

44.1 Contre-emboutissage

On appelle ainsi une mise en forme qui se fait dans le sens inverse de l'emboutissage proprement dit. Un outillage de contre-emboutissage est représenté à la figure 48.7 de la partie H. On fait ainsi les fonds de boîtes de boisson et de nombreuses autres formes, comme par exemple les dépressions des poignées de portes automobiles.
Cette opération se fait normalement en fin de course d'emboutissage.
On peut raisonnablement se demander si un acier qui se consolide fortement est, ou n'est pas, défavorable vis-à-vis de ce type de formage. En effet, comme le contre-emboutissage est fait en fin de la course de formage, il intervient habituellement dans des zones qui ont déjà été soumises à une expansion sur le nez de poinçon, donc écrouies. Des études ont été menées pour vérifier cette influence.
Il semble qu'on puisse répondre de la façon suivante :

- si l'acier est très ductile, un acier IF par exemple, le contre-emboutissage n'est pas rendu plus difficile par l'écrouissage qui a précédé. Il a cependant été constaté que plus la limite d'élasticité initiale est basse, mieux se passent les choses,
- si l'acier est à hautes ou très hautes caractéristique *et* présente une forte capacité de consolidation, un acier TRIP, par exemple, il peut devenir problématique de contre-emboutir une zone déjà fortement déformée. Il est préférable, dans ce cas, de faire si possible le contre-embouti avant la déformation générale, en utilisant un presseur qui agira dès le début de l'emboutissage.

44.2 Tombage de bord

De quoi s'agit-il pratiquement ? De la bordure d'une pièce qui est renvoyée à 90°, donc dans la direction d'emboutissage. On pourrait alors penser qu'un tombage de bord n'est rien d'autre qu'un pliage ; c'est vrai, sauf qu'un tombage de bord peut ne pas être rectiligne alors qu'un pliage l'est toujours. Le bord tombé va entourer la pièce, même aux endroits où elle est arrondie. De ce fait, il peut être en rétreint si cette partie de pièce est convexe, et en expansion si elle est concave. Le schéma de la figure 44.1 montre les trois types de bords tombés côte à côte.

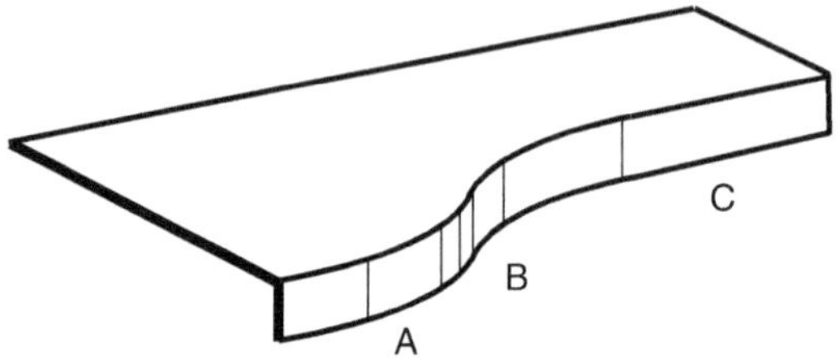

Figure 44.1 – Bord tombé en rétreint (A), en expansion (B) et rectiligne (C)

Par ailleurs, le tombage de bord n'est pas vraiment de l'emboutissage car il se pratique sans serre-flan. Une lame vient simplement pousser la tôle dans la direction désirée, sans la maintenir en aucune façon. On comprend dès lors que le plissement n'est pas maîtrisé et pourra facilement apparaître dans les zones en rétreint.
Si la courbure est faible, le résultat est en général acceptable. Mais si elle est forte, dans les coins de pièces en particulier, on est obligé de recourir à une découpe préalable (voir figure 44.2) qui, supprimant la majeure partie du métal qui serait sans cela comprimé, réduit beaucoup les contraintes de compression circonférentielles et évite par conséquent les plis.

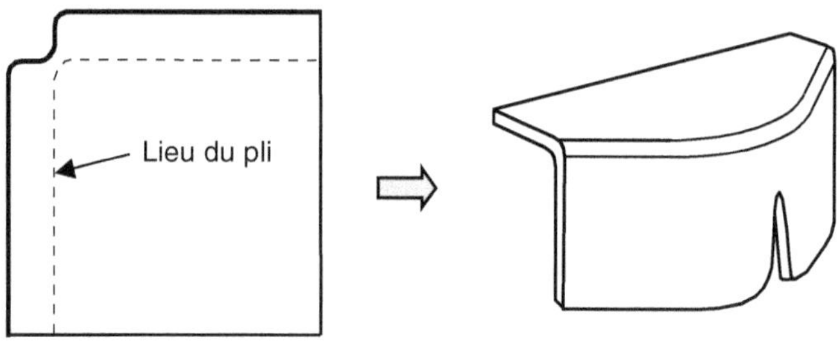

Figure 44.2 – Découpe nécessaire à la formation d'un coin

Cette découpe préalable est encore plus large et profonde dans le cas d'un sertissage, comme le montre la figure 44.3.

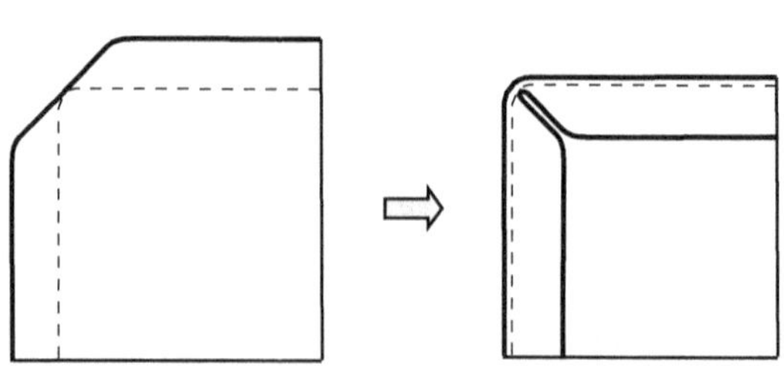

Figure 44.3 – Découpe nécessaire pour un sertissage

44.3 Expansion de trou

L'expression peut prêter à confusion : on n'expanse pas un trou dans le seul but d'obtenir un trou plus grand, ce serait une manœuvre bien risquée car on ne maîtriserait que très mal la forme qu'il prendrait. En réalité, les trous qui subissent une expansion ont toujours été placés volontairement pour faciliter la déformation locale de la tôle et on les appelle des *trous de décharge*, cela signifiant qu'ils réduisent le chargement – les contraintes – dans une zone de la pièce.

Les trous de décharge les plus simples sont circulaires, et les plus compliqués peuvent avoir des formes optimisées torturées, comme ceux qui se trouvent sur les côtés de caisse (revoir la figure 42.3). Le mécanisme d'action est simple : leur présence élimine du métal qui, sans cela, s'opposerait à l'expansion d'une zone de la pièce, risquant de faire naître des tensions trop grandes.

Mais le problème à éviter est la rupture des bords du trou car ils sont pratiquement toujours découpés par poinçonnage, donc avec des rives écrouies qui ne peuvent pas supporter d'aussi grandes déformations que le métal de base.

Nous allons regarder d'un peu plus près les modes de déformation existant dans la région du trou. Pour simplifier, nous allons évidemment considérer le cas d'un trou circulaire.

Cette question a été étudiée en détail par Karima [1] qui a bien montré ce qu'était la *signature* (l'expression est de lui) d'un trou rond en cours d'expansion. Le trou s'agrandissant, le bord est en pure déformation uniaxiale comme nous l'avons vu à plusieurs reprises. En s'éloignant du bord, la déformation passe par tous les états et atteint finalement (ou s'approche beaucoup) de l'expansion, comme le montre la figure 44.4. L'épaisseur est minimale au bord du trou mais, dans l'ensemble, varie relativement peu.

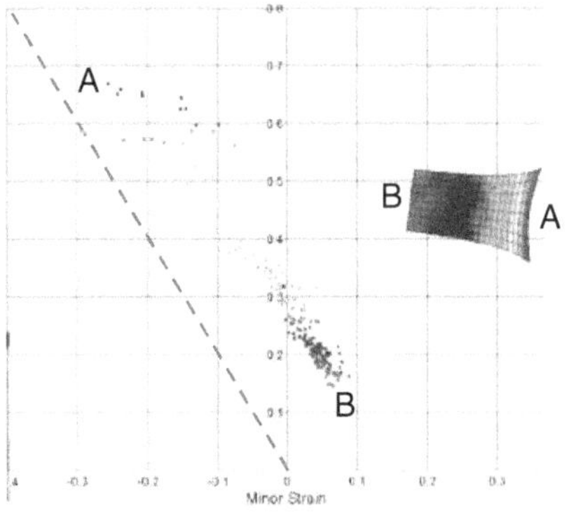

Figure 44.4 – Distribution des déformations autour d'un trou en expansion (expérience)

La rupture d'un trou en expansion dépend de plusieurs facteurs.

Si le trou a été mal découpé, avec un jeu trop grand ou des outils usés, la capacité d'expansion sera en relation très directe avec la qualité de découpe. La présence de ruptures partant dans plusieurs directions permet d'éliminer l'hypothèse d'un défaut du métal orienté dans la direction de laminage.

Le graphique de la figure 44.5 représente l'influence de la qualité du bord dans le cas d'un acier laminé à chaud. On voit qu'un jeu très excessif (40 % de l'épaisseur) donne une faible expansion (à droite). Un jeu de découpe mieux adapté va permettre une expansion très supérieure, surtout si la bavure a été éliminée.

Le résultat figurant à gauche du graphique correspond à une découpe parfaite – le trou est alésé – et permet une expansion considérablement plus grande. Notons que l'épaisseur joue aussi un rôle favorable.

On retiendra donc que la première chose à vérifier quand une rupture apparaît sur un trou expansé, c'est toujours la qualité de découpe.

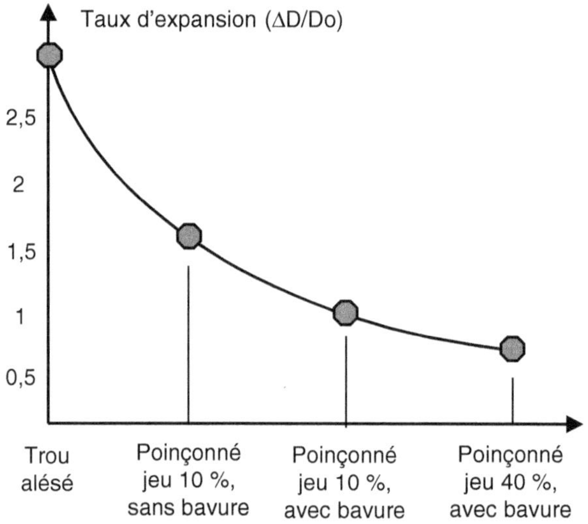

Figure 44.5 – Influence de la qualité de découpe sur l'expansion d'un trou

On a le droit d'être surpris de voir qu'en expansion de trou, le bord, pourtant soumis à une pure traction uniaxiale, atteint des allongements extraordinairement élevés (280 % dans le cas présenté). Cela vient du fait qu'il n'y a pas, contrairement au cas de l'essai de traction, localisation de l'échauffement puisque, un trou n'ayant pas d'extrémités, l'ensemble du bord s'échauffe de façon uniforme. Il se trouve alors qu'en l'absence de défauts (trou usiné), l'ensemble de la circonférence atteint simultanément la striction localisée et même la rupture. L'étude de ce mécanisme est détaillée dans la référence [2].

Si l'acier est ductile et bien découpé, le taux d'expansion va être en relation avec le coefficient d'anisotropie plastique r. Théoriquement, la rupture doit avoir lieu dans la direction où la valeur de r est la plus basse. La figure 44.6 montre la considérable influence de la valeur de r sur la pente de la traction uniaxiale et, donc, sur le niveau de déformation qui peut être atteint avant de toucher la CLF.

Si l'acier est à hautes ou très hautes caractéristiques, le comportement est différent. C'est alors l'hétérogénéité de la structure qui va décider de la facilité avec laquelle le métal se fissurera ou non. De ce point de vue, les structures les plus hétérogènes sont les plus néfastes ; c'est le cas d'un acier dual phase, par exemple, car il est

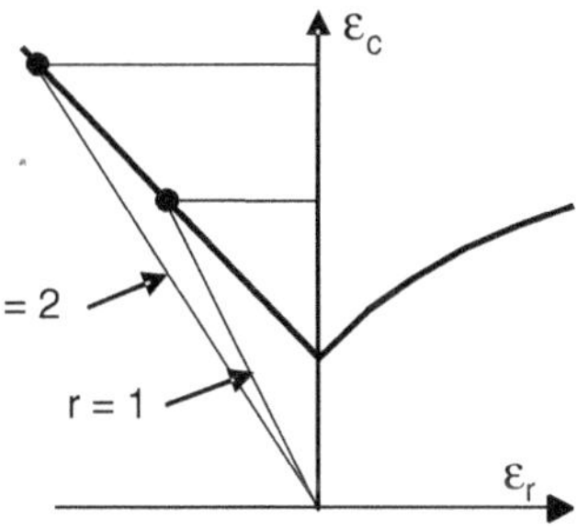

Figure 44.6 – Influence de la valeur de r sur l'allongement en traction

constitué de martensite dure et de ferrite ductile. L'interface accommode très mal les déformations qui lui sont imposées et se rompt.

C'est pour éviter cet inconvénient qu'ont été développés les aciers bainitiques car la présence d'une seule phase, même si elle est relativement dure, est dans tous les cas,préférable à celle d'un mélange hétérogène.

Signalons que c'est là, à la connaissance de l'auteur, le seul cas où la prise en compte de la structure métallographique soit nécessaire à la prédiction du comportement en mise en forme. D'habitude, la connaissance des seules caractéristiques mécaniques suffit.

Mais en expansion de trou, et bien que la déformation du bord soit en traction uniaxiale, il n'existe pas de relation entre le taux d'expansion que peut subir le trou et l'allongement à rupture mesuré en traction.

44.4 Relevage de collet

C'est l'opération qui permet d'obtenir un *collet* ou une *collerette*, certains disent une *cheminée*. Il s'agit de former par expansion d'un trou une partie cylindrique qui pourra servir de guidage à un axe, de logement à un roulement ou à un silent-bloc ou encore qui pourra être filetée ensuite et évitera le soudage ou le sertissage d'un écrou. La figure 44.7 représente une telle collerette.

Figure 44.7 – Collerette obtenue en pleine tôle

Tout le problème réside dans la hauteur de collerette que l'on peut obtenir. Les données sont à peu près les mêmes que pour l'expansion de trou, ce qui est logique puisque, en fin de compte, c'est de cela qu'il s'agit.

Il convient donc de partir d'un trou le mieux réalisé possible, c'est-à-dire avec le jeu convenable et des outils en bon état. Sur la figure 44.7, on remarquera de fines stries sur le bord de la collerette, inclinées de 45° environ, qui signifient que le métal est très proche de sa rupture en traction uniaxiale (voir à ce sujet l'exemple 18 de la partie J).

On superpose souvent un léger étirage (voir 44.7) au relevage de collerette, c'est-à-dire qu'on utilise, pour repousser le métal dans la matrice, un poinçon de diamètre trop grand qui écrase un peu le métal sur la matrice. Les collerettes obtenues sont beaucoup plus régulières et cylindriques.

44.5 Frappe

L'opération dite *de frappe* est destinée à obtenir un rayon de pliage serré à partir d'un rayon initialement plus large. Le but est évidemment de permettre de réaliser une première opération avec un rayon large, autorisant un écoulement facile du métal, sans amincissement localisé, et de donner ensuite à ce même rayon la dimension nécessaire à l'usage de la pièce.

La figure 44.8 schématise cette opération. On voit clairement que le poinçon, qui a en X et Y des rayons plus petits que ceux de la pièce déjà formée, va forcer celle-ci à adopter ces petits rayons quand il arrivera en fond de matrice.

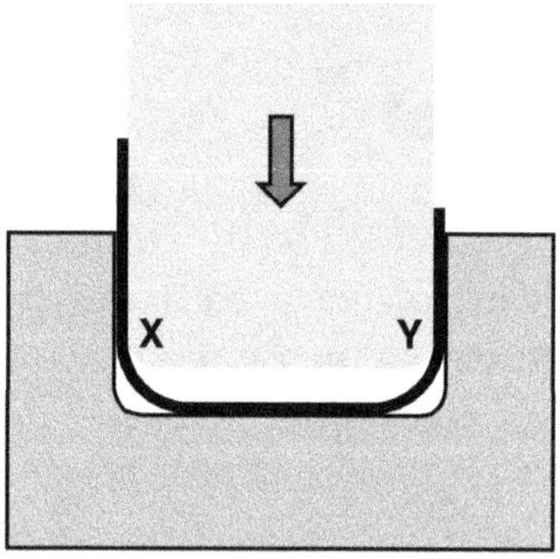

Figure 44.8 – Frappe d'un rayon

Il n'y a pas grand chose de plus à en dire si ce n'est que la frappe n'est normalement pas autorisée dans la partie visible d'une pièce de carrosserie, comme nous l'avons déjà signalé.

44.6 Tassage

Le *tassage* a une fonction proche de celle de la frappe : réduire un rayon de pliage. Mais ce procédé est assez souvent utilisé dans le seul but de réduire le retour élastique sur les pièces en oméga. L'opération, qui s'applique en général à des pièces allongées telles que des rails, glissières, longerons, traverses, consiste à écraser dans une forme appropriée la partie de pièce déjà formée, comme le montre la figure 44.9.

On voit que, quand le poinçon descend, il appuie sur le longeron aux points A et B et force les larges rayons X et Y à épouser ceux, plus petits, de la matrice. Le poinçon n'a pas besoin d'être usiné à la forme des rayons désirés puisqu'il ne touche pas la tôle en fin de course. Évidemment, celle-ci doit être ajustée de façon à éviter que le métal se mette à plisser au fond de la matrice (entre X et Y) ou dans les brins verticaux.

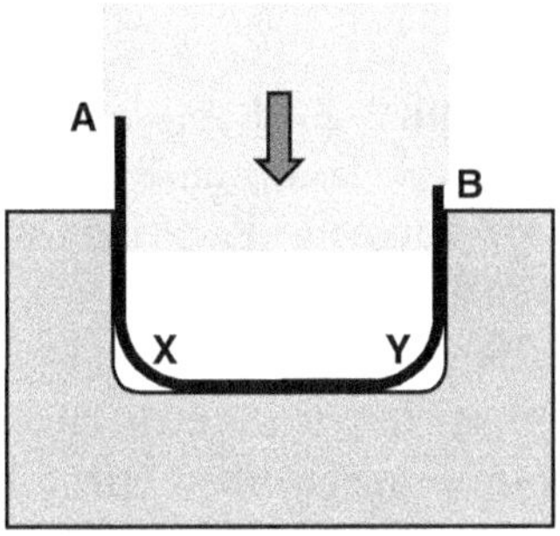

Figure 44.9 – Tassage d'un longeron

Nous avons vu dans la partie E que plus le rayon est faible pour une épaisseur de métal donnée, plus la zone déformée plastiquement dans le pli est épaisse. On comprend donc aisément que la plus grande plastification du métal va réduire la quantité de zones seulement déformées dans le domaine élastique et que le retour élastique en sera lui-même réduit.

44.7 Repassage ou étirage

Le repassage n'est pas vraiment de l'emboutissage, mais il est tellement lié à ce dernier, particulièrement pour la fabrication des canettes de boisson, que nous ne pouvons pas le passer sous silence. Néanmoins, nous ne donnerons pas beaucoup de détails sur ce sujet qui ne concerne quand même qu'une petite partie de la population des emboutisseurs.

Le terme *repassage* est généralement adopté quand on parle des aciers pour emballage (APE). Quand il s'agit de la même opération faite sur de la tôle, on parle plutôt d'*étirage*.

Dans le cas des APE, il s'agit d'obtenir une forte diminution d'épaisseur du produit déjà mis en forme (un godet, toujours) en l'obligeant à passer entre une matrice et un poinçon dont le jeu est inférieur à celui du produit. Celui-ci est donc « laminé » en force, ce qui exige de très grands efforts. La figure 44.10 représente le fibrage du métal entre la filière et le poinçon ; on distingue bien la zone très déformée qui assure le passage de l'épaisseur d'entrée à celle de sortie.

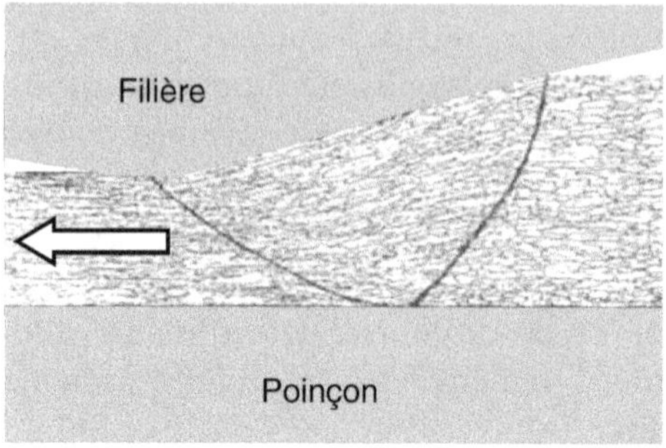

Figure 44.10 – Repassage du métal

Le taux de réduction maximal que l'on peut obtenir lors d'une passe de repassage est de 50 %. Compte tenu de la constance du volume, ceci implique que la partie repassée double alors de longueur. La réduction totale maximale, après plusieurs passes, peut atteindre environ 70 %.

Il faut que le métal glisse aisément sur la filière, mais il est en revanche souhaitable qu'il ne glisse pas trop sur le poinçon, de façon à être entraîné par celui-ci. On obtient ce résultat par un étamage différentiel : il y a environ deux fois plus d'étain à l'extérieur qu'à l'intérieur de la boîte[1].

La lubrification joue un rôle très important compte tenu des pressions locales élevées : insuffisante, la pièce casse, excessive la pièce se plisse. Cela est d'autant plus vrai pour les boîtes boissons car les vitesses atteintes sont énormes : le *bodymaker*, la machine qui réalise leur repassage (comprenant une succession de trois ou quatre filières) peut fabriquer jusqu'à 400 boîtes à la minute ; on utilise une émulsion, qui permet d'extraire beaucoup de calories par vaporisation.

L'étirage des tôles, quant à lui, est utilisé de trois façons différentes :

– soit un étirage vigoureux, comparable à ce qui se fait sur APE, le but étant de sérieusement réduire l'épaisseur, soit sur toute la hauteur, soit sur une partie seulement (cas des « cocottes minute » dont la partie supérieure servant à la fixation du couvercle reste plus épaisse),
– soit un étirage moyen dont le but est surtout de calibrer la pièce ou la partie de pièce en lui conférant une meilleure cylindricité (très utilisé pour préparer des logements de roulements à billes ou de silent-blocks),
– soit un étirage léger qui a pour but d'homogénéiser l'épaisseur d'un godet le long de sa hauteur. Un avantage vient du fait que le repassage a aussi pour résultat de réduire l'amplitude des cornes car il allonge les parties les plus épaisses qui correspondent justement aux creux de cornes.

1. Ceci semble être en contradiction avec ce que nous avons exposé sur les mauvaises propriétés tribologiques des dépôts de métaux mous. Mais nous ne sommes pas dans le cas de l'emboutissage : les pressions sont ici considérables.

44.8 Sertissage

Le sertissage n'est pas non plus une opération d'emboutissage. D'ailleurs, il ne se fait pas dans l'atelier d'emboutissage mais :

- en automobile, dans l'atelier suivant dédié à la liaison des pièces (sertissage et surtout soudage) qui porte encore le nom désuet mais charmant d'atelier *de ferrage*, allusion au temps où les pièces de bois constituant la structure des carrosses et diligences étaient liées ensemble par des éléments métalliques, les *ferrures*,
- dans l'emballage, chez celui qui met le produit dans la boîte et ferme le couvercle, *l'emboiteur*.

Le sertissage n'est pas une opération facile, car il fait appel à des pliages assez sévères et que ceux-ci sont souvent faits sur des parties de métal ayant déjà subi de fortes déformations. Il peut se faire par une suite d'opérations comportant, après le tombage de bord et l'introduction de la partie à sertir (couvercle, doublure) un premier pliage à 45 ° suivi du pliage à bloc. Il peut aussi être réalisé à la molette, en une seule opération pendant laquelle la molette se referme progressivement sur la tôle (ou le fer blanc).

Il existe aussi des sertissages très complexes qui replient les tôles plusieurs fois sur elles-mêmes de façon à assurer une étanchéité parfaite.

En sertissage, le cas le plus critique est certainement celui des boîtes de boisson embouties. Qu'on imagine un peu la performance demandée au métal : le fer étamé, d'une épaisseur d'environ 0,21 mm est d'abord embouti, puis très fortement repassé jusqu'à une épaisseur de 70 à 80 µm. La limite d'élasticité est passée de quelque 300 MPa à plus de 800 ! Et c'est à ce bord de boîte extrêmement écroui qu'on va demander une ouverture en expansion suivie d'un pliage sur une fois l'épaisseur. Il est extraordinaire de voir qu'on puisse arriver à de telles performances. Il suffit évidemment de presque rien, une inclusion mal située de 10 µm de largeur, pour qu'une fissure apparaisse. La présence de telles inclusions est notamment évitée en coulant le métal très lentement de façon à leur laisser le temps de remonter dans le liquide pendant la traversée du répartiteur de coulée continue. L'ensemble des précautions métallurgiques et du soin pris à cette élaboration permet de dire sans exagération que l'acier pour boîtes DWI[1] est l'acier plat au carbone le plus sophistiqué.

1. DWI : Draw and Wall Ironing, c'est-à-dire emboutissage suivi de repassage.

H

Les presses et les outils

Il est possible que beaucoup de lecteurs de ce livre soient déjà très au courant de ce que sont les presses et les outils car ils les utilisent quotidiennement. C'est au moins ce qu'espère l'auteur, car ceci prouverait que des emboutisseurs de métier ont jugé utile de se procurer l'ouvrage.

Mais il ne faut pas oublier que cette collection a aussi pour but de mettre à la disposition des débutants des données techniques aptes à les rendre compétent dans un domaine qu'ils ne connaissent pas. C'est pourquoi nous allons aborder le sujet des machines et des outils utilisés en emboutissage.

Comme nous l'avons signalé dans la partie précédente, il pourrait être justifié de parler des outils avant de parler de ce qui se passe à l'intérieur, ce que l'auteur a appelé la « technique de l'emboutissage », mais ayant fait le choix inverse, nous aurons au moins maintenant l'avantage de savoir quelles fonctions on demande aux outils et cela facilitera les explications.

Pour répondre au but de l'ouvrage, qui est de comprendre l'emboutissage, nous allons d'ailleurs nous contenter de voir ce qui est lié à leur fonctionnalité en survolant les problèmes technologiques tels que celui des matériaux d'outils (qui nous concernent seulement dans leurs réactions avec la tôle), des techniques de fabrication, d'usinage, etc.

L'atelier d'emboutissage

L'emboutissage des métaux nécessitant de les déformer dans le domaine plastique requiert des forces relativement élevées, fonction évidemment de la dimension des pièces et du matériau utilisé. Ceci se fait grâce à des presses dédiées (elles ne peuvent pas servir à autre chose) ce qui explique qu'il y ait des ateliers spécialisés. La spécificité du travail est une autre justification à cette spécialisation.

Ces presses, étant de grosses machines, représentent un lourd investissement et sont en général achetées pour une quarantaine d'années. On cherche à optimiser leur présence en les utilisant le plus possible. Sauf exception, une presse ne fabrique pas la même pièce tout au long de l'année car la production dépasserait le besoin. Il y a quelques décennies, on cherchait à faire de grandes séries de pièces permettant de constituer de gros stocks, ceci pour éviter les temps morts nécessités par les changements d'outillage lors du changement de fabrication (il y a 25 ans, on considérait encore normal de consacrer un poste, soit huit heures, au changement d'outillage).

À l'heure actuelle, compte tenu des exigences du *juste à temps* qui permet de réduire les immobilisations financières, la stratégie consiste à faire de petites séries d'une pièce donnée pour assurer un stock donnant une certaine sécurité de fabrication, mais pas plus.

Ceci dépend évidemment des conditions : un emboutisseur qui fabrique des pièces pour un petit client éloigné ne va pas remettre ses outils en place tous les deux jours. Mais dans un atelier automobile, par exemple, ce pourra être le cas : les séries (qu'on appelle *campagnes, lancements*...) sont couramment de 3 000 à 5 000 pièces, ce qui assure deux à trois jours de stock. La durée d'une campagne est, dans ces conditions, de trois à cinq heures environ.

Cette option a bien entendu nécessité de simplifier et d'accélérer les changements d'outils, ce qui se fait par une stricte standardisation qui porte sur :

- la hauteur constante des outils qui se montent sur une même presse : même si cela coûte en termes de matériau d'outil (on est ainsi amené à faire quelques outils plus volumineux que nécessaire) cette dépense est rentabilisée par le fait qu'on n'a pas à régler la position du coulisseau à chaque lancement,
- une standardisation des éléments servant au transfert des pièces d'une presse à la suivante,
- l'utilisation de presses à quatre montants et tables mobiles qui permettent de préparer les outils de la série suivante pendant que la ligne est en marche, etc.

Un outil est dédié à une seule pièce (il existe quelques exceptions, notamment dans l'électroménager[1]) mais une presse, à l'inverse, peut recevoir de nombreux outils différents. Il est donc nécessaire d'avoir, près de l'atelier, un stockage facile d'accès pour les outils non utilisés.

Il est aussi nécessaire d'avoir un atelier d'outillage, au moins capable de faire les réparations immédiatement indispensables. Une chose, assez peu connue des non-professionnels, est qu'il n'existe (sauf encore une fois quelques exceptions) qu'un seul outil pour faire une opération sur une pièce. Il n'y a donc pas d'outil de rechange en cas d'avarie et il est indispensable de pouvoir remettre en service très rapidement un outil endommagé. Qu'on imagine une voiture dont on ne pourrait plus fabriquer une porte : l'usine est obligée de s'arrêter, ainsi que ses sous-traitants !

Quand nous disons qu'il n'existe qu'un outil pour une pièce, il faut bien s'entendre : nous parlons de l'une des opérations de cette pièce car, en général, l'emboutissage d'une pièce est rarement réalisable en une seule opération, nous avons vu pourquoi précédemment.

1. Pour les tables de cuisson, il est courant de pouvoir remplacer les bossages des feux au gaz par des feux électriques, simplement en changeant les poinçons.

45 • LES PRESSES D'EMBOUTISSAGE

Bien entendu, la taille et la force des presses doivent être adaptées à la pièce à fabriquer. Notons déjà que ces deux caractéristiques ne varient pas forcément ensemble : pour faire une grande pièce en tôle mince – disons une porte de garage – la force de la presse n'a pas besoin d'être très élevée mais la table doit être plus grande que la surface du portail. En revanche, il peut falloir une presse beaucoup plus petite mais nettement plus puissante pour réaliser une pièce en tôle épaisse : un élément de châssis de camion, par exemple. On voit donc qu'il existe des règles précises concernant l'utilisation des différentes catégories.

45.1 Capacité des presses

Faisons une première remarque d'ordre sémantique : on entend très souvent parler de la puissance d'une presse, expression impropre car il n'est pas fait référence à sa puissance réelle, qui serait alors exprimée en kilo ou méga watt, mais à la force maximale qu'elle est capable de développer. Pire, cette « puissance » est bien souvent exprimée en tonnes, une unité non appropriée car relative aux masses uniquement[1] et donc illégale dans ce cas (depuis 1962). La force d'une presse doit donc s'exprimer en newton, kilo newton ou méga newton.

Pour ceux que cela gêne, il suffit de se rappeler que 10 kN sont très proches (à 2 % près) de ce qu'ils entendent par une tonne-force. Par exemple :

- une presse de 500 kN est ce que l'on appelait autrefois une presse de 50 tonnes,
- une presse de 20 MN est ce que l'on appelait autrefois une presse de 2 000 tonnes.

Une deuxième remarque, mais technique celle-ci : dire qu'une presse a une capacité de 800 kN ne signifie pas qu'elle exerce pendant l'emboutissage une force de 800 kN. Cela signifie simplement qu'elle est conçue pour exercer un effort maximal de 800 kN.

Nous retrouvons là un raisonnement absolument identique à celui fait dans la première partie à propos des machines de traction : c'est le plus faible des éléments du système qui impose la force. La force exercée par la presse ne sera donc, à tout moment, que ce qui est nécessaire pour mettre la pièce en forme. Ce qui peut tromper, c'est qu'il existe bien souvent sur les machines, particulièrement les presses

1. Parler d'une presse de 120 tonnes signifie en toute rigueur que sa masse est de 120 tonnes. C'est une information qui n'a d'intérêt que lors de son transport ou son installation.

hydrauliques, un bouton, une molette ou autre chose qui permet de « régler » la force du coulisseau. Mais il ne s'agit que du réglage de la force maximale qu'elle pourra atteindre lors du prochain cycle, qu'on limite pour déclencher l'arrêt ou pour des raisons de sécurité.

Si, par hasard, la force résistante vient à dépasser la force disponible (en mettant deux flans, par exemple), la presse s'arrête ou se casse. Le cas n'est pas aussi rare qu'on pourrait le croire...

Autre remarque : les presses ont toutes, quel que soit leur mode de motorisation, un mouvement alternatif vertical car cette disposition permet une translation horizontale des pièces. On accélère puis immobilise donc continuellement les coulisseaux et les outils qu'ils portent (l'ensemble pouvant être très lourd), ce qui demande une grande dépense d'énergie qui n'est pas directement utilisée pour le formage. De ce point de vue les modes de formage continus, par exemple le profilage, sont infiniment plus économiques.

45.2 Le nombre d'effets

La définition du nombre d'*effets* est un sujet controversé. Normalement, on ne devrait compter comme effets que les mouvements de coulisseau qui sont moteurs ; on ne doit pas considérer les serre-flans passifs ou les éjecteurs comme des effets à part entière. Les anglo-saxons utilisent d'ailleurs des expressions qui sont moins discutables : ils parlent de *single action* pour le simple effet et de *double action* pour le double effet. Le mot action est indiscutablement plus clair.

Dans ce domaine, nous distinguerons trois cas.

45.2.1 Presses simple effet

Le *coulisseau* portant la matrice est motorisé mais le serre-flan ne l'est pas. Il repose par l'intermédiaire de *chandelles* (traversant la table) sur une plaque d'appui posée sur un dispositif appelé *coussin* qui oppose une résistance. Il peut s'agir d'un vérin hydraulique, d'un vérin pneumatique, de ressorts, de caoutchouc, etc.

La figure 45.1 représente un montage simple effet sur une presse hydraulique, avec dans ce cas un coussin hydraulique, qu'on appelle aussi *marquette* et parfois *outil à étirer* car il peut induire par frottement un allongement de la tôle.

Le vérin supérieur reçoit l'huile sous pression et pousse vers le bas le coulisseau supportant la matrice.

Quand elle vient toucher le flan, celui-ci repousse le serre-flan qui, appuyé par les chandelles sur le vérin du coussin, oppose une résistance due au fait que l'huile présente dans le coussin est chassée sous pression. C'est cette résistance qui induit la force de serrage du flan ; elle est en général constante (réglée avant de commencer l'emboutissage) mais parfois aussi modifiable au cours du formage, ce qui peut permettre des ajustements utiles pour des pièces complexes (voir l'exemple 26, partie J).

Comme on le voit, le serre-flan est passif, il ne reçoit pas d'énergie venant de la pompe. On doit noter que si l'on modifie la vitesse du coulisseau, la force de serre-flan est également modifiée puisque les conditions d'éjection de l'huile sont différentes.

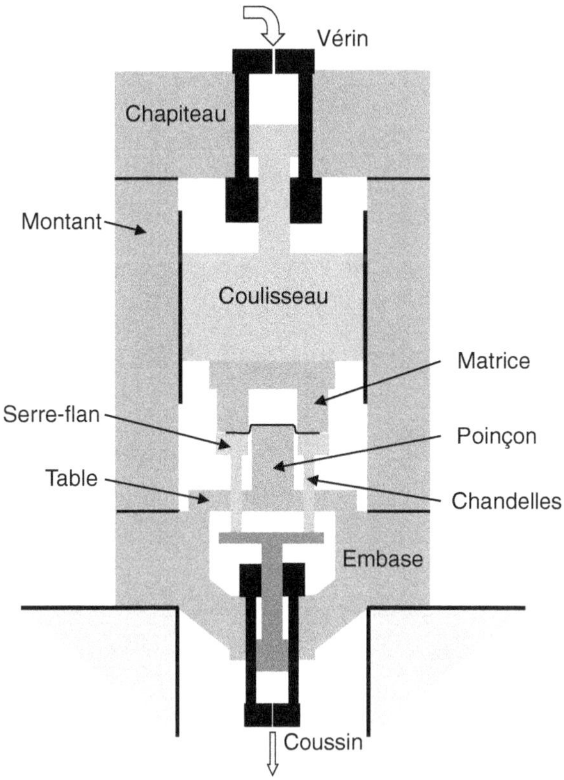

Figure 45.1 – Presse simple effet hydraulique

Il faut faire maintenant une observation très importante : le coulisseau repousse le serre-flan qui lui oppose une force destinée à maintenir le flan. Il faut donc en tenir compte dans le dimensionnement de la presse. Si, par exemple, il faut pour faire une pièce un effort de serre-flan de 1 MN, le coulisseau devra pouvoir fournir la force nécessaire au formage plus cette force de serre-flan. En général, on considère que les deux forces sont sensiblement équivalentes, ce qui implique que la force nominale de la presse devra être le double de celle de serre-flan, soit 2 MN dans ce cas.

45.2.2 Presses double effet

Il y a dans ce cas deux coulisseaux glissant l'un dans l'autre, comme le montre la figure 45.2. Le coulisseau extérieur est celui qui porte le serre-flan et il est mû indépendamment du coulisseau intérieur qui porte le poinçon. Ce dernier est appelé *coulisseau plongeur*.

On observe donc qu'il existe deux différences fondamentales entre la presse simple effet et la presse double effet :

- le serre-flan de la seconde est susceptible de suivre une cinétique indépendante de celle du coulisseau portant le poinçon,
- le poinçon est en haut alors qu'il est en bas sur les presses simple effet.

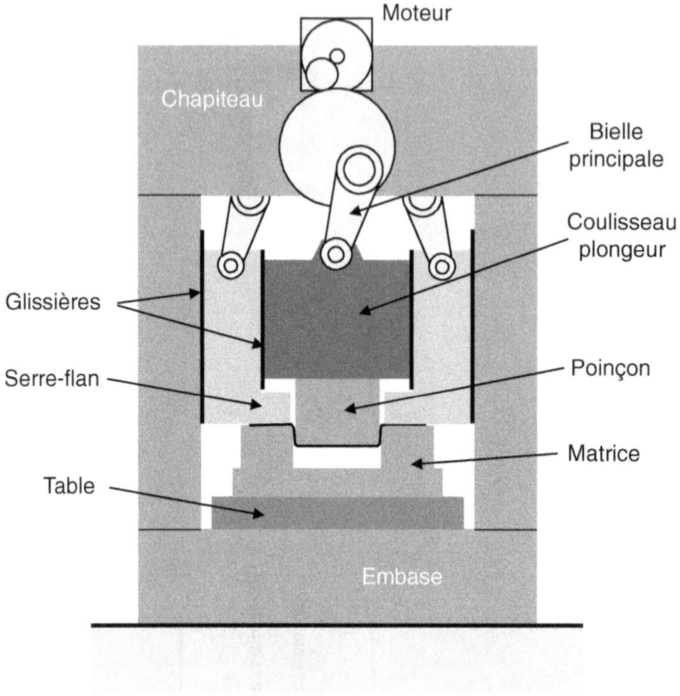

Figure 45.2 – Presse double effet mécanique (schéma très simplifié)

Remarquons bien que le fait d'être à double effet ne signifie pas du tout qu'une telle presse permet de faire deux opérations successives ; cela permet seulement d'avoir une meilleure gestion de la force de serre-flan au cours de l'emboutissage. Pour cette raison les presses double effet sont réputées capables de fabriquer des pièces plus compliquées que les presses simple effet.

45.2.3 Presses triple effet

Elles sont rares et destinées à un cas bien précis : quand la pièce nécessite trois opérations d'emboutissage-réemboutissage, mais pas plus. Il est alors rentable de n'avoir qu'une seule presse intégrant les trois outils, beaucoup plus complexe et donc plus chère qu'une presse normale, bien sûr, mais moins chère que trois presses.

On les utilise pour des corps emboutis cylindriques assez profonds, par exemple des filtres à huile de camion ou des corps d'extincteurs (on soude deux pièces en opposition dans ce dernier cas).

Les avantages sont les suivants :

- gains sur l'investissement (moins cher que trois presses),
- gain de place car une seule presse,
- meilleur centrage du flan et des pièces car ils restent toujours dans le même outillage,
- pas de transfert entre presses,
- la surface extérieure des pièces est moins soumise au frottement.

Parmi les inconvénients, on peut citer :

- plus grande complexité de la machine,
- plus grande difficulté de réglage,
- difficulté dans la recherche des anomalies de fonctionnement (le coup par coup est difficile à réaliser).

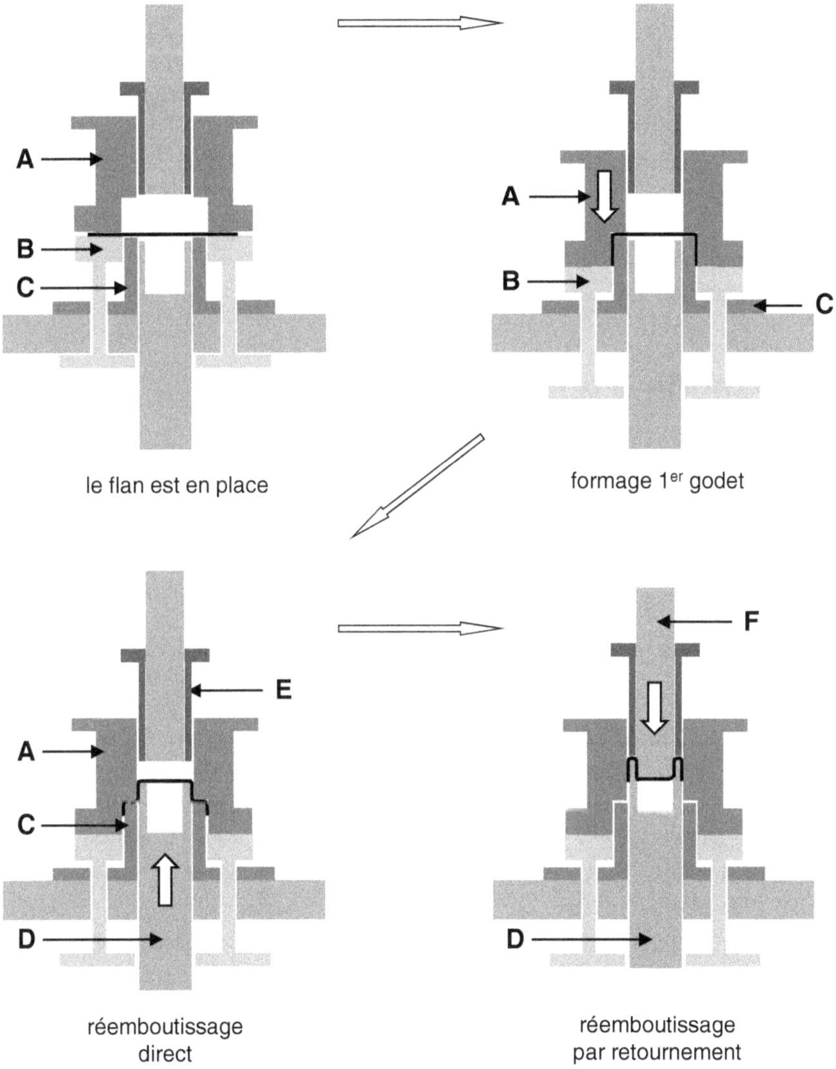

Figure 45.3 – Presse triple effet

Nous allons rapidement examiner le fonctionnement d'une telle presse en considérant la figure 45.3. Plus de détails sur le réemboutissage apparaîtront au chapitre 49. En haut à gauche, la première opération d'emboutissage va commencer ; le flan est en place, serré entre la matrice A et le serre-flan B. Le poinçon sera constitué par la pièce C.

Puis, la matrice A descend (haut à droite) et repousse le serre-flan B en formant une première coupelle d'assez grand diamètre. Cette étape correspond exactement à ce qui se passe dans une presse simple effet.

Au cours du réemboutissage direct (bas à gauche), le poinçon inférieur D monte et repousse la pièce dans le plus petit diamètre de la matrice A. La pièce C qui servait de poinçon en première opération joue maintenant le rôle d'un serre-flan tubulaire. Comme on le voit, le métal subit plusieurs pliages et dépliages successifs. Étant donné qu'il est bien maintenu par cette géométrie particulière, il n'y a pas nécessité d'exercer un effort de serre-flan élevé, ce qui diminue les risques de rupture et l'endommagement des surfaces de la tôle.

Enfin, le second réemboutissage (bas à droite) est fait par retournement. Cette fois, c'est le poinçon supérieur F qui descend et réemboutit la pièce dans le piston D. L'avantage principal de cette disposition est d'éviter la présence de trop d'éléments mobiles dans la partie inférieure de la presse, ce qui simplifie relativement sa construction.

45.3 Le mode d'entraînement

Il existe aujourd'hui trois façons de motoriser une presse et l'on distingue :

– les presses mécaniques,
– les presses hydrauliques,
– les servopresses.

45.3.1 Presses mécaniques

Un moteur électrique entraîne un volant d'inertie et, via un embrayage à disque, tout un système d'excentriques, bielles et manivelles qui transforment le mouvement rotatif en un mouvement de translation plus ou moins sinusoïdal (le schéma simplifié de la figure 45.2 ne montre pas tous ces éléments).

La connaissance du couple délivré à l'excentrique par le moteur ne suffit pas à quantifier l'énergie disponible car il faut y ajouter l'énergie cinétique emmagasinée dans le volant d'inertie. L'avantage d'avoir un volant est que celui-ci délivre en très peu de temps l'énergie qu'il a emmagasinée pendant la majeure partie du cycle. Cela permet de se contenter d'une puissance électrique installée relativement faible.

Étant donné que le mouvement du coulisseau est donné par un système d'excentrique ou bielle-manivelle, la force que peut appliquer ce coulisseau n'est pas constante au cours du cycle. Elle est faible quand le coulisseau est à mi-course et théoriquement infinie au point mort bas (PMB).

Il convient donc de savoir à quel point du cycle est mesurée la force disponible, qu'on appelle alors *force nominale* de la presse. Les standards fixent cette mesure à une distance (mesurée en pouces) du PMB qui dépend du type d'entraînement utilisé et de la capacité de la presse. Par exemple, une presse de 1,5 MN à engrenage à excentrique est capable de délivrer cette force à partir d'une distance de 12,7 mm au-dessus du PMB, mais pas avant.

C'est une notion dont il faut tenir compte si l'on envisage de faire travailler une machine très près de sa capacité maximale ; pour la réalisation d'une pièce, l'évolution du cycle des forces résistantes doit être connue, ce qui se fait assez facilement aujourd'hui grâce aux codes de calculs dédiés (sauf peut-être pour la frappe en fin de course).

On notera aussi que la vitesse d'un coulisseau mené par un simple système bielle-manivelle varie durant le formage de la tôle (cycle sinusoïdal) et, en particulier, diminue progressivement en fin de course. Ceci pourrait avoir des conséquences non seulement pour les aciers sensibles à la vitesse, mais aussi sur le frottement. Le coefficient de frottement à en effet tendance à augmenter quand la vitesse de glissement diminue.

Sur les presses mécaniques double effet, la force de serre-flan résulte de la transformation du mouvement sinusoïdal en un mouvement beaucoup plus complexe par l'utilisation d'un mécanisme mêlant les excentriques et les genouillères, voire d'autres systèmes. Le but est de garantir que le serre-flan est très proche du PMB pendant une large période du cycle de façon à ce que le flan soit bien tenu durant toute la durée du formage. Certaines presses à triple genouillère permettent une immobilisation du coulisseau de serre-flan sur presque 110°.

La figure 45.4 montre à gauche les modifications de la forme du cycle qui peuvent être obtenues par différents systèmes de transmission (attention : ce n'est pas un cycle de serre-flan mais celui d'un coulisseau-plongeur) et illustre, à droite, une genouillère.

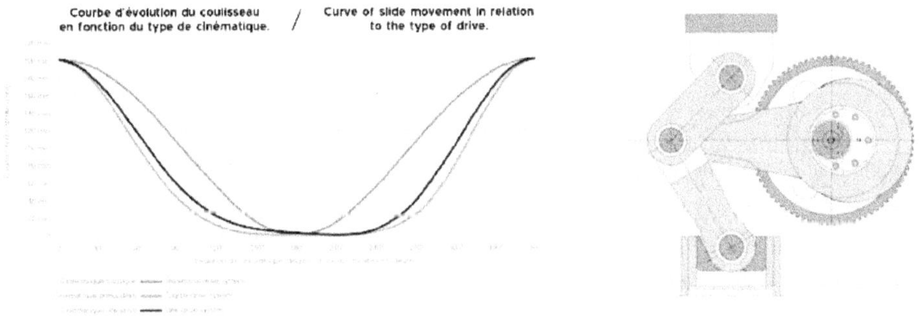

Figure 45.4 – Différents cycles d'une presse mécanique et genouillère [Bliss-Bret]

La position du serre-flan ainsi que la force qu'il applique ne sont donc pas strictement constantes pendant la partie active du cycle. Pour améliorer leur constance et aussi éviter des accidents graves si une surépaisseur venait à se trouver sous le coulisseau (par exemple, chargement de deux flans), on interpose entre le pied de bielle et le coulisseau des éléments hydropneumatiques de sécurité appelés *boosters*. Ce sont tout simplement des vérins hydrauliques recevant d'un côté la poussée de la bielle et, de l'autre, une contre-poussée pneumatique réglée de façon à limiter la pression possible dans le système hydraulique.

Ces systèmes, initialement destinés à assurer la sécurité des presses, ont été rapidement détournés quand les opérateurs ont compris qu'ils pouvaient s'en servir pour réguler la force de serre-flan en jouant sur la pression d'air, ce qui est très simple. Nous verrons une anecdote dans la partie J qui montre que cette pratique (justifiée) peut réserver des surprises.

45.3.2 Presses hydrauliques

La figure 45.1 représentait une presse simple effet hydraulique. Il va de soi que les mêmes actions sont obtenues en double effet avec l'apport d'un ou plusieurs vérins supplémentaires pour le serre-flan.

Notons d'abord que le problème des vitesses se pose différemment pour les presses hydrauliques. L'énergie que peut délivrer une pompe hydraulique ne peut pas, évidemment, dépasser celle qu'elle reçoit de son moteur (il n'y a pas d'effet d'inertie).

Si l'on désire une grande vitesse de déplacement du coulisseau, la pression disponible sera plus faible que pour une vitesse faible. La force sera donc réduite. Là encore, il faut étudier le diagramme de variation des forces résistantes pour juger de la cadence qui pourra être atteinte sur une presse donnée. Cette fois, la force nominale de la presse ne dépend pas de la position du coulisseau mais de sa vitesse.

Le contrôle de la pompe ainsi que des systèmes de valves permettent de modifier assez facilement la vitesse du (ou des) coulisseau(x), en particulier en permettant :

– une vitesse d'approche rapide car il n'y a pas d'effort à exercer,
– une vitesse de travail lente au moment où l'effort demandé est élevé.

L'étude des cinétiques d'emboutissage montre que les cadences qu'on peut atteindre sont, pour des presses classiques :

– plus élevées en presse mécanique pour des pièces profondes,
– plus élevées en presse hydraulique pour des pièces peu profondes[1].

On comprend que la puissance électrique installée soit nécessairement grande car la pompe n'a en fait qu'une petite fraction du cycle pour fournir l'effort maximal. C'est le gros inconvénient des presses hydrauliques.

Ces presses ont la réputation d'autoriser des opérations plus difficiles que les mécaniques. Cette différence pourrait provenir d'un meilleur contrôle de la force de serre-flan et de la vitesse plus constante pendant le formage (moindre variation du coefficient de frottement de la tôle dans l'outil). On les utilise souvent pour des pièces très profondes, malgré la perte de productivité.

Notons enfin que l'huile des presses hydrauliques avait autrefois une fâcheuse tendance à fuir de tous côtés. Ceci est maintenant terminé grâce aux progrès réalisés dans l'usinage des cylindres et pistons et dans la fabrication des joints. Elles étaient aussi réputées coûter plus cher ; cela n'est plus vrai non plus.

45.3.3 Servopresses

Il s'agit d'une technologie très récente : une dizaine d'années environ.

L'idée de base consiste à remplacer le classique moteur électrique à induction, l'embrayage et le volant d'inertie, par un ou des servomoteur(s) en prise directe avec

1. Parce que la grande vitesse d'approche est maintenue plus longtemps.

le mécanisme donnant le mouvement alternatif. Il peut s'agir de bielles, genouillères, ou d'autres mécanismes.
La consommation totale d'énergie est réduite car le moteur ne tourne que pendant le mouvement du coulisseau. La vitesse de déplacement de celui-ci est presque infiniment modulable, ce qui permet :

– de régler une approche très rapide,
– de ralentir le coulisseau juste à l'instant de l'attaque (réduit le bruit et les chocs pour la découpe),
– de régler la vitesse de travail au mieux vis-à-vis du matériau embouti,
– de maintenir le coulisseau au PMB pour parfaire la frappe,
– de remonter très rapidement le coulisseau,
– de régler les courses avec une extrême précision (de l'ordre du 1/100 mm).

Les avantages revendiqués sont donc nombreux mais semblent plutôt d'ordre économique (consommation globale d'électricité plus faible, augmentation des cadences). Il n'apparaît pas clairement, au vu des résultats actuellement connus, de grand bénéfice sur le plan de la qualité du formage[1].
Parmi les inconvénients, il faut noter le fait que la puissance installée doit être beaucoup plus élevée que pour une presse mécanique classique car il faut fournir une grande énergie instantanée durant certaines phases de l'emboutissage. Des moyens de stockage additionnels externes de l'énergie sont donc envisagés pour les presses de grosse capacité (utilisation de condensateurs, d'un volant d'inertie...) On est également obligé de (re)mettre un frein en cas d'arrêt d'urgence.
Ces presses sont encore peu répandues au moment de la publication. Elles sont très indiquées pour l'emboutissage à chaud des aciers au bore car elles permettent une vitesse d'approche élevée limitant le refroidissement du flan et un maintien facile au point mort bas pour la trempe dans l'outil.

45.4 Bâtis des presses

45.4.1 Presses à col de cygne

Dans cette disposition, le bâti de la presse affecte la forme d'un C vertical, comme le montre la figure 45.5.
Les avantages sont : construction simple, réglages simples des outils, grande accessibilité à l'outillage. On peut éventuellement incliner légèrement la presse vers l'arrière, ce qui permet l'éjection des pièces par simple gravité.
Les inconvénients résultent essentiellement de leur manque de rigidité qui les fait légèrement s'ouvrir au moment de l'effort, ce qui met à mal le parallélisme des outils. On compense parfois ce défaut en ajoutant des tirants amovibles sur le devant de la presse. Ils peuvent s'enlever assez facilement pour les manipulations d'outillage.
Ces presses sont assez petites et servent à faire des pièces de taille réduite.

1. On vante les mérites de l'infinie possibilité de réglage des vitesses : c'est très bien, mais encore faut-il avoir des règles physiques pour choisir les mieux adaptées. Une expérimentation par trial and error risque de durer des années...

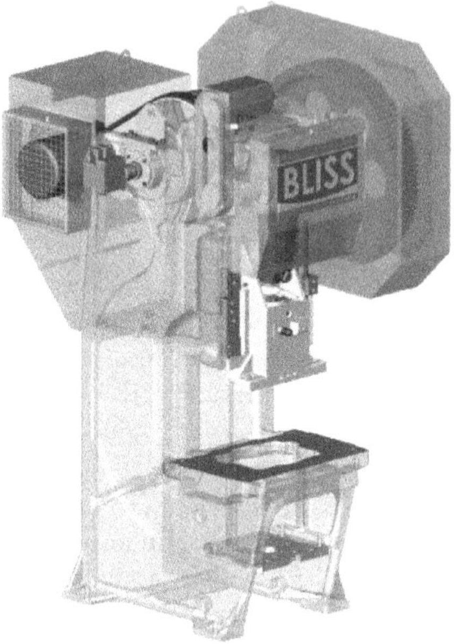

Figure 45.5 – Presse mécanique à col de cygne [Bliss]

45.4.2 Presses à deux montants

Ce sont en général des presses de taille moyenne. La présence de deux montants, ou colonnes, de chaque côté de la table les rends nettement plus rigide que celles à col de cygne (figure 45.6).

Figure 45.6 – Presse hydraulique à deux montants

45.4.3 Presses à quatre montants

Les montants situés aux quatre coins de la table, figure 45.7, donnent une bonne accessibilité au laboratoire de la presse et, en particulier, permettent l'entrée et la sortie latérale de tables mobiles portant l'outillage.

Figure 45.7 – Presse mécanique à quatre montants [Bret]

Cette disposition permet de considérablement accélérer les opérations de changement d'outillage car on peut, pendant le déroulement d'une campagne, charger l'outil de la campagne suivante sur une table se trouvant à côté de la presse. Quand la campagne en cours se termine, on déverrouille la table qui se trouve dans la presse, on la fait sortir du côté opposé avec son outillage et l'on fait entrer la table portant le nouvel outillage. Après son verrouillage et l'exécution des réglages de la presse, elle est en principe en état de fonctionner.

46 • AUTRES PRESSES

Comme on l'a vu, beaucoup de pièces ne peuvent être faites qu'en plusieurs opérations successives : deux au minimum, vingt-sept étant le maximum connu par l'auteur. On appelle l'ensemble des opérations une *gamme*. Chaque opération porte un numéro : OP10, OP20, OP30... La découpe du flan est parfois intégrée et alors appelée OP10.

Il existe deux façons de faire ces opérations : en mettant plusieurs presses les unes derrière les autres, c'est une *ligne de presses*, ou bien en utilisant une presse spéciale appelée *presse transfert*. Nous allons examiner ces deux cas.

46.1 Lignes de presses

Aux débuts de la construction en grande série, vu le nombre limité de presses disponibles, on emboutissait les pièces par campagnes, d'abord sur l'outil n° 1, puis le n° 2, etc. Mais deux importantes difficultés en résultaient :

- d'une part, il fallait beaucoup de place pour stocker les pièces dans leurs états intermédiaires,
- d'autre part les aciers vieillissant de l'époque étaient à l'origine de séries de casses catastrophiques.

Depuis longtemps donc, la solution adoptée a été de mettre plusieurs presses les unes derrière les autres qui, assurant la continuité du process, suppriment les stockages intermédiaires et, permettant la réalisation successive des opérations, suppriment aussi le vieillissement inter-passes. On a bien sûr donné le nom de ligne de presse à cette disposition.

Dans une ligne de presses automobile, la première presse est toujours une presse double effet, afin de réaliser l'emboutissage principal de la pièce dans les meilleures conditions possibles. Les presses suivantes sont toujours des presses simple effet, moins coûteuses, car on considère que les opérations qui suivent sont moins difficiles ; certaines se font d'ailleurs sans serre-flan (tombage de bord).

Les opérations qui suivent le détourage sont en principe plus simples. Il peut y avoir des poinçonnages de trous, des tombages ou relevages de bord, des « dépliages », etc.

46.2 Presses transfert (ou à postes multiples)

La fonction est la même que celle d'une ligne de presses – exécuter plusieurs opérations successives sur la pièce – mais la différence tient au fait qu'il n'y a qu'une presse et donc un seul coulisseau, qui porte tous les outils.

L'intérêt de ces machines tient essentiellement au fait que la simultanéité des emboutissages implique la simultanéité des transferts de pièces d'un poste au suivant : un système mécanique peut donc assurer cette fonction d'une façon relativement simple.

Le *transfert* est réalisé grâce à des barres latérales et des préhenseurs (pinces, ventouses). Il existe des transferts deux axes (la pièce est saisie et poussée sur la table) ou trois axes (elle est en plus soulevée). Ces mécanismes assurent un meilleur maintien des pièces entre les différents postes que le passage d'une presse à une autre.

On peut en gros distinguer deux applications :

- la fabrication à grande cadence (30 à 200 coups/minute) de pièces relativement petites. Les cadences assez élevées induisent un échauffement des pièces et des outils, surtout si l'épaisseur de la tôle est forte. Il est alors nécessaire de prévoir un vigoureux refroidissement de l'ensemble, ce qui ne peut être obtenu que par une pulvérisation d'huile soluble, laquelle absorbe beaucoup de calories lors de la vaporisation de l'eau qu'elle contient,
- la fabrication de grosses pièces de carrosserie (jusqu'à des côtés de caisse de plus de 4 mètres de longueur) à des cadences beaucoup plus faibles (6 à 12 coups/minute) mais supérieures cependant à celle des lignes de presses.

Dans cette dernière application, ces machines remplacent les lignes de presses classiques tout en occupant une surface au sol nettement plus faible et en assurant un transfert des pièces en cours d'emboutissage plus rapide et plus régulier.

Contrairement à ce qui se passe sur une ligne de presse, la première opération ne peut pas être faite en double effet car il n'y a pas assez de hauteur ni de longueur disponible dans une presse transfert pour retourner la pièce. Le premier emboutissage est donc fait en simple effet. Une difficulté supplémentaire vient de la taille du serre-flan

Les très grosses presses transfert ont une capacité de 70 à 95 MN.

Pour utiliser au mieux leur capacité, il est courant de faire les pièces plus petites (ailes, portes de voiture…) par deux, voire même par quatre.

46.3 Presses transférisées

Il s'agit d'une variante utilisée pour éviter l'achat d'une presse transfert. On modifie une ligne de presses classique en les synchronisant, ce qui permet alors de l'équiper de transferts inter-presses également synchronisés.

Cela permet d'éviter les attentes entre les presses, inévitables quand elles ne sont pas synchronisées, et d'obtenir à peu près l'équivalent d'une presse transfert pour un investissement réduit car on réutilise des machines existantes.

46.4 Presses spéciales

Dans les ateliers d'emboutissage, il existe d'autres presses, que nous allons voir très rapidement.

46.4.1 Presses de découpe

La demande est différente pour ces presses, par rapport à celles d'emboutissage.

Premier point : la course nécessaire est beaucoup plus réduite car on pourrait, à la limite, se contenter d'une course seulement un peu plus longue que l'épaisseur de la tôle la plus épaisse qu'on envisage d'y découper. Mais on préfère quand même une course plus grande pour disposer d'une accessibilité raisonnable à l'outillage.

Le fait d'avoir une course relativement faible permet d'avoir une presse plus rapide. Pour de grandes pièces, on obtient des cadences de vingt à quarante pièces à la minute.

Second point : la force nécessaire pour découper un flan est plus faible que celle qu'il faut ensuite pour le mettre en forme. Les presses de découpe ont donc aussi une plus faible capacité que celles d'emboutissage.

Ces presses sont parfois à un seul poste (un seul outil) pour les flans de forme simple, mais souvent multipostes pour les flans plus compliqués car il arrive qu'on poinçonne plusieurs trous dans le flan (cas d'un côté de caisse).

Du fait que les presses de découpe travaillent plus vite que celles d'emboutissage, une telle presse est donc capable d'alimenter en flans plusieurs lignes de presses ou presses transfert, généralement entre cinq et dix.

La cinématique de ces presses peut être modifiée par rapport à celle d'une presse d'emboutissage par l'emploi d'un système dit « link drive » (cf. figure 45.4). Il met en œuvre deux genouillères menées par un excentrique, ce qui permet de ralentir le coulisseau juste avant l'attaque de la tôle et d'assurer une vitesse constante pendant le découpage. La remontée est ensuite très rapide. On observe des gains sensibles en termes d'usure d'outil, de qualité de découpe et d'émissions sonores.

Les servopresses seraient également bien adaptées de ce point de vue mais peu répandues à cause de leur prix.

46.4.2 Presses pour l'emballage

Dans l'emballage métallique, les pièces sont petites comparées à celles de l'électroménager ou de l'automobile. Les outils sont donc aussi plus petits et les presses suivent la même règle. Les problèmes d'inertie étant réduits, elles sont donc systématiquement très rapides.

D'autre part, on fait souvent plusieurs pièces identiques dans la largeur de bande, par exemple, on emboutit simultanément une dizaine de boîtes de boissons (canettes).

Ces presses mécaniques peuvent être classiques, avec commande par le haut, ou d'un type particulier avec commande par le bas. Il n'y a pas de règle absolue vis-à-vis de ce choix.

47 • LES OUTILS

L'emboutissage se fait donc à l'aide de presses hydrauliques ou mécaniques dans lesquelles on installe des outils ; chaque pièce est réalisée avec, au minimum, un outil dédié et ce nombre peut aller jusqu'à une dizaine[1] pour pouvoir réaliser en chaîne des opérations additionnelles telles que détourage, tombage de bord, pliage, poinçonnage…

L'outil d'emboutissage, qui nous intéresse au premier chef, comprend quasiment toujours[2] trois parties principales (figure 47.1) :

– une *matrice* qui épouse à peu près la forme extérieure de la pièce à réaliser,
– un *poinçon*, ayant la forme intérieure de la pièce, qui va pousser dans la matrice une tôle de contour adapté qu'on appelle alors *flan*,
– un *serre-flan* qui appuie le flan sur l'extérieur de la matrice pour éviter la formation de plis et réguler l'avalement du métal dans l'outil.

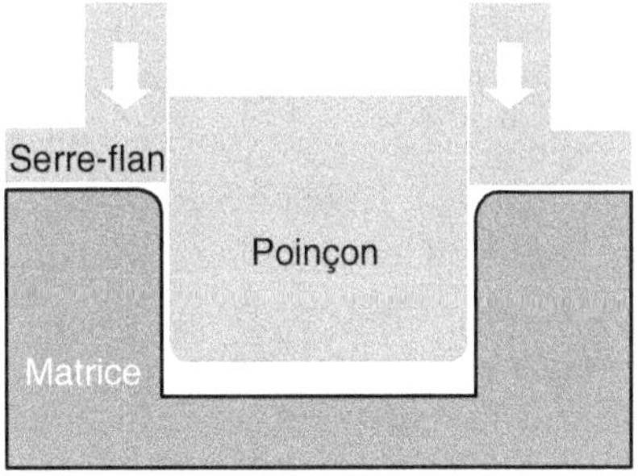

Figure 47.1 – Outil classique d'emboutissage

47.1 Matrice

C'est le plus gros élément de l'outil puisque le poinçon doit pousser la tôle dedans et qu'elle doit supporter entièrement le flan.

En examinant une matrice, on voit donc une cavité centrale dont la forme reproduit assez exactement celle de la pièce à fabriquer, entourée d'une surface annulaire

1. Les 27 opérations citées plus haut sont une exception.
2. Les cas d'exception ont été indiqués dans la partie E, section 2.1.

plate ou gauche sur laquelle repose le flan au départ de l'emboutissage. Cette surface peut porter des éléments de freinage tels que joncs ou redans (voir 48.1).

Un élément important vis-à-vis de l'emboutissage est le rayon de matrice, celui qui entoure la cavité de matrice. Il joue clairement un rôle dans l'écoulement du métal comme nous l'avons vu dans la partie E. Il n'a pas nécessairement la même valeur sur tout le pourtour de la cavité, pouvant être plus grand à certains endroits pour faciliter l'avalement du métal.

Dans le cas où la pièce finie nécessite un rayon de matrice très petit, impossible à obtenir sans casse, on utilisera un rayon raisonnable lors de la première opération et une opération suivante aura à charge de *frapper* le rayon pour lui donner la dimension souhaitée. Comme on vient de le voir, cette tactique ne s'applique pas aux zones visibles des pièces d'aspect.

Les personnes peu habituées à l'emboutissage imaginent souvent l'outil à l'image d'un moule, c'est-à-dire avec la matrice reproduisant en creux la forme exacte du poinçon, à l'épaisseur de tôle près. Cette disposition est inutile, et même nuisible, dans la plupart des cas.

Examinons à nouveau la figure 47.1. Le fond de la matrice n'a pas, face au poinçon, une forme précisément ajustée, il laisse un espace vide entre celle-ci et la tôle, ce qui n'empêche nullement le formage de la pièce par tension entre le nez de poinçon et les éléments en relief de la matrice. Ceci vient du fait que la tôle est toujours tendue et subit une déformation de membrane.

L'avantage est double : économique et technique. On imagine bien, d'abord, la précision qu'il faudrait pour que les deux surfaces soient séparées exactement de la valeur correspondant à l'épaisseur de tôle[1]. Ceci est d'autant plus difficile que l'amincissement n'est pas identique partout. Cet ajustement précis ne peut donc pas s'envisager au stade du dessin et de l'usinage de l'outil mais seulement lors de sa mise au point manuelle, d'où un travail considérable.

Techniquement, l'intérêt d'un large espace entre poinçon et matrice vient aussi du fait qu'on évite que l'outil ou les pièces ne soient abîmés par la présence d'éléments étrangers (petits débris de métal, de revêtement, outils, visserie, poussières) qui viendraient à y tomber accidentellement. On retiendra donc qu'on se dispense d'ajuster le fond de matrice chaque fois que ce n'est pas indispensable.

Pour bien fixer les limites de cette politique, la figure 47.2 montre une forme de pièce qui, devant présenter un *contre-embouti* sur le fond, rend absolument nécessaire la présence, sinon d'un fond de matrice, du moins d'un *contre-poinçon*. On notera quand même que l'on se dispense d'ajuster la totalité du fond de matrice.

Pour les pièces d'aspect automobile, il peut cependant être parfois indispensable d'ajuster localement les deux surfaces pour éviter la naissance de légers plissements (par exemple autour des poignées de porte). On est alors obligé d'accepter le supplément de prix de fabrication et, par la suite, de prendre des précautions draconiennes pour éviter la pollution de l'outil.

1. Notons cependant que cette précision est atteinte, par nécessité, pour les moules d'injection.

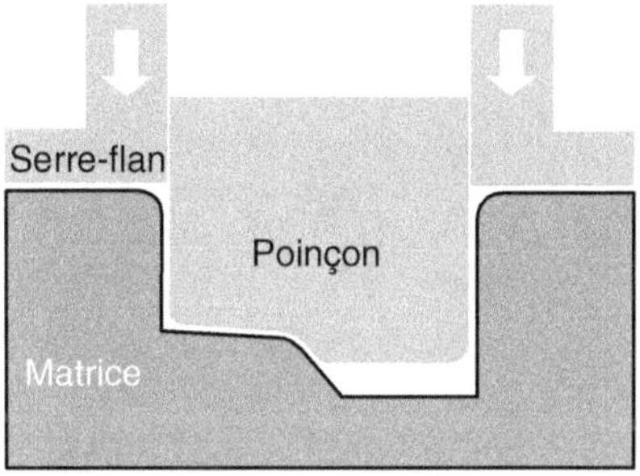

Figure 47.2 – Outil avec contre-embouti

47.2 Poinçon

Sa forme reproduit, en principe, la forme intérieure de la pièce voulue, sauf si des corrections de courbure ont été apportées pour compenser le retour élastique.
Sauf dans le cas d'un nez de poinçon parfaitement plat entouré par un rayon de poinçon très faible, le métal sera soumis à l'expansion et amené à glisser sur le poinçon. Pour cette raison, un poinçon doit être soigneusement poli. Mais l'expansion se fait au détriment de l'épaisseur et, dans des cas assez rares, quand l'utilisation de la pièce nécessite de limiter l'amincissement sur le nez de poinçon, on pourra avoir recours à un sablage du nez de poinçon dont l'effet est de limiter les déformations du métal.

Remarque

On limite ainsi l'amincissement mais aussi la profondeur d'emboutissage possible. Il faut voir également que cette modification de rugosité a tendance à disparaître sous l'effet de l'usure et qu'il faut donc l'entretenir. Cette solution n'est employée qu'exceptionnellement.

Quand la pièce est finie, le poinçon doit pouvoir en ressortir, ce qui provoque une dépression d'autant plus forte que les parois sont hautes et proches du poinçon (cas d'un godet). S'il s'agit d'une grande pièce mince dont le fond est peu rigide – panneau automobile ou électroménager – l'effet de succion est tel qu'il peut fort bien déformer le fond et même en inverser la courbure. Il est alors nécessaire de percer des trous sur le poinçon, appelés *évents*, qui permettent à l'air d'entrer rapidement afin de limiter la dépression (figure 47.3).
Notons que ceci n'est nécessaire que si les parois sont parallèles à la direction d'emboutissage et « collent » au poinçon ; on comprend bien que la dépression devient négligeable si la pièce est plus ou moins conique, l'air pénétrant alors facilement entre pièce et poinçon, dès le début de son retrait.
Une remarque s'impose à ce sujet, non pour les emboutisseurs mais pour les concepteurs de pièces peu familiers avec l'emboutissage. Suivant en cela une pratique utile en moulage, ils ont tendance à penser qu'ils vont faciliter la tache de l'emboutisseur en donnant aux parois de la pièce une légère pente, appelée *dépouille*, pour faciliter le « démoulage ». S'il est vrai que l'extraction de la pièce en est améliorée, il n'en reste pas moins que son emboutissage est rendu beaucoup plus problématique par la présence de cette pente, car elle génère un brin libre et donc le risque de

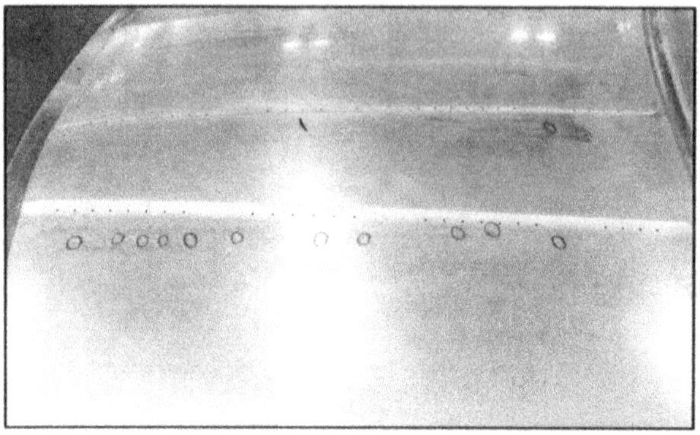

Figure 47.3 – Events sur un poinçon pour capot avant d'automobile

plissement, qu'il faut compenser par une augmentation de la force de retenue, laquelle peut conduire à la casse...
On retiendra donc qu'il faut à tout prix éviter de donner une dépouille aux parois verticales, sauf cas de nécessité[1].

47.3 Serre-flan

On a vu lors de l'examen du procédé que le serre-flan était un élément essentiel de tout outil d'emboutissage, à de très rares exceptions près.
Deux points sont à considérer ici : comment est appliqué cet accessoire sur la tôle et comment il s'oppose à la formation des plis.
Le serre-flan peut d'abord, comme l'indique son nom, s'appliquer directement sur le flan et le plaquer sur la matrice. Il s'oppose ainsi à la formation des plis, par ce que nous appelons l'effet de confinement, comme nous l'avons vu à la partie F, en 36.1.1.
Il existe cependant un cas différent, très souvent utilisé industriellement avec les presses mécaniques, surtout si l'outil comporte des joncs : c'est l'appui du serre-flan sur des *butées*, également appelées *cales de compensation*, situées autour de la matrice et qui bloquent son déplacement. On ne contrôle plus alors une pression sur la tôle, mais un jeu entre serre-flan et matrice. Celui-ci doit être réduit au minimum pour éviter la naissance des plis, tout en prenant en compte l'épaisseur théorique maximale de la tôle plus son épaississement local éventuel.
On étudiera les détails de cette technique en 49.1.
En rétreint, il y a épaississement de la tôle, d'autant plus marqué que le rapport d'emboutissage est élevé et le coefficient d'anisotropie faible. Forcément, c'est à la périphérie du flan que la réduction de diamètre est maximale et, comme elle est en compression uniaxiale, c'est là que l'épaississement est le plus fort. On a vu qu'en fin d'emboutissage d'un godet circulaire, la portée du flan sur l'outillage était restreinte à une zone étroite de l'extérieur de la collerette.

1. Pour faciliter le transport de récipients vides, depuis l'usine du fabricant d'emballages à celle du conserveur, par exemple, on peut avoir un énorme intérêt économique à les faire légèrement coniques de façon à ce qu'ils puissent facilement s'empiler. Le volume nécessaire peut être divisé par cent et plus.

Dans ce cas, cet épaississement de l'extérieur du flan conduit à une augmentation du jeu à proximité du rayon de matrice, d'où diminution locale du confinement et possibilité de formation de plis. Une astuce qui a été employée pour y remédier est d'usiner une portée de serre-flan légèrement conique. Cet usinage est évidemment beaucoup plus cher que la rectification d'une surface plane et cette solution est rarement employée.

Une technique qui pourrait se justifier avec l'utilisation de tôles de plus en plus difficiles à former et de flans soudés de plus en plus hétérogènes est l'utilisation de serre-flan segmentés, qui permettent d'appliquer un effort variable selon les zones de la pièce et le résultat souhaité. Une autre solution est celle des serre-flan souples, expression à relativiser car ils ne sont pas vraiment souples mais seulement globalement moins rigides que les serre-flan conventionnels. Néanmoins, le prix de ces solutions limite leur déploiement, malgré les avantages qu'on pourrait en attendre.

Il existe une technique encore plus élaborée qui consiste à réguler la force de serre-flan en boucle fermée, en fonction des indications données par des capteurs qui mesurent soit la distance serre-flan-matrice, soit l'avalement du flan. On peut alors imaginer un scénario s'adaptant continuellement aux variations de la tôle (épaisseur, caractéristiques mécaniques, huilage) ou à celles du process (force de serre-flan, vitesse d'emboutissage, état des outils, etc.) Mais le problème économique est plus évident encore…

Il est un principe qu'il ne faut jamais oublier : l'investissement représenté par les outils d'emboutissage est très élevé. De ce fait, toutes les modifications d'outils proposées pour en améliorer les performances sont presque systématiquement refoulées dès lors qu'elles en augmentent le coût.

48 • ACCESSOIRES DES OUTILS

Les outils de presse nécessitent, pour fonctionner correctement, certains accessoires dont nous ne citerons que les principaux.
D'un point de vue économique, l'idéal serait évidemment d'obtenir une pièce à partir du flan ayant exactement la surface de la pièce finie. Il n'y aurait ainsi pas de chutes[1]. Malheureusement, il faut guider et contrôler le métal au cours de sa mise en forme, ce qui ne peut se faire que par l'extérieur de la pièce, sur des surfaces qui devront ensuite être chutées. C'est ce qu'on appelle *habillage* ou *surfaces additionnelles* (addenda en anglais).
La figure 48.1 montre bien que les deux pièces qui seront extraites de l'embouti sont entourées d'une zone, à peu près équivalente en surface, dont la présence est uniquement destinée à assurer une mise en forme correcte : on remarque des joncs, un bossage qui tend la tôle vers l'arrière des pièces et une partie verticale entourant les pièces et dont le seul but est de retenir la partie périphérique.

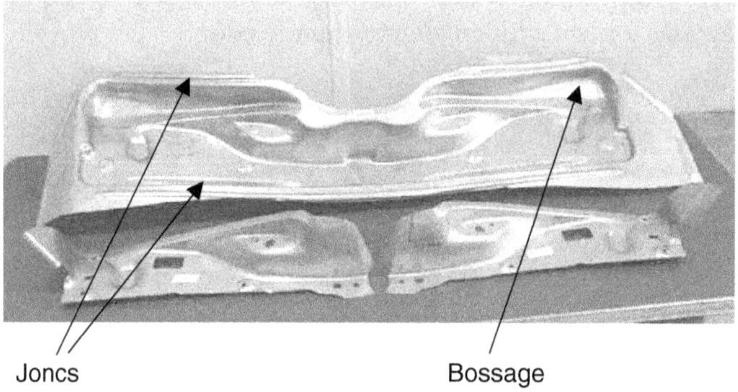

Figure 48.1 – Pièces faites par deux

On notera au passage que deux pièces sont faites simultanément. C'est une tactique qui doit être employée chaque fois que possible car elle présente de nombreux avantages :

– les pièces sont automatiquement équilibrées (balancement),
– il n'y a qu'un flan au lieu de deux (diminution de la logistique),
– on n'utilise qu'une seule presse (ou ligne de presses),
– un jeu d'outils suffit au lieu de deux.

1. En emboutissage automobile, les chutes représentent presque 50 % du métal engagé.

On considère que cette solution fait gagner au moins 15 % sur le prix des pièces.
Il faut aussi prévoir des surfaces planes et horizontales pour le détourage des pièces.
On trouve encore, dans les surfaces additionnelles, ce qu'on appelle des *protections*, qui sont des zones de métal latérales évitant que la partie visible d'une pièce soit passée sur le rayon de matrice. Ceci ne vaut que pour les pièces de peau.
L'ensemble de ces surfaces additionnelles représente toujours une perte de métal et vient donc grever le prix de revient. C'est pourquoi on cherche à les minimiser lors de la conception.
Il existe de plus, dans toute grande usine d'emboutissage, une sorte de « Monsieur moins », chargé de repérer, en cours de vie de l'outillage, les économies qui pourraient être faites sur la matière. Raccourcir un flan de 20 mm est une opération qui paie à la fin de l'année, et cette opération peut se faire de façon plus sûre lorsqu'on connaît bien les performances de l'outil qu'au moment de sa conception.

48.1 Joncs et redans

Comme on l'a vu à la partie précédente, le métal des coins d'une pièce, déformé en rétreint, offre une résistance plus grande à l'entraînement dans la matrice (l'avalement) que celui des parties rectilignes. Celles-ci sont alors facilement entraînées dans la matrice (cf. figure 48.2).

Figure 48.2 – Avalement excessif des bords d'un godet carré

Cela peut avoir quatre types de conséquences :

- un manque de métal dans les parties droites car, n'étant pas retenu, il peut entrer dans la matrice comme le suggère la figure 48.2. Ceci arrive, par exemple, sur les baignoires, les carters d'huile, les boîtes rectangulaires, etc.
- l'apparition dans les coins, par suite d'un trop fort cisaillement, de ruptures en Vé dont on verra un exemple dans la partie J,
- un manque de *tension* de la pièce si celle-ci est relativement plate. Dans ce cas, le métal est peu déformé sur le nez de poinçon et la rigidité risque d'être insuffisante. En termes de métier, c'est ce qu'on appelle le *manque de tendu*. C'est le cas notamment des façades et cotés dans l'électroménager ou des capots et pavillons en automobile,

– l'apparition du voilage (cf. chapitre 39), défaut qui est extrêmement sensible à toutes les formes de déséquilibre dans une pièce.

Ce sont les raisons pour lesquelles on utilise différents systèmes de freinage, voire de blocage, qu'on peut ranger dans deux catégories : les *joncs* et les *redans*.

Remarque

Une tendance actuelle, bien entendu dictée par des considérations économiques, est de supprimer les joncs pour les pièces peu profondes ; cela se voit surtout dans le domaine de l'électroménager. Cette disposition entraîne tous les inconvénients cités plus haut et doit donc faire l'objet d'une mûre réflexion avant d'être adoptée.

Les *joncs de freinage* sont constitués par un bourrelet sur le serre-flan ou la matrice, faisant face à une rainure sur la pièce opposée (figure 48.3 à gauche). Le jonc est normalement constitué par un profilé en acier dur inséré en force dans l'élément qui le porte. Il agit à la fois par frottement sur les rayons et par déformation plastique (trois pliages et trois dépliages).

Bien souvent, la pièce formée doit pouvoir glisser sur l'outil inférieur, au moins pendant son extraction. On s'arrange alors pour que cette surface soit sans aspérité, ce qui revient à mettre le jonc en haut : sur la matrice pour un outil simple effet et sur le serre-flan pour un outil double effet.

L'un des inconvénients des joncs provient du fait que la rainure dans laquelle ils sont insérés crée un effet d'entaille dangereux dans la pièce où ils sont fixés (point A), surtout quand elle est en fonte à graphite lamellaire. Cette sensibilité oblige à éloigner le jonc du bord de matrice ou serre-flan d'environ 25 à 30 mm, donc à augmenter d'une façon indue la taille du flan.

C'est cette obligation qui a donné naissance aux *redans*[1] (figure 48.3 au centre). Ils font partie intégrante de la pièce et suppriment ainsi son risque de rupture fragile, tout en permettant d'économiser sur la taille du flan. En revanche, ils ne sont ni amovibles, ni réglables. Ceci est parfois considéré comme un avantage dans la mesure où les « bricolages » d'outil sont rendus plus improbables. Leur usure ne peut être combattue que par des rechargements, opération toujours assez délicate.

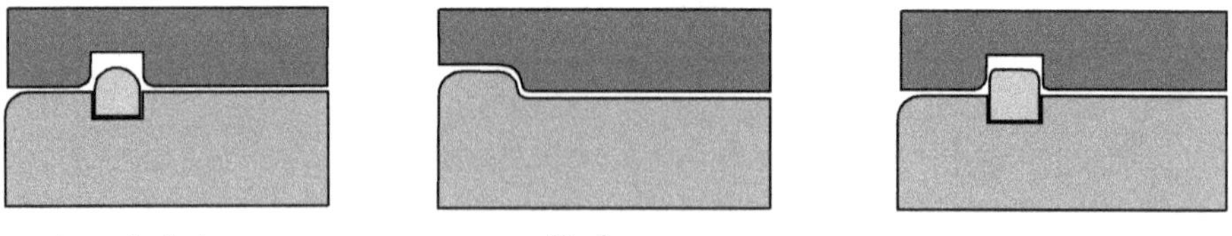

Figure 48.3 – Différents modes de retenue du métal

Il arrive aussi que, pour obtenir une forte expansion, on désire éviter tout avalement du flan dans l'outil ; on utilise alors des *joncs de blocage* (figure 48.3 droite), qui sont beaucoup plus anguleux. Dès la fermeture de l'outil, ils immobilisent localement le flan.

1. Aussi appelés gradins ou clavetages, cela dépendant des entreprises.

La force avec laquelle les joncs de freinage retiennent la tôle dépend de plusieurs paramètres : la géométrie du jonc, le coefficient de frottement tôle-outil, l'épaisseur de la tôle et ses caractéristiques mécaniques.
La géométrie joue essentiellement par :

- le rayon du jonc (souvent 6 mm),
- les rayons de la matrice du jonc (plus petits),
- la pénétration du jonc dans la matrice qui lui fait face.

La figure 48.4 donne un exemple de la variation de la force de retenue F en fonction de la pénétration h pour un jonc de freinage classique. Cette force est exprimée en newtons par millimètre de longueur du jonc.

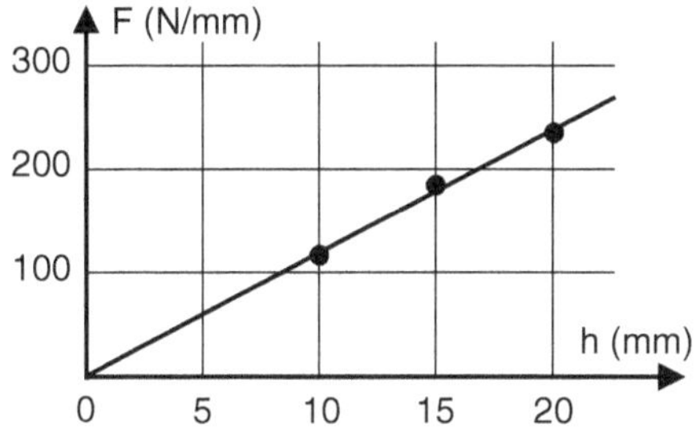

Figure 48.4 – Force de freinage d'un jonc (pour un acier doux de 1 mm environ)

On l'a dit, le jonc de freinage est en général un profilé en acier dur, inséré en force dans une rainure usinée, ce qui présente l'avantage de le rendre amovible. Lors de la mise au point de l'outil, on peut donc réduire son efficacité locale en le limant sur sa face inférieure ou l'augmenter en plaçant des cales de clinquant au-dessous. Plus tard, quand il est usé, il est facile de le changer.
On peut augmenter l'effet de retenue en utilisant plusieurs joncs successifs, trois au maximum. Remarquons aussi que l'on peut partiellement jouer sur la cinétique de freinage en modifiant l'emplacement des joncs : on peut, par exemple positionner un jonc à une distance telle de l'entrée matrice qu'il n'agisse plus en fin d'emboutissage, ce qui peut permettre de « tendre » une pièce pendant la mise en forme sans qu'elle casse en fin de course.
Notons pour finir que des études très détaillées sur le passage du métal dans les joncs ont été réalisées en Amérique du Nord sur un outil muni de caméras. Elles montrent que, durant son passage sur le jonc, le métal ne s'applique pas symétriquement sur celui-ci.

48.2 Boudins de protection

On peut être amené à utiliser ce qu'on appelle un *boudin de protection*, c'est-à-dire un bossage particulier qui suit la bordure de la pièce, à l'extérieur. Examinons l'exemple d'un panneau assez plat tel qu'illustré par la figure 48.5. On veut « tendre » la partie centrale pour qu'elle ait une rigidité suffisante (cf. 38.3, partie F). La zone utile de la pièce est indiquée par le pointillé qui représente la ligne de détourage.

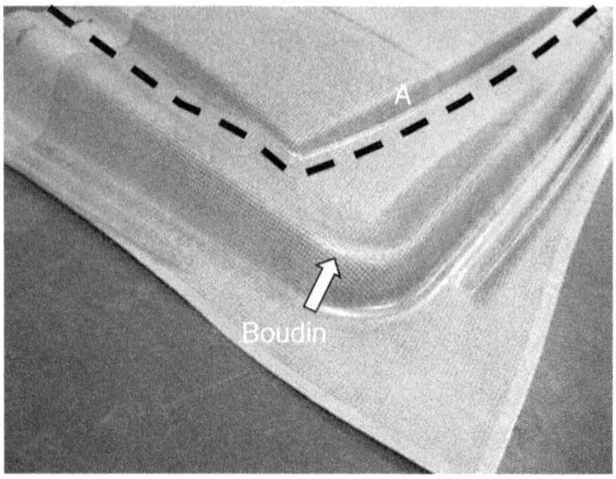

Figure 48.5 – Boudin protégeant un panneau peu bombé

Supposons d'abord qu'on essaie de faire la pièce sans le boudin : pour bien tendre la partie supérieure, il faut exercer une forte tension sur les bords de la tôle, mais celle-ci risque fort de casser sur le petit rayon A bordant la partie utile (particulièrement dans l'angle).

La fonction du boudin va donc être d'assumer le rôle provisoire de rayon de poinçon lors de l'attaque de la tôle par celui-ci, jusqu'à ce qu'elle ait atteint le degré voulu de déformation (quelques pourcents). La cinétique de cet emboutissage sur presse simple effet est représentée par la figure 48.6.

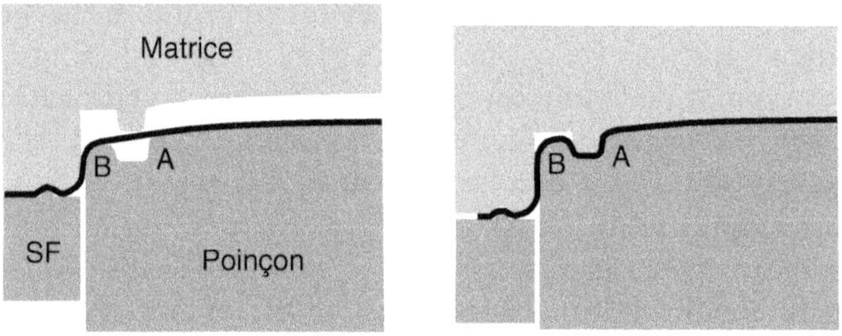

Figure 48.6 – Cinétique du formage avec boudin

On voit à gauche que, dans sa descente, la matrice pince le flan contre le serre-flan et l'entraîne vers le bas, ce qui l'amène à se tendre sur le rayon du boudin B et le nez de poinçon. Le rayon B étant large, tout se passe bien. C'est seulement quand la partie supérieure du panneau est ainsi bien tendue que le petit rayon A est formé, sans risque car la profondeur de la gorge située entre A et B est faible.

Un autre exemple très classique concerne le passage de roue d'une aile d'automobile. Le poinçon touche le flan au milieu de l'aile si bien que toute la partie de métal située entre le bord de matrice et l'ouverture du passage de roue est en brin libre pendant une grande partie de l'emboutissage. Le boudin, proche de l'ouverture du passage de roue, sert, là aussi, de rayon de poinçon provisoire, sur lequel s'appuie la tôle, jusqu'à ce que le fond de matrice vienne donner sa forme finale à cette zone conservée plane jusqu'à ce stade. On évite ainsi des plis qui seraient difficiles à résorber.

48.3 Poinçons de contre-emboutissage

On a parfois besoin d'imprimer un relief sur la partie de métal au contact du nez de poinçon ; c'est le cas du fond d'une boîte de boisson gazeuse (bombée vers l'intérieur pour résister à la pression) ou des dépressions pour poignées de porte d'automobile. On appelle ceci un *contre-embouti*.

Pour l'obtenir, on dispose sur le fond de matrice un *contre-poinçon* supporté par des cales de réglage, tel que représenté sur la figure 48.7.

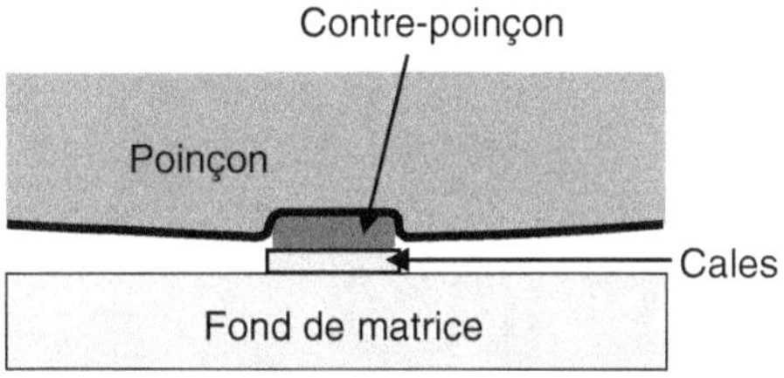

Figure 48.7 – Positionnement d'un poinçon de contre-emboutissage

C'est donc en fin de course d'emboutissage que se forme la dépression, sur un métal qui peut avoir été déjà fortement déformé sur le nez de poinçon par l'expansion qui précède. Il faut tenir compte de la diminution de ductilité ainsi que de l'augmentation de la contrainte d'écoulement qui résulte de cette expansion, particulièrement si l'on utilise un acier à hautes caractéristiques, relativement peu formable. Il peut même devenir nécessaire, dans certains cas, de former le contre-embouti avant d'attaquer la déformation globale de la pièce.

La profondeur du contre-embouti est facilement réglable en ajoutant ou enlevant des cales sous le contre-poinçon.

48.4 Lames de crevage

Pour obtenir qu'une pièce soit bien tendue, il faut la retenir fortement sous le serre-flan. Si elle est déformée majoritairement en expansion, cela donne lieu à un effort constamment croissant jusqu'à la fin de course du poinçon, ce qui peut entraîner l'apparition d'une striction ou de la rupture juste avant la fin d'emboutissage.

Pour éviter cet inconvénient, on a parfois recours à l'utilisation de *crevés*, c'est-à-dire des découpes locales qui réduisent l'effort en fin de course en supprimant une partie des tensions.

Nous allons considérer le cas instructif des caissons de porte de voitures. On pourrait penser judicieux de découper dans le flan la zone qui sera plus tard la fenêtre car le métal pourrait ainsi être récupéré. Mais elle est nécessaire pour tendre (une fois de plus) le métal sur les petits rayons qui entourent la fenêtre. Il faut en effet que la géométrie de l'entourage de la vitre soit scrupuleusement respectée pour que les joints portent bien et que l'étanchéité soit correcte. On conserve donc cette partie de tôle. Il y a cependant risque de rupture en fin d'emboutissage si la déformation devient trop élevée.

L'exemple de la figure 48.8, un caisson de porte arrière (pièce non visible), a l'avantage de montrer les deux systèmes utilisés pour réduire les tensions :

- un trou de décharge (angle bas à gauche de la fenêtre), qui a donc été découpé dans le flan avant emboutissage,
- trois crevés dans la fenêtre, effectués avant la fin de course d'emboutissage.

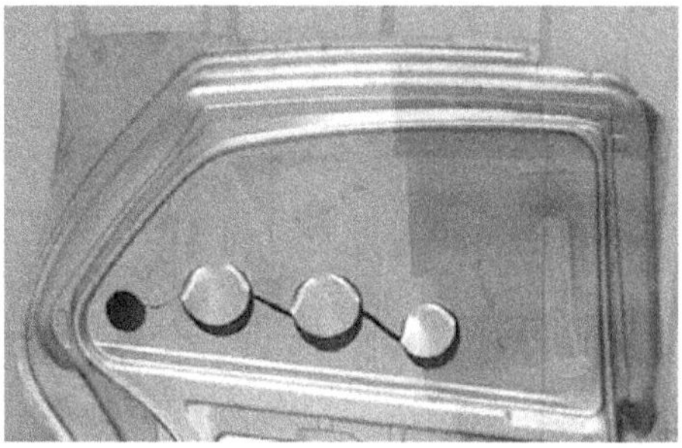

Figure 48.8 – Trou de décharge (gauche) et crevés (droite)

La position des crevés est définie en fonction des zones de rupture et le moment de leur intervention est réglé par la hauteur de calage des lames de crevage.

Le crevage peut avoir deux inconvénients :

- la découpe peut se développer sous forme de grandes déchirures qui rendraient la pièce inutilisable. C'est pourquoi un crevé a toujours une forme qui se referme sur elle-même, comme le montrent les exemples de la figure 48.8,
- il est quasiment impossible de s'opposer à la création de très fins copeaux lors de la découpe du métal, ce qui prohibe absolument l'usage des crevés sur des pièces d'aspect.

Remarque

La façon dont la découpe s'est « ouverte » renseigne à la fois sur le moment où elle est faite et sur le mode local de déformation et ses directions principales. Ainsi, il est clair que la zone de la fenêtre est en traction plane dirigée de haut en bas car la découpe circulaire s'est allongée sans se rétrécir.

48.5 Cames

Il arrive souvent, surtout pour les pièces compliquées, que des éléments en relief ou en creux soient nécessaires sur les parois latérales de la pièce (figure 48.9a). Il est également souvent nécessaire de *renvoyer* la tôle pour faire, par exemple, un rebord (figure 48.9b). Il peut enfin être nécessaire de faire des découpes perpendiculaires à l'axe de déplacement du coulisseau, soit pour percer un trou (figure 48.9c), soit pour détourer le haut de la pièce.

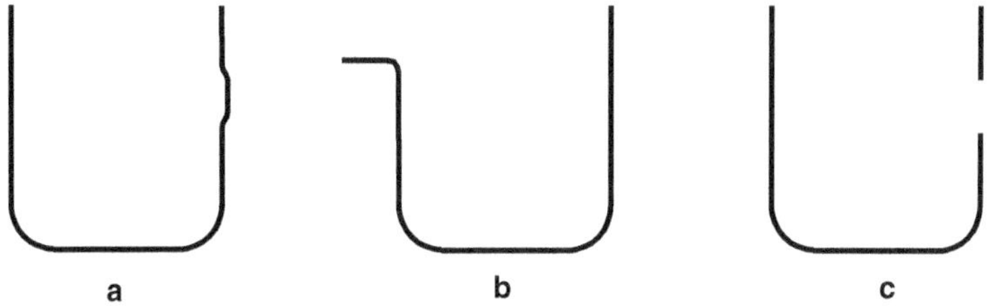

Figure 48.9 – Trois cas nécessitant un renvoi par came

Ces formes ne pouvant pas résulter du seul mouvement vertical du poinçon, on a alors recours à des *cames*, poussant des *coulisseaux* se déplaçant dans une direction perpendiculaire, poussées par un appendice du poinçon ou de la matrice qui porte sur une surface à 45°.

Les choses sont plus compliquées pour les bossages car les reliefs qu'on ajoute s'opposent à l'extraction normale de la pièce hors de l'outil. Il est donc nécessaire de rendre escamotable non seulement la came elle-même mais également les parties collaborantes opposées, le tout se faisant à l'aide de ressorts ou de *contre-cames*. C'est ce que montre très schématiquement la figure 48.10.

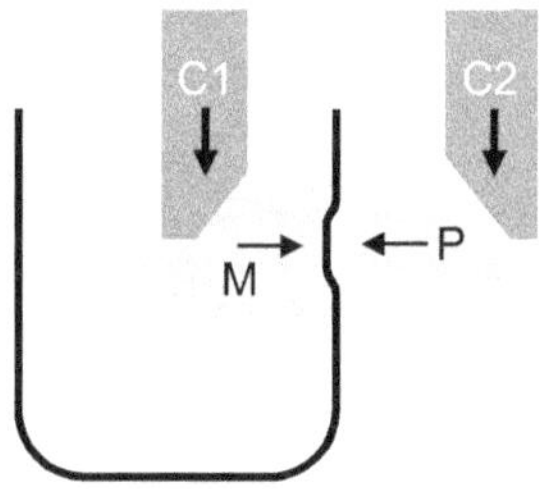

Figure 48.10 – Réalisation du bossage de la figure 48.9a

La matrice M et le poinçon P sont amenés autour de la paroi de la pièce par un dispositif indépendant non représenté. Dans un premier temps, la came C1 descend et vient plaquer la matrice à l'intérieur de la pièce. Ensuite seulement, la came C2, en retard sur la première, enfonce le poinçon P dans la paroi. Les deux cames remontent, le poinçon repart vers la droite et la matrice vers la gauche, faute de quoi l'extraction de la pièce serait bloquée par le bossage.

Les cames sont des accessoires indispensables dans de nombreux cas, mais elles sont néanmoins évitées autant que possible car elles ont plusieurs aspects négatifs :

– elles imposent la présence d'ouvertures dans l'outil, ce qui le rend plus cher et plus fragile,
– l'usure des plaques de frottement impose un entretien systématique,
– le temps de déplacement des cames dans l'outil implique souvent de diminuer la vitesse de la presse, réduisant ainsi les cadences possibles.

Il peut alors se révéler plus économique, surtout pour les petites séries, de faire les opérations correspondantes en *reprise*, c'est-à-dire en reprenant les pièces et les présentant sous l'angle approprié sur des presses à col de cygne appelées *bigornes*.

48.6 Presseurs

Il existe des cas où l'on doit tenir fermement le métal sur le nez de poinçon lors de l'attaque, soit pour éviter son bombement (cas d'un oméga), soit son glissement, soit la formation de plis. Ceci se fait grâce aux *presseurs*, qui sont des pièces de forme opposées à celle du poinçon, pressées par des ressorts.

L'avantage du presseur est d'agir dès le début de l'emboutissage (on pourrait retarder son action en le disposant de telle sorte qu'il n'agisse qu'après une course donnée, mais ce n'est pas souvent le cas), évitant ainsi la naissance des plis qui, comme on l'a vu, sont toujours très difficiles à résorber ensuite (on peut même dire impossible, dans beaucoup de cas).

Un presseur peut servir à faire l'équivalent d'un contre-embouti, et ceci dès le départ de l'opération. Il peut également former des joncs lorsqu'on emboutit des côtés de caisse.

Cette question mérite un petit développement. Nous avons dit, plus haut, que la partie correspondant à la vitre d'une porte d'automobile ne devait pas être découpée avant l'emboutissage, de façon à ce que l'entourage de la vitre soit bien tendu et formé avec ses petits rayons (cf. figure 48.8). On laisse donc ce métal dans le flan, il est déformé et n'est découpé que vers la fin de la gamme. On pourrait donc penser faire de même pour les zones du côté de caisse correspondant à l'emplacement des portes.

Mais les déformations en expansion impliquées par la mise en forme seraient alors trop grandes et insupportables par la tôle[1]. On est donc bien obligé de découper ces trous dans les flans, avant emboutissage. Il faut cependant bien maintenir le métal en tension. Ceci est réalisé par la présence des presseurs et de leurs joncs. On devine facilement qu'un dosage subtil des ressorts est nécessaire pour permettre le mouvement des presseurs tout en maintenant le serrage des joncs.

Sans ces joncs de freinage, il est clair que le niveau d'expansion de trou qui serait atteint avec les côtés de caisse serait inacceptable ; c'est ce qui impose une solution nettement plus compliquée et coûteuse que dans le cas des caissons de porte. Des crevés ne suffiraient pas à résoudre le problème.

48.7 Drageoirs

Il est essentiel que le flan soit correctement placé dans l'outil si l'on veut qu'il subisse exactement le mode de déformation souhaité. Cela est réalisé par les *drageoirs* qui sont, en somme, des butées de centrage.

Ces éléments sont généralement des cylindres en acier dur qui dépassent légèrement du plan de la matrice quand l'outil est ouvert et sur lesquels vient buter le flan. Ils peuvent être escamotables pour permettre la fermeture de l'outil. Normalement, trois suffisent à donner un positionnement unique et répétitif.

---

1. La « profondeur » de l'entourage d'une fenêtre est de 20 ou 30 mm. Celle d'un côté de caisse peut atteindre 150 mm.

Nous donnerons dans la partie J l'exemple d'une difficulté d'emboutissage ayant longtemps accaparé les metteurs au point d'un atelier et qui provenait tout bonnement d'un mauvais fonctionnement des drageoirs...

48.8 Éjecteurs

Fabriquer une pièce n'a de sens que si on peut ensuite la récupérer intacte. Il faut donc la sortir de l'outil, ce qui n'est pas toujours facile à cause des contraintes élastiques résiduelles qui tendent parfois à « l'ouvrir », parfois à la « fermer »[1], donc à la retenir dans la matrice ou sur le poinçon. Ceci est réalisé grâce aux éjecteurs, qui peuvent se présenter sous plusieurs formes.

Si la pièce n'a pas à respecter des contraintes d'aspect, ou si elle est faite avec un acier dur et épais, on peut se contenter de quelques tiges montées sur ressort qui la repousseront quand le poinçon sera extrait.

Dans les autres cas, il convient de prendre des précautions supplémentaires en garnissant les extracteurs de matériaux peu agressifs (nylon, polyuréthanne) ou en réalisant des extracteurs qui épousent exactement la forme de la pièce, répartissant ainsi l'effort d'extraction sur une large surface. Notons qu'un presseur peut constituer un parfait éjecteur.

Pour les pièces de révolution, une simple bague élastique appelée *dévêtisseur* convient. Si l'outil est à double effet, on essaie de faire passer la pièce à travers la table, ce qui simplifie énormément les problèmes d'éjection.

Les pièces petites et peu fragiles fabriquées sur presses à col de cygne sont souvent évacuées par gravité (on incline la table) ou encore simplement poussées par une pression d'air.

1. Par principe, les contraintes résiduelles sont de signe opposé à celles imposées par la dernière opération subie. Si c'est une expansion, la pièce aura tendance à rester collée sur le poinçon.

49 • LES DIFFÉRENTS TYPES D'OUTILS

49.1 Formage sur butées

Certains emboutisseurs considèrent que l'emboutissage sur presse mécanique est plus régulier, moins affecté par les variations inhérentes à la tôle ou à la lubrification, si, au lieu d'appliquer directement la pression du serre-flan sur la tôle, on l'applique sur des cales dites de *compensation*, appelées encore *butées*, situées à l'extérieur de l'outil. On ne régule plus alors une force de frottement, mais un jeu, comme le montre la figure 49.1.

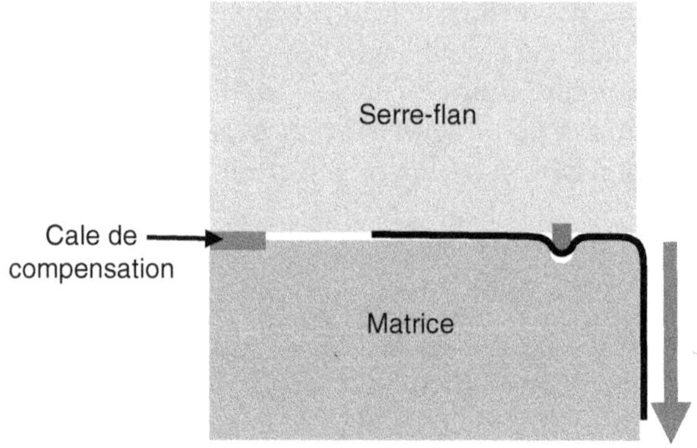

Figure 49.1 – Emboutissage sur cales de compensation

Voici quelques-unes des raisons avancées par les partisans de l'usage des butées :

- d'abord, le formage sur butée est essentiellement adopté dans les outils comportant des joncs. Le but est alors de régler la pénétration du jonc, mieux maîtrisée de cette façon qu'en régulant la force de serre-flan,
- ensuite, les cales rendent également le glissement de la tôle moins sensible aux conditions de lubrification,
- de plus, les réglages deviennent indépendants des très légères variations d'épaisseur de la tôle qui pourraient modifier le *serrage* du serre-flan en l'absence de joncs, c'est-à-dire les variations de la force induite par la déformation élastique de la presse et des mécanismes, lesquelles sont sensibles au centième de millimètre,
- enfin, *last but not least*, le fait que le serre-flan vienne en butée sur des cales évite le déréglage du process quand on est obligé de monter, en dépannage, un outil sur une presse pour laquelle il n'a pas été adapté.

Mais cette philosophie est loin d'être unanimement acceptée : il est curieux d'observer que d'autres emboutisseurs sont fermement opposés à l'usage des cales de compensation.

Si on les utilise, les cales doivent être, évidemment, réglables, mais la philosophie adoptée à leur égard a été, là aussi, longtemps variable. Certaines entreprises considéraient que l'opérateur de la presse devait pouvoir ajuster le réglage en fonction des modifications du process qu'il observait. Les cales étaient alors munies d'un système de réglage aisé, lequel se faisait en tournant une vis à pas fin. D'autres, à l'inverse, pensaient que ces réglages demandaient beaucoup trop de finesse et de compétence pour en laisser la responsabilité à l'opérateur de presse. Les cales étaient alors réglées par le metteur au point, en cas de nécessité, et dûment bloquées pour que personne ne puisse en changer aisément le réglage. Cette controverse est en fait terminée, plus personne ne considérant qu'il y a lieu de régler les presses durant une campagne d'emboutissage.

Notons enfin que le formage sur butée est quasiment obligatoire pour l'emboutissage à chaud des aciers trempant pour deux raisons :

- si le serre-flan maintient fermement le flan contre la matrice, ce dernier se refroidit trop vite et trempe, ce qui rend ensuite impossible son avalement dans l'outil. La pièce casse sur tout son pourtour,
- le coefficient de frottement à chaud est très élevé (il atteint des valeurs de 0,4 ou 0,5) ce qui empêcherait, de toute façon, le flan de glisser. On préfère donc laisser un certain jeu entre serre-flan et matrice, au risque de voir quelques plis se former.

49.2 Réemboutissage direct

Pour des pièces profondes, il n'est pas possible d'emboutir en une seule passe ; on doit alors recourir au *réemboutissage*. Ce procédé est presque exclusivement réservé aux pièces de révolution (godets). Il reste cependant possible de réemboutir des pièces rectangulaires ou ovales, mais ceci ne se fait généralement jamais plus d'une ou deux fois alors qu'avec les pièces circulaires il n'y a pratiquement pas de limite. La figure 49.2 montre ainsi une superbe pièce obtenue avec presque une trentaine de passes...

Comme on l'a vu à propos des essais d'emboutissage, les aciers doux ont un rapport limite d'emboutissage (LDR) généralement de l'ordre de 2 à 2,2[1]. Ceci permet, au mieux, d'obtenir un godet dont la hauteur approche 80 % du diamètre. Si l'on veut dépasser ce rapport, une passe ne suffit pas, il faut en ajouter d'autres à la suite.

Les conditions du réemboutissage dépendent du type d'acier employé.

Avec les tôles, il n'est pas question de faire subir une réduction de 2 à chaque passe : le métal serait trop écroui pour supporter ce traitement. On doit donc adopter une tactique consistant à faire la plus forte déformation à la première passe, et des déformations plus faibles aux suivantes. Un échelonnement classique consiste en :

$$1{,}6 \rightarrow 1{,}4 \rightarrow 1{,}4 \rightarrow 1{,}4 \rightarrow 1{,}4 \ldots$$

1. Ce rapport dépend aussi de la géométrie d'outil utilisée, de l'épaisseur, des conditions de lubrification, etc.

Figure 49.2 – Pièce très profonde obtenue par réemboutissages multiples

Bien entendu, les valeurs suggérées varient avec la qualité d'acier mais il n'existe pas de règle strictement définie pour les déterminer. Les bons logiciels de simulation sont capables de tenir compte des effets de l'écrouissage sur la formabilité en rétreint et donc de guider efficacement celui qui conçoit la gamme, mais il est important de savoir parfaitement s'en servir, en particulier pour le choix du critère de plasticité. L'expérience ou les essais de type trial and error sont une solution coûteuse pour définir la meilleure gamme.

Dans le cas des aciers pour emballage, les rapports d'emboutissage utilisés sont beaucoup plus sévères : on part souvent de 1,8 ou même 1,9 avec ensuite des rapports de 1,4. On peut se demander d'où vient qu'on puisse se permettre de tels rapports : d'une part du coefficient de frottement toujours très faible en APE, de la faible épaisseur d'autre part, qui fait que les nombreux pliages successifs n'opposent pas une résistance élevée au mouvement de l'acier (faibles contraintes de pliage-dépliage).

Pour terminer sur ce sujet, nous ferons remarquer que le nombre de passes reste généralement perceptible par les empreintes que laissent les rayons de poinçon sur la pièce. On ne peut en effet jamais supprimer totalement la trace des rayons primitifs car ils ont provoqué des déformations plastiques fortes dans les zones superficielles du métal, différentes d'une face à l'autre, dont les contraintes résiduelles ne peuvent plus être éliminées. On peut donc compter les passes d'après ces marques, un peu comme on évalue l'âge d'un arbre.

49.3 Réemboutissage par retournement

L'emboutissage *par retournement* ou « à la chaussette » (reverse re-drawing en anglais) n'est pas un procédé extrêmement répandu. On le pratique essentiellement pour des pièces cylindriques assez profondes en tôle mince, par exemple des filtres à huile de camions (diamètre 100-150 mm pour une profondeur de 250-300 mm) ou des corps d'extincteur, etc. Dans l'emballage (boîtes boissons) on l'utilise très peu car les cadences qu'on peut atteindre ne sont pas jugées suffisantes.

Le type d'outillage utilisé ainsi que la séquence de formage ont été précédemment détaillés à propos des presses triple effet (cf. 45.2.3), nous n'y reviendrons donc pas.

49.4 Calibrage, « tassage »

Nous avons déjà fait allusion au cas où la forme finale de la pièce présente un rayon trop faible entre partie verticale et collerette pour qu'il soit possible d'utiliser un rayon de matrice « normal ». Une solution consiste alors à effectuer un *tassage*, c'est-à-dire à venir réappliquer un rayon plus petit sur le rayon initial. La même solution peut s'appliquer au calibrage du rayon de poinçon.
Nous avons suffisamment détaillé ces opérations au chapitre 44 de la partie G.

49.5 Stretch Draw

Il s'agit d'une technique qui a eu ses heures de gloire dans les années 80. Dans le cas d'une pièce difficile, en général pièce extérieure de carrosserie, on a beaucoup de peine à « tendre » la tôle sur le sommet de poinçon car il faudrait d'énormes tensions pour plastifier la tôle à cet endroit. Le *stretch-draw* est une solution.
Il consiste, comme l'indique son nom anglo-saxon, à tendre d'abord la tôle sur le poinçon sans chercher à imprimer les petits rayons de l'entourage de la pièce et, seulement dans une deuxième phase, à mettre en forme ces rayons sans effort de tension particulier. La figure 49.3 décrit les deux phases essentielles de ce procédé.

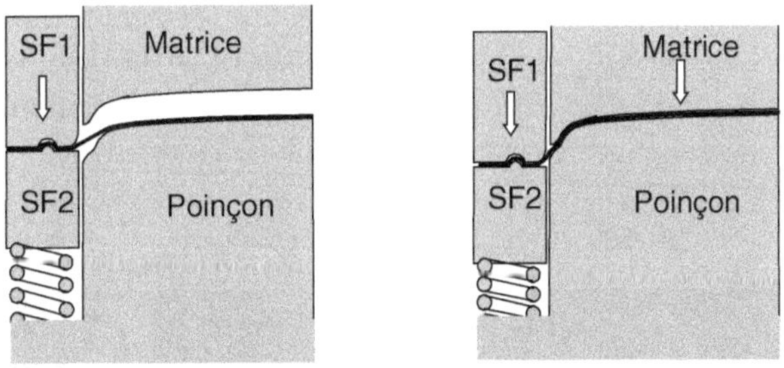

Figure 49.3 – Procédé stretch-draw

L'outil, spécial, est monté sur une presse classique double effet qui comporte donc un serre-flan que nous désignons par SF1. Mais l'outil intègre en plus un serre-flan SF2 monté sur ressorts (vérins à gaz, en fait). La matrice est en haut, sur le coulisseau plongeur et le poinçon est en bas, sur la table.
Dans un premier temps, le serre-flan SF1 vient pincer la tôle contre le serre-flan opposé SF2. Puis l'ensemble descend et forme en expansion la pièce sur le poinçon (à gauche). Le serre-flan SF1 continue à descendre un peu tandis que la matrice vient conformer la partie extérieure de la pièce (à droite).
Ce procédé américain a été appliqué en France en modifiant des presses double effet et bien qu'il ait donné des résultats intéressants, il a été presque abandonné car il soumettait l'embrayage et l'embiellage de ces machines à de trop gros efforts

(le serre-flan classique doit en plus comprimer les ressorts, comme sur une presse simple effet).

On peut considérer que l'utilisation des boudins donne un résultat assez comparable, mais à un coût d'outillage moindre et en sollicitant moins durement les presses. Ce sont probablement là les deux raisons de l'utilisation réduite du stretch-draw. En revanche, la consommation de métal est plus élevée avec les boudins (toute la partie de tôle comprise entre les points A et B de la figure 48.6 est éliminée avec le stretch-draw).

49.6 Outils à suivre

Lorsque des pièces qui pourraient normalement être faites sur une presse à postes multiples sont petites, il devient difficile d'assurer leur transfert. Les ventouses ne conviennent pas, les pinces destinées à saisir la pièce sur le côté doivent être très petites et deviennent délicates et fragiles, le positionnement est incertain, etc.

On a alors recours à une autre solution, qui consiste à laisser la pièce attachée à la bande de métal durant tout le formage et à ne la détacher qu'après la dernière opération. Les outils destinés à cet usage portent le nom d'*outil à suivre*, ou d'*outil progressif*, parfois encore d'*outil parisien*. La bande, progressivement découpée, qui entraîne les pièces en cours de formage, porte le nom de *squelette*.

Normalement, on utilise ce procédé pour des formages simples et peu profonds, comme dans l'exemple qui suit : figure 49.4. La première opération, OP10, consiste à poinçonner deux trous de guidage. A chaque opération postérieure, deux tiges de centrage viendront y pénétrer et assureront le positionnement rigoureux de la bande. En particulier, ceci permet de respecter strictement le pas et aussi d'éviter l'éventuelle courbure latérale de la bande (*mise en sabre*).

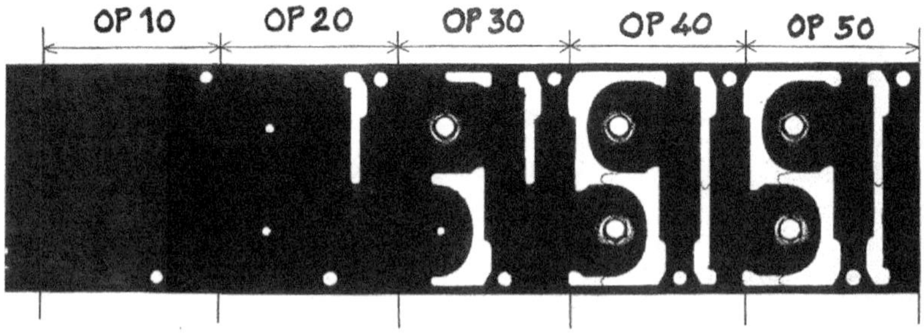

Figure 49.4 – Emboutissage sur outil à suivre

Aux opérations suivantes, qui sont surtout de la découpe, des poinçons successifs viennent progressivement former l'extérieur de la pièce et la détacher du squelette. La raison pour laquelle cette découpe est ainsi tronçonnée est que cette disposition permet d'avoir des poinçons plus compacts, donc moins fragiles et plus faciles à affûter, et que les efforts peuvent être mieux répartis dans l'outil. C'est seulement à la fin du formage que la pièce est séparée du squelette.

Il existe une astuce permettant de faire de l'emboutissage profond (des godets) sur un outil à suivre ; c'est ce qui est représenté par la figure 49.5. On prépare tout simplement l'opération de rétreint en découpant de fines incisions intercalées (à gauche) qui permettront d'une part au métal de se déployer et créeront, d'autre part, des ligaments qui retiendront l'ébauche jusqu'à complétion de la pièce (à droite).

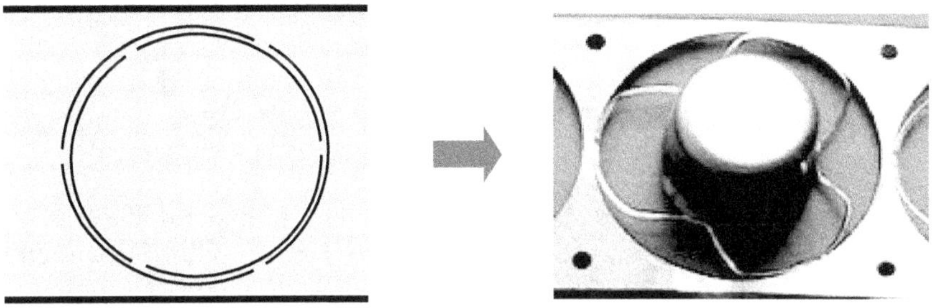

Figure 49.5 – Emboutissage d'un godet profond sur outil à suivre

Signalons pour finir qu'une tendance à faire de grosses pièces automobiles simples (par exemple des traverses sous siège) se manifeste depuis quelques années et que certains constructeurs automobiles ont lourdement investi dans des presses idoines. La productivité peut être multipliée par deux dans les cas les plus favorables.

49.7 Étirage-repassage

En toute rigueur, ceci n'est pas de l'emboutissage mais une opération connexe, beaucoup utilisée dans certaines fabrications nécessitant des godets cylindriques très élancés. L'application la plus connue et la plus importante est la fabrication des boîtes de boissons. Le revêtement d'étain est alors dissymétrique, justement pour tenir compte de la différence souhaitée de coefficient de frottement.

Le *repassage* consiste à faire passer une pièce de révolution[1] (un godet) entre un poinçon et une matrice entre lesquels le jeu est inférieur à l'épaisseur du métal entrant. De ce fait, il est écrasé, « laminé », et l'on peut obtenir des réductions pouvant atteindre 50 % dans certains cas favorables (boites boisson, autocuiseurs dits « cocottes minute »).

Pour les canettes, le métal est tellement écroui en fin de repassage que la limite d'élasticité atteint et peut même dépasser 800 MPa ; les risques d'usure ainsi que le très grand nombre de pièces à fabriquer (un million par jour sur une ligne) conduisent à utiliser exclusivement le carbure de tungstène. Étant donné qu'il résiste très bien à la compression mais pas du tout à l'extension, il est nécessaire de fretter les filières en carbure dans des bagues en acier, comme le montre la figure 49.6.

1. On ne pratique pas cette opération sur d'autres géométries, même simples.

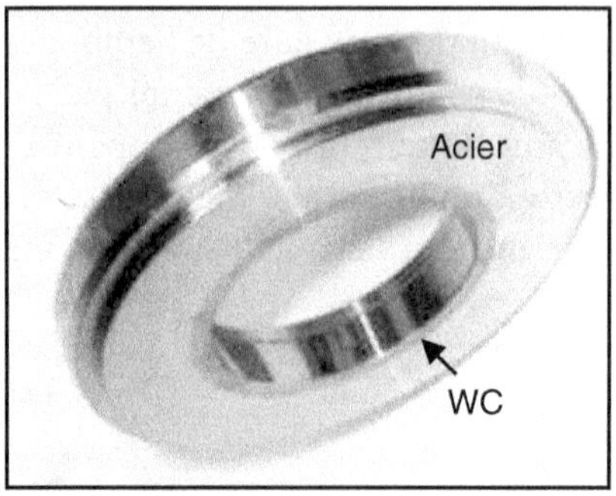

Figure 49.6 – Filière de repassage pour boîte boisson

On conçoit que le frottement entre la filière et le métal doive être le plus réduit possible. En revanche, celui du métal au contact du poinçon peut être plus élevé pour permettre un entraînement plus facile dans la filière.

49.8 Outils de détourage

La pièce de carrosserie sortant de la première opération d'emboutissage, les étapes intermédiaires d'un formage, la dernière opération de fabrication d'une pièce, sont presque toujours suivies par une opération de cisaillage ayant pour but d'enlever le surplus de métal résultant de l'emboutissage : habillage en carrosserie, cornes pour les pièces de révolution, mise à la cote des collerettes, etc.
Par principe, les arêtes de découpe sont, la plupart du temps, indépendantes de l'outil qui les porte, ce qui présente trois avantages :

- un avantage économique car les matériaux résistant bien à l'usure, indispensables pour la réalisation des lames, sont en général coûteux et produits sous des formats limités,
- une plus grande facilité d'affûtage quand elles sont démontées (il y a des exceptions),
- un réglage plus facile quand les lames s'usent.

Les matériaux utilisés sont des aciers à outil, des aciers rapides et des carbures de tungstène. Ils doivent résister à la fois à l'usure, ce qui suppose une dureté élevée mais, *a contrario*, ils doivent aussi résister aux chocs, ce qui va à l'inverse. On comprend dès lors que le choix du meilleur matériau pour fabriquer une lame de découpe soit délicat et doive être laissé à des gens compétents.
Le réglage du jeu est, comme on l'a vu dans la partie G, également un point critique vis-à-vis des résultats en termes de qualité de découpe et d'usure des outils.

49.9 Formage hydromécanique

Nous ne parlons pas ici de l'hydroformage, qui n'est pas étudié dans cet ouvrage, mais d'un emboutissage classique sauf en ce que la matrice traditionnelle est partiellement remplacée par un fluide. Le procédé le plus connu, inventé par l'ARMCO, porte le nom d'Aquadraw. La figure 49.7 en montre le principe.

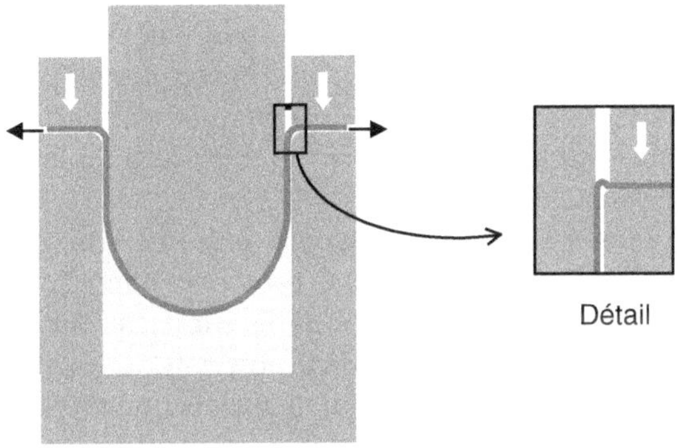

Figure 49.7 – Formage hydromécanique et défaut possible (à droite)

La matrice est creuse et remplie d'un fluide, eau ou huile, qui est compressé au fur et à mesure de la progression de l'emboutissage. Ce fluide ressort donc entre la matrice et la collerette de la pièce (flèches) en formant un film qui isole totalement les deux éléments, donc réduit le frottement à zéro. En revanche, le frottement est normal entre le flan et le serre-flan.

De plus, la pression du fluide applique très fortement les murs de la pièce formée sur le poinçon, donnant naissance à un frottement tôle-poinçon extrêmement favorable à l'entrainement de la première. On obtient ainsi des rapports limite d'emboutissage (LDR) qui dépassent largement les valeurs courantes, allant jusqu'à 2,6 avec un acier IF.

La pression qui s'applique sur le poinçon permet aussi de réaliser des pièces coniques ou ogivales, voire torsadées, impossibles à obtenir en emboutissage conventionnel.

Il y a bien sûr quelques difficultés dans l'utilisation de ce procédé. D'abord, il est bon de réguler la pression interne plus finement que ne peut le faire le simple échappement du fluide entre flan et matrice, car si ce film devient trop épais on risque de voir des plis de collerette se former. On dispose donc en général d'une soupape d'échappement et une partie de la technique consiste à la contrôler de façon adéquate.

Il y a aussi un risque de retournement des bords de la pièce sous l'influence de la pression, comme le montre le schéma à droite de la figure 49.7. Ce risque peut même conduire à des déchirures. Il est donc nécessaire de posséder une bonne expérience du procédé pour en tirer tout le bénéfice possible.

C'est par ailleurs un procédé plus lent que l'emboutissage classique. Il est donc en fait plutôt réservé à des séries courtes de pièces un peu exotiques.

49.10 Gamme classique automobile

Il n'est pas inutile de détailler une gamme de pièce d'aspect automobile dans la mesure où elle représente une application caractéristique et très importante de l'emboutissage. On emploie pour ce faire soit une ligne de presse, soit une presse transfert.

Rappelons d'abord, un grand principe : la première opération doit toujours donner la forme visible complète. Ceci s'explique par le fait que si l'on devait « reprendre » certaines zones, comme une ligne de style par exemple, pour faire un pli plus marqué, il y aurait un grand risque que la seconde frappe soit légèrement décalée par rapport à la première (centrage du premier embouti sur l'outil suivant, jeux de la presse, etc.) Il en résulterait un défaut de courbure locale que les emboutisseurs appellent un *flou.*

Comme le premier emboutissage donne la forme visible, il doit être de qualité, ce qui explique qu'il soit fait sur une presse double effet alors que les opérations suivantes se feront, par souci d'économie, sur des presses simple effet.

Remarquons, comme nous l'avons vu plus haut, que la matrice est en bas sur une presse double effet alors qu'elle est en haut sur une presse simple effet. Il en résulte l'obligation de retourner la pièce entre ces deux phases, ce qui peut être fait par toutes sortes d'appareils appelés *retourneurs,* ou par un robot.

Cette règle ne s'applique évidemment pas sur presse transfert car, comme on l'a vu, ce type de presse n'offre pas suffisamment d'espace pour permettre le retournement de la pièce. Le premier emboutissage est donc bel et bien fait en simple effet.

La seconde opération est toujours le *détourage*, c'est-à-dire la découpe du métal de ce que nous avons appelé les surfaces additionnelles dans la partie G. Il n'est évidemment pas possible d'enlever tout l'entourage d'une pièce en un seul coup car les anneaux ainsi formés s'accumuleraient autour de l'outil et se bloqueraient bientôt. La découpe se fait donc en deux temps (mais durant un seul cycle) et des *lames coupe-déchets* fixées transversalement coupent l'anneau en plusieurs morceaux qui tomberont par des goulottes sur des convoyeurs situés au sous-sol. Les déchets portent le nom de *caffût.*

Une autre possibilité est de détourer la pièce sur deux presses successives, qui découpent des morceaux alternés.

Un autre grand principe est que les zones ayant frotté sur le rayon de matrice ne doivent jamais apparaître sur la partie visible de la pièce. On est donc amené à entourer celle-ci de portées, appelées protections, qui font partie de l'habillage et seront ensuite chutées. La consommation de métal en est bien sûr augmentée. Il existe de rares exceptions à cette précaution.

À partir de la troisième opération, on parle de *reprises* qui servent à faire des *tombages de bord*, des redressages, des *frappes*, des poinçonnages, etc.

50 • RÉALISATION DES OUTILS

La durée nécessaire à la conception et à la réalisation des outils est toujours très longue malgré les progrès réalisés depuis plusieurs années dans leur dessin et leur usinage. Dans le domaine de l'automobile, il n'est pas rare de compter deux ans entre le début et la fin de la réalisation de l'ensemble des outils d'emboutissage. C'est l'une des opérations les plus longues de la chaîne.

On comprend dès lors que beaucoup d'efforts soient faits pour accélérer ces opérations. On conçoit aussi à quel point il peut être grave, quand les outils sont prêts et que la fabrication peut commencer, de constater que l'un deux n'est pas en mesure de fabriquer des pièces correctes : c'est une catastrophe qui remet en cause l'ensemble du programme.

50.1 Conception d'une gamme d'emboutissage

L'une des premières opérations à effectuer est le *balancement* de l'outil [1]. Elle consiste à orienter la pièce de telle sorte que les efforts soient le mieux équilibrés possible, d'une part, et que la pièce puisse s'extraire facilement de l'outil d'autre part (ce qu'illustre l'expression : il faut qu'elle « démoule » bien). Il est également nécessaire de vérifier qu'il n'y aura pas de contre-dépouille qui ne serait pas réalisable à la première opération.

Dans le cas d'une pièce simple, un godet, un plat rectangulaire, la forme fait que les efforts résistant sont automatiquement équilibrés du fait de la symétrie. Mais il y a beaucoup de pièces aux formes complexes et non symétriques pour lesquelles ces deux qualités – équilibre des forces et extraction facile – ne sont pas évidentes du tout.

De plus, le déplacement de l'arête du poinçon sur la tôle est un cas de figure strictement prohibé en pièce d'aspect car la zone pliée laissera, en se déplaçant, des traces visibles ; non les rayures, qui sont à l'intérieur, mais une courbure résiduelle qui nuit au respect de la forme initialement voulue. Les gens de métier disent que l'arête a un « flou ». Sur pièce de robe, un bon balancement a donc pour objectif premier d'assurer que le nez de poinçon « attaque » la tôle exactement là où se situera l'arête finale de la pièce, et ceci sans glissement.

La figure 50.1 montre le balancement d'un outil de coffre arrière, à gauche, et ce que l'on appelle une contre-dépouille, à droite. Dans le deuxième cas, on voit que si l'on veut obtenir le mur vertical de gauche, on ne pourra pas emboutir la contre-dépouille de droite, et inversement. Il faudra soit utiliser deux opérations, soit introduire une came formant le côté droit en fin d'emboutissage.

Figure 50.1 – Outil balancé (à gauche) et contre-dépouille (à droite)

Les moyens géométriques qui ont longtemps été utilisés pour déterminer l'angle de balancement n'ont plus cours car les logiciels servant à concevoir les outils possèdent tous une routine remplissant cette fonction.

Il arrive que l'on triche un peu avec ces règles, soit pour gagner du métal, soit pour éviter une opération de reprise ultérieure.

L'opération suivante consiste à déterminer avec précision *l'habillage* de la pièce. Il comporte, comme on l'a vu, les *protections* qui évitent la présence des traces de passage sur le rayon de matrice pour les pièces d'aspect. Si fines soient-elles, elles ne sont pas tolérées.

On ajoute ensuite tous les éléments de freinage (joncs, redans) qui peuvent s'avérer utiles ainsi que les bossages ou autres boudins dont on pense qu'ils pourront être utiles pour éviter la formation de plis ou pour en résorber. Il faut également la présence de zones plates perpendiculaires à l'axe d'emboutissage pour permettre ensuite le détourage.

On détermine ensuite la forme du flan.

Sauf dans le cas d'une pièce obtenue par expansion pure, cas rare, le flan est plus ou moins avalé dans l'outil au cours de l'emboutissage, au moins localement. Il existe en général plusieurs formes de flan donnant le résultat voulu. La différence apparaît surtout dans la répartition des déformations et amincissements. Une illustration simple est donnée par la réalisation d'un godet carré tel que représenté sur la figure 50.2.

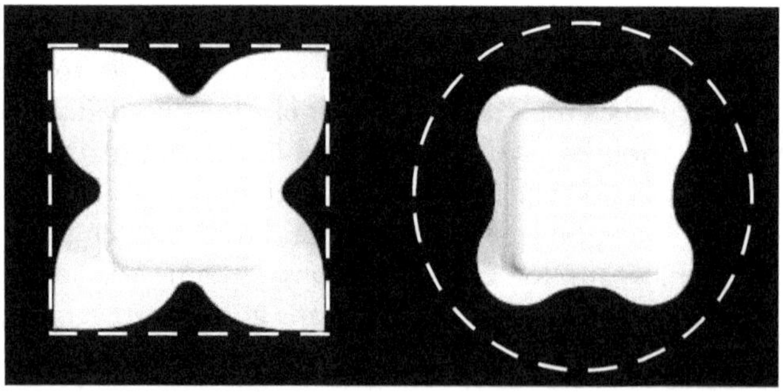

Figure 50.2 – Godet carré obtenu à partir de flans carrés ou circulaires

On remarque sur cette figure que la forme du flan carré n'a pratiquement pas varié dans les coins. Cela vient du fait qu'il y a, dans ces zones, trop de métal à rétreindre. Aux extrémités des coins, on retrouve exactement l'épaisseur initiale. Mais on voit aussi que le métal est fortement avalé dans les parties droites et le risque est alors d'avoir un manque de métal dans la partie centrale du mur. Le flan rond autorise un écoulement plus homogène du métal et donne une meilleure répartition des déformations.

50.2 Règles de dimensionnement

Dans ce qui suit, nous allons évoquer quelques règles de métier qui, si elles n'ont pas toujours une base physique bien établie, ont cependant fait leurs preuves dans la pratique. La plupart proviennent de vieux ouvrages technologiques devenus introuvables. Elles perdent évidemment de l'intérêt avec la pratique du calcul par éléments finis.
Elles sont à considérer comme un point de départ et non comme des règles absolues et s'appliquent en général au cas des aciers doux pour emboutissage du genre DC04. Il est donc recommandé d'adopter des critères plus sévères (rayons agrandis, par exemple) si l'on veut les appliquer à des aciers moins formables.

Matrice

Une règle générale est de respecter, au minimum, un rayon de matrice égal à cinq fois l'épaisseur de la tôle. Une formule simple due à Kackzmarek, permet de prévoir le rayon de matrice dans le cas d'un embouti cylindrique de révolution ; elle s'applique bien pour les aciers ductiles :

$$R_{mat} = 0{,}8 \,.\, \sqrt{(D - d)\,.\,e}$$

avec :
R_{mat} : rayon de matrice
e : épaisseur du métal
D : diamètre du flan
d : diamètre du poinçon

Poinçon

Le rayon de poinçon (celui entourant le sommet, appelé *rayon de nez de poinçon*), est généralement supérieur au rayon de matrice surtout s'il y a de l'expansion.

Rayon du flan

La formule suivante permet de déterminer très rapidement le rayon R du flan permettant d'obtenir, avec un acier doux, une pièce de hauteur h en tenant compte du rayon de coin r et du métal restant dans la collerette D :

$$R = \left(\frac{h + D}{2}\right) + r$$

Le schéma 50.3 explicite les paramètres considérés :

H

LES PRESSES ET LES OUTILS

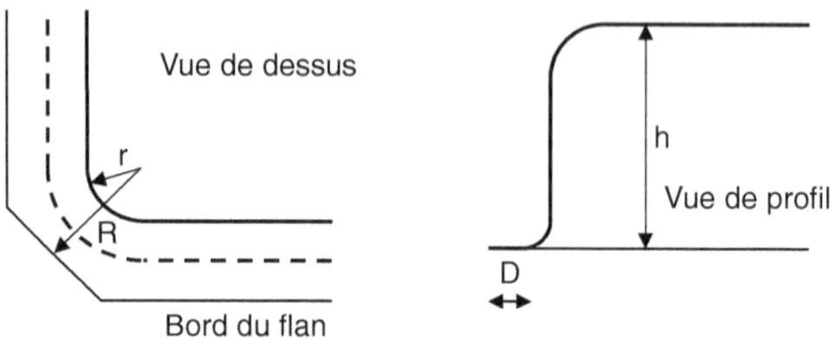

Figure 50.3 – Paramètres

- **Zone de coin**

Il est souvent nécessaire, pour équilibrer les efforts de retenue entre les zones droites et les coins, d'agrandir le rayon de matrice dans les angles. Il est alors recommandé de faire le changement de rayon de façon progressive, sur un secteur de 15° environ.

50.3 Mise au point des outils

La conception d'un outil, si bien faite soit-elle, avec ou sans l'assistance de calculs prédictifs sur ordinateur, ainsi que sa réalisation, conduisent rarement à un outil immédiatement utilisable, sauf dans les cas simples. Il est donc nécessaire de procéder à ce qu'on appelle la *mise au point* de l'outil, abrégée en MAP. C'est une opération longue et délicate qui est encore, au moment où nous écrivons, presque totalement manuelle, déléguée à des professionnels spécialisés évidemment appelés *metteurs au point.*

En quoi consiste-t-elle ?

On peut identifier plusieurs types d'opérations différentes dans cette mise au point finale qui est faite par la méthode du *trial and error.* On introduit un flan dans l'outil, on regarde où il casse, où il frotte et où il glisse trop facilement. Les endroits soupçonnés de trop serrer sont rabotés, parfois avec une meule, mais le plus souvent à la main avec une pierre.

Il s'agit d'améliorer les *portées* du métal sur la matrice et le serre-flan. On dit qu'on assure le *passage métal.* En effet, l'usinage ne tient pas compte des variations d'épaisseur de la tôle au cours de l'emboutissage. Or, elle va s'épaissir dans les angles d'une façon complexe, dépendant du taux de rétreint, du frottement et de la valeur du coefficient d'anisotropie dans la direction considérée. Elle va au contraire s'amincir dans les parties droites ou en expansion, là encore d'une façon difficile à prévoir. Disons que, pour le moment, les calculs ne donnent pas des résultats assez fins pour diriger l'usinage et que celui-ci n'est, de toute façon, pas encore suffisamment précis pour les prendre en compte.

La mise au point consiste aussi à ajuster les rayons d'entrée matrice ou de poinçon, à régler la hauteur des joncs, à modifier les éventuels boudins ou bossages, etc.

Si l'on n'arrive pas, par abrasion des parties en relief, à modifier les zones dans lesquelles la tôle passe trop facilement, il faut alors recharger l'outil, opération difficile puisqu'il s'agit de soudage sur un matériau qui s'y prête mal : la fonte (on ne recharge pas les aciers spéciaux, on change plutôt l'élément en cause). Ces rechargements exigent des matériaux d'apports spéciaux, une grande habileté manuelle et le respect d'une procédure longue et compliquée (il faut éviter la trempe de la fonte).

Bien évidemment, l'ajustement de la forme du flan est souhaitable dès l'étude de la gamme de fabrication. Cependant, un certain nombre de facteurs sont négligés à ce stade, comme par exemple l'épaississement du métal dans les angles, ou trop imparfaitement évalués, tel l'effort de retenue due aux joncs. C'est pourquoi l'ajustement final de la forme du flan est souvent fait pendant la mise au point de l'outil.

Pour les pièces visibles de carrosserie telles que les pavillons, capots, etc. on a souvent recours en final à un polissage automatique qui permet l'obtention de la plus haute qualité de surface possible. Notons que ce polissage ne doit pas seulement apporter une rugosité très fine à l'outil mais doit, en plus, garantir l'absence d'ondulations qui, si petites soient-elles, nuisent à l'aspect de la pièce (particulièrement sur les peintures sombres et en lumière rasante).

Dans le cas des outils plus petits et de formes simples, par exemple pour des pièces cylindriques, la finition est généralement faite par rectification plane ou cylindrique. S'il y a polissage, c'est alors uniquement pour obtenir un poli spéculaire (outils pour le fer blanc, par exemple).

50.4 Aspect économique

L'exemple de l'automobile, un produit que tout le monde connaît, se prête mieux que tout autre à l'examen de l'impact économique de l'outillage sur le coût global de l'emboutissage.

Grosso modo, la caisse d'une automobile contient entre 100 et 250 pièces embouties, ce chiffre dépendant de la complexité du modèle et, surtout, du nombre de versions différentes ; 50 de ces pièces sont grosses : ailes, capots, portes, planchers, pavillon…

Chacune des grosses pièces nécessite, en moyenne, l'utilisation de 5 ou 6 outils successifs (le record étant, à notre connaissance, de 11 outils pour un côté de caisse).

L'outillage pour une pièce assez simple, un bavolet, peut déjà valoir 500 000 euros, mais la gamme de six outils nécessaire à un côté de caisse peut coûter de 2 à 3 millions d'euros, ce qui amène à un total d'investissement, rien que pour les grosses pièces d'un véhicule ordinaire, de 60 à 80 millions d'euros ! Globalement, c'est-à-dire en ajoutant le prix de l'outillage des pièces plus petites, on peut donc facilement atteindre la somme de 100 ou 150 millions d'euros pour l'ensemble de l'outillage. Si l'on observe qu'il sort à peu près 10 nouveaux véhicules par année en Europe, on voit que l'investissement en outillage d'emboutissage automobile dépasse le milliard d'euros.

Évidemment, toutes ces valeurs sont données « à la louche ». Elles ne servent qu'à établir des ordres de grandeur. On considère souvent que le coût des outillages de presse représente 40 % de l'investissement pour un nouveau véhicule.

Il n'en reste pas moins qu'en moyenne, le prix de l'acier représente environ 60 % du prix total de la pièce.

51 • LES MATÉRIAUX D'OUTILS

Nous l'avons dit en introduction, ce livre n'a pas vocation à donner des détails sur la fabrication des outillages. Il paraît néanmoins nécessaire d'indiquer, dans leurs grandes lignes, les critères de choix des matériaux.

Ce choix est une opération importante pour l'emboutisseur, car il va non seulement avoir des répercussions sur l'investissement, donc le prix de la pièce fabriquée, mais aussi sur les conditions de sa fabrication.

Le premier critère qui entre en ligne de compte est, indiscutablement, le nombre de pièces à produire (couramment appelé *reste à produire* dans le métier). Pour les pièces moyennes ou grandes, il n'existe généralement qu'un seul exemplaire de l'outil, ou des outils dans le cas d'une gamme. Il est alors important de choisir un matériau dont l'usure prévue ne viendra pas compromettre le déroulement normal des cycles de fabrication par la nécessité de réparations fréquentes.

Le second critère de choix est la dimension de l'outil : on ne peut pas faire de gros outils en carbure de tungstène ou même en aciers spéciaux (qui sont en général disponibles uniquement en barres ou plaques).

51.1 Outils pour grandes séries

51.1.1 Les fontes

La fonte grise (contenant du graphite lamellaire) est un matériau relativement bon marché qui permet de fabriquer de gros outils et qui s'adapte à des formes très complexes. Les outils utilisés pour l'emboutissage des pièces de carrosserie automobile sont presque tous en fonte. Quelles sont les propriétés des fontes qui sont à l'origine de ces qualités ?

D'abord, la fonte est l'alliage de fer qui fond à la plus basse température ; c'est même à cette propriété qu'elle doit son nom. Les fontes employées en outillage d'emboutissage ont généralement une température de fusion de l'ordre de 1 150 °C, donc bien plus faible que celle des aciers à outils, qui peuvent dépasser 1 400 °C. Cette fusion à basse température, associée au faible coût du matériau, est à l'origine du prix de revient intéressant des fontes.

Il est une autre propriété des fontes qui joue un grand rôle vis-à-vis de la fabrication des outils : leur faible intervalle de solidification qui permet de limiter les phénomènes de ségrégation et, surtout, de retrait et de retassures. C'est ce qui fait qu'on peut réaliser de très grands moulages de formes complexes ayant, de plus, des

épaisseurs variables d'un point à l'autre de l'outil. Les fontes ont enfin une caractéristique utile, bien que non primordiale : elles amortissent bien les chocs et les vibrations.
Malheureusement, la fonte a aussi des défauts. Elle est d'abord fragile en traction, ce qui résulte de la présence des lamelles de graphique, lesquelles jouent le rôle néfaste d'entailles. Une solution consiste à utiliser des fontes à graphite sphéroïdal, mais le coût du traitement de sphéroïdisation fait qu'on l'emploie plus rarement. En fait, le remède le plus couramment adopté pour limiter la fragilité des outils consiste à surdimensionner les parties soumises à traction. En cas de casse d'un outil, la réparation est également une chose qui demande une grande pratique pour éviter des trempes locales.
La fonte grise résiste relativement peu à l'usure ; il faut donc, dans les cas difficiles, utiliser des fontes alliées plus chères ou encore faire un traitement superficiel de l'outil. Ce traitement peut être purement thermique (trempe locale par induction ou au chalumeau, cf. 51.3.1) ou chimique, par exemple une nitruration qui permet de conférer une résistance à l'abrasion suffisante pour emboutir les tôles revêtues d'alliage Zn-Ni, l'un des plus abrasifs qui existent.
Une autre conséquence de la présence des lamelles de graphite est qu'en s'usant, elles forment des pièges pour le métal de la tôle qui vient s'y accumuler, ceci conduisant au mécanisme de grippage (cf. 23.1, partie C). Certains revêtements, tels le chromage, par exemple (voir 51.3.2), réduisent sensiblement ce phénomène. Un autre intérêt du chromage est de réduire l'adhésion du zinc pur sur l'outil. Le nettoyage de ce dernier s'en trouve très nettement facilité.

51.1.2 Les aciers à outils

Quand on veut faire de très grandes séries, plusieurs millions de pièces, l'usure des outils devient un élément important du prix de revient. Bien entendu, le remplacement des outils usagés par de nouveaux est également une source de perte de production qui intervient aussi dans le prix de revient.
Il peut alors devenir rentable d'investir dans des outils coûteux à l'achat mais qui, durant longtemps, permettent finalement des économies sur l'outillage et les arrêts de ligne : ce sont les aciers à outils.
Notons cependant que cet aspect n'est pas le seul à intervenir. Les dimensions tout comme la forme que l'on peut donner à des outillages de ce type restent limitées. C'est pourquoi ils ne peuvent pas être utilisés, actuellement, pour la carrosserie automobile où la fonte reste et restera sans doute encore longtemps, le matériau le mieux adapté. Ils ne peuvent qu'être introduits sous forme d'*inserts* qui sont usinés et ajustés pour épouser, en général, la ligne d'entrée de matrice, là ou l'abrasion est la plus forte.
Les difficultés d'usinage et d'ajustement (il doit être extrêmement précis) font que cette solution est très coûteuse et n'est employée que quand aucune autre ne peut satisfaire le besoin.
Il existe une telle quantité d'aciers à outils de sortes différentes que le choix est délicat. Il sort complètement du cadre de cet ouvrage.
Les meilleurs, actuellement, sont obtenus par la métallurgie des poudres.

51.1.3 Le carbure de tungstène

Lorsque les séries sont énormes et les pièces assez petites, le carbure de tungstène (WC) devient le matériau ultime en terme de résistance à l'usure. Sa très grande dureté lui permet de résister à l'abrasion et de maintenir ainsi la géométrie et la qualité des pièces.

C'est ainsi qu'on l'utilise systématiquement pour l'emboutissage et le repassage des boîtes de boisson, les fameuses canettes, lesquelles sont souvent produites au rythme d'un million par jour sur une ligne de fabrication (la production annuelle mondiale totale, acier et aluminium, est d'environ 2,5 milliards de boîtes).

Si le carbure de tungstène a l'avantage d'être dur, il a en revanche l'inconvénient d'être assez fragile. En particulier, il ne résiste pas aux efforts de traction. On prendra donc soin, lors de la conception des outils, de faire travailler le carbure en compression seulement. Dans le cas des matrices de repassage, cela consiste à ne réaliser qu'une bague en WC et à la sertir ensuite, avec frettage, dans une bague plus grande en acier qui encaissera les efforts dus au passage du métal.

Il faut savoir que le terme générique carbure de tungstène recouvre, en réalité, de nombreuses qualités. En effet, il ne s'agit jamais de carbure pur, mais de grains de WC liés par du cobalt. C'est donc un métal fritté.

Le cobalt, beaucoup moins dur que le WC, est également moins fragile et c'est donc en jouant sur la quantité de ce liant qu'on ajuste la nuance au travail demandé. Plus il y a de WC, plus l'outil s'usera lentement mais présentera des risques de rupture et, à l'inverse, plus il y a de cobalt, moins on risquera ces ruptures mais plus l'usure sera rapide. Il s'agit donc, encore une fois, de trouver le compromis le mieux adapté au cas considéré.

Le tableau 51.1 regroupe les qualités les plus utilisées en emboutissage.

Tableau 51.1 – Différents grades de carbure de tungstène

Cobalt (%)	Densité	Dureté (HRA)	Module d'Young (GPa)
5,5	14,9	92	632
9	14,6	90,2	585
11	14,3	89,3	561
11,5	14,1	89,7	549
15,5	13,8	88,5	517
19,5	13,4	86,8	479
25	12,9	85	445

Signalons une autre propriété intéressante du CW : son haut module d'élasticité, qui varie de 440 GPa pour 25 % de Co à 630 GPa pour une teneur en Co de 5,5 %. On voit que le module est deux à trois fois plus élevé que celui des aciers, ce qui garantit de faibles déformations élastiques de l'outil, donc une grande précision

géométrique des pièces fabriquées (à condition, encore une fois, que l'outil soit bien construit).
Le prix des outils en carbure de tungstène est évidemment élevé. Cela découle :

- de celui des matériaux tungstène et cobalt,
- de la difficulté d'élaboration du carbure,
- de la nécessité de fritter le métal à haute température et sous atmosphère contrôlée,
- de la difficulté d'usinage du produit obtenu, seul le diamant en étant capable.

On comprend dès lors pourquoi leur utilisation est réservée aux pièces produites en très grande série.

51.1.4 Les cupro-aluminium

Ce sont des alliages que les praticiens appellent, à tort, bronze d'aluminium[1] mais qui sont encore plus couramment désignés du nom du principal fournisseur : AMPCO. Il s'agit d'alliages de cuivre et d'aluminium dont l'avantage est de s'opposer au grippage car le système cristallin est différent de celui du fer (cf. 1.2.1, partie A). Ils ne sont pas à conseiller, en revanche, pour l'emboutissage de tôles revêtues de zinc, qu'elles soient obtenues par électrodéposition ou au trempé.
Ces alliages existent en plusieurs grades, qui diffèrent par leur dureté allant de 200 à 450 HB. Leur principal avantage est donc de supprimer ou limiter le grippage, ce qui n'est pas négligeable. Ils ont malheureusement quelques inconvénients que nous allons signaler ici :

- ils sont chers,
- ils s'usent vite,
- ils ont un coefficient de dilatation différent du fer, ce qui oblige à les ajuster pour la température de fonctionnement stabilisé de l'outil. De ce fait, les côtes de l'outillage ne sont atteintes qu'au bout d'un certain temps et tout arrêt de production modifie l'équilibre thermique et risque de donner des pièces incorrectes jusqu'à ce qu'il soit à nouveau établi.

Pour ces différentes raisons, ces alliages ne sont utilisés qu'en cas d'extrême nécessité, par exemple pour l'emboutissage de l'acier inoxydable dont la tendance au grippage est plus marquée que celle des aciers au carbone.

51.1.5 Les outils lamellisés

Pour diminuer le prix de revient de l'outillage, des recherches sont actuellement en cours concernant un moyen de production original et rapide : il s'agit de découper des feuilles d'acier dur, par exemple au laser ou au jet d'eau, de les empiler et les fixer les unes sur les autres et d'obtenir ainsi la forme d'un outil qu'il suffit ensuite de polir pour obtenir la forme définitive.
On ne connaît pas encore très bien les performances de ces outils mais ils pourraient constituer une réponse au moins pour les petites ou moyennes séries, qui ont de grandes chances de l'emporter sur les grandes séries actuellement pratiquées, ceci

1. Le terme de bronze doit être réservé aux alliages de cuivre et d'étain.

pour satisfaire au besoin de différenciation que semble manifester le public, en particulier dans le domaine de l'automobile.

Un grand avantage de cette technique, appelée *strato-conception*, est de permettre d'intégrer dans la masse de l'outil des canaux de formes complexes qui peuvent servir à son refroidissement (ou chauffage si nécessaire). Cela est d'ores et déjà utilisé pour les outils de moulage, mais pourrait se révéler utile pour les outils d'emboutissage à chaud d'aciers au bore ou pour la mise en forme des aciers inoxydables austénitiques dont la déformation et la transformation martensitique dégagent beaucoup de chaleur.

Le point qui demande à être instruit de façon plus approfondie concerne la résistance à l'usure de ces empilements.

51.2 Outils pour prototypage

Ces outils sont effectivement utilisés pour la fabrication de pièces prototypes, mais aussi pour les tests de formabilité d'une pièce jugée particulièrement difficile. Notons cependant que ces deux applications sont en perte de vitesse, du fait de l'utilisation croissante de la simulation numérique.

Pour les pièces difficiles, la méthode des éléments finis (EF) a depuis longtemps montré qu'elle permettait d'éliminer, au stade même de la conception de l'outil, la très grande majorité des difficultés qui étaient, auparavant, seulement détectées quand commençaient les premiers essais industriels de l'outil. Il est indéniablement plus facile de modifier un outil numérique qu'un outil bien réel, et cette solution est donc tout à la fois plus rapide, moins chère, et permet de prévoir les difficultés plus à l'avance. De ce fait, le nombre d'outils de *déverminage*, comme ils étaient appelés, a considérablement diminué ces dernières années.

Les outils de prototypage avaient une autre fin : fabriquer quelques pièces qui servaient à des essais de choc, de fatigue, d'assemblage... ou simplement à les voir en trois dimensions. Mais là aussi, les calculs EF permettent des simulations qui deviennent de plus en plus réalistes et une imagerie de plus en plus parfaite (*rendus réalistes*). Les besoins diminuent. On peut raisonnablement penser qu'un jour, pas très lointain, on ne fabriquera plus de pièces prototypes pour les essais de résistance au choc ou à la fatigue, car ces pièces étant obtenues par des voies différentes de celles qui seront utilisées en série ne sont pas représentatives des modes de déformation et du niveau de consolidation (ou d'endommagement) effectivement subis.

51.2.1 Les alliages à bas point de fusion

Les plus connus sont indiscutablement le KAYEM, la Jewellite, le Cerrotru... Ce sont des alliages métalliques à bas point de fusion (200 à 400 °C), contenant des éléments tels que le zinc, l'aluminium, le bismuth, le plomb, l'étain, le cadmium, etc. Ils se moulent donc très facilement, par plusieurs méthodes, et permettent de fabriquer des outils de dimensions variées (on peut aller jusqu'à des éléments de carrosserie automobile). Ces alliages peuvent reproduire de très petits détails à l'état brut de fonderie et se polissent très facilement.

Le nombre de pièces qui peuvent être produites varie beaucoup en fonction de l'alliage utilisé, des détails de la réalisation et de la conception de l'outil. On considère souvent que quelques dizaines ou centaines de pièces sont un maximum.

Le principal inconvénient réside évidemment dans la dureté relativement faible de ces alliages, qui va de 20 à 80 HB environ. Mais il est souvent possible de renforcer les parties usantes d'un outil par des plaques d'acier, ce qui permet de produire des séries allant alors jusqu'à 5 000 ou 10 000 pièces.

Le prix de l'alliage est aussi un frein à son utilisation, mais notons aussi qu'il existe des presses spécialement adaptées sur lesquelles un bac chauffé contient l'alliage qui est ainsi recyclé à chaque nouvelle utilisation. On forme le nouvel outil en plongeant une pièce percée de trous dans le liquide. Il pénètre à l'intérieur et il est alors figé par un débit d'eau. Il suffit ensuite d'extraire la partie centrale pour obtenir un poinçon et une matrice très proches de la forme désirée.

51.2.2 Les bétons-résines

On réalise des outils pour prototypes ou très petites séries dont la couche extérieure est une résine polymérique et le cœur, plus résistant, est un béton spécial. Le prix de revient de tels outils ainsi que la rapidité de réalisation sont les principaux avantages, tandis que la faible résistance à l'usure ainsi qu'aux déformations en sont les inconvénients.

Pour une équipe de techniciens bien entraînés à ces pratiques, la réalisation et la modification des outils est extrêmement rapide. Faut-il augmenter un rayon, il suffit de le limer puis le polir pour tester immédiatement l'apport de cette modification ? Doit-on au contraire diminuer un rayon ou disposer sur l'habillage un volume destiné à tendre le métal ? On coule de la résine et elle peut être mise en forme vingt minutes après.

Ces outils sont utilisés pour la mise au point des pièces jugées très problématiques et sont réalisés avant de figer le dessin final de l'outil.

51.2.3 Les planches à usiner

Il existe aussi des matériaux usinables, de différentes duretés, qui sont vendus en plaques que l'on découpe grossièrement, qu'on colle les unes sur les autres et qu'on peut ensuite fraiser, poncer, polir. L'emploi est identique à celui des bétons-résines.

51.3 Surface des outils

51.3.1 Les traitements thermiques superficiels

Il en existe différentes formes, mais le plus utilisé en emboutissage est la trempe superficielle de la fonte par induction ou au chalumeau. On obtient ainsi la formation locale de lédéburite qui est un carbure de fer comme la cémentite, donc très dur.

Un tel traitement n'est jamais fait sur la surface totale de l'outil mais seulement dans les zones les plus soumises à l'usure, c'est-à-dire les rayons d'entrée matrice ou ceux situés sur le poinçon ou le serre-flan.

51.3.2 Le chromage

Le chromage est un dépôt électrolytique ou par diffusion sous vide qui peut se faire sur des outils de tailles diverses, y compris ceux des grandes pièces de carrosserie.
Il est conseillé pour l'emboutissage des tôles revêtues où il facilite beaucoup le nettoyage des outils en diminuant l'adhérence des débris, ce qui permet de réduire l'occurrence des picots. Le chromage est en revanche déconseillé pour les tôles nues.
C'est un revêtement qui coûte relativement cher ; quand il est usé et que l'outil doit être chromé à nouveau, la plus grande difficulté est d'enlever la couche existante.

51.3.3 La nitruration

Il existe plusieurs types de nitruration.
D'abord, la classique, qui consiste à seulement introduire par diffusion de l'azote dans les couches superficielles de l'outil et donc à les durcir. On a beaucoup utilisé ce procédé dans les cas d'usure trop rapide de la fonte ; c'est par exemple ce qui a été fait pour résister à l'agression représentée par les revêtements de tôles très durs comme le zinc-nickel. La nitruration n'est pas conseillée pour la tôle nue qui a alors tendance à gripper.
Ensuite, et ce sont les plus importantes aujourd'hui, les techniques qui consistent à faire, simultanément à la nitruration, un apport de métaux comme le titane ou le chrome. Ils peuvent se faire soit par voie physique, soit par voie chimique.
La voie physique, appelée PVD (*Physical Vapour Deposition*) a l'avantage de se faire à basse température (moins de 500 °C) et donc sans modification de la structure ni déformation des outils qui peuvent alors être finis avant traitement. On peut obtenir en surface du nitrure de titane pouvant atteindre 2500 HV de dureté qui augmente sérieusement la résistance à l'usure ainsi qu'au grippage, du carbonitrure de titane (3000 HV) ou du carbure de chrome. Dans l'ensemble, ces revêtements permettent de réduire, de façon parfois drastique, la lubrification.
La voie chimique, appelée CVD (Chemical Vapour Deposition), se fait au contraire entre 900 et 1 000 °C. Cette haute température a deux conséquences essentielles :

- elle oblige à faire le traitement thermique du matériau d'outil après la réalisation du dépôt,
- les changements de phase subis par le métal de base modifient sa géométrie et nécessitent un ré-usinage final des outils.

On peut déposer du nitrure de titane, comme en PVD, du carbure de titane dont la dureté atteint près de 4 000 HV, du carbonitrure de titane ou encore des oxydes d'aluminium (2 500 HV).
Les revêtements à base de titane s'opposent bien au grippage car ils sont d'une nature complètement différente de celles des tôles et de leurs revêtements, mais ils sont relativement rugueux, ce qui peut parfois augmenter le coefficient de frottement.

51.3.4 Le carbone diamantin

Il s'agit là d'un revêtement très récent, qui n'a pas encore trouvé sa place dans l'industrie. Son développement est encore en cours et il ne fait aucun doute que, comme pour les autres revêtements, il connaîtra encore de grands progrès.

Le carbone diamantin, encore appelé carbone diamant amorphe, est un revêtement très dur (4 000 HV) et relativement lisse, ce qui rend assez facile le glissement de la tôle, au point que certaines applications se font sans lubrification : un rêve pour l'emboutisseur ! Le dépôt a une épaisseur très régulière de quelques micromètres.

Le point faible de ce type de revêtement est, pour l'instant, une certaine fragilité qui fait qu'il ne supporte pas bien les fortes pressions localisées : il a tendance à s'écailler. Le traitement du métal de base doit donc être particulièrement soigné pour éviter qu'il ne se déforme sous le revêtement et n'entraîne sa fissuration. Cette précaution est d'ailleurs valable pour tous les types de revêtements, à des degrés variables.

Le coefficient de frottement est réputé faible, mais il est fortement influencé par les conditions extérieures, comme l'humidité. Le choix des lubrifiants est aussi à faire avec discernement.

Le dépôt doit se faire dans une enceinte fermée, ce qui limite aussi, pour l'instant, son application à de petits outils.

I

Le calcul en emboutissage

L'auteur n'est pas un spécialiste du calcul numérique ; il en connaît les grands principes, les avantages et les limitations, mais ne le pratique pas. Vouloir malgré tout en parler dans un livre peut donc paraître extrêmement prétentieux, mais le fait est que ce sujet est devenu inévitable depuis plusieurs lustres, dès lors qu'on s'intéresse à l'emboutissage. C'est en effet l'un des secteurs de la technique qui en fait le plus intense usage.

Cette relative innocence technique de l'auteur lui permet sans doute, en revanche, de présenter les choses d'une façon plus abordable pour le néophyte que celle que pourrait adopter un véritable spécialiste. Nous n'examinerons pas, dans ce qui suit, les théories qui sont à la base des différentes options de calcul : implicite, explicite, dynamique, etc. On donnera seulement une vague idée des principes adoptés. Nous considérons le calcul numérique comme un outil extrêmement utile à notre métier, et même indispensable, mais cet ouvrage entend traiter de l'emboutissage et pas des algorithmes permettant de le simuler. On trouvera à la fin de l'ouvrage des titres destinés à ceux qui veulent entrer dans les détails.

En revanche, les cas dans lesquels il est intéressant d'utiliser telle ou telle méthode seront explicités, ainsi que les nombreuses limitations liées à l'emploi des techniques numériques. Le but n'est évidemment pas de diminuer aux yeux du lecteur l'immense intérêt qu'elles présentent, mais de bien faire sentir les risques qui résultent d'un manque de clairvoyance dans la mise en données du problème ou dans l'acceptation aveugle d'un résultat de calcul.

En résumé, cette partie de l'ouvrage doit vraiment être considérée comme une initiation très basique, à l'usage unique de ceux qui n'ont pratiquement aucune idée de ce qu'est le calcul en emboutissage.

52 • POURQUOI LE CALCUL NUMÉRIQUE ?

Le terme calcul numérique s'oppose à celui de calcul analytique. Précisons d'abord le sens de ces deux expressions par des exemples simples. Le calcul analytique est celui auquel nous sommes habitués, qui consiste à trouver la solution quantitative d'un problème exprimé à l'aide de formules, l'exemple le plus basique étant la règle de trois. Mais des expressions bien plus complexes permettent, par exemple, de calculer l'intégrale d'une fonction : ceci se révèle utile pour connaître la surface sous une courbe, par exemple le travail absorbé lors d'un essai de traction.

Mais il existe des fonctions complexes qu'on ne sait pas intégrer ; pour l'exemple précédent, la solution consiste alors à remplacer l'utilisation de la formule analytique inconnue par la sommation de tous les petits éléments se trouvant sous la courbe. Un tel calcul, presque impensable par les voies traditionnelles, devient facile en utilisant la puissance et en profitant de la rapidité de calcul d'un ordinateur. Pour simplifier, nous dirons que le calcul numérique est celui couramment effectué par un ordinateur.

Pourquoi, maintenant, est-on obligé d'utiliser le calcul numérique pour la simulation de l'emboutissage ? Deux raisons nous y obligent : le fait que les événements qui se produisent dans un outil sont très complexes et interdépendants, et le fait que nous ne connaissons pas précisément, la plupart du temps, les lois qui régissent ces évènements.

Examinons ces points plus en détail en faisant une comparaison avec l'électricité.

Face à un schéma électrique, un électricien est toujours capable d'en distinguer les parties constitutives discrètes, qui sont bien localisées et bien identifiées : des résistances, des condensateurs, des transistors, etc. Chacune a des caractéristiques connues : résistance ohmique, capacité, courant d'excitation, etc.

Dans un embouti, il est bien sûr possible, comme nous l'avons vu, de cerner des zones plutôt en expansion, d'autres à dominante rétreint, etc. mais sans pouvoir isoler clairement chaque zone qui, d'ailleurs, peut passer par plusieurs stades différents au cours du formage. Leurs limites sont également vagues. Nous ne disposons pas ici d'éléments discrets dûment identifiés.

D'autre part, le bon électricien est capable, même dans le cas d'un schéma très complexe, de déterminer quelle intensité passera dans telle branche du circuit, quelle sera la tension entre deux points particuliers, la constante de temps d'une capacité associée à une résistance et bien d'autres choses encore. S'il est ainsi capable de prévoir tout ce qui arrivera dans le circuit, c'est que les lois qui régissent le comportement de chacun des éléments discrets sont connues avec précision et, en général, depuis longtemps. Les Volta, Maxwell, Faraday et autres ont établi la plupart des lois de comportement de chaque constituant depuis plus d'un siècle.

En mise en forme, en revanche, il n'existe pas de lois réellement physiques. Celles que nous avons vues dans la première partie de ce livre sont des lois phénoménologiques ou empiriques[1], qui s'ajustent en général assez correctement à une partie de la courbe résultant d'un essai, mais pas complètement. Bien souvent d'ailleurs, on va être obligé d'utiliser des lois différentes selon qu'on s'intéresse aux petites ou aux grandes déformations.

De plus, le comportement des métaux dans des modes de déformation différents de la traction uniaxiale est, comme on l'a vu, bien souvent extrapolé de ce dernier par des modèles – les critères de plasticité – dont la multiplicité montre bien qu'ils sont loin d'avoir une valeur universelle. Même lorsqu'ils sont confortés par des expériences supplémentaires en cisaillement, traction plane ou expansion, il reste des zones d'ombre. Par exemple, l'écrouissage isotrope évoqué en 31.2.5, partie D, est une hypothèse simplificatrice souvent utilisée car économe en temps de calcul, mais qui n'est pas toujours justifiée.

Ajoutons que les problèmes introduits par le frottement viennent sérieusement compliquer cette situation. Celui-ci modifie le mouvement relatif des différentes zones de la pièce par l'introduction de forces mal connues qui s'opposent aux mouvements qu'on pourrait déduire du seul comportement mécanique des tôles. L'auteur pense, et il n'est pas le seul, que c'est dans cet aspect tribologique de la mise en forme que nous sommes actuellement le moins avancés.

En définitive, il faut bien le reconnaître, on ne sait pas mettre en équation la complexité de l'emboutissage. C'est pourquoi, schématiquement, on adopte les deuxième et troisième principes suggérés par Descartes dans le *Discours de la Méthode* : décomposer le problème global trop compliqué en une multitude de petits problèmes plus simples, dont la résolution permettra d'atteindre la solution globale. C'est un peu la philosophie qui sous-tend le calcul par éléments finis dont nous allons parler essentiellement.

En conclusion de cette partie, on pourrait dire, en forçant un peu le trait, que l'emboutissage n'est pas une science. L'utilisation du calcul numérique et les bons résultats qu'il délivre lui confèrent aux yeux de certains ce caractère, mais ce n'est qu'un vernis qui cache, en réalité, notre méconnaissance des lois profondes qui le régissent.

52.1 Quelques définitions

La simulation numérique fait appel à de nombreuses notions qui ne sont pas du domaine courant de la connaissance. Qui plus est, elles portent souvent des dénominations anglo-saxonnes. Avant d'entrer dans la description des différents codes, il semble donc opportun de définir quelques termes spécialisés qui seront employés

1. À l'exception, peut-on dire, des modèles micro-macro, qui cherchent au contraire à prendre en compte la structure cristalline, les interactions entre les atomes, le mouvement des dislocations, etc. Mais ils sont pour le moment peu développés et ne sont pas encore entrés dans les codes de calcul commerciaux.

par la suite. Pour faciliter la recherche éventuelle d'une définition, nous avons préféré introduire ces mots-clés dans l'ordre alphabétique plutôt que logique.

Algorithme : nom qui vient du médecin arabe Al-Khãrezmi, et par lequel on entend un ensemble de fonctions exécutées par le logiciel pour réaliser une opération particulière. C'est un peu l'équivalent d'une formule en mathématiques traditionnelles.

CAD : Computer Aided Design. C'est l'abréviation anglo-saxonne de CAO.

CAO : cette abréviation vient de conception assistée par ordinateur. La CAO d'une géométrie peut se présenter sous deux formes :

– un ensemble d'éléments finis qui limitent la surface de l'objet représenté (outil ou pièce),
– plus rarement, la géométrie peut être définie par des courbes ou des surfaces de Bézier.

Cluster : le mot signifie « grappe » et indique un groupement d'ordinateurs connectés qui permet d'accélérer le calcul. Quand nous parlons, dans la suite, de durées de calcul, il s'agit de ce qui peut être obtenu en 2009 avec une installation moyenne, pas avec un simple PC ni, à l'inverse, avec une batterie de puissantes machines.

Code, logiciel, programme, software : ce sont des termes synonymes qui désignent l'ensemble des algorithmes permettant de résoudre un problème donné. Ils constituent le cœur du système de calcul mais comprennent bien d'autres fonctions permettant les entrées et sorties de données, leur mise en forme, la création d'images, etc. Dans notre domaine, on a l'habitude de différencier les codes *généralistes*, qui ne sont pas spécialisés dans l'emboutissage et peuvent donc résoudre toutes sortes de problèmes (mécaniques, hydrauliques, acoustiques...) et les codes *dédiés* qui sont développés uniquement pour l'emboutissage et adoptent donc des options qui simplifient le travail de l'utilisateur.

Déraffinage : voir d'abord le terme raffinage. Si des éléments qui ont été raffinés pour passer sur un petit rayon entrent à nouveau dans une zone peu courbée, leur petite taille n'est plus justifiée. On procède alors à l'opération inverse et on regroupe des éléments. Ce regroupement est bénéfique pour le temps de calcul, mais peut entraîner une perte d'information sur l'état des éléments et, en particulier, peut fausser l'évaluation du retour élastique.

Éléments finis (EF) : voir les explications détaillées en 52.2.

Format : c'est l'arrangement des données géométriques ou autres dans un fichier et il doit être connu par le code pour que celui-ci soit capable de reconnaître ces données : quelle est leur nature, où sont-elles rangées, dans quel ordre... Pour la géométrie des pièces et des outils, il existe plusieurs types de formats très courants : IGS, Catia, UNV...

Hardware : expression anglo-saxonne désignant le matériel (ordinateurs, stations de travail...)

Implémentation : ce terme indique la façon dont un modèle, une formule, est implanté dans un logiciel.

Incrément : c'est une unité de temps de calcul, comme le pas, mais beaucoup plus petite. Dans un pas, le calcul peut être décomposé en centaines ou milliers d'incréments.

Logiciel : voir « code ».

Mass scaling : c'est le fait d'augmenter virtuellement la masse du matériau qui se déforme, de façon à accélérer les calculs dynamiques explicites.
Nœud : ce sont les angles des éléments finis. Un nœud est donc commun à plusieurs éléments.
Pas : couramment appelé *step*, l'équivalent anglais. C'est une unité correspondant au calcul unitaire d'une avancée du poinçon, par exemple.
Programme : voir « code ».
Raffinage : vis-à-vis du temps de calcul, il est intéressant d'utiliser le plus petit nombre possible d'EF pour représenter une pièce ; cela implique qu'ils soient grands. Mais on verra qu'il faudrait qu'ils soient au contraire petits pour correctement représenter les surfaces à forte courbure. L'opération de raffinage consiste donc à couper en deux, puis en quatre, etc. les éléments qui s'approchent d'une zone fortement courbée. On en voit un exemple à la figure 52.1. Le raffinage ne doit pas être poussé trop loin, la division par huit est le maximum possible.
Software[1] : voir « code ».
Step : voir « pas ».
Surface de Bézier : pour simplifier, commençons par l'exemple, non d'une surface, mais d'une courbe. Les courbes de Bézier[2] sont des fonctions mathématiques de type polynomial, assorties de certaines conditions qui permettent de relier les segments entre eux, par exemple le fait que deux segments adjacents doivent avoir la même dérivée à leur point de contact. On arrive ainsi à dessiner des formes complexes mais continues. Notons qu'il existe d'autres représentations assez proches, telles que les B-Splines ou les NURBs.
Bézier, a étendu cette notion aux surfaces, ce qui a été beaucoup utilisé pour dessiner les carrosseries des automobiles. Pour ce qui nous concerne, les outils peuvent être définis par de telles surfaces, ce qui est moins lourd pour le calcul que les EF et évite les « accrochages » sur les petits rayons (voir plus loin). Il y a un petit inconvénient, cependant, qui est qu'on peut difficilement représenter de la sorte une surface parfaitement plane. Ceci peut entraîner quelques difficultés de calcul.
Temps CPU : cette expression vient de Central Processor Unit, c'est-à-dire l'unité centrale de calcul. Le temps CPU représente la durée exacte du calcul proprement dit, c'est-à-dire en éliminant les durées de transfert du terminal vers le calculateur, les éventuels temps d'attente, etc.

52.2 Les éléments finis

Il existe plusieurs façons de mener les calculs numériques dont nous venons de parler. En emboutissage, trois méthodes ont été couramment employées : la méthode des tranches, qui décompose les solides en tranches successives permettant de calculer la déformation progressivement, par incréments, la méthode des champs

1. Le terme anglais software est toujours au singulier.
2. Bézier était un membre du bureau d'études de Renault qui a peaufiné sa théorie alors qu'il était en captivité pendant la seconde guerre mondiale et qui a soutenu beaucoup plus tard une thèse sur le sujet, alors qu'il était déjà retraité.

de lignes de glissement et la méthode des éléments finis qui reste pratiquement la seule employée aujourd'hui. Nous n'évoquerons donc que cette dernière.

D'abord, d'où vient ce nom curieux ? Pas du fait qu'ils sont au bout de leur existence, ils ont au contraire un bel avenir devant eux. L'expression *Éléments finis*, que nous simplifions par EF, est à opposer à *Éléments infinitésimaux*.

Dans le calcul analytique, particulièrement les intégrations dont nous avons parlé plus haut, on a l'habitude de manipuler des éléments si petits – infinitésimaux – qu'on peut les considérer comme homogènes et leur attribuer des propriétés connues... Par exemple, le terme $d\varepsilon/dt$ représente une variation de déformation si petite pendant une durée si faible qu'on peut estimer que cette variation est tout simplement linéaire, ce qui facilite bien les choses.

Mais dans la réalité, on ne sait pas mesurer des éléments si petits et ce terme deviendra « fini » et mesurable sous la forme $\Delta\varepsilon/\Delta t$, pour lequel on fera la même hypothèse de linéarité[1].

Donc, les éléments finis sont, dans le cas des calculs d'emboutissage, de très petits morceaux de la matière constituant la tôle et, la plupart du temps aussi, l'outillage. Dans ce dernier cas, on considère actuellement qu'ils sont indéformables, ce qui est bien le cas, en première approximation, d'un outil si on le compare à la tôle.

Néanmoins, pour améliorer la prédiction du retour élastique, on commence à songer sérieusement à simuler également l'élasticité des outils pour prendre en compte leurs déformations durant la mise en forme de la pièce. Dans cette optique, on peut en venir à tenir compte aussi des déformations de la presse...

Pour l'instant, ni ces déformations, ni celles des outils ne sont considérées dans les codes de calcul commerciaux.

52.3 Le maillage

Les éléments finis sont donc de petits morceaux de la pièce ou de l'outil. Ils n'existent pas naturellement dans la définition géométrique et il faut donc les créer : c'est l'objet du *maillage*.

Cette opération est maintenant réalisée automatiquement par des *mailleurs*, logiciels spécialisés qui sont intégrés de façon transparente au code principal et qui évitent cette action délicate, autrefois manuelle. Il faut en effet éviter un certain nombre de pièges :

- des manques (trous) dans le maillage. Si deux ou plusieurs éléments ne sont pas jointifs, il en résultera obligatoirement une erreur en cours de calcul et l'opération ne pourra pas être correctement menée à son terme,
- des superpositions d'éléments sont, on s'en doute, tout aussi préjudiciables,
- pour permettre une représentation correcte de la forme, la courbure d'un élément de la pièce ou de l'outil doit être représentée par un nombre d'éléments suffisant. On considère que cinq éléments sont le minimum acceptable pour représenter un arc de 90°,

1. Ce sont évidemment là des explications très simplifiées...

– si les éléments sont très petits, leur nombre augmente énormément, et accroît le temps de calcul. Il faut donc choisir une taille adaptée au problème, ce qui peut se révéler difficile si une grande pièce présente de petits détails,
– il est également nécessaire que le maillage prenne en compte une différence maximale de taille entre les plus grands et les plus petits éléments. Les développeurs de logiciels recommandent très généralement un rapport de un à cinq entre ceux-ci.

Un exemple de maillage est montré par la figure 52.1, dans lequel les éléments sont tous triangulaires (AutoForm). On notera que la taille des éléments varie en fonction de la courbure locale.

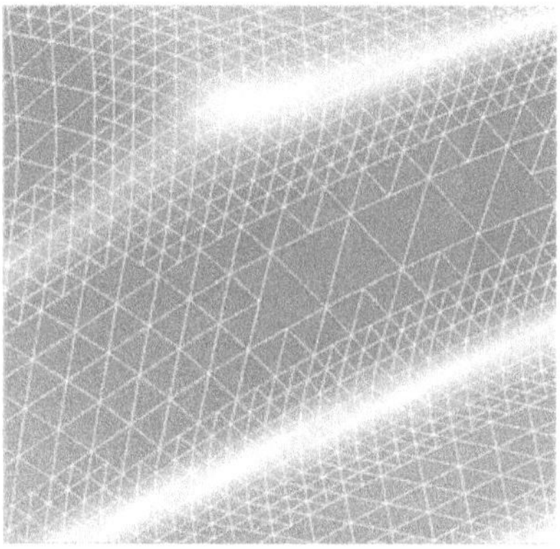

Figure 52.1 – Exemple de maillage triangulaire (AutoForm)

52.4 Les différents types d'éléments

Les éléments dont nous venons de parler peuvent avoir différentes formes et natures. Du point de vue de la forme, ils sont le plus souvent rectangulaires ou triangulaires mais d'autres formes seraient théoriquement possibles. La plus importante différence n'est cependant pas à ce niveau. Il existe trois principales natures d'éléments : *membrane, coque* et *volumique*.

■ Éléments membrane

Ce sont les plus simples. La tôle est supposée avoir une *épaisseur nulle* et l'élément est une très petite surface dans laquelle sont calculées les déformations et contraintes dites *de membrane*, c'est-à-dire seulement celles dues à l'extension ou la compression, dans le plan, de la surface considérée (la tôle est comparée à une baudruche tendue sur les outils). La flexion de la tôle, qui impliquerait une différence de longueur entre ses deux faces, n'est évidemment pas prise en compte.

La simplicité même de ce type d'élément rend les calculs extrêmement rapides et c'est là leur principal avantage. Notons toutefois que, s'ils ont été beaucoup utilisés dans les années quatre-vingt car ils ne nécessitaient pas de grandes capacités de calcul, les gains de puissance enregistrés par les ordinateurs ne les rendent plus indispensables et qu'ils ne sont pratiquement plus utilisés de nos jours. L'une des raisons en est que, ne prenant pas en compte la distribution des contraintes dans l'épaisseur de la tôle, ils ne peuvent pas estimer avec précision le retour élastique.

Éléments coque

Ce sont, en revanche, les plus utilisés. On considère cette fois l'épaisseur réelle de la tôle, et l'on exécute les calculs à plusieurs niveaux de cette épaisseur, en des points appelés *points d'intégration*. Le nombre de ces points est toujours impair, pour qu'il s'en trouve un à mi-épaisseur, et le choix de ce nombre est un brûlant sujet de controverse.

Plus il y en a dans l'épaisseur, plus on pourrait penser que la précision des calculs s'accroît, mais les choses ne sont pas si simples et le gain réellement obtenu n'est pas à l'échelle de l'augmentation du temps de calcul. Nous n'entrerons pas dans les détails de cette discussion. Disons seulement que le choix le plus courant est de cinq ou sept points d'intégration dans l'épaisseur. Aller plus loin ne se justifie généralement que si l'on veut obtenir des valeurs précises de la courbure résiduelle d'une paroi de pièce.

Les points d'intégration peuvent aussi se trouver disposés non seulement dans l'épaisseur mais aussi en plusieurs zones de l'élément.

Dans les zones en flexion, les déformations sont évidemment différentes selon le niveau considéré dans l'épaisseur de la tôle, et ces différences sont calculées avec précision. Cela permet d'avoir une estimation plus exacte du retour élastique.

Éléments volumiques

On les appelle aussi *éléments solides*, ou encore *éléments briques*. Ils ne sont plus une surface à partir de laquelle on calcule des déformations à différents niveaux, mais un véritable élément de volume dans lequel les déformations et contraintes sont calculées en différents points. On en met plusieurs dans l'épaisseur, comme représenté sur la figure 52.2.

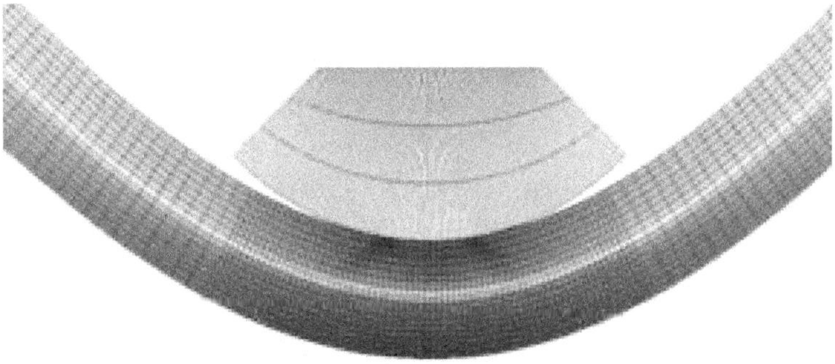

Figure 52.2 – Éléments volumiques dans un pli

Leur complexité rend les calculs très lents et c'est la raison pour laquelle on ne les emploie normalement que dans deux cas :

- en présence de très petits rayons de courbure. Ils permettent alors une meilleure prise en compte de certains phénomènes locaux évoqués au chapitre 55, et plus généralement le cas où la contrainte σ_3 n'est pas nulle,
- quand une grande précision d'estimation du retour élastique est jugée nécessaire.

Notons enfin qu'il existe des types d'éléments plus complexes mais dont nous ne parlerons pas pour rester dans le cadre de cet ouvrage.

52.5 La gestion du contact

Un problème complexe posé par la simulation concerne la façon de représenter le contact entre la tôle et les outils. Notons en effet que les contacts qui existent entre les nœuds du flan et la surface de l'outil varient non seulement avec le temps, au fur et à mesure du déplacement du flan par rapport à l'outil, mais aussi avec la tension qui applique le flan sur un rayon (plus elle est élevée, plus le métal « colle » à l'outil) et également s'il y a plissement, auquel cas les points de contacts sont rapidement variables et de façon très peu prévisible. On verra plus loin que le plissement n'est vraiment physiquement prévu que par les logiciels explicites. La prise en compte des véritables points de contact n'est donc pas possible avec les autres types de logiciels.

Disons simplement qu'il n'existe pas de façon strictement satisfaisante, sur le plan physique, de représenter exactement ces différents cas.

Il existe plusieurs solutions pour rendre compte du contact :

- gestion par « pénalité » ; un coefficient, nommé *scale factor*, permet d'autoriser la plus ou moins grande pénétration d'un nœud du flan dans l'outil, supposé localement déformable. Cette méthode permet une certaine souplesse dans la gestion du contact. Elle a un effet sur le pas de temps, donc finalement sur la durée du calcul.
- une méthode dite cinématique qui présente l'intérêt de ne pas modifier la durée du calcul.

Comme on le verra au chapitre 55, ces méthodes ne donnent pas exactement le même résultat.

53 • LES STRATÉGIES DE CALCUL

Dans cette partie délicate, nous n'allons pas essayer de comprendre les théories qui sous-tendent ces différentes stratégies, mais seulement évoquer, de façon simpliste, les grands principes qui sont à leur base. Leurs domaines d'utilisation respectifs seront examinés au chapitre 54.

On peut dire que quatre grandes tactiques sont utilisées dans le domaine du calcul d'emboutissage :

- la méthode inverse,
- la méthode implicite incrémentale à larges steps,
- la méthode dynamique explicite incrémentale,
- la méthode statique implicite.

Cela est certainement déjà obscur pour le néophyte mais il existe encore d'autres méthodes ; nous nous en tenons aux plus courantes.

La façon dont nous venons de les classer est essentiellement dictée par le désir de les ranger dans l'ordre de précision croissante, encore que ceci soit parfois discutable. À l'inverse, elles sont dans l'ordre de rapidité décroissante, les premières donnant un résultat en quelques minutes, les derniers en quelques heures, voire jours.

À leurs débuts, ces méthodes étaient franchement différentes et faciles à définir de façon non ambiguë ; nous allons nous appuyer sur leurs particularités pour les décrire. Mais l'évolution a tendu à réduire les différences et l'on trouve maintenant des méthodes inverses qui prennent en compte les propriétés du matériau, le frottement, etc. et des méthodes explicites dans lesquelles certains calculs sont effectués dans le mode implicite. Bref, il est maintenant bien plus difficile d'en brosser un tableau cohérent et facile à lire.

53.1 La méthode inverse

Cette méthode, indiscutablement la plus rapide de toutes, est aussi appelée méthode « one step ». L'idée de base, évoquée dans un article par un auteur américain, a été reprise et développée par les chercheurs de l'université technique de Compiègne [1] et a donné ensuite de nombreux rejetons. On peut dire que, à cause de sa rapidité même, la méthode est présente dans l'offre de tous les développeurs de logiciels, même si leur produit-phare n'a rien à voir avec elle.

Le principe de calcul part du fait qu'il est possible, moyennant certaines hypothèses simplificatrices, de retrouver d'une façon que nous qualifierons de « géométrique », la position d'un point d'une pièce sur le plan initial qui a été déformé pour l'obtenir, ceci sans faire appel aux états intermédiaires, donc sans connaître l'outil utilisé. En termes d'emboutissage, on peut ainsi, connaissant la géométrie d'une pièce, remonter à la position sur le flan de chacun des éléments qui la constituent. Connaissant la distance initiale et finale de tous les points de cette pièce, on en déduit facilement les déformations subies.

On peut donc de la sorte calculer en chaque point les déformations ε_1, ε_2 et même ε_3 (grâce à la non-variation du volume), les directions principales de déformation et les modes de déformation locaux. On peut même en déduire la forme « théorique » du flan permettant d'obtenir la pièce. L'adjectif théorique est ici nécessaire car le flan véritable dépendra de facteurs non pris en compte comme le rayon de matrice, la lubrification, la présence de joncs, etc.

Si l'on affecte au métal une loi de comportement et un critère de plasticité, on peut aussi en déduire l'état des contraintes. On voit donc que la méthode, bien qu'étant la plus simple disponible, permet déjà d'obtenir de nombreux résultats utiles sur l'emboutissage d'une pièce.

La rapidité d'exécution vient du fait qu'il n'y a qu'un pas de calcul[1], reliant directement l'état final à l'état initial, sans étapes intermédiaires. Mais bien sûr, compte tenu de la simplicité relative du principe adopté et des hypothèses simplificatrices utilisées, la précision reste relative et ce procédé ne peut servir qu'à dégrossir un problème.

Du fait de sa rapidité, d'une part, et du fait que la forme de l'outil n'a pas besoin d'être connue, d'autre part, la méthode inverse est particulièrement bien adaptée à l'estimation de la « faisabilité » d'une pièce au Bureau d'Études comme on le verra au chapitre 54.

Les logiciels inverses étaient très simples et assez rustiques dans les premières années de leur développement. L'amélioration continuelle de la puissance de calcul a permis aux développeurs d'y introduire progressivement des subtilités inimaginables au départ. On arrive au fait, déjà signalé, qu'ils ont maintenant des fonctionnalités qui étaient autrefois l'apanage de logiciels beaucoup plus sophistiqués. Certains vont même jusqu'à proposer une approximation du retour élastique alors que le principe de base s'oppose absolument à cette possibilité. Il faut dire que ce ne sont plus exactement des méthodes inverses mais que quelques états intermédiaires significatifs sont pris en compte.

53.2 La méthode implicite incrémentale à larges steps

C'est un nom bien long, et qui utilise un mot anglais. On pourrait aussi bien l'appeler « à larges pas », mais l'informatique est une technique dominée par l'anglais et l'habitude est prise de l'appeler ainsi. Nous ne souhaitons pas nous distinguer davantage en changeant cette habitude.

1. On pourrait en déduire, à tort, que l'appellation « one step » vient de ce pas unique de calcul. En fait, elle signifiait à l'origine que le calcul ne prenait en compte qu'une seule opération d'emboutissage.

Que signifie, en l'occurrence, le mot step ? C'est un pas de calcul, et dans cette méthode, il y en a relativement peu, par exemple une centaine. C'est pour cette raison qu'ils sont dits larges.

À l'origine de cette méthode se trouvent les chercheurs de l'institut suisse ETH, situé à Zürich. Deux idées en sont ressorties. La première est d'utiliser des éléments membrane qui, vu leur simplicité, ne sont pas consommateur de temps de calcul. Mais évidemment, ces éléments qui n'ont pas d'épaisseur ne peuvent pas prendre en compte les flexions. La seconde idée, originale, est donc de mesurer celles-ci en prenant en compte l'angle que font deux éléments adjacents. Chacun de ces calculs est si simple que le programme donne des résultats en des temps extrêmement courts, qui se comptent en minutes.

Cette méthode, comme d'ailleurs la précédente, ne permet pas une visualisation du plissement. Celui-ci est seulement indiqué par la présence de contraintes de compression.

Telle est du moins la définition initiale du logiciel qui a fonctionné longtemps et avec succès suivant ce schéma. Mais il a été modifié ces dernières années car l'emploi des éléments membrane ne permettait pas la prise en compte précise du retour élastique dans le cas, le plus courant, d'une variation du niveau de contrainte résiduelle d'une face à l'autre de la tôle. Les nouvelles versions font donc usage, de façon plus classique, d'éléments coque. La rapidité de calcul en a un peu souffert.

53.3 La méthode dynamique explicite

C'est certainement la méthode la plus utilisée car elle donne des résultats précis et fiables dans des délais qui restent raisonnables, quelques heures pour le calcul d'une pièce moyenne.

L'idée de base est d'appliquer un calcul dynamique à un problème, l'emboutissage, qui est plutôt statique. Les codes explicites dynamiques ont été, en effet, créés et initialement utilisés pour simuler des phénomènes particulièrement rapides comme des chocs, des explosions, des impacts, etc. leur origine étant essentiellement militaire. C'est Mattiasson qui a eu, en 1989 [2], l'idée audacieuse d'utiliser cette méthode à l'emboutissage, donc hors de son contexte, en appliquant la formule de base bien connue en mécanique : $F = m \cdot \gamma$

Pour que cette formule soit applicable, d'une part, et pour d'autres raisons beaucoup plus complexes que nous n'expliquerons pas, d'autre part, on est amené à augmenter l'aspect dynamique de l'opération d'emboutissage en jouant sur deux paramètres :

- la vitesse d'emboutissage, couramment multipliée par cent,
- la masse de la tôle, également multipliée d'une façon non négligeable.

Ces deux modifications ont, on s'en doute, des répercussions sur le phénomène simulé. Par exemple, si la vitesse est trop grande, on peut voir « rebondir » la tôle quand le poinçon vient la toucher ! On peut aussi enregistrer des vibrations de la tôle ou de l'outil à la fin du calcul et ceci crée de grandes sources d'erreur pour le calcul des contraintes, lesquelles vont jouer ensuite sur le calcul du retour élastique.

L'ensemble de ces considérations implique que ce type de calcul doit être mené par une personne au courant de ces difficultés si l'on ne veut pas obtenir des résultats fantaisistes. Nous reparlerons au chapitre 55 des précautions à observer dans ce cas.

Remarquons que la méthode explicite dynamique est la seule à permettre, de façon courante et automatique, la visualisation réaliste des plis, comme le montre la figure 53.1.

Simulation — Pièce réelle

Figure 53.1 – Simulation très réaliste (à gauche) du plissement réel (à droite)

53.4 La méthode statique implicite

C'est une méthode qui suit une logique plus proche de la réalité : elle se développe d'une façon plus « lente », sans nécessiter l'aspect dynamique du procédé précédent et ne fait pas appel à des artefacts tels que l'augmentation de la vitesse ou de la masse. Pour cette raison, elle est préférée des « puristes », particulièrement dans le monde de la recherche.

Cette méthode comporte un important avantage : être très précise, surtout pour le calcul du retour élastique, et deux inconvénients : elle est assez lente d'une part, et peu robuste d'autre part, c'est-à-dire que le calcul ne converge pas toujours, auquel cas on n'obtient pas de résultat.

La lenteur provient du fait qu'il est nécessaire d'inverser une très grosse matrice, opération toujours relativement longue, même avec un ordinateur puissant.

Une autre limitation vient de l'absolue nécessité d'avoir une bonne connaissance des mécanismes du calcul numérique pour être capable d'identifier l'origine des difficultés et pour pouvoir y remédier. Cette connaissance du calcul doit évidemment être doublée de celle du comportement des matériaux.

53.5 Intégration dans un code de CAO

Il est de plus en plus courant de voir la traditionnelle séparation entre conception de la pièce et calcul de l'emboutissage abolie par l'inclusion du code de calcul dans un code de CAO. Par exemple, le code PamStamp 2G est maintenant intégré dans l'environnement de Catia. Quels sont les avantages ?

Bien sûr, l'utilisation d'un seul code évite les problèmes éventuels de compatibilité des formats. Cela simplifie les opérations et réduit les pertes de temps nécessaires aux conversions d'un format à un autre.

Mais l'avantage essentiel de cette solution réside surtout dans la possibilité de faire des modifications géométriques sans avoir à quitter le code de calcul. Si l'on voit que tel rayon est trop petit, par exemple, on peut le modifier dans la CAO et continuer le calcul avec cette nouvelle donnée sans avoir à relancer l'ensemble de la procédure. Et il n'y aura pas nécessité de modifier la CAO quand le bon rayon aura été déterminé ; elle est automatiquement mise à jour.

53.6 Intérêt d'une géométrie paramétrée

Nous allons essayer de résumer simplement ce qu'il faut entendre par cette expression de géométrie *paramétrée*. On a vu que l'outil pouvait être représenté de deux façons :

- soit par des éléments finis, tout comme la tôle,
- soit par des fonctions mathématiques telles que les courbes de Bézier.

C'est dans ce dernier cas que l'on parle de géométrie paramétrée, c'est-à-dire non définie par l'assemblage d'éléments finis mais par des fonctions polynomiales. L'avantage de cette solution, c'est que l'on peut modifier localement cette géométrie, par exemple un rayon, en modifiant seulement un ou quelques paramètres de l'équation qui représente la géométrie locale. C'est beaucoup plus simple et il n'y a pas, évidemment, à refaire le maillage puisqu'il n'existe pas. Il est, évidemment, reconstitué ensuite pour permettre le calcul EF.

Cette solution est particulièrement avantageuse lorsqu'on veut travailler l'habillage d'un outil, c'est-à-dire tester plusieurs solutions concernant les rayons des surfaces additionnelles pour retenir plus ou moins le métal dans une zone donnée, ou supprimer des plis, etc. Cela permet aussi de réutiliser la CAO d'une pièce existante du genre de celle que l'on veut faire, et la modifier avec un minimum de travail.

54 • COMMENT CHOISIR LA MÉTHODE ?

Étant donné qu'il existe plusieurs méthodes de calcul, il est clair qu'un choix doit être fait pour décider de celle qui doit être utilisée pour résoudre tel type de problème. Rappelons encore une fois que les idées émises restent très simplistes.

54.1 Méthode inverse

Dans la démarche classique ancienne, le bureau d'étude (BE) étudie la pièce et sa fonction dans l'ensemble mécanique auquel elle appartiendra, sa forme, ses liaisons, sa tenue mécanique, sa résistance à la fatigue, etc. mais pas sa faisabilité. C'est ensuite, seulement quand les dessins sont terminés, que celle-ci sera étudiée par le Bureau des méthodes emboutissage à qui revient la charge de définir l'outil apte à la réaliser dans les meilleures conditions.

La méthode one-step, rapide mais relativement moins précise que les autres, est maintenant préférée au BE et permet la démarche suivante :

- Lors de la conception de la pièce, l'outil n'est pas encore connu ; ceci n'est pas un inconvénient car la méthode one-step n'a précisément pas besoin de sa définition pour fonctionner, il lui suffit d'avoir la définition géométrique de la pièce finie. On ne pourrait donc pas utiliser une autre méthode à ce stade de l'étude.
- Le concepteur du BE, qui n'est pas un spécialiste de l'emboutissage mais un dessinateur connaissant bien la mécanique et le cahier des charges fonctionnel de la pièce, va pouvoir dessiner tranquillement celle-ci mais, avant de la soumettre au Bureau des méthodes emboutissage, il va être en mesure d'évaluer sa faisabilité, et d'y apporter au besoin quelques retouches.
- L'évaluation ne sera pas précise, évidemment, mais très rapide et suffisante pour lui montrer qu'un petit rayon semble infaisable, par exemple, ou qu'une zone présente vraiment trop de risques de plissement.
- Lui seul sait, au regard du fonctionnement prévu, si le rayon en question peut être agrandi ou non, si la zone soumise au plissement peut être rigidifiée par une nervure, etc. Il peut donc apporter lui-même certaines corrections à son dessin et juger de leur efficacité.

En définitive, cette démarche aura fait gagner du temps à l'étude en évitant les allers-retours des dessins qui étaient autrefois inévitables, l'un proposant, l'autre refusant et suggérant une solution qui devait à nouveau être examinée, et ainsi de suite. Tel est l'intérêt de l'utilisation de la technique one-step au BE.

Nous voudrions citer une anecdote qui montre bien l'intérêt de cette politique. Nous avons assisté aux débuts de l'introduction du one-step chez un constructeur automobile. Quand on présentait les graphiques obtenus par les calculs au responsable du Bureau des méthodes emboutissage, lequel avait déjà conçu plusieurs centaines d'outils, il s'exclamait, goguenard : « Oh, les jolies couleurs ! » Évidemment, cela ne lui apprenait rien, il savait parfaitement, au simple vu du dessin de la pièce, où se trouvaient les difficultés…

Mais un an plus tard, c'est lui qui demandait qu'on applique le calcul. Pourquoi ? Tout simplement, cela lui facilitait la tache : au lieu d'être obligé de lutter pied à pied avec le dessinateur pour lui faire entendre que telle partie de sa pièce était, d'après son expérience, tout à fait infaisable, il exhibait les graphiques dont les « belles couleurs » prouvaient qu'il avait raison. Et comment mettre en doute les résultats ? Ce n'était pas lui qui le disait, c'était une machine réputée ne pas pouvoir se tromper, qui n'avait pas d'a priori, qui n'avait pas ses têtes…

La méthode one-step permet de déterminer ce qu'on appelle le *flan théorique*, c'est-à-dire le flan qui semble nécessaire si l'on ne tient pas compte de l'action qu'aura plus tard le rayon de matrice, les joncs, le frottement, les caractéristiques du métal… Bien entendu, l'estimation n'est pas précise mais peut déjà servir à cerner le prix du flan.

Une autre utilisation particulière de la méthode one-step résulte de sa rapidité même : on peut en effet répéter plusieurs fois, à la suite les uns des autres et dans un délai qui reste cependant raisonnable, une série de calculs portant sur la même pièce.

Cette possibilité est utilisée pour l'optimisation automatique de l'emboutissage. On se fixe d'abord un objectif : par exemple limiter le plus possible la déformation ε_1 dans une zone sensible de l'embouti, et un paramètre d'action, par exemple le rayon de matrice local. Partant d'une valeur présélectionnée de ce rayon, le calcul va tourner plusieurs fois jusqu'à définir le rayon optimal, ce qui arrive en général après quelques tentatives seulement. Il existe d'ailleurs des stratégies bien plus subtiles que cette attaque directe.

Indiquons pour finir que la description que nous venons de donner est basée sur la technique telle qu'elle existait à ses débuts. On a vu que de nombreuses améliorations sont constamment apportées à cette méthode qui en accroissent les possibilités. La séparation des genres devient, comme nous l'avons déjà signalé, de plus en plus difficile.

54.2 Méthode à larges steps

Cette méthode est en général préférée lors de la pré-étude d'un outillage. Contrairement à la précédente, elle prend systématiquement en compte les caractéristiques de l'outil, celles du métal, le frottement, etc. et permet ainsi d'obtenir, rapidement, des résultats proches de la réalité.

Elle permet d'abord de tenir compte de toutes les configurations possibles, par exemple emboutissage en simple ou en double effet, force ou position de serre-flan, situation des joncs, utilisation de flans soudés, etc. Elle permet ensuite de vérifier que tel métal permettra de faire la pièce ou non, qu'on peut éventuellement augmenter certaines caractéristiques et réduire un peu l'épaisseur. Elle sera également idéale pour dire, avec une bonne sureté, s'il faut trois ou quatre opérations, et quel risque entraîne la suppression de l'une d'elle. C'est cet ensemble de performances qui la fait préférer pour définir rapidement un outil.

À cause de sa rapidité relative (elle est quand même moins rapide que le one-step) et de sa bonne précision, la méthode à large steps a été employée avec succès dans une voie nouvelle appelée *calcul stochastique*. L'idée est la suivante : au lieu de calculer les déformations de la pièce en considérant un seul jeu de caractéristiques jugées représentatives de l'opération et du matériau, on fait un grand nombre de calculs en utilisant, par exemple, les caractéristiques mécaniques de toutes les bobines d'acier reçues sur une période donnée.

L'un des premiers exemples de ce type de calcul est présenté dans la référence [3]. Les auteurs affirment que, alors que le calcul basé sur les caractéristiques moyennes de l'acier n'indiquait aucun risque particulier, les résultats de calcul basés sur les caractéristiques réelles de toutes les bobines utilisées révèlent un risque de casse de l'ordre de 3 %, taux réellement observé dans l'atelier. Le résultat semble effectivement impressionnant !

En tant que spécialiste du matériau, l'auteur a cependant une objection : si la prise en compte de la variabilité de l'acier expliquait à elle seule toute celle de l'emboutissage, cela supposerait que le process soit lui-même strictement stable, sans aucune dérive. Ce serait là un fait bien curieux ! Qui connaît un procédé de fabrication qui ne soufre d'aucune variation ?

Il est bien certain que la force de serre-flan n'est pas une stricte constante, que la lubrification se modifie au cours d'une campagne, que les joncs et les rayons s'usent, que le positionnement du flan peut connaître des aléas, etc.

Vouloir faire ainsi porter toute la responsabilité de la variabilité du résultat d'emboutissage sur le seul matériau est une solution facile (car on connaît aisément ses caractéristiques) mais un peu simpliste. Le fait est qu'il est beaucoup plus difficile de mesurer les dérives du procédé et c'est essentiellement la raison pour laquelle cet aspect n'est pas pris en compte. Mais il faudra y venir un jour.

54.3 Méthode dynamique explicite

Cette méthode est particulièrement bien adaptée pour les calculs faisant intervenir de grandes déformations. Elle est longue mais très précise et c'est la raison pour laquelle on l'utilise systématiquement pour finaliser la définition de l'outil dans ses moindres détails, sélectionner le matériau et l'épaisseur qui pourront satisfaire à la mise en forme prévue, etc. On aurait envie d'écrire qu'on peut aussi déterminer la qualité de lubrification nécessaire, mais on est encore très loin de cette possibilité comme on le verra en 55.4.

Cette fois, la durée de calcul se mesure en heures et plus en minutes. D'autre part il est souhaitable, malgré les efforts faits par les développeurs de logiciels pour rendre les opérations aussi intuitives et automatiques que possible, que l'opérateur ait un minimum de compréhension des modèles de matériaux qu'il utilise (lois de

consolidation, critères de plasticité) pour être en mesure d'effectuer les choix les plus judicieux.
Il est également important que cet opérateur ait, au moins, des notions claires sur le calcul numérique car il peut être amené à faire des options sur le maillage, le mass scaling, la vitesse, le degré possible de raffinage du maillage, etc. options qui ne sont pas sans influence sur le résultat, particulièrement si des calculs de retour élastique sont opérés à la fin.

54.4 Méthode statique implicite

On a vu que, bien conduits par un bon spécialiste, les calculs donnent des résultats très fiables, qui sont appréciés pour leur précision. En revanche, le plissement n'est pas visualisé, il est seulement détecté par le niveau de compression local.
Mais la durée de calcul est très grande, plus encore qu'en dynamique explicite, et interdit la plupart du temps, dans l'état actuel de la technique, de traiter économiquement le cas des pièces de grande dimension.
En définitive, le calcul implicite est souvent le préféré des chercheurs, mais, malgré ses qualités, encore relativement peu employé dans l'industrie. Celle-ci ne se décide en général à y recourir que quand toutes les autres méthodes se sont révélées incapable de résoudre leur problème.

55 • LES PRÉCAUTIONS NÉCESSAIRES

Nous l'avons souvent dit, l'emboutissage n'est pas un phénomène simple. Mais lorsque l'on cherche à le simuler par des calculs aux éléments finis, on introduit alors un grand nombre de complications supplémentaires qui résultent du fait que différentes méthodes sont utilisables pour reproduire un phénomène donné et, surtout, que de très nombreuses simplifications sont indispensables pour obtenir des temps de calcul raisonnables.

Il est probable qu'à l'aide de calculateurs extrêmement puissants, on pourrait arriver à utiliser des modèles extrêmement sophistiqués et proches de la réalité, ne faisant pas appel à ces simplifications. Mais le coût du calcul serait, dans l'état actuel de la technique, prohibitif. Il ne fait cependant aucun doute que nous tendons continuellement vers cet état.

Comme on va le voir, le choix des précautions à adopter résulte donc toujours d'un compromis entre précision et vitesse.

55.1 Taille des éléments

La taille des éléments finis influe par divers aspects sur le calcul. Les différents domaines affectés sont examinés ci-après.

55.1.1 Durée du calcul

Plus les EF sont petits, plus il y en a pour représenter une pièce donnée et plus il y aura de calculs élémentaires à réaliser. Souvent, la durée du calcul varie en fonction du carré du nombre d'éléments. Il est donc bon de prendre cet aspect en compte dans l'opération de maillage.

Pour fixer les idées, on peut considérer – mais ceci varie rapidement avec les progrès des ordinateurs – que 1 000 éléments est un petit nombre d'éléments, que 20 000 sont courants sur beaucoup de pièces et que 100 000 est un nombre déjà élevé d'éléments. À l'extrême, des calculs de crash ont été réalisés avec un million d'éléments, sans d'ailleurs que cette solution semble apporter un avantage proportionné en comparaison des inconvénients.

55.1.2 Calcul sur les rayons

La précision du calcul des déformations dans un rayon est affectée par le nombre d'éléments constituant l'outil de même que par ceux constituant la tôle ; on a vu qu'il fallait au moins cinq éléments pour un rayon couvrant 90°. Si leur nombre est insuffisant, les mailles de la tôle et de l'outil « s'accrochent », comme le ferait un tissu glissant sur une surface trop rugueuse.

On comprend aussi que les zones où existent de petits détails doivent être finement maillées. On pourrait croire que c'est le cas des joncs qui sont constitués de rayons qui font en général 2 à 6 millimètres. Faire un maillage fin des joncs nécessiterait l'utilisation d'éléments extrêmement petits, bien inférieurs au millimètre, ce qui est tout à fait inacceptable autant pour la durée du calcul que pour satisfaire la règle qui fixe un rapport maximal entre les plus petites et les plus grandes mailles d'une pièce.

On renonce donc, d'habitude, à représenter exactement un jonc et on le remplace par une ligne tracée sur la CAO de l'outil et selon laquelle on applique un effort retenant la tôle. On affecte à cette ligne une force unitaire de retenue, exprimée en N/mm de longueur, qui est fonction de l'effort localement nécessaire, donc, dans la pratique, de la hauteur et des rayons qu'aura le jonc.

Il faut bien réaliser cependant que cette simplification, si elle facilite grandement la prédiction des déformations de membrane de la tôle est, en revanche, très néfaste à la prédiction du retour élastique car les pliages et dépliages qu'a subi la tôle durant son passage dans le jonc ne sont pas pris en compte. Cela n'a évidemment d'importance que si l'on envisage d'utiliser dans la pièce les parties passées sur le jonc.

55.1.3 Détection de la striction

On constate généralement que, plus le maillage est grossier, plus la striction est détectée précocement. C'est ce que montre l'exemple de la figure 55.1 où la striction d'une éprouvette de traction d'acier doux apparaît loin du centre, là où le maillage est le plus large. Le même calcul répété avec un maillage homogène révèle la striction au centre.

Un autre exemple de cette influence apparaissait sur la figure 30.3

55.1.4 Détection du plissement

On constate encore que la détection du plissement est une fonction de la taille du maillage. La figure 55.2, extraite d'une thèse [4] montre très clairement que plus le maillage est grossier, plus le plissement est marqué. Le calcul présenté a été effectué avec un code dynamique explicite.

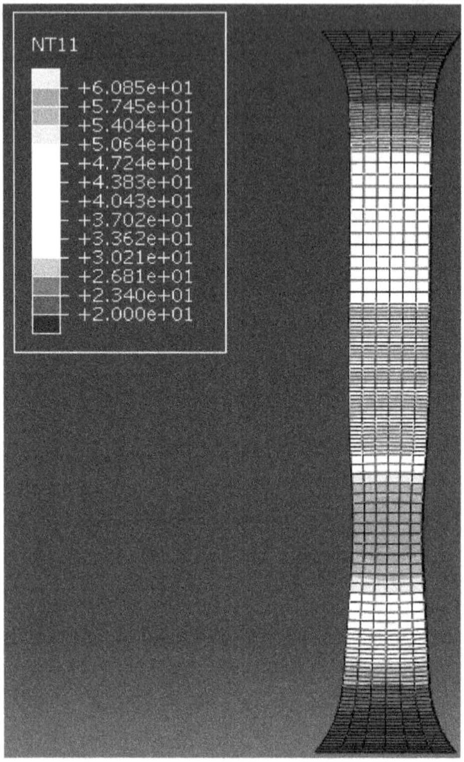

Figure 55.1 – Influence du maillage sur la prédiction de la striction

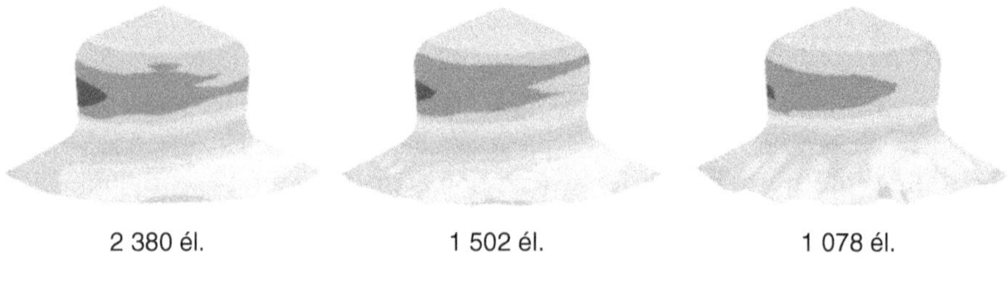

Figure 55.2 – Influence de la taille des éléments sur le plissement [4]

55.1.5 Évaluation de la force d'emboutissage

La force d'emboutissage calculée est elle-même influencée par la taille des éléments. Le travail de thèse déjà cité [4] révèle que le maillage du godet le plus grossier (1 078 éléments sur la figure 55.3) indique une décroissance prématurée de cette force alors que les maillages plus fins donnent tous une estimation identique.

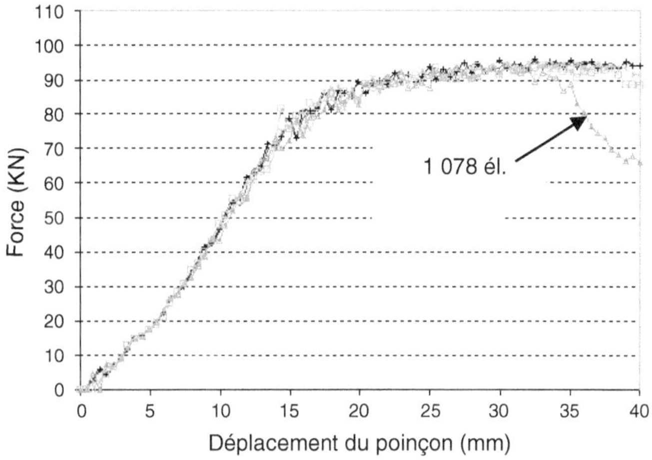

Figure 55.3 – Influence de la taille des éléments sur la force d'emboutissage [4]

55.1.6 Retour élastique

Il a déjà été dit que la prévision du retour élastique nécessitait de prendre de grandes précautions, notamment avec les codes explicites dynamiques : il ne faut pas trop exagérer le mass scaling (l'augmentation de masse), ni la vitesse du poinçon. Les documentations accompagnant les logiciels donnent des conseils sur ce point.

Le maillage doit également être assez fin (là encore, les valeurs dépendent du logiciel et de la pièce), mais on constate qu'il existe une limite au-delà de laquelle l'augmentation du nombre d'éléments induit un allongement du temps de calcul sans plus améliorer la qualité du résultat.

Il faut aussi prendre de grandes précautions pour ne pas abuser du raffinement-déraffinement, car ce dernier entraîne une perte d'information sur l'état des éléments qui sont supprimés (il y a un moyennage sur plusieurs éléments).

L'un des cas les plus vicieux du retour élastique, le voilage, peut être représenté à condition de prendre quelques précautions particulières : maillage fin, représentation de la pièce entière et non pas d'une zone limitée car on bloque certaines possibilités de mouvement qui sont indispensables à la formation du voilage. Un exemple fera comprendre le problème : quand on veut représenter l'emboutissage d'un panneau rectangulaire, on tient compte de ses symétries et on n'en représente que le quart. Mais ceci revient à figer les éléments qui se trouvent sur les axes de rotation lors du voilage (cf. chapitre 39, partie F).

55.2 Représentation du matériau

La loi de consolidation choisie pour le matériau va bien sûr jouer un rôle sur le résultat final des calculs. Mais il est très difficile d'émettre à ce sujet des règles générales. Les expériences de calcul qui sont faites régulièrement aboutissent à des résultats souvent contradictoires : la loi joue un rôle prépondérant selon l'un, mais pas selon l'autre…

Il semble en fait que la tendance détectée dépende fortement de la pièce choisie pour l'exercice, et même parfois de la section de la pièce examinée, quand la conclusion n'est pas, en plus, variable d'un point à un autre de cette section !
On a vu que les lois de comportement, le plus souvent déduites de l'essai de traction, ne sont plus valables au-delà de la striction diffuse, c'est-à-dire d'une déformation très faible par rapport à ce qui peut se passer en emboutissage. La zone de validité des courbes rationnelles doit donc être extrapolée aux plus grandes déformations (jusqu'à $\varepsilon = 1$, c'est-à-dire $e = 172$ %). Cette extrapolation joue un rôle important car le niveau de contrainte correspondant peut varier dans de fortes proportions (par exemple entre une loi puissance et une loi à saturation).

55.3 Critères de plasticité

Mattiasson [5] et bien d'autres ont étudié en détail l'influence du choix du critère de plasticité sur le résultat du calcul. Nous montrons un exemple de cette influence à la figure 55.4 dans le cas d'un acier DC06 embouti en rétreint.
Le critère Hill 48, à droite, indique que la pièce pourrait être emboutie en toute sécurité jusqu'à une profondeur supérieure à 100 mm. Les deux critères de Barlat – Yld 89 et Yld 2000 – indiquent en revanche que les déformations atteignent la CLF, et ceci pour des profondeurs bien plus faibles (respectivement 73 et 51 mm).

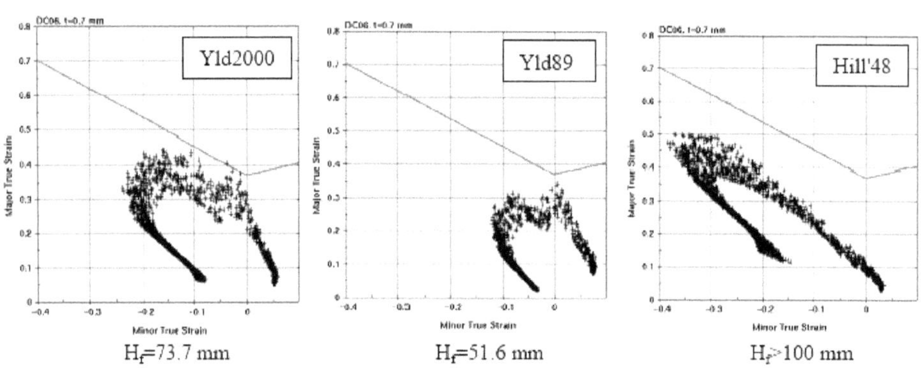

Figure 55.4 – Influence du choix du critère de plasticité sur la répartition des déformations [5]

Le choix du critère est donc d'une très grande importance, surtout lorsqu'on modélise l'emboutissage d'aciers à hautes caractéristiques. Il est clair, par exemple, que les aciers TRIP n'obéissent pas du tout au classique Hill 48, en raison de leur sensibilité différente entre traction et compression[1]. L'effet Bauschinger augmente grossièrement avec les caractéristiques de ténacité d'un acier ; il devient alors préférable d'utiliser un critère cinématique.
Notons que cela peut prendre encore plus d'importance dans le cas de gammes d'emboutissage complexes, soit qu'elles comprennent des réemboutissages successifs,

1. Cette différence de comportement résulte de la transformation austénite-martensite qui est sensible à la pression du fait qu'elle se fait avec changement de volume.

soit que l'on veuille prendre en compte des déformations imposées à des zones de l'embouti ayant déjà été déformées par tombage de bord.

L'écrouissage des aciers TRIP n'est pas non plus isotrope.

Certains logiciels du commerce ne disposent que d'un critère, d'autres font ce choix automatiquement, d'autres encore laissent cette possibilité à l'utilisateur. La dernière solution semble, *a priori*, plus satisfaisante, mais elle exige de celui qui la pratique une connaissance approfondie de la plasticité et des conséquences d'un mauvais choix, compétence qu'on ne rencontre pas souvent.

55.4 Gestion du contact

Le problème se pose clairement à deux niveaux : celui du phénomène physique de frottement, et celui de sa représentation numérique.

55.4.1 Modèle physique du frottement

On a vu à la partie C que le frottement était le plus souvent représenté en emboutissage par le coefficient de Coulomb. C'est également le cas pour la simulation. Sa simplicité est en effet un gage de facilité d'implémentation dans le logiciel et de rapidité du calcul associé.

Mais il faut bien réaliser que le coefficient de Coulomb ne représente pas strictement la même chose pour l'emboutisseur et pour le spécialiste du calcul. Ce dernier ne connaît pas, en général, le système tribologique qui sera adopté pour l'emboutissage réel de la pièce ou de l'outil qu'il conçoit ou modélise. On l'a certainement informé du fait que la pièce serait réalisée dans telle ou telle nuance d'acier, mais probablement pas de la nature exacte du revêtement de la tôle et encore moins du lubrifiant qui sera utilisé (il est possible que le revêtement ne soit pas fixé au moment de la conception de l'outil et plus que probable que le lubrifiant ne le soit pas non plus).

Dans ces conditions, il est clair qu'un coefficient de frottement représentant les conditions réelles du frottement ne peut pas être introduit à ce stade. En fait, le concepteur voit plutôt le coefficient de frottement comme une variable plus ou moins liée à la difficulté de l'emboutissage. Si son calcul « passe » avec succès en employant un coefficient de 0,15, il considérera que la pièce est relativement aisée. S'il doit diminuer cette valeur à 0,12, il sera plutôt enclin à considérer la pièce comme difficile, et très difficile si le calcul indique l'apparition de strictions pour un coefficient de 0,10.

On peut être amené, dans certains cas où le frottement apparaît comme un élément essentiel de l'emboutissage, à utiliser des modèles plus sophistiqués que celui de Coulomb. Certains logiciels prévoient à cet effet des routines utilisateur où peut être implémenté un modèle particulier. Le cas le plus courant consiste à tenir compte de la pression locale et de la vitesse de glissement tôle-outil.

Ces solutions sont rarement utilisées et leur efficacité n'est pas vraiment démontrée sauf dans quelques cas.

55.4.2 Difficultés numériques

La modélisation numérique de l'emboutissage implique la gestion de l'état du contact de tous les nœuds, à chaque pas de temps. Ceci ne peut pas être obtenu simplement et il existe donc plusieurs méthodes pour y parvenir dont nous avons déjà brièvement parlé.

Nous n'entrerons pas dans les détails de ces méthodes, nous montrerons seulement l'influence qu'elles peuvent avoir sur un cas. La figure 55.5 montre bien en effet que la prédiction de la force d'emboutissage peut dépendre du type de contact choisi. Dans le cas représenté, il s'agit de l'emboutissage d'un godet ; la chute de charge visible en fin de course avec la méthode dite « Contact pair (Penalty) » est due au fait que des nœuds de la zone de flan située entre serre-flan et matrice ont (virtuellement) pénétré dans l'outil, réduisant artificiellement le frottement.

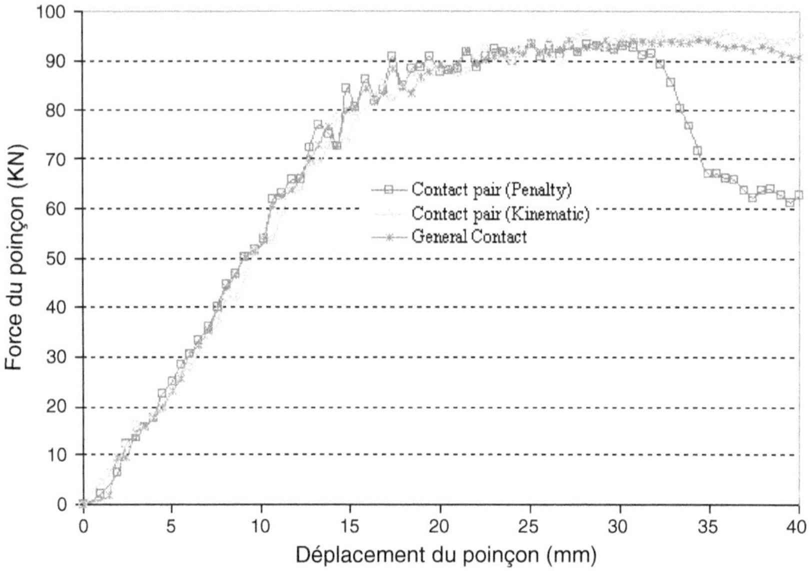

Figure 55.5 – Effet des modes de gestion du contact sur la prédiction de la rupture [4]

On rappellera le point suivant : seuls les logiciels dynamique-explicites prévoient la localisation exacte des plis ; les autres méthodes se contentant de déterminer les zones en compression. Or les plis appuient, comme on l'a vu précédemment, avec force sur l'outillage ; le frottement est donc très amplifié sur le sommet des plis. Cette particularité ne pourrait être précisément prise en compte que par les codes dynamiques-explicites mais, même dans ce cas, des difficultés d'ordre numérique limitent la précision des estimations.

Certains chercheurs réputés vont jusqu'à penser que le frottement ne pourra jamais être totalement représenté dans les codes de calcul.

55.5 Cas des très petits rayons

Plusieurs hypothèses classiques de la mécanique ne sont plus valables dans le cas des très petits rayons, particulièrement quand le frottement vient se superposer aux déformations.

On considère en mécanique, pour simplifier les calculs, qu'une section droite d'un matériau en cours de pliage reste plane, d'une part, et passe par le centre de pliage, d'autre part. Ceci est illustré sur la figure 55.6, à gauche.

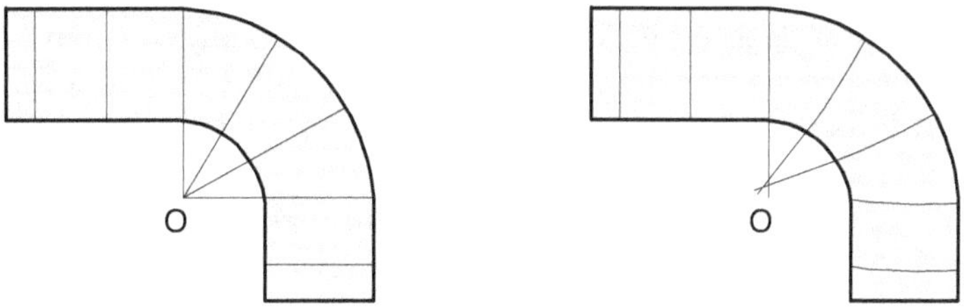

Figure 55.6 – Évolution des sections « droites » dans un pli

Dans la réalité, le fait que toutes les couches du métal ne soient pas déformées de la même quantité introduit des cisaillements dans l'épaisseur de la tôle, lesquels déforment les sections supposées droites (figure 55.6 à droite). Cette anomalie existe aussi sur des plis de grand rayon mais n'est pas suffisamment marquée pour fausser le calcul.

D'autre part, le frottement qui existe pratiquement toujours en emboutissage freine le déplacement de la tôle par rapport à l'outil et amplifie les déformations de ces sections supposées planes.

Les calculs basés sur ces hypothèses deviennent ipso facto erronés et il s'avère très difficile de rendre correctement compte des phénomènes réels.

La seule solution consiste alors à faire appel aux éléments volumiques pour accéder aux déformations d'un pliage à très petit rayon. C'est le cas de certaines pièces, comme les glissières de sièges automobiles. On paie le prix de la précision par des temps de calcul nettement augmentés.

On notera aussi que les théories classiques utilisées en emboutissage font l'hypothèse que la contrainte σ_3 est nulle. Ceci devient faux dans certains cas, comme par exemple le tassage d'un pli en Vé. Ceci ne peut pas être pris en compte par les logiciels standards et il faut alors faire appel à des logiciels le plus souvent implicites avec utilisation d'éléments volumiques.

55.6 Problèmes de rives

La modélisation des rives de la pièce pose évidemment un grand problème. C'est que le bord d'un flan, ou celui de la pièce détourée, est normalement constitué par une zone cisaillée, zone dont il n'est pas facile d'évaluer la ductilité.

Il est clair qu'un bord découpé n'est pas quelque chose de reproductible. Comme on l'a rapidement vu dans la partie G, la qualité de découpe dépend tout à la fois :

– des caractéristiques de l'acier,
– du jeu entre les lames de découpe,
– de leur affutage,

pour ne citer que les paramètres les plus importants. Les deux derniers évoluent de plus avec l'usure de l'outil. D'autre part, le niveau d'endommagement que représente ce bord dépend de l'étendue de la zone cisaillée, de l'état de la zone arrachée et de celui de la bavure. On conçoit donc qu'il est très difficile de caractériser la qualité d'un bord découpé, donc d'intégrer dans un calcul un paramètre le représentant.
Des tentatives de divers ordres existent cependant pour tenir compte du phénomène, mais sans succès bien marqué pour l'instant. Les plus simples consistent à considérer une CLF abaissée dans le domaine de la traction uniaxiale en fonction de plusieurs facteurs (cf. 29.2, partie D), les plus compliqués font appel à des modèles physiques d'endommagement. De toute façon, il faut bien admettre que la variabilité de la qualité industrielle de découpe interdira toujours l'utilisation d'un modèle précis.
Des études expérimentales approfondies sont néanmoins menées par les sidérurgistes pour se mettre en mesure de fournir à leurs clients des critères raisonnables à introduire dans les calculs.

55.7 Prise en compte des gradients

Nous avons expliqué à la partie D, l'influence des gradients de déformation sur le comportement du métal dans le cas d'une forte courbure : plus les gradients sont forts, plus le métal supporte des déformations élevées. Ceci revient donc à une modification de la forme de la CLF en fonction de la courbure, ce qui nous a amenés à définir la Surface Limite de Formage qui varie en fonction de celle-ci.
Une telle SLF n'est pas prise en compte, pour le moment, par les logiciels de calcul commerciaux, pas plus que quelque critère que ce soit qui puisse en rendre compte. Il y a eu des tentatives dans ce sens, notamment par Shi et Gerdeen, mais elles restent du domaine de la recherche.
Notons aussi que les gradients existant dans l'épaisseur en cas de courbure ne sont pas les seuls qui puissent modifier le comportement de l'acier par rapport à celui défini par la CLF classique ; nous avons vu à propos de l'expansion de trou que le gradient de déformation existant entre le bord du trou et les zones plus éloignées avait également une influence.
À l'heure de la parution de cet ouvrage, c'est donc là un point qui reste à améliorer.

56 • CONCLUSIONS

Cette partie de l'ouvrage se termine sur une note qui peut paraître plutôt pessimiste au lecteur qui n'est pas très au courant des performances du calcul par éléments finis ! Nous avons en effet insisté, dans le dernier chapitre, sur les très nombreuses difficultés qu'on rencontre en voulant simuler l'emboutissage et il pourrait apparaître que, finalement, le calcul de simulation n'est pas une opération bien fiable.

Ce serait une profonde erreur de ne retenir que cet aspect des choses.

Si nous avons si fortement insisté sur les pièges que peut présenter au néophyte la simulation numérique, c'est que nous rencontrons trop souvent des techniciens qui, n'ayant quasiment aucune idée de ce qui se passe dans un ordinateur, éprouvent une confiance aveugle envers le résultat des calculs délivrés. Certes, ceux-ci sont de plus en plus fiables et ce n'est généralement pas dans les opérations courantes qu'on doit s'attendre à trouver des résultats discutables.

Mais lorsque, n'étant pas un spécialiste avéré du calcul numérique, on cherche à simuler des processus qui sont à la limite des possibilités pour lesquelles le code utilisé a été défini, on peut alors se trouver face à des prédictions qui ne seront pas vérifiées par l'expérience. Nous avons ainsi vu le cas d'un calcul qui indiquait de la compression dans une situation où la logique ne pouvait faire penser qu'à de l'extension. L'erreur venait tout simplement d'un choix malheureux de paramètres.

Il en est de même quand on utilise des aciers ou des produits très nouveaux. Nous avons connu le cas d'un outilleur qui, devant fabriquer un outil pour emboutir de la tôle sandwich à fonction acoustique, avait trouvé dans la littérature technique une CLF correspondant apparemment au produit en question. Il a fait toutes les simulations nécessaire et conclu que l'emboutissage était faisable. Ce n'est que quand il a terminé l'outil et commencé les premiers essais qu'il s'est révélé que la CLF utilisée était très largement optimiste ! Jamais la moindre pièce n'a pu être faite avec cet outil et cette tôle.

Il faut donc être extrêmement prudent et toujours essayer de juger de la pertinence du résultat d'un calcul en utilisant sa propre logique ; c'est l'un des buts de ce livre de donner quelques pistes de réflexion qui permettent de voir si la logique est respectée.

Il faut cependant insister sur le fait que les logiciels dits « dédiés », c'est-à-dire exclusivement développés pour le calcul d'emboutissage, sont conçus de telle sorte qu'ils éliminent quasi totalement ce genre de risque. Leur spécialisation a permis à leurs concepteurs de prendre en compte et de faire, à la place de l'utilisateur, les choix nécessaires.

Le danger existe plutôt pour les techniciens ou chercheurs qui utilisent un code « généraliste » pour résoudre un problème d'emboutissage. Ces codes sont, par nécessité, très « ouverts » et donnent de très nombreux choix à leur utilisateur. C'est dans ce cas qu'il faut être bien sûr de ses connaissances, qui doivent, normalement couvrir la science des matériaux et le calcul numérique lui-même.

Mais revenons au cas normal, celui d'un technicien employant un logiciel du commerce. Ceux-ci ont atteint un niveau de développement qui leur permet de donner, dans l'immense majorité des cas, des résultats extrêmement pertinents.

La preuve en est que tous les constructeurs automobiles, tous les grands constructeurs de matériel électroménager ou de matériel sanitaire et la plupart des outilleurs utilisent un code de calcul par éléments finis. Certains constructeurs automobiles assurent même qu'ils modélisent toutes les pièces embouties, y compris celles qui paraissent simples, ceci afin de se mettre à l'abri d'une mauvaise surprise qui n'aurait pas été perçue à l'avance.

Tous possèdent généralement les trois premiers niveaux de code que nous avons détaillés au chapitre 3 :

– « one-step » au bureau d'étude,
– « incrémental à large step » pour la pré-étude des outils,
– « dynamique explicite » pour l'étude fine de faisabilité des pièces jugées difficiles.

Certains disposent, en plus, de logiciels « implicites » qui peuvent être utilisés pour résoudre les problèmes les plus difficiles de retour élastique. Ils sont souvent utilisés avec des éléments volumiques.

Une preuve évidente de l'intérêt de la simulation numérique est donnée par le fait que les nouveaux véhicules sont souvent lancés avec beaucoup moins de temps de mise au point des outils que par le passé. La raison en est tout simplement que les difficultés d'emboutissage ont été résolues de façon virtuelle au niveau des stations de travail et non au niveau « réel » en bricolant les outils eux-mêmes. La durée de démarrage d'une nouvelle pièce ainsi que son prix de revient se trouvent donc drastiquement diminués.

Les petites entreprises qui n'ont pas les moyens de se payer cet outil et le technicien indispensable à son bon fonctionnement peuvent d'ailleurs faire appel à des institutions équipées qui prennent en charge, moyennant financement évidemment, les calculs de leurs adhérents.

Comment peut-on qualifier, au moment de l'édition du livre, les qualités et faiblesses des codes de calcul dédiés ?

Ils prédisent tous très correctement, avec une précision qui dépend fort logiquement de la méthode utilisée et donc de la durée du calcul :

– les amincissements locaux,
– les modes locaux de déformation,
– les risques de striction localisée,
– les risques de plissement.

Pour le moment, les problèmes de retour élastique sont plus difficiles à résoudre, mais le sont quand même dans la plupart des cas. Il reste peut-être, pour les cinq ans à venir, à gagner en précision sur la prédiction des défauts de forme à grande longueur d'onde : dépressions, oreilles de Mickey, etc.

Mais il faut bien voir que l'on arrive, dans le dernier domaine cité, aux limites de la détection physique de ces défauts. Le pari est donc osé.
On peut aussi facilement prédire que le calcul stochastique, c'est-à-dire l'évaluation statistique du risque, ne peut que devenir de plus en plus courant. L'auteur souhaite, dans ce domaine, que soit prise également en compte la variabilité du procédé d'emboutissage lui-même et pas seulement celle du matériau utilisé.
Quoi qu'il en soit, le calcul numérique par éléments finis a apporté à l'emboutissage une aide extrêmement précieuse en lui permettant de donner des prédictions quantitatives fiables à des phénomènes qui ne pouvaient, jusqu'alors, qu'être qualitativement prédits, mis à part dans quelques situations simples.
C'est aussi, quand il est bien utilisé, un outil de compréhension extrêmement précieux car il permet de « voir » ce qui se passe à l'intérieur de l'outil, un rêve que les emboutisseurs n'ont jamais pu réaliser[1] !

En conclusion de ce chapitre :
le calcul numérique est maintenant un outil absolument indispensable à l'emboutissage, au point d'en être devenu une composante majeure.

1. Des outils de laboratoire ont été fabriqués, en quartz généralement. Mais ce sont toujours de très petits outils aux formes simples.

J

Exemples

Il n'est pas question ici d'illustrer tous les aspects abordés auparavant par des exemples issus de la vie industrielle. Plusieurs raisons s'y opposent :

- d'abord, il y faudrait sans doute trop de pages,
- ensuite, beaucoup sont trop compliqués pour se prêter à une description logique et suffisamment courte, il faut manipuler les pièces et voir les outils,
- certains ont un caractère de confidentialité qui interdit à l'auteur de les exposer sur la place publique,
- d'autres, enfin, n'ont pas reçu une explication logique et rigoureuse.

Nous allons donc nous contenter de montrer quelques cas où la solution apparaît clairement. Des dessins remplacent parfois les photos pour éviter que la pièce ne soit reconnaissable.

Il arrive, bien entendu, que le métal soit à l'origine des problèmes d'emboutissage. Ce n'est pas parce que nous avons longtemps travaillé dans la sidérurgie que nous allons le nier. D'ailleurs, existe-t-il sur terre un seul produit qui soit irréprochable ?

Les deux causes les plus courantes d'inadaptation de la tôle à son emploi sont :

- l'erreur d'expédition : l'emboutisseur reçoit un acier DC03 à la place du DC06 qu'il avait commandé, par exemple[1],
- le chutage insuffisant : comme on l'a vu dans la première partie, de nombreuses raisons peuvent obliger à éliminer une certaine longueur en extrémité de bobine, chutage que le fournisseur cherche évidemment à réduire au minimum. Il peut donc rester cinq ou dix mètres non convenables au début d'une bobine, le plus souvent défaillants au niveau de la limite d'élasticité.

Nous avons eu à connaître des cas semblables, mais les détailler ne présenterait pas un bien grand intérêt et n'apporterait pas grand-chose sur le plan de la compréhension de l'emboutissage. On en citera quelques-uns, cependant, car ils peuvent aider à identifier un problème survenant à l'atelier.

Ce qu'on peut dire au sujet de la responsabilité du matériau, c'est que, bien qu'elle ne soit pas aussi fréquente que certains emboutisseurs ont tendance à le penser, elle doit être systématiquement considérée comme possible. Sauf cas où une cause

1. Soyons complets : il lui arrive aussi, parfois, de mélanger lui-même les lots.

attribuable au processus d'emboutissage est, dès l'abord, évidente, une enquête suite à des ennuis de fabrication doit toujours vérifier que la tôle utilisée correspond bien à celle qui a fait ses preuves dans l'emboutissage de la pièce considérée. Nous allons donc nous pencher sur des cas plus subtils qui devraient, pour chaque exemple, permettre d'affiner le raisonnement mené dans la recherche des causes d'ennuis de fabrication (le trouble-shooting des Anglo-Saxons).

57 • UTILISATION DES DIAGRAMMES DE FORMAGE

Exemple 1 – Distribution des déformations dans des cas simples

Nous utilisons dans ces premiers exemples une pièce très simple : le godet cylindrique. C'est une pièce qui peut sembler primaire, mais son intérêt pour nous, c'est évidemment sa géométrie qui permet de bien mieux expliquer les déformations et leur répartition. Cela va nous permettre de voir des applications directes des diagrammes de déformation et des courbes limite de formage.
Les fronts de déformation associés à chaque pièce ne prétendent pas à l'exactitude. Ils sont seulement là pour permettre de se familiariser avec cette représentation.
Commençons par un godet dont le fond est hémisphérique, figure 57.1 : l'examen de l'enveloppe des déformations, à droite, permet de voir que toute la partie supérieure, entre 1 et 3, est en expansion. Le pôle (point 1) est très proche de l'expansion équibiaxiale mais n'y est pas strictement à cause de l'anisotropie planaire du métal qui fait qu'il se déforme de façon légèrement différente selon les directions, même si les contraintes appliquées sont égales.

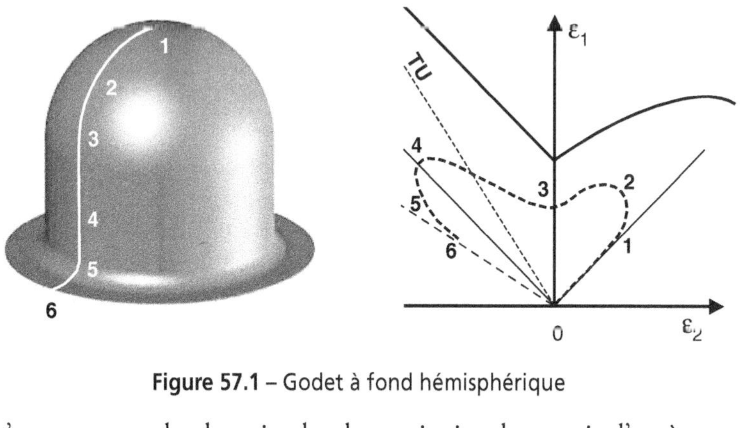

Figure 57.1 – Godet à fond hémisphérique

Le pôle n'est pas non plus le point le plus aminci, cela se voit d'après sa position qui n'est pas située le plus en haut à droite. La zone la plus amincie correspond au point 2, situé sur un cercle dont le diamètre dépend du coefficient de frottement tôle-poinçon.

Le point 3 est en pure traction plane. Il était proche du rayon de matrice au départ de l'emboutissage. Le point 4, dans la jupe, est l'endroit qui a conservé l'épaisseur initiale (il se trouve sur la trajectoire du cisaillement). Sa position dépend de l'équilibre entre les contraintes de compression circonférentielle et de traction radiale subies dans la collerette. C'est évidemment quand elles se compensent exactement que l'épaisseur reste inchangée.

Les points 5 et 6 correspondent à des zones épaissies.

Nous avons déjà démontré que le bord de la collerette doit être, obligatoirement, en compression uniaxiale. Sur le diagramme, nous avons représenté par une droite pointillée la trajectoire de la traction uniaxiale (marquée TU) pour un coefficient d'anisotropie de 2 environ et son symétrique par rapport au cisaillement plan. Le point 6 se trouve sur cette droite de compression uniaxiale[1].

Remarque

Ce point est donc en forte compression dans la direction circonférentielle. Le fait qu'il n'ait pas subi de contrainte radiale n'entraîne pas cependant l'absence d'une déformation dans cette direction (tout comme la traction uniaxiale n'empêche pas une diminution de largeur de l'éprouvette).

Passons maintenant au cas d'un godet à fond plat avec un petit rayon de poinçon : figure 57.2. Nous avons représenté deux fronts de déformation : l'un en trait continu pour un coefficient d'anisotropie faible et l'autre, en pointillé, pour un coefficient r élevé.

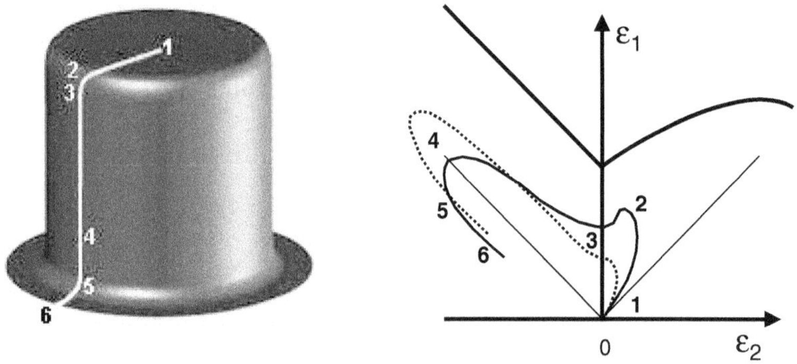

Figure 57.2 – Godet à fond plat

Dans le cas de l'acier à r élevé, le métal entre facilement dans la matrice, sans effort. Le diamètre extérieur est donc fortement réduit et les déformations en rétreint sont élevées (point 4 loin en haut à gauche). La tension qui s'exerce sur le nez de poinçon est faible et la zone en expansion est très limitée.

Pour l'acier ayant un coefficient d'anisotropie faible, le rétreint a été moins prononcé (moins d'extension vers la gauche) mais la tension beaucoup plus forte a provoqué

1. En vérité, les mesures ne le montrent jamais exactement sur la compression uniaxiale car il n'est pas possible de mesurer les déformations sur le bord même. Le problème est le même en calcul, d'ailleurs, car il n'est pas fiable sur les bords libres.

une bien plus grande expansion sur le nez de poinçon. On voit d'ailleurs apparaître une forte pointe d'amincissement près de la traction plane (point 2). Si le rayon de nez de poinçon était plus petit, ou si les conditions d'avalement se dégradaient (force de serre-flan plus élevée, lubrification moins efficace...) cette pointe de déformation augmenterait et couperait la CLF, impliquant une rupture dans la zone 2.

On notera aussi que la partie de l'enveloppe dans la zone de rétreint est plus resserrée dans le cas de r élevé, ce qui dénote tout simplement le fait que la tôle subit moins d'amincissement et d'épaississement (se rappeler que l'écart par rapport à la droite du cisaillement représente la variation d'épaisseur).

Exemple 2 – Cas d'un carter rectangulaire

Un exemple est présenté à la figure 57.3. Les particularités de la distribution des déformations sont faciles à déduire de ce que nous savons déjà.

Si l'on examine ce qui se passe dans les angles, il y a évidemment une très grande similitude avec le cas du godet à fond plat. Le fond plat est peu expansé (point 1). La différence tient au fait qu'une plus grande proportion de rétreint est possible car les parties rectilignes absorbent une partie des contraintes de compression. En supposant que la hauteur soit la même que celle du godet précédent, on observe que le rayon d'angle est plus faible, d'où un rétreint plus fort et une pointe proche de la traction plane (point 2) plus haute.

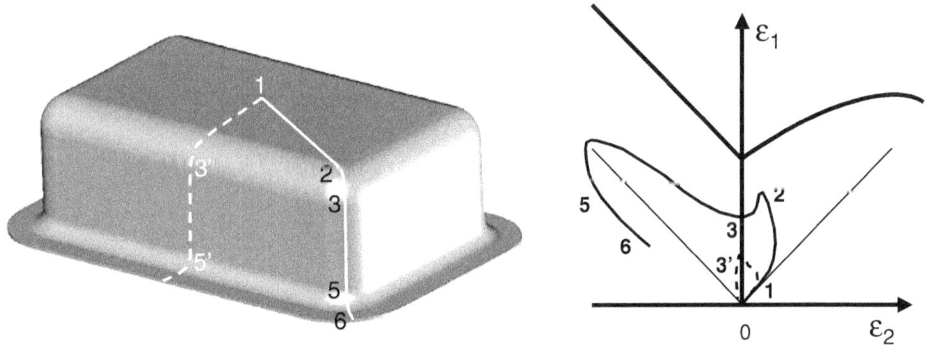

Figure 57.3 – Carter rectangulaire

Si l'on regarde le comportement au milieu d'un côté du carter, entre 3' et 5', on constate que les déformations y sont en traction plane uniquement, et d'un niveau très faible (courbe en pointillé). Ceci vient du fait qu'il n'y a pas d'effort de rétreint dans cette zone droite, d'une part, et que le frottement risque d'y être réduit par rapport aux angles car il n'y a pas épaississement, donc peu de contact.

Ajouter un jonc augmenterait le niveau des déformations, tout en les conservant en pure traction plane.

Exemple 3 – Influence de la courbure

Nous avons cité cet important facteur dans la partie D, section 28.5, à propos des influences agissant sur les CLF. Le présent exemple en est une illustration industrielle.

La pièce concernée était un élément de structure, non identique à celui de la figure 57.4, mais présentant des caractéristiques comparables : fait dans un acier TRIP780 et comportant de très petits rayons, de l'ordre de l'épaisseur du métal.

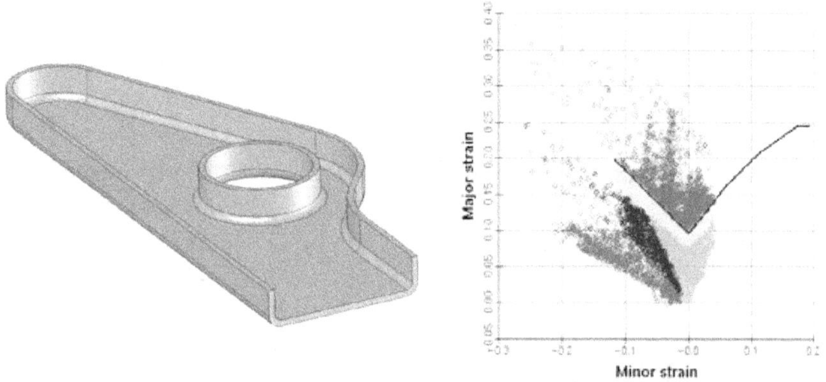

Figure 57.4 – Pièce dont la simulation prédisait des déformations très excessives

Les calculs par éléments finis révélaient l'existence de points pour lesquels le niveau de déformation était considérablement plus haut que la CLF, comme on le voit sur le diagramme de droite.

Le calcul n'est pas à mettre en cause, c'est seulement le fait que les CLF ne sont pas faites pour les cas où il y a une très forte courbure. Quand l'outil a été réalisé, malgré ces prédictions très pessimistes, l'expérience a montré que la pièce était faisable industriellement.

Les raisons de ce comportement nettement meilleur que ce que laisse présager la théorie classique ont été expliquées à la partie D. Il faut se baser sur le concept de Surface Limite de Formage, laquelle tient compte de la courbure, pour être capable de prévoir le vrai comportement du métal.

Mais ces SLF ne sont actuellement qu'un concept de laboratoire permettant de comprendre le phénomène. Dans la pratique, il faut attendre : a) que des expériences aient permis de déterminer les paramètres importants pour les différents aciers et, b) que des modèles fiables aient été développés et implémentés dans les logiciels du commerce.

Exemple 4 – Limitation de la mise au point par mesure des déformations

Tant qu'une pièce n'est pas cassée, il est difficile de savoir si elle est proche de ce stade ou si elle en est encore éloignée. Dans le cas que nous examinons maintenant, les emboutisseurs étaient inquiets de constater, par mesure aux ultrasons, un très fort amincissement du carter du coin marqué A sur la figure 57.5. Craignant que des ruptures puissent s'y produire en fabrication de série, ils travaillaient donc l'outil et le flan de façon à faciliter l'écoulement du métal et limiter l'expansion sur le nez de poinçon.

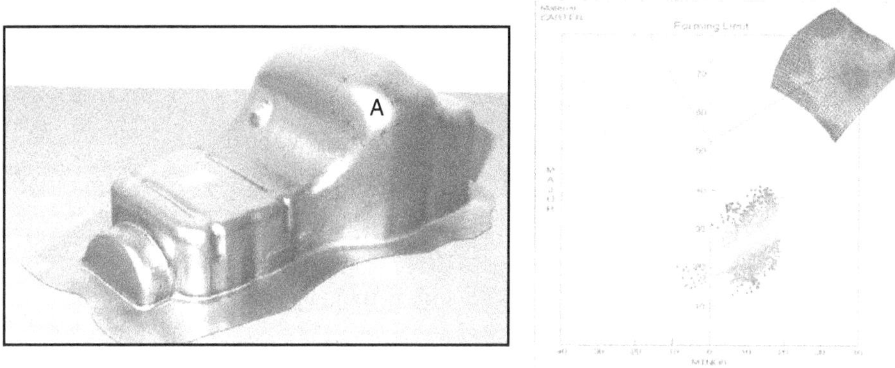

Figure 57.5 – Zone très amincie (A) d'un carter d'huile

Puis, des mesures de grilles furent effectuées et révélèrent, voir partie droite de la figure, que les risques de rupture étaient tout à fait surestimés.

Certes l'amincissement est fort, et l'on voit que le point le plus déformé frôle la ligne qui passe par e_1 = 67 %, ce qui correspond à ε_3 = - 0,51 et donc un amincissement de l'ordre de 40 %. Mais la CLF est nettement plus haute, ceci s'expliquant par l'épaisseur et le coefficient d'écrouissage élevés de la tôle.

Dans le cas présent, les mesures de déformation ont donc permis d'arrêter judicieusement la mise au point en se basant sur des faits objectifs et non sur le seul ressenti des opérateurs.

Exemple 5 – Grandes déformations en cisaillement

En cisaillement, les théories classiques de la plasticité ne prévoient pas de limite de ductilité, le métal pourrait donc se déformer à l'infini. En réalité il n'en est pas ainsi, c'est bien logique, et des phénomènes non inclus dans ces théories, comme l'endommagement, viennent redonner une image plus proche de la réalité.

Il n'en reste pas moins que de très grandes déformations sont possibles si le formage de la pièce maintient une zone strictement dans ce mode. C'est ce que montre la figure 57.6 dans le cas d'un réservoir d'essence très profond.

La déformation principale atteinte vaut ici 0,75, ce qui correspond à plus de 110 % en déformation conventionnelle. Les Japonais ont mesuré des déformations atteignant plus de 250 % !

On voit bien, encore une fois, que l'allongement à rupture mesuré par l'essai de traction n'est absolument pas une caractéristique qui peut être utilisée pour juger de la formabilité d'une pièce.

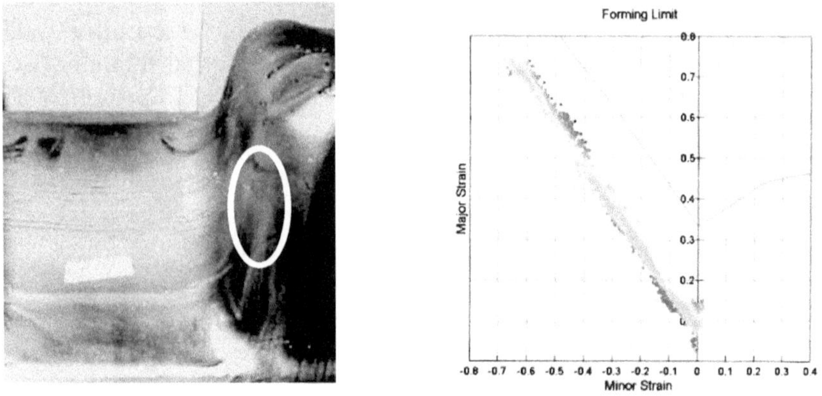

Figure 57.6 – Très grande déformation en cisaillement

Exemple 6 – Détection d'incidents techniques grâce aux mesures de déformation

Nous allons expliquer rapidement comment, à deux reprises, des dysfonctionnements n'ayant pas un rapport direct avec l'emboutissage ont été détectés en procédant à des analyses de déformation sur les pièces concernées.

Le premier cas concerne un tunnel de transmission du type représenté à la figure 57.7.

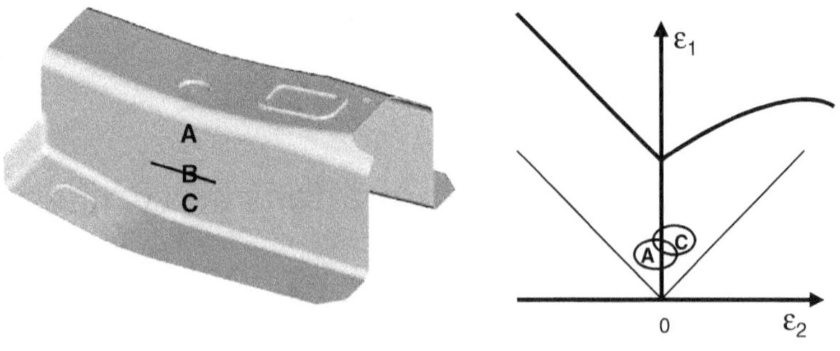

Figure 57.7 – Tunnel de transmission sur lequel apparaissaient des casses sporadiques

De temps à autre, quelques ruptures successives se produisaient au point repéré B sur la figure. Il n'y en avait jamais plus de cinq ou six, puis tout rentrait dans l'ordre.

L'emboutisseur soupçonnait, on le comprend, la présence de zones anormales dans la bobine et réclamait que la cause de ces anomalies soit découverte et qu'un terme soit mis à leur occurrence.

Il est vrai qu'il peut exister de petites variations locales de qualité sur l'ensemble d'une bobine mais, pour qui connaît la fabrication de l'acier, il est invraisemblable qu'elles puissent être à l'origine de casses et surtout, qu'elles puissent être si localisées. Un défaut bien connu, par exemple, résulte de ce qu'on appelle les *traces sombres :* des zones qui au contact des longerons du four à brame ont subi un chauffage à température légèrement moins élevée que les zones environnantes. Mais :

– la modification de structure qui en résulte après que la brame ait été laminée à chaud, puis que la tôle ait été laminée à froid et recuite, est extrêmement ténue et impossible à détecter par ses caractéristiques mécaniques ou par examen métallographique,
– vu le stade extrêmement précoce où cette inhomogénéité apparaît, la zone concernée est allongée deux ou trois cents fois et devrait donc concerner non pas quelques flans, mais quelques dizaines de pièces au minimum.

Il semblait donc très improbable que les ruptures proviennent d'une hétérogénéité de la tôle. Des mesures de déformation furent effectuées pendant une campagne où aucune casse n'est apparue ; elles correspondaient donc bien à l'état stable de la fabrication. Le résultat des mesures aux points A et C est présenté sur la figure 57.7, à droite, celles du point B étaient intermédiaires (non représentées pour la lisibilité du graphe).

Les déformations restaient donc toujours groupées à un niveau deux fois plus bas que celui de la courbe limite de formage, en traction plane. Il était tout simplement impossible qu'une éventuelle anomalie de structure puisse abaisser autant la CLF ; si cela était, on le saurait depuis longtemps ! Il fallait donc chercher ailleurs les causes des ennuis.

Après une enquête plus poussée, les emboutisseurs constatèrent qu'un drageoir télescopique (butée destinée au centrage du flan) restait parfois bloqué dans son logement. Il ne remplissait donc plus son office et le flan se positionnait mal, ce qui était à l'origine des casses.

Le deuxième exemple annoncé est strictement identique en ce qui concerne les observations : ruptures sporadiques attribuées à l'inhomogénéité de la tôle. Là aussi, les mesures ont montré que cette hypothèse n'était guère vraisemblable ; la cause se trouvait cette fois dans la régulation de la pression de serre-flan.

Périodiquement, un gros compresseur d'air se mettait en action dans un atelier voisin et créait une surpression dans le réseau d'air comprimé. Étant donné que ce fluide est utilisé pour régler la pression de serre-flan des presses mécaniques par l'intermédiaire de l'appareil appelé *booster* (un système hydraulique amplifiant la pression pneumatique), le serre-flan de la presse la plus proche subissait une surpression qui augmentait momentanément la force de serre-flan et était à l'origine des casses.

Ces deux exemples montrent bien l'intérêt qu'il peut y avoir à mesurer les déformations sur les pièces. Cela permet de remplacer des suppositions par des faits et de raisonner ensuite de façon beaucoup plus rigoureuse.

Exemple 7 – Casses dues au métal ou au procédé ?

C'est évidemment la question essentielle qui se pose chaque fois. Nous suggérons, pour tenter de la résoudre, de se poser immédiatement la question suivante : « la rupture suit-elle une ligne caractéristique de la pièce, en rapport avec sa géométrie, ou bien paraît-elle seulement alignée avec la direction de laminage de la tôle ? »

La figure 58.1 à gauche montre un morceau de pièce en acier doux affecté de nombreuses strictions qui ont clairement des orientations variées, suivant les petits rayons de la pièce.

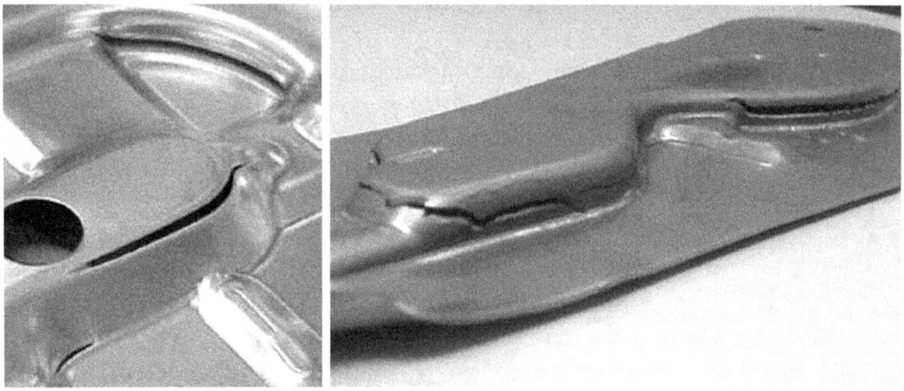

Figure 58.1 – Deux pièces dont les casses suivent les petits rayons de courbure

Le fait que les ruptures ne soient pas orientées dans la direction de laminage démontre que ce n'est pas un défaut aligné (inclusions, exfoliation, rayure) qui est à l'origine du problème, mais qu'il s'agit d'une anomalie plus générale. Elle peut venir du métal (nuance insuffisamment ductile) ou du processus d'emboutissage, force de serre-flan trop élevée par exemple.

La pièce de droite est en acier à très hautes caractéristiques et la rupture est d'un type beaucoup plus fragile, avec de nombreuses amorces. Là encore, il ne peut s'agir d'un défaut aligné suivant la direction de laminage, mais, si l'acier est en cause, d'une anomalie beaucoup plus générale. En l'occurrence, il s'agissait d'une forte ségrégation centrale et les ruptures étaient générées dans la couche plus trempée située à mi-épaisseur.

Exemple 8 – Casses dues à un grain grossier

Pour que la déformation plastique d'un métal se passe bien, il faut que les dislocations puissent se déplacer facilement dans les grains. L'idéal est alors qu'existent des possibilités de glissement dans de très nombreux plans cristallins, ce qui assure qu'il y en aura toujours beaucoup qui seront favorablement orientés vis-à-vis du système de sollicitation. C'est ce qui se passe dans un métal ayant de nombreux grains différemment orientés car la probabilité d'avoir des plans favorables est élevée. Mais si les grains sont très gros et donc peu nombreux dans une zone fortement sollicitée de l'embouti, il peut arriver alors qu'il y ait un manque de plans favorables à la déformation plastique. Le phénomène se produit le plus souvent dans les coins des pièces, surnommés par les emboutisseurs *coins de valise*. Un exemple en est montré à la figure 58.2, sur laquelle on distingue nettement la peau d'orange apparue dans les coins.

Figure 58.2 – Rupture d'un élément de serrure due à un grain grossier

Cette taille de grain anormale résulte presque toujours d'incidents survenus au niveau du laminage à chaud. Il est clair que l'occurrence de ce défaut est uniquement attribuable au sidérurgiste et qu'il n'y a strictement aucun moyen d'y remédier en modifiant les réglages d'emboutissage.

Signalons que cette anomalie est difficilement détectable au travers des caractéristiques mécaniques :

– la limite d'élasticité est faible (loi de Hall-Petch), ce qui apparaît plutôt favorable,
– la résistance est peu élevée mais n'attire pas l'attention,
– l'allongement à rupture est assez proche de la normale,
– seul le coefficient d'anisotropie est anormalement bas.

Exemple 9 – Casses sur vermiculure

On a vu en 40.3, partie F, que la vermiculure était un défaut d'aspect préjudiciable aux pièces visibles. Elle peut aussi, dans certains cas assez rares il est vrai, être à l'origine de ruptures. Nous montrons ici un exemple industriel de ce cas particulier. Il a été détaillé par l'auteur dans la référence [1].

La pièce partiellement représentée à la figure 58.3 est la face arrière d'un lave-linge. Elle n'est pas profonde (30 mm) et est habituellement emboutie sans difficulté avec un acier doux de qualité DC03.

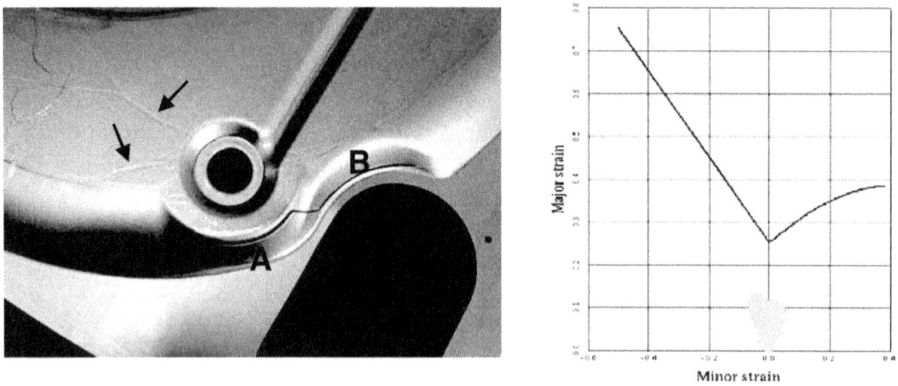

Figure 58.3 – Ruptures et vermiculure sur un fond de lave-linge, signature de la pièce

Dans le cas présent, l'acier présentait un palier de limite d'élasticité de 5,5 %, une valeur tout à fait anormale due à un incident de skin-pass. Une vermiculure apparaît très visiblement sur les zones plates (flèches), ce qui ne serait pas tellement grave étant donné que la pièce est située sur la face cachée du lave-linge.

Mais le palier correspond, au début du formage, à une déformation qui se produit quasiment sans consolidation ; il y a donc une forte localisation de l'allongement, et en particulier sur les petits rayons. C'est ce qui s'est produit ici : deux ruptures sont nées simultanément sur les rayons aux points repérés A et B et se sont rejointes ensuite.

Il est à noter une caractéristique très systématique lorsque deux ruptures se développent simultanément sur des trajets parallèles : elles ne peuvent pas se croiser puisqu'il n'existerait plus de contrainte dans la zone les séparant, donc plus de raison pour elles de progresser. Ce qui se passe toujours, c'est qu'arrivées à proximité l'une de l'autre, elles se rejoignent par un cisaillement à environ 45°. C'est ce qu'on voit parfaitement sur la photo.

Il s'agit là d'un scénario à bien retenir si l'on veut analyser des pièces cassées et comprendre d'où sont parties les ruptures. Un exemple un peu semblable est représenté par la figure 23.1 ainsi que par l'exemple 10.

Pour montrer à quel point le palier de limite d'élasticité peut modifier le formage, nous avons effectué des calculs par éléments finis de la pièce considérée. Avec les caractéristiques mécaniques représentatives d'un DC03 sans palier ($R_{p0,2}$ = 210 MPa, R_m = 270 MPa), aucun risque de rupture n'est détecté. Même en utilisant les caractéristiques beaucoup plus défavorables d'un HSLA : $R_{p0,2}$ = 310 MPa, R_m = 380 MPa, la déformation principale ε_1 de la zone considérée ne dépasse pas 0,14 (figure 58.3 à droite) !

On voit, par cet exemple, le rôle extrêmement nocif joué par le palier ; le négliger est une profonde erreur qui est pourtant faite très couramment, même par des personnes pourtant compétentes en mise en forme.
Nous utilisons toujours l'exemple d'un acier HSLA ayant un long palier (environ 8 %) pour illustrer l'erreur que l'on fait alors. La mesure du coefficient d'écrouissage, faite entre 9 et 23 %, donnait pour cet acier n = 0,213[1 2]. La figure 58.4 illustre graphiquement l'erreur commise : la courbe continue est celle résultant de l'essai de traction tandis que la courbe en pointillé représente ce à quoi on l'assimile en faisant l'hypothèse que la loi de Hollomon s'applique à cet acier. Il est bien évident que les deux matériaux ne réagiront pas de la même façon dans l'outil !

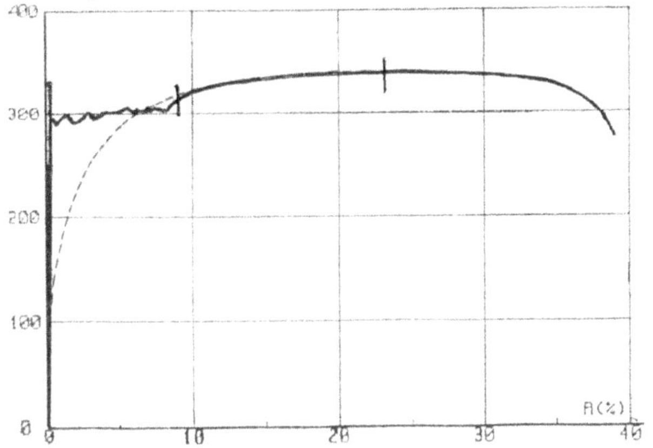

Figure 58.4 – Erreur commise en négligeant l'existence du palier

Pour être correct, le calcul de mise en forme d'un acier présentant un palier devrait utiliser un modèle qui en tient compte, mais ils sont encore très rares. Celui de Yoshida est sans doute le plus accessible aujourd'hui, mais il risque de prolonger exagérément le temps de calcul.
Pour être complet, il faut signaler, cependant, que la nocivité du palier n'est sensible, vis-à-vis du pliage sous tension, que sur les faibles épaisseurs. Dans le cas du lave-linge, la tôle avait une épaisseur de 0,5 mm. Nous n'avons jamais vu de cas flagrants de rupture sur des épaisseurs plus fortes. En revanche, il est courant de constater le même phénomène de localisation suivi de rupture sur les aciers minces destinés à l'emballage.

Exemple 10 – Rupture due au processus d'emboutissage

Toutes les ruptures ne sont pas dues à l'acier, contrairement à ce que le premier réflexe fait penser à l'emboutisseur. Voici un exemple illustrant un cas où un problème d'emboutissage est à l'origine des casses.

1. La dernière décimale était donnée par le calcul mais n'a pas grande signification physique…
2. Le calcul du coefficient n n'est pas faux : il est seulement biaisé par le fait que la consolidation commence bien plus tard en présence d'un palier, ce qui augmente artificiellement la valeur de n.

La figure 58.5 montre la pièce concernée, un carter assez banal et pas très difficile à faire. Néanmoins, de larges ruptures sont apparues sur une série de pièces.

Pour en trouver l'origine, il faut observer la zone indiquée par une flèche blanche.

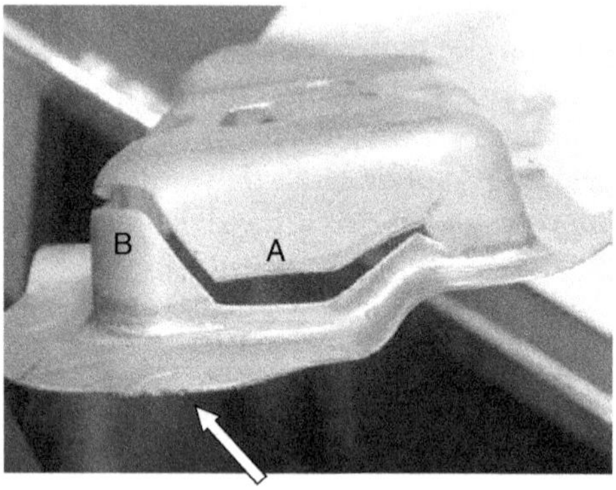

Figure 58.5 – Rupture d'un carter due à un blocage du flan

On distingue une empreinte circulaire dans la collerette. Il peut s'agir, mais ce n'est pas certain, d'une débouchure de la pièce car on voit à l'arrière-plan, sur le dessus du carter, un trou rond qui semble bien correspondre au diamètre de l'empreinte.

Quoi qu'il en soit, le fait est qu'un morceau circulaire de tôle a bloqué le métal entre matrice et serre-flan, l'empêchant de glisser dans l'entrée de matrice. Les tensions résultant de ce blocage ont donné naissance aux déchirures A, sur le côté, et B, sur le coin. Ces déchirures se sont ensuite rejointes par le mécanisme déjà vu, c'est-à-dire en cisaillement à 45 ° environ. Le morceau de métal est probablement resté collé un certain temps sur la matrice, donnant la série de casses constatées.

Exemple 11 – Casses en Vé sur boîte rectangulaire

Nous voulons attirer l'attention sur un type de casse particulier qui n'apparaît, normalement, que sur des boîtiers carrés ou rectangulaires. Il s'agit d'une casse en forme de Vé qui se produit dans les coins comme représenté à la figure 58.6. Cette casse est particulière en ce sens que les causes sont inhabituelles et les remèdes diffèrent, de ce fait, des remèdes classiques.

Remarque

Les deux casses représentées sur la figure ne peuvent évidemment pas se produire simultanément. La casse alpha a été dessinée.

La casse normale dans un coin est celle dénotée alpha sur la figure, suivant une nomenclature établie par les Japonais. Elle est absolument comparable à celle qui se produit classiquement au sommet d'un godet cylindrique et résulte d'une trop grande tension dans la direction radiale, tension que n'a pu supporter la zone amincie en traction plane qui se trouve à la jonction du corps cylindrique et du rayon de poinçon.

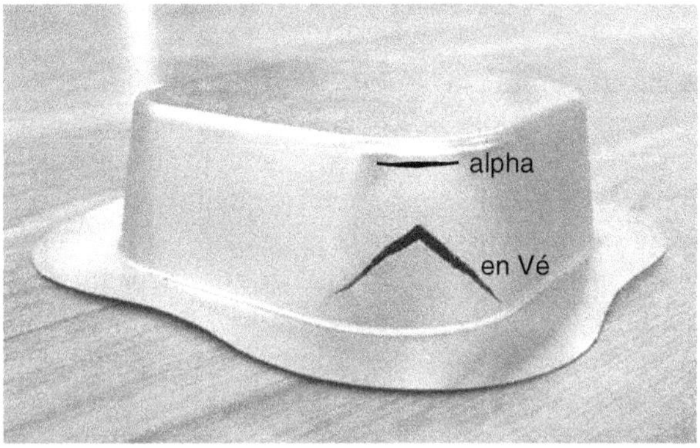

Figure 58.6 – Les deux types de casse possible d'une boîte rectangulaire

Les méthodes permettant de l'éviter sont classiques :

– réduire la pression de serre-flan, si c'est possible,
– utiliser un acier ayant un coefficient d'anisotropie plus élevé,
– augmenter le rayon de poinçon et (ou) le rayon de matrice,
– couper ou ajuster les coins du flan de façon à ce que le métal pénètre plus facilement dans la matrice.

Mais si l'on coupe trop les coins, la rupture de type Vé remplace celle de type alpha, de même que si l'on utilise un acier ayant une valeur de r à 45 ° trop élevée. Ce sujet a été depuis longtemps étudié en détail par les Japonais, voir les références [2] et [3] en particulier.

Il apparaît donc que les remèdes à appliquer ne vont pas être très classiques puisque réduire le flan ou améliorer la valeur de r font, si poussés trop loin, simplement passer d'un type de rupture à un autre.

La cause de la rupture en Vé est essentiellement l'existence d'un cisaillement dans les zones marquées A et B (figure 58.7) qui se situent à la limite du métal facilement aspiré dans les côtés et de celui qui est retenu par le rétreint dans les coins. Une solution peut alors être de disposer des joncs dans les parties droites, de façon à réduire la différence d'avalement entre celles-ci et les coins.

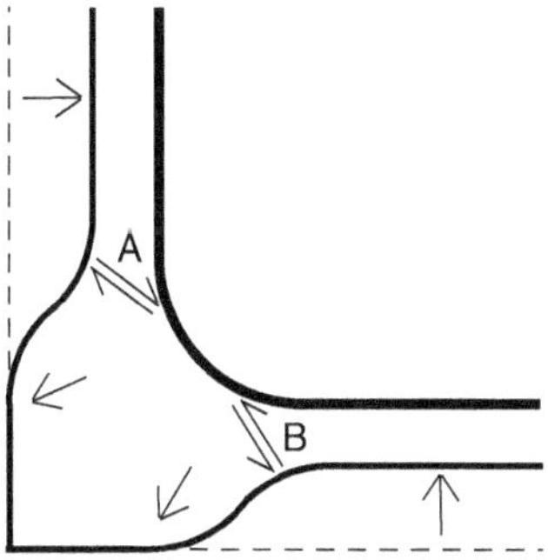

Figure 58.7 – Différence d'avalement entre les coins et les bords droits

Exemple 12 – Ruptures à l'expansion de trou

Face à des casses comme celle représentée sur la figure 58.8, la première chose à vérifier est leur orientation. Si toutes les déchirures sont orientées selon la direction de laminage de la tôle, on peut soupçonner la qualité de celle-ci, sans pour autant que ce soit certain. Il est possible, en effet, que de mauvaises conditions d'emboutissage ou de préparation du trou soient la vraie cause et que les fissures aient seulement suivi la direction la plus naturelle de rupture. Seul un examen métallographique peut trancher.

Mais si on trouve des fissures dans toutes les directions, comme sur la pièce représentée, il devient presque certain que le métal n'est pas en cause ou, au moins, qu'il n'est pas l'origine principale du problème. Bien entendu, il faut d'abord éliminer la possibilité d'un métal livré qui serait tout à fait différent de celui qui a été commandé. Nous l'avons dit au début de cette partie, cette hypothèse doit toujours être considérée.

Mais, très souvent, c'est la qualité de découpe – jeu inadapté, usure des outils – qui est à l'origine des ruptures et il suffit d'y mettre bon ordre pour que celles-ci disparaissent.

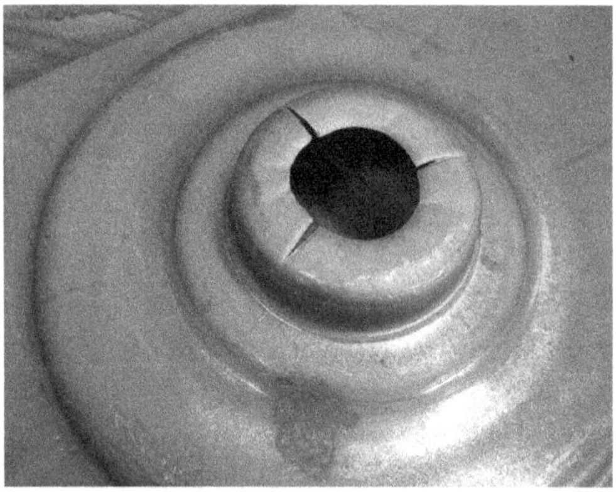

Figure 58.8 – Fissures multiples lors de l'expansion d'un trou

Exemple 13 – Influence du mode de découpe

Habituellement, les flans sont découpés soit à la cisaille, s'ils sont de forme simple, soit à la presse avec des outils dédiés si ce sont des flans de forme. Mais il arrive que, pendant la période de mise au point de l'outillage, quand l'outil de découpe dédié n'est pas encore réalisé, on utilise des petites séries de flans découpés au laser ou au jet d'eau.

Cette technique a été, quelque fois, à l'origine d'amères déceptions. Avec les aciers doux, il n'y a pas une très grande différence de formabilité des bords selon qu'on emploie l'un ou l'autre de ces différents modes de découpe.

Mais avec les aciers à hautes ou très hautes caractéristiques, la situation se modifie. La qualité des rives est bien meilleure avec le laser ou le jet d'eau qu'après une simple

découpe par poinçonnage : il y a moins d'écrouissage et moins d'endommagement (pas de zone arrachée, pas de bavure). Le seul risque est une trempe éventuelle.
Ce qui s'est produit plusieurs fois, c'est que des outils mis au point avec des flans coupés laser (ou jet d'eau) se révèlent incapables de faire les pièces dès qu'ils ont été employés avec des flans poinçonnés. La figure 58.9 montre la vue schématique d'un berceau-moteur et des fissures qui s'y produisaient.

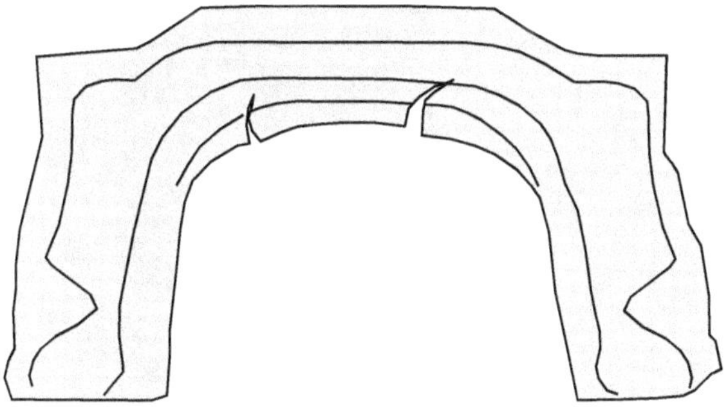

Figure 58.9 – Ruptures sur un berceau-moteur

Il a fallu refaire complètement sa mise au point.

Exemple 14 – Rupture fragile

On a vu que certains aciers étaient sensibles à la rupture fragile : ce sont les inoxydables austénitiques et les aciers au carbone IF ou décarburés. Les facteurs aggravants sont :

– une forte épaisseur,
– une basse température,
– une vitesse de déformation élevée (ou un choc après formage).

L'exemple montré par la figure 58.10 concerne un stator de moteur de lève-glace en acier IF de 1,6 mm d'épaisseur.
Les ruptures fragiles sont caractéristiques et faciles à identifier. Il n'y a aucune déformation plastique, pas de striction en particulier, et elles partent la plupart du temps du bord de l'embouti, de façon rectiligne et en suivant la direction d'emboutissage.
Si un type de pièce est sujet à ce genre de rupture, un certain nombre de précautions sont à prendre. La première est de ne jamais emboutir un lot de métal froid (par exemple juste après livraison en hiver) mais de le stocker au moins un jour dans l'atelier.
La deuxième est de laisser, si possible, une collerette autour de la pièce, on en comprendra la raison en considérant la troisième précaution.
Cette troisième précaution consiste à faire le détourage de la pièce le plus rapidement possible car les bords sont affectés par de nombreux replis de métal provenant du rétreint, comme le montre la figure 58.11. Ceci est particulièrement vrai si le rétreint a été très fort (plusieurs opérations successives) et si le métal est complètement avalé dans l'outil (sans collerette résiduelle). Ces plis sont d'énormes concentrateurs de contrainte et les supprimer réduit très sensiblement le risque lié à la fragilité.

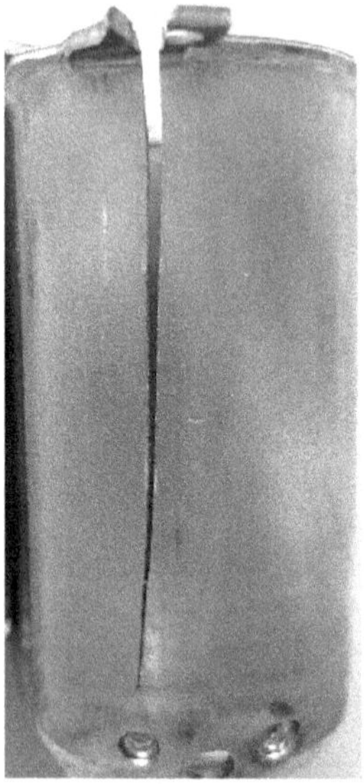

Figure 58.10 – Casse fragile d'un boîtier en acier IF

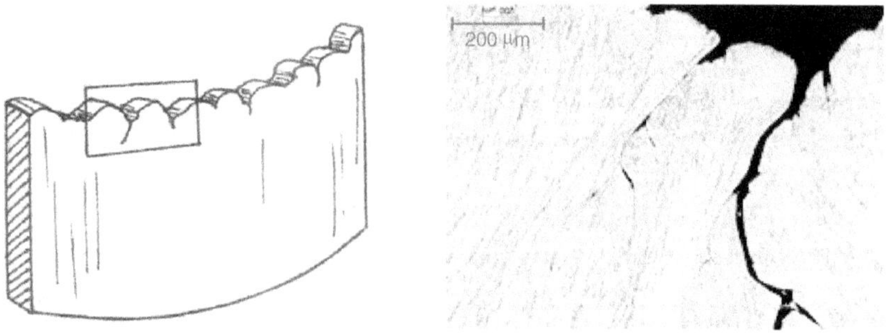

Figure 58.11 – Plis formés sur le bord d'une pièce après plusieurs passes de rétreint (coupe de droite faite dans le plan de la tôle, au milieu de l'épaisseur)

Il serait illusoire de penser que des précautions, comme par exemple polir le bord du flan avant emboutissage, peuvent éviter ces plis. Ils sont formés par la compression uniaxiale du bord libre du métal et donc inévitables.

Un contrôle acoustique peut se faire pour vérifier que des pièces fragiles ne seront pas livrées. Une solution plus simple est de donner un coup de marteau sur la pièce ; si elle est déjà fissurée, le son est mat. Si elle se fissure sous le coup, cela s'entend aussi. Si elle émet un son cristallin, c'est qu'il n'y a aucun risque. Une technique plus sophistiquée est de munir d'un capteur d'émission acoustique l'outil où a lieu la rupture. Cette méthode permet d'éliminer toutes les pièces cassant dans l'outil (il faut évidemment avoir un système permettant de dériver automatiquement les pièces mauvaises vers une benne dédiée).

On peut aussi, pour être plus sûr, pratiquer systématiquement un recuit de détente (150 à 300 °C) d'une heure environ pour relaxer les contraintes.

Enfin, il existe des remèdes métallurgiques consistant, pour les aciers au carbone, à utiliser des aciers contenant du bore ou du niobium et pour les inox à préférer les nuances stabilisées.

Exemple 15 – Orientation du flan

Nous avons dit, à propos de la découpe des flans, qu'on ne tenait généralement pas compte de l'anisotropie de ses propriétés pour choisir l'orientation la meilleure possible du point de vue du formage. En voici un exemple.
La figure 58.12 représente de façon approximative un plancher arrière de coffre de voiture, une pièce assez délicate car comprenant une cavité profonde pour la roue de secours, qui était fabriquée avec de temps en temps des ruptures dans la partie verticale du puits. La pièce étant jugée difficile, ces ennuis n'avaient pas donné lieu à de grandes recherches.

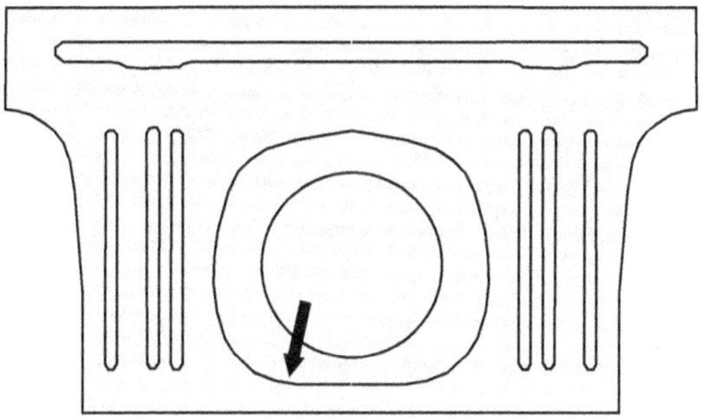

Figure 58.12 – Lieu où cassait le plancher de coffre

Pour des raisons d'approvisionnement du métal, les flans ont un beau jour été coupés dans l'autre direction de la bobine, donc tournés de 90°. On s'est alors aperçu avec surprise que les casses étaient devenues systématiquement moins nombreuses.

Exemple 16 – Ruptures de tôles pré-phosphatées

Nous avons eu à connaître quelques cas, généralement de pièces de l'industrie mais une fois d'une pièce de carrosserie, qui se cassaient de façon ductile pour une très faible profondeur d'emboutissage, autrement dit au tout début de la mise en forme.
Il s'est révélé que les tôles utilisées étaient pré-phosphatées. Nous ne disons pas que ces tôles glissent systématiquement mal, ce que nous savons, c'est que ce traitement de surface entraîne parfois, pour des raisons non connues, une élévation du coefficient de frottement statique (bien que le coefficient dynamique soit généralement diminué). De ce fait, la tôle poussée par le poinçon reste coincée entre matrice et serre-flan et se déchire immédiatement, sur quasiment tout le pourtour de la pièce.
Il faut prendre garde, évidemment, au fait qu'une pression de serre-flan beaucoup trop élevée a les mêmes conséquences. Il convient donc, avant tout diagnostic précipité, de vérifier que cette pression est au niveau convenable.
La lubrification pourrait aussi jouer un rôle.

Exemple 17 – Emboutissage d'une vasque triangulaire

Nous avons eu l'occasion d'assister à l'emboutissage d'une pièce sanitaire difficile : il s'agissait d'une vasque triangulaire en acier pour émaillage, emboutie sur une presse simple effet. Cette pièce, représentée par la figure 59.1, était en somme un godet conique triangulaire, dont la grande arête était assez sévère (rayon de courbure faible).
La seule façon d'opérer que le fabricant avait trouvée convenable consistait à emboutir la pièce jusqu'à la moitié de la course environ, arrêter la presse, retirer la pièce, remettre du lubrifiant sur le poinçon et ré-emboutir la pièce jusqu'au bout.
Il considérait :

- que d'arrêter l'emboutissage permettait au métal de « se reposer », donc de pouvoir accepter ensuite une plus grande déformation sans casser,
- que de relubrifier permettait au métal de glisser plus facilement sur le poinçon.

Ces deux opinions ne sont pas totalement fausses, mais demandent quand même à être expliquées d'une façon moins simpliste. Et surtout, que signifie l'expression « se reposer » pour le métal ?

Figure 59.1 – Vasque triangulaire

Un acier n'a pas des réactions humaines, il ne se fatigue pas au sens où nous l'entendons[1]. De plus, le fait de le déformer en plusieurs stades ne change pas la déformation totale qu'il aura à subir ; or c'est elle qui détermine l'apparition ou non de la rupture. Pour que l'interruption du formage ait une influence positive ou négative sur la capacité de déformation, il faut qu'elle provoque un effet physiquement explicable ; ce peut être :

– un effet thermique,
– un vieillissement (plutôt défavorable),
– une diffusion, par exemple d'hydrogène (très défavorable).

Dans le cas présent, c'était le refroidissement de la pièce pendant qu'elle était hors de l'outil qui jouait certainement le rôle principal : d'une part, les zones les plus déformées (les arêtes) se refroidissaient, regagnant donc une certaine résistance et, d'autre part, la température s'homogénéisait dans la pièce. Le résultat était que les zones chaudes très étroites créées par la déformation sur les arêtes du poinçon[2] (les entailles thermiques) redevenaient capables de mieux supporter les efforts et de les propager dans les zones intermédiaires, diminuant ainsi les pics de déformation.

Le raisonnement est absolument le même que celui fait à propos de l'effet thermique lors de l'essai de traction. Il faut éviter la localisation de l'échauffement.

Il est probable que le rehuilage de l'outil jouait un rôle secondaire dans le processus. Pour le prouver, nous avons demandé à l'emboutisseur de suivre sa procédure habituelle d'interruption de l'emboutissage, mais sans remettre d'huile. Il n'a jamais voulu !

1. Les emboutisseurs disent d'un métal qu'il est fatigué quand ils voient apparaître une forte rugosité de déformation dans la zone de striction.
2. L'échauffement y résultait de la forte déformation plastique d'une part, mais aussi du frottement vigoureux localisé par le petit rayon.

Exemple 18 – Ruptures dans les angles de portes des côtés de caisse

C'est un cas très instructif qui montre que les raisonnements simples ne sont pas toujours les plus fiables. Il en est ainsi de la lubrification : confronté à des casses, l'emboutisseur a tendance à forcer sur la quantité de lubrifiant. Il n'est évidemment pas question de dire que c'est là une mauvaise réaction, mais nous allons montrer des cas dans lesquels la solution nécessite une analyse plus approfondie.

Nous examinons le cas des côtés de caisse monoblocs. Ces pièces comportent beaucoup de difficultés, dues à leur complexité ; on y trouve absolument tous les modes de déformation. Des zones particulièrement sensibles sont constituées par les angles des ouvertures destinées aux portes, les plus délicates étant souvent celles indiquées par les flèches sur la figure 59.2, car l'angle y est plus fermé en raison de l'inclinaison du pied milieu. Durant l'emboutissage, les trous de décharge s'agrandissent (ils sont là pour ça) et le métal se déplace comme indiqué par les flèches.

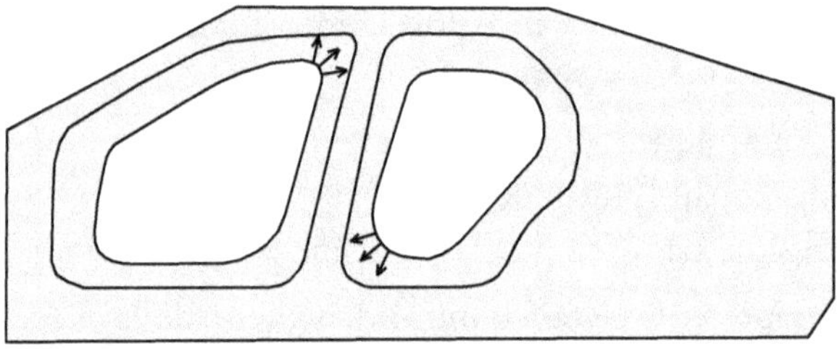

Figure 59.2 – Lieux des ruptures les plus fréquentes sur un côté de caisse

De nos jours, les côtés de caisse ont une grande profondeur, entre 100 et 150 mm, ceci pour limiter les effets des chocs latéraux. Il est nécessaire de créer les ouvertures de portes dès la découpe des flans, faute de quoi les déformations en expansion de ces zones seraient trop grandes pour pouvoir être supportées, même par les aciers les plus ductiles.

> **Remarque**
>
> La solution retenue pour les caissons de portes – laisser en place le métal des fenêtres et soulager l'emboutissage en fin de course par des crevés – n'est pas applicable car elle ne suffirait pas à éviter les casses. Ceci explique pourquoi les outils de côtés de caisse possèdent des presseurs retenant les bords de la découpe des portes, ce qui les complique et les rend plus fragiles et coûteux.

Revenons au problème des angles de portes : durant la pénétration du poinçon dans la matrice, les trous subissent une forte expansion et les bords cisaillés des ouvertures sont déformés en traction uniaxiale et soumis à de grandes extensions. On peut observer trois types de ruptures[1].

1. Les indices I, II et III que nous donnons à ces différents types de rupture ne sont en rien normalisés. C'est un choix de l'auteur.

Type I : la rupture part clairement de la zone cisaillée comme montré sur la figure 59.3.

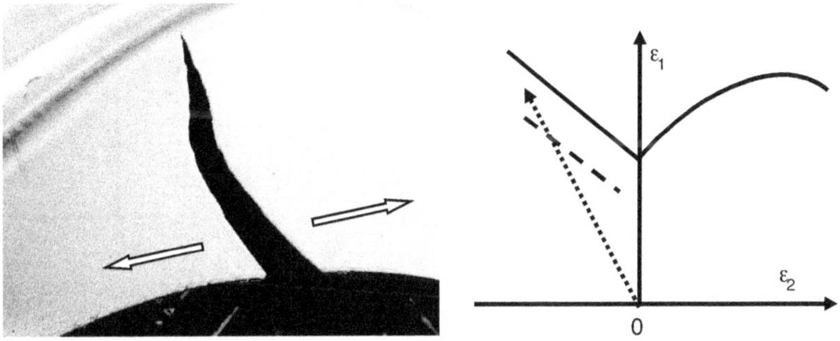

Figure 59.3 – Rupture partant du bord cisaillé et trajectoire correspondante

L'aspect des petites lignes se croisant à 45 ° et partant du bord est tout à fait caractéristique d'une traction uniaxiale ; penser à la rupture des éprouvettes en acier ductile qui finissent souvent de la sorte.
Sur le diagramme des déformations, la zone considérée suit la trajectoire de traction uniaxiale, mais casse bien avant le niveau de la CLF du fait de la présence de la zone cisaillée, moins ductile (même figure, à droite).

Type II : bien qu'également orientée dans la direction radiale, la rupture ne part visiblement pas du bord, figure 59.4. On note la présence d'un réseau de lignes inclinées avec un angle faible, couramment surnommé *toile à matelas* par les emboutisseurs, provoqué par une multitude de petites strictions. L'angle faible dénote une déformation en rétreint mais proche de la traction plane (cf. 37.2, partie F), ce qu'illustre la droite de la figure.

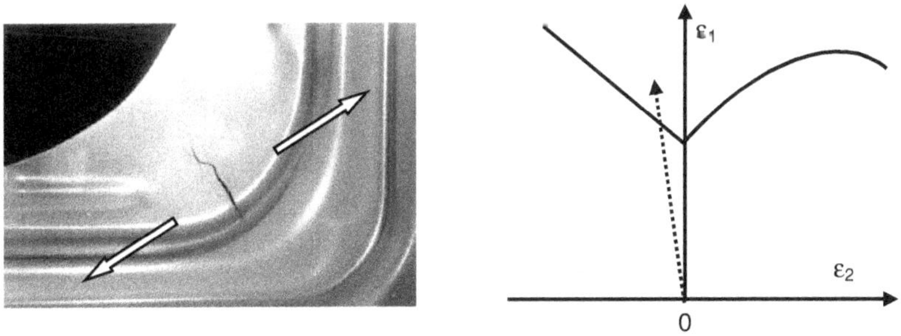

Figure 59.4 – Rupture en (presque) traction plane et trajectoire correspondante

Il est important de noter que, dans ce cas, la qualité de la découpe n'est pas à mettre en cause.

Type III : cette fois la rupture n'a pas une direction radiale, mais circonférentielle ; elle résulte distinctement d'une trop grande tension radiale, qui peut, par exemple, être provoquée par l'excès de retenue du jonc visible au premier plan de la figure 59.5.

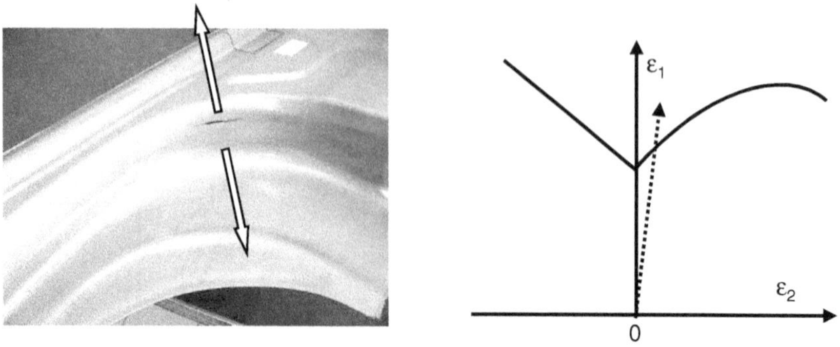

Figure 59.5 – Rupture radiale et trajectoire correspondante

Dans ce cas, la trajectoire menant au point de rupture est située dans le quadrant droit de la CLF, assez proche de la traction plane.

Comme on le voit, les trois types de ruptures présentés n'ont pas du tout les mêmes caractéristiques, ils sont nettement différenciés. L'information « ça casse dans un coin » n'est donc en rien suffisante pour qualifier le problème et encore moins pour trouver sa cause réelle, condition sine qua non de sa résolution.

Comment remédier aux différents types évoqués ?

Dans le cas des ruptures de type I, il faut évidemment réduire la sévérité en bord de trou. Il existe quatre solutions possibles :

- améliorer la qualité de la découpe en affutant et réglant les lames (c'est le cas le plus courant),
- en cas d'urgence, améliorer la qualité de la rive par un meulage ou polissage de la tranche (solution provisoire permettant de terminer une fabrication en cours),
- utiliser un acier de qualité supérieure si celui qui est utilisé est vraiment incapable de supporter la déformation imposée,
- diminuer l'extension des bords en augmentant la dimension du trou (solution seulement possible durant la mise au point de l'outil),

Le type II réclame une solution plus sophistiquée. La rupture résultant du fait que la zone intéressée est en traction plane dans la direction circonférentielle, il y a deux possibilités : la première est tout simplement de réduire le niveau de déformation subi, mais c'est très difficile car il est imposé par la géométrie de la pièce, sa profondeur en particulier. La seconde, qui doit toujours lui être préférée, est d'éloigner la trajectoire de la traction plane car, comme elle correspond à un minimum de la CLF[1], l'interception de la nouvelle trajectoire avec cette dernière sera forcément plus haute et le risque de casse diminué. On verra un exemple un peu plus loin.

Pour le type de rupture que nous avons appelé III, la rupture circonférentielle, il faut, c'est évident, réduire la tension radiale qui s'exerce dans le coin.

A titre d'illustration, la figure 59.6 présente une pièce sur laquelle apparaissaient deux ruptures simultanées de type II, marquées A et B, et une amorce de rupture (flèche) en rive du trou de décharge (type I).

1. On a vu que le minimum de la CLF n'est plus en traction plane mais en expansion pour les matériaux ayant un coefficient d'emboutissage supérieur à 0,33, cas des inoxydables austénitiques.

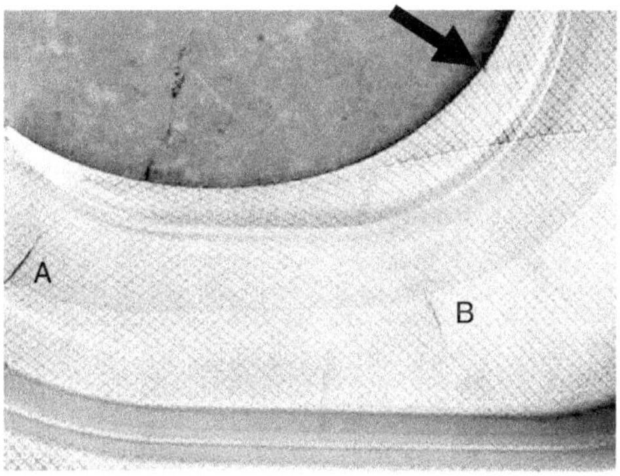

Figure 59.6 – Deux ruptures radiales et amorce en rive

Comment supprimer les deux ruptures A et B ? Comme on l'a vu, en s'écartant de la trajectoire de traction plane ; le renforcement du jonc visible sur le bord du trou offre un moyen facile d'y arriver, car l'introduction d'une tension radiale plus élevée fera tendre le mode de déformation vers l'expansion, beaucoup moins risqué pour la zone considérée. Notons que cette solution réduira également l'augmentation de la dimension du trou et donc l'allongement subi par le bord, réduisant du même coup le risque de déchirure du type I dont l'amorce est désignée par la flèche. En revanche, la tension radiale introduite par le renforcement du jonc risque d'entraîner l'apparition de ruptures du type III.

On voit bien pourquoi le côté de caisse est une pièce toujours très délicate ; elle demande des réglages très précis pour éviter de tomber dans l'un des pièges évoqués (sans compter qu'il peut y en avoir d'autres…)

Pourquoi avons nous inséré ces exemples dans le chapitre « Lubrification » ? Parce qu'elle joue un grand rôle, au travers de la plus ou moins grande facilité d'écoulement du métal, vis-à-vis de l'apparition de tel ou tel type de rupture.

Si elle est très efficace, le trou s'agrandit beaucoup et le risque est d'avoir une rupture de type I. Si elle est au contraire de mauvaise qualité, le risque de rupture de type III est augmenté. Nous avons suivi une fabrication dans laquelle les modifications (volontaires) de lubrification faisaient ainsi osciller les casses entre les deux types I et III, avec le même lot d'acier. La production n'était stable qu'avec un dosage bien précis de la lubrification.

Cette série d'exemples démontre que la résolution de certains problèmes ne passe pas forcément par des solutions évidentes. Quand on suggère à un emboutisseur de rajouter un jonc pour déformer plus le métal dans une direction et éviter une rupture, la réaction est souvent très dubitative, cela venant du fait que beaucoup d'entre eux ignorent même ce qu'est une CLF. De la même façon, diminuer la lubrification pour éviter des casses est également perçu avec quelque réticence.

Exemple 19 – Vermiculure

La présence d'un palier résiduel sur le métal, soit qu'il soit dû à un défaut de skin-passage, soit qu'il provienne d'un vieillissement, est à l'origine des bandes de Piobert-Lüders lors de l'essai de traction. Quand l'équivalent de ces bandes se produit sur une pièce emboutie (tous les modes de déformation peuvent donner naissance à ce type de défaut), il porte le nom de vermiculure. C'est ce que montre la figure 60.1.

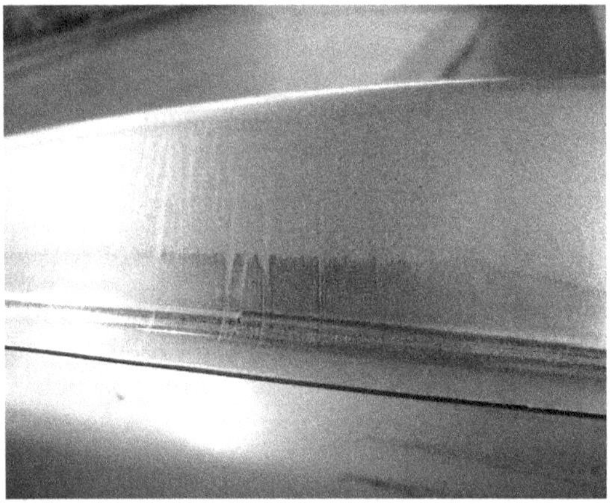

Figure 60.1 – Vermiculure sur un pied-milieu

Autrefois, quand tous les aciers étaient vieillissants, tous les ateliers d'emboutissage possédaient un appareil appelé « roll leveller », ressemblant fort à une planeuse, qui permettait de « travailler » le métal et de supprimer le palier pour quelques jours. Ces machines n'existent plus et il n'y a donc aucun remède quand les pièces sont atteintes de vermiculure.
Pour l'éviter, il faut soit emboutir dans les délais garantis les aciers susceptibles de vieillir, soit utiliser des aciers IF.

Exemple 20 – Exfoliations

Une exfoliation est un défaut métallurgique résultant le plus souvent d'un entraînement d'impuretés (poudre de couverture, inclusions) dans la lingotière de coulée continue. Un défaut très marqué est représenté sur la figure 60.2. Ces inclusions se trouvent alors emprisonnées juste sous la surface et la « peau » qui les recouvre peut facilement se déchirer lors du formage de la pièce.

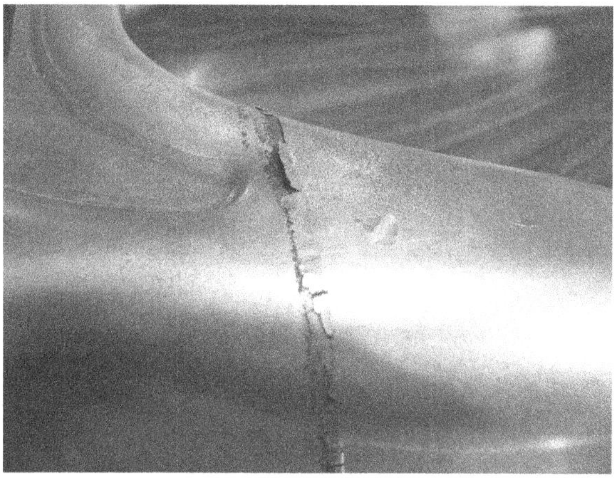

Figure 60.2 – Grosse exfoliation

Exemple 21 – Défauts sur godets cylindriques

On remarque que les défauts apparaissant sur les godets cylindriques affectent souvent la forme de paraboles, comme représenté sur la figure 60.3 à gauche. L'explication en est donnée sur la vue de droite qui montre qu'un défaut linéaire rectiligne[1] ne reste droit que s'il passe par le centre du godet.

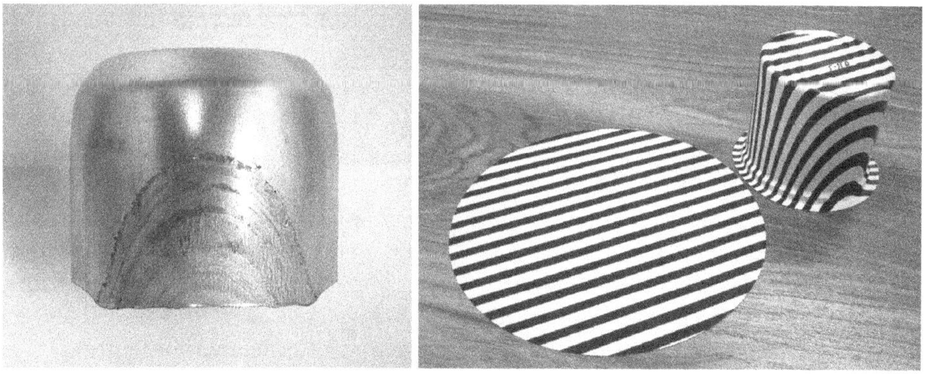

Figure 60.3 – Forme parabolique des défauts sur godets cylindriques

Toutes les autres positions transforment la ligne droite en un morceau de parabole. Les défauts pouvant être à l'origine de ces paraboles sont essentiellement les rayures à chaud, les lignes d'inclusions sous cutanées et – c'est le cas du défaut de

1. Ils sont pratiquement toujours alignés dans la direction de laminage.

gauche – les exfoliations. Dans tous les cas, il s'agit d'un défaut attribuable au seul fournisseur et sans remède au niveau de l'emboutissage.

Le cas des rayures à froid est bien plus délicat car il est pratiquement impossible de savoir à quel stade celle-ci s'est produite.

Exemple 22 – Empreintes sur godets

Il arrive aussi qu'on trouve sur des emboutis cylindriques des sortes de fissures affectant la forme présentée sur la figure 60.4. La fissure elle-même est entourée d'une zone brillante qui a fortement frotté sur la matrice. À première vue, on pense à des défauts métallurgiques sous-cutanés. Un examen métallographique plus approfondi (coupes transversales du défaut) ne révèle souvent rien d'anormal ; il y a un creux qui ne contient rien.

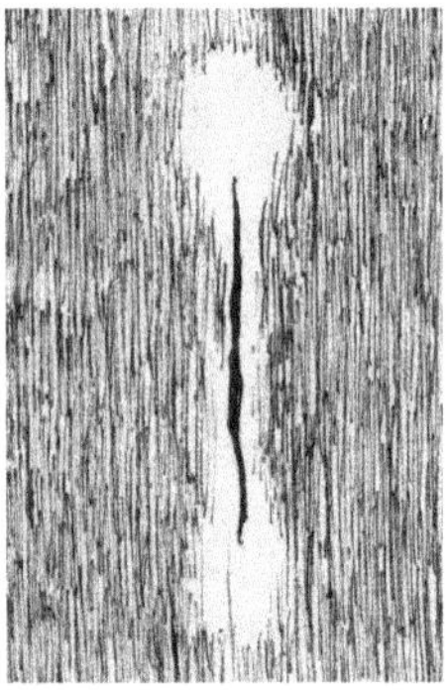

Figure 60.4 – Empreintes visibles sur godets cylindriques (schéma)

Seul le suivi attentif de la fabrication peut alors apporter la solution du problème. L'auteur a eu l'occasion d'examiner ainsi la gamme de fabrication de bobines d'allumage pour automobiles fabriquées sur une presse transfert à bonne cadence. Il a suffi de repérer sur les flans circulaires prédécoupés sur une autre presse la présence aléatoire de très petits copeaux provenant du découpage et de les cercler d'un trait de feutre. Toutes les fissures observées correspondaient à ces particules.

Le mécanisme était simple (figure 60.5) : la particule collée sur le flan par l'huile un peu sèche était enfoncée dans le métal à la première opération OP10, mais elle s'éliminait presque systématiquement à la deuxième et la cavité ainsi formée était refermée par la troisième (OP30), laissant seulement une légère fente qui ne contenait rien. Ce sont les lèvres de cette fissure qui étaient brillantes.

Le remède a donc été d'observer une hygiène plus stricte au découpage des flans, en particulier par un affutage plus fréquent du poinçon et de la matrice de découpe.

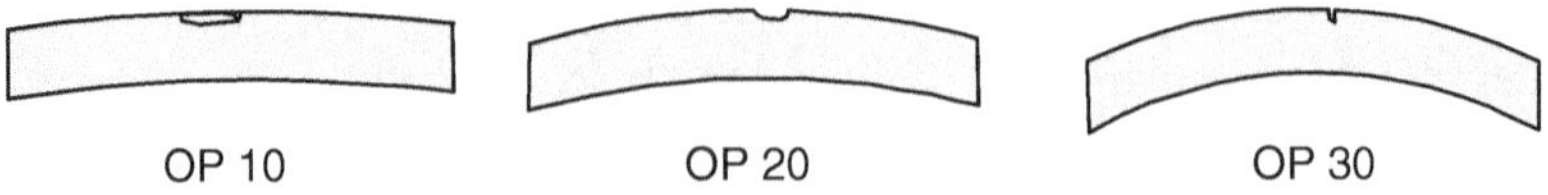

Figure 60.5 – Mécanisme de formation des empreintes

Exemple 23 – Usure de l'outil par pollution extérieure

Un autre cas où l'hygiène était en cause, exceptionnel il faut le dire, concerne l'emboutissage d'autocuiseurs (cocottes minute). Le fabricant produisait les mêmes pièces en acier au carbone et en acier inoxydable. Pour ne pas avoir trop de grippage avec le second matériau, la matrice d'emboutissage était en cupro-aluminium, matériau qui a l'avantage de ne pas être métallurgiquement très compatible avec le fer (évite le grippage) mais qui, malheureusement, s'use facilement.
A un moment donné, ce fabricant a constaté une usure extrêmement rapide de sa matrice, qu'il fallait réusiner presque tous les deux jours. Or, en passant la main sur les paquets de flans, qui provenaient d'un atelier voisin, on constatait la présence de particules. Seul le flan supérieur d'un paquet était affecté. Ces particules ont été prélevées (on « lave » le flan à l'alcool qu'on récupère dans un bécher, on examine les résidus après évaporation) ce qui a permis de voir qu'elles provenaient de travaux en cours sur le bâtiment, dont le chantier n'avait pas été suffisamment protégé.
Ce problème de protection pendant des travaux est un « classique » ; il se rencontre assez fréquemment.

Exemple 24 – Plissement sur pièce conique

Comme on le voit sur le carter d'assistance de freinage représenté à la figure 61.1, un très fort plissement de brin libre a rendu la pièce strictement inutilisable. L'emboutisseur a cru, à tort, reconnaître la direction de laminage telle qu'il l'a indiquée sur la pièce.

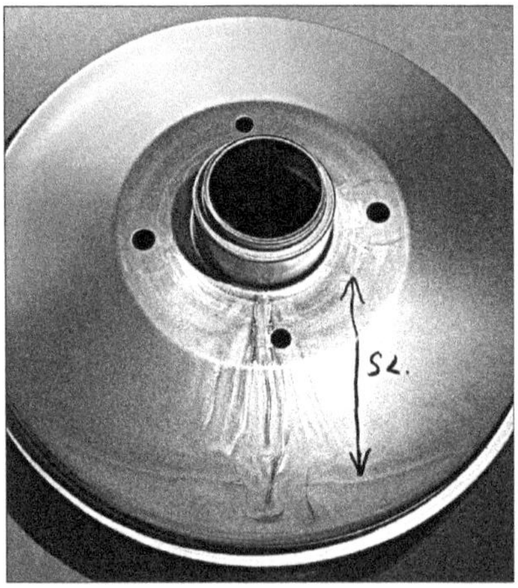

Figure 61.1 – Très fort plissement localisé sur pièce conique

Il pensait sincèrement à l'existence de quelque faiblesse du métal dans cette direction comme étant à l'origine du plissement. C'est là manquer d'esprit d'observation : on remarque en effet une anomalie d'emboutissage à la partie inférieure de la photo. La ligne d'entrée matrice est clairement visible à cet endroit, révélant un avalement anormal du métal sur ce côté.

Cette anomalie résulte tout simplement d'un manque de métal : la bande a dû être décentrée pendant le découpage si bien que le flan n'était pas strictement circulaire mais avait un bord coupé. Peu retenu sous le serre-flan, ce bord a donc glissé très facilement dans l'outil et, comme on l'a vu, il n'y a pas de meilleur moyen pour créer des plis de brin libre.

Exemple 25 – Problème de tension des panneaux plans

Nous l'illustrerons avec le cas d'un pavillon d'automobile et même l'un des cas les plus critiques, celui des pavillons de breaks. Ces pièces sont en effet longues et plates, et il est difficile d'obtenir la déformation nécessaire à une bonne tenue mécanique en service : rigidité et absence de vibrations.

Ce problème a déjà été vu rapidement à la partie F, 38.3, en examinant ses bases physiques. Ici, nous voulons seulement illustrer les difficultés qui se rencontrent quand on essaie d'obtenir un minimum de tension de panneau.

Nous avons eu l'occasion de participer à des essais de mise au point d'un tel outil, réalisé en dur, en utilisant un bon acier d'emboutissage du type DC04. Le but du constructeur automobile était, c'est une règle très générale, d'obtenir une déformation supérieure à 3 % en tout point du panneau.

Au début des essais, on parvenait difficilement à 2 % au centre du pavillon. Les joncs ont été légèrement surélevés en glissant dessous des feuilles de clinquant. Le résultat était peu convaincant. Un relèvement de la force de serre-flan a abouti à des casses près de ces joncs.

Les concepteurs s'étaient réservé une ressource en prévoyant dans le poinçon de l'outil d'essai deux gorges parallèles dans la direction principale et situées à environ un quart de la largeur de chaque côté, ressemblant à ce qui permet la pose des « fixe-au-toit ». On a posé dans la matrice des baguettes supposées entrer dans ces gorges de façon à emboutir deux nervures destinées, d'une part à rigidifier le panneau dans la direction principale et, d'autre part, à tendre la tôle située entre les joncs. Après plusieurs essais de positionnement, cette solution a fonctionné mais nous ne sommes pas parvenus à obtenir plus de 2,5 % de déformation au centre.

L'affaire s'est terminée sur ce demi-échec.

Il y aurait eu des solutions, mais elles exigeaient une révision complète de la conception de l'outil :

- l'une aurait été de disposer des boudins de protection (voir 48.2, partie H) sur le bord du poinçon, mais cela aurait supposé un outil et un flan considérablement plus grands,
- l'autre serait passée par l'emploi d'un outil de stretch-draw, mais il s'agissait d'avoir l'outil et la presse adaptés. Le flan aurait également été plus consommateur de métal.

La solution consistant à donner une sur-courbure au panneau est difficilement applicable dans ce cas : elle serait satisfaisante dans la direction transversale, mais il n'est guère possible de courber un tel pavillon dans le sens de sa longueur.

Signalons aussi que pour obtenir la bonne tension d'un panneau, il est recommandé d'éviter des tôles ayant le défaut appelé centre long. Les ondulations qui existent au centre de la tôle doivent en effet être aplanies avant que l'allongement plastique du métal commence. C'est autant de perdu sur la tension. A tout prendre, mieux vaut un métal ayant un bord long.

Exemple 26 – Utilisation rationnelle des possibilités d'une presse

Cet exemple concerne un panneau arrière d'automobile, la pièce qui comprend l'aile arrière et la custode, dont nous donnons une vue à la figure 61.2. Il a été présenté par des collègues de Sidmar [4].

L'emboutissage de la dépression destinée à l'entrée du réservoir d'essence était à l'origine de déformations cosmétiques du genre « oreilles de Mickey ». Pour les réduire il y avait trois joncs successifs sur le côté repéré A. Mais, si l'on cherchait à trop tendre le métal pour les éviter, des déchirures apparaissaient. La fabrication était possible, mais « pointue » et obligeait à une surveillance serrée des conditions de formage.

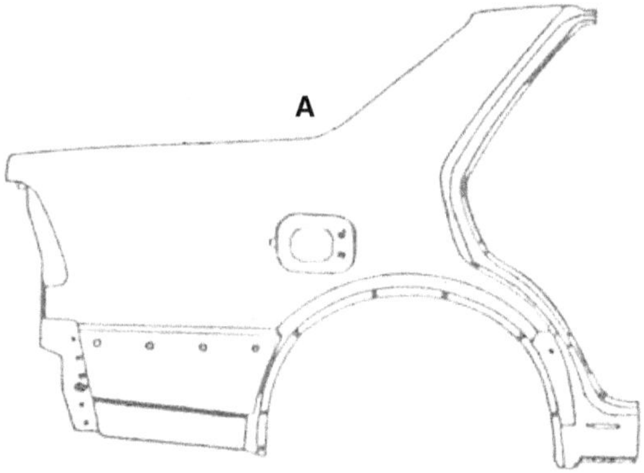

Figure 61.2 – Aile arrière présentant une difficulté vers la trappe à essence

Plusieurs aciers avaient été essayés, sans arriver à un résultat bien satisfaisant. Plusieurs solutions avaient aussi été tentées au niveau du process, en particulier de découper un ou plusieurs trous de décharge sur le flan, tels que représentés sur la figure 61.3.

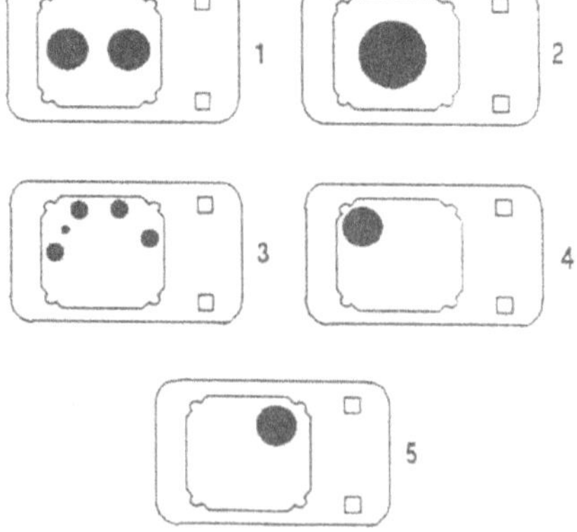

Figure 61.3 – Position des trous de décharge essayés sur la pièce

La solution 1 entraînait souvent la propagation d'une déchirure depuis le trou gauche vers le bord de la trappe. Les solutions 3, 4 et 5 n'étaient pas satisfaisantes. C'est donc la solution 2 qui a été retenue et qui améliorait à elle seule la fabrication. Mais une autre amélioration a consisté à utiliser une des possibilités de la presse qui était de pouvoir modifier la pression de serre-flan durant l'emboutissage. Cela a permis de réaliser une opération de stretch-draw en utilisant au début du cycle une force de serre-flan assez élevée pour tendre le métal, réduite en fin d'emboutissage pour lui permettre de venir en glissant sur les joncs.
La somme des deux modifications a rendu le processus suffisamment robuste.

Exemple 27 – Voilage des panneaux plans

Nous avons déjà donné quelques explications théoriques sur l'origine du voilage. Dans ce qui suit nous voulons seulement rapporter des observations faites pendant des campagnes de fabrication d'une porte de four à micro-ondes et d'un couvercle de boîte. Une explication détaillée des phénomènes, des expériences et des calculs effectués figure dans la référence [5]
Nous avons déjà vu la grille de porte de four, c'est celle représentée à la figure 39.1. Elle est très peu profonde – quelques millimètres – possède une zone centrale ajourée par une multitude de petits trous et voilait fortement dès la première opération d'emboutissage. Ce voilage, quand il dépassait une certaine amplitude, empêchait la pièce de rentrer dans le deuxième outil et la fabrication était stoppée. On a d'abord soupçonné la partie centrale, la grille perforée, d'avoir un comportement très anisotrope. Mais des essais en laboratoire, faits avec et sans perforation ont montré que le voilage restait sensiblement le même.
En fabrication, certains lots donnaient manifestement plus de voilage que d'autre, faisant évidemment penser à un problème lié à l'acier. Or, toutes les mesures de caractéristiques mécaniques indiquaient que les aciers en question ne se différenciaient pas distinctement les uns des autres.
On a aussi soupçonné le processus d'emboutissage, notamment du fait que la lubrification était dissymétrique ; mais le suivi de la fabrication montrait clairement que les pièces voilaient tantôt dans une direction, tantôt dans une autre, d'une façon purement aléatoire.
Restait l'habituelle solution de sortie dans de tels cas, qui consiste à dire que les contraintes résiduelles (sous-entendu, celles de la tôle livrée) étaient à l'origine du problème. Elles ont donc été mesurées sur des pièces de lots différents et il est effectivement apparu qu'elles variaient sensiblement : un niveau de l'ordre de 30 MPa, avec une distribution extrêmement hétérogène sur certains flans, un état compressif assez homogène de – 55 MPa sur d'autres, etc.
Le fait extraordinaire et très significatif est que tous ces flans, quelle que soit la répartition et le niveau des contraintes mesurées, ont voilé avec exactement la même amplitude durant leur passage sur la ligne de fabrication.
Force a donc été de retenir l'idée selon laquelle c'était le processus d'emboutissage lui-même qui introduisait les contraintes résiduelles à l'origine du voilage, malgré le fait que des lots réagissent de façons différentes. Nous avons déjà expliqué que

c'est la différence de tension subie par les diagonales, comparée à celle des autres directions qui « tire » les coins de la pièce hors de leur plan et est à l'origine du défaut de planéité.

Une remarque intéressante pour la compréhension du phénomène est que des pièces similaires, mais ayant la partie centrale de la grille légèrement bombée, ne voilaient jamais. L'explication tient au fait que les différences de retour élastique sont facilement accommodées par une surface qui n'est pas plane. Sa courbure varie de façon très légère, ce qui ne se voit même pas mais suffit à résorber les tensions.

La géométrie de la pièce étant fixée par son insertion dans les portes et les outils ne pouvant pas être modifiés sans interruption longue de la fabrication, le seul remède a consisté à jouer sur la force de serre-flan. Par tâtonnement, l'emboutisseur a finalement trouvé un réglage qui, sans supprimer le problème, en diminuait suffisamment l'amplitude pour que la fabrication se déroule de façon acceptable.

Les calculs par éléments finis exécutés à cette occasion ont totalement confirmé les hypothèses émises. Mais ils n'ont pas permis de trouver une solution simple. C'est dès la conception de la pièce qu'il faudrait exécuter de tels calculs pour voir si sa géométrie est sensible au voilage ou non. Des modifications souvent mineures et très faisables à ce stade pourraient régler le problème. La preuve en est que beaucoup de pièces planes ne voilent pas, ce qui montre bien que c'est la géométrie même qui est le facteur le plus important.

Mais il n'est pas toujours possible d'utiliser la modélisation par éléments finis pour étudier le voilage car elle demande, d'abord, une grande compétence en matière de programmation et, ensuite, des temps de calcul qui ne se justifieraient que sur des problèmes affectant de très gros volumes de pièces, ce qui n'est pas souvent le cas.

Heureusement, les bonnes vieilles solutions peuvent encore marcher dans certains cas. Un emboutisseur se plaignait d'un fort voilage sur le couvercle d'une boîte à sucre du genre de celui représenté à la figure 61.4.

Figure 61.4 – Couvercle de boîte à sucre avec voilage et coupe du couvercle

Il était trop onéreux de faire des calculs par éléments finis mais il lui a été suggéré de modifier légèrement la forme des rayons de la marche présente sur le couvercle (même figure, zone encadrée à droite). Il a donc réalisé plusieurs géométries de poinçons en bois dur et a trouvé une forme – peu différente de l'initiale – qui rendait le problème très supportable.

Exemple 28 – Voilage : influence de l'ordre des opérations

Nous avons eu l'occasion de suivre (de loin) une étude déclenchée suite au voilage d'un dossier de siège arrière d'automobile. C'est une pièce plate fortement nervurée et comportant un bord tombé tout autour (figure 61.5).

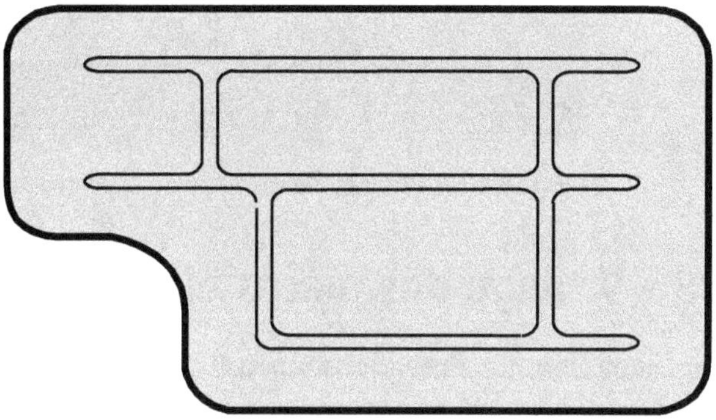

Figure 61.5 – Dossier arrière d'une banquette automobile dite « deux tiers - un tiers »

On a observé que le voilage apparaissait dès la première opération d'emboutissage qui consistait à imprimer les nervures seules. Comme pour l'exemple du four, le flan n'entrait plus ensuite dans le deuxième outil. Il a été montré qu'en faisant d'abord le tombage de bord et seulement ensuite les nervures, le voilage était réduit.

Ceci nous amène à signaler un fait peu connu et d'apparence incongrue : en face d'un voilage marqué, la réaction consiste souvent, quand c'est possible, à essayer de rigidifier le panneau en y ajoutant des nervures de raidissement. Le résultat est souvent à l'inverse de celui escompté : le voilage subsiste et si son amplitude n'augmente pas il devient, en revanche, plus « dur », c'est-à-dire qu'il faut plus d'effort pour ramener la pièce en position plane (position qu'elle s'empresse de quitter pour passer à la position voilée inverse).

L'influence marquée de l'ordre des opérations a également été démontrée, sur une ligne pilote cette fois, relativement à l'ordre d'emboutissage des gradins et du bord d'un couvercle rond (figure 61.6). On peut avoir aussi bien un fort voilage, comme le représente la figure, que pas de voilage du tout, et ceci avec le même lot d'acier.

Il faut donc retenir de ces exemples, même si cela choque les habitudes de facilité mettant en cause le seul matériau, que les problèmes de voilage sont essentiellement la conséquence d'une conception défavorable des pièces. Malheureusement, le niveau de compréhension des phénomènes mécaniques est insuffisant aujourd'hui pour permettre d'édicter des règles permettant d'éviter le voilage dès le niveau de la conception.

J

EXEMPLES

Figure 61.6 – Couvercle de boîte de conserve voilé

Exemple 29 – Vrillage des pièces élancées

Par pièces élancées, nous entendons surtout les traverses, brancards, longerons, etc. utilisés essentiellement en automobile. Quand ils sont strictement rectilignes et symétriques, ils ne vrillent normalement pas. Mais quand ils ont des formes tourmentées, ce qui est le cas de beaucoup de longerons et brancards, le vrillage est un phénomène courant. L'explication doit encore être recherchée dans un déséquilibre des contraintes induites par le formage, lesquelles provoquent un retour élastique d'amplitude qui varie selon les zones de la pièce.
Considérons le schéma de la figure 61.7 : on voit très clairement que des zones, telles que A, ont été fortement comprimées en rétreint pendant l'emboutissage, d'autres (B) ont été au contraire déformées par expansion et d'autres enfin (C) n'ont subi qu'une faible déformation.

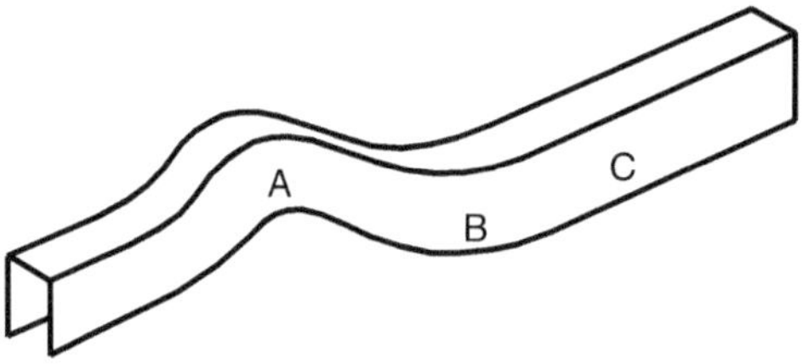

Figure 61.7 – Zones de déformation différente dans un longeron

Les parties qui ont subi, pendant le formage, une compression vont avoir tendance à se dilater lors de l'ouverture de l'outil. Il en va à l'inverse des zones initialement déformées en expansion. Les chances pour que ces différents retours élastiques se compensent exactement, particulièrement entre un côté et l'autre, sont évidemment très faibles et une distorsion globale en résultera qui se manifeste par le fait que certaines « fibres » seront plus longues que d'autres : c'est l'origine du vrillage.
Un remède métallurgique serait d'utiliser un acier sans aucune consolidation, ce qu'on appelle le solide parfaitement plastique. Dans ce cas, la courbe de traction

est strictement plate dès qu'est passée la limite d'élasticité, d'où il résulte que, quelle que soit la déformation réalisée, la contrainte atteinte est toujours identique. Le retour élastique est donc lui aussi toujours de même amplitude et il n'y a aucune variation de celui-ci sur toute la pièce, donc pas de distorsion majeure comme nous venons de le voir.

Évidemment, ce remède ne peut être recommandé dans tous les cas, surtout s'il existe des zones de localisation de la déformation, lesquelles ne peuvent être contrées que par une bonne consolidation, donc un coefficient d'écrouissage élevé.

C'est pourtant cette solution qui est plus ou moins utilisée avec l'usage des aciers DP dits DP-HLE, c'est-à-dire ayant été vigoureusement skin-passés pour relever leur limite d'élasticité et réduire leur consolidation. On croit souvent que le premier objectif cité est le seul visé, pour assurer que toutes les zones de la pièce auront une contrainte d'écoulement suffisante pour assurer une bonne tenue en service. Mais il s'avère que les pièces réalisées avec ces aciers DP-HLE dont la formabilité a été volontairement dégradée résistent mieux au vrillage que celles faites avec un acier DP normal ayant une forte consolidation.

La solution cependant la plus utilisée consiste à essayer d'équilibrer les retours élastiques des différentes zones, en général par la disposition judicieuse de joncs, voire de surfaces additionnelles modifiant la répartition des déformations. Ces remèdes peuvent être appliqués par la méthode du « trial and error » ou, comme le suggère Yoshida [6], par le calcul.

BIBLIOGRAPHIE

Partie A

Bibliographie

1. GEOFFROY J. L., COL A., « Thermal influences during tensile testing », IDDRG Conference, Olofström, Suède, Juin 2008.
2. HOLLOMON J. H., « Tensile Deformation », Transactions, American Institute of Mining and Metallurgical Engineers, vol. 162, 1945.
3. COL A., « About the under-estimated influence of the yielding plateau », ESAFORM Congress, Kracovie, 2002.
4. BALDWIN W. M., HOWALD T. S., ROSS A. W., « Relative triaxial deformation rates », Trans. of American Institute of Mining and Metallurgical Engineers, vol. 166, 1946.
5. SUDO C., HIROSE Y., HAYASHI Y., « Super formative steel sheet with excellent stretchability and low effective yield strength », IDDRG Conference, Borlänge, Suède, Juin 1990.

Pour en savoir beaucoup plus...

JAOUL B., *Étude de la plasticité et application aux métaux*, Mines Paris, ParisTech, Les presses, réédition de 2008.

HAYDEN H. W., MOFFATT W. G., WULFF J., *The structure and properties of materials – Volume III : Mechanical behaviour*, John Wiley and Sons, Inc, New York, 1965.

GRUMBACH M., *L'essai de traction*, OTUA.

Partie B

Bibliographie

1. HALL-PETCH, *J. of Iron and Steel Institute*, 173, 1954.
2. YUTORI Y., NOMURA S., KOKUBO I., ISHIGAKI H., « Studies on the static dent resistance », 11th IDDRG Congress, Metz, France, 1980.
3. « Système de désignation des aciers », Norme NF EN 10027-1, AFNOR, novembre 2005.
4. MURRY G., *Désignation normalisée des aciers (M 302)*, Techniques de l'Ingénieur, traité Métallurgie.

5. Avendano J. L., Fernadez J. I., Schedin E., Kajberg J., Ratte E., Frehn A., « Implementation of a non-isothermal material model for austenitic stainless steels in deep drawing simulation – finding of optimal process parameters for improving deep drawability », Conférence IDDRG, Besançon, 2005.
6. Cayssials F., « Specific Forming Limit Curves for Tailored Blanks », ISS congress, USA, 1998.
7. Cayssials F., « An industrial application of specific Forming Limit Curves for tailored welded blanks », IDDRG Congress, Ann Harbor, USA, 2000.

Pour en savoir beaucoup plus...

Béranger G., Henry G., Sanz G., *Le livre de l'acier*, Technique et documentation – Lavoisier, 1994.

Lacombe P., Baroux B., Béranger G., *Les aciers inoxydables*, Les Éditions de Physique, 1990.

Cunat P.-J., *Travailler les aciers inoxydables*, SIRPE Éditeur, 1998.

Partie C

Bibliographie

1. Norme NF EN 10049, « Mesure de la rugosité moyenne Ra et du nombre de pics RPc sur les produits plats métalliques », Février 2006.
2. Norme NF EN ISO 4287, « Spécification géométrique des produits (GPS) – État de surface : méthode du profil », Décembre 1998.
3. Felder E., *Lubrification en mise en forme – principes généraux et choix*, Techniques de l'Ingénieur, dossier BM 7530.
4. Stribeck R., « Die wesentlichen Eigenschaften der Gleit und Rollenlager », Zeitschrift VDI, 96, 1902.
5. Emmens W., « Some frictional aspects in deep drawing », IDDRG Working Groups, WG 1, Schaffhausen, 1987.
6. Montfort G., D'Hayer R., Defourny J., Leroy V., « The major factors governing friction during stamping operations of steel sheets », IDDRG Working Groups, WG2, Budapest, 1989.
7. Rault D., Entringer M., « Anti-galling roughness permitting a reduction of blankholder pressure and the amount of lubricant during the forming of sheets », IDDRG Conference, Ann Harbor, 1976.

Pour en savoir beaucoup plus...

Felder E., *Tribologie de l'emboutissage*, Les Techniques de l'Ingénieur, B 7535.

Partie D

Bibliographie

1. Karima M., Chandrasekaran N., Tse W., « Process signatures in metal stamping : basic concepts », *J. Materials Shaping Technology*, vol. 7, n° 3, pp. 169-183, 1989.
2. Keeler S. P., Backofen W. A., « Plastic Instability and Fracture in Sheets Stretched Over Rigid Punches », Trans. ASM 56, 25, 1963.
3. Goodwin G. M., « Application of strain analysis to sheet metal forming problems in the press shop », SAE paper n° 680093, January 1968.
4. Gensamer M., « Strength and ductility, Campbell lecture », Trans. ASM, 361949, 1946.
5. Grumbach M., Sanz G., « Influence de quelques paramètres sur les courbes limites d'emboutissage », *Revue de métallurgie*, 69, avril 1972.
6. Norme EN ISO 12004-1 de décembre 2008, « Matériaux métalliques – Tôles et bandes – Détermination des courbes limites de formage – Partie 1 : mesurage et application des diagrammes limites de formage dans les ateliers d'emboutissage ».
7. Nakajima K., Kikuma T., Asuka K., « Study on the formability of steel sheet », *Yawata Technical Report*, n° 264, September 1968.
8. Norme NF EN ISO 12004-2 de décembre 2008, « Matériaux métalliques – Tôles et bandes – Détermination des courbes limites de formage – Partie 2 : détermination des courbes limites de formage en laboratoire ».
9. Marciniak Z., Kuczinski K., « Limit strains in the process of stretch forming sheet metal », *Int. Journ. Mech. Sci.*, vol. 9, 1967.
10. Hecker S. S., « A simple forming limit curve technique and results on aluminium alloys », IDDRG, Amsterdam, October 1972.
11. Veerman C. C., Hartman L., Peels J. J., Neve P. F., « Determination of appearing and admissible strains in cold reduced sheets », *Sheet Metal Industry*, vol. 48, September 1971.
12. Bragard A., Baret J. C., Bonnarens H., « A simplified technique to determine the FLD at the onset of necking », IDDRG 1972, WG I, Amsterdam, October 1972.
13. Marron G., Moinier L., Patou P., Celeski J. C., « A new necking criterion for forming limit diagrams », IDDRG 1997, WG III, Haugesund, May 1997.
14. Kobayashi T., Ishigaki H., Abe T., « Effect of strain ratios on the deforming limit of steel sheet and its application to actual press forming », IDDRG conference, Amsterdam, Oct. 1972.
15. Keeler S. P., Brazier W.G., « Relationship Between Laboratory Material Characterization and Press Shop Formability », Microalloying 75, Washington, October 1975.

16. Kleemola H. J., Kumpulainen J., Ranta-Eskola A., « Factors influencing the forming limits of sheet metals ». *Mémoires Scientifiques de la Revue de Métallurgie*, Mars 1980.

17. Col A., « Forming Limit Diagrams : past, present and future », IDDRG Conference, Nagoya, Juin 2002.

18. Col A., « Forming Limit Diagrams : are we at a turn ? », IDDRG Conference, Besançon, June 2005.

19. Col A., « About the neglected influence of gradients on strain localization », Numiform Conference, Porto, June 2007.

20. Geoffroy J. L., « Adequat use of FLCs », IDDRG Conference, Gyor, Juin 2007.

21. Vallellano C., Morales D., Garcia-Lomas F. J., « On the study of the effect of bending in the formability of metal sheets », Numisheet Conference, Interlaken, 2008.

22. Till E., Berger E., Larour P., « On an exceptional forming behaviour aspect of AHSS sheets », IDDRG Conference, Olofström, 2008.

23. Green D. E., Levy B. S., « Effect of bending over a radius on the North American Forming Limit Curve », IDDRG Conference, Bled, May 2003.

24. Keeler S., « Simulating AHSS – Advanced High-Strength Steel », MDC and Steel Alliance Meeting, October 2002.

25. Geoffroy J. L., Adami J. P., « Influence of the specimen geometry for the determination of the uniaxial tension necking point for FLD », IDDRG Conference, Besançon, June 2005.

26. Geoffroy J. L., « Validity of the FLD's calculations », IDDRG, WG III, Genval, June 1998.

27. Cayssials F., « A new method for predicting FLC », IDDRG Conference, Genval, June 1998.

28. Cayssials F., Lemoine X., « Predictive model of FLC (Arcelor model) upgraded to UHSS steels », IDDRG Conference, Besançon, June 2005.

29. Mattiasson K., Sigvant M., Larsson M., « Methods for Forming Limit Prediction in ductile metal sheets », IDDRG Conference, Porto, June 2006.

30. Mattiasson K., Sigvant M., Larsson M., « Theoretical and experimental sheet metal failure evaluation », IDDRG Conference, Gyor, June 2007.

31. Arrieux R., Bedrin C., Boivin M., « Determination of an intrinsic forming limit stress diagram for isotropic metal sheets », IDDRG Conference, WG I, Santa Margherita Ligure, May 1982.

32. Stoughton T., « A general forming limit criterion for sheet metal forming », *Int. Joun. of Mech.* Sciences, 42, p. 1-27, 2000.

33. Ofenheimer A., Lind C., « Judging numerically the forming severity for non-proportional loading conditions considering the influence of forming history on sheet formability », FLC's 2006, Zürich, Switzerland, March 2006.

34. MATTIASSON K., SIGVANT M., « On the choice of the yield criterion for industrial sheet forming simulation », IDDRG Conference, Besançon, June 2005.

35. KUWABARA T., « Advances of plasticity experiments on metal sheets and tubes and their applications to constitutive modelling », Numisheet Conference, Detroit, August 2005.

36. KESSLER L., GERLACH G., AYDIN M. S., « Does the measurement of more material data necessarily result in higher forming simulation accuracy ? », IDDRG Conference, Olofström, June 2008.

Pour en savoir beaucoup plus...

MARCINIAK Z., DUNCAN J. L., *The Mechanics of Sheet Metal Forming*, Edward Arnold editor, 1992. (Ouvrage très bien documenté, assez théorique, pour ingénieurs).

BANABIC D., *Advanced Methods in Material Forming*, Springer-Verlag, 2000. (Ouvrage très théorique, mais indispensable pour une compréhension totale des lois de comportement, des critères de plasticité, etc.).

WAGONER R.H., CHENOT J.L., *Fundamentals of Metal Forming*, Wiley, 1997.

Partie E

Bibliographie

1. BALDWIN W. N. J^r^, HOWALD T. S., ROSS A. W., « Relative Triaxial Deformation Rates, Transactions », *American Institute of Mining and Metallurgical Engineers*, vol. 166, 1946.

2. LANKFORD W. T., LOW J. R. J^r^, GENSAMER M., « The Plastic Flow of Aluminum Alloy Sheet under Combined Loads Transactions », *American Institute of Mining and Metallurgical Engineers*, vol. 171, 1947.

3. WHITELEY R. L., « The importance of directionality in drawing quality sheet steels », *Transactions of ASM*, vol. 52, 1960, pp. 154-163.

4. CHUNG S. Y., « Stress analysis of reverse redrawing of cylindrical shells », *Sheet Metal Industry*, vol. 28, pp. 453-458, 1951.

Partie F

Bibliographie

1. GREEN D., « A Visual Technique to Determine the Forming Limit for Sheet Materials », SAE paper 2002-02M-112, 2002.

2. HAYASHI Y., TAKAGI M., « Control of Side Wall Curl in Draw-Bending of High Strength Steel Sheets », *Advanced Technology of Plasticity*, 1984, vol. 1.

3. COL A., GIFFARD-BOUVIER S., MOUSSU F., « The origin of panel twist : a complex function of shape, process and material », IDDRG Congress, Ann Harbor, 2000.

4. GREEN D., LEVY B. S., « Effect of Bending over a Radius on the North American Forming Limit Curve », IDDRG 2003, Bled, May 2003.

5. FUKUI S., YURI H., YOSHIDA K., « Aeronautic Research Institute », Univ. Of Tokyo, Report n° 332, 1958.

□ Pour en savoir beaucoup plus...

FRANCOIS D., *Essais d'aptitude à la mise en forme*, Les Techniques de l'Ingénieur, M 4162, 2006.

■ Partie G

□ Bibliographie

1. KARIMA M., CHANDRASEKARAN N., TSE W., « Process signatures in metal stamping : basic concepts », *J. Materials Shaping Technology*, vol. 7, n° 3, p. 169-183, 1989.
2. COL A., JOUSSERAND P., « Mechanisms involved in the hole expansion test », IDDRG Conference, Olofström, Suède, 2008.

□ Pour en savoir beaucoup plus...

LANGE C., *Sertissage à plat pour la carrosserie automobile : procédé*, Les Techniques de l'Ingénieur, BM 7865, 2007.

LANGE C., *Sertissage à plat pour la carrosserie automobile : simulation numérique*, Les Techniques de l'Ingénieur, BM 7866.

■ Partie H

□ Bibliographie

1. RONDÉ OUSTAU F., *Conception et mise au point d'une gamme d'emboutissage*, Les Techniques de l'Ingénieur, B 7540.

□ Pour en savoir beaucoup plus

Metal Forming Handbook, Schuler, Springer Editions, 1998.
LEBRETON C., TOUSSAINT H., « Évolution des aciers à outils et des revêtements en découpage-emboutissage », Conférences du CETIM, décembre 2004.
PEYRE J.-P., LEBRETON C., « Évolution des matériaux utilisés pour la réalisation d'outillages de découpage-emboutissage », Conférences du Cetim, décembre 2003.

■ Partie I

□ Bibliographie

1. DUROUX P., BATOZ J. L., « Une méthode d'évaluation des déformations dans les tôles minces embouties », École d'été d'Oléron, 1987.
2. HONECKER A., MATTIASSON K., « Finite element procedure for 3D sheet forming simulation », Numiform 89, Rotterdam, 1989.
3. SIGVANT M., CARLEER B., « Influence on simulation results from material and process scatter », Conférence IDDRG, Porto, 2006.

4. BEN AYED L., « Thèse : Modélisation numérique de l'emboutissage et optimisation des outils serre-flan », Université de technologie de Compiègne, décembre 2005.

5. MATTIASSON K., SIGVANT M., « On the choice of yield criterion for industrial sheet forming simulation », Conférence IDDRG, Besançon, 2005.

Pour en savoir beaucoup plus...

BATOZ J. L., *Modélisation des structures par éléments finis*, Hermes Science Publications, 2002.

MAKINOUCHI A., TEODOSIU C., NAKAGAWA T., « Advance in FEM Simulation and its related technologies in Sheet Metal Forming », *Annals of the CIRP 47* (1998) 2, 641-649.

Partie J

Bibliographie

1. COL A., « About the under-estimated influence of the yielding plateau », ESAFORM Conference, Cracovie, Pologne, 2002.

2. OKAMOTO T., HAYASHI Y., « The study on wall breakage in the deep drawing of square shells », IDDRG Conference, Liège, Belgium, 1966.

3. KAMI C., OKUDA K., KAWABATA Y., HIRA T., TOSAKA A., FURUKIMI O., « Effect of Lankford value on square cup drawability », IDDRG Conference, Ann Harbor, USA, 2000.

4. VAN DER HOEVEN J.-M., DE MARÉ C., LUNDGREN K., BRATTSTRÖM L.-E., ANDERSSON K., « Avoiding surface deflections on an automobile rear fender », IDDRG WG I, Pisa, Italy, 1991.

5. COL A., GIFFARD-BOUVIER S., MOUSSU F., « The origin of panel twist : a complex function of shape, process and material », IDDRG Conference, Ann Harbor, USA, 2000.

6. YOSHIDA F., « Optimum drawbead setting for springback control in sheet metal forming », Springback Seminar, Les Diablerets, Suisse, 2007.

LEXIQUES

Français – Anglais

Aile (de voiture)	*Fender*
Ajourage	*Perforation*
Alésé (pour un trou)	*Reamed (hole)*
Allongement	*Elongation*
Allongement à rupture	*Total elongation*
Allongement réparti	*Uniform elongation*
Amenage, alimentation	*Feeding*
Amincissement	*Thinning*
Angle de balance	*Tip angle*
Angle de dépouille	*Draft angle*
Anisotropie planaire	*Planar anisotropy*
Anisotropie plastique	*Plastic anisotropy*
Atelier d'emboutissage	*Press shop*
Avalement	*Draw-in*
Balancement	*Tipping*
Bande	*Strip*
Barquette	*Tray*
Bâti de presse	*Press bed*
Bavure	*Burr*
Bobine (de tôle)	*Coil*
Bord long	*Over rolled edges*
Bord long	*Wavy edges*
Bordage	*Curling*
Bossage	*Embossement*
Boudin de protection	*Protective roll*
Bourrage de métal	*Build-up*
Brin libre	*Unsupported area*
Broutage	*Stick-slip*
Butée	*Kiss block*
Caffût	*Scrap*
Caisse en blanc (de voiture)	*Body in white*
Cale de compensation	*Kiss block*
Cale de compensation	*Stopper*
Calibrage	*Restriking*
Cambrage	*Cambering*
Campagne (d'emboutissage)	*Batch*
CAO	*CAD*
Capot de coffre	*Trunk lid*
Capot moteur	*Bonnet (en)*
Capot moteur	*Hood (am)*
Cassure ductile, déchirure	*Split*
Centre long	*Center buckle*
Chandelle	*Pin*
Changement d'outillage	*Tool changeover*
Chapiteau (d'une presse)	*Crown*
Cintrage à galets	*Roll bending*
Cintre (d'une bande)	*Coil set*
Cintre (d'une bande)	*Curl strip*
Cire	*Wax*
Cisaillement	*Shear*
CLF	*FLC*
Coefficient d'anisotropie	*r-value*
Coefficient d'écrouissage	
Coefficient de frottement	*Friction coefficient*
Coefficient n	*n-value*
Coin, angle	*Corner*
Collerette	*Flange*
Collet (d'un trou)	*Plunged rim (of a hole)*
Collet relevé	*Tapped hole (am)*
Concentrateur de contrainte	*Stress raiser*
Conformation	*Re-struck*
Contrainte	*Stress*
Contrainte d'écoulement	*Flow stress*
Contrainte résiduelle	*Residual stress*
Contrainte vraie	*True stress*
Convoyeur	*Conveyor*
Corne d'emboutissage	*Ear*
Coulisseau	*Slide (am)*
Coulisseau plongeur	*Punch ram*
Coup d'ongle	*Fishscale*
Courbe Limite de Formage	*Forming Limit Curve*
Courbe rationnelle	*Stress-strain curve*
Courbure	*Curvature*
Courbure (d'un mur)	*Wall curling*
Course	*Stroke*
Coussin	*Cushion*
Coussin	*Market*
Crevé	*Lancing*
Critère	*Criterion*
Critère de plasticité	*Plasticity criterion*
Débouchure	*Punchout*
Débouchure	*Slug*
Déchet	*Waste material*
Déchet, caffût	*Scrap*

Déchirure	*Tear*
Découpage fin	*Fine blanking*
Découpe des flans	*Blanking*
Déformation	*Strain*
Déformation principale	*Major strain*
Déformation secondaire	*Minor strain*
Déformation vraie	*True strain*
Dépliage	*Bend-off (am)*
Dépliage	*Unbending*
Dépression, rainure	*Tough*
Détourage	*Trimming*
Dévêtisseur	*Stripper*
Diagramme de formage	*FLD*
Double effet	*Double action*
Dressage	*Straightening*
Durcissement à la cuisson	*Bake hardening*
Durée de mise au point	*Lead time*
Ebavurage	*Deburring*
Ecrouissage	*Strain hardening*
Ecrouissage	*Work hardening*
Effet	*Action*
Ejecteur	*Ejector pin*
Emboutissabilité	*Drawability*
Emboutissage	*Press forming*
Emboutissage	*Stamping*
Emboutissage profond	*Deep drawing*
Empilement	*Stack*
Empreinte	*Imprint*
Empreinte	*Indent*
Enveloppement	*Binder Wrap*
Epaisseur	*Thickness*
Epaississement	*Thickening*
Eprouvette	*Test piece*
Essai de traction	*Tensile test*
Estampage	*Stamping*
Etirage	*Ironing*
Event	*Vent*
Expansion	*Stretching*
Expansion de trou	*Hole expansion*
Extensomètre	*Extensometer*
Extracteur	*Extractor*
Fer blanc (APE)	*Tinplate*
Fer chromé	*Tin Free Steel (TFS)*
Feuillard	*Strip*
Fibre neutre	*Neutral axis*
Flambage	*Buckling*
Flan	*Blank*
Flan soudé	*Tailor welded blank*
Flexion	*Bending*
Flip Flop	*Oil canning*
Force au poinçon	*Punch load*
Formage sur caoutchouc	*Rubber-pad forming*
Frapper	*Coin*
Frapper	*Restruck*
Frottement	*Friction*
FSF	*BHF*
Gabarit	*Template*
Gamme (d'outillage)	*Tool line*
Gauchissement	*Buckling*
Genouillère	*Toggle*
Godet	*Cup*
Godet carré	*Square cup*
Gonflement	*Bulging*
Gorge, rainure	*Groove*
Goutte d'huile (défaut)	*Oil blister*
Graisse	*Grease*
Grille	*Grid*
Grippage	*Galling*
Habillage	*Addendum*
Huile	*Oil*
Huile de protection	*Protective oil*
Hydroformage	*Hydroforming*
Jauge de déformation	*Strain gauge*
Jeu	*Clearance*
Jeu	*Gap*
Jeu	*Play*
Jonc de freinage	*Draw bead*
Lame	*Blade*
Laminé à chaud	*Hot rolled*
Laminé à froid	*Cold rolled*
Ligne de style	*Character line*
Limite d'élasticité	*Yield strength*
Limite d'élasticité	*Yield stress*
Longeron, brancard	*Rail*
Longueur de palier	*Yield strength elongation*
Lubrifiant	*Lubricant*
Manque de tension	*Loose metal*
Marquette	*Cushion*
Matriçage	*Coining*
Matrice	*Die*
Mise au point	*Try-out*
Mur	*Wall, sidewall*
Nervure	*Stiffening rib*
Nez de poinçon	*Punch nose*
Ondulation	*Buckling*
Opération	*Stage*
Oreille de Mickey	*Teddy bear ears*
Outil progressif	*Progressive die*
Palier de limite d'élasticité	*Yield point elongation*
Panneau	*Panel*
Panneau arrière (de voiture)	*Rear quarter*
Peau d'orange	*Orange peel*

Picot	*Pimple*
Pièce	*Part*
Pied avant	*A-pillar*
Pied milieu	*B-pillar*
Pierrage	*Stoning*
Planage sous traction	*Stretch flattening*
Planéité	*Flatness*
Planeuse	*Leveller*
Plaque	*Plate*
Pli	*Fold*
Pli	*Wrinkle*
Pliage	*Bending*
Pliage	*Bend-on (am)*
Pliage en l'air	*Air bending*
Plieuse à volet	*Folder*
Plissement	*Wrinkling*
Poinçon	*Punch*
Poinçonnage	*Punching*
Point mort bas	*Bottom dead-center*
Point mort haut	*Upper dead-center*
Presse	*Press*
Presseur	*Pressing pad*
Procédé	*Process*
Profilage à froid	*Contour rolling*
Profilage à froid	*Profile rolling*
Profondeur	*Depth*
Raidisseur	*Stiffener*
Rainure	*Groove*
Rapport d'emboutissage	*Drawing ratio*
Rayon de matrice	*Die radius*
Rayon de poinçon	*Punch radius*
Rayure	*Scratch*
Redan	*Edge bead (?)*
Réemboutissage	*Redrawing*
Refendage	*Slitting*
Relevé de collet	*Tapped hole (am)*
Repassage	*Ironing*
Réseau	*Grid*
Résistance à la traction	*Tensile strength*
Ressort à gaz (à azote)	*Gas spring*
Retour élastique	*Springback*
Retournement	*Reverse drawing*
Rétreint	*Shrink drawing*
Rugosité	*Roughness*
Ruine	*Failure*
Sabre (d'une bande)	*Cambered*
Section transversale	*Cross section*
Serre-flan	*Blankholder*
Sertissage	*Hemming*
Signature	*Signature*
Simple effet	*Single action*
Skin-pass	*Temper rolling*
SLF	*FLS*
Striction	*Neck*
Striction diffuse	*Diffuse necking*
Striction localisée	*Localised necking*
Strié	*Corrugated*
Support de matrice	*Die holder*
Sur-courbage	*Over-crowning*
Surface de plasticité	*Yield surface*
Surface Limite de Formage	*Forming Limit Surface*
Table de presse	*Bolster (am)*
Table de presse	*Table*
Tassage (d'un pli)	*Coining*
Tôle	*Sheet*
Tombage de bord	*Flanging*
Tombage de bord	*Wiping (am)*
Trace de l'entrée matrice	*Draw line*
Traction plane	*Plane strain*
Trajectoire de déformation	*Strain path*
Trou de décharge	*Releasing hole*
Trou d'évent	*Venting hole*
Tuilage (d'une bande)	*Cross bow*
Vermiculure	*Stretcher mark*
Vieillissement	*Ageing*
Vitesse de déformation	*Strain rate*
Vitesse de formage	*Forming velocity*
Voilage	*Twisting*
Vrillage	*Twist, buckling*
Zone arrachée	*Torn area*
Zone cisaillée	*Burnished area*
Zone de serrage	*Binder*
Zone démouillée	*Dry spot*

Anglais – Français

Action	Effet
Addendum	Habillage
Ageing	Vieillissement
Air bending	Pliage en l'air
A-pillar	Pied avant
Bake hardening	Durcissement à la cuisson
Batch	Campagne (d'emboutissage)
Bending	Flexion
Bending	Pliage
Bend-off (am)	Dépliage
Bend-on (am)	Pliage
BHF	FSF
Binder	Zone de serrage
Binder Wrap	Enveloppement
Blade	Lame
Blank	Flan
Blankholder	Serre-flan
Blanking	Découpe des flans
Body in white	Caisse en blanc (de voiture)
Bolster (am)	Table de presse
Bonnet (en)	Capot moteur
Bottom dead-center	Point mort bas
B-pillar	Pied milieu
Buckling	Flambage
Buckling	Gauchissement
Buckling	Ondulation
Build-up	Bourrage de métal
Bulging	Gonflement
Burnished area	Zone cisaillée
Burr	Bavure
CAD	CAO
Cambered	Sabre (d'une bande)
Cambering	Cambrage
Center buckle	Centre long
Character line	Ligne de style
Clearance	Jeu
Coil	Bobine (de tôle)
Coil set	Cintre (d'une bande)
Coin	Frapper
Coining	Matriçage
Coining	Tassage (d'un pli)
Cold rolled	Laminé à froid
Contour rolling	Profilage à froid
Conveyor	Convoyeur
Corner	Coin, angle
Corrugated	Strié
Criterion	Critère
Cross bow	Tuilage (d'une bande)
Cross section	Section transversale
Crown	Chapiteau (d'une presse)
Cup	Godet
Curl strip	Cintre (d'une bande)
Curling	Bordage
Curvature	Courbure
Cushion	Coussin
Cushion	Marquette
Deburring	Ebavurage
Deep drawing	Emboutissage profond
Depth	Profondeur
Die	Matrice
Die holder	Support de matrice
Die radius	Rayon de matrice
Diffuse necking	Striction diffuse
Double action	Double effet
Draft angle	Angle de dépouille
Draw bead	Jonc de freinage
Draw line	Trace de l'entrée matrice
Drawability	Emboutissabilité
Draw-in	Avalement
Drawing ratio	Rapport d'emboutissage
Dry spot	Zone démouillée
Ear	Corne d'emboutissage
Edge bead (?)	Redan
Ejector pin	Ejecteur
Elongation	Allongement
Embossement	Bossage
Extensometer	Extensomètre
Extractor	Extracteur
Failure	Ruine
Feeding	Amenage, alimentation
Fender	Aile (de voiture)
Fine blanking	Découpage fin
Fishscale	Coup d'ongle
Flange	Collerette
Flanging	Tombage de bord
Flatness	Planéité
FLC	CLF
FLD	Diagramme de formage
Flow stress	Contrainte d'écoulement
FLS	SLF
Fold	Pli
Folder	Plieuse à volet
Forming Limit Curve	Courbe Limite de Formage
Forming Limit Surface	Surface Limite de Formage
Forming velocity	Vitesse de formage
Friction	Frottement

Friction coefficient	Coefficient de frottement
Galling	Grippage
Gap	Jeu
Gas spring	Ressort à gaz (à azote)
Grease	Graisse
Grid	Grille
Grid	Réseau
Groove	Gorge, rainure
Groove	Rainure
Hemming	Sertissage
Hole expansion	Expansion de trou
Hood (am)	Capot moteur
Hot rolled	Laminé à chaud
Hydroforming	Hydroformage
Imprint	Empreinte
Indent	Empreinte
Ironing	Etirage
Ironing	Repassage
Kiss block	Cale de compensation
Kiss block	Butée
Lancing	Crevé
Lead time	Durée de mise au point
Leveller	Planeuse
Localised necking	Striction localisée
Loose metal	Manque de tension
Lubricant	Lubrifiant
Major strain	Déformation principale
Market	Coussin
Minor strain	Déformation secondaire
Neck	Striction
Neutral axis	Fibre neutre
n-value	Coefficient n
Oil	Huile
Oil blister	Goutte d'huile (défaut)
Oil canning	Flip Flop
Orange peel	Peau d'orange
Over rolled edges	Bord long
Over-crowning	Sur-courbage
Panel	Panneau
Part	Pièce
Perforation	Ajourage
Pimple	Picot
Pin	Chandelle
Planar anisotropy	Anisotropie planaire
Plane strain	Traction plane
Plastic anisotropy	Anisotropie plastique
Plasticity criterion	Critère de plasticité
Plate	Plaque
Play	Jeu
Plunged rim (of a hole)	Collet (d'un trou)
Press	Presse
Press bed	Bâti de presse
Press forming	Emboutissage
Press shop	Atelier d'emboutissage
Pressing pad	Presseur
Process	Procédé
Profile rolling	Profilage à froid
Progressive die	Outil progressif
Protective oil	Huile de protection
Protective roll	Boudin de protection
Punch	Poinçon
Punch load	Force au poinçon
Punch nose	Nez de poinçon
Punchout	Débouchure
Punch radius	Rayon de poinçon
Punch ram	Coulisseau plongeur
Punching	Poinçonnage
Rail	Longeron, brancard
Reamed (hole)	Alésé (pour un trou)
Rear quarter	Panneau arrière (de voiture)
Redrawing	Réemboutissage
Releasing hole	Trou de décharge
Residual stress	Contrainte résiduelle
Restriking	Calibrage
Restruck	Frapper
Re-struck	Conformation
Reverse drawing	Retournement
Roll bending	Cintrage à galets
Roughness	Rugosité
Rubber-pad forming	Formage sur caoutchouc
r-value	Coefficient d'anisotropie
Scrap	Caffût
Scrap	Déchet, caffût
Scratch	Rayure
Shear	Cisaillement
Sheet	Tôle
Shrink drawing	Rétreint
Signature	Signature
Single action	Simple effet
Slide (am)	Coulisseau
Slitting	Refendage
Slug	Débouchure
Split	Cassure ductile, déchirure
Springback	Retour élastique
Square cup	Godet carré
Stack	Empilement
Stage	Opération
Stamping	Emboutissage
Stamping	Estampage
Stick-slip	Broutage
Stiffener	Raidisseur
Stiffening rib	Nervure

Stoning	Pierrage
Stopper	Cale de compensation
Straightening	Dressage
Strain	Déformation
Strain gauge	Jauge de déformation
Strain hardening	Ecrouissage
Strain hardening exponent	Coefficient d'écrouissage
Strain path	Trajectoire de déformation
Strain rate	Vitesse de déformation
Stress	Contrainte
Stress raiser	Concentrateur de contrainte
Stress-strain curve	Courbe rationnelle
Stretch flattening	Planage sous traction
Stretcher mark	Vermiculure
Stretching	Expansion
Strip	Bande
Strip	Feuillard
Stripper	Dévêtisseur
Stroke	Course
Table	Table de presse
Tailor welded blank	Flan soudé
Tapped hole (am)	Collet relevé
Tapped hole (am)	Relevé de collet
Tear	Déchirure
Teddy bear ears	Oreille de Mickey
Temper rolling	Skin-pass
Template	Gabarit
Tensile strength	Résistance à la traction
Tensile test	Essai de traction
Test piece	Eprouvette
Thickening	Epaississement
Thickness	Epaisseur
Thinning	Amincissement
Tin Free Steel (TFS)	Fer chromé
Tinplate	Fer blanc (APE)
Tip angle	Angle de balance
Tipping	Balancement
Toggle	Genouillère
Tool changeover	Changement d'outillage
Tool line	Gamme (d'outillage)
Torn area	Zone arrachée
Total elongation	Allongement à rupture
Tough	Dépression, rainure
Tray	Barquette
Trimming	Détourage
True strain	Déformation vraie
True stress	Contrainte vraie
Trunk lid	Capot de coffre
Try-out	Mise au point
Twist, buckling	Vrillage
Twisting	Voilage
Unbending	Dépliage
Uniform elongation	Allongement réparti
Unsupported area	Brin libre
Upper dead-center	Point mort haut
Vent	Event
Venting hole	Trou d'évent
Wall curling	Courbure (d'un mur)
Wall, sidewall	Mur
Waste material	Déchet
Wavy edges	Bord long
Wax	Cire
Wiping (am)	Tombage de bord
Work hardening	Ecrouissage
Wrinkle	Pli
Wrinkling	Plissement
Yield point elongation	Palier de limite d'élasticité
Yield strength	Limite d'élasticité
Yield strength elongation	Longueur de palier
Yield stress	Limite d'élasticité
Yield surface	Surface de plasticité

INDEX

E

F

G

H

I

J

K

L

M

N

O

P

R

www.ingramcontent.com/pod-product-compliance
Lightning Source LLC
Chambersburg PA
CBHW051502051126
54394CB00017B/1517
9782100520909